TECHNIK, WIRTSCHAFT und POLITIK 25

Schriftenreihe des Fraunhofer-Instituts
für Systemtechnik und Innovationsforschung (ISI)

T0254748

Guido Reger

Koordination und strategisches Management internationaler Innovationsprozesse

Mit 75 Abbildungen und 26 Tabellen

Physica-Verlag
Ein Unternehmen des Springer-Verlags

Dr. Guido Reger
Fraunhofer-Institut für
Systemtechnik und Innovationsforschung (ISI)
Breslauer Str. 48
D-76139 Karlsruhe

Diese Arbeit wurde unter gleichem Titel als Dissertation an der Universität St. Gallen, Hochschule für Wirtschafts-, Rechts- und Sozialwissenschaften (HSG), angenommen

ISBN 3-7908-1015-0 Physica-Verlag Heidelberg

Die Deutsche Bibliothek – CIP-Einheitsaufnahme
Reger, Guido: Koordination und strategisches Management internationaler Innovationsprozesse
Guido Reger. - Heidelberg: Physica-Verl., 1997
(Technik, Wirtschaft und Politik; 25)
ISBN 3-7908-1015-0

Dieses Werk ist urheberrechtlich geschützt. Die dadurch begründeten Rechte, insbesondere die der Übersetzung, des Nachdrucks, des Vortrags, der Entnahme von Abbildungen und Tabellen, der Funksendung, der Mikroverfilmung oder der Vervielfältigung auf anderen Wegen und der Speicherung in Datenverarbeitungsanlagen, bleiben, auch bei nur auszugsweiser Verwertung, vorbehalten. Eine Vervielfältigung dieses Werkes oder von Teilen dieses Werkes ist auch im Einzelfall nur in den Grenzen der gesetzlichen Bestimmungen des Urheberrechtsgesetzes der Bundesrepublik Deutschland vom 9. September 1965 in der jeweils gültigen Fassung zulässig. Sie ist grundsätzlich vergütungspflichtig. Zuwiderhandlungen unterliegen den Strafbestimmungen des Urheberrechtsgesetzes.

© Physica-Verlag Heidelberg 1997

Die Wiedergabe von Gebrauchsnamen, Handelsnamen, Warenbezeichnungen usw. in diesem Werk berechtigt auch ohne besondere Kennzeichnung nicht zu der Annahme, daß solche Namen im Sinne der Warenzeichen- und Markenschutz-Gesetzgebung als frei zu betrachten wären und daher von jedermann benutzt werden dürften.

Umschlaggestaltung: Erich Kirchner, Heidelberg
SPIN 10574899 88/2202-5 4 3 2 1 0 – Gedruckt auf säurefreiem Papier

GELEITWORT

Die Globalisierung von Forschung und Entwicklung (F&E) und länderübergreifende Innovationsprozesse haben in den letzten Jahren erheblich zugenommen. Treibende Kraft dieser Entwicklung sind weltweit agierende Unternehmen, die neben Vertrieb, Service, Finanzierung und Produktion zunehmend auch F&E internationalisieren und „Global Sourcing" betreiben. Zudem entwickeln im Zuge der gegenwärtigen dynamischen Veränderungen diese Unternehmen völlig neuartige Mechanismen der Koordinierung und Organisation, die in deutlichem Kontrast zur „klassischen" Organisationslehre stehen. Letztere betont eher funktionale Gliederungsprinzipien und strukturelle Mechanismen, während in der unternehmerischen Praxis zunehmend laterale Organisationsformen an Bedeutung gewinnen. Die Betriebswirtschafts- und Managementlehre im deutschsprachigen Raum hat diese Veränderungen in ihren Forschungsprogrammen und Ausbildungsschwerpunkten noch viel zu wenig berücksichtigt.

In diesem Buch werden neue Formen der Koordination von F&E und Innovation in international tätigen Unternehmen behandelt. Ziel der Untersuchung ist, einen Beitrag für eine situationsadäquate Koordination der F&E- und Innovationsaktivitäten transnationaler Unternehmen zu leisten. Dieses Thema und der gewählte Untersuchungsgegenstand hat eine ausgesprochen hohe Relevanz sowohl für das Management als auch für die neuere Managementforschung. Mit dieser explorativ und empirisch ausgerichteten Arbeit wird ein auf weiten Strecken noch unerforschtes Gebiet erkundet und in ganz nachhaltiger Weise zur Erkenntniserweiterung in der Managementforschung beigetragen.

Die Untersuchung enthält reichhaltige und sehr gut aufgearbeitete Konzernstrukturanalysen. Zu den ausgewählten Unternehmen Hitachi, Philips, Sony und Siemens gibt es wenig vergleichbares Datenmaterial, das zur Fragestellung des internationalen F&E- und Innovationsmanagements in veröffentlichter Form vorliegt. Es werden die Strukturen und Prozesse neuer, lateraler Organisationsformen aufgezeigt, mit denen in diesen innovationsorientierten Unternehmen erstmals Erfahrungen gesammelt wurden. Die vier Fallstudien werden in die empirischen Analysen von weiteren 14 Konzernen aus Westeuropa und Japan eingebettet.

Aufbauend auf den theoretischen und empirischen Untersuchungen wird ein Modell zur Gestaltung der Koordination von F&E und Innovation für transnationale Unternehmen abgeleitet. Das Modell beleuchtet die wesentlichen Wirkungszusammenhänge auf die Gestaltung der Koordination und bildet eine gute Grundlage für die empirische und theoretische Managementforschung. Die Arbeit weist einen hohen Neuheitsgrad auf und dokumentiert die gefundenen Ergebnisse in sehr verständlicher Weise. Wir wünschen daher diesem Buch eine weite Verbreitung in Wissenschaft und Praxis.

Hohenheim und Karlsruhe, Januar 1997

Prof. Dr. Alexander Gerybadze *Prof. Dr. Frieder Meyer-Krahmer*

VORWORT

Dieses Buch entstand in den vergangenen drei Jahren im Rahmen meiner Tätigkeit am Fraunhofer-Institut für Systemtechnik und Innovationsforschung (ISI) und konnte auf einem empirischen Forschungsprojekt über „F&E-Allokationssysteme in international tätigen Unternehmen" aufbauen. Das Projekt wurde vom Bundesministerium für Bildung, Wissenschaft, Forschung und Technologie (BMBF) finanziell unterstützt; auf die Inhalte hat das Ministerium keinen Einfluß genommen. Die vorliegende Arbeit wurde von der betriebswirtschaftlichen Abteilung der Universität St. Gallen als Dissertation angenommen.

Meine Forschungsstrategie war heuristisch und explorativ auf die Entdeckung neuer Gestaltungsformen der weltweiten Innovationsaktivitäten multinationaler Unternehmen ausgerichtet, daher habe ich eine Vielzahl von Interviews in multinationalen Konzernen durchgeführt. Aufgrund eines mehrmonatigen Aufenthalts am National Institute of Science and Technology Policy (NISTEP) in Tokyo konnte ich selbst Ansätze des japanischen F&E- und Innovationsmanagements kennenlernen. Ohne die Gesprächsbereitschaft der Firmen aus Westeuropa und Japan wäre dieses Buch nicht möglich gewesen. Den beteiligten Unternehmen und Interviewpartnern, insbesondere den Unternehmen Hitachi, Philips, Siemens und Sony, die sich jeweils für eine Fallstudie zur Verfügung gestellt haben, sei zuerst gedankt.

Für die interessanten Gespräche in Japan möchte ich mich herzlich bei Prof. Ryo Hirasawa (University of Tokyo), Yuji Hosoya und Kenji Kobayashi vom MITI, Prof. Fumio Kodama (RCAST, Tokyo), Dr. Kumiko Miyazaki (NEC/Tokyo Institute of Technology), Prof. Michiyuki Uenohara (NEC/Tama Graduate School of Management, Tokyo) und vor allem bei meinen Kollegen Terutaka Kuwahara, Akiya Nagata und Michio Seya am NISTEP bedanken. Wissenschaftliche Anregungen habe ich in St. Gallen von Prof. Emil Brauchlin, Prof. Theodor Leuenberger und Prof. Günter Müller-Stewens und anderenorts von Prof. Helmar Krupp (früher Leiter des ISI), Prof. Arnold Picot (Universität München), Prof. Hellmut Schütte (INSEAD), Prof. Schmidt-Tiedemann (früher Leiter Philips-Labor Hamburg) und Prof. Breffni Tomlin (University of Dublin) erhalten.

Zu besonderem Dank bin ich Prof. Dr. Alexander Gerybadze, Forschungsstelle für Internationales Management und Innovation an der Universität Hohenheim, und Prof. Dr. Frieder Meyer-Krahmer, Leiter des Fraunhofer-Instituts ISI in Karlsruhe, verpflichtet. Ohne die wissenschaftliche Betreuung und die ausgesprochen engagierte Unterstützung beider „Doktorväter" wäre diese Arbeit nicht zustandegekommen. Ein Dankeschön gilt dem ISI-Sekretariat, Helga Schädel und Chris Mahler-Johnstone, und Felix Göppl für die Unterstützung bei der Organisation, Text- und Grafikgestaltung.

Dieses Buch ist der Neugierde und dem Entdeckungsdrang von Johannes (schon fast sechs Jahre) und Henry Leon (schon fast sechs Monate) gewidmet.

Karlsruhe, Januar 1997 *Guido Reger*

INHALTSVERZEICHNIS

ABBILDUNGSVERZEICHNIS

TABELLENVERZEICHNIS

I. EINLEITUNG

1 Problemstellung und Kontext

1.1 Problemstellung: Koordination organisatorisch und weltweit verteilter Forschung und Innovation

Forschung und Entwicklung (F&E) ist für technologieorientierte Unternehmen ein strategisches Instrument zum Ausbau und zur Stärkung der Marktposition. Dazu müssen die F&E-Aktivitäten in die Zielsetzung des Unternehmens eingebunden werden und im Ergebnis zu marktfähigen Produkte führen. Eine zu starke Integration in kurzfristige, operative Ziele kann aber zur Begrenzung der Autonomie führen, die erforderlich ist, um abseits vom Tagesgeschäft neues Wissen zu generieren und strategische, zielorientierte Forschung zu betreiben. Dieses Spannungsfeld zwischen „Autonomie" und „Integration" („Innovationsdilemma", Rammert 1988) kann wesentlich auf die Grundproblematik von Spezialisierung und Koordination zurückgeführt werden, die in der Organisationstheorie eine entscheidende Rolle spielt.[1] Die Herausbildung betrieblicher Funktionen und die zunehmende Ausdifferenzierung der F&E-Aktivitäten erfordert eine Koordinierung, um die gesteckten Ziele in F&E, des Unternehmen bzw. Konzerns zu erreichen.

Diese Spannung spitzt sich für die Unternehmen aufgrund der hohen Unsicherheit von Innovationen noch erheblich zu. Unsicherheit in F&E-bezogenen Entscheidungen sind im Vergleich mit anderen Unternehmensentscheiden von anderer Qualität[2] und lassen sich kaum mit Hilfe von Wahrscheinlichkeitsrechnungen abschätzen. Nur durchschnittlich eines von zehn industriellen Forschungsprojekten führt zum Markterfolg, die anderen scheitern an technischen und - wesentlich häufiger - an wirtschaftlichen Hürden (vgl. Pavitt 1990, 18). Kernfrage des Managements ist daher, wie sich die Dimensionen der Organisation gestalten lassen, um die Leistungsfähigkeit von F&E zu erhalten und zu verbessern sowie eine situationsadäquate Integration und Steuerung zu gewährleisten.

Dieses allgemeine Problem der Koordination erhält bei multidivisionalen Firmen allein aufgrund der Komplexität des Konzerns und der F&E-Organisation eine schwerwiegen-

---

1 Vergleiche z.B. Bleicher 1979 und 1991, Grochla 1982, Hill/Fehlbaum/Ulrich 1989, Hoffmann 1980, Kieser/Kubicek 1992, Lawrence/Lorsch 1967, Lehmann 1969a, Pugh/Hickson/Hinings/Turner 1968.

2 „In general, the uncertainty associated with innovative activities is much stronger than that with familiar economic models deal" (Dosi 1988, 1134).

dere Bedeutung. Bei einer Internationalisierung der F&E- bzw. Innovationsaktivitäten verschärfen sich die Schwierigkeiten erheblich und erfordern neue Koordinationskonzepte jenseits der Dichotomie von Zentralisierung und Dezentralisierung. Die Forschung zum internationalen Management rückte daher ab Mitte der 80er Jahre stärker die Frage nach neuen Formen der Koordination in den Mittelpunkt (vgl. Doz/Prahalad 1991). Allerdings blieben die Forschungsarbeiten auf das *gesamte* Unternehmen beschränkt, Analysen über die organisatorische Gestaltung von F&E und Innovation (wie z.B. von Bartlett/Ghoshal 1989, 1990) bilden auch heute noch die Ausnahme. Zur Schließung dieser Lücke soll diese Arbeit einen Beitrag leisten. Welche Mechanismen zur Koordination der geographisch verteilten F&E-Aktivitäten in international tätigen Unternehmen in welchem Kontext geeignet sind, ist daher die Kernfrage dieser Arbeit.

Der Aufbau einer umfangreichen Zentralforschung bildete bis Anfang der 70er Jahre die organisatorische Form zur Lösung der Autonomiefrage. Infolge der hohen Verselbständigung wurde F&E seit Ende der 80er Jahre mehr auf Markt- bzw. Kundenanforderungen ausgerichtet und in die operativen Geschäftsbereiche verlagert. Die Dezentralisierung und Fragmentierung führte zu einer stärkeren Ausrichtung der F&E an den Zielen der Geschäftsbereiche sowie zu einem erheblichen Macht- und Kompetenzverlust der zentralen Forschung.[3] Diese Entwicklung wurde auch durch die Herausbildung autonomer Produktdivisionen, die nun über alle Elemente der Wertekette verfügen, und die Etablierung strategischer Geschäftseinheiten angestoßen. Dadurch sind komplexe F&E-Gebilde entstanden, die nur mühsam vertikal integriert sowie konzernübergreifend mit anderen Unternehmensbereichen und untereinander verbunden werden können.

Daher weist die starke Fragmentierung der F&E-Organisation auch erhebliche Nachteile auf: F&E orientiert sich zu stark am operativen Tagesgeschäft, Synergien sind schwer herstellbar, die Einbindung von F&E in die Konzernstrategie ist mangelhaft.[4] In der unternehmerischen Praxis wird rasch die Frage nach der optimalen Organisationsform zur adäquaten Einbindung von F&E bzw. Innovation in das Unternehmen gestellt. Diese scheint es jedoch nicht zu geben, die Suche danach bezeichnet Rubenstein (1989, 41) als „the *fruitless* search for the best or optimal organization form“. Möglicherweise existieren keine unproblematischen Lösungen[5] und so bleibt lediglich der Versuch, die

---

3 Dieser strukturelle Wandel der Unternehmen und der F&E-Organisation wird ausführlicher beschrieben z.B. bei Bürgel/Haller/Binder 1996, Coombs/Richards 1993, Fusfeld 1995, Håkanson 1990, Häusler 1994, Hedlund/Rolander 1990, Prahalad/Hamel 1990, Roussel/Saad/Erickson 1991, Rubenstein 1989, Whittington 1991.

4 Vergleiche dazu die damalige Aussage von Danielmeyer, Leiter der zentralen Forschung und Entwicklung bei Siemens (Danielmeyer 1990): „Im Interesse einer nachhaltig erfolgreichen Innovationspolitik darf man auf keinen Fall den Fehler wiederholen, der in den USA gemacht wurde, wo Short Returns on Investment über alles gestellt wurden; etwas leger ausgedrückt: natürlich Returns so short wie möglich, aber nicht shorter. Es ist nämlich ein Irrtum anzunehmen, daß die Kurzlebigkeit unserer Produktwelt auch eine Kurzlebigkeit in wesentlichen Aspekten der Technologie bedeutet. Die Technologien sind nach wie vor so tragend und langlebig angelegt wie früher.“

5 „Jede Organisationsform, jedes Finanzierungsverfahren scheint an irgendeiner Stelle auf einem spannungsgeladenen Kontinuum zu liegen, dessen Pole zwei gegensätzliche Werte maximieren. Dies ist

...

Organisation zu verbessern, Spannungen auszugleichen sowie den Kontext und die Bestimmungsgründe für funktionierende Organisationsformen zu ermitteln.

Multinationale Unternehmen (MNU) experimentieren mit unterschiedlichen Modellen, um Nachteile zu begrenzen und Vorteile verschiedener „Archetypen" zu verbinden; dies zeigt eine Analyse des globalen Managements von Forschung und Innovation in mehr als 20 international tätigen Konzernen (vgl. Gerybadze/Meyer-Krahmer/Reger 1997).[6] In diesen Unternehmen zeigten sich in unterschiedlichem Ausmaß bedeutende *unternehmensinterne* Koordinationsprobleme die Integration von F&E in Konzern- und Geschäftsbereichsstrategien, die Abstimmung der Zentralforschung mit den Anforderungen der Divisionen/Geschäftsbereiche und der Märkte („Customer Orientation"), die Einbindung der weltweit verteilten F&E-Einheiten sowie die Bildung konzernübergreifender Querschnittsthemen. Zur Bewältigung dieser Aufgaben muß das Management über entsprechende Instrumente verfügen. Aber welche Koordinationsmechanismen werden genutzt bzw. sind verfügbar? Und wie läßt sich ein Set geeigneter Instrumente bis hin zu einem ausgefeilten „integriertem F&E-Management" entwickeln, das die genannten Probleme bewältigen kann?

Konzerne sind keine ausschließlich hierarchisch koordinierten Organisationen, sondern haben sich zu hochkomplexen Gebilden entwickelt, in denen mehrere Kompetenz- bzw. Machtzentren bestehen und sich eine Vielzahl von Koordinations-, Regelungs- und Kontrollmechanismen überlagern. Organisationsmodelle wie „Heterarchy" (Hedlund 1986; Hedlund/Rolander 1990), „Integrated Network" (Bartlett 1986; Bartlett/Ghoshal 1989), „Multifocal Firm" (Doz 1986), „Hybrid Organisation" (Bradach/Eccles 1989), „Lateral Organization" (Galbraith 1994), „Dynamic Firm" (Hagström/Hedlund 1994) oder „Hypertext Organization" (Nonaka/Takeuchi 1995) beschreiben diese Komplexität und beinhalten Lösungsansätze. Diesen Vorstellungen sind als zentrale Aspekte die Herausbildung mehrerer, untereinander vernetzter Zentren, eine hohe Flexibilität und die Überlagerung der Struktur mit verschiedenen organisatorischen Schichten gemeinsam.

Diese hohe organisatorische Komplexität und Spezialisierung läßt sich in technologieintensiven, international operierenden Konzernen auch für den Teilbereich der Forschung

---

der Grund, warum es keine unproblematischen Lösungen gibt, sondern nur den Versuch, den Tiger zu reiten, die Spannungen auszugleichen und das Abgleiten in das eine oder andere Extrem zu verhindern" (Mayntz 1985, 31).

6 Dieses zweijährige Forschungsprojekt über „F&E-Allokationssysteme in international tätigen Unternehmen" wurde gemeinsam vom Fraunhofer-Institut für Systemtechnik und Innovationsforschung (ISI) in Karlsruhe (Guido Reger) und der Forschungsstelle Internationales Management und Innovation an der Universität Hohenheim (Prof. Alexander Gerybadze) durchgeführt wurde. Das Forschungsvorhaben wurde durch eine finanzielle Zuwendung vom Bundesministerium für Bildung, Wissenschaft, Forschung und Technologie (BMBF) unterstützt. Das BMBF hat die Inhalte und Aussagen nicht beeinflußt. Meine Arbeit über die Koordination internationaler Innovationsprozesse stützt sich sowohl auf empirische Erhebungen, die im Rahmen dieses Projekts duchgeführt wurden, als auch auf eigene Fallstudien und Gespräche in den Unternehmen.

und Entwicklung feststellen. Grob können drei organisatorische Ebenen der F&E unterschieden werden, die aber von Unternehmen zu Unternehmen verschieden ausgeprägt sind: (1) lang- und mittelfristige Forschung auf Konzernebene in mehreren zentralen Forschungslabors, (2) mittel- und kurzfristige Technologieentwicklung in Entwicklungslabors, Technikzentren bzw. Entwicklungsabteilungen der Divisionen/Geschäftsbereiche oder Produktionsstätten sowie (3) ausländische F&E-Einheiten mit unterschiedlichen Aufgabenstellungen, die auch in regionale „F&E-Zentren" organisatorisch zusammengefaßt sein können. Lassen sich auch in diesen komplexen Strukturen neue „hybride" Koordinationsmechanismen identifizieren, die quer zur Aufbauorganisation und der Hierarchie liegen? Wenn ja, wo liegen deren Vorteile gegenüber den herkömmlichen Instrumenten? In welchem Kontext ist die Anwendung hybrider Mechanismen sinnvoll und bilden sich laterale oder netzwerkartige Organisationsformen heraus?

Eine Vielzahl technologieorientierter, multinationaler Unternehmen verfügt in mehreren Ländern über F&E-Einheiten. Zum einen müssen die geographisch verteilten F&E-Einheiten koordiniert werden, um Doppelarbeiten zu vermeiden. Voraussetzung hierbei ist, daß der Wissenstranfer nicht nur eindimensional von der F&E-Einheit im Ausland zur Konzernzentrale im Stammland verläuft. Zum anderen sollen diese aber auch bestmöglichst auf die Anforderungen der lokalen Märkte reagieren und an die lokale „Scientific Community" Anschluß finden. Dazu wird in Abhängigkeit von der strategischen Bedeutung des externen Umfelds ein hohes Maß an Kompetenz und Autonomie vor Ort benötigt. Führt dies zu einer Herausbildung von Kompetenzzentren auch in F&E, zu deren Integration in hohem Maße auch informelle und quer zur Hierarchie liegende Mechanismen erforderlich sind?

Zusätzliche Gestaltungsprobleme ergeben sich etwa durch länderspezifische kulturelle Besonderheiten oder unterschiedliche Mentalitäten der Forscher bzw. des Managements (vgl. Adler/Jelinek 1986; Kieser/Kubicek 1992, 253ff). Die einzelnen Unternehmensbereiche sind jeweils Teil einer Landeskultur, und diese bestimmt, wie in einem Unternehmen Probleme gelöst werden, mit Konflikten umgegangen, Autorität ausgeübt oder Leistung bewertet wird (vgl. Hofstede 1993, 138ff; Schreyögg 1993, 150f). Hierbei können so große Schwierigkeiten auftreten, daß die mangelnde Koordinationsfähigkeit zur Begrenzung oder sogar zur Rücknahme der Internationalisierung von F&E führt.[7] Es stellt sich die Frage, welche Mechanismen zur Koordination weltweit verteilter F&E-Einheiten geeignet sind und von welchen Faktoren deren Einsatz abhängt.

Eine länderübergreifende und in diesem Sinne integrierte Sichtweise der F&E kennzeichnet sich durch das Bemühen der Unternehmen aus, im Zuge der zunehmenden globalen Ausrichtung der Geschäftsaktivitäten sowohl F&E-Kompetenzen zentral an einem Ort zu bündeln als auch gleichzeitig weltweiten Zugang zu lokalen, strategisch bedeut-

---

7 „Es kommt also immer mehr darauf an, im Rahmen der Globalstrategie eine erfolgreiche Koordination zu betreiben, um die breitgestreuten Produktionsstätten, F&E-Labors und Marketingabteilungen zu einer effektiven Koordination zu bringen. Dieser Zustand ist in den meisten multinationalen Unternehmen heute noch eher die Ausnahme als die Regel" (Porter 1989, 63).

samen Quellen von Innovationen und Wissensressourcen zu besitzen. Denn in einer wirksamen Koordination internationaler F&E-Prozesse und der Nutzung von Synergievorteilen liegen entscheidende Vorteile: Nicht nur in der Zentrale im Stammland, sondern auch in der ausländischen F&E kann Wissen generiert und konzernweit verbreitet bzw. genutzt werden. Gelingt die Ankopplung an exzellente Forschung und führende Märkte im Ausland und die Entwicklung eines flexiblen Netzwerks geographisch verteilter F&E-Kompetenzen, können weitreichende Technologie- und Wettbewerbsvorsprünge erreicht werden.[8] Bei fehlender Integration und Steuerung drohen kostenintensive Doppelarbeiten, die Vergeudung von Ressourcen und ein wachsender unternehmensinterner Rechtfertigungsdruck auf die F&E-Aktivitäten. International tätige Unternehmen stehen vor dem Dilemma, auf der einen Seite von den internationalen „Innovationszentren" in Ländern mit relevantem technologischem und wettbewerblichem Vorsprung lernen zu wollen und auf der anderen Seite die Präferenz zu haben, F&E möglichst an einem Ort und nahe an der Zentrale zu bündeln und strategisch zu kontrollieren (vgl. Casson 1991). Probleme in der Koordination führen dazu, daß die Internationalisierung von F&E in vielen Unternehmen eher mit Resignation getragen denn als strategische Chance begriffen wird.[9]

Vor dem Hintergrund des steigenden internationalen Wettbewerbsdrucks, der technologischen Komplexität und der Verflechtung der Volkswirtschaften nimmt die Bedeutung von F&E in den Unternehmen zu und nicht ab. Die steigende Relevanz kann nicht allein an quantitativen Indikatoren wie F&E-Aufwand oder F&E-Intensität gemessen werden, da die F&E-Ausgaben nicht automatisch zu ökonomischem Erfolg führen. Die unternehmerische Herausforderung liegt zum einen in der Ausbalancierung zielorientierter grundlegender Forschung für die Technologien, Produkte und Märkte von übermorgen und der Entwicklung wettbewerbsfähiger Produkte und deren zeitgerechten Einführung in den Markt. Zum anderen soll das Wissen in technologisch und marktlich führenden Regionen generiert und unternehmensintern koordiniert werden. Die Herstellung dieses adäquaten Mix zwischen radikalen und inkrementalen Innovationen und die Gestaltung weltweit verteilter Lernprozeße stellen die strategischen Aufgaben für international tätige Unternehmen dar. Der Schlüssel zum Management globaler Innovationsprozesse ist nach Bartlett/Ghoshal (1990, 248) die Entwicklung der organisatorischen Fähigkeiten. Der zentrale Hebel dafür ist - und dies bildet den Ausgangspunkt dieser Arbeit - die Entwicklung und kontinuierliche Verbesserung der unternehmensinternen Fähigkeiten zur Koordination der organisatorisch und geographisch verteilten F&E- und Innovati-

---

8 Vergleiche dazu Pearce (1989, 4f): „Thus, it will be emphasised that a major potential role of internationalised R&D by MNEs may be to acquire a coordinated access to a wide range of innovative stimuli and sources of scientific creativity. To leading companies the assimilation of dispersed heterogenous inputs into coherent creative programmes may be a major facet of oligopolistic global competition."

9 „Globalization of R&D is typically accepted more with resignation than with pleasure. ... In one of our own cases, internationalization was almost described as an unavoidable nightmare, closer to a marketing gimmick than to an effectively contributing R&D outlet" (De Meyer/Mizushima 1989, 139).

onsprozesse. Das herkömmliche Verständnis der Koordination ist hierbei nicht mehr ausreichend: Koordination umfaßt nicht nur die Abstimmung sondern auch die Integration und Steuerung der konzernweiten F&E-Aktivitäten.

1.2 Kontext: Beschleunigte Innovationszyklen, technologische Komplexität, Internationalisierung

Die Reorganisation in Unternehmen wie z.B. bei Daimler-Benz, Hoechst, Hoffmann LaRoche, Philips, Sandoz oder Siemens in den letzten Jahren weisen auf den hohen Anpassungsbedarf der F&E-Strukturen an Veränderungen im Unternehmensumfeld hin. Die Verflechtung der Weltwirtschaft, der steigende internationale Wettbewerbsdruck und die Explosion technologischen Wissens sind einige der treibenden Kräfte, die auf die Koordination von Forschung und Entwicklung in international tätigen Unternehmen einwirken. Sichtbar als Trends und von nachhaltiger Bedeutung für die F&E-Koordination sind vor allem (1) die Beschleunigung der Innovationszyklen, (2) die zunehmende Wissenschaftsbasierung und Überlappung von Technikgebieten sowie (3) die wachsende Internationalisierung von Märkten, Produktion, Technologie (vgl. den Überblick in Reger/Cuhls/von Wichert-Nick 1996). Diese Herausforderungen stehen in einem engen Wechselspiel zueinander und werden sich zur Jahrhundertwende noch verschärfen.

Beschleunigung der Innovationszyklen

Der Zeithorizont für die Markteinführung neuer Produkte hat sich stark verkürzt, die Innovationszyklen haben sich in vielen Branchen erhöht und zu wachsenden Innovationsaufwendungen geführt. Unsere Gespräche in 21 MNU machen deutlich, daß alle befragten Unternehmen, insbesondere die der elektronischen Industrie, erheblich davon betroffen sind. Diese Entwicklung ist wesentlich auf die zunehmende Internationalisierung und Intensivierung des Wettbewerbs zwischen (nationalen und ausländischen) Unternehmen zurückzuführen[10] (vgl. Bullinger 1992; OECD 1991). Die Unternehmen reagieren gemäß einer Umfrage bei mehr als 30 Mitgliedsfirmen der European Industrial Research Management Association (EIRMA) auf die intensivere, internationale Konkurrenz, indem die Zeit von der Produktentwicklung bis zur Markteinführung verkürzt wird und „Time-to-Market" als bedeutender Faktor in die Wettbewerbsstrategie einbezogen wird (vgl. EIRMA 1994, 13).

---

10 Bei einer Umfrage unter den 50 umsatzstärksten japanischen Unternehmen antworteten 93%, daß die Intensivierung des Wettbewerbs mit anderen Unternehmen zu einer Ausdehnung der F&E-Ausgaben geführt habe (vgl. Kagita/Kodama 1991, 17).

Die Beschleunigung der Innovationszyklen führt einerseits zu einem höheren Stellenwert des Zeitfaktors im F&E-Management. Die Unternehmen müssen hierbei zwei gegensätzliche Pole verbinden: Während eine stärkere Orientierung der F&E-Aktivitäten auf die kurzfristigen Anforderungen der Geschäftsbereiche und des Marktes erfolgt, müssen die F&E-Strategien langfristig ausgerichtet sein, um zukünftiges technologisches Wissen vorzuhalten. Andererseits werden die Firmen in einen „Innovationskrieg" (von Braun 1994) getrieben, da die F&E-Aufwendungen von Zyklus zu Zyklus steigen, um schneller neue Produkte auf den Markt zu werfen. Diese ruinöse „F&E-Aufrüstung" bereitet auch den F&E-intensiven Konzernen große Schwierigkeiten, im „F&E-Rennen" mitzuhalten und die im Wettbewerb aufgezwungenen F&E-Aufwendungen privatwirtschaftlich zu finanzieren (vgl. Gerybadze 1997, Kap. 2). Die langfristige Forschung wird in den Unternehmen jedoch zunehmend in Frage gestellt, wenn die Grenze für weitere F&E-Investitionen erreicht ist.

Zunehmende Wissenschaftsbasierung und Fusion von Technologie

Die Technologie am Beginn des 21. Jahrhunderts ist einer spezifischen Technikgenese unterworfen. Auch wenn der Innovationsprozeß in unterschiedliche Phasen des wissenschaftlichen Erkenntnisgewinns, der Technikentwicklung und der Markteinführung gegliedert werden kann, so ist dieser in der Realität durch eine hohe Vernetzung der verschiedenen Phasen und vielfältigen Rückkopplungen charakterisiert. In einer empirischen Studie über die technischen Entwicklungslinien für die nächsten zehn Jahre kommt Grupp (1993, 1994) zu dem Ergebnis, daß die Technologie am Beginn des 21. Jahrhunderts nicht mehr nach herkömmlichen Gesichtspunkten eingeteilt werden kann. Aus dieser Analyse wurden fast 100 Themen extrahiert, die sich in neun übergeordnete Querschnittsthemen gliedern lassen: Neue Werkstoffe, Nanotechnologie, Mikroelektronik, Photonik, Mikrosystemtechnik, Software und Simulation, Molekularelektronik, Zellbiotechnologie sowie Produktions- und Managementtechniken. Die verschiedenen Entwicklungslinien wirken letztendlich alle zusammen, früher getrennt wahrgenommene wissenschaftliche bzw. technische Gebiete überlappen und befruchten sich gegenseitig. Eine nicht eindeutige Zuordnung zu herkömmlichen Technikgebieten trifft insbesondere für die Anwendungsfelder zu: Beispielsweise ergeben sich zukünftige Anwendungen in der Telekommunikation sowohl aus der Mikroelektronik ebenso wie aus der Photonik und der Softwareentwicklung.

Dieser Trend wird auch in anderen Studien bestätigt: Eine Untersuchung der OECD (1993a, 7) kommt für die Optoelektronik zu dem Ergebnis, daß das Zusammenbringen verschiedener Technikgebiete eine wesentliche Quelle von innovativen Produkten ist. Kodama (1995) konstatiert, daß die Unternehmen zunehmend auf Technologie aus fremden Branchen zurückgreifen, um wettbewerbsfähig zu bleiben. Er definiert „Technologiefusion" als Methode, um vorhandene Techniken zu Hybrid-Techniken zu vereinen (vgl. Kodama 1992, 70f). Technologiefusion wird als ein nichtlinearer, komplementärer und kooperativer Prozeß bezeichnet, in dem stufenweise technische Verbesserungen aus unterschiedlichen Technikfeldern zu neuartigen, teilweise revolutionären Erzeugnissen miteinander verbunden werden. Als Beispiele werden die Optoelektronik sowie die Verschmelzung von Mechanik und Elektronik zur Mechatronik angeführt. „Transdisziplinarität" wird die bevorzugte Form der Wissensproduktion für die Zukunft sein, die sich durch heterarchische Strukturen und Heterogenität auszeichnet (vgl. Gibbons et al. 1994). Im Ergebnis kann dies schon heute zu disziplinenüberschreitenden Netzwerken führen: Schmoch et al. (1996) zeigen in qualitativen Fallstudien im Bereich Medizinlaser und neuronale Netze, daß sich hier ein interdisziplinäres Netzwerk unterschiedlicher industrieller und akademischer Akteure („Techno-Scientific Community") etabliert hat.

Sowohl die Überlappung der Technikgebiete als auch die zunehmende Wissenschaftsbindung der Technik[11] läßt sich empirisch mittels Patentanalyse nachweisen (vgl. Grupp 1992, 1993a; Grupp/Schmoch 1992). So kann eine Landkarte von sich überschneidenen Technik-Clustern und deren Wissenschaftsbindung gezeichnet werden.[12] Der „Atlas" in Abbildung I-1 wurde durch ein multidimensionales Skalierungsverfahren entworfen: Kurze Distanzen zwischen den Kreisen korrespondieren mit hoher technologischer Ähnlichkeit, die durch hohe Raten der Mehrfachklassifikation entstehen; große Entfernungen entsprechen dabei seltenen Mehrfachklassifikationen und geringen Überschneidungen. So bildet sich im „Südwesten" ein großes Cluster der Chemie/Prozeßtechnik und im „Südosten" der Elektrotechnik/Elektronik heraus. Im Zeitverlauf zeigt sich, daß sich die Cluster verändern und gegenseitig überlappen, näher rücken oder voneinander entfernen. Da bei der Anmeldung der Patente häufig auch Verweise auf die wissenschaftliche Literatur gegeben werden, kann mit der Patentanalyse auch die Wissenschaftsbindung von Erfindungen nachgewiesen werden.[13] Wesentliche Technikfelder der untersuchten Chemieunternehmen wie Pharmazie, organische Chemie, Lebensmittel und Biotechnologie sind sehr stark wissenschaftsbasiert (vgl. Abb. I-1). Eine sehr hohe (Halbleiter) und überdurchschnittliche Wissenschaftsbasierung (Telekommunikation, Datenverarbeitung, audiovisuelle Technik, Optik, Messen/Regeln) läßt sich auch für die

---

[11] Forschungsaktivitäten in Universitäten und staatlich geförderten Forschungseinrichtungen verbleiben nicht nur in den Institutionen sondern werden gewollt oder ungewollt externalisiert und von Unternehmen aufgenommen. Dieser technologische „Spill-Over" in die Industrie, der meist von der staatlichen F&E-Förderung beabsichtigt wird, kann als „Wissenschaftsbindung der Technik" bezeichnet werden (vgl. Schmoch/Grupp/Laube 1996, 62).

[12] Diese Karte basiert auf Patenten, die entsprechend der internationalen Patentklassifikation (IPK) spezifischen Technikfelder zugeteilt werden. Immer wenn die Patentschrift von den Prüfern im Patentamt nicht nur für einen Sektor sondern auch für andere Innovationen relevant ist, wird ein Patent mehrfach klassifiziert. Dadurch werden die „Spill-Over"-Effekte oder Multiplikatorwirkungen nachweisbar. In den vergangenen Jahren wurde die sehr detailreiche Patentklassifikation, die aus historischen Gründen entstanden ist und nicht unmittelbar für eine Anwendung auf die „Spill-Over"-Effekte geeignet erschien, in breitere technologische Sektoren umdefiniert (zur Methode siehe Grupp/Schmoch 1992).

[13] Zur Feststellung des Ausmaßes der Wissenschaftsbindung kann der Umstand genutzt werden, daß bei der Prüfung von Patentanmeldungen der frühere Stand der Technik von den Patentämtern recherchiert wird. In der Regel wird dieser durch frühere Patentdokumente beschrieben, d.h. Patente bauen häufig auf anderen auf. Zum Teil wird der frühere Stand von Wissenschaft und Technik auch durch Verweise auf wissenschaftliche Publikationen, die sogenannte „Nicht-Patent-Literatur", gegeben, woraus auf die Wissenschaftsbindung der Invention geschlossen werden kann (vgl. Grupp/Schmoch 1992).

überwiegende Zahl der Technikgebiete der befragten Firmen aus der Elektro-/Elektronikindustrie feststellen.

Abbildung I-1: Technik-Cluster und Wissenschaftsbindung

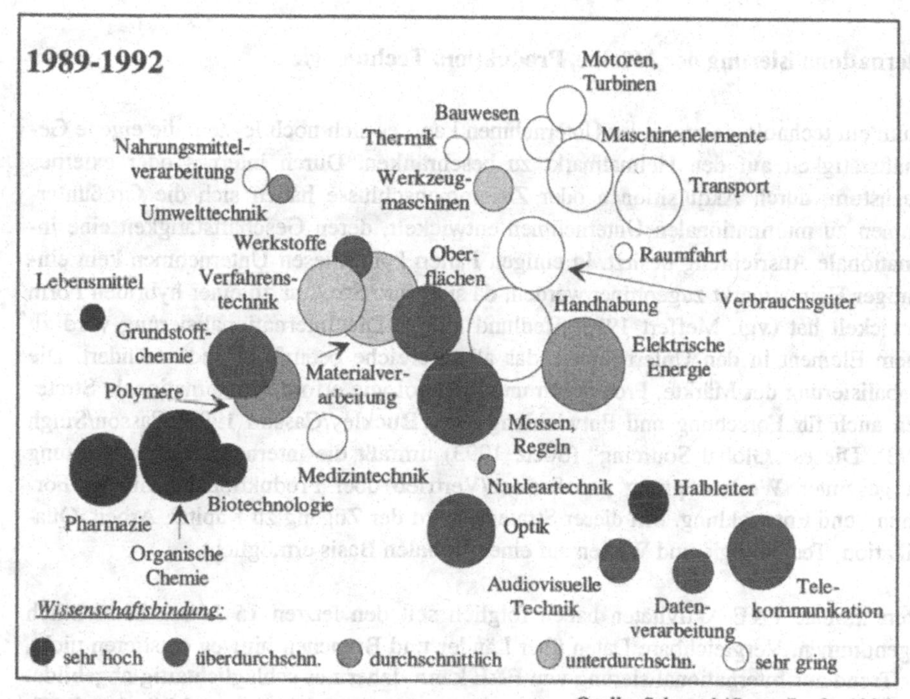

Quelle: Schmoch/Grupp/Laube 1996

Beide Trends - Technologiefusion und Wissenschaftsbindung von Inventionen - haben Rückwirkungen auf den industriellen Innovationsprozeß zur Folge. Obwohl sich bei den meisten der ermittelten Querschnittsthemen ein Heranrücken an marktnähere Innovationsphasen bis zum Jahr 2000 ergeben, werden in den nächsten zehn Jahren einige Felder (wie z.B. Bioinformatik, Aufbau- und Verbindungstechnik in der Mikrosytemtechnik, Fertigungsverfahren für Hochleistungswerkstoffe, Oberflächenwerkstoffe, Verhaltensbiologie) unverändert stark von der Grundlagenforschung dominiert werden. Zukünftige wissensbasierte Technologie muß nicht nur kontinuierlich durch Grundlagenforschung unterstützt werden, sondern ist auch durch die Vernetzung zwischen Technikproduzenten und -anwendern gekennzeichnet (vgl. Grupp/Schmoch 1992a). Die aufgezeigten Trends können als zunehmende Komplexität von Technik und Innovation begriffen werden. Zusammenfassend lassen sich vier generelle Elemente für die Technologie am Beginn des 21. Jahrhunderts charakterisieren (vgl. Grupp 1993, 1994):

(1) der Aufwand für Innovationen wird deutlich steigen;
(2) die Überlappung der Technikgebiete führt zur Zunahme inter- und transdisziplinärer Felder, denen die Kompetenzen der Unternehmen angepaßt werden müssen;

(3) die Nutzung und Umsetzung von neusten Ergebnissen der zielorientierten Grundlagenforschung gewinnt an Bedeutung und kann zum entscheidenden Wettbewerbsvorteil bei Sprunginnovationen werden;
(4) die verkürzten Produktlebenszyklen und die Wissenschaftsbindung erfordern zunehmend eine Vernetzung von Technikproduzenten und -anwendern.

Internationalisierung der Märkte, Produktion, Technologie

Kaum ein technologieintensives Unternehmen kann es sich noch leisten, die eigene Geschäftstätigkeit auf den Heimatmarkt zu beschränken. Durch internes oder externes Wachstum, durch Akquisitionen oder Zusammenschlüsse haben sich die Großunternehmen zu multinationalen Unternehmen entwickelt, deren Geschäftstätigkeit eine internationale Ausrichtung besitzt. In einigen Fällen kann diesen Unternehmen kein eindeutiger Heimatmarkt zugeordnet werden, da sich ihre Struktur zu einer hybriden Form entwickelt hat (vgl. Meffert 1993; Hedlund 1986). Die Internationalisierung wird zu einem Element in den Unternehmen, das alle Bereiche beeinflußt und verändert. Die Globalisierung der Märkte, Produktion und Technologie erfordert internationale Strategien auch für Forschung und Entwicklung (vgl. Buckley/Casson 1991; Casson/Singh 1993). Dieses „Global Sourcing“ (Soete 1993) umfaßt die internationale Ausrichtung der gesamten Wertschöpfung von Service/Vertrieb über Produktion bis hin zu Forschung und Entwicklung. Mit dieser Strategie wird der Zugang zu Kapital, Arbeit, Qualifikation, Technologie und Wissen auf einer globalen Basis ermöglicht.

Internationale F&E-Aktivitäten haben folglich seit den letzten 15 Jahren beträchtlich zugenommen. Vergleichbare Daten über Länder und Branchen hinweg existieren nicht, der Trend zur Internationalisierung von F&E kann daher nur schlaglichtartig abgebildet werden. Für die USA stellen beispielsweise Dunning und Narula (1994) den F&E-Ausgaben amerikanischer Unternehmen die F&E-Ausgaben ausländischer MNU in den USA für den Zeitraum von 1977 bis 1991 gegenüber (Preisbasis 1982). Während die Steigerungsrate für die amerikanischen Unternehmen im genannten Zeitraum 92,8% beträgt, beläuft sich die Vergleichszahl der ausländischen Aktivitäten auf 517,7%. Die Zahlen der amerikanischen Unternehmen weisen auf die wachsende Bedeutung der F&E hin, sie werden allerdings vom internationalen Engagement ausländischer Firmen übertroffen. Von 1977-93 sind die fremden F&E-Aufwendungen in den USA um real 13% pro Jahr gewachsen (vgl. NIW/DIW/ISI/ZEW 1995, Tabellenanhang). Der jährliche reale Anstieg des F&E-Aufwands liegt bei den deutschen Unternehmen mit beinahe 16% leicht und bei den japanischen Firmen mit 25% deutlich über dem Durchschnitt.

In einer Untersuchung von 95 F&E-intensiven Großunternehmen aus den USA, Japan und Westeuropa kommt Roberts (1995, 54f) zu dem Ergebnis, daß die F&E-Ausgaben im Ausland in den letzten Jahren angestiegen sind. Die Internationalisierung von F&E ist bei den westeuropäischen Konzernen mit im Durchschnitt etwa 30% Auslandsanteil am deutlichsten vorangeschritten, gefolgt von den amerikanischen (ca. 12%) bzw. japanischen Firmen (etwa 5%). Die befragten japanischen Unternehmen haben ihre F&E

noch fast völlig im Stammland konzentriert und dürften um 10 Jahre hinter dem Internationalisierungstrend der US-Unternehmen zurückliegen.

Unsere Befragung von 21 MNU zeigt, daß deren Strategien eindeutig auf die weitere Entfaltung und Stärkung auswärtiger F&E-Einheiten zielen (vgl. Gerybadze/Meyer-Krahmer/Reger 1997). F&E soll zukünftig dort betrieben werden, wo der Cash-Flow generiert wird, und die F&E-Intensität im Ausland soll derjenigen im Inland in etwa entsprechen. Als zentrale Motive für die F&E-Internationalisierung wurden genannt (1) der Zugang zu einzigartigen Wissens- bzw. Technologieressourcen, (2) das Lernen in führenden Märkten und die Anpassung von Produkten an sophistizierte Kundenbedürfnisse, (3) die Unterstützung von Produktion und Vertrieb vor Ort durch lokale Technologieentwicklung sowie (4) das Lernen an Standorten mit regulatorischen Rahmenbedingungen (z.B. Zulassungsverfahren, Standards), die ebenso in anderen Märkten Wettbewerbsvorteile versprechen. Im Vordergrund stehen eindeutig Lernprozesse entlang der *gesamten* Wertekette (F&E, Produktion, Marketing, Vertrieb, Service) sowie die Einbindung in Zulieferer-/Kundennetze und die lokale „Scientific Community".

Der Grad der F&E-Internationalisierung unterscheidet sich deutlich zwischen Branchen und Ländern. Dieses Ergebnis aus unserer Untersuchung von 21 MNU wird durch eine Befragung von über 500 Großunternehmen in den hochindustrialisierten Ländern Westeuropas bestätigt (vgl. Arundel/van de Paal/Soete 1995, 24ff). In Unternehmen der Pharma- bzw. Chemieindustrie, der Elektrotechnik/Elektronik- bzw. Computer-Industrie ist dieser am weitesten vorangeschritten, Automobil- bzw. Maschinenbau liegen hier deutlich zurück. Konzerne mit Stammsitz in Ländern mit kleinen Märkten und knappen Personalressourcen - wie z.B. Philips (Niederlande), LaRoche (Schweiz), Ericsson (Schweden) - haben schon Mitte der 50er Jahre begonnen, ihre F&E geographisch zu verteilen und weisen einen Internationalisierungsgrad von 50% und mehr auf. Der Trend zur ausländischen F&E erfolgt zumindest bei den amerikanischen und westeuropäischen MNU insbesondere durch die Akquistionen technologieintensiver Unternehmen und weniger durch den Aufbau von „Greenfield R&D". Demzufolge kann in den überwiegenden Fällen nicht von einer „Verlagerung" heimischer F&E ins Ausland gesprochen werden. Insgesamt gesehen handelt es sich nicht um ein wirklich *weltweites* Phänomen, da sich der Aufbau von F&E derzeit auf die Länder bzw. Regionen der Triade (USA, Japan, Westeuropa) beschränkt (vgl. z.B. Fujita/Ishii 1994; Ishii 1992).

Diesen zentrifugalen Kräften zur geographischen Verteilung der F&E, die den Motiven der Unternehmen für die Internationalisierung der F&E entsprechen, stehen jedoch auch zentripedale Kräfte gegenüber. Folgende Faktoren fördern die Konzentration der F&E an einem Ort und im Stammland (vgl. Duysters/Hagedoorn 1996; Granstrand/Håkanson/Sjölander 1993; Patel/Pavitt 1991; Pearce/Singh 1992a):

(1) „Economies of Scale and Scope" lassen sich besser in einem Labor an einem Standort realisieren.
(2) F&E-Aktivitäten sind oft unstrukturiert und beinhalten abhängig von der F&E-Phase nicht-kodifizierbares Wissen. Dadurch wird eine persönliche, direkte

Kommunikation notwendig („Person-to-Person Communication", Allen 1977), die über hohe Distanzen schwierig herzustellen ist.

(3) Durch örtliche Nähe kann eine Verkürzung der Entwicklungszeiten und Entscheidungsprozeße erfolgen.

(4) Die akkumulierten Erfahrungen bestehen historisch im Heimatland, und die Netzwerke sind dort bekannt.

(5) Das Wissen um die Kerntechnologien wird als strategisches, unsichtbares Vermögen des Unternehmens betrachtet, das vor den Wettbewerbern geheimgehalten werden soll und daher geographisch im Stammland in der Nähe des Entscheidungszentrums des Unternehmens konzentriert wird (vgl. Reed/DeFilippi 1990; Steele 1989). Die strategische Kontrolle und Steuerung dieser „Invisible Assets" ist an verschiedenen Standorten und im Ausland schwieriger.

Zusammenfassung: Wirkungen auf den Koordinationsbedarf

Zusammenfassend kann der Schluß gezogen werden, daß die beschriebenen Entwicklungen unterschiedlich auf den Koordinationsbedarf in F&E wirken (vgl. Abb. I-2). Die Verkürzung der Entwicklungszeiten,[14] der steigende F&E-Aufwand und die Dynamik der Wissenschaftsbindung haben jeweils einen höheren Bedarf bei der Integration von F&E in die Konzernstrategie zur Folge, da die Effektivität der F&E gesteigert werden muß. Die gleichen drei Faktoren können ebenso einen stärkeren Koordinationsbedarf zwischen der zentralen F&E und der Entwicklung in den Divisionen/Geschäftsbereichen erfordern; Gründe dafür sind vor allem Effizienzkriterien und die hohe Bedeutung der Umsetzung von neusten Ergebnissen der Grundlagenforschung in radikale Innovationen. Eine größere Notwendigkeit zur Koordination von Querschnittsthemen bzw. -technologien ergibt sich aus der Reduzierung der Entwicklungszeiten und den Trends zur Technologiefusion und Wissenschaftsbindung.

Hinsichtlich einer Zunahme des Koordinationsbedarfs der weltweit verteilten F&E-Standorte zeigen sich gegenläufige Wirkungen: Die Verkürzung der Entwicklungszeiten wirkt als zentripedale Kraft in Richtung Konzentration der F&E-Aktivitäten an einem Ort und demnach auf eine Senkung des Koordinationsbedarfs zwischen den verteilten F&E-Einheiten. De Meyer/Mizushima (1989) kommen in ihrer Untersuchung über 7 europäische und 15 japanische Firmen zu dem Ergebnis, daß die Verkürzung der Innovationszyklen zu einer tendenziell abnehmenden Internationalisierung von F&E führt: Je höher dieser Zeitdruck aufgrund der kürzer werdenden Innovationszyklen ist, desto eher werden die Entscheidungsprozesse zentralisiert und die F&E-Aktivitäten an einem Ort zusammengefaßt. Bei einem Unternehmen mit einer globalen Strategie bedeutet dies

[14] Besonders die Verkürzung der Entwicklungszeiten erfordert in wachsendem Maße eine funktionsübergreifende Koordination, da die Puffer zwischen den Funktionen erheblich verringert werden: „However, it is the time based initiatives that really require tight and total coordination across functions" (Galbraith 1994, 18).

Abbildung I-2: Trends und deren Wirkungen auf die F&E-Koordination

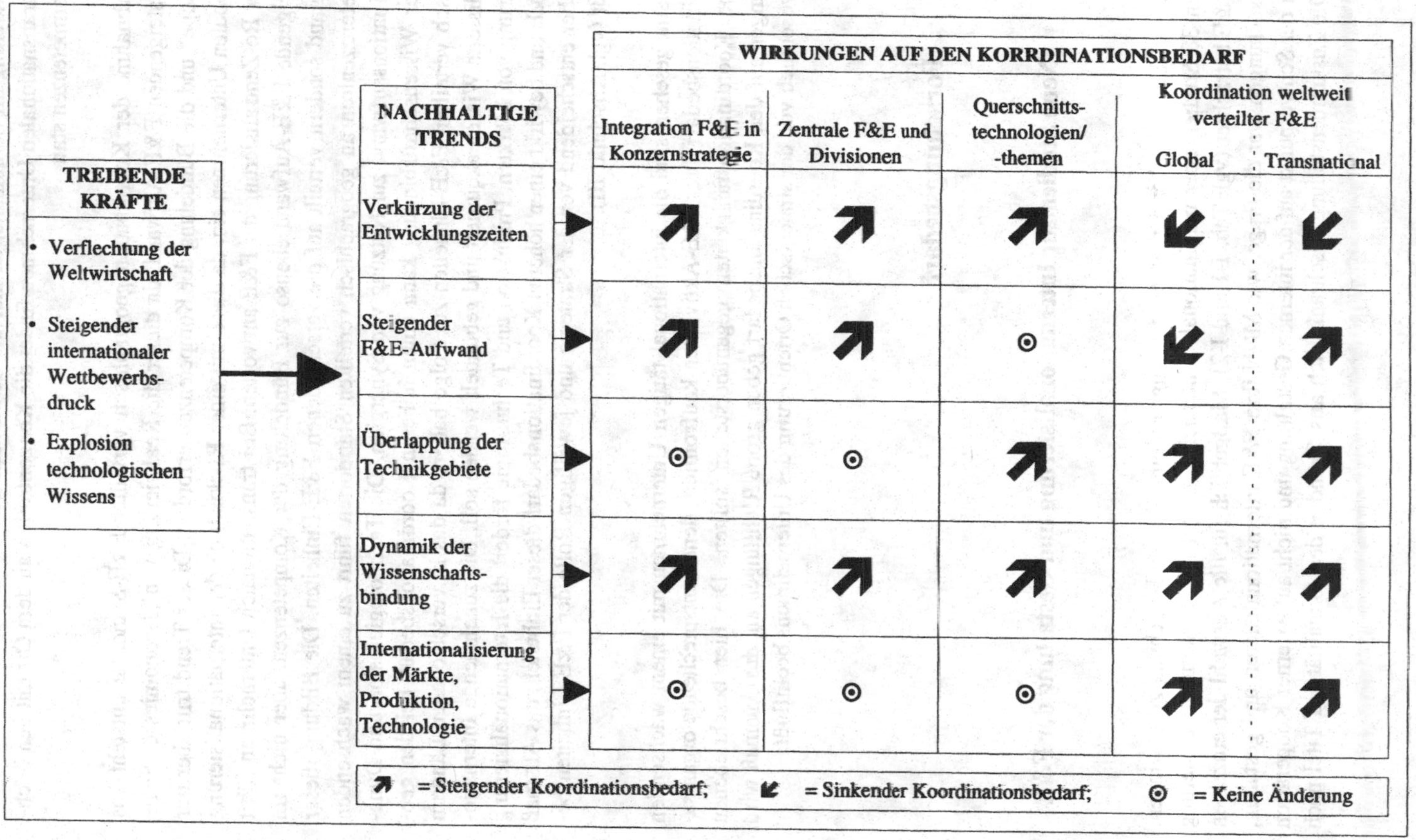

TREIBENDE KRÄFTE

- Verflechtung der Weltwirtschaft
- Steigender internationaler Wettbewerbsdruck
- Explosion technologischen Wissens

NACHHALTIGE TRENDS	Integration F&E in Konzernstrategie	Zentrale F&E und Divisionen	Querschnitts-technologien/ -themen	Koordination weltweit verteilter F&E: Global	Koordination weltweit verteilter F&E: Transnational
Verkürzung der Entwicklungszeiten	↗	↗	↗	↙	↙
Steigender F&E-Aufwand	↗	↗	⊙	↙	↗
Überlappung der Technikgebiete	⊙	⊙	↗	↗	↗
Dynamik der Wissenschaftsbindung	↗	↗	↗	↗	↗
Internationalisierung der Märkte, Produktion, Technologie	⊙	⊙	⊙	↗	↗

(Spaltenüberschrift: WIRKUNGEN AUF DEN KORRDINATIONSBEDARF)

↗ = Steigender Koordinationsbedarf; ↙ = Sinkender Koordinationsbedarf; ⊙ = Keine Änderung die Bündelung im Stammland, da hier die Schlüsseltechnologien zentralisiert sind; bei einem transnationalen Unternehmen findet die Konzentration an dem Ort mit den höchsten Kompetenzen statt.

Eine Abnahme der Koordination geographisch verteilter F&E-Standorte entsteht aus einem steigenden F&E-Aufwand, da dieser die Realisierung von „Economies of Scale and Scope" und die Bündelung der Kompetenzen erfordert. Dieser Trend tritt aber nur bei globalen Unternehmen ein, da diese mit einer Rücknahme der Internationalisierung und der Re-Zentralisierung der F&E antworten. Bei transnationalen Unternehmen führt der steigende F&E-Aufwand ebenso zur Bündelung der Kompetenzen, aber nicht im Stammland sondern verteilt auf die verschiedenen F&E-Einheiten. Die Bildung dieser Kompetenzzentren an geographisch verteilten Standorten führt zu einem wachsenden Koordinationsaufwand zur Nutzung von Synergien. Die Technologiefusion und Dynamik der Wissenschaftsbindung kann einen höheren Koordinationsbedarf bei den geographisch verteilten F&E-Einheiten zur Folge haben, da das in verschiedenen Ländern spezialisierte Wissen akquiriert und gebündelt werden soll. Die zunehmende Internationalisierung von Märkten, Produktion und Technologie fördert die Internationalisierung von F&E und bewirkt einen höheren Koordinationsbedarf dieser Einheiten; das Ausmaß wird aber entscheidend von der Strategie und jeweiligen Rolle der F&E-Einheiten beeinflußt (vgl. Abschnitt III).

Insgesamt gesehen sind die international tätigen Unternehmen mit einem wachsenden Koordinationsbedarf ihrer F&E-Aktivitäten konfrontiert, denen entsprechende organisatorische Koordinationsfähigkeiten gegenüberstehen sollten. Die hier beschriebenen Wirkungen auf den Koordinationsbedarf geben grobe Richtungen an, das Ausmaß wird aber wesentlich von der strategischen Orientierung des Unternehmens beeinflußt.

2 Forschungsbedarf

2.1 Neue Studien zur Internationalisierung und Gestaltung der F&E

Um einen Überblick über den Stand der jüngsten empirischen Forschung zu gewinnen, wurden 38 Studien über multinationale Unternehmen und deren Internationalisierung von F&E betrachtet (vgl. Tab. I-1 und I-2). Maßgeblich für die Auswahl der einzelnen Untersuchungen war die Frage, wie MNU ihre F&E internationalisieren und gestalten, wobei der Schwerpunkt auf der internen Gestaltung und nicht auf externer Kooperation lag. Die Zusammenstellung beschränkt sich aus Gründen der Aktualität auf Titel nach

1988. Damit soll nicht die Bedeutung wichtiger Studien geschmälert werden, die vor allem Ende der 70er und Anfang der 80er Jahre durchgeführt wurden.[15]

Hinsichtlich der Methode/Vorgehensweise läßt sich feststellen (vgl. Tab. I-1 und I-2), daß eine große Anzahl der Untersuchungen auf Fallstudien und mündliche Befragungen zurückgreift, deren Ergebnisse sehr detailliert sind und kaum verallgemeinert werden können („Clinical Research"). Nur ein geringer Teil der Studien basiert auf quantitativen Umfragen, deren Ergebnisse meist anhand von einfachen Häufigkeitsverteilungen deskripitiv dargestellt werden. Ebenso gründen lediglich wenige Untersuchungen auf der Auswertung von Datenbanken. Der Grund dafür ist das Fehlen geeigneter Daten, die sich als Indikatoren eignen. Im Ergebnis führt dies zu einer wissenschaftlichen Debatte, die als „schmal" und „aufeinander aufbauend" bezeichnet werden kann: „Schmal" aufgrund des stark qualitativen Vorgehens und der relativ geringen Anzahl von breiten, quantitativen Studien, „aufeinander aufbauend", da viele Arbeiten unter Rückgriff auf frühere Studien versuchen, Fragestellungen zu vertiefen und eine inhaltliche Fortentwicklung zu erreichen. So können die Studien von Oesterheld und Wortmann (1988), Dörrenbacher und Wortmann (1991) sowie Wortmann (1991) auf dieselben empirischen Quellen zurückgeführt werden. Die Analysen unterscheiden sich jedoch durch Fragestellungen und Ergebnisse und weisen so eine Fortentwicklung auf. Ähnliches gilt für Håkanson und Nobel (1993, 1993a) oder Casson/Pearce/Singh (1992). Diese drei Wissenschaftler führten 1989 eine Breitenumfrage in ca. 700 führenden Unternehmen unterschiedlicher Branchen durch, welche die Grundlage für verschiedene Veröffentlichungen erst im Jahr 1993 darstellte (vgl. Casson/Pearce/Singh 1993; Casson/Singh 1993; Papanastassiou/Pearce 1993). Eine weitere Parallele bei der Nutzung von Ergebnissen besteht bei Gerpott (1990) sowie Perrino und Tipping (1991), die auf die Auswertung von 120 Interviews zurückgreifen, die von Booz-Allen & Hamilton in den 80er Jahren durchgeführt wurden.

Das Jahr der Veröffentlichung ist folglich in zahlreichen Fällen nicht mit dem Zeitpunkt der Datenerhebung bzw. -auswertung gleichzusetzen. So gehen die den Publikationen zugrundeliegenden Daten von Håkanson/Nobel (1993; 1993a) auf das Jahr 1987 zurück, bei Wortmann (1991) auf 1986/1988. Pearce (1989) nutzt Erhebungen, die teilweise noch älteren Ursprungs sind. Gegen dieses Vorgehen ist an sich nichts einzuwenden. Eine zeitliche Verzögerung ist durchaus üblich, da von Datenerhebung bis Veröffentlichung ein gewisser Zeitraum zur Auswertung benötigt wird. Außerdem ist der Aufwand zur Erhebung neuen Materials aufgrund der internationalen Ausrichtung der Fragestellungen erheblich höher als bei nationalen Untersuchungen. Ein Problem ist allerdings, daß durch die Verwendung älterer Daten neuere Trends empirisch nicht erfaßt werden und die Debatte nicht mehr auf dem neusten Stand ist.

---

[15] Thematische Vorreiter waren z.B. die Studien von Behrmann/Fischer 1980, Ronstadt 1977, Uno 1984 oder Pausenberger 1982. Vor allem Behrmann und Fischer sowie Ronstadt haben zu einem frühen Zeitpunkt mit ihren Arbeiten die Basis für viele weitere Untersuchungen gelegt. Pausenberger war in Deutschland unter den ersten Autoren, die zu diesem Thema veröffentlicht haben.

Tabelle I-1: Internationalisierung und Gestaltung von F&E in ausgewählten empirischen Studien (Teil I)

Autor/Jahr	Methode/Vorgehensweise										Aggregationsebene								Gegenstand					
	mündliche Befragung	schriftliche Befragung	Datenbk/sonst. Inf.quellen	deskr. Häufigkeiten	Regressionsanalyse	Korrelationsanalyse	Zeitreihe	Faktoren-/Clusteranalyse	Patente	Literaturzitate	Welt	Triade	Land	Technologie	Netzwerke	Unternehmen/Konzerne	F&E-Labor	F&E-Projekt	F&E-Internationalisierung	Standortverteilg/Faktoren	Struktur/Organisation	externe Schnittstellen	interne Schnittstellen	org. Lernen/Wissensgen.
Bartlett/Ghoshal (1989; 1990)											■				■	■				■	■	■	■	
Brockhoff/Boehmer (1993)		■		■				■					■			■			□	■				
Cairncross (1994)		■		■											■		■		□	■				
Cantwell (1993)			■			■	■		■							■			■	□				
Casson/Pearce/Singh (1993)	■											■					■			■	■	□		
Casson/Singh (1993)		□			■						■					■				■	■			
Coombs/Richards (1993)													■			■					■		□	
Dalton/Serapio (1993)		■		■			□		□				■				■		□	■				
Dörrenbacher/Wortmann (1991)				■									■			■			■	□				
Dunning (1994)				■					■		■	□							□	□				
Dunning/Narula (1994)			■				■		□				■						■	□		■		
Duysters/Hagedoorn (1993)			■	■			■		■			■		■	■				■	□				
Fleetwood/Mölleryd (1992)															□	■				□	■	□	■	
Freeman/Hagedoorn (1992)			■	■			■		■		■			■					■	□				
Gerpott (1990)	■											□				■				■	□	□		
Gerybadze/Meyer-Krahmer/Reger (1997)	■		■	■							■	■	□	■		■		■	■	■	■	□	■	■
Granstrand/Sjölander (1992)	■					■						■			■	■				■	■			

■ bedeutende Aspekte □ weniger bedeutende Aspekte

Tabelle I-2: Internationalisierung und Gestaltung von F&E in ausgewählten empirischen Studien (Teil II)

Autor/Jahr	Methode/Vorgehensweise										Aggregationsebene								Gegenstand					
	mündliche Befragung	schriftliche Befragung	Datenbk/sonst. Inf.quellen	deskr. Häufigkeiten	Regressionsanalyse	Korrelationsanalyse	Zeitreihe	Faktoren-/Clusteranalyse	Patente	Literaturzitate	Welt	Triade	Land	Technologie	Netzwerke	Unternehmen/Konzerne	F&E-Labor	F&E-Projekt	F&E-Internationalisierung	Standortverteilg/Faktoren	Struktur/Organisation	ext. Schnittstellen	interne Schnittstellen	org. Lernen/Wissensgen.
Håkanson/Nobel (1993; 1993a)		■						■					■				■		□	■	■			
Hedlund/Ridderstråle (1994)																□		■				■	■	
Hicks/Ishizuka/Keen/Sweet (1994)			■	■						■			■			■			□	■				
Howells (1990)													□			■			□	■	■			
Howells/Wood (1991)											■				■	□			□	■				
Kenney/Florida (1994)	■			■									■							□	■	□	■	
Meyer (1992)	□											□				■				■	■			■
Meyer/Mizushima (1989)												□				■				■	■		□	■
Nonaka/Takeuchi (1995)	■												■		■	■		■			■	□	■	■
Oesterheld/Wortmann (1988)				■									■	□		□			■	□				
Papanastassiou/Pearce (1993)		□		■									■						■	■	□			
Patel/Pavitt (1991)			■	■		■			■		■		■			■			■	□				
Pearce (1989)			□	■	■						□					■			■	■	■			
Perrino/Tipping (1991)	■											□		□		■				■	□	□		
Roberts (1995; 1995a)		■		■			□					■				■			■		■		■	
Westney (1993)	■											■		■	■	□	■			□	□	■	■	□
Wortmann (1990; 1991)				■									■			□			■	■	□			

■ bedeutende Aspekte □ weniger bedeutende Aspekte

17

Die 38 Studien wurden hinsichtlich ihrer Methode/Vorgehensweise, der Untersuchungsebene und dem -gegenstand ausgewertet. Wesentliches Ergebnis dieses Überblicks ist, daß sich die empirische Forschung bisher stark auf ökonomische Bestimmungsgründe der Internationalisierung von F&E, Faktoren der Standortwahl und auf die treibenden Kräfte für eine geographische Zentralisation oder Dezentralisation konzentriert hat (siehe Tab. I-1/I-2, Spalte: Gegenstand). Forschungsfragen über die Organisation internationaler F&E- bzw. Innovationsprozesse und über geeignete Koordinationsmechanismen innerhalb des Unternehmens wurden nur am Rande oder gar nicht thematisiert. Weniger als ¼ der 38 Studien haben das globale Management interner Schnittstellen zum Kern ihrer Analyse gemacht. Von wenigen Ausnahmen abgesehen wurden vor allem Konzerne aus den USA und Japan untersucht, Unternehmen aus Westeuropa oder dem deutschsprachigen Raum wurden vernachlässigt.

Erste Untersuchungen über das Management weltweiter Innovationsprozesse in multinationalen Unternehmen wurden vor allem von Bartlett (Harvard Businees School) und Ghoshal (INSEAD, Fontainebleau) Mitte der 80er Jahre begonnen (vgl. Bartlett/Ghoshal 1989; 1990). Auf der Basis von Interviews in neun MNU aus Westeuropa, USA und Japan wurde die Innovationsfähigkeit, organisatorische Leistungsfähigkeit und das Vermögen, weltweite Prozesse flexibel zu koordinieren, analysiert und ein neues Organisationsmodell - das „transnationale Unternehmen" - entworfen. Weitere Ausnahmen bilden die Arbeiten von Fleetwood/Mölleryd (1992), Hedlund/Ridderstråle (1994), Kenney/ Florida (1994) und Westney (1993), die im Kern die Struktur, Organisation und Koordination interner Schnittstellen behandeln. Die Studie von Gerybadze/Meyer-Krahmer/ Reger (1997) über das globale F&E-Management international tätiger Unternehmen bezieht nicht nur amerikanische und japanische sondern auch westeuropäische (vor allem deutsche und Schweizer) Konzerne ein. Eine der wenigen vergleichenden quantitativen Erhebungen ist die Studie des MIT und der PA Consulting Group (Roberts 1995; 1995a), in der im Detail das globale strategische Technologiemanagement von 95 amerikanischen, japanischen und westeuropäischen Konzernen gegenübergestellt wird; die ermittelten Daten beziehen sich auf das Jahr 1991. Die Prozesse des organisatorischen Lernens bzw. der Wissensgenerierung im globalen Zusammenhang wurden ebenfalls kaum untersucht; ausgenommen hiervon sind die Studien von De Meyer/Mizushima (1989), De Meyer (1992) oder Nonaka/Takeuchi (1995).

2.2 Forschungsschwerpunkte und Globalisierungstrends

In der Literatur über das Management multinationaler Unternehmen wurde bisher F&E und Innovation oft nicht oder nur am Rande behandelt. Die zahlreichen Veröffentlichungen zum F&E-, Technologie- und Innovationsmanagement bezogen dagegen die internationale Komponente nur am Rande ein. Granstrand, Håkanson und Sjölander (1993, 413) ist daher zuzustimmen, daß die *verschiedenen* Aspekte der Internationalisierung von F&E erst in jüngerer Zeit in der wissenschaftlichen Literatur thematisiert wurden, obwohl die Bedeutung dieser Frage von vielen Unternehmen längst erkannt worden sei. Die Koordination als zentrale Dimension der Organisation von F&E und Innovation wurde empirisch nur von wenigen Studien untersucht (vgl. Tab. I-1/I-2) und beschränkte sich meist auf die Frage der Zentralisierung versus Dezentralisierung von Entscheidungsprozessen. Meffert (1993, 24f) sieht zentrale Forschungsdefizite,[16] da sich in der Vergangenheit die Forschungsschwerpunkte auf die Bestimmungsfaktoren der Globalisierung bzw. deren Gestaltungselemente bezog und die Implementierung - die im Kern eine Koordinationsfrage ist - vernachlässigt wurde.

Insgesamt läßt sich vor allem hinsichtlich des Wissensgenerierungsprozesses an weltweit verteilten Standorten, des Wissenstransfers und der unternehmensinternen Koordination internationaler F&E-Aktivitäten ein erheblicher Forschungsbedarf konstatieren. Doch wie läßt sich dieser in andere Untersuchungen einordnen? Vor dem Hintergrund der Analyse empirischer Literatur und in Anlehnung an Meffert (1993) lassen sich grob schematisiert zentrale Schwerpunkte in der Forschung und in der Internationalisierung bzw. Globalisierung westeuropäischer Unternehmen nachzeichnen (vgl. Abb. I-3). Bis in die 70er Jahren befaßte sich die Forschung vor allem mit den Bestimmungsfaktoren der Internationalisierung („Warum?"); die Strategien der Unternehmen waren durch Exportorientierung und die Gründung lokaler Vertriebsniederlassungen gekennzeichnet. Ende der 70er Jahre vollzog sich ein Wandel der Unternehmensstrategien: Der Export von Kapital gewann gegenüber dem Warenexport erheblich an Bedeutung, Produktionsstätten und in zeitlicher Verzögerung F&E-Einheiten wurden im Ausland etabliert. Der Forschungsschwerpunkt lag auf den Gestaltungselementen der Globalisierungsstrategien („Was wird globalisiert?").

Heute internationalisieren die Unternehmen die gesamte Wertekette und versuchen, weltweite Lern- und Wissensgenerierungsprozesse zu initieren. Dazu sind flexible Organisationsformen und ein intelligentes Set verschiedener Koordinationsmechanismen notwendig. Kernfrage der Forschung ist die Implementierung der Strategien („Wie wird globalisiert?"). Dieses Buch behandelt letztere Fragestellung und ist daher in der „Wie"-Spalte anzusiedeln (vgl. Abb. I-3).

16 „Zum anderen ist eine verkürzte Sichtweise insbesondere hinsichtlich des Objektbezugs der Globalisierung festzustellen. Denn Globalisierungsstrategien gehen weit über das Marketinginstrumentarium hinaus und betreffen auch die Standardisierung, Zentralisierung, Koordination und Konfiguration weiterer Geschäftsaktivitäten, wie z.B. der Forschung und Entwicklung oder der Beschaffung" (Meffert 1993, 24).

Abbildung I-3: Forschungsschwerpunkte und Trends der Globalisierung

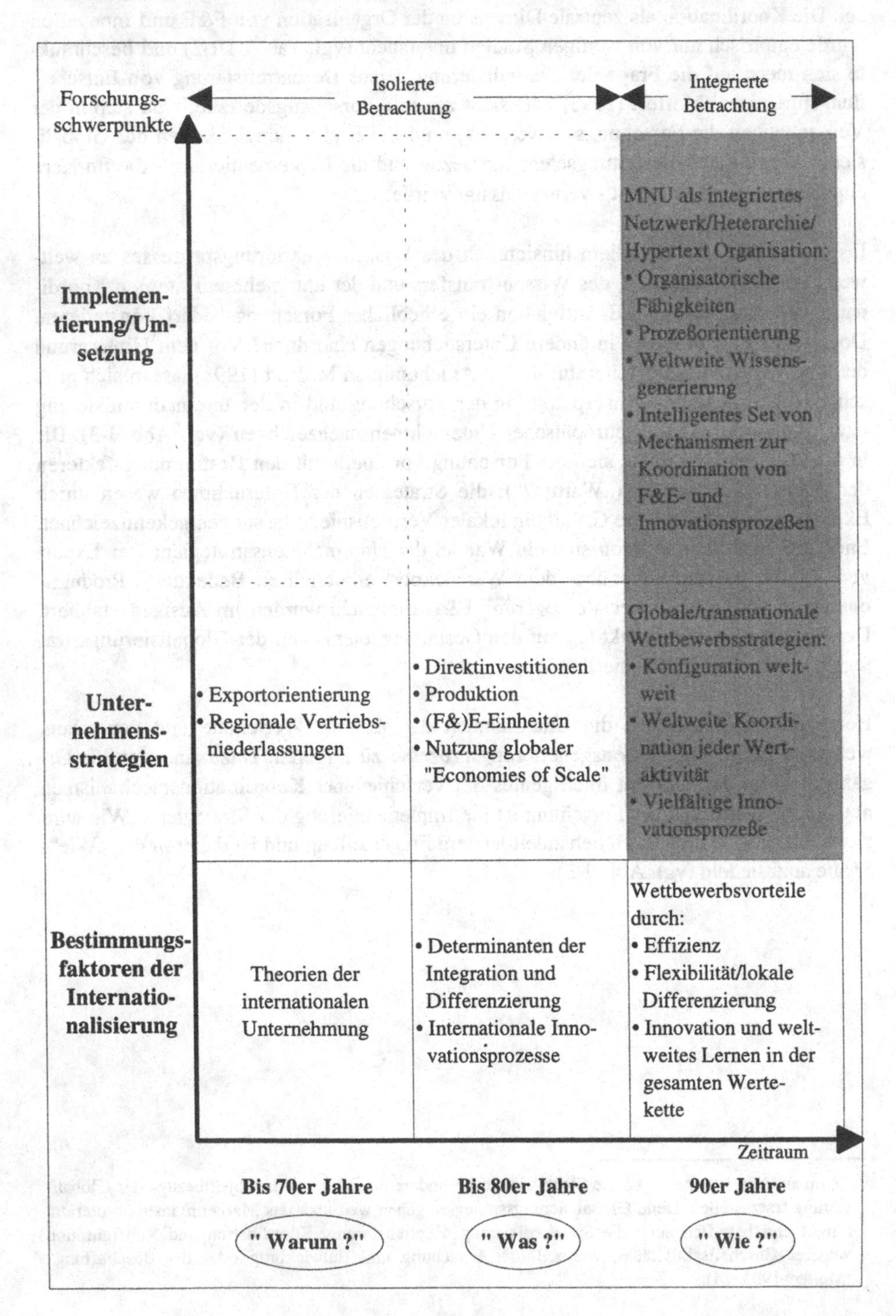

3 Zielsetzung und Thesen

3.1 Ziele der Untersuchung

Die Übersicht in Kapitel I.2 über neuere empirische Studien zeigt den Forschungsbedarf auf. Die Optimierung der Koordination der weltweiten F&E-Aktivitäten ist ein entscheidender Ansatz für das Management, um auf die nachhaltigen Trends einzugehen. Zentrale Fragestellung dieser Arbeit ist daher, mit welchen Mechanismen international tätige Unternehmen ihre F&E-Aktivitäten koordinieren können, um den Herausforderungen, die vor allem in der Beschleunigung der Produktlebens- und Innovationszyklen, im steigenden F&E-Aufwand, in der wachsenden technologischen Komplexität und in der zunehmenden Internationalisierung der Märkte, Produktion und Technologie liegen, gerecht zu werden. Ziel dieses Vorhabens ist es, einen Beitrag für eine bessere situationsadäquate Koordination der F&E-Aktivitäten von international tätigen Unternehmen zu leisten. Auf der Basis einer Literaturanalyse, von vier Fallstudien und Gesprächen in 18 multinationalen Unternehmen sollen folgende Fragen beantwortet werden:

(1) Welche Mechanismen zur Koordination der F&E-Aktivitäten von international tätigen Unternehmen existieren?
(2) Welche Faktoren und Kräfte beeinflußen die Anwendung verschiedener Koordinationsmechanismen und welche möglichen Wirkungen ergeben sich?
(3) Welches Set von unterschiedlichen Typen von Koordinationsmechanismen ist für die Erreichung der globalen Ziele von Forschung und Entwicklung und deren Einbindung in die Unternehmensstrategien geeignet?
(4) Wie kann ein situationsadäquates Modell zur Koordination der geographisch verteilten F&E-Aktivitäten international tätiger Unternehmen aussehen?

Die von Bartlett/Ghoshal entwickelte Charakterisierung der Unternehmen in vier Gruppen entsprechend ihrer Globalstrategie und Grundhaltung (international, multinational, global, transnational) sowie die Systematik in vier Typen von Innovationsprozessen wird in dieser Arbeit als Definitionsgrundlage mit einer Ausnahme übernommen (vgl. die ausführliche Darstellung in Abschnitt III): Der Begriff „multinationale Unternehmen (MNU)“ wird hier auch als Synonym für „das international tätige Unternehmen“ verwandt und stellt den Sammelbegriff für die vier Unternehmenstypen dar.

3.2 Zentrale Hypothesen

Martinez/Jarillo (1989) kommen anhand einer umfassenden Literaturanalyse über die Koordination in Unternehmen zu dem Ergebnis, daß sogenannte nicht-strukturelle und informelle Koordinationsmechanismen zunehmend an Bedeutung gewinnen und häufiger in Unternehmen eingesetzt werden. Die von den Autoren vorgenommene Einteilung der Mechanismen in die beiden Gruppen strukturelle, formale und nicht-strukturelle, informelle Koordinationsinstrumente ist allerdings sehr grob. Instrumente zur strukturierten Selbstabstimmung (vgl. Kieser/Kubicek 1992) oder die formale Struktur überlappende Mechanismen („Lateral Coordination", vgl. Galbraith 1994) werden nicht ausdrücklich hervorgehoben. Zudem stellt sich die Frage, ob die Anwendung struktureller, formaler Mechanismen durch den stärkeren Einsatz anderer Instrumente obsolet wird. Hagström und Hedlund (1994) argumentieren, daß die informelle Organisation und nicht-strukturelle Koordination die Hierarchie bzw. Zentralisation in führenden Unternehmen als grundlegendes Organisationsprinzip ablösen wird.[17] Folgt man der aktuelle Diskussion über „The Virtual Corporation" (Davidow/Malone 1992) oder Unternehmen „Jenseits der Hierarchien" (Peters 1993) so scheint es, als stünde unmittelbar die „Auflösung der Unternehmung in ein virtuelles, international verteiltes Netzwerk autonomer Gruppen" (Reichwald/Koller 1996, 228) als Patentlösung bevor. Dieses Leitbild eines Unternehmens, das aus autonomen, sich selbst steuernden Einheiten besteht, geht implizit von einer hohen Separabilität und Abgeschlossenheit der Teilaufgaben aus. Koordinationsprobleme treten aber dann auf, wenn z.B. verschiedene Kompetenzen der F&E-Labors verknüpft oder entlang der Wertschöpfungskette zwischen zentraler F&E, divisionaler F&E, Produktion und Marketing zusammengearbeitet werden muß. Treffen diese Modelle nun auf die Unternehmenswirklichkeit und auch auf die Gestaltung der F&E-Aktivitäten zu? Diese Frage führt zur Bildung folgender, aber zurückhaltender formulierten These:

(1) *Hinsichtlich der F&E-Organisation international tätiger Unternehmen ist eine Tendenz zur Dezentralisierung (Kompetenzverlagerung weg von der zentralen F&E hin zur divisionalen F&E) und Regionalisierung (Aufbau ausländischer F&E-Einheiten) festzustellen. Für die Koordination dieser F&E-Aktivitäten sind nicht allein strukturelle, hierarchische Koordinationsinstrumente sondern ein Set aus unterschiedlichen Typen von Mechanismen erforderlich, um den Koordinationsaufgaben gerecht zu werden. Die Bedeutung von nicht-strukturellen, hierarchiefreien Instrumenten zur Koordination der F&E wächst vor diesem Hintergrund. Dazu gehören die informellen und sogenannten „hybriden" Koordinati-*

[17] „Task forces, information systems, etc. are subsidiary mechanisms for control and coordination but they are seen as compensation for 'minor' shortcomings of the hierarchy not as a replacement of the fundamental principle. We argue that the problems dicussed below are so important that a more fundamental reassessment of hierarchy is going on in leading firms. Aspects such as informal organizations, temporary teams and information systems then become the foundation of internal structure rather than embellishments on a hierarchical edifice" (Hagström/Hedlund 1994, 7).

onsmechanismen sowie die Etablierung interner Märkte zum Austausch der F&E-Leistungen. Diese Relevanzzunahme bewirkt jedoch nicht die Auflösung der Hierarchie in der F&E-Organisation und den Ersatz der strukturellen, formalen Mechanismen sondern deren Ergänzung durch die anderen Koordinationsinstrumente.

Die zukünftigen Quellen von Innovationen liegen in der neuen Kombination verschiedener Technikgebiete und sind immer weniger einer einzelnen Technik zuzuordnen. Schließt man sich dieser Aussage an, dann liegt es im Interesse des Gesamtunternehmens, Wissen aus den verschiedenen F&E-Einheiten und Divisionen bzw. Geschäftsbereichen zusammenzuführen, um Synergieeffekte zu erzielen. Daher dürfte das Management von Querschnittstechnologien und -themen wesentlich an Bedeutung gewinnen. Durch die Etablierung strategischer Geschäftseinheiten und die Forcierung des Profit-Center-Prinzips haben sich rasch „Bereichsegoismen" und autonome Organisationseinheiten herausgebildet, die nach eigenem Erfolg streben. Ein Spannungsfeld ergibt sich in den Unternehmen, wenn die Teilsysteme den Nutzen der unternehmensinternen Zusammenarbeit nicht sehen und sogar fürchten, eigenes Wissen an andere Einheiten zu verlieren und ihre Erfolgsposition damit intern relativ zu verschlechtern. Erforderlich werden dann Mechanismen, die diese inneren Barrieren abbauen und Synergien herstellen können. Wie reagieren die Unternehmen darauf? Diese Frage führt zu einer zweiten These:

(2) *In vielen Unternehmen besteht das Problem, daß die F&E-Abteilungen der zentralen Forschung bzw. der Geschäftsbereiche meist nach technischen Disziplinen organisiert sind. Zudem werden durch die Etablierung strategischer Geschäftsbereiche (multidivisionale Struktur) und des Profit-Center-Prinzips konzernübergreifende Querschnittsthemen be- oder verhindert. Die Unternehmen schaffen sich daher Koordinationsmechanismen, um zwischen den Organisationseinheiten und auf unterschiedlichen Hierarchieebenen die verschiedenen Technikgebiete und Funktionen zusammenzubringen und konzernübergreifende Synergien für die Zukunftsgeschäfte herzustellen. Besonders geeignet sind hierfür die „hybriden" Koordinationsmechanismen, die quer zur formalen Aufbauorganisation liegen.*

Die Forschung über die internationalen Aktivitäten multinationaler Unternehmen war zu Beginn der 80er Jahre von der These bestimmt, daß mit einer Globalisierung der Bedarf an einer Zentralisation und strukturellen Koordination zunimmt. Diese Annahmen waren stark geprägt von Untersuchungen über Marketing und Produktion und hatten als Ausgangspunkt globale Rationalisierungsstrategien zur Realisierung von Skaleneffekten und Synergien. Auf internationale F&E-Aktivitäten läßt sich diese These jedoch nicht übertragen. Eine starke Zentralisierung des Entscheidungsprozesses in Verbindung mit einer sehr formalisierten Planung dürfte zu Inflexibilität führen, die den Prozeß des technologischen Lernens und der Wissensgenerierung in F&E hemmen oder sogar lähmen (vgl. De Meyer 1992). Die Ergebnisse empirischer Studien stimmen weitgehend darin überein, daß die Internationalisierung der F&E multinationaler Unternehmen gemessen am ausländischen F&E-Anteil vorangeschritten ist. Uneinigkeit besteht darüber, in welchem qualitativem Ausmaße diese Entwicklung erfolgt ist und welche Rückschlüsse sich daraus für die Koordination ziehen lassen. Mittels einer Analyse der Patentaktivitäten multinationaler Unternehmen kommen Patel und Pavitt (1991, 11) zu folgendem Ergebnis: „... in spite of considerable variations among large firms based in different countries, their technological activities remained far from globalised.“ Wenn aber die F&E im Ausland nur eine qualitativ geringe innovatorische Bedeutung hat, so ist es nachvollziehbar, daß die regionale Zentralisierung der F&E-Potentiale im Stammland mit einer organisatorischen Zentralisierung der F&E-Entscheide einhergeht. Diese regionale und organisatorische Zentralisierung der F&E-Aktivitäten und besonders der Schlüsseltechnologien im Stammland ist nach Bartlett/Ghoshal (1989) bei Unternehmen mit einer globalen und internationalen Strategie anzutreffen. Zentral vom Headquarter gesteuerte Innovationsprozesse kennzeichnen diese Strategie. Die Koordination könnte sich damit auf Hierarchie und einfache, formalisierte Instrumente sowie einen effizienten unternehmensinternen Transfer von Technologie und kodifizierbarer Informationen von den ausländischen F&E-Labors zur heimischen Zentrale beschränken. Im Gegensatz dazu soll diese dritte These überprüft werden:

(3) International tätige Unternehmen gehen mehr und mehr dazu über, im Ausland Kompetenzen auch in F&E zu etablieren. Kennzeichnend für diese „transnationale“ Strategie ist der Versuch, die Vorteile globaler Integration mit den Vorteilen lokaler Anpassungsfähigkeit zu verbinden und Innovationen dort zu generieren, wo weltweit die höchsten Kompetenzen vorhanden sind. Damit rücken lokal gesteuerte und weltweit verteilte Innovationsprozesse in den Mittelpunkt der Innovationsaktivitäten. Die unternehmensinterne Koordination geographisch verteilter F&E-Einheiten erhält auf diese Weise eine neue Qualität und muß jenseits der Formalisierung und Zentralisierung der Macht und des Entscheidungsprozesses im Stammland die Bandbreite von Koordinationsinstrumenten, d.h. mehr die hybriden, informellen und marktlichen Mechanismen, nutzen. Mit der Verlagerung von technologischen Kompetenzen und Ressourcen in ein strategisches Umfeld im Ausland haben insbesondere die japanischen Firmen erhebliche Schwierigkeiten. Zudem wird die japanische Organisationskultur auf die Auslandslaboratorien übergestülpt und führt zu erheblichen Managementproblemen.

Die Koordination von F&E und die Auswahl von Koordinationsmechanismen wird von Unternehmen zu Unternehmen sehr unterschiedlich gehandhabt. Offenbar gibt es jedoch signifikante Unterschiede in der Koordination von F&E in japanischen und westeuropäischen Unternehmen, die unter anderem auf generelle Unterschiede in der Unternehmenskultur und der Grundhaltung des Managements basieren. Beide Faktoren werden so zu relevante Einflußgrößen für die Koordination der F&E-Aktivitäten. Studien anderer Autoren beschreiben die Vorteile zahlreicher japanischer Konzerne, die vor allem in einer besseren Integration von F&E in die Konzern- und Geschäftsbereichsstrategien und Koordination konzernübergreifender Themen (vgl. z.B. Hedlund/Nonaka 1993) sowie einer sehr guten Abstimmung zwischen F&E, Produktion und Marketing (vgl. z.B. Westney 1994) gesehen werden. Diese Wettbewerbsvorteile können möglicherweise zu einem großen Teil durch die Nutzung geeigneter Koordinationsmechanismen erklärt werden. Eine vierte These lautet daher:

(4) *Ein wesentlicher Vorteil von japanischen multinationalen Unternehmen ist die hohe Bedeutung, die den informellen Koordinationsmechanismen - insbesondere der Schaffung einer übergreifenden Unternehmenskultur (Sozialisation) - zugemessen wird. Dagegen unterschätzen die westeuropäischen Unternehmen die Koordinationsfunktion dieser Mechanismen und betonen eher strukturelle, formale sowie marktliche Koordinationsinstrumente. Diese „Kunst" der japanischen Unternehmen zur Nutzung der informellen Mechanismen für die Koordination bewährt sich bei der Integration der zentralen F&E in die Unternehmensstrategien, bei der Einbindung der zentralen F&E in andere Elemente der Wertekette und die Geschäftsbereiche und der konzernübergreifenden Koordination.*

Die Koordination der F&E-Aktivitäten unterscheidet sich - so die Annahme - erheblich entsprechend der jeweiligen Schnittstelle bzw. Koordinationsaufgabe. Diese beeinflußt somit die Auswahl geeigneter Koordinationsmechanismen. Als wichtigste Koordinationsaufgaben lassen sich aus den ökonomischen und technologischen Trends die Integration von F&E in die Konzern- und Geschäftsbereichsstrategien, die Koordination der zentralen F&E mit der divisionalen F&E, das Management von Querschnittstechnologien bzw. -themen und die Koordination international verteilter F&E-Einheiten ableiten. Für das Unternehmen besteht die Herausforderung darin, die organisatorischen Fähigkeiten zur funktions-, konzern- und länderübergreifenden Koordination zu entwickeln und zu pflegen. Die fünfte These lautet:

(5) *Die Ausgestaltung der Schnittstellen bzw. der Koordinationsaufgabe wirkt direkt auf den Koordinationsbedarf in F&E und die Auswahl bestimmter Koordinationsmechanismen. Wesentliche Unterschiede ergeben sich zwischen den vier Aufgaben Integration von F&E in die Unternehmensstrategien, Koordination der Zentralforschung mit der Entwicklung der Divisionen/Geschäftsbereiche, Management von Querschnittstechnologien bzw. -themen und Koordination der ausländischen F&E-Einheiten. Das Unternehmen muß die entsprechenden organisatorischen Fähigkeiten herausbilden, vorhalten und pflegen, um den funktions-, konzern- und länderübergreifenden Koordinationsbedarf zu erfüllen.*

Übereinstimmung besteht in der Literatur weitgehend darüber, daß sowohl der Umweltkontext des Unternehmens als auch die Strategie nur mittelbar über die Differenzierung auf die Koordination wirken. Diesen Zusammenhang verdeutlicht zu haben, ist sicher ein Verdienst des situativen Ansatzes. Der direkte Einfluß von Parametern des F&E- bzw. innovationsspezifischen Kontextes auf die Koordination der F&E ist aber umstritten. Während in einem Teil von Untersuchungen von einem indirekten Zusammenhang zwischen F&E- und innovationsspezifischem Kontext und Koordinationsbedarf via der Differenzierung ausgegangen wird, betonen andere Studien eine direkte Wirkungsbeziehung bei einzelnen Parametern wie Innovationshöhe, Innovations- und F&E-Phasen. Daher soll folgende sechste These überprüft werden:

(6) *Die F&E- bzw. innovationsspezifischen Kontextparameter Innovationshöhe und F&E- bzw. Innovationsphasen beeinflussen unmittelbar den Koordinationsbedarf: Forschungsaktivitäten müssen daher mit anderen Mechanismen als die experi-*

mentelle Entwicklung und radikale Innovationen anders als inkrementale Innovationen koordiniert werden.

4 Konzeption

4.1 Eingrenzung der Untersuchung

Gegenstand dieses Buchs ist die Konfiguration und Koordination der geographisch verteilten F&E-Aktivitäten von international tätigen Unternehmen in Westeuropa und Japan. Kern sind hierbei die konzernübergreifenden, zentralen F&E-Aktivitäten und die Koordination der ausländischen F&E-Einheiten. Zu den heimischen konzernübergreifenden F&E-Aktivitäten zählen die zentrale Forschung sowie angegliederte Laboratorien und zu den ausländischen F&E-Einheiten Forschungslabors, Entwicklungslabors, Technikzentren bzw. Forschungsgruppen. Die Fragestellung beschränkt sich auf die *unternehmensinterne* Konfiguration und Koordination von F&E, womit die wachsende Bedeutung verschiedenartiger Kooperationsstrategien auf keinen Fall mißachtet werden soll. Die führenden F&E-betreibenden MNU haben zwar an mehreren Standorten der Triade F&E-Zentren und Produktentwicklungskapazitäten eingerichtet. Zugleich versuchen diese aber auch seit Mitte der 80er Jahre über eine stark ansteigende Zahl von F&E-Kooperationen und strategischen Allianzen, mit unterschiedlichem Erfolg an institutionell und regional verteilten Kompetenzzentren Anschluß zu finden (vgl. Gerybadze 1991, 1995, 1995a; Dodgson 1993; Hagedoorn 1992; Hagedoorn/Schakenraad 1991; Herden 1992; Sydow 1992).

Hinsichtlich der internen Unternehmensstruktur und der zu untersuchenden Schnittstellen kann zwischen vertikaler, horizontaler und lateraler Koordination unterschieden werden (vgl. Galbraith 1994; Hoffmann 1980, 419ff). Als *vertikal* wird die Koordination bezeichnet, wenn es um die Ausrichtung von nachgeordneten Elementen auf die Gesamtorganisation geht. Dies ist z.B. der Fall, wenn die F&E-Strategie in die Unternehmensstrategie eingebunden wird oder Weisungen von vorgelagerte an nachgeordnete Instanzen erfolgen.[18] Die vertikale Koordination läßt sich zweifach untergliedern (vgl. Abb. I-4): Zum einen muß die jeweilige Ausrichtung und Funktion der einzelnen F&E-Aktivitäten in die Konzern- bzw. Geschäftsbereichsstrategien integriert werden. Zum zweiten müssen die ausländischen F&E-Einheiten mit der zentralen F&E im Heimatland koordiniert werden.

---

[18] Einige Autoren setzen die vertikale Abstimmung mit dem Begriff der Integration gleich, da eine untergeordnete Teilaufgabe (z.B. F&E-Planung) in eine übergeordnete aufgehe (vgl. Macharzina 1993, 340; Szyperski/Winand 1980, 115; Wild 1982, 162).

Bei der *horizontalen* Koordination werden auf der funktionalen Ebene gleichrangige Einheiten miteinbezogen, die durch Spezialisierung entstanden sind. Die horizontale Koordination besteht zum einen in der Gestaltung der Schnittstellen zwischen F&E und Produktion sowie zwischen F&E und Marketing (vgl. Abb. I-4). Zum anderen kann auch innerhalb der F&E-Aktivitäten eine Abstimmung zwischen der zentralen Forschung auf Ebene des Konzerns sowie der dezentralen Produktentwicklung der Geschäftsbereiche bzw. Sparten oder deren Tochtergesellschaften erforderlich sein. Die horizontale Koordination umfaßt die vertikale, da die Abstimmung gleichgeordneter Teile die Koordination untergeordneter Einheiten voraussetzt.

Eine dritte Ebene stellt die virtuelle (vgl. Müller 1995, 96ff) oder *laterale* Koordination dar (vgl. Galbraith 1973, 46ff; 1994, 12ff). Diese ist eine Form zur Dezentralisierung von Managemententscheidungen. Hierbei läuft der Informationsfluß und die Kommunikation nicht entlang der Hierarchie sondern quer zur vertikalen Rangordnung. Ein Beispiel ist die Integration unterschiedlicher Technikgebiete („Technology Fusion"), die in verschiedenen F&E-Abteilungen oder F&E-Labors möglicherweise weltweit verstreut vorhanden sind. Dies macht eine Abstimmung der Abteilungen bzw. international verteilten F&E-Einheiten untereinander notwendig. Ein anderes Beispiel ist die übergreifende Kooperation mehrerer Geschäftsbereiche in der Produktentwicklung. Galbraith (1994, 15) unterscheidet insgesamt drei Typen: Funktionsübergreifende („Cross-Functional"), geschäftsbereichsübergreifende („Cross-Business-Unit") und internationale laterale Koordination. Die Hierarchie kann jedoch nach Galbraith nicht vollständig ersetzt werden, laterale Koordination benötigt existierende vertikale und horizontale Strukturen.

Abbildung I-4: Richtungen der Koordination von F&E

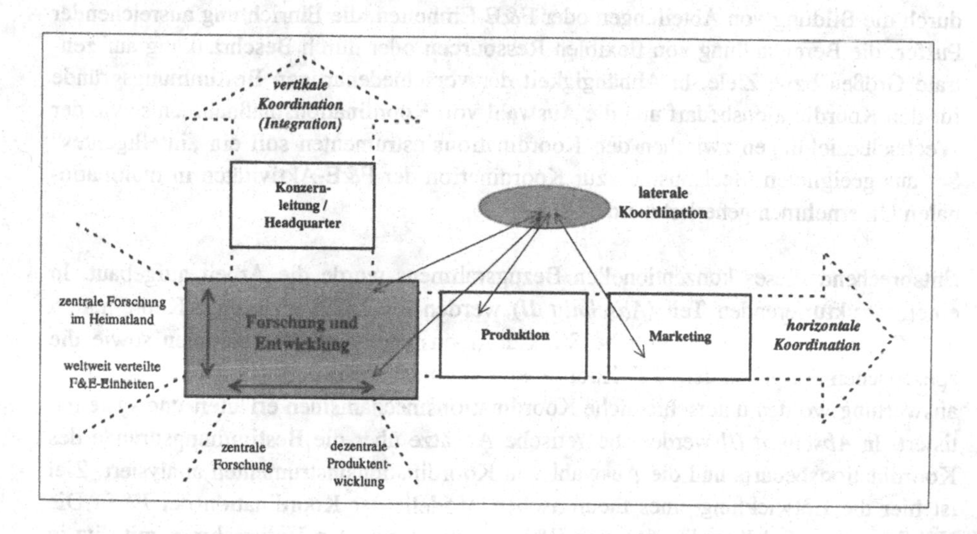

4.2 Konzeptioneller Bezugsrahmen und Aufbau der Arbeit

Im folgenden wird ein Bezugsrahmen skizziert, um die Herangehensweise zu erläutern (vgl. Abb. I-5). Dieser konzeptionelle Bezugsrahmen wird in den nächsten Abschnitten weiter ausgebaut und verfeinert. Koordinationsmaßnahmen der F&E-Aktivitäten sind kein Selbstzweck, sondern werden in bestimmten Kontexten getroffen. Die Koordination muß daher im Zusammenhang mit verschiedenen Einflußfaktoren betrachtet werden. In der Literatur werden unterschiedliche Bestimmungsgründe genannt (vgl. dazu im Detail Abschnitt III), im wesentlichen sind das die (1) Wettbewerbs- und Internationalisierungsstrategien, (2) Art und Intensität der Interdependenzen, (3) Koordinationsaufgaben, (4) Vielfalt der Innovationsprozesse bzw. die Rolle der F&E-Einheiten, (5) Unternehmenskultur bzw. Management-Mentalität und (6) Kodifizierbarkeit oder Nicht-Kodifizierbarkeit von Informationen bzw. Wissen („Explicit versus Tacit Knowledge"). Diese Faktoren haben einen unterschiedlichen Koordinationsbedarf zur Folge, der mit den für die jeweilige Situation geeigneten Koordinationsmechanismen adäquat abgedeckt werden kann.

Die einzelnen Koordinationsmechanismen werden in der Organisationstheorie unterschiedlich systematisiert. In dieser Arbeit wird eine Gliederung in strukturelle bzw. formale, hybride, informelle und quasi-marktliche Mechanismen vorgenommen, die in Abschnitt II ausführlich abgeleitet wird. Die verschiedenen Gruppen können ergänzend oder alternativ zur Deckung des Koordinationsbedarfs eingesetzt werden, es gibt also Kombinations- und Substitutionswirkungen der unterschiedlichen Kategorien (vgl. Abb. I-5). Letztendlich darf nicht vergessen werden, daß das Management prinzipiell auch über Maßnahmen zur Reduzierung des Koordinationsbedarfs verfügt, beispielsweise durch die Bildung von Abteilungen oder F&E-Einheiten, die Einrichtung ausreichender Puffer, die Bereitstellung von flexiblen Ressourcen oder durch Beschränkung auf zentrale Größen bzw. Ziele. In Abhängigkeit der verschiedenartigen Bestimmungsgründe für den Koordinationsbedarf und die Auswahl von Koordinationsmaßnahmen sowie der Wechselbeziehungen zwischen den Koordinationsinstrumenten soll ein „intelligentes" Set aus geeigneten Mechanismen zur Koordination der F&E-Aktivitäten in multinationalen Unternehmen generiert werden.

Entsprechend dieses konzeptionellen Bezugsrahmens wurde die Arbeit aufgebaut. In einem strukturierenden Teil (*Abschnitt II*) werden die Differenzierung, Koordination und Konfiguration als wesentliche Strukturdimensionen von Unternehmen sowie die spezifischen Aufgaben der F&E-Koordination dargestellt. Auf der Basis einer Literaturauswertung werden unterschiedliche Koordinationsmechanismen erläutert und systematisiert. In *Abschnitt III* werden theoretische Ansätze über die Bestimmungsgründe des Koordinationsbedarfs und die Auswahl von Koordinationsinstrumenten analysiert; Ziel ist hier die Entwicklung eines theoretischen Modells der Koordination der F&E. Die Konfiguration und Koordination von F&E in multinationalen Unternehmen mit Sitz in

Abbildung I-5: Konzeptioneller Bezugsrahmen

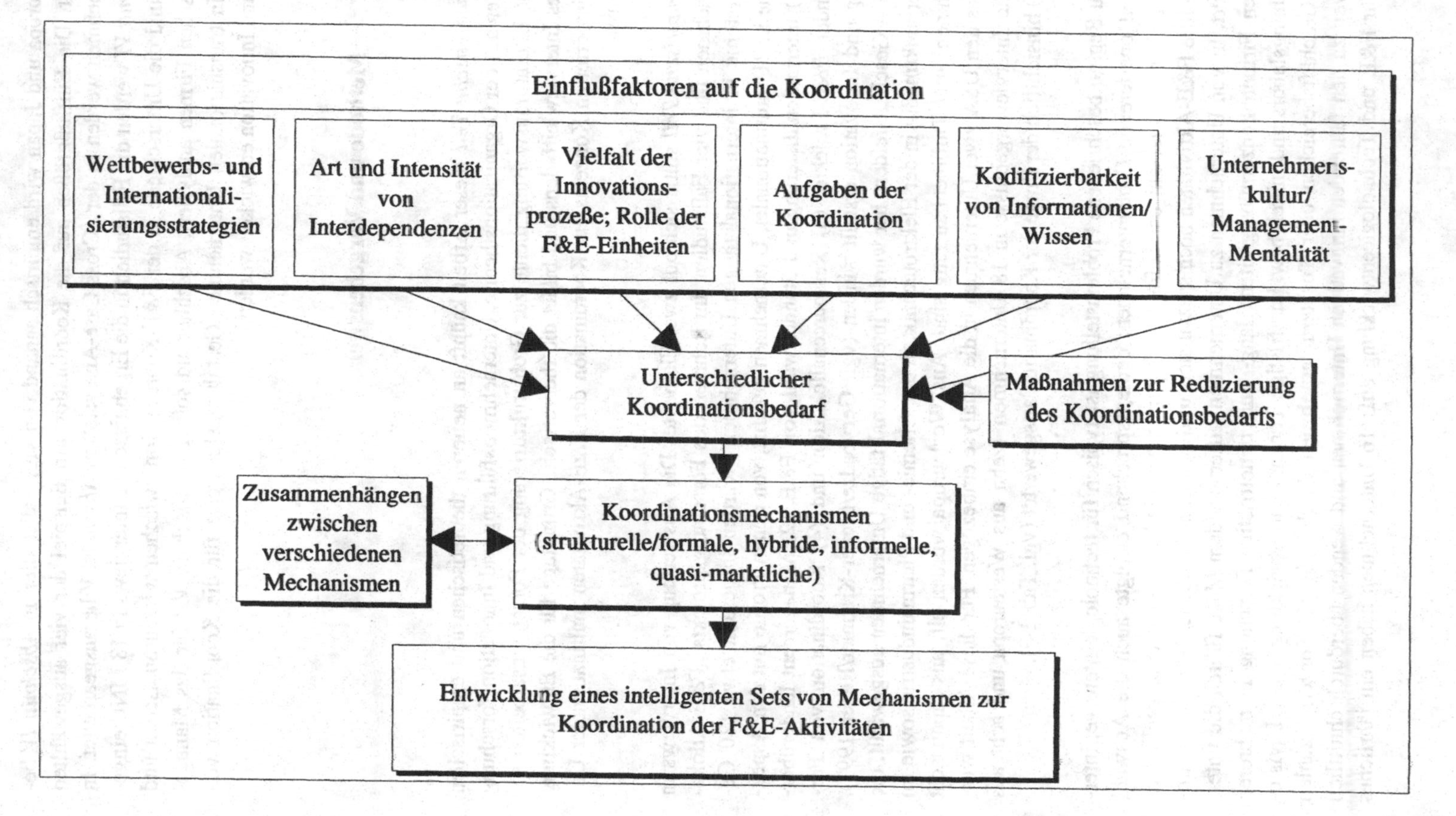

Westeuropa und Japan wird empirisch anhand von vier Fallstudien in *Abschnitt IV* behandelt. Die Einflußgrößen auf die Koordination am Beispiel der vier ausgewählten Unternehmen werden in der „Cross-Case-Analysis" in *Abschnitt V* herausgearbeitet. In *Abschnitt VI* werden die Fallstudien in die Ergebnisse der Interviews in 18 MNU eingebettet und die Unterschiede in der F&E-Koordination zwischen westeuropäischen und japanischen Firmen analysiert. Abschließend sollen in *Abschnitt VII* für das Management in transnationalen Unternehmen Gestaltungshinweise für die Koordination von F&E und Innovation entwickelt werden.

4.3 Methode und Vorgehensweise

Der *theoretische Teil* dieser Arbeit knüpft an neueren theoretischen und empirischen Arbeiten aus der Organisationstheorie, Unternehmensführung und Innovationsforschung an. Die Literaturauswertung diente zur Grobstrukturierung der Forschungsarbeiten sowie des Interviewleitfadens und bildet die theoretische Grundlage für die Entwicklung eines integrierten Konzepts zur Koordination der F&E-Aktivitäten multinationaler Unternehmen.

Der *empirische Teil* stützt sich auf zwei Elemente: Die Auswertung von Interviews in Unternehmen und vier Fallstudien. Im Rahmen des Forschungsprojekts „F&E-Allokationssysteme in international tätigen Unternehmen" wurden insgesamt etwa 120 Gespräche in 21 multinationalen Unternehmen geführt, von denen Profile mit den Aspekten (1) Internationalisierung und Standortwahl von F&E, (2) Management länderübergreifender F&E-Projekte, (3) Ressourcenallokation und (4) Koordination von Forschung und Innovation erstellt wurden (vgl. Gerybadze/Meyer-Krahmer/Reger 1997). Von den Geschäftsfeldern her wurden international tätige Unternehmen ausgewählt, die schwerpunktmäßig in der Elektrotechnik, in der Chemie- und Pharmaindustrie sowie im Maschinen- und Turbinenbau tätig sind. Aus Westeuropa wurden elf, aus Japan acht und aus den USA zwei Unternehmen in die Analyse einbezogen. Für diese Arbeit wurden die Interviewergebnisse in 18 Unternehmen (zehn aus Westeuropa und acht aus Japan) hinsichtlich der Frage der Koordination ausgewertet (vgl. Tab. I-3).

Die zu Beginn beschriebene Problemstellung ist typisch für technologieintensive, international operierende Großunternehmen; dementsprechend erfolgte auch die Auswahl der MNU. Eine Vielzahl der befragten Unternehmen sind multidivisional gegliedert, haben ihre F&E-Aktivitäten hoch spezialisiert und in unterschiedlicher Höhe internationalisiert. In von Unternehmen zu Unternehmen differierendem Maße führen die untersuchten Firmen konzernübergreifend lang- und mittelfristige Forschung in mehreren Forschungslabors und mittel- bzw. kurzfristige Technologieentwicklung in den Divisionen, Geschäftsbereichen oder Tochterunternehmen durch. Die 18 Konzerne zählen weltweit zu den führenden innovativen Unternehmen und wenden überdurchschnittlich viel für F&E und Technologieentwicklung auf: 16 Unternehmen haben ein jährliches

F&E-Budget von über 1 Mrd. DM und 12 Firmen weisen eine F&E-Intensität von 6% und mehr auf.

Tabelle I-3: Untersuchte Unternehmen

	Elektrotechnik/ Elektronik	Chemie/ Pharma	Maschinen-/ Anlagenbau/
Westeuropa	ABB Bosch Philips Siemens	BASF Ciba-Geigy Hoechst Hoffmann LaRoche Sandoz	Sulzer
Japan	Hitachi Matsushita Mitsubishi Electric NEC Sharp Sony	Eisaj Kao	

In vier Unternehmensfallstudien wurden die Aspekte der Koordination von Forschung und Innovation vertieft analysiert.[19] Die Informationen stammen aus (1) Geschäftsberichten und Firmendarstellungen zu Forschung und Entwicklung, (2) Firmenberichten in Zeitungen und Zeitschriften, (3) internen Materialien soweit hier verwendbar und (4) insbesondere aus Expertengesprächen in den vier Firmen. Je nach Gesprächsbereitschaft konnten Interviews auf verschiedenen Ebenen geführt werden:

- Vorstand/Board of Directors: Vorstandsmitglied zuständig für Forschung und Technologie, Chief Technology Officer;
- Zentrale Forschung/Corporate R&D: Leiter/Senior Managing Director;
- Planung: Leiter bzw. Mitarbeiter konzernübergreifender F&E-Planungsgruppen;
- Forschungslaboratorien: Direktoren, Abteilungs- und Gruppenleiter von in- bzw. ausländischen F&E-Laboratorien;
- Querschnittsprojekte/Technologieplattformen: Leiter/Managing Director;
- Projekte: Leiter länderübergreifender F&E-Projekte.

Die Unternehmen für die Fallstudien wurden nach verschiedenen Kriterien ausgewählt. Zum einen sollten westeuropäische und japanische Firmen gegenübergestellt werden, um die Identifizierung kultureller Unterschiede zu ermöglichen. Zum anderen wurde darauf geachtet, daß das Muster der F&E-Internationalisierung unterschiedlich ist: Der

[19] Für die Bereitschaft zu den (zum Teil mehrfach geführten) Interviews möchte ich mich bei den Gesprächspartnern und Unternehmen herzlich bedanken. Ohne deren Unterstützung wäre diese Studie nicht möglich gewesen. Besonderer Dank gilt den Gesprächspartnern bei Hitachi, Philips, Siemens und Sony, die sich zu den Unternehmensfallstudien bereiterklärt haben.

F&E-Auslandsanteil am Umsatz beträgt bei Philips etwa 50% und ist höher als bei Siemens mit einem F&E-Auslandsanteil von 28% der Gesamtbeschäftigten. Sony's F&E-Auslandsanteil von etwa 6% ist höher als der von Hitachi, der bei ca. 3% liegt. Ein weiteres Auswahlkriterium war die technologische Diversifikation. Hitachi und Siemens decken eine ausgesprochen hohe Bandbreite verschiedenster Produkte und Technologien ab.[20] Mit Philips und Sony wurden Konzerne aus dem Bereich der Konsumgüterelektronik und Unterhaltungsindustrie ausgewählt. Die Ergebnisse der vier „Case Studies" werden zu den Befunden aus den Interviews in den 18 Unternehmen in Beziehung gesetzt. Mit diesem Vorgehen wird sowohl eine Vertiefung (durch die Fallstudien) als auch eine Relativierung (durch die Auswertung der Gespräche) erzielt.

Die Durchführung der Interviews orientierte sich am Vorgehen, das in der empirischen Sozialforschung problemorientiert dargestellt wird (vgl. Friedrichs 1985), und erfolgte mit Hilfe eines strukturierten Interviewleitfadens. Bei der Datengewinnung richtete sich der Forschungsablauf an den beiden Prinzipien der qualitativen Sozialforschung[21] „Offenheit" und „Kommunikation" aus (vgl. Froschauer/Lueger 1992, 16ff). Der strukturierte Gesprächsleitfaden (vgl. Anhang Tab. A-1 und A-2) wurde mit unterschiedlichen Experten diskutiert und mehrmals überarbeitet. Die Erstellung der Fallstudien orientierte sich an der Methode der „Case Study Research" von Yin (1988).

Im Rahmen des vom BMBF finanziell unterstützten Forschungsprojekts „F&E-Allokationssysteme in international tätigen Unternehmen" wurden am Lehrstuhl Prof. Gerybadze regelmäßig Expertenrunden mit externen Sachverständigen („Senior External Advisors") aus Wissenschaft und Industrie initiiert. Diese Workshops kamen auch dieser Arbeit zugute, da auch die eigenen Hypothesen und Ergebnisse aus den Unternehmensgesprächen vorgestellt und diskutiert werden konnten; daneben wurden individuell Gespräche noch mit weiteren Experten durchgeführt (siehe Vorwort). Dadurch ergab sich ein iterativer Forschungsprozeß, der diese Studie zeitlich gewiß nicht beschleunigt aber die Fragestellungen und Ergebnisse sicherlich verbessert hat. Insgesamt gesehen war die Forschungsstrategie heuristisch und auf die Beschreibung neuer Entwicklungen in der Koordination von Forschung und Innovation in multinationalen Unternehmen ausgerichtet; die weitere Zuspitzung auf Einzelfragen ergab sich im Verlauf dieses Verfahrens. Die Erfahrungen aus der unternehmerischen Praxis sollten gleichermaßen wie die Theorie diesen Suchprozeß beflügeln.

---

[20] Diese Aussage wurde gleichermaßen von Siemens- und Hitachi-Mitarbeitern bestätigt (vgl. dazu auch Miyazaki 1995).

[21] Das Prinzip der Offenheit besagt, daß die theoretische Strukturierung des Forschungsgegenstands zurückgestellt wird, bis sich diese durch die Forschungssubjekte herausgebildet hat. Das bedeutet, daß sich z.B. die Forschungsfrage dem Forschungsverlauf anpassen sollte, der Forschungsablauf flexibel sein soll, den befragten Personen keine Vorannahmen aufgedrängt werden oder viele Interpretationsvarianten mitberücksichtigt werden. Das Prinzip der Kommunikation geht davon aus, daß der Forscher nur Zugang gewinnt, wenn eine Kommunikationsbeziehung mit dem „Forschungssubjekt" eingegangen wird und dessen Regelsystem der Kommunikation in Geltung gelassen wird (vgl. Froschauer/Lueger 1992).

II. DIFFERENZIERUNG, KOORDINATION UND KOORDINATIONSMECHANISMEN VON F&E

Forschung und Entwicklung ist in multinationalen Unternehmen (MNU) hoch differenziert und von Unternehmen zu Unternehmen in unterschiedlichem Maße internationalisiert. F&E-Aktivitäten müssen daher in Teilaufgaben gegliedert und auf mehrere organisatorische Einheiten bzw. Instanzen verteilt werden. Diese Differenzierung erfordert eine horizontale, vertikale und laterale Koordination, um die gesteckten Ziele in F&E, der Geschäftsbereiche und des Konzerns zu erreichen. Dazu sind geeignete Mechanismen zur Koordination der geographisch verstreuten F&E-Aktivitäten notwendig. Dieser Abschnitt hat zum Ziel:

(1) den Zusammenhang zwischen Differenzierung, Koordination und Konfiguration als elementare Dimensionen der Organisationsstruktur darzustellen,
(2) die spezifischen Aufgaben der Koordination von F&E zu ermitteln,
(3) potentielle Mechanismen zur Koordination von F&E in international tätigen Unternehmen zu systematisieren und im einzelnen zu beschreiben,
(4) auf Basis der vorangegangenen Kapitel ein aufgabenspezifisches Konzept für die Auswahl einzelner Koordinationsmechanismen zu entwickeln.

1 Differenzierung, Koordination und Konfiguration als strukturelle Grundprinzipien der Organisation

Entsprechend dem situativen Ansatz in der Organisationstheorie können fünf Dimensionen der formalen Organisationsstruktur (kurz: Strukturdimensionen) bestimmt werden, die im Zusammenhang mit der Analyse der Einflußgrößen und Wirkung von Organisationsstrukturen relevant sind (vgl. Kieser/Kubicek 1992). Diese Strukturdimensionen beschreiben Merkmale, welche die Art und das Ausmaß der organisatorischen Regelungen eines Unternehmens erfassen. Durch diese Festlegung wird ein Raum von Möglichkeiten bzw. Merkmalen geschaffen, in dem die Eigenschaften realer Organisationen abgebildet und die Strukturen insgesamt eingeordnet werden können. Zu diesen fünf Strukturdimensionen (vgl. Abb. II-1), die wiederum jeweils aus verschiedenen Teildimensionen bestehen, werden gezählt (vgl. Kieser/Kubicek 1992; Lawrence/Lorsch 1967; Grochla 1982; Hill/Fehlbaum/Ulrich 1989; Hoffmann 1980): (1) Differenzierung bzw. Spezialisierung, (2) Koordination, (3) Konfiguration, (4) Entscheidungsdelegation bzw. Kompetenzverteilung sowie (5) Formalisierung.

Hier wird lediglich auf die drei erstgenannten Strukturdimensionen eingegangen, da ein starker innerer Zusammenhang zwischen Differenzierung/Spezialisierung, Koordination und Konfiguration besteht. In ihrer Auffassung über die „Dimensions of Organization

Structure“ beschreiben beispielsweise Pugh/Hickson/Hinings/Turner (1968) die fünf Dimensionen (1) Spezialisierung, (2) Standardisierung, (3) Formalisierung, (4) Zentralisierung und (5) Konfiguration. Wenn die Standardisierung, Formalisierung und Zentralisation als Subelemente der Koordination begriffen werden, kann eine Organisation hinlänglich durch Spezialisierung, Koordination und Konfiguration beschrieben werden. Die Differenzierung bzw. Spezialisierung und die Integration bzw. Koordination bilden nach Macharzina (1993a, 365f) die Kerninstrumente der organisatorischen Gestaltung, da deren Aufgabe in der Zerlegung des Unternehmens in Einzelaufgaben und der Zusammenfassung zu organisatorischen Aufgabengesamtheiten besteht. Ein Ergebnis dieses Gestaltungsprozesses ist die Konfiguration. Im folgenden sollen diese drei wichtigsten Dimensionen und deren Wechselbeziehungen beschrieben werden.

Abbildung II-1: Dimensionen der formalen Organisationsstruktur

1.1 Differenzierung als erste Strukturdimension

Das Ausgangsproblem jeder organisatorischen Strukturierung ist das Phänomen der Differenzierung. Da die in Zielen fixierte Gesamtaufgabe einer Organisation zu umfangreich ist bzw. wurde, werden die notwendigen Aktivitäten zur Erreichung der Ziele in Teilaufgaben gegliedert und auf mehrere Organisationsmitglieder verteilt. Diese Arbeitsteilung ist in der Organisationslehre ein strukturelles Grundprinzip, das eine rationale (d.h. wirtschaftliche) Zielerreichung sichern soll (vgl. Macharzina 1993, 365; Kieser/Kubicek 1992, 74ff). Differenzierung führt zur Spezialisierung, wenn die Unternehmensmitglieder unterschiedliche Aufgaben übernehmen. Differenzierung bzw. Spezialisierung hat zwangsläufig zum Ergebnis die Bildung von Stellen bzw. größeren organisatorischen Einheiten (z.B. Gruppen, Abteilungen, Bereiche, Divisionen), wobei entscheidend ist, welche Art und welcher Umfang von Stellen bzw. Subsystemen erforderlich ist. Von der Spezialisierung wird eine erhöhte Wirtschaftlichkeit der Aufgabenerfüllung durch Lerneffekte erwartet, die allerdings zu erheblichen Flexibilitätsnachteilen führen kann.

In Großunternehmen kommen auf verschiedenen Hierarchieebenen und selbst auf einer Ebene unterschiedlichste Formen der Arbeitsteilung vor. Die Zerlegung von größeren Aufgabenkomplexen in Teilaufgaben erfolgt nach verschiedenen Kriterien.[1] Im Hinblick auf die Makrostruktur des Unternehmens sind im wesentlichen die beiden Kriterien „Verrichtung" und „Objekt" von Bedeutung:

(1) *Verrichtung:* Dabei werden alle Teilaufgaben zusammengefaßt, die gleichartige Handlungsvollzüge erfordern. Eine verrichtungsorientierte Form liegt z.B. vor, wenn ein Unternehmen in die verschiedenen Funktionen Forschung und Entwicklung, Produktion, Marketing, Vertrieb gegliedert ist.

(2) *Objekt:* Hier erfolgt die Bündelung der Teilaufgaben entsprechend einem bestimmten Arbeitsgegenstand bzw. -gebiet. Beispiele sind eine Ausrichtung des Unternehmens nach Produkten, Dienstleistungen, Regionen oder Kunden.

Mit der Differenzierung wird die Abstimmung mit den verschiedenen einzelnen Stellen schwieriger. Eine Möglichkeit zur Verringerung von Steuerungsproblemen besteht in der Bildung von größeren organisatorischen Einheiten („Abteilungen"), die mehrere Stellen zusammenfassen, und denen Leitungsstellen (sog. „Instanzen") zugeordnet werden. Diese Instanzen nehmen Leitungsaufgaben wahr und sind mit besonderen Rechten und Pflichten ausgestattet, bei denen es sich vor allem um Entscheidungs- und Weisungsbefugnisse sowie um die Übernahme von Verantwortung handelt. Von einer Abteilungsbildung wird folglich nur dann gesprochen, wenn Instanzen mit entsprechenden Geschäftsführungs-, Vertretungs- bzw. Direktionsrechten und Aufsichtspflichten eingerichtet werden. Dies ist beispielsweise bei der Bildung einer zeitlich befristeten Arbeitsgruppe oder eines Projektteams nicht der Fall. Die Abteilungsbildung kann nicht nur eine einstufige sondern auch eine mehrstufige hierarchische Gliederung des Stellengefüges ergeben.

Bei der Abteilungsbildung sollte deren Aufgabenbereich so autonom wie möglich - d.h. weitgehend unabhängig von den Aufgaben anderer Abteilungen - gestaltet und die abteilungsübergreifende Koordination minimiert werden, da ansonsten keine wirksame Delegation erfolgen kann. Folglich sollten der „neuen" Abteilung diejenigen Teilaufgaben und Stellen zugeordnet werden, die hohe arbeitsbezogene Abhängigkeiten („Interdependenzen") aufweisen. Die strategische Orientierung der Unternehmung und die

[1] Kosiol (1976, 45ff) unterscheidet nach den fünf Kriterien Verrichtung, Objekt, Rang, Phase, Zweckbeziehung.

Autonomie der Abteilung beeinflussen sich gegenseitig: In einer funktionalen Struktur liegt beispielsweise der strategische Schwerpunkt auf der bestmöglichen Nutzung von Ressourcen. Bei Produkten, die eine sehr differenzierte Marktstrategie erfordern, wird jedoch durch den dann notwendigen produktspezifischen Regelungsbedarf zwischen den Funktionen die Koordination intensiviert. Dieses Problem führt in der Regel zur Umstrukturierung des Unternehmens und der Bildung einer divisionalen Struktur mit autonomeren Hauptabteilungen.

1.2 Koordination als zweite Strukturdimension

1.2.1 Begriff und Ziele der Koordination

Aus der Differenzierung ergeben sich arbeitsbezogene Abhängigkeiten zwischen den auf Teilaktivitäten spezialisierten Organisationsmitgliedern. Da die Leistungen der einzelnen Mitglieder bzw. Subsysteme auf die Organisationsziele ausgerichtet werden müssen, sind diese abzustimmen - es entsteht ein Koordinationsbedarf. Dieser tritt überall dort auf, wo voneinander abhängige Elemente/Subsysteme durch Spezialisierung abgegrenzt wurden und deren nun dysfunktionale Wirkung eingegrenzt sowie auf das übergeordnete Ziel des Gesamtsystems ausgerichtet werden muß. Nach der Spezialisierung stellt die Koordination das zweite Grundprinzip dar, das alle Organisationen charakterisiert (vgl. Rühli 1992, 1165). In der Organisationstheorie spielt die Koordination als Komplement zur Differenzierung die entscheidende Rolle. Mintzberg (1991, 112) sieht sogar in jeder organisierten menschlichen Aktivität die zwei grundsätzlichen und entgegengesetzten Bedingungen der Differenzierung der Arbeit in verschiedene Aufgaben sowie die Koordination dieser Aufgaben zur Erfüllung der Mission vertreten. Vereinfacht gesehen kann demnach die Struktur einer Organisation als arbeitsteilig gebildete Gesamtheit der Aufgaben und deren Koordination definiert werden.

Allgemein kann „... man unter Koordination die wechselseitige Abstimmung (das Beiordnen) von Elementen eines Systems zwecks Optimierung desselben verstehen" (Rühli 1992, 1165). Damit wird Koordination teilweise von der Integration abgegrenzt, die den Akzent stärker auf das Einbinden eines Subsystems in eine bereits bestehende Ordnung legt, womit die Entstehung einer neuen, höherwertigen Gesamtheit verbunden ist. Diese Abgrenzung ist aber nicht unumstritten: Martinez und Jarillo (1991, 431) definieren Koordination enger und verstehen darunter den Prozeß der Integration von Aktivitäten, die über verschiedene Unternehmens-Niederlassungen verteilt bleiben. Sie verwenden daher die Begriffe „Koordinationsmechanismen" und „Integrationsmechanismen" als Synonym (vgl. Martinez/Jarillo 1989, 490). In dieser Arbeit wird die Integration als ein Bestandteil der Koordination explizit in die Definition mit aufgenommen.

Um den Begriff der Koordination etwas schärfer zu fassen, sollte auch die Steuerung - im Sinne einer vorausschauenden Koordination - explizit in die Definition einbezogen werden. Unter Koordination wird daher hier die wechselseitige Abstimmung, die Integration und Steuerung von verschiedenen Einheiten (Subsystemen) eines Unternehmens zur Optimierung der Zielfunktionen verstanden. Zugespitzt auf die Kernfragestellung nach der Abstimmung der F&E-Aktivitäten international tätiger Unternehmen, ist *Koordination die wechselseitige Abstimmung, Integration und Steuerung der weltweiten F&E-Aktivitäten zur Erfüllung und Optimierung der Unternehmensziele*.

Die jeweiligen Ziele der Koordination ergeben sich aus dem gesamten Zielsystem der Unternehmung, die Grundlage bilden die allgemeinen Formalziele wie z.B. Produktivität, Wirtschaftlichkeit, Rentabilität. Dazu kommen konkrete Sachziele in allen Tätigkeitsdimensionen. Zur Erreichung dieser Formal- und Sachziele soll die Koordination einen wesentlichen Beitrag leisten. Da in aller Regel ein mehrstufiges System aus normativen, strategischen bzw. operativen Zielen besteht und sich auf jeder Stufe mehrere Ziele gegenüber stehen, ergibt sich hieraus eine Vielfalt möglicher konkreter Ziele und Formen der Koordination (vgl. Rühli 1992, 1166). Die Ziele der Koordination der F&E-Aktivitäten multinationaler Unternehmen entspringen aus den jeweiligen strategischen Zielen und Problemlagen des Konzerns und sind im Detail von Unternehmen zu Unternehmen unterschiedlich. Übergeordnetes Ziel ist die Förderung zentripedaler Kräfte zum Zusammenhalt der Organisation und dem Entgegenwirken zentrifugaler Kräfte. Letztendlich wird hiermit implizit davon ausgegangen, daß in den Unternehmen ein primäres Interesse an einem Zusammenhalt der F&E-Aktivitäten existiert und die Organisationsform der Hierarchie Vorteile gegenüber derjenigen des Marktes bietet.

1.2.2 Vorauskoordination versus Feedback-Koordination

Koordination kann zum einen als vorausschauende Abstimmung („Vorauskoordination") und zum anderen als Reaktion auf Störungen („Feedback-Koordination") erfolgen (vgl. Welge 1989, 1184; Kieser/Kubicek 1992, 101ff). Die Unterscheidung in vorausschauende und reaktive Koordination ist eine wichtige Fragestellung für die Bewertung von Koordinationsmechanismen, da einzelne Mechanismen (wie Programme, Pläne) ausschließlich präventiven Charakter besitzen und nicht für die Feedback-Koordination anwendbar sind.

Bei der Vorauskoordination werden die globalen Ziele des Unternehmens in einem schrittweisen Prozeß soweit konkretisiert, bis ausführungsreife und aufeinander abgestimmte Aktivitäten vorliegen. Instrumente dafür sind Pläne und Programme, deren Wirkungen davon abhängen, daß zukünftige Entwicklungen vollständig und korrekt erfaßt bzw. prognostiziert werden. Diese Voraussetzung ist in dynamischen, unsicheren Umwelten aber nicht gegeben. Wenn eine umfassende Vorausschau möglich wäre und keine Störungen auftreten würden, wäre eine Vorauskoordination ausreichend. Da sich in der Realität aber eine Vielzahl von Störungen ereignen, werden durch diese neue Koordinationsprozesse ausgelöst, die tendenziell die hierarchischen Ebenen von unten nach oben durchlaufen. Diese Feedback-Koordination erfolgt reaktiv auf Störungen und ist dispositiv.

Der aktive und präventive Abstimmungsprozeß ist aber nicht zwingend erforderlich, da ein zielgerichtetes Verhalten auch durch eine konsequent durchgeführte Feedback-Koordination erreicht werden kann. Durch die notwendige reaktive Koordination von Störungen können Ressourcen neu verteilt und Ziele verändert werden. Viele Unternehmen versuchen jedoch, einen Teil der Abstimmung vorausschauend zu lösen und einen Rahmen für zukünftige Aktivitäten festzulegen. Ob der Schwerpunkt auf der vorausschauenden oder der reaktiven Koordination liegt, hängt im wesentlichen davon ab, welcher Aufwand mit dem jeweiligen Abstimmungsprozeß verbunden ist und inwieweit die zukünftigen Aktivitäten vorhersehbar sind.

Unter dem Aspekt der Unternehmensführung ist vor allem die Vorauskoordination relevant, die auch als Steuerung bzw. Regelung bezeichnet wird. Instrumental umfaßt der Begriff der Steuerung dann die Summe jener Mechanismen (vor allem Pläne, Programme), die sich für eine vorausschauende Abstimmung einzelner Unternehmensaktivitäten eignen (vgl. Kenter 1985; Welge 1989, 1184). Wichtig ist, die Steuerung („Control") als einen Teilaspekt der Koordination aufzufassen.

1.3 Konfiguration als dritte Strukturdimension

Die Konfiguration ist die äußere Form des Stellengefüges einer Organisation - „the 'shape' of the role structure" (vgl. Pugh/Hickson/Hinings/Turner 1968, 78) - und wird als dritte Strukturdimension der Organisation bezeichnet. Die Konfiguration wird von einigen Autoren auch mit dem Leitungssystem gleichgesetzt (vgl. Lehmann 1969b; Rühli 1980), da bei der Untersuchung der äußeren Form des Stellengefüges die mit Rechten und Pflichten versehenen Instanzen besonders beachtet werden. Ein Mittel, um das Stellengefüge und dessen Merkmale graphisch festzuhalten, sind Organigramme. Diese dürfen jedoch nicht mit der Konfiguration gleichgesetzt werden, da es bei dieser um die Analyse von Merkmalen des Stellengefüges geht, die in einem Organisationsschaubild lediglich abgebildet werden können. Zur Verdeutlichung des Begriffs sollen die wesentlichen, in der Organisationstheorie unterschiedenen Typen der Konfiguration kurz dargestellt werden.

Grundsätzlich kann zwischen den Idealtypen des Ein- und Mehrliniensystems unterschieden werden. Das Einliniensystem beruht auf dem Prinzip der Einheit der Auftragserteilung (vgl. Fayol 1929). Dieses fordert, daß jede Ausführungsstelle bzw. Instanz nur einer weisungsberechtigten Instanz untergeordnet sein soll. Eine Variante stellt das Stab-Linien-System dar, bei dem das Einliniensystem durch Stabsstellen zur Unterstützung und Beratung der Linieninstanzen ergänzt wird. Diesem steht das Mehrliniensystem von Taylor (1977) gegenüber, das die Leitungsfunktion für eine organisatorische Einheit aufgliedert und auf mehrere Instanzen verteilt. Damit werden einer organisatorischen Einheit mehrere spezialisierte Instanzen vorgesetzt. Beide Typen sind mit unterschiedlicher Zielsetzung und aus unterschiedlichen Problemlagen entwickelt worden. Das Einliniensystem soll eine klare Zuordnung von Verantwortung und eine reibungslose Koordination ermöglichen, während das Mehrliniensystem qualifizierte Weisungen bzw. Entscheidungen von Vorgesetzten durch Spezialisierung sicherstellen soll.

Beide Prinzipien sind idealtypische Vorstellungen und werden in den Unternehmen in der Regel miteinander kombiniert. Die disziplinarischen Weisungsbefugnisse und die Gesamtverantwortung werden zwar eindeutig einer Instanz übertragen, für bestimmte Fragen, die ein besonderes Fachwissen erfordern, werden funktionale Weisungsbefugnisse und die fachliche Verantwortung einer anderen Instanz zusätzlich unterstellt. Es ist folglich nicht sinnvoll, den jeweiligen Idealtyp identifizieren zu wollen, sondern vielmehr festzustellen, welche fachlichen Fragen die Kompetenzen der hauptverantwortlichen Instanzen begrenzt und wie Konflikte zwischen den Instanzen gelöst werden. Dieses System der „fachlich begrenzten Kompetenzen“ (vgl. Kieser/Kubicek 1992, 133) wird beispielsweise auch bei weltweit verteilter Forschung und Entwicklung angewandt: Das ausländische F&E-Labor ist rechtlich bzw. disziplinarisch der jeweiligen Ländergesellschaft bzw. Sparte zugeordnet, die fachliche Kompetenz und Verantwortung liegt aber bei der zentralen F&E oder dem F&E-Planungsstab.

2 Aufgaben der Koordination in Forschung und Entwicklung

2.1 Begriffe: Forschung und Entwicklung

Brockhoff (1992, 35) versteht unter Forschung und Entwicklung (F&E) eine Kombination von Produktionsfaktoren, welche die Gewinnung neuen Wissens ermöglichen soll. Im sogenannten Frascati-Handbuch der OECD wird unter F&E eine kreative Tätigkeit verstanden, die auf einer systematischen Basis erfolgt, um den Grundstock des Wissens zu erhöhen und dieses Wissen für neue Anwendungen zu nutzen. Diese allgemeine Definition wird in die drei Teilaktivitäten Grundlagenforschung, angewandte Forschung und experimentelle Entwicklung gegliedert (vgl. OECD 1993, 68ff):

- *Grundlagenforschung* ist eine experimentelle und theoretische Tätigkeit, die in erster Linie zur Erlangung neuen Wissens durchgeführt wird, um die Hintergründe von Phänomenen bzw. beobachtbaren Fakten zu ermitteln, ohne eine besondere Anwendung im Blickfeld zu haben. In der neusten Ausgabe des Frascati-Manual wurde die Grundlagenforschung in die reine bzw. zielgerichtete Grundlagenforschung unterteilt:

- Die *reine Grundlagenforschung* dient der Verbesserung der Wissensbasis, ohne eine langfristige ökonomische oder soziale Nutzung anzustreben und ohne eine Anwendung der Ergebnisse auf praktische Probleme oder den Transfer von Ergebnissen zum Ziel zu haben.
- Die *zielgerichtete Grundlagenforschung* soll eine breite Wissensbasis herstellen, die den Hintergrund für die Lösung von zukünftigen Problemen ermöglichen könnte.

- *Angewandte Forschung* dient originär ebenfalls zur Erlangung neuen Wissens; diese ist aber unmittelbar und vorrangig auf besondere praktische Ziele oder Anwendungen ausgerichtet.
- *Experimentelle Entwicklung* ist eine systematische Tätigkeit, die sich auf bestehendes Wissen bezieht, das aus der Forschung und praktischer Erfahrung resultiert; diese dient dazu, zu neuen oder wesentlich verbesserten Materialien, Geräten, Produkten, Verfahren, Systemen oder Dienstleistungen zu gelangen.

Durch die Definition von F&E über den Begriff der Wissensgewinnung ergeben sich Probleme einer klaren Abgrenzung, der das Frascati-Handbuch durch eine immer stärkere Differenzierung und Bestimmung von Abgrenzungskriterien gerecht werden möchte. Die Schwierigkeiten bei der Vergleichbarkeit oder Meßbarkeit von Aktivitäten der Wissensgewinnung können dadurch nicht beseitigt werden. Hinsichtlich der Meßbarkeit von F&E durch Methoden der empirischen Forschung ergeben sich große Probleme, die auch damit zusammenhängen, daß die Akteure des Forschungssystems wie z.B. Unternehmen jeweils eigene Definitionen von F&E verwenden. Beispielsweise nennt Philips seine zentralen F&E-Aktivitäten „Forschung" („Corporate Research") und die divisionalen Aktivitäten „Entwicklung", obwohl in der zentralen F&E auch experimentelle Entwicklung durchgeführt wird. Håkanson/Nobel (1993, 375) gehen sogar soweit, daß sie bei einer Umfrage aufgrund der Abgrenzungsschwierigkeiten all diejenigen Aktivitäten als F&E bezeichnen, die von den Unternehmen als solche benannt wurden. Trotz dieser Probleme wird hier auf die F&E-Definition der OECD Bezug genommen, da diese international am weitesten verbreitet ist und eine wertvolle, pragmatische Basis für die Beschreibung zentraler Elemente der F&E-Aktivitäten darstellt.

Die drei verschiedenen Teilbereiche der F&E weisen ein sehr unterschiedliches Profil auf (vgl. Tab. II-1). Grundlagenforschung und experimentelle Entwicklung sind dabei hinsichtlich ihrer Orientierung zwei Extrempositionen, zwischen denen die angewandte Forschung liegt. Reine Grundlagenforschung wird in Unternehmen nicht durchgeführt, diese wird immer zielgerichtet sein.

Die Grundlagenforschung besitzt einen langfristigen Zeithorizont, ihre Verknüpfung mit kommerziellen Zielen ist gering bzw. nicht vorhanden und die Unsicherheit ist relativ hoch. Einen wesentlichen Erfolgsfaktor stellt die große Nähe zur Wissenschaft dar. Das wissenschaftliche Umfeld hat eine erheblich stärkere Bedeutung, als die organisatorische Einbindung in den unternehmerischen Kontext. Die Schnittstelle zu Produktion und Marketing ist relativ unbedeutend. Für die experimentelle Entwicklung und die angewandte Forschung stellen sich diese Verhältnisse völlig anders dar (vgl. Tab. II-1). Ihr Zeithorizont ist mittel- bis kurzfristig ausgerichtet und ihre Arbeit orientiert sich an der Erreichung konkreter ökonomischer Ziele. Entsprechend hoch ist für diese beiden Teilbereiche ihre Zusammenarbeit mit den anderen unternehmerischen Funktionen.

Tabelle II-1: Charakteristika der Hauptkategorien von F&E

	Zielgerichtete Grundlagenforschung	Angewandte Forschung	Experimentelle Entwicklung
Grad/Möglichkeit der Orientierung	Zielrichtung: gering	Zielbereich: mittel/hoch	Zielpunkt: mittel/hoch
Ausrichtung auf kommerzielle Ziele	unmittelbar keine/gering	mittel/hoch	hoch
Return on Investment	langfristig	mittelfristig	kurzfristig
Zeithorizont der Tätigkeiten	langfristig	mittelfristig	kurzfristig
Grad der Unsicherheit	hoch	mittel/hoch	gering
Eintrittsbarrieren	hoch	mittel	gering

Quelle: eigene Darstellung nach Howells 1990, 135

Aufgrund des hohen Stellenwerts der Wissensgenerierung ist das F&E-Management grundsätzlich vom Management anderer Unternehmensfunktionen zu unterscheiden und hat besondere Schwierigkeiten zu bewältigen (vgl. Brockhoff 1992, 10ff): Zum einen sind F&E-Aktivitäten auf die Zukunft gerichtet, oft ist ein schneller Return on Investment nicht absehbar. Zum anderen ist der Prozeß der Wissensgenerierung mit hoher Unsicherheit behaftet und verläuft diskontinuierlich, Ergebnisse sind nicht vorhersehbar oder kalkulierbar.

2.2 Die Rolle von F&E im Innovationsprozeß

Eine Vielzahl von Studien im Bereich der Innovationsforschung hat gezeigt, daß die Wettbewerbsposition von technologieorientierten Unternehmen von kontinuierlichen, langfristig ausgerichteten F&E-Aktivitäten abhängt (vgl. Hauschildt 1993; Brockhoff 1992; Roussel/Saad/Erickson 1991; Rothwell 1991, 1993; Freeman 1990). Die Durchführung von Forschung und Entwicklung allein ist aber nicht ausreichend, um erfolgreich Innovationen hervorzubringen und diese in einen langfristigen Wettbewerbsvorteil zu transformieren. Forschung und Entwicklung ist in einen umfassenden Innovationsprozeß eingebunden und stellt einen sehr wichtigen, aber nicht den einzigen Bestandteil dieses Prozesses dar. Der Innovationsprozeß besteht im Kern aus zwei Teilen: Zum einen aus der Generierung von Ideen oder Erfindungen („Invention"), zum anderen aus der Umsetzung dieser Inventionen in ein neues bzw. verbessertes Produkt oder neue bzw. verbesserte Produktions-/Verfahrensmethoden („Exploitation"). Vereinfacht gesehen, besteht der Innovationsprozeß aus Invention und Nutzung dieser Ergebnisse („Innovation = Invention + Exploitation").

Für die Beschreibung des Innovationsprozesses existieren zahlreiche Modelle und Theorien (vgl. den ausgewählten Überblick bei Schmoch et al. 1996, 87ff). Ein einfaches Modell des Prozesses technologischer Innovation soll an dieser Stelle zur Verdeutlichung genügen (vgl. Abb. II-2). Dieses geht von einem mehrstufigen Prozeß aus, der in sechs Phasen eingeteilt werden kann (vgl. Roberts 1988, 12; Marquis 1988, 81):

(1) Erkennen von technologischen Möglichkeiten und potentieller Nachfrage,
(2) Formulierung von Ideen,
(3) Problemlösung,
(4) Prototypenentwicklung,
(5) Kommerzialisierung,
(6) Markteinführung und Diffusion.

Die F&E-Aktivitäten umfassen im wesentlichen den Prozeß der Invention, der aus den ersten vier Phasen der Erkennung von Möglichkeiten, Ideenformulierung, Problemlösung und Entwicklung von Prototypen besteht (vgl. OECD 1992). Mit der Annahme des Prototyps endet meist der Inventionsprozeß und die Kommerzialisierung bzw. Diffusion schließt sich an. Die verschiedenen Phasen des Innovationsprozesses sind aber nicht klar abgrenzbar und überlappen sich; der Prozeß verläuft nicht linear oder sequentiell.

Dieses Modell des Innovationsprozesses hat drei Implikationen. Zum einen bedeutet dies, daß Innovationen nicht notwendigerweise auf Forschung basieren müssen, sondern daß innovative Ideen auch von anderen externen Quellen wie z.B. Kunden, Zulieferern, Wettbewerbern, Universitäten oder außeruniversitären Forschungseinrichtungen stammen können. Zudem ist für eine erfolgreiche Innovation ein begleitendes Management und Marketing zur Einführung auf dem Markt notwendig. Drittens stellt F&E zwar eine notwendige, aber keine hinreichende Bedingung für den kommerziellen Erfolg von Innovationen dar.

Abbildung II-2: Schematisches Modell des Innovationsprozesses

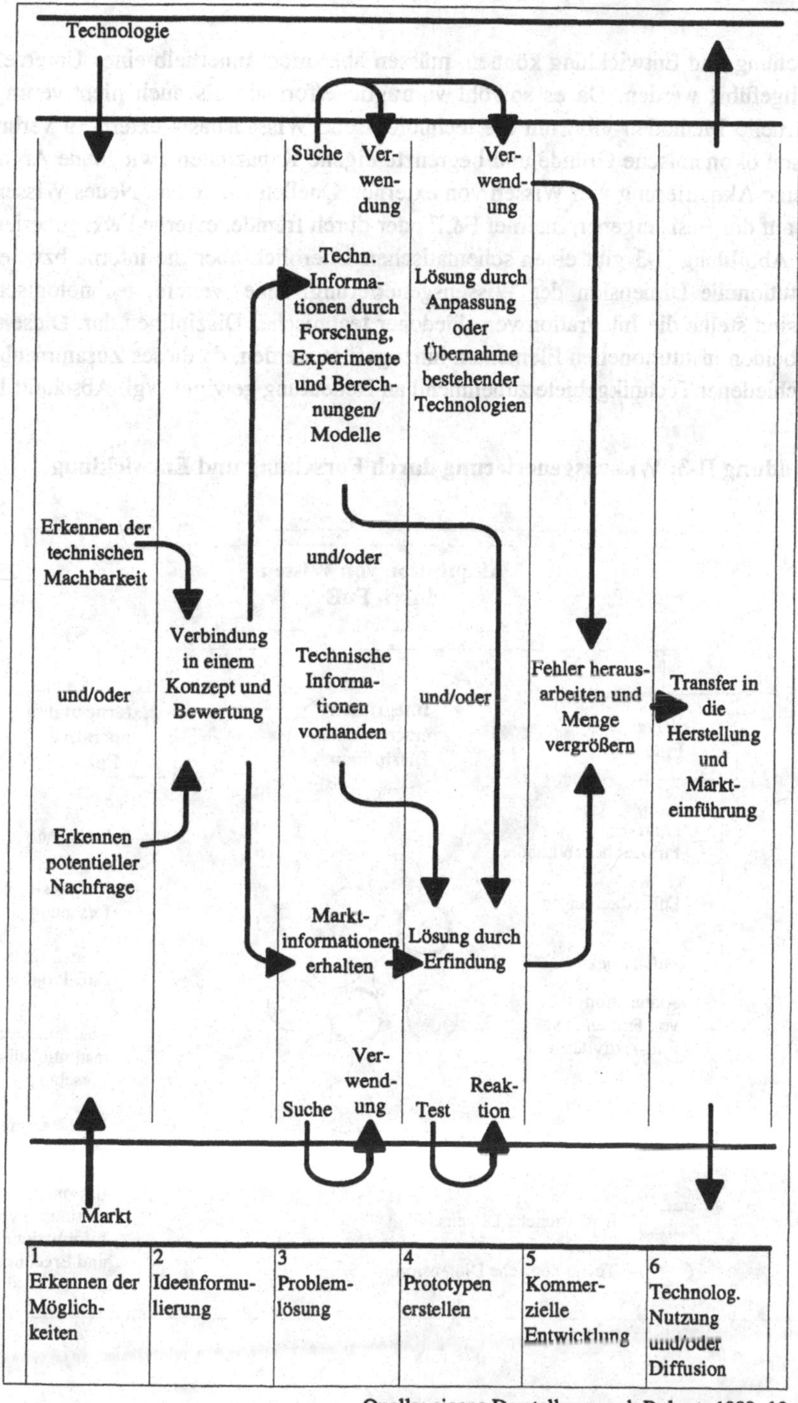

Quelle: eigene Darstellung nach Roberts 1988, 12

2.3 Aufgaben des F&E-Managements und strategische Ziele von F&E

Forschung und Entwicklung können, müssen aber nicht innerhalb eines Unternehmens durchgeführt werden. Da es sowohl vertragliche/formale als auch nicht-vertragliche/ informelle Methoden gibt, um die technologische Wissensbasis extern zu verbreitern, können ökonomische Gründe und begrenzte eigene Kapazitäten zwingende Argumente für eine Akquirierung von Wissen von externen Quellen darstellen. Neues Wissen kann also auf der Basis eigener, interner F&E oder durch fremde, externe F&E generiert werden. Abbildung II-3 gibt einen schematischen Überblick über die interne bzw. externe institutionelle Dimension der Wissensgenerierung. Eine weitere, technologische Dimension stellte die Integration verschiedener technischer Disziplinen dar. Diese soll zu den beiden institutionellen Elementen hinzugefügt werden, da dieses Zusammenbringen verschiedener Technikgebiete zunehmend an Bedeutung gewinnt (vgl. Abschnitt I).

Abbildung II-3: Wissensgenerierung durch Forschung und Entwicklung

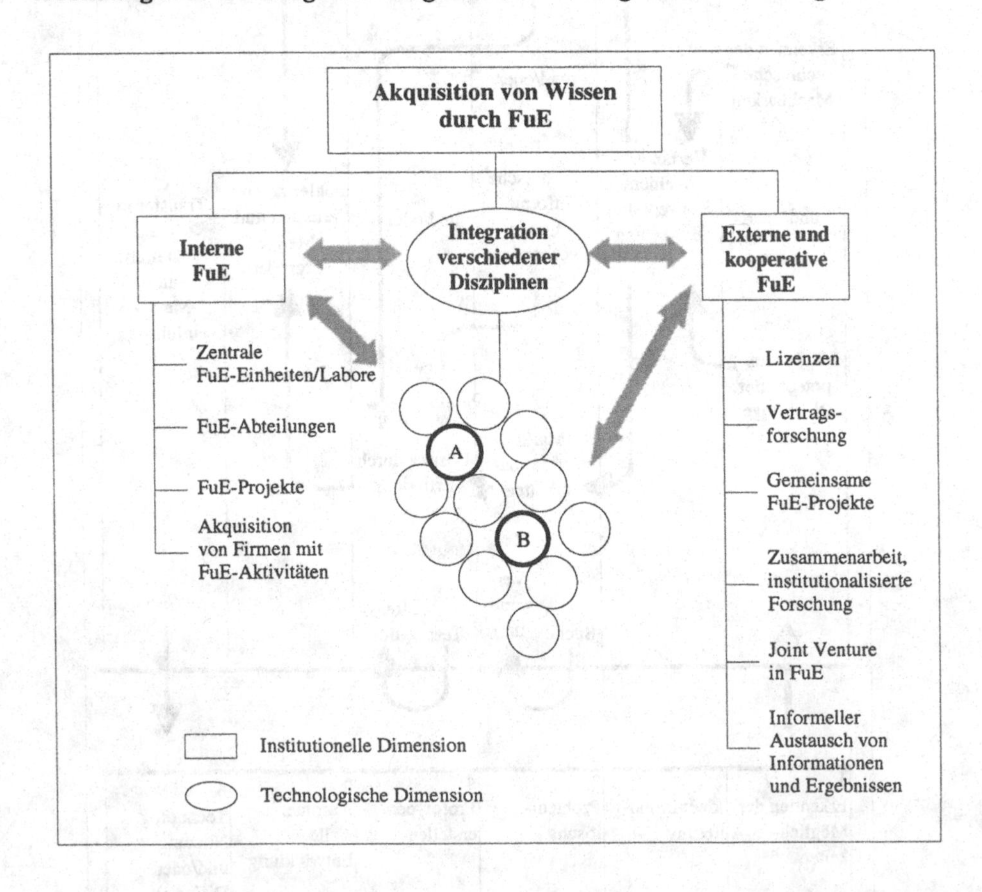

Die Gewinnung neuen Wissens erfordert spezifische methodische und inhaltliche Kenntnisse, die im Unternehmen zu einer Spezialisierung dieser Funktion führen. In F&E-betreibenden Großunternehmen bestehen neben einer zentralen F&E auf Konzernebene in den Geschäftsbereichen dezentrale F&E-Einheiten. Die zentrale F&E besteht meist aus mehreren F&E-Labors, die bei international tätigen Unternehmen weltweit verstreut sein können. Auch in den Sparten kann die F&E weiter differenziert sein, wenn z.B. eine Sparte mehrere Entwicklungslabors in verschiedenen Ländern unterhält und technische Entwicklungsabteilungen in Produktionsstätten bestehen. Durch diese komplexen Strukturen treten organisatorische Schnittstellen innerhalb von F&E sowie zwischen F&E und anderen unternehmensinternen Einheiten auf:

- Innerhalb der F&E müssen die verschiedenen Labors der zentralen F&E untereinander und die zentrale F&E mit den F&E-Einheiten der Geschäftsbereiche koordiniert werden.
- Zwischen F&E und den anderen Unternehmenseinheiten besteht Koordinationsbedarf mit der Unternehmensleitung, der Leitung von Geschäftsbereichen, zentralen Stabstellen oder anderen Funktionsbereichen wie Produktion oder Marketing.

In einem strategischen Kontext ist Forschung und Entwicklung die Basis für die konzernübergreifende Technologiestrategie. F&E strategisch zu nutzen bedeutet, diese in die Technologie- und Unternehmensstrategien zu integrieren und die F&E-Aktivitäten konzernübergreifend zu verbinden. Der Erfolg der F&E-Strategie hängt im wesentlichen davon ab, wie diese in die Gesamtstrategie des Unternehmens eingebunden ist (vgl. Kodama 1992; Roussel/Saad/Erickson 1991, 31ff). Das F&E-Management ist Teil der Unternehmensführung und hat im Kern vier strategische Aufgaben zu bewältigen:

(1) *Verteidigung, Unterstützung und Ausweitung des bestehenden Geschäfts:* Bestehende Produkte müssen modifiziert werden, um diese an veränderte Kundenbedürfnisse und verschiedene Märkte anzupassen; diese Produkte werden innerhalb der bestehenden Geschäftsfeldstruktur entwickelt.

(2) *Erschließung neuer Geschäftsfelder:* Die Wissensgenerierung in F&E zielt darauf ab, den Weg für neue Geschäftsfelder auf der Basis von bestehenden oder neuen Technologien zu ebenen.

(3) *Technologische und organisatorische Fähigkeiten erweitern und vertiefen:* Dies betrifft bestehende oder neue Geschäftschancen und zielt auf die Stärkung der Innovationsfähigkeit bzw. Wettbewerbsposition des Unternehmens in einer langfristigen Perspektive ab. Cohen und Levinthal (1989, 569) argumentieren, daß durch F&E nicht nur Innovationen generiert werden, sondern ebenso die Fähigkeit des Unternehmens entwickelt wird, Wissen aus der Unternehmensumwelt zu identifizieren, anzueignen und zu nutzen; diese organisatorische Fähigkeit wird als „Absorptive Capacity“ bezeichnet.

(4) *Prozeß des Verlernen:* Neben der organisatorischen Wissensgenerierung ist das Verlernen von vergangenem Verhalten,[2] das sich als behindernd oder erfolglos herausgestellt hat, in gleichem Maße von Bedeutung (vgl. den Literaturüberblick von Dodgson 1993). Indem Unternehmen lernen und so bestimmte formale bzw. informelle Regelungen („Routines") entwickeln und im organisatorischen Gedächtnis abspeichern, werden zwar firmenspezifische Kompetenzen in F&E erworben. Diese können das Unternehmen im Zeitverlauf aber in eine „Competence Trap" manövrieren und den Aufbau neuer firmenspezifischer Kompetenzen verhindern (vgl. Doz/Chakravarthy 1993, 12; Leonard-Barton 1992). Neben der Generierung von neuem Wissen muß daher auch der Abbau von „überkommenem" Wissen ein strategisches Ziel der F&E-Aktivitäten sein.

F&E-Management wird in dieser Arbeit aus zwei Blickwinkeln als strategisches Management aufgefaßt. Zum einen stellt F&E ein wichtiges Instrument des Konzerns bzw. Unternehmens dar, um mit Hilfe von Technologien langfristig wettbewerbsfähig zu bleiben und neue Märkte zu erschließen. Strategische F&E-Aufgaben sind daher per definitionem in das System der Unternehmensführung integriert (vgl. Kneerich 1995, 29). Zum anderen ist die Koordination der konzernweiten F&E-Aktivitäten eine Aufgabe, die als notwendiger unmittelbarer Schritt auf eine strategische Ausrichtung und Differenzierung des Unternehmens erfolgen muß (Nadler/Tushman 1988, 471). Aufgrund dieses Verständnisses und vor dem Hintergrund der Internationalisierung von F&E in multinationalen Unternehmen kann hier von einem strategischen Management internationaler F&E-Prozesse gesprochen werden. Unter strategischem Management wird in einer allgemeinen Definition eine Denkhaltung verstanden, die aus einer konzeptionellen Gesamtsicht heraus die Planung, Steuerung und Koordination der Unternehmensentwicklung anstrebt (vgl. Welge/Al-Laham 1992, 2355f). Dies umfaßt die Analyse des Umweltkontextes und der Unternehmenssituation, die Strategiekonzipierung und -implementierung, die Gestaltung des Organisationssystems sowie die Überprüfung der Strategie und der Organisation. Strategisches Management von F&E beinhaltet daher nicht nur die reaktive Anpassung an Veränderungen der Umwelt, sondern auch die bewußte proaktive Gestaltung der externen Umweltbeziehungen und der F&E-Organisation (einschließlich der Einbindung in die Unternehmensorganisation).

---

[2] Hedberg (1981, 3) macht das Verlernen zu einem zentralen Element des Lernprozesses: „Knowledge grows, and simultaneously it becomes obsolete as reality changes. Understanding involves both learning new knowledge and discarding obsolete and misleading knowledge. The discarding activity - unlearning - is as important a part of understanding as is adding knowledge. In fact, it seems as if slow unlearning is a crucial weakness of many organizations".

2.4 Modelle der Veränderungen des F&E-Managements

In der Innovationsforschung wurden verschiedene Modelle der Veränderungen des F&E- bzw. Innovationsmanagements entwickelt. In seinem Modell „Fifth Generation Innovation Process" beschreibt beispielsweise Rothwell (1991, 1993) verschiedene Stufen des Innovationsprozesses von den 50er Jahren bis heute und leitet daraus Ziele bzw. Aufgaben für ein erfolgreiches Innovationsmanagement für die Zukunft ab. In ihrem Modell „Three Paradigms Scenario for the Organisation of R&D" beschreiben Coombs/ Richards (1993) Veränderungen in der Organisation von F&E in multidivisionalen Konzernen und Maßnahmen, um die Verantwortung für F&E zwischen der Konzernzentrale und den Geschäftsbereichen auszubalancieren. Diese Modelle sind idealtypische Vorstellungen, die in der Praxis meist nicht zu erreichen sind; sie haben einen deskriptiv-normativen Ansatz und berücksichtigen nicht den Unternehmenskontext (vgl. Reger/Cuhls/von Wichert-Nick 1996, 176ff). Auf das Modell „Third Generation R&D" von Roussel/Saad/Erickson (1991) soll etwas ausführlicher eingegangen werden, da die wesentlichen Probleme eines strategischen F&E-Management in multidivisionalen Unternehmen und die Aufgaben der Koordination deutlich gemacht werden. Dieses Modell beschreibt drei verschiedene Generationen des F&E-Managements, die seit den 50er Jahren aufgetreten sind. Die drei Generationen werden anhand der Dimensionen des strategischen Kontexts, der Philosophie, der F&E-Organisation und der Technologie bzw. F&E-Strategie beschrieben.

Das F&E-Management der ersten Generation herrschte bis Mitte der 60er Jahre vor und wird durch das Fehlen eines langfristigen strategischen Rahmens für das F&E-Management charakterisiert (vgl. Abb. II-4). Es gibt keine ausdrückliche Verbindung zwischen Unternehmens-/Technologie-/F&E-Strategie. Forschung und Entwicklung werden als Gemeinkosten behandelt. Das Konzernmanagement nimmt wenig bzw. gar nicht an der Definition von F&E-Programmen oder -Projekten teil, die F&E-Ergebnisse werden kaum bewertet. Typisch für diese Generation ist die Organisation in wissenschaftliche bzw. technische Disziplinen und in Cost-Center. Es findet eine starke Zentralisierung und Konzentration der F&E auf der Konzernebene statt, während Technikentwicklung in den Sparten durchgeführt wird. Die wesentlichen Merkmale sind das Fehlen einer Verbindung zwischen zentraler und dezentraler F&E-Aktivitäten.

Im Gegensatz dazu unterscheidet sich die zweite Generation des F&E-Managements durch die Bildung eines strategischen Rahmens und einer stärkeren Bindung zwischen Unternehmens- und F&E-Management (vgl. Abb. II-4). Eine Zulieferer-/Kundenbeziehung wird zwischen F&E (als Zulieferer) und den verschiedenen Divisionen (als Kunden) etabliert. Grundlegende, angewandte Forschung wird zentral auf Konzernebene und technische Entwicklung in den Divisionen durchgeführt. Matrix- und Projekt-Management wird angewandt, und die Projekt-Manager sind verantwortlich für die Projektplanung, die Mobilisierung von Ressourcen und das Erreichen der Projektziele sowie der zeitlichen bzw. finanziellen Vorgaben. Auch hier kann von einer fehlenden

Abbildung II-4: Das Modell „Third Generation R&D"

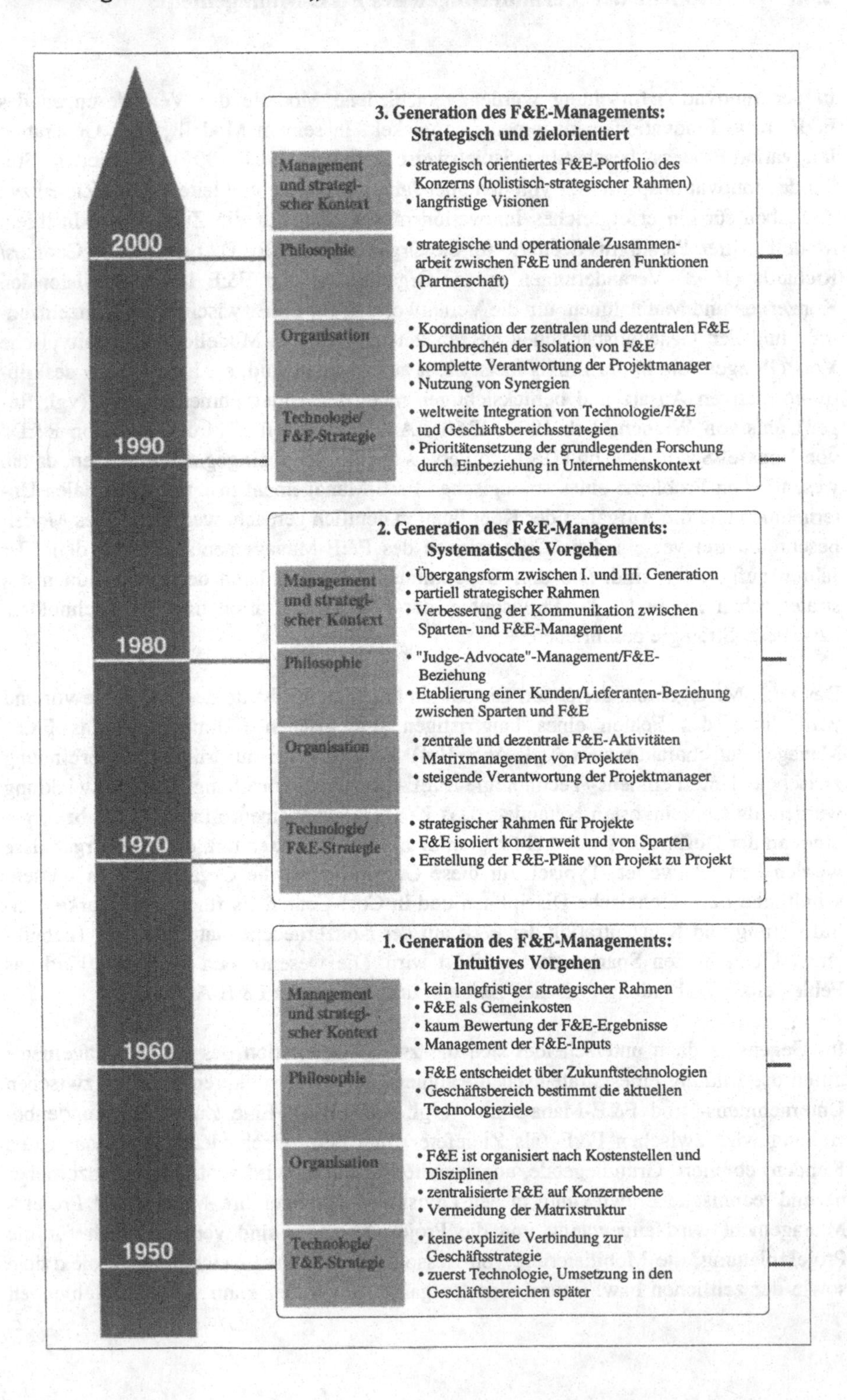

2000
1990
1980
1970
1960
1950
3. Generation des F&E-Managements:
Strategisch und zielorientiert
Management und strategischer Kontext
• strategisch orientiertes F&E-Portfolio des Konzerns (holistisch-strategischer Rahmen)
• langfristige Visionen
Philosophie
• strategische und operationale Zusammenarbeit zwischen F&E und anderen Funktionen (Partnerschaft)
Organisation
• Koordination der zentralen und dezentralen F&E
• Durchbrechen der Isolation von F&E
• komplette Verantwortung der Projektmanager
• Nutzung von Synergien
Technologie/ F&E-Strategie
• weltweite Integration von Technologie/F&E und Geschäftsbereichsstrategien
• Prioritätensetzung der grundlegenden Forschung durch Einbeziehung in Unternehmenskontext
2. Generation des F&E-Managements:
Systematisches Vorgehen
Management und strategischer Kontext
• Übergangsform zwischen I. und III. Generation
• partiell strategischer Rahmen
• Verbesserung der Kommunikation zwischen Sparten- und F&E-Management
Philosophie
• "Judge-Advocate"-Management/F&E-Beziehung
• Etablierung einer Kunden/Lieferanten-Beziehung zwischen Sparten und F&E
Organisation
• zentrale und dezentrale F&E-Aktivitäten
• Matrixmanagement von Projekten
• steigende Verantwortung der Projektmanager
Technologie/ F&E-Strategie
• strategischer Rahmen für Projekte
• F&E isoliert konzernweit und von Sparten
• Erstellung der F&E-Pläne von Projekt zu Projekt
1. Generation des F&E-Managements:
Intuitives Vorgehen
Management und strategischer Kontext
• kein langfristiger strategischer Rahmen
• F&E als Gemeinkosten
• kaum Bewertung der F&E-Ergebnisse
• Management der F&E-Inputs
Philosophie
• F&E entscheidet über Zukunftstechnologien
• Geschäftsbereich bestimmt die aktuellen Technologieziele
Organisation
• F&E ist organisiert nach Kostenstellen und Disziplinen
• zentralisierte F&E auf Konzernebene
• Vermeidung der Matrixstruktur
Technologie/ F&E-Strategie
• keine explizite Verbindung zur Geschäftsstrategie
• zuerst Technologie, Umsetzung in den Geschäftsbereichen später

Integration von F&E in die Konzernstrategie gesprochen werden, da die F&E-Planung von Projekt zu Projekt und separat für jede Division formuliert wird.

Die dritte Generation des F&E-Managements versucht das F&E-Portfolio strategisch über das gesamte Unternehmen auszuweiten. Das Unternehmens- und F&E-Management entscheidet gemeinsam über Ziele, Strategie, Inhalt und Budget von F&E (vgl. Abb. II-4). Technologie- bzw. F&E-Strategie wird weltweit in die Konzern- bzw. Bereichsstrategien integriert. Die Ziele der F&E-Aktivitäten werden dadurch ausgewählt, daß grundlegende Forschung in einen Unternehmenszusammenhang gestellt wird und die finanziellen Mittel entsprechend den kurz-, mittel- und langfristigen Erfordernissen der Geschäftsbereiche und des Gesamtunternehmens verteilt werden. Die zentrale und dezentrale F&E werden durch matrixähnliche Organisationsformen abgestimmt. Projektmanagement wird intensiv genutzt, die Projektleiter sind gänzlich für das F&E-Projekt verantwortlich. Über entsprechende Prinzipien der Ressourcenallokation erfolgt eine strategische Balance zwischen langfristiger und kurzfristiger F&E-Aktivitäten.

Die Ergebnisse unserer Befragungen zeigen, daß diese MNU in einer Phase der Umstrukturierung von F&E und des Experimentierens mit verschiedenen Modellen sind. Die in dem beschriebenen Modell implizit enthaltenen Probleme einer Koordination der F&E-Aktivitäten wurden auch in unseren Unternehmensgesprächen deutlich. Diese bestehen im Kern in einer Isolierung der zentralen Forschung von den übrigen F&E-Aktivitäten des Konzerns, in einer mangelnden Einbindung von F&E in die Geschäftsbereichs- und Konzernstrategien und einer unzureichenden Abstimmung bzw. Integration der weltweit verteilten F&E-Einheiten. Vor dem Hintergrund der beschriebenen Modelle und der Darstellung der nachhaltigen Trends in Abschnitt I lassen sich folgende erstrangigen Aufgaben bzw. Schnittstellen der Koordination der F&E-Aktivitäten international tätiger Unternehmen formulieren:

(1) die Einbindung von F&E in die Konzern- bzw. Geschäftsbereichsstrategien,
(2) die Abstimmung der zentralen F&E mit den Sparten bzw. Divsionen,
(3) die Fusion verschiedener Technikgebiete als Quelle zukünftiger Innovationen und die Bildung konzernübergreifender Querschnittsthemen,
(4) die Abstimmung der geographisch verteilten F&E-Einheiten untereinander und die Durchführung lokal gesteuerter und weltweit verteilter Innovationen.

Diese vier Aufgaben der Koordination werden als strategische Aufgabe des internationalen F&E-Managements betrachtet und in dieser Arbeit vertieft behandelt.

3 Mechanismen zur Koordination von Forschung und Entwicklung in international tätigen Unternehmen

Zunächst sollen die Instrumente zur Koordination von F&E in international tätigen Unternehmen in möglichst geordneter Form erfaßt werden. Da die Auswahl und Systematisierung in der Literatur sehr unterschiedlich erfolgt, werden in diesem Kapitel verschiedene Ansätze dargestellt, eine spezifische Auswahl von Koordinationsmechanismen für F&E vorgenommen und diese systematisiert. Für diese Analyse und Systematisierungsarbeit wurden unter anderem Untersuchungen aus verschiedenen Bereichen herangezogen:

(1) Empirische Analysen aus der Forschung über die „Koordination von Auslandsgesellschaften“ (vgl. z.B. Macharzina 1993a; Meffert 1993; Welge 1992);
(2) Untersuchungen aus der Innovationsforschung zur Koordination von F&E und des Innovationsprozesses;[3]
(3) empirische „Meilensteine“ aus der Organisationsforschung, die - mit Ausnahme der Studie von Hoffmann (1984) - vor allem Ende der 60er und Anfang der 70er Jahren entstanden;[4]
(4) Ergebnisse von eigenen Gesprächen in 18 multinationalen Unternehmen.

3.1 Begriff und unterschiedliche Systematisierungsansätze

Koordinationsmechanismen sind Regelungen, die zur Abstimmung arbeitsbezogener Prozesse und zur Ausrichtung der Teilaktivitäten auf die Organisationsziele dienen. Diese „... können als die grundlegenden Strukturelemente angesehen werden, als Leim, der die Organisation zusammenhält“ (Mintzberg 1991, 113). Koordinationsmechanismen dienen zur Implementierung einer bereits formulierten Strategie. In der Literatur (vgl. z.B. Kieser/Kubicek 1992, 95f; Martinez/Jarillo 1989, 1991) wird der Begriff der Koordinationsinstrumente als Synonym für Koordinationsmechanismen verwendet; diese begriffliche Gleichsetzung wird in dieser Arbeit ebenfalls vorgenommen.

In der wissenschaftlichen Literatur werden verschiedene Koordinationsmechanismen beschrieben und diese nach sehr unterschiedlichen Gesichtspunkten systematisiert und zugeordnet. Eine sicher nicht erschöpfende Auswahl unterschiedlicher Systematisierungsansätze ist in Tabelle II-2 und II-3 dargestellt. Es fällt auf, daß bei den ausgewählten Untersuchungen im Zeitverlauf eine stärkere Ausdifferenzierung und Hinzufügung neuer Mechanismen erfolgt.

Unter dem Blickwinkel des Koordinationsträgers kann beispielsweise zwischen Selbst- und Fremdkoordination differenziert werden, wobei Fremdkoordination oft mit autori-

---

[3] Vergleiche unter anderem Brockhoff 1989, 1994, Brockhoff/Hauschildt 1993, Bullinger 1992, Hauschildt/Chakrabarti 1988, Gemünden/Walter 1995, Gerybadze 1996, Nadler/Tushman 1988, Zahn 1995.

[4] Vergleiche z.B. die Studien von Khandwalla 1972, 1975, Lawrence/Lorsch 1967, Pugh/Hickson/Hinings/Turner 1968, Pugh/Hickson 1976, Thompson 1967.

tativer und Selbstkoordination mit nicht-autoritativer Koordination gleichgesetzt wird (vgl. Rühli 1992, 1166f). Einen ähnlichen Ansatz hat die Unterscheidung in formale (d.h. bürokratische, institutionalisierte) und informelle (d.h. spontane, freiwillige) Koordinationsmechanismen. Unter dem Blickwinkel der Wirkung eines Mechanismus kann zwischen unmittelbarer, interaktioneller Koordination (z.B. koordinationsfördernde Motivation) und mittelbarer, struktureller Koordination (z.B. koordinierende Wirkung eines bestimmten Organisationstyps) unterschieden werden.

Kieser und Kubicek (1992, 103f und 117f) unterscheiden grob zwischen strukturellen und nicht-strukturellen Koordinationsmechanismen (vgl. Tab. II-2 und II-3). Unter den nicht-strukturellen Instrumenten werden organisationsinterne Märkte und die Organisationskultur verstanden. Die strukturellen Mechanismen werden in die vier Gruppen „persönliche Weisungen", „Selbstabstimmung", „Programme" und „Pläne" gegliedert. Diese Systematik setzt bei den Medien an, mit deren Hilfe die Koordination erfolgt, und unterscheidet diese Medien aus der Sicht der betroffenen Organisationsmitglieder. Maßgebend für diese Einteilung ist die Institutionalisierung der Koordinationsmedien.

Bei der Koordination durch persönliche Weisungen und durch Selbstabstimmung handelt es sich um Mechanismen, die auf einer unmittelbaren persönlichen Kommunikation zwischen den Organisationsmitgliedern beruhen, und daher auch personenorientierte Koordinationsmechanismen genannt werden. Die Koordinationsentscheidungen werden als das sichtbare Ergebnis der Handlungen von Personen und demzufolge als sozialer Prozeß erfahren, in dem Macht, Konflikte oder Politik eine wichtige Rolle spielen. Die Koordination durch Programme und Pläne gründet sich demgegenüber auf bestimmte Medien, die verbindliche Festlegungen enthalten, deren Urheber jedoch oft nicht direkt identifiziert werden kann und die in der Regel von den Betroffenen nicht als das Ergebnis von Entscheidungen einzelner Personen begriffen werden. In diesem Sinne werden die Koordinationsmechanismen zu einer Institution und als unpersönlich (vgl. Blau/Schoenherr 1971) oder technokratisch (vgl. Khandwalla 1975) bezeichnet. Diese grobe Unterscheidung in personenorientierte und technokratische Koordinationsmechanismen wird von anderen deutschsprachigen Autoren geteilt (vgl. z.B. Benkenstein 1987, 133ff; Kenter 1985; Welge 1989). Aufbauend auf Kenter ordnet Welge (1989, 1184f) den technokratischen Steuerungsdimensionen die Planung (Ziel-, Maßnahmen- und Ressourcenplanung) und Formalisierung (Programmierung, Standardisierung, Lenkpreissysteme) zu (vgl. auch Tab. II-2/II-3). Unter personenorientierter Steuerungsdimension subsumiert er die Sozialisation und persönliche Weisungen.

In seiner frühen Studie über wahrgenommene Umweltunsicherheit und optimales Organisationsdesign, auf die sich eine Vielzahl von späteren Systematisierungsbemühungen beziehen, hatte Khandwalla (1975, 140ff) die personenorientierten und technokratischen Instrumente wesentlich breiter aufgefaßt und diesen die strukturelle Koordination als dritte Kategorie hinzugefügt (vgl. Tab. II-2/II-3). Hoffmann (1980, 1984) folgte dieser Dreiteilung, ordnet aber andere Subelemente zu: Unter der personalen Koordination versteht er persönliche Weisungen von Vorgesetzten, unter technokratischen Koordination die Planung sowie generelle Regelungen bzw. Programme und unter struktureller

Tabelle II-2: Ansätze zur Systematisierung von Koordinationsmechanismen

Hoffmann (1980;1984)	Kenter (1985) Welge (1989)	Macharzina (1993a;1993b)
• Strukturelle Mechanismen: - Stabsstellen - Zentralbereiche - Integratoren - Projektorganisation - Kollegien/Komitees • Technokratische Mechanismen: - Planung - Generelle Regeln und Programme • Personale Mechanismen: - Persönliche Weisungen von Führungskräften	• Technokratische Mechanismen: - Planung - Formalisierung (Programmierung, Standardisierung, Lenkpreise) • Personale Mechanismen: - Sozialisation - Persönliche Weisung	• Strukturelle Mechanismen: - Einbindung in formale Struktur - Zentralisierung • Technokratische Mechanismen: Standardisierung von Politiken in Funktionsbereichen und von Prozessen • Personale Mechanismen: - Managertransfer - Besuche - Arbeitsgruppen - Technisch gestützte Kommunikation
Kieser/Kubicek (1992)	**Kieser/Kubicek (1992, 280ff)**	**Brockhoff/Hauschildt (1993)**
• Strukturelle Mechanismen: - Personenorientierte Mechanismen: - Persönliche Weisung - Selbstabstimmung - Technokratische Mechanismen: - Programme - Pläne • Nicht-strukturelle Mechanismen: - Interne Märkte - Organisationskultur	• Strukturelle Mechanismen: - Abteilungsbildung - Zentralisierung - Programme - Planung - Ergebniskontrolle - Strukturierte Selbstabstimmung • Nicht-strukturelle Mechanismen: - Persönliche Kontakte - Lenkpreissysteme - Sozialisation	• Hierarchie-neutrale Mech.: - Explizite Wirkung auf Individuen: - Anreize - Schulung - Job Rotation - Implizite Wirkung auf Individuen: - Visionen/Ziele - Unternehmenskultur • Hierarchie-ergänzende Mech.: (Wirkung auf Gruppen; personengebunden): - Stäbe - Kommissionen - Projektmanagement • Hierarchie-ersetzende Mech.: (Wirkung auf Gruppen; entpersönlicht): - Märkte/Preise - Programme - Pläne - Distanzgestaltung

Tabelle II-3: Ansätze zur Systematisierung von Koordinationsmechanismen (Fortsetzung)

Galbraith (1973) Galbraith/Kazanjian (1986)	Lawrence/Lorsch (1969)	Khandwalla (1972;1975)
• Hierarchy • Rules • Goal Setting (Planning) • Lateral Relations: - Direct Contact - Interdepartmental Liaison Roles - Temporary Task Forces - Permanent Teams - Integrating Roles - Integrating Departments	• Strukturelle Mechanismen: - Koordinations-abteilungen - Komittees • Technokratische Mechanismen: - Hierarchie - Pläne - Vorschriften	• Strukturelle Mech.: - Komitees - Matrix - Produkt-/Projekt-/Grid-Management - Linking Pins - Cross-function Work Groups • Technokratische Mech.: - Planung - Budgetierung - Kontrollsysteme • Personenorientierte Mech.: - Weiterbildung - Personalentwicklung - Job Rotation - Partizipativer Führungsstil
Ouchi (1979)	**Jaeger (1983) Baliga/Jaeger (1984)**	**Brockhoff (1994)**
• Market (Prices as Efficient Mechanism) • Clan (Informal Social System/Culture) • Bureaucracy - Monitoring Behaviour or Output - Rules	• Cultural Control: - Job Rotation - Transfer of Managers - Committees • Bureaucratic Control: - Monitoring Behaviour or Output	• Akzessorische Mechanismen: - Struktur-/Prozeß-orientierung - Persönliche vs. unpersönliche Orientierung • Schnittstellen-Management als Hauptfunktion: - durch Ernennung - durch soziale Prozesse
Nadler/Tushmann (1988)	**Bartlett/Ghoshal (1989;1990) Ghoshal/Nohria (1993)**	**Pugh/Hickson et al. (1968)**
• Hierarchy • Structural Linking: - Liaison Roles - Cross-unit Groups - Integration Roles/Departments - Matrix Structure	• Centralization • Formalization • Socialization	• Standardization • Formalization • Centralization

Koordination uni- bzw multipersonale Koordinationsorgane. Macharzina (1993b, 82ff) greift diese Dreiteilung von Khandwalla in einer Studie über die Steuerung von Auslandsgesellschaften auf, ordnet jedoch den drei Kategorien ebenso teilweise andere Subinstrumente zu. Unter struktureller Koordination versteht der Autor die Einbindung des internationalen Geschäfts in die formale Organisationsstruktur und den Grad der Entscheidungszentralisation. Als technokratisches Koordinationsinstrument wird die Standardisierung von Politikinhalten in den Funktionsbereichen und von Prozessen betrachtet. Die personenbezogenen Mechanismen beinhalten den Transfer von Managern, Besuchsaktivitäten, gemeinsame Arbeitsgruppen und die technisch gestützte interpersonelle Kommunikation.

Auf der Basis einer Literaturanalyse von 85 empirischen Studien geben Martinez und Jarillo (1989) einen breiten Überblick über Mechanismen, die in multinationalen Unternehmen zur Abstimmung ihrer Unternehmensbereiche genutzt werden. Diese Untersuchung stellt wohl den bisher umfassendsten Versuch dar, eine Vielzahl möglicher Koordinationsinstrumente systematisch darzustellen. In Anlehnung an Barnard (1968) wird eine Teilung in die beiden Kategorien „strukturelle und formale Mechanismen" bzw. „informelle Mechanismen" vorgenommen. Insgesamt werden in dieses Schema acht Koordinationsmechanismen mit jeweils verschiedenen Subinstrumenten eingeordnet (vgl. auch Abschnitt III). Kieser/Kubicek (1992, 280ff) beziehen sich in einer Darstellung der Koordination von Auslandsgesellschaften explizit auf diese Literaturauswertung und ergänzen die Systematik um die fehlenden Lenkpreissysteme (vgl. Tab. II-2/II-3). Zudem unterscheiden sich die Begrifflichkeiten bei den Mechanismen und die Aufzählungen der einzelnen Koordinationsinstrumente in beiden Analysen in einigen Punkten. So ordnen Martinez/Jarillo die „Abteilungsübergreifenden Beziehungen" („Cross-Departmental Relations") zu den informellen, nicht-strukturellen Mechanismen während Kieser/Kubicek diesen Mechanismus als „Strukturierte Selbstabstimmung" bezeichnen, darunter aber nahezu die gleichen Instrumente wie Martinez/Jarillo fassen.

In Tabelle II-2 und II-3 sind insgesamt 15 unterschiedliche Systematisierungsansätze aufgeführt, wobei die Darstellung keinesfalls vollständig ist. Die Ansätze sollen hier nicht weiter ausgeführt werden, sondern dienen als Demonstration dafür, daß die Kategorisierungsbemühungen ausgesprochen vielfältig sind. Zudem erfolgt die Zuordnung der einzelnen Mechanismen zu den jeweiligen Gruppen und die Einteilung in weitere Unterkategorien trotz mancher Übereinstimmung höchst unterschiedlich, sodaß sich ein verwirrendes Bild verschiedenster Klassifikationen und Einzelzuordnungen ergibt. Bei der Analyse der Literatur wurde deutlich, daß die Auswahl und Systematisierung zum einen sicherlich vom Ziel bzw. Gegenstand der jeweiligen Untersuchung bestimmt wird. Andererseits werden Konzepte einfach übernommen und unbegründet modifiziert, die Verfahren für die Auswahl der Koordinationsmechanismen einfach nicht erwähnt oder nicht begründet.

3.2 Systematisierung von Mechanismen zur Koordination der F&E

Die hohe unsichere, unstrukturierte und komplexe Problemstellung von F&E sowie der wachsende Koordinationsaufwand durch die Verkürzung der Produkt- und Innovationszyklen, der steigende F&E-Aufwand, die Zunahme der Komplexität der Technologie und F&E-Internationalisierung implizieren, daß für eine Abstimmung der F&E-Aktivitäten von multinationalen Unternehmen besondere Mechanismen erforderlich sind. Bis heute existieren nur wenige empirische Studien, die explizit die Mechanismen zur Koordination der F&E-Aktivitäten international tätiger Unternehmen zum Gegenstand haben.[5] Allerdings werden in diesen Untersuchungen die Koordinationsmechanismen kaum ausdrücklich systematisiert und in den meisten Fällen lediglich eine geringe Auswahl möglicher Instrumente dargestellt bzw. analysiert. Bartlett, Ghoshal und Nohria beschreiben beispielsweise nur die drei Mechanismen „Zentralisierung", „Formalisierung" und „Sozialisation" zur Koordination globaler Innovationsprozesse (vgl. Tab. II-3).

Die Analyse der Literatur zeigt jedoch eine Vielfalt verschiedener Koordinationsinstrumente auf, die auch für die Abstimmung weltweit verteilter F&E- bzw. Innovationsaktivitäten eingesetzt werden können. Vor dem Hintergrund der Darstellung verschiedener Systematisierungsansätze können die Mechanismen zur Koordination der F&E-Aktivitäten international tätiger Unternehmen sinnvoll in vier Kategorien gegliedert werden (vgl. Abb. II-5). Diese Einteilung erfolgt in die vier Gruppen „strukturelle und formale Mechanismen", „hybride Mechanismen", „informelle Mechanismen" und „interne Märkte/Lenkpreise" und bildet die Basis der weiteren Untersuchung:

(1) *Strukturelle und formale Koordinationsmechanismen* beruhen auf organisatorischen Regelungen und sind Teil der formalen Organisationsstruktur; dazu gehören die Zentralisation bzw. Dezentralisation des Entscheidungsprozesses, strukturelle Koordinationsorgane, Programmierung/Standardisierung, Planung sowie Ergebnis- bzw. Verhaltenskontrolle. Damit werden im Kern die strukturellen und technokratischen Mechanismen entsprechend der Definition von Khandwalla (1972, 1975), Hoffmann (1984) und Macharzina (1993) zu einer Kategorie zusammengefaßt.

(2) *Informelle Koordinationsinstrumente* basieren nicht oder nur zu einem sehr geringen Teil auf formalen unternehmensinternen Regelungen; sie umfassen die persönliche bzw. informelle Kommunikation und die übergreifende Unternehmenskultur bzw. Sozialisation. Mit der Bildung dieser Kategorie wird davon ausgegangen, daß ein Unternehmen sowohl aus der formalen Organisationsstruktur als auch

[5] Dazu gehören beispielsweise die Arbeiten von Bartlett/Ghoshal (1989, 1990), Casson/Singh (1993), Kenney/Florida (1994), Gerybadze/Meyer-Krahmer/Reger (1997), Ghoshal/Bartlett (1988), Ghoshal/Nohria (1993), De Meyer/Mizushima (1989), De Meyer (1992), Roberts (1995, 1995a) oder Westney (1993, 1994).

aus der Organisationskultur bzw. informellen, unter der Struktur liegenden Schicht besteht. Damit wird der Erkenntnis neuerer Studien Rechnung getragen, daß die Herausbildung einer Unternehmenskultur und informelle Aspekte eine hohe Bedeutung für die Koordination besitzt (vgl. Corsten 1989; Kahle 1991; Martinez/Jarillo 1989, 1991; Peters/Waterman 1982, 102ff; Perich 1993). Die koordinierende Funktion der Organisationskultur dürfte gerade im F&E-Management von besonderer Bedeutung sein, da viele formale Instrumente bei komplexen und neuartigen Problemen versagen.

(3) *„Hybride" Koordinationsmechanismen* liegen quer zur Aufbauorganisation und überlagern die Hierarchie; sie bilden die Schnittmenge aus Instrumenten, die nicht eindeutig den strukturellen bzw. informellen Mechanismen zugerechnet werden können, und beinhalten Aspekte der Koordination durch Selbstabstimmung (vgl. Kieser/Kubicek 1992, 106ff) bzw. abteilungsübergreifende Beziehungen (vgl. Martinez/Jarillo 1989). Eine eindeutige Zuordnung ist nicht möglich, da viele der Subinstrumente wie Task Forces, multidisziplinäre bzw. -funktionale Projektgruppen, konzernübergreifende bzw. strategische Projekte, Technologieplattformen, Promotoren oder Kollegien nicht bzw. nur teilweise formale Weisungsbefugnisse besitzen. Zudem bleibt die hierarchische Grobstruktur des Unternehmens weitgehend unberührt. Auf der anderen Seite gründet sich das Durchsetzungsvermögen dieser Mechanismen durchaus - wie das Beispiel des „Heavy-Weight-Project-Manager" von strategischen Projekten verdeutlicht - auf eine erhebliche innere Machtzuweisung, sodaß eine Einordnung in die „weiche" informelle Kategorie nicht angemessen ist. Diese Instrumente zeichnen sich in Anlehnung an Reiß (1995, 522) durch einen temporären Charakter aus, da entweder die Aufgabenstellung bzw. der Ressourceneinsatz zeitlich begrenzt ist oder beide Merkmale gleichzeitig erfüllt sind.[6] Im Sinne der ursprünglichen Wortbedeutung werden diese Instrumente „von zweierlei Herkunft" als „hybride" Koordinationsmechanismen bezeichnet.[7] Die Bildung dieser dritten Kategorie geht von der These aus, daß diese „hybriden" Mechanismen insbesondere für den konzernübergreifenden Koordinationsprozeß von F&E und Innovation zunehmend an Bedeutung gewinnen und daher gesondert beachtet und gruppiert werden sollten.

(4) *Interne Märkte oder Lenkpreise bzw. Leistungsvereinbarungen* sollen unternehmensintern Angebot und Nachfrage aufeinander abstimmen, ohne daß Anbieter und Nachfrager gleiche oder ähnliche Ziele verfolgen müssen. Auf diese Kategorie wird in bezug auf die internen Koordinationswirkungen nur in wenigen Untersuchungen eingegangen (vgl. z.B. Ouchi 1979; Kenter 1985; Welge 1989; Kieser/Kubicek 1992). Die Bildung dieser Kategorie geht davon aus, daß interne Märkte bzw. Leistungsvereinbarungen zunehmend für den internen Austausch von

---

6 Die hybriden Instrumente sind aber nicht mit den temporären Mechanismen von Reiß deckungsgleich. Reiß (1995, 527ff) definiert als „Bausteine temporärer Organisationsstrukturen" die Gruppenorganisation, Projektorganisation, Gremienorganisation, Informationsforen, Zirkelorganisation, Promotoren und Koordinatoren.

7 Das griechisch-lateinische Wort „hybrid" bedeutet „gemischt", „von zweierlei Herkunft".

Abbildung II-5: Mechanismen zur Koordination internationaler F&E

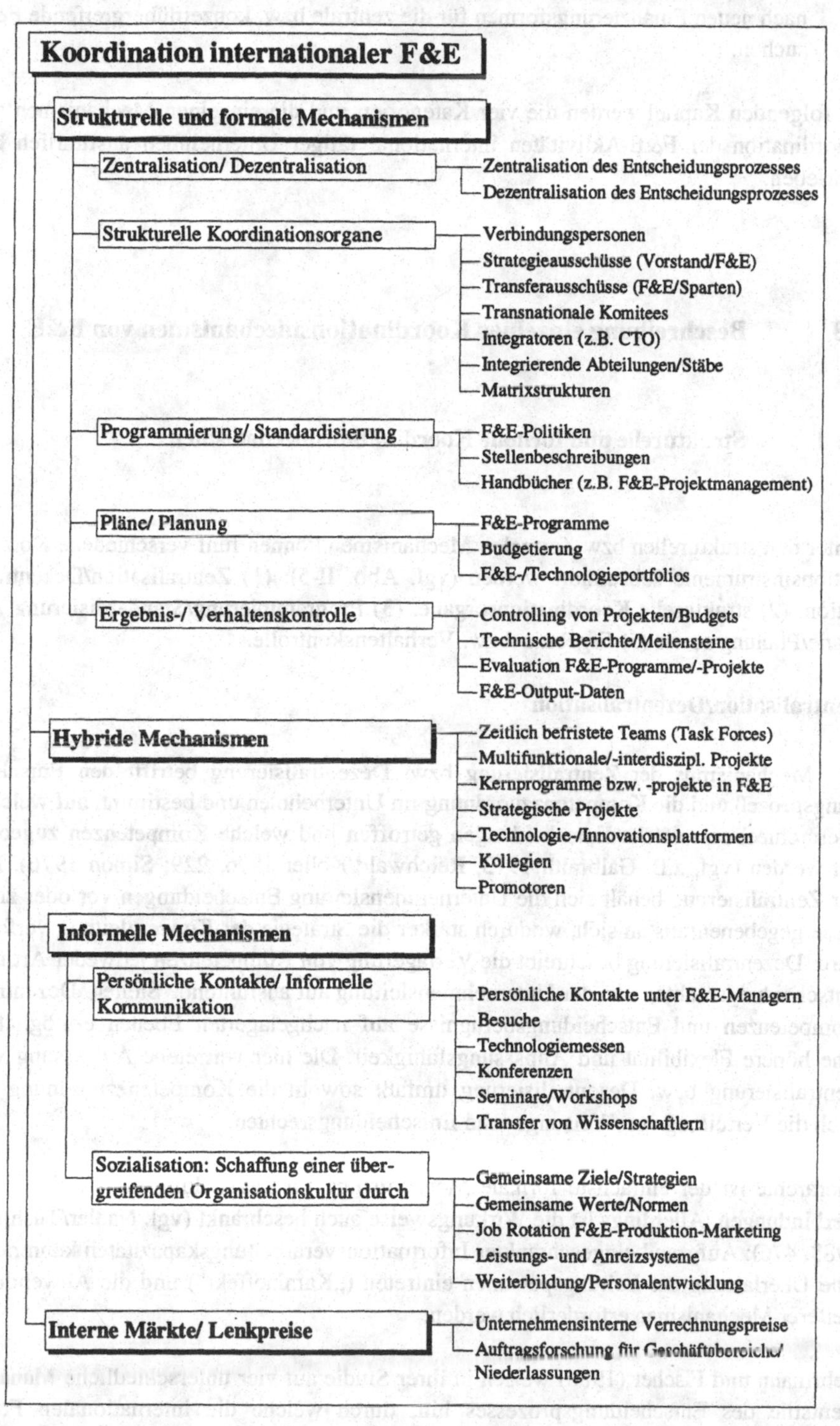
Koordination internationaler F&E
Strukturelle und formale Mechanismen
Zentralisation/ Dezentralisation
Zentralisation des Entscheidungsprozesses
Dezentralisation des Entscheidungsprozesses
Strukturelle Koordinationsorgane
Verbindungspersonen
Strategieausschüsse (Vorstand/F&E)
Transferausschüsse (F&E/Sparten)
Transnationale Komitees
Integratoren (z.B. CTO)
Integrierende Abteilungen/Stäbe
Matrixstrukturen
Programmierung/ Standardisierung
F&E-Politiken
Stellenbeschreibungen
Handbücher (z.B. F&E-Projektmanagement)
Pläne/ Planung
F&E-Programme
Budgetierung
F&E-/Technologieportfolios
Ergebnis-/ Verhaltenskontrolle
Controlling von Projekten/Budgets
Technische Berichte/Meilensteine
Evaluation F&E-Programme/-Projekte
F&E-Output-Daten
Hybride Mechanismen
Zeitlich befristete Teams (Task Forces)
Multifunktionale/-interdiszipl. Projekte
Kernprogramme bzw. -projekte in F&E
Strategische Projekte
Technologie-/Innovationsplattformen
Kollegien
Promotoren
Informelle Mechanismen
Persönliche Kontakte/ Informelle Kommunikation
Persönliche Kontakte unter F&E-Managern
Besuche
Technologiemessen
Konferenzen
Seminare/Workshops
Transfer von Wissenschaftlern
Sozialisation: Schaffung einer übergreifenden Organisationskultur durch
Gemeinsame Ziele/Strategien
Gemeinsame Werte/Normen
Job Rotation F&E-Produktion-Marketing
Leistungs- und Anreizsysteme
Weiterbildung/Personalentwicklung
Interne Märkte/ Lenkpreise
Unternehmensinterne Verrechnungspreise
Auftragsforschung für Geschäftsbereiche/ Niederlassungen

F&E-Leistungen an Bedeutung gewinnen und viele multinationale Unternehmen nach neuen Finanzierungsformen für die zentrale bzw. konzernübergreifende F&E suchen.

Im folgenden Kapitel werden die vier Kategorien und die einzelnen Mechanismen zur Koordination der F&E-Aktivitäten international tätiger Unternehmen ausführlich beschrieben.

3.3 Beschreibung einzelner Koordinationsmechanismen von F&E

3.3.1 Strukturelle und formale Koordinationsmechanismen

Unter den strukturellen bzw. formalen Mechanismen können fünf verschiedene Koordinationsinstrumente subsumiert werden (vgl. Abb. II-5): (1) Zentralisation/Dezentralisation, (2) strukturelle Koordinationsorgane, (3) Programmierung/Standardisierung, (4) Pläne/Planung sowie (5) Ergebnis- bzw. Verhaltenskontrolle.

Zentralisation/Dezentralisation

Der Mechanismus der Zentralisierung bzw. Dezentralisierung betrifft den Entscheidungsprozeß und die Kompetenzzuordnung im Unternehmen und bestimmt, auf welcher Hierarchieebene welche Entscheidungen getroffen und welche Kompetenzen zugeordnet werden (vgl. z.B. Galbraith 1973; Reichwald/Koller 1996, 229; Simon 1976). Bei der Zentralisierung behält sich die Unternehmensleitung Entscheidungen vor oder zieht diese gegebenenfalls an sich, wodurch stärker die Strategie der Konzernleitung verfolgt wird. Dezentralisierung beschreibt die Verlagerung von Kompetenzen jedweder Art und Entscheidungsrechten von der Unternehmensleitung auf ausführende Stellen. Dezentrale Kompetenzen und Entscheidungsbefugnisse auf nachgelagerten Ebenen ermöglichen eine höhere Flexibilität und Anpassungsfähigkeit. Die hier vertretene Auffassung von Zentralisierung bzw. Dezentralisierung umfaßt sowohl die Kompetenzzuordnung als auch die Verteilung von Weisungs- und Entscheidungsrechten.

Hierarchie ist der einfachste formale Mechanismus zur Herstellung von strukturellen Verbindungen. Allerdings ist die Wirkungsweise auch beschränkt (vgl. Nadler/Tushman 1988, 476): Aufgrund eingeschränkter Informationsverarbeitungskapazitäten kann rasch eine Überlastung der Leitungspersonen eintreten („Kamineffekt“) und die Anwendung weiterer Mechanismen erforderlich werden.

Behrmann und Fischer (1980) weisen in ihrer Studie auf vier unterschiedliche Managementstile des Entscheidungsprozesses hin, durch welche die internationalen F&E-

Aktivitäten gesteuert werden können. Dabei ergänzen sie die beiden Extrempositionen der „Absolute Centralisation“ und „Total Freedom“ um „Partizipative Centralisation“ und „Supervised Freedom“. Beide Autoren untersuchten 50 multinationale Unternehmen in den USA bzw. Europa und fanden erstaunlicherweise heraus, daß die beiden dominanten Managementstile die weniger stark polarisierten waren, also „Participative Centralisation“ und „Supervised Freedom“ (vgl. Tab. II-4). Dieses Ergebnis trifft besonders für europäische Unternehmen zu. Die Aussagen von Behrmann und Fischer werden durch eine neuere Studie von Casson/Pearce/Singh (1993) gestützt, die im Zusammenhang mit der Analyse organisatorischer Strukturen zu ähnlichen Aussagen hinsichtlich zentraler bzw. dezentraler Entscheidungsprozesse kommen. Fazit dieser Ergebnisse ist, daß klare Tendenzen hin zur Zentralisation und Dezentralisation existieren, die Realität jedoch durch eine stärkere Differenzierung geprägt ist.

Tabelle II-4: Dezentralisation versus Zentralisation in amerikanischen und europäischen Unternehmen

	US Multinational Enterprises	European Multinational Enterprises
Absolute centralisation	7	0
Participative centralisation	11	6
Supervised freedom	13	10
Total freedom	3	0
Total	**34**	**16**

Quelle: Behrmann/Fischer 1980

Strukturelle Koordinationsorgane

Unter den strukturellen Koordinationsorganen werden spezialisierte Stellen verstanden, deren dauerhafte oder zeitlich befristete Hauptfunktion darin besteht, Koordinationsaufgaben wahrzunehmen und Schnittstellen zu überbrücken. In Anlehnung der Systematisierung von Hoffmann (1984, 11) in „strukturelle Koordinationsmaßnahmen“ und Nadler/Tushman (1988) in „Structural Linkages“ werden darunter folgende Instrumente verstanden (vgl. Abb. II-5):

- Verbindungspersonen („Liaison Roles“),
- „Cross-Unit Groups“:
    - Strategieausschüsse (Vorstand/F&E),
    - Transferausschüsse (F&E/Sparten),
    - inter- bzw. transnationale Komitees,
- Integratoren wie Chief Technology Officer, Programm- oder Produkt-Manager,
- integrierende Abteilungen wie z.B. Direktorate oder zentrale F&E-Stabsstellen bzw. F&E-Planungsbereiche/-gruppen,
- Matrixstrukturen.

Verbindungspersonen z.B. zwischen zwei F&E-Labors oder zwischen F&E-Einheit und Geschäftsbereich stellen ein einfaches Abstimmungsinstrument dar. Zwei Individuen dienen als formale Informationsquelle und offizieller Kontakt zwischen den jeweiligen Einheiten. Diese Position wird oftmals nur zeitweise ausgefüllt und besitzt in der Regel keine Entscheidungsbefugnisse.

Ausschüsse oder Komitees werden für unterschiedliche Aufgaben gebildet. Die Strategieausschüsse dienen beispielsweise zur Abstimmung und Planung der Konzern- und Geschäftsbereichsziele mit der F&E-Strategie. Mit den Transferausschüsse sollen Programme zwischen den Geschäftsbereichen und der zentralen Forschung entwickelt und gesteuert werden. Inter- oder transnationale Komitees dienen zur Koordination der weltweit verstreuten F&E-Einheiten oder der F&E-Einheiten einer Region. Die Zusammensetzung dieser Organe kann aufgaben- oder hierarchiebezogen erfolgen, und die Komitees können eine permanente oder zeitlich befristete Einrichtung darstellen. Ziel ist es, zu bestimmten Aufgaben bzw. Problemen die erforderliche Expertise oder Hierarchieebenen zusammenzubringen. Komitees können zu den strukturellen Koordinationsorganen gezählt werden, wenn sie Entscheidungsbefugnisse besitzen und institutionalisiert sind. Als Vorteile von Ausschüssen sind die Entlastung der auf persönliche Anweisungen basierenden hierarchischen Koordination (Reduzierung der vertikalen Kommunikation) sowie die direkte Kommunikation und Konfliktlösungsmöglichkeit zwischen den betroffenen Akteuren zu nennen. Entscheidende Nachteile sind oft der hohe erforderliche Zeitbedarf und die Ineffizienz, beide Probleme können allerdings durch ein entsprechendes Sitzungsmanagement reduziert werden. Eine weitere Schwäche liegt in den immanenten Bürokratisierungstendenzen (vgl. Reiß 1995, 534). Gremien sollten daher entsprechend des jeweiligen Bedarfs gegründet oder aufgelöst werden und nicht aufgrund einer historischen Entwicklung weiterbestehen.

Weitere Instrumente stellen *integrierende Rollen* dar. Der „Integrator" wird formal ernannt und ist auf strategischer bzw. operativer Ebene verantwortlich für eine bereichs- oder abteilungsübergreifende Sichtweise und Koordination. Programm-, Regionen- oder Produkt-Manager sowie der Chief Technology Officer sind Beispiele für diese formale Rolle. Produktmanager haben spezifische Koordinationsaufgaben (vgl. Frese 1987, 563ff; Kieser/Kubicek 1992, 143f): Sie erarbeiten für bestimmte Produkte oder Produktgruppen Konzeptions- und Planungsgrundlagen und wirken bei der Umsetzung dieser Konzepte mit. Das Produktmanagement soll die Anpassungsfähigkeit der Unternehmen an sich ändernde Märkte verbessern und wird sinnvollerweise eingerichtet, wenn auf spezifische Märkte eingegangen werden muß. Entscheidend bei der organisatorischen Ausgestaltung des Produktmanagements ist, ob der Produktmanager mit fachlich begrenztem Weisungs- bzw. Entscheidungsbefugnissen ausgestattet ist und ob die Institutionalisierung als Stab-/Linienorganisation oder Matrixorganisation erfolgt.

In den letzten Jahren haben einige Großunternehmen die Position eines Chief Technology Officer (CTO) auf Ebene des Konzerns oder der Divisionen eingerichtet. Der CTO ist die ranghöchste Person, die für Produkt-, Prozess- oder Informationstechnologien verantwortlich ist. Im Gegensatz zu den für F&E zuständigen Vorstandsmitgliedern, die meist die zentrale und divisionale F&E im Unternehmen vertreten, soll der Blickwinkel des CTO übergreifend sein (vgl. Rubenstein 1989, 99ff). Zu seiner wesentlichen Aufgabe zählt die funktions-, geschäftsbereichs-, konzern- und länderübergreifende Koordination der Technologien des Unternehmens. In einer Studie in 26 Unternehmen der „Fortune 100 Industrial Companies" zeigen Adler/Ferdows (1990), daß das Ausmaß der formalen Autorität der CTO stark variiert. Nur in etwa 20% der Unternehmen bestimmen die CTO über das technische Budget und Personaleinstellungen, ein weiteres Fünftel der CTO haben lediglich informellen Einfluß („Expert Power"). Allerdings sind in 2/3 der befragten Konzerne neben F&E auch andere betriebliche Funktionen wie Konstruktion, Produktion oder Informationsverarbeitung an den Chief Technology Officer direkt berichtspflichtig.

„Integrating Departments" sollen nach Nadler/Tushman (1988, 478) die betrieblichen Funktionen mit den jeweiligen Programm- bzw. Produktmanager verbinden und dementsprechend die Ressourcen abstimmen. Brockhoff (1994, 39) beschreibt als ein Beispiel die F&E-Organisation eines deutschen Automobilherstellers: Das für F&E zuständige Vorstandsressort beinhaltet sechs Direktorate, von denen das Direktorat „Gesamtfahrzeuge" die koordinierende Gesamtverantwortung für die Fahrzeugentwicklung trägt. F&E-Planungsbereiche bzw. -gruppen sind unterstützende Stellen und können ein geeigneter Mechanismus zur Koordination der F&E-Aktivitäten sein. Diese Stellen sind Bestandteil der Organisationsstruktur. Unsere Gespräche bei den Unternehmen zeigen, daß zentrale, konzernübergreifende F&E-Planungsbereiche bzw. -abteilungen („Corporate R&D Planning Group") in Stabsfunktion bei allen befragten Firmen bestehen. In einigen Konzernen wurden sogar Unternehmen gebildet, um die koordinierende und planende Stabsfunktion als Dienstleistung wahrzunehmen. In den untersuchten japanischen Konzernen wurden Stabsabteilungen („Corporate R&D Overseas Department") zur Koordination der weltweit verteilten F&E-Aktivitäten etabliert. Die zentralen F&E-Stabsbereiche besitzen zwar keine Weisungsbefugnisse, sie können aber durchaus über starke faktische Eingriffsmöglichkeiten verfügen.

Wenn es aufgrund der strategischen Ausrichtung wichtig ist, mehrere verschiedene Dimensionen gleichzeitig organisatorisch zu berücksichtigen, reichen Integrationsstellen nicht mehr aus und *Matrixstrukturen* werden benötigt. Dies kann für eine konzernübergreifende F&E sinnvoll sein, wenn z.B. technische bzw. disziplinäre Kompetenz mit einer Produktorientierung verbunden werden soll. Die Direktoren der verschiedenen Labors hätten zwei Vorgesetzte und würden jeweils dem Technischen Direktor und Produktmanager berichten. Dadurch findet ein Informationsfluß sowohl innerhalb von F&E als auch über F&E hinaus statt, und es wird eine produktspezifische Koordination erreicht. Matrixstrukturen sind sehr komplexe, konfliktträchtige Gebilde und erfordern ein Ausbalancieren beider Dimensionen durch die vorgelagerte Instanz. Diese muß Einfluß und Macht auf jede Seite gleich verteilen, damit die Organisation nicht zu einer Seite zurückschwingt. Die Matrix beinhaltet vier Rollen, durch welche die Balance idealerweise hergestellt werden kann (vgl. Nadler/Tushman 1988, 479f): Der „General Manager" ist die vorgelagerte Instanz, dem der F&E-Leiter („Functional Manager") und der Produktleiter („Product/Project Manager") nachgeordnet sind. Die Schnittstelle wird durch den Matrix-Leiter („Matrix Manager") geschlossen, dessen Mitarbeiter nur ihm berichtspflichtig sind.

Programmierung/Standardisierung

In den meisten Unternehmen werden eine Vielzahl von Aktivitäten auf der Basis von festgelegten Verfahrensrichtlinien oder -regeln durchgeführt. Diese Verhaltensmaßnahmen oder Programme sind zum einen das Ergebnis von Lernprozessen: Es werden dadurch bestimmte Handlungsmuster und -routinen bei der Erfüllung einer Aufgabe entwickelt, die sich verfestigen und an andere (neue) Mitarbeiter weitergegeben werden. Zum anderen können aber auch Richtlinien verbindlich vorgegeben werden, die zur Erfüllung einer Arbeitsaufgabe in der vorgeschriebenen Art und Weise anhalten. Die Vorgabe von Verfahrensrichtlinien kann mündlich oder schriftlich erfolgen. Bei komplexeren Vorgaben werden diese schriftlich beispielsweise in Stellenbeschreibungen, Handbüchern oder Handlungsanleitungen fixiert.

Durch die Einrichtung formaler Regelungen und die damit verbundene Reduktion der Realität bilden sich gleichförmige Verhaltensprozeduren und der Aufbau von Standardroutinen heraus. Die Betonung dieses Aspekts führt dazu, daß manche Autoren von Standardisierung anstatt von Programmierung sprechen (vgl. Pugh/Hickson/Hinings/Turner 1968). Der Mechanismus der Programmierung bzw. Standardisierung und die Entwicklung von Routinen wird in der Literatur ausführlich mit unterschiedlichen Begriffen beschrieben: „Standard Practices" (vgl. Simon 1976), „Standardization" (vgl. March/Simon 1958), „Rules" (vgl. Galbraith/Kanzanjian 1986) oder „Paper System" (vgl. Lawrence/Lorsch 1967). Die fundamentale Wirkung der Standardisierung besteht in einer engen persönlichen Kontrolle sowie direkten Anweisungen an Untergebene und wird passend von Webers Bürokratie-Modell beschrieben. Ouchi bezeichnet dieses Instrument daher als „Bureaucratic Mechanism" (1979, 835). Die zur Aufgabenerfüllung notwendigen Informationen sind in Regeln enthalten, die sich von Preisen dadurch unterscheiden, daß Regeln nur partiale und nicht komplette Informationen enthalten.

Das Instrument der Programmierung bzw. Standardisierung eignet sich nur zur Vorauskoordination und für überschaubare, routinemäßig wiederkehrende Situationen. Andernfalls sind viele Puffer einzubauen, sodaß die Anwendungsvorteile durch eine zusätzliche Bindung von Ressourcen kompensiert werden (vgl. Brockhoff/Hauschildt 1993, 401). Aufgrund der hohen Unsicherheit der F&E-Aktivitäten scheint dieser „bürokratische Mechanismus" für die F&E-Koordination ungeeignet zu sein.

Pläne/Planung

Planung bedeutet „ ... zukunftsgerichtete Festlegung von Unternehmenszielen als anzustrebende Sollzustände und Festlegung der zur Zielerreichung erforderlichen Maßnahmen und Ressourcen" (Hoffmann 1984, 101). Die koordinierende Wirkung ergibt sich dadurch, daß die geplanten Ziele zum einen die Basis gemeinsamer Anstrengungen und Aktivitäten der Unternehmenseinheiten bilden. Zum anderen determinieren und strukturieren die geplanten Ziele, Maßnahmen und Ressourcen die zukünftigen Entscheidungssituationen des Unternehmens. Der Koordinationsgrad der Planung ist um so größer, je mehr eine vertikale bzw. horizontale Planabstimmung systematisch durchgeführt und der Koordinationsprozeß selbst durch Anwendung weiterer struktureller, informeller und hybrider Mechanismen unterstützt wird.

Pläne sollen die Ziele setzen und die Aktivitäten bzw. das Verhalten der organisatorischen Einheiten des Unternehmens steuern (vgl. Galbraith/Kanzanjian 1986; March/Simon 1958). Als Mittel dazu dienen die strategische Planung, Budgetierung, funktionale Pläne, Zielvereinbarungen oder Terminierungen. Ebenso wie die Programmierung sind Pläne Mechanismen der Vorauskoordination, die aufgrund von Störungen alleine für eine Abstimmung nicht ausreichend sind. Allerdings ermöglicht eine umfassende Planung ein geringeres Maß an Feedback-Koordination. Wesentliche Maßnahmen der Planung in F&E ist das Aufstellen von F&E-Programmen, die Budgetierung der F&E-Aktivitäten sowie die Erstellung konzernweiter F&E- bzw. Technologieportfolios.

Mit Hilfe von Fallstudien von Unternehmen aus unterschiedlichen Branchen und Ländern identifizierte De Meyer (1992) verschiedene F&E-Planungsprozesse, die durch spezifische Merkmale geprägt sind. Ein wichtiges Element jedoch haben alle Prozesse der F&E-Planung gemeinsam: Die verschiedenen Arten der Planung sind immer auf unterschiedliche Art und Weise mit einem intensiven Informationsaustausch zwischen den einzelnen Beteiligten verknüpft. Neben der informellen Kommunikation, die sich in internationalen Netzwerken eher schwierig entwickeln dürfte, stellt der Planungsprozeß ein Gestaltungselement dar, durch das Kommunikation nicht nur gesteuert, sondern darüber hinaus auch angeregt werden kann. Diese Kommunikation trägt nicht nur zum Austausch von Informationen sondern auch zu einem vielschichtigen Lernprozeß bei. Aus diesem Grund schlägt der Autor vor, den Planungsprozeß nicht nur an den Bedürfnissen der Planung, sondern auch an denen der internen Kommunikations- und Lernprozesse auszurichten. Von besonderer Bedeutung ist daher das Gewicht der Interaktion und Information vor Entscheidungen.

Die Formen der Planungsprozesse sind in den Unternehmen sehr verschieden, sie werden maßgeblich durch unterschiedliche Führungsstile und Unternehmenskulturen geprägt. Dierkes und Raske (1994) unterscheiden aus diesem Grund verschiedene Lernprozesse, die sie aber hinsichtlich ihrer Effizienz als gleichwertig ansehen. Sie betonen, daß der Lernprozeß in seiner Art zum Wesen des Unternehmens passen muß.

Ergebnis- und Verhaltenskontrolle

Bei der Ergebniskontrolle werden die Leistungen der organisatorischen Einheiten des Unternehmens wie z.B. der Tochtergesellschaften entsprechend der Finanzdaten (Controlling), Markt- bzw. Umsatzzahlen oder von (technischen) Berichte bewertet. Begriffe aus der wissenschaftlichen Unternehmensführung wie „Performance Control“ (vgl. Mintzberg 1979), „Bureaucratic Control“ (vgl. Child 1972a, 1973) oder „Impersonal Control“ (Blau/Scott 1962) charakterisieren diesen Sachverhalt. Im Gegensatz dazu wird unter der Verhaltenskontrolle („Personal Control“; vgl. Mintzberg 1979) die direkte persönliche Beobachtung des Mitarbeiters und dessen Arbeitsleistung bzw. Verhalten verstanden. Insgesamt gesehen sind die Instrumente der Ergebnis- bzw. Verhaltenskontrolle der Feedback-Koordination zuzurechnen, die dem Management eventuelle Störungen und Handlungsbedarf signalisieren sollen.

Koordinationsmaßnahmen für F&E stellt das Controlling von F&E-Projekten bzw. des F&E-Budgets, das Anfertigen von technischen Berichten oder Projektberichten, die Festlegung von Meilensteinen und Terminen in Projekten oder Programmen dar. Weitere Maßnahmen sind die Evaluation von F&E-Projekten bzw. -Programmen etwa durch interne oder externe Forschungsaudits und die Bewertung des F&E-Outputs durch verschiedene Indikatoren wie z.B. Patentanmeldungen, Zahl der Veröffentlichungen oder Promotionen.

3.3.2 Informelle Koordinationsmechanismen

Die nicht-strukturellen, informellen Koordinationsmechanismen sind kein Bestandteil der formalen Organisationsstruktur und basieren nicht oder nur zu einem sehr geringen Teil auf formalen Regelungen. Diese Kategorie umfaßt die beiden Gruppen „Persönliche Kontakte/Informelle Kommunikation" und „Sozialisation".

Persönliche Kontakte/Informelle Kommunikation

Die direkte verbale Kommunikation ist ein sehr effektives Medium, wenn es wie in Forschung und Entwicklung um den Transfer besonders komplexer Inhalte geht, da durch kurze Feedback-Schleifen das Verständnis zwischen Sender und Empfänger erheblich erleichtert wird. Die informelle Kommunikation unterstützt die formale durch die Herausbildung eines Netzwerks von direkten, persönlichen Kontakten zwischen oder unter Manager und Wissenschaftler aus verschiedenen organisatorischen Einheiten des Unternehmens (vgl. Martinz/Jarillo 1989, 492; Simon 1976). Kontakte und Kommunikation werden durch den Besuch von internen Seminaren, Workshops, Konferenzen, Technologiemessen, durch gemeinsame Geschäftsreisen, Ad-hoc-Besuche oder den Transfer von Managern bzw. Wissenschaftlern ermöglicht (vgl. Abb. II-5).

Der Beitrag der persönlichen Kontakte und informellen Kommunikation für die Koordination wird unterschiedlich beurteilt. Hoffmann (1984, 116) erkennt nur eine mittelbare und keine direkte Bedeutung an: Die Koordination wird vor allem indirekt über eine Verbesserung des Betriebsklimas, der Motivation oder der Lösung von sach- und personenbezogenen Konflikten gefördert. Andere Studien heben die direkte zentrale Bedeutung des persönlichen „Face-to-Face"-Gesprächs für die Übermittlung von Informationen innerhalb der F&E aber auch zwischen F&E und Unternehmensleitung oder zwischen F&E und anderen Funktionen hervor (vgl. z.B. Allen 1977, 10ff; Gerpott 1995, 556ff; Tushman/Nadler 1980, 94). In empirischen Untersuchungen bestätigt Galbraith (1994, 44ff) ebenfalls dieses Ergebnis und löst den scheinbaren Widerspruch auf: Die informelle, direkte Kommunikation geschieht in jeder Organisation in mehr oder weniger hohem Maße und ist freiwillig und spontan. Allerdings können die Unternehmen diese alltägliche Praxis auch dazu nutzen, die Koordination zu verbessern und die Herausbildung dieser Beziehungsnetzwerke zu unterstützen. Das Potential liegt in den fachlichen, zweckorientierten Aktivitäten - wie z.B. Besuche, Konferenzen, Workshops, Messen, die das Unternehmen ohnehin durchführen würde - und deren Nutzung zur Verbesserung der Koordination. Durch die stärkere Beachtung der Zusammensetzung der Teilnehmer an einem Workshop kann beispielsweise dieses Potential erheblich gefördert werden. Unter diesem Blickwinkel wird für die eigenen Gespräche von Interesse sein, ob die Unternehmen die in Abbildung II-5 genannten Instrumente zur Bildung persönlicher Kontakte und informeller Kommunikation ebenso zur Förderung der Koordination einsetzen oder diesen Aspekt nicht beachten.

Sozialisation/Organisationskultur

Die Grundannahme von kulturellen Ansätzen zur Koordination lautet, daß Aktivitäten auch ohne strukturelle Vorgaben aufeinander abgestimmt werden können, wenn die Organisationsmitglieder übereinstimmend Werte und Normen des Unternehmens verinnerlicht haben oder sich mit diesen identifizieren können. Durch den Prozeß der Sozialisation der Mitarbeiter eines Unternehmens bildet sich eine Organisatonskultur heraus, die eine Koordination einzelner Unternehmenseinheiten ermöglicht. Dieser Prozeß erfolgt beispielsweise durch:[8]

- die Schaffung gemeinsamer Werte, Normen und Zielvorstellungen,
- die Entwicklung gemeinsamer grundlegender Annahmen („Basic Assumptions"),
- den Ablauf von Entscheidungsprozessen,
- die im Unternehmen vorherrschende Denkweise („Ways of Thinking"),
- den Management- bzw. Führungsstil im Unternehmen.

Durch die gemeinsame Weiterbildung von Mitarbeitern aus verschiedenen Abteilungen, Labors oder betrieblichen Funktionen, Job Rotation, Karriereförderung und Leistungs- bzw. Anreizsysteme kann dieser Sozialisationsprozeß angestoßen und gemeinsame Werte, Normen, Ziele oder Grundannahmen entwickelt werden (vgl. Abb. II-5). In Abgrenzung zum bloßen Personaltransfer stellt Job Rotation einen systematischen Transfer sicher, der durch entsprechende Personalentwicklungsmaßnahmen und Anreizsysteme unterstützt wird. Westney (1993) beschreibt in einer Untersuchung, daß eine maßgebliche Voraussetzung für das erfolgreiche Job-Rotation-System innerhalb japanischer Unternehmen in der hohen Beschäftigungssicherheit und einer gewissen Konformität bei der Ausbildung der Mitarbeiter besteht („Professionalisierung"). Neben der Einführung eines systematischen Personaltransfers schlägt Gerpott (1990) zwei weitere Elemente

---

8 Vergleiche dazu z.B. Allaire/Firsirotu 1984, 216, Bleicher 1990, Bleicher 1991, Corsten 1989, Kobi/Wüthrich 1986, 35, Kaschubbe 1993, 97ff, Schein 1985, 9, und die Literaturübersicht bei Reger/Cuhls/von Wichert-Nick 1996, 188ff.

zur Koordination weltweiter F&E-Strukturen vor. Zum einen betont er, daß mittlerweile sehr viele Unternehmen eine offizielle Konzernsprache eingeführt haben, welche die Kommunikation zwischen den einzelnen F&E-Akteuren erleichtert. Dabei sollte die Sprache gewählt werden, die weltweit mit geringstem Aufwand erlernt werden kann; im wissenschaftlichen Kontext ist dies in der Regel Englisch. Eine Unterstützung solcher Maßnahmen besteht in der Durchführung von Sprachtraining. Zum anderen schlägt der Autor vor, die Versetzungsbereitschaft von neuen F&E-Mitarbeitern als Einstellungskriterium aufzunehmen. Die Flexibilität der Mitarbeiter wird dadurch erhöht und die Barriere gegen Personaltransfer gesenkt.

Die Herausbildung einer Unternehmenskultur beeinflußt jeden Teil der Organisation bewußt oder unbewußt. Eine ausgeprägte übergreifende Kultur sollte die unterschiedlichen Subsysteme integrieren und auf ein gemeinsames Ziel hin orientieren können. Die Koordinationswirkung gründet sich vor allem auf die Bildung gemeinsamer Werte und Normen; insbesondere in komplexen Situationen können diese als Richtlinien für abgestimmtes Vorgehen genutzt werden (vgl. Corsten 1989, 13; Kieser 1986, 44; Schreyögg 1989, 97). Gemeinsame Visionen und Zielvorstellungen haben zudem noch einen motivierenden Effekt auf die Mitarbeiter (vgl. Kahle 1991, 30). Die Reichweite und Möglichkeiten der Sozialisation bzw. Kultur als Steuerungsinstrument werden in der Organisationstheorie jedoch kontrovers diskutiert (vgl. Perich 1993, 184ff, und die dort zitierte Literatur). Im Gegensatz zu den strukturellen, formalen Instrumenten der Koordination ist die Sozialisation bzw. die Kultur sicher kein Mechanismus, mit dem eine Abstimmung exakt geplant oder gesteuert werden kann (vgl. Dierkes 1992, 20).

3.3.3 Hybride Koordinationsmechanismen

Unter „hybriden" Mechanismen werden die Instrumente verstanden, die nicht eindeutig der formalen oder informellen Organisation zuzuordnen sind. Diese Mechanismen liegen quer zur Aufbauorganisation und überlagern die Hierarchie. Martinez/Jarillo (1989, 491f) zählen Teilspekte dieser Kategorie zu den informellen Koordinationsinstrumenten, da diese über den formalen Strukturen liegen würden. Sie verstehen darunter zeitlich begrenzte oder permanente Task Forces, Projektteams, Komitees, integrierende Personen oder Abteilungen. Kieser/Kubicek (1992) ordnen ähnliche Instrumente ihrer Kategorie der Selbstabstimmung und damit den strukturellen Mechanismen zu, da sich diese im wesentlichen auf institutionalisierte Interaktionen beziehen und sich mit Komitees oder Task Forces (zumindest zeitlich begrenzt) bestimmte Strukturen herausbilden. Diese in der Literatur uneinheitliche Einteilung und die - als Hypothese in Abschnitt I angenommene - wachsende Bedeutung dieser „hybriden" Mechanismen für die F&E-Aktivitäten multinationaler Unternehmen machen die Bildung einer eigenen Kategorie sinnvoll. Zu den hybriden Mechanismen werden in dieser Arbeit folgende Elemente gezählt (vgl. Abb. II-5):

- zeitlich befristete Projektgruppen oder Task Forces,
- multifunktionale oder interdisziplinäre Projekte,
- Kernprogramme bzw. -projekte in F&E,
- strategische Projekte,
- Technologie- oder Innovationsplattformen,
- Kollegien,
- Promotoren.

Einige dieser Instrumente wie die Kernprogramme, strategische Projekte, Technologieplattformen wurden bisher in der Literatur nicht oder kaum genannt. In eigenen Unternehmensbefragungen sind wir auf interessante Instrumente gestossen, die in unterschiedlichem Maße abteilungs-, funktions-, konzern-, länder- oder technikübergreifend wirken:

- *Kernprojekte in F&E und F&E-Kernprogramme* dienen zum technikübergreifenden Management eines F&E-Labors.
- Eine *Technologieplattform* soll sowohl die zentralen F&E-Labors als auch die weltweit verteilten F&E-Einheiten eines Konzerns aufgabenspezifisch verbinden.
- *Strategische Projekte* umfassen nicht nur die F&E-Aktivitäten sondern ebenso andere Elemente der Wertekette des Unternehmens. Das Projektteam wird konzernübergreifend organisiert und besteht aus Mitarbeitern aus F&E, Produktion, Marketing und Vertrieb. Die Projekte haben für das Unternehmen strategischen Charakter und genießen Priorität hinsichtlich finanzieller, technischer und personeller Ressourcen.

Projekte und Task Forces sind durch zum Teil umfangreiche, aber zeitlich begrenzte Aufgaben gekennzeichnet, die eine Zusammenarbeit von Personen aus verschiedenen Bereichen erfordern und die aus dem Rahmen der bestehenden F&E-Strukturen herausfallen. Sie stehen im Mittelpunkt der Diskussion über Selbstabstimmung, temporäre oder laterale Organisation bzw. anderer Koordinationsformen (vgl. z.B. Galbraith 1994, 62ff; Kieser/Kubicek 1992, 138ff; Reiß 1995, 530f), da in ihnen die elementare Stätte der technischen Wissensgenerierung gesehen wird. Die Koordination erfolgt durch einen Projektleiter bzw. Leitungsausschuß oder eine Kombination von beidem. Projekte eignen sich sehr gut für die Durchführung von F&E-Tätigkeiten und werden in den Unternehmen häufig genutzt. Entscheidend für den Erfolg ist, ob der Projektleiter mit Weisungs- und Entscheidungsbefugnissen ausgestattet ist oder nur über seinen persönlichen Einfluß („Einfluß-Projektmanagement") agieren kann. Zudem dürfen die Vorhaben von der Kompetenz her nicht gegenüber der Linienorganisation benachteiligt sein. Mehrere Projekte werden wiederum meist von einem Lenkungsausschuß untereinander abgestimmt. Bei der konsequenten Anwendung einer „teamorientierten Struktur" in komplexen Unternehmen (vgl. Mintzberg 1979, S.431ff) können unterschiedlichste Ziele über ein ganzes System von sich überlappenden Teams koordiniert werden.

Kollegien-Modelle zielen darauf ab, die strenge Aufgabenteilung zwischen Stab und Linieninstanz aufzuheben, indem beide zu Kollegiengruppen zusammengefaßt werden (vgl. Golembiewski 1967, 296ff; Macharzina 1993). Diese setzen sich sowohl aus Leitungseinheiten als auch aus Stabsstellen zusammen. Durch Verbindung einer oder mehrerer Kollegien mit ihren ausführenden Stellen werden Kollegienteams gebildet. Diese Kollegien-Modelle tangieren ebenso wie Task Forces bzw. Projektgruppen nicht die formale Struktur des Unternehmens.

Akteure, die einen Innovationsprozeß aktiv und intensiv fördern, werden als Promotoren bezeichnet. Witte (1973, 1973a, 20f) nennt den Fachpromotor und Machtpromotor als die beiden wichtigsten Rollen. Der Fachpromotor trägt wesentlich zur Beseitigung der Fähigkeitsbarrieren im Innovationsprozeß bei und ist der Ideenträger, Initiator oder Erfinder im Innovationsprozeß; seine hierarchische Stellung ist unerheblich. Durch den Machtpromotor sollen innerhalb des Innovationsprozesses auftretende Willensbarrieren beseitigt werden; dieser ist oft Mitglied der Unternehmensführung. Witte kommt zu dem Ergebnis, daß für eine erfolgreiche Gestaltung des Innovationsprozesses beide Rollen zusammen als Promotorengespann auftreten müssen. Hauschildt und Chakrabarti erweitern dieses Zwei-Rollen-Modell um den Prozeßpromotor für intra-organisationale Innovationsprozesse (vgl. Hauschildt/Chakrabarti 1988, Hauschildt 1993). Sie begründen diese Erweiterung zum Drei-Rollen-Modell damit, daß in großen Organisationen der Fachpromotor und der Machtpromotor organisatorisch gesehen zuweit voneinander entfernt sind und eine Verbindung ohne Prozeßpromotor kaum zustande kommen würde. Der Prozeßpromotor hat relativ geringe formale Machtinstrumente und besitzt keine funktionale Autorität. Gemünden und Walter (1995) stellen ein Vier-Rollen-Modell auf und definieren den Beziehungspromotor als viertes Element: Dieser ist der aktive und intensive Förderer von inter-organisationalen Innovationsprozessen. Seine Machtquellen sind ebenfalls informeller Art und gründen sich auf ein bestehendes Netzwerk bzw. spezielle Fähigkeiten zur Entwicklung und Nutzung dieses Netzwerks.

3.3.4 Interne Märkte/Leistungsverrechnung

Märkte sollen Angebot und Nachfrage koordinieren, ohne daß die Akteure notwendigerweise gleiche oder ähnliche Ziele verfolgen müssen (vgl. Ouchi 1979, 834f). Vor allem in multinationalen Unternehmen, die über autonome Divisionen, Geschäftsbereiche und Tochtergesellschaften verfügen, wird eine Koordination des Leistungsaustausches über interne Märkte herbeigeführt. An die Stelle von Planung und Programmierung treten mehr oder weniger freie Vereinbarungen zwischen organisationsinternen Anbietern und Nachfragern, die über interne Verrechnungs- oder Lenkpreise ihre Leistungen abstimmen. Der bei den formalen Koordinationsinstrumenten wichtige Gedanke der intra-organisationalen Zusammenarbeit wird durch den Konkurrenzgedanken ersetzt. Die Funktion eines internen Marktes setzt allerdings organisatorische Einheiten mit Gewinnverantwortung („Profit-Center") voraus, da erst das Gewinn-Preis-Verhältnis die Einzelentscheidungen bestimmt. Damit gründet sich dieses Koordinationsinstrument innerhalb des Unternehmens auf folgende drei Komponenten (vgl. Kieser/Kubicek 1992, 118):

(1) Gewinnverantwortung der organisatorischen Einheiten,
(2) Entscheidungsautonomie bezüglich Abnehmer und Lieferant,
(3) interne Verrechnungs- bzw. Lenkpreise.

Die Umlegung des Konzepts dieser „Quasi-Märkte" auf die F&E-Aktivitäten und die Bildung echter Marktpreise würde demnach bedeuten, daß die F&E-Einheiten als Profit-Center geführt werden und die Transferbeteiligten ausreichend Autonomie erhalten, um sich wie selbständige Unternehmen verhalten zu können. Die Gespräche in den Unternehmen zeigen jedoch auf der einen Seite, daß F&E nicht als Profit-Center sondern als Cost-Center betrieben wird. Andererseits muß sich die zentrale bzw. konzernübergreifende Forschung und Entwicklung („Corporate R&D") mehr und mehr aus F&E-Aufträgen für die Divisionen, Geschäftsbereiche oder Fabriken finanzieren. In den Unternehmen werden diese F&E-Aufträge unterschiedlich als „Auftragsforschung", „Contract Research", „Commissioned Research" oder „Leistungsvereinbarungen" bezeichnet. Der Anteil dieser „Auftragsforschung" übersteigt oft bereits den Anteil der durch Konzernumlage finanzierten Aktivitäten am F&E-Budget der Zentralforschung. Einige Unternehmen gehen sogar noch weiter und haben ihre Konzernforschung als Dienstleistungszentrum ausgegliedert, das Aufträge und F&E-Projekte für die Divisionen und Produktbereiche durchführt. Insgesamt gesehen verändert sich die zentrale F&E vom „Cost-Center" zum „Performance Center".

Mit dieser stärkeren Orientierung auf interne Auftragsforschung oder Leistungsverrechnung soll eine intensivere Anbindung der zentralen F&E an die Geschäftsbereiche, eine Verbesserung des Wissens- bzw. Technologietransfers, kostenbewußteres Verhalten der Konzernforschung sowie die Schaffung von mehr Wettbewerb zwischen den zentralen Labors und externe F&E-Einrichtungen erreicht werden. So verlockend dieses quasimarktliche Koordinationsinstrument auch sein mag, es gibt auch eine Kehrseite der Medaille: Der Markt stellt nur dann einen effizienten Allokationsmechanismus dar, wenn keine wesentlichen Beschränkungen vorliegen. Würde man intern einen offenen Markt herstellen, auf dem wirklich externe Anbieter und Nachfrager zugelassen sind und wo auf *jegliche* hierarchische Eingriffe verzichtet wird, dann wird - entsprechend der Argumentation der Transaktionskostentheorie - der Transaktionskostenvorteil der internen Koordination spezifischer, strategisch bedeutsamer F&E-Leistungen geopfert.

4 Ergebnis: Aufgabenspezifisches Konzept für die Auswahl von Koordinationsmechanismen

Zusammenfassend läßt sich festhalten, daß sich aus der Differenzierung und Internationalisierung in multinationalen Unternehmen globale arbeitsbezogene Abhängigkeiten sowohl zwischen den Teilaktivitäten von F&E als auch zwischen F&E und anderen betrieblichen Funktionen ergeben. Da die Leistungen der einzelnen Subsysteme von F&E auf die F&E- und Unternehmensziele ausgerichtet werden müssen, entsteht ein Koordinationsbedarf. In einer erweiterten Definition wird unter Koordination die wechselseitige Abstimmung, Integration und Steuerung der weltweit verteilten F&E-Aktivitäten zur Erfüllung und Optimierung der Unternehmensziele verstanden. Hinsichtlich der Ebenen der Koordination wird zwischen horizontaler, vertikaler und lateraler Koordination unterschieden, zu deren Abstimmung geeignete Mechanismen benötigt werden. Unter Koordinationsmechanismen werden Regelungen zur Koordination arbeitsbezogener Prozesse verstanden, die als grundlegende Strukturelemente („Leim") das Unternehmen - unter dem Druck der zentrifugal vom Kern wegstrebenden Subsysteme/-elemente - zusammenhalten.

Auf der Grundlage der Gegenüberstellung verschiedenster Ordnungsansätze wurden die Koordinationsmechanismen für Forschung und Entwicklung neu systematisiert und vier übergreifende Kategorien gebildet (vgl. Abb II-6). Die Trennung in „strukturelle und formale Mechanismen" bzw. „informelle Mechanismen" entspricht der Auffassung über ein Unternehmen, das sowohl aus der formalen Organisationsstruktur als auch aus einer informellen, unter der Struktur liegenden Schicht besteht, die eine hohe Bedeutung für die Innovations- und Wettbewerbsfähigkeit besitzen. „Hybride" Koordinationsmechanismen, die quer zur formalen Organisationsstruktur liegen und die Hierarchie überlagern, stellen die dritte Kategorie dar. Die „internen Märkte" bilden die vierte Kategorie, die das Experimentieren der Unternehmen mit neuen, marktnahen Finanzierungsformen der F&E erfassen sollen.

Die Auswahl geeigneter Koordinationsmechanismen dürfte unter anderem wesentlich von der zu bewältigenden Aufgabe bzw. Schnittstelle bestimmt werden. Auf der Grundlage der in Abschnitt I beschriebenen Trends werden vier Kernaufgaben für die Koordination der F&E-Aktivitäten abgeleitet (vgl. Abb. II-6): (1) die Einbindung von F&E in die Konzern- bzw. Geschäftsbereichsstrategien, (2) die Abstimmung der zentralen F&E mit den Divisionen oder Geschäftsbereichen, (3) die Herstellung von technik- und konzernübergreifenden Synergien sowie (4) die Koordination der weltweit verstreuten F&E-Einheiten. Folgt man der Annahme, daß die Koordinationsaufgabe bzw. die Schnittstelle ein Einflußfaktor für die Wahl der Instrumente ist, so wird das Unternehmen über die organisatorische Fähigkeit verfügen müssen, eine hohe Bandbreite verschiedenster Mechanismen vorzuhalten und anwenden zu können.

Beide Dimensionen, die Koordinationsinstrumente und die wesentlichen Koordinationsaufgaben, werden in einer Matrix gegenübergestellt (vgl. Abb. II-6). Mit Hilfe dieser Matrix kann zum einen eine Vielzahl möglicher Koordinationsmechanismen im Unternehmen ermittelt und eine Übersicht über vorhandene bzw. fehlende Instrumente gewonnen werden. Zu zweiten können diese aufgabenspezifisch zugeordnet und Unterschiede dargestellt werden. Weitere Einflußgrößen auf die Auswahl geeigneter Koordinationsmechanismen sind mit dieser Matrix noch nicht beschrieben, dieser notwendige Schritt wird im folgenden Abschnitt III vorgenommen.

Abbildung II-6: Matrix Koordinationsaufgaben und -instrumente

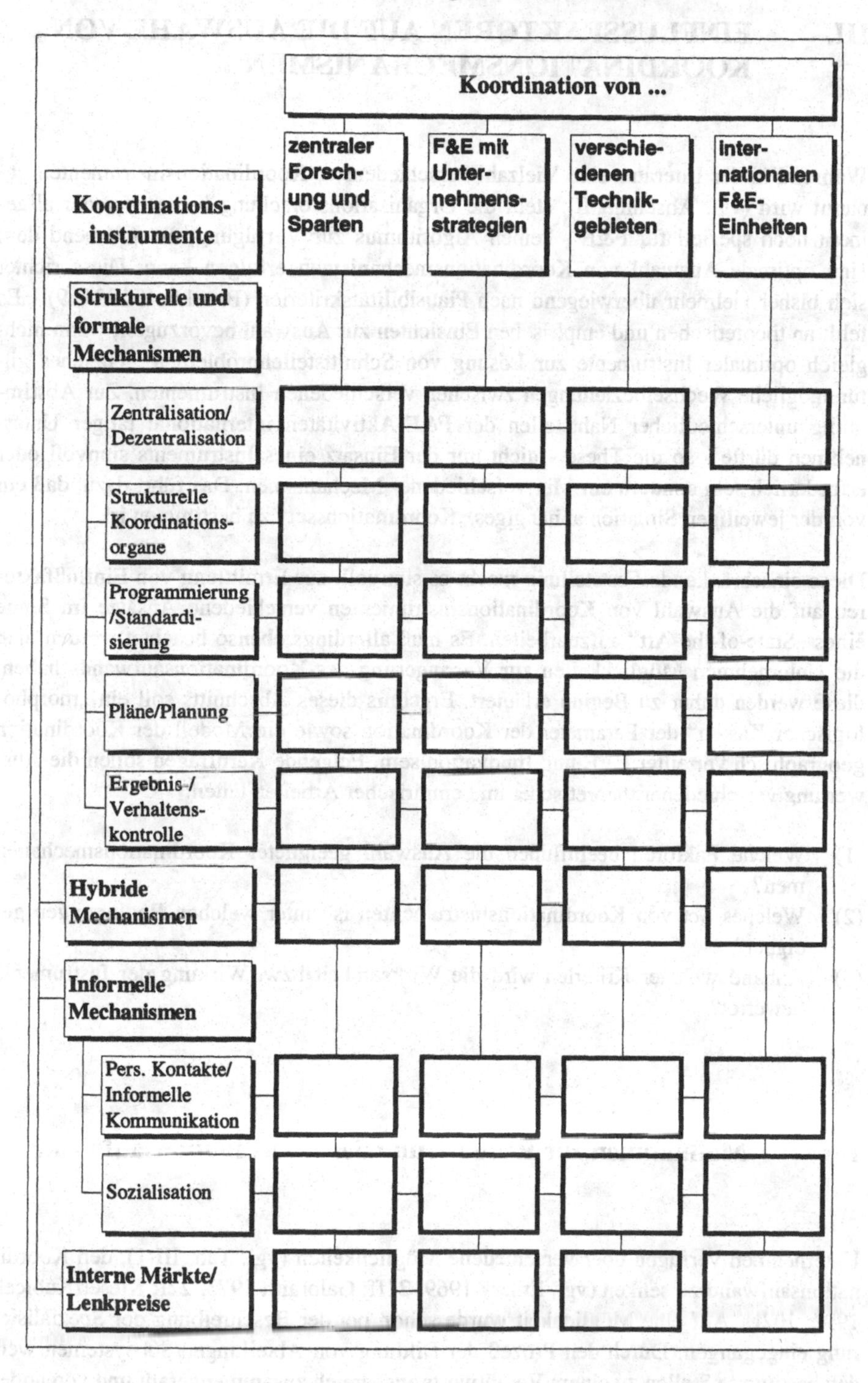

III. EINFLUSSFAKTOREN AUF DIE AUSWAHL VON KOORDINATIONSMECHANISMEN

Während in der Literatur eine Vielzahl verschiedenster Koordinationsinstrumenten genannt wird (vgl. Abschnitt II), stellt die Organisationsforschung bisher - weder allgemein noch speziell für F&E - keinen Algorithmus zur Verfügung, entsprechend dem eine optimale Auswahl von Koordinationsmechanismen erfolgen kann. Diese richtet sich bisher vielmehr überwiegend nach Plausibilitätskriterien (Brockhoff 1994, 9): „Es fehlt an theoretischen und empirischen Einsichten zur Auswahl bevorzugter, wenn nicht gleich optimaler Instrumente zur Lösung von Schnittstellenproblemen". Gleiches gilt für mögliche Wechselbeziehungen zwischen verschiedenen Instrumenten. Zur Abstimmung unterschiedlicher Nahtstellen der F&E-Aktivitäten international tätiger Unternehmen dürfte - so die These - nicht nur der Einsatz eines Instruments sinnvoll oder erforderlich sein sondern ein Mix verschiedener Mechanismen. Das führt dazu, daß ein von der jeweiligen Situation abhängiges „Koordinationsset" zu bestimmen ist.

Diese einschränkende Feststellung macht es sinnvoll, zur Ermittlung von Einflußfaktoren auf die Auswahl von Koordinationsinstrumenten verschiedene Ansätze im Sinne eines „State-of-the-Art" aufzuarbeiten. Es muß allerdings ebenso beachtet werden, daß die Unternehmen Möglichkeiten zur Verringerung des Koordinationsaufwands haben; diese werden daher zu Beginn erläutert. Ergebnis dieses Abschnitts soll ein „morphologischer Kasten" der Parameter der Koordination sowie ein Modell der Koordination geographisch verteilter F&E und Innovation sein. Folgende Kernfragen sollen die Auswertung verschiedener theoretischer und empirischer Arbeiten leiten:

(1) Welche Faktoren beeinflußen die Auswahl geeigneter Koordinationsmechanismen?
(2) Welches Set von Koordinationsinstrumenten ist unter welchen Bedingungen geeignet?
(3) Anhand welcher Kriterien wird die Wirksamkeit bzw. Wirkung der Instrumente bewertet?

1 Maßnahmen zur Reduzierung des Koordinationsaufwands

Unternehmen verfügen über verschiedene Möglichkeiten (vgl. Tab. III-1), den Koordinationsaufwand zu senken (vgl. Emery 1969, 21ff; Galbraith 1973, 22f; Kieser/Kubicek 1992, 102f). Auf eine Möglichkeit wurde schon bei der Beschreibung der Spezialisierung eingegangen: Durch den Prozeß der Bildung von Abteilungen/Subsystemen werden bestimmte Stellen zu einem Verantwortungsbereich zusammengefaßt und von anderen Stellen entkoppelt. Die Abstimmungsprobleme werden gebündelt, in die Entscheidungsbefugnisse der Instanzen gelegt und auf der Ebene größerer Bereiche gelöst; damit sinkt der Koordinationsaufwand für die übergeordneten Ebenen. Die Bildung von Abteilungen bzw. Bereichen in einem Forschungslabor, von Produktentwicklungsabteilungen in Divisionen/Geschäftsbereichen oder die Gründung einer (ausländischen) F&E-Einheit sind Beispiele für die Bildung von Subsystemen im F&E-Bereich.

Eine weitere Möglichkeit zur Reduzierung der Koordination ist die Einrichtung von Puffern (z.B. mehr Zeit) (vgl. Tab. III-1). Dadurch wird die Entkopplung zwischen den einzelnen Abteilungen noch verstärkt. Diese Möglichkeit dürfte für grundlegende Forschung weniger wichtig sein, jedoch für die angewandte Forschung und die Produktentwicklung eine stärkere Rolle spielen. Beim Konzept des „Simultaneous Engineering" erfolgt beispielsweise die Entwicklung von Produkten nicht sequentiell hintereinander sondern durch ein gemeinsames Projektteam in einem sich überlappendem, parallelem Prozeß (vgl. Töpfer/Mehdorn 1993, 82; sowie die Literaturübersicht in Reger/Cuhls/von Wichert-Nick 1996, 254ff). Damit werden Puffer zwischen der angewandten Forschung, der Entwicklung, den Testläufen, der Konstruktion und der Produktion abgebaut, und ein höherer, vorausschauender Koordinationsbedarf entsteht.

Tabelle III-1: Maßnahmen zur Verringerung des Koordinationsaufwands

Abhängigkeit des Koordinationsaufwands von:	Reduzierung des Koordinationsaufwands durch:
• Zahl der Stellen/Spezialisierung	⇒ Entkopplung und Bündelung durch Abteilungsbildung
• Puffer	⇒ Einrichten ausreichender Puffer/
• Bereitgestellte Ressourcen	⇒ Einsatz flexibler Ressourcen; Bereitstellen von Überschußressourcen
• Anzahl der Größen/Kriterien (z.B. Qualität, Kosten, Zeit)	⇒ Beschränkung auf zentrale Größen; Definition von Leistungsbandbreiten/Standards
• Anforderungen an das Gesamtergebnis	⇒ Fokussierung des Gesamtergebnisses; Toleranzwerte

Durch die Bereitstellung von Überschußressourcen und den Einsatz flexibler Ressourcen kann ebenfalls die Koordination vereinfacht werden. Je geringer die Flexibilität und je knapper die Kapazität (z.B. an qualifizierten Forschern) desto anfälliger ist eine Abteilung für Schwankungen bzw. Stockungen und desto intensiver bzw. höher ist der Koordinationsbedarf.

Der Koordinationsaufwand hängt zudem wesentlich davon ab, welche Anzahl von Größen (z.B. Qualität, Zeit, Kosten) abgestimmt werden sollen und ob Bandbreiten geschaffen werden, innerhalb denen die Leistungen schwanken können. Die Vereinbarung von Bandbreiten bzw. Standards verringern die Abstimmung erheblich, da lediglich Ausnahmen zu Koordinationsprozessen führen; diese Technik wird als „Management by Exception" bezeichnet (vgl. Frese 1969).

Schließlich wird der Koordinationsaufwand durch die Anforderungen an das Gesamtergebnis bestimmt. Je geringer die Toleranz dahingehend ist, um so höher sind die Anforderungen einer besseren Abstimmung zwischen den organisatorischen Einheiten.

Durch die beschriebenen Maßnahmen kann der Koordinationsaufwand reduziert und der Einsatz von Koordinationsinstrumenten zumindest teilweise substituiert werden. Allerdings muß diese Verringerung durch die Zulassung von „Organisational Slack" kostenträchtig erkauft werden (vgl. Brockhoff 1994, 43): Der „organisatorische Schlupf" wird umso geringer gehalten und die Koordinationsanstrengungen müssen umso grösser sein, je höher das gesetzte Ziel und je stärker der Wettbewerbsdruck von außen ist.

2 Kontingenz- und Situationsansatz: Zusammenhang von Kontext, Differenzierung und Koordination

Eine Vielzahl empirischer Untersuchungen zur Gestaltung der Organisationsstruktur und der Koordination gründet sich auf dem kontingenz- bzw. situationstheoretischen Ansatz. Die Vertreter dieser Theorie gehen davon aus,[1] daß die Art und Weise der Organisationsgestaltung vom jeweiligen Kontext bzw. der Situation, in der sich das Unternehmen befindet, abhängig ist. Da eine Vielgestalt interner und externer Einflußfaktoren existiere, könne die Führung eines Unternehmens nicht auf universelle Prinzipien gegründet werden. Unternehmensführung bestehe in der Identifizierung und Anwendung einer geeigneten Managementtechnik, die zu einer besonderen Situation bzw. zu spezifischen Umständen paßt: „The task of managers is to try to identify which techniques will, in a particular situation, under particular circumstances, and at a particular time, best contribute to the attainment of managerial goals" (Stoner 1982). Demnach existiert *kein* generell optimales, sondern immer nur ein den Situationsbedingungen angemessenes organisatorisches Design, das ebenso vielfältig ist wie die Bedingungen und Einflüsse, die das Gestalten in Unternehmen begrenzen.

---

1 Vergleiche z.B. Blau/Schoenherr 1971, Burns/Stalker 1968, Egelhoff 1988, Hoffmann 1980, Khandwalla 1972, Kieser/Kubick 1992, Lawrence/Lorsch 1967, Meffert 1993, Pugh/Hickson 1976, Thompson 1967.

Demgemäß werden theoretische Wenn-Dann-Beziehungen hergestellt: Zwischen die Wenn-Komponente (Kontext, Situation) bzw. die Dann-Komponente (Struktur) wird das absichtsgeleitete, kommunikative Handeln von Managern in Form der Strategieentwicklung gestellt. Der Einfluß von externen Situationsvariablen wie z.B. Technologie, Unternehmensgröße, Geschäftsfeld, Wettbewerb auf die Organisationsstruktur wird von einigen Autoren direkt und von anderen nur mittelbar unterstellt. Jeder Organisation stehen in ihrem jeweiligen Kontext strategische Optionen zur Strukturanpassung offen, die somit als intervenierende Variablen wirken (vgl. Müller-Stewens 1992, 2350).

Empirische Studien mit einem Kontingenz- bzw. Situationsansatz können grob in die beiden Gruppen „monovariabel und multivariabel" gegliedert werden (vgl. Hoffmann 1980, 8ff). In monovariablen Untersuchungen wird der Zusammenhang zwischen einer unabhängigen Variablen und verschiedenen Organisationsmerkmalen als abhängige Variablen analysiert. Dazu zählen die Arbeiten von Burns/Stalker (1968) zum Zusammenhang von Umweltdynamik und Organisationsgestaltung, von Lawrence/Lorsch (1967) zum Problem der Differenzierung und Integration oder von Blau/Schoenherr (1971), die im Bereich der öffentlichen Verwaltung den Zusammenhang zwischen Organisationsgröße und -struktur hergestellt haben. Multivariable Studien beobachten eine Vielzahl unternehmensinterner bzw. -externer unabhängiger Variablen und analysieren deren Einfluß auf die Gestaltung der Organisation. Beispielhaft dafür sind die aufwendigen und anspruchsvollen Arbeiten von Pugh/Hickson (1976), Hoffmann (1980, 1984) oder von Child (1972a), der explizit den Entscheider im Unternehmen und strategische Wahlakte in sein Modell miteinbezieht.

Im folgenden sollen die wichtigsten Kernaussagen der wesentlichen empirischen Studien dargestellt werden. Dies bietet sich an, da sowohl auf eine kontextbedingte Gestaltung der organisatorischen Strukturdimensionen als auch auf die situationsspezifische Auswahl geeigneter Koordinationsmechanismen hingewiesen wird. Auch wenn die Mehrzahl der dargestellten Studien bereits Ende der 60er Jahre erstellt wurden, dienen sie häufig als Vorbild neuerer, empirischer Arbeiten.

2.1 Monovariable Ansätze: Umweltdynamik und -unsicherheiten

Auf der Basis von Interviews in 20 britischen Unternehmen der Elektroindustrie prüften Burns und Stalker (1968) die Hypothese, ob bei einer Veränderung der Märkte und häufigen technologischen Neuerungen die geeignete Organisationsform eines Unternehmens eine andere ist als bei einer relativ stabilen ökonomischen bzw. technologischen Umwelt. Die Studie kommt zu dem Ergebnis, daß in stabilen Umwelten eher mechanistische Organisationsformen (Bürokratien) und in dynamischen Umwelten eher organische Formen anzutreffen sind. Die mechanistische Struktur in einer stabilen Umwelt zeichnet sich durch eine hohe Hierarchie, eine klare bzw. vertikale Linienautorität und einen tendenziell autokratischen Führungsstil aus. Der Spezialisierungsgrad ist hoch, ebenso der Grad von Standardisierung, Formalisierung und Zentralisation. Dagegen ist die organische Struktur in einer dynamischen Umwelt durch eine flache Hierarchie, unklare bzw. laterale Linienautorität und einen tendenziell demokratischen Führungsstil gekennzeichnet. Der Spezialisierungsgrad ist gering, ebenso der Grad der Standardisierung, Formalisierung und Zentralisation. Die Koordination erfolgt durch Einbeziehung aller Mitarbeiter.

In einer detaillierteren Studie untersuchten Lawrence/Lorsch (1967) ebenfalls die Wirkung der Umweltdynamik auf die Organisationsgestaltung. Die Autoren begreifen Unternehmen dabei nicht als monolithische Entität in einer homogenen Umwelt. Vielmehr gehen sie davon aus, daß die einzelnen Unternehmenssubsysteme unterschiedlichen Umweltdynamiken gegenüberstehen und dies zu Integrationsproblemen des Gesamtunternehmens führt. Durch den Einsatz geeigneter Koordinations- bzw. Integrationsinstrumente könne ein Erfolg des Unternehmens dennoch erreicht werden. Die Dynamik bzw. Unsicherheit der spezifischen Umwelten wird anhand der zeitlichen Kontrollspanne, der Klarheit der Information sowie der Unsicherheit über kausale Beziehungen gemessen. Auf der Grundlage von Interviews in 10 Unternehmen der Kunststoff-, Verpakkungs- und Nahrungsmittelindustrie kommen die Autoren zu zwei Kernaussagen. Zum einen wird mit Hilfe der Differenzierungsthese gezeigt, daß die Unternehmensbereiche in dynamischen Umwelten weniger Hierarchieebenen aufweisen und einen geringeren Formalisierungsgrad der Aufgabenerfüllung besitzen (vgl. Lawrence/Lorsch 1967, 42ff). Dabei sind die Bereiche erfolgreicher Unternehmen um so unterschiedlicher, je stärker sich die relevanten Umwelten voneinander unterscheiden. Die zweite wesentliche Aussage bildet die Integrationsthese: Erfolgreiche Unternehmen mit einem geringen Differenzierungsgrad der Unternehmensbereiche setzen eher einfache, technokratische Integrationsmechanismen wie Hierarchie, Pläne oder Vorschriften ein, während stärker differenzierte Unternehmen komplexere, strukturelle Koordinationsmechanismen wie Kommitees oder Koordinationsstellen benötigen. Je höher sich die Differenzierung der Unternehmensbereiche darstellt, um so schwieriger bzw. aufwendiger wird die Integration bzw. Koordination zur Erreichung gemeinsamer Ziele sein.

Die Arbeiten von Khandwalla sind von der Differenzierungs- bzw. Integrationsthese von Lawrence/Lorsch geprägt. Khandwalla (1972, 1975) macht zur unabhängigen Variable ebenfalls die Umweltunsicherheit, die durch die Veränderung der Wettbewerbssituation sowie der technologischen Entwicklung verursacht sei. Er unterscheidet zwischen absoluter und vom Management (Entscheidern) des Unternehmens wahrgenommener Umweltunsicherheit. Seine Befragungsergebnisse in 79 bzw. 96 amerikanischen Industrieunternehmen zeigen, daß personale Koordinationsmechanismen („partizipatives Management“) bevorzugt von Unternehmen eingesetzt werden, die eine durch intensiven Wettbewerb bedingte Umweltunsicherheit wahrnehmen. Dagegen werden technokratische Koordinationsmechanismen (Kontrollsysteme, Formalisierung, Planung) vor allem in Unternehmen eingesetzt, die sich Umweltunsicherheiten durch technologische Veränderung ausgesetzt sehen.

2.2 Erste Studien mit multivariablen Untersuchungsansätzen

Der Zusammenhang zwischen mehreren Kontextvariablen und der Organisationsgestaltung wurde in den sogenannten „Aston Studies" analysiert (vgl. Pugh/Hickson 1976; Pugh/Hinings 1976; Pugh/Payne 1977). Als unabhängig wurden folgende Variablen beschrieben (1) Ursprung und Geschichte des Unternehmens, (2) Eigentumsverhältnisse, (3) Größe, (4) Ziele und Werte, (5) Technologie, (6) Standort, (7) Ressourcenverfügbarkeit sowie (8) externe Abhängigkeit des Unternehmens. Zwischen diesen Kontextvariablen und der Organisationsgestaltung sollten vielfältige Zusammenhänge hergestellt werden. Die Unternehmensorganisation wurde dabei in die fünf Dimensionen Spezialisierung, Standardisierung, Formalisierung, Zentralisierung und Konfiguration geteilt. Die Mehrzahl der hypothetisch vermuteten Abhängigkeiten konnte jedoch nicht eindeutig bestätigt werden. Ein wichtiges Ergebnis besteht aber darin, daß Großunternehmen ein hohes Maß an Spezialisierung, Standardisierung und Formalisierung aufweisen, während die Zentralisation der Entscheidungsprozesse abnimmt. Dies bewirke insgesamt gesehen eine Erhöhung des Koordinationsbedarfs.

Im Gegensatz zu den zuvor dargestellten Studien untersuchte Child (1972, 1972a) den politischen Prozeß, der den Entscheidungen der „Power-Holders" über Strategie und Ausrichtung des Unternehmens zugrunde liegt. Seinen Argumenten folgend muß die Analyse der Organisation und der Umwelt die strategische Wahlfreiheit („Strategic Choice") der Entscheidungsträger berücksichtigen. Daher können die Umweltbedingungen nicht als unmittelbare Quelle der Verschiedenartigkeit der Organisationsstruktur begriffen werden. Die entscheidende Verbindung zwischen Struktur und Umwelt liegt sowohl in der Bewertung des Top-Managements der Position des Unternehmens z.B. auf dem Markt, gegenüber den Konkurrenten bzw. Kunden oder den Erwartungen der „Shareholders" als auch in den Handlungen, die von den Entscheidungsträgern infolge dieser Abschätzung hinsichtlich der organisatorischen Ausrichtung getroffen werden (vgl. Abb. III-1). In Anlehnung an Chandlers (1962) These „Structure follows Strategy"[2] zieht Child (1972a, 15) den Schluß, daß die strategische Wahlfreiheit die entscheidende Variable bei der Bestimmung des organisatorischen Designs darstellt und Unternehmen ihrerseits wiederum ihre Umwelt beeinflußen. Die Entscheide des Top Managements basieren hierbei auf deren ideologischen Normen und Werten. Mit diesem Modell kritisiert Child den situativen Ansatz, nach dem die organisatorischen Strukturmerkmale als eine direkte Funktion von zumeist ökonomischen bzw. technologischen externen Kontextfaktoren aufgefaßt werden.

---

2 „A new strategy required a new or at least refashioned structure if the enlarged enterprise was to be operated efficiently" (Chandler 1962, 15).

Abbildung III-1: Die Rolle der „strategischen Wahl“

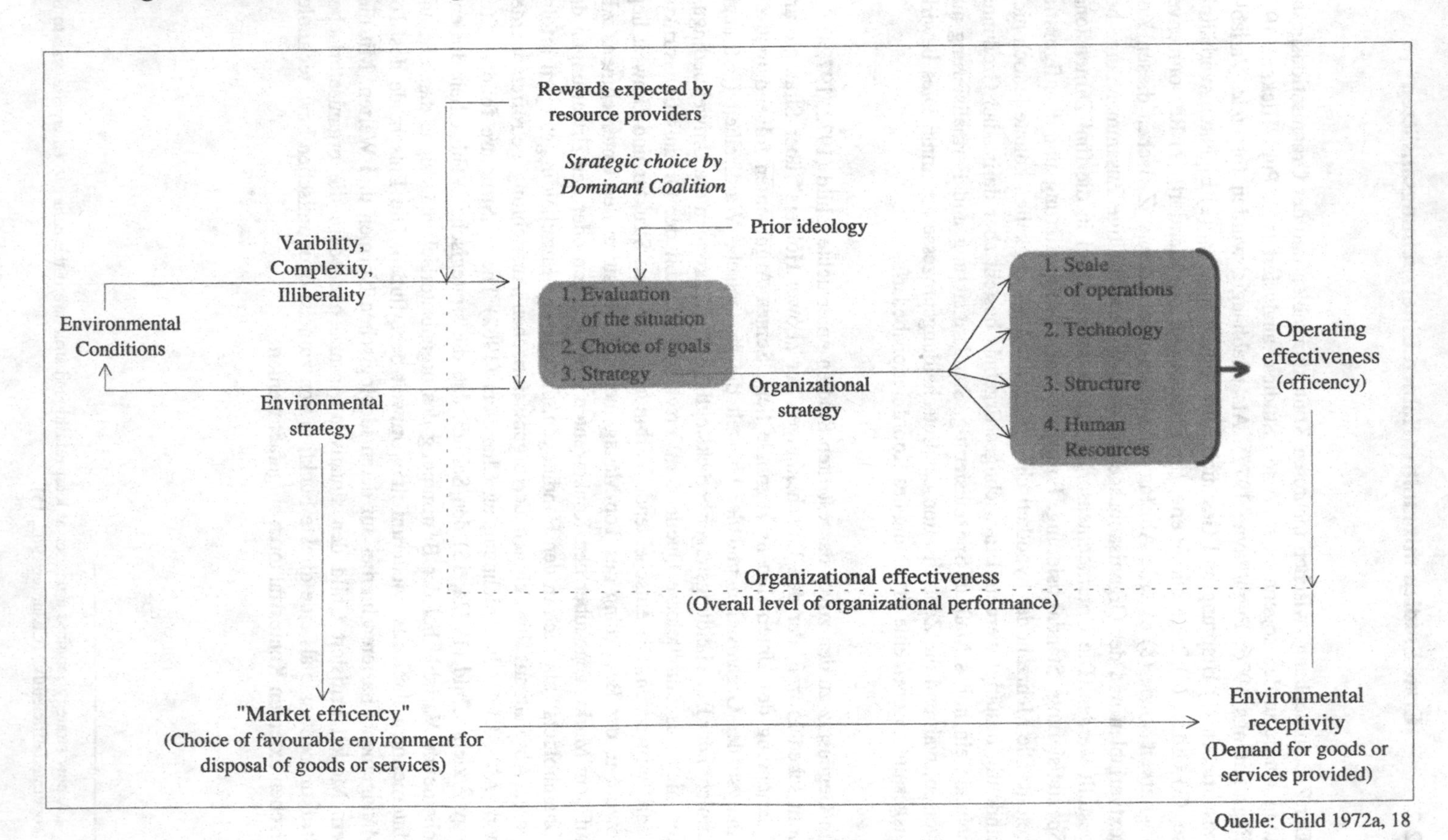

Quelle: Child 1972a, 18

Die Rolle der strategischen Wahl ist in Abbildung III-1 schematisch dargestellt. Das „dominierende Management" schätzt vor dem Hintergrund seiner Werte und Normen die Situation des Unternehmens ein, wählt die Ziele aus und bestimmt die Strategie. Intern wird der Versuch gemacht, eine Konfiguration aus der Geschäftsfeldbandbreite, der Technologie, dem Personal und der Organisationsstruktur zu etablieren, die den strategischen Anforderungen entsprechen sollen. Das Unternehmen ist leistungsfähig, wenn sich ein „Fit" zwischen internem konsistentem Organisationsdesign und der strategischen Ausrichtung ergibt (vgl. Abb. III-1): Die Markteffizienz, die als Wahl einer günstigen Umwelt für den Absatz der Waren bzw. Dienstleistungen verstanden wird, trifft sich mit der operationale Effektivität bzw. Effizienz in der Aufnahmebereitschaft der Nachfrager („Environmental Receptivity"). Mit seinem Modell liefert Child zwar einen interessanten Ansatz zur Einbeziehung der Managementgrundhaltung in den Prozeß der Strategieentwicklung, jedoch keine konkreten Empfehlungen für die Koordinationsgestaltung. Zudem steht ein operationalisiertes Forschungsdesign und eine empirische Überprüfung noch aus (vgl. Macharzina 1993, 399). Der Wert des Konzepts liegt aber darin, daß die Annahme eines unabhängigen bzw. unbeeinflußbaren externen Handlungsrahmens für organisatorische Entscheidungen aufgegeben wird und eine gewisse Wahlfreiheit, der Entscheidungsprozeß und die Grundhaltung des Top-Managements stärker in den Mittelpunkt gerückt werden.[3]

2.3 Folgestudien: Situation-Struktur-Verhaltens-Zusammenhang

Der Untersuchungsansatz von Hoffmann

Auf der theoretischen Grundlage des Kontingenz- bzw. Situationsansatzes und der zuvor genannten Autoren untersucht Hoffmann (1980, 1984) die Führungsorganisation von Großunternehmen. Das über sechs Jahre laufende Forschungsprojekt konzentrierte sich auf umfangreiche konzeptionelle Arbeiten zum Zusammenhang zwischen Unternehmenskontext und den Strukturdimensionen Differenzierung, Konfiguration und Koordination. Die empirische Basis stellt eine quantitative Erhebung unter 27 großen Industrieunternehmen in Deutschland und 13 Unternehmen in den USA dar. Die Studie streift zwar nur am Rande F&E und Innovation, aufgrund der differenzierten Herangehensweise wird der theoretische Aussagegehalt bzw. die Operationalisierungsmöglich-

3 „We have been concerned with the role of strategic choice as a necessary element in any adequate theory of organizational structure, and have suggested that many available explanations overemphasize constraints upon that choice. In so doing they draw our attention away from the possibilities first of choosing structural arrangements that will better satisfy the priorities of those in charge of organizations, or indeed of any interested party; and secondly away from the exploration of organizational design as a means of reconciling more successfully economic and social criteria of performance" (Child 1972a, 19).

keiten des Situationsansatzes jedoch sehr gut dokumentiert. Möglicherweise können Wirkungsweisen und Parameter für die Gestaltung der F&E übertragen werden.

Unter Situation subsumiert Hoffmann (1984, 10 ff) sowohl externe Umweltfaktoren als auch interne Unternehmensfaktoren. Die externe Umwelt wird auf der Ebene der Aufgabenumwelt der Unternehmung betrachtet, zu der Lieferanten, Kunden, Konkurrenten sowie Arbeitsmarkt und Kapitalgeber gehören. Deren Eigenschaften, Verhalten und relative Machtposition bestimmen (1) die externe Abhängigkeit eines Unternehmens sowie (2) die Dynamik in technologischen Bereichen und Märkten. Während der Umweltkontext - etwa im Gegensatz zu Child - als relativ unbeinflußbar angesehen wird, liegen die Unternehmensfaktoren im unmittelbaren Einflußbereich der Unternehmensführung und sind veränderbar. Zu den Unternehmensfaktoren werden gezählt:

- Geschichte des Unternehmens (Art der Gründung, Alter, Dynamik der historischen Entwicklung),
- Unternehmensgröße (Personal, Kapital, Ertrag, räumliche Differenziertheit),
- Produktionstechnologie (Anlagen, Verfahren, F&E),
- Leistungsprogramm (Umfang, Zusammensetzung, Dynamik),
- Informationstechnologie (Anlagen, Verfahren und Anwendung der EDV),
- interne Abhängigkeitsbeziehungen zwischen Hierarchieebenen und Teilbereichen (Intensität, Inhalt, Richtung).

Die Organisationsstrukturen werden von Hoffmann durch die Merkmale Differenzierung (Entscheidungsverteilung, Konfiguration) sowie Koordination beschrieben. Durch Differenzierung wird die Gesamtaufgabe des Unternehmens in Teilaufgaben untergliedert bzw. spezialisiert und erzeugt einen Koordinationsbedarf. Mittels des Einsatzes eines breiten Spektrums von Koordinationsmaßnahmen (strukturelle, technokratische, personale) können funktionale und suboptimale Verhaltensweisen verhindert und Einzelentscheidungen auf die übergeordneten Unternehmensziele ausgerichtet werden.

Differenzierung und Koordination charakterisieren Strukturformen und bewirken durch firmenspezifische Ausprägungen und Kombinationen jeweils unterschiedliche, unternehmensspezifische Strukturen. Eine situationsgerechte Strukturform ist nach Hoffmann jedoch nur ein Erfolgsfaktor neben zahlreichen anderen. Vielmehr hängen Strukturwirkungen auf den Erfolg von Unternehmen sehr davon ab, ob und wie organisatorisch vorgegebene Handlungsspielräume von den Unternehmensmitgliedern genutzt und ausgeführt werden. Dem Verhalten des Top-Managements kommt dabei eine erhebliche Bedeutung zu. Der Gesamterfolg eines Unternehmens ergibt sich nach Hoffmann aus der Erreichung von ökonomischen Formalzielen, Sozialzielen und der Anpassungsfähigkeit. Diese Zielvariablen gelten als Endvariablen und können zugleich zum Ausgangspunkt der Betrachtung zurückführen: Die Feststellung der Erfolgslage können neue Situations- und Organisationsanalysen veranlassen, und die veränderten Unternehmungszielsetzungen gehen in den Prozeß der Strategieformulierung und organisatorischen Gestaltung ein. Strategien entstehen dabei auf der Grundlage von Situationsanalysen. Darin werden Ziele über Produkt-Markt-Kombinationen und adäquate Handlungsprogramme festgelegt und durch situationsabgestimmte Strukturen gesichert.

Ergebnis: Situationsadäquate Struktur und Verhalten

Die Aussagen der Studie über Gestaltungsmöglichkeiten und Spielräume des Managements sind sehr allgemein und werden als hypothetische Gestaltungshinweise und nicht als Gestaltungsanweisungen verstanden (vgl. Hoffmann 1984, 281ff). Der Unternehmenskontext wird dabei in die beiden Dimensionen „hohe Flexibilitätsanforderung" und „bedrohliche, unsichere Situation" gegliedert und daraus Hinweise für die Organisationsgestaltung und den Verhaltensrahmen gegeben. Unternehmen, die hohen Flexibilitätsanforderungen gegenüberstehen, sind einer hohen Umweltdynamik und einer hohen Dynamik der gesamten internen Situation ausgesetzt; es sind wachsende Unternehmen mit ausgeprägtem heterogenen Leistungsspektrum und hohem Flexibilitätsstreben. Diese Art von Unternehmen ist erfolgreich im Sinne einer hohen Anpassungsfähigkeit und eines hohen ökonomischen Erfolgs, wenn es die folgenden Strukturmerkmale aufweist (vgl. Abb. III-2):

- ausgeprägte dezentrale Entscheidungsverteilung,
- ausgeprägte horizontale Differenzierung (erste und zweite Hierarchieebene), d.h. sowohl eine Vermehrung der Vorstandsressorts als auch der funktionalen und divisionalen Teilbereiche,
- hohe Koordinationsintensität und breites Spektrum an unterschiedlichen Koordinationsmaßnahmen, wobei flexible Koordinationsorgane betont werden.

Diesen hohen Flexibilitätsanforderungen entsprechen von der Verhaltensnorm her gesehen (1) eine hohe Mitarbeiterorientierung und Kooperation, (2) umfangreiche formale Informationsaustauschbeziehungen, die durch intensive informelle Informationsbeziehungen ergänzt werden, (3) eine intrinsische Motivation sowie (4) eine kooperative Konflikthandhabung.

Unternehmen in bedrohlichen, unsicheren Situationen befinden sich in hoher Abhängigkeit von Marktpartnern bzw. Wettbewerbern und in unternehmensintern bedingten Risikosituationen. Sie suchen in hohem Maße nach einer stabileren Situation und mehr Sicherheit. Dieses Sicherheitsstreben wird durch die Unsicherheit über und die große Bedeutung von Situationsänderungen ausgelöst, die für die Ziele und Existenz des Unternehmens außergewöhnlich bedrohlich sind. Die adäquate Organisationsstruktur zeichnet sich aus durch (vgl. Abb. III-2):

- ausgeprägte Entscheidungszentralisation,
- horizontale Differenzierung lediglich der funktionalen und divisionalen Teilbereiche (zweite Ebene),
- ausreichende Koordinierungs- und Kontrollkapazität der Führungskräfte durch kleine Leitungsspannen,
- Anwendung von restriktiven (technokratischen) Koordinationsmechanismen oder von Maßnahmen, die organisatorischen Überschuß weitgehend verhindern (z.B. durch Schaffung mächtiger Zentralbereiche).

Abbildung III-2: Idealtypische Gestaltung von Struktur und Verhalten

Quelle: eigene Darstellung nach Hoffmann 1984, 277

Die Verhaltensnorm in Unternehmen mit ausgeprägtem Sicherheitsstreben ist gekennzeichnet von (1) einer hohen Aufgabenorientierung und der Betonung von Autorität, (2) formalen Informationsaustauschbeziehungen, (3) extrinsischer Motivation sowie (4) einer Konflikthandhabung durch hierarchische Eingriffe.

Flexibilitäts- und Sicherheitsstreben werden von Hoffmann als Gestaltungsprinzipien betrachtet, die durch aufeinander aufbauende Organisationsmaßnahmen zu realisieren sind. Die Gestaltungshinweise entlang beider Idealtypen weisen eine gewiße Nähe zum Muster der mechanistischen bzw. organischen Unternehmensstruktur von Burns/Stalker auf. Flexibilität und Sicherheit werden vom Autor nicht als Determinanten für eine bestimmte Strukturlösung begriffen sondern als situationsabhängige Eingrenzungsmöglichkeit (Hoffmann 1984, 281f): „Ebenso wird durch eine Entscheidung über Differenzierungsmaßnahmen nicht zugleich ein bestimmtes Koordinationskonzept zwingend vorgeschrieben. Vielmehr bleiben auch hier Gestaltungsspielräume erhalten: innerhalb des Bereichs organisatorischer Abstimmungsmaßnahmen, ebenso wie durch alternative oder zusätzliche, nicht-organisatorische Maßnahmen mit koordinierender Wirkung (Verhalten), bis hin zum bewußten Verzicht auf formale Regelungen."

Kritische Würdigung

Der Kontingenz- bzw. Situationsansatz geht davon aus, daß Situations- und Strukturausprägungen in einem Ursache-Wirkungs-Zusammenhang stehen. Die situativen Umwelt- bzw. Unternehmensfaktoren haben eine eindeutige Wirkung auf die Differenzierung und Koordination bzw. die Strukturformen. Als wichtigstes empirisches Ergebnis muß Hoffmann (1984, 8, 29) jedoch feststellen, daß zwischen Situations- und Strukturausprägungen zwar gewisse Regelmäßigkeiten nicht aber exakte Gesetzmäßigkeiten bestehen. Offenbar bewirken die individuellen Ausprägungen des Managements und der Unternehmensmitglieder, daß Organisationsprozesse auch unter objektiv identischen Bedingungen nicht zwangsläufig in derselben Weise ablaufen oder zu deckungsgleichen Ergebnissen führen müssen.

Es ist sicher der Würdigung von Macharzina (1993a, 61) - der ein Kritiker dieses Theorieansatzes ist - zuzustimmen, „... daß die situative Denkweise erst die Entwicklung differenzierter Erkenntnisse über die Unternehmensführung ermöglicht hat". Die Fokussierung weg von der „optimalen" Organisation hin auf den Unternehmenskontext und die Situation ermöglicht situationsspezifische Handlungshinweise, die unmittelbar einleuchtend sind. Allerdings sind diese Hinweise oft zu allgemein, um konkrete Empfehlungen für die geeignete Auswahl von Koordinationsinstrumenten für das Management zu geben. Möglicherweise liegt das daran, daß viele Situationsänderungen und deren Auswirkungen - gerade auch in Forschung und Entwicklung - nicht vorhersehbar sind und erst spät beurteilt werden können.

Hinsichtlich des Zusammenhangs zwischen Umweltsituation (hohe externe Abhängigkeit und Umweltdynamik) und der Koordination kommt Hoffmann (1984, 148f) zu dem Ergebnis, daß Umweltbedingungen vor allem indirekt über Differenzierungsmaßnahmen auf die Koordination wirken. Direkte Aufgabenumwelt-Koordinations-Zusammenhänge können empirisch nicht nachgewiesen werden. Der Zusammenhang von Umwelt und Struktur beschränkt sich daher auf die Differenzierung (Entscheidungsverteilung und Konfiguration). Dieses wichtige Ergebnis der Untersuchung soll in dieser Arbeit berücksichtigt werden. In den Mittelpunkt der folgenden Betrachtungen werden daher stärker die unternehmensinternen Faktoren, Strategien und F&E- bzw. innovationsspezifische Faktoren gestellt.

3 Interdependenzen und Koordinationsformen

3.1 Arbeitsbezogene horizontale und laterale Interdependenzen

Komplexe Unternehmen bestehen aus organisatorischen Teilbereichen, die intern voneinander abhängig sind und in Wechselbeziehungen zueinander stehen. Thompson (1967) versuchte als erster, ein Konzept zu entwickeln, das die Organisationsstruktur und die Koordinationsform in Abhängigkeit verschiedener Muster von arbeitsbezogenen Interdependenzen stellt. Er identifiziert drei Typen von Beziehungen zwischen organisatorischen Teilbereichen (vgl. Abb. III-3) und beschreibt im wesentlichen unternehmensinterne Abhängigkeiten auf der horizontalen und lateralen Ebene.

Der erste und einfachste Typ ist die *gepoolte* Interdependenz. Eine Beziehung besteht nur insofern, daß jeder Teilbereich auf gleiche Ressourcen zurückgreift und nur tätig werden kann, wenn ihm die andere Organisationseinheit die Mitnutzung der Ressourcen gestattet. Diese Situation ist dadurch gekennzeichnet, daß alle Teilbereiche einen Beitrag zum Ganzen liefern müssen und hierin von der Gesamtorganisation unterstützt werden. Ein Beispiel für gepoolte Interdependenzen wäre, wenn verschiedene F&E-Labors eines Unternehmens unabhängig voneinander agieren, aber auf einen gemeinsamen Ressourcenpool (z.B. Technologie, Forscher, Finanzmittel) zurückgreifen. Zwei organisatorische Teilbereiche arbeiten dagegen *sequentiell* zusammen, wenn der Output der einen Einheit der Input der anderen ist. Wenn beispielsweise die zentrale F&E Forschungsergebnisse an eine Entwicklungsabteilung einer Division liefert, die ihre Tätigkeit erst aufnehmen kann, wenn diese Ergebnisse abgeliefert worden sind, wird von einer sequentiellen Interdependenz gesprochen (vgl. Abb. III-3). Die sequentielle Interaktion setzt die gepoolte voraus. Wenn die Teilbereiche wechselseitig von Leistungen anderer Teilbereiche abhängig sind, spricht Thompson von *reziproker* Interdependenz. Dies ist beispielsweise der Fall, wenn ein F&E-Projekt gemeinsam und parallel von der zentralen F&E, der Produktion und/oder dem Marketing bearbeitet wird. Diese Form umfaßt sowohl die gepoolte als auch die sequentielle Interdependenz. Wenn in einem Unternehmen reziproke Interaktionen ablaufen, dann kann davon ausgegangen werden, daß es ebenso sequentielle und gepoolte Beziehungen gibt.

Thompsons Modell bildet eine Art Axiom der Organisationstheorie und ist der Ausgangspunkt zahlreicher Studien zur Koordination und zum Schnittstellen-Management.[4] Die Unterscheidung in verschiedene Interaktionstypen ist aus wenigstens zwei Gründen wichtig. Zum einen sind mit diesen Interdependenzen bestimmte Konflikte verbunden (vgl. Brockhoff/Hauschildt 1993, 400; Brockhoff 1995, 441). Bei der gepoolten Interaktion tauchen typischerweise die klassischen Ressourcen- oder Verteilungskonflikte auf. Ressort- und Motivationskonflikte entstehen bei der sequentiellen Interdependenz, wenn ein Teilbereich auf die Vorlieferungen warten muß oder die Leistungen des liefernden Bereichs nicht abgenommen werden. Wenn die Organisationseinheit ihrer Aufgabe nicht „Just-in-Time" nachkommt, kann der jeweilige Teilbereich sein Ziel nicht optimal erfüllen. Die reziproke Wechselbeziehung ist aufgrund des ständigen Aufeinander-Angewiesen-Seins die konfliktträchtigste Interaktion. Hier ist eine intensive Information und Kommunikation notwendig, da neben den Motiv-, Ressort- und Verteilungskonflikten auch Wahrnehmungs- bzw. Wissenskonflikte auftreten.

Zum zweiten werden diesen drei Typen von Interdependenzen in Thompsons Konzept (1967, 55f) in Anlehnung an March/Simon (1958) jeweils bestimmte Koordinationsmechanismen zugeordnet. Bei gepoolten Interdependenzen bietet sich die Koordination durch Standardisierung bzw. Formalisierung an (vgl. Abb. III-3). Dies beinhaltet die Einrichtung von Routinen oder formalisierten Regeln. Eine wichtige Annahme ist hierbei, daß das Set der Regeln in sich konsistent ist, was wiederum Situationen erfordert, die relativ stabil und repetitiv sind. Sequentielle Interaktionen werden am besten durch Planung koordiniert. Die Aktionen der Teilbereiche werden beispielsweise durch gemeinsame Zielformulierung, Meilensteine oder Zeitpläne abgestimmt. Die Planung erfordert nicht das hohe Maß an Stabilität und Routine wie etwa die Standardisierung und ist daher für dynamischere Situationen geeignet. Reziproke Interdependenzen werden durch eine wechselseitige Angleichung bzw. Annäherung („Mutual Adjustment") koordiniert. Diese Koordinationsform umfaßt die Übertragung neuer Informationen permanent während des Arbeitsprozesses, direkte bzw. informelle Kontakte, Kommunikationsfluß quer zur Hierarchie und permanentes Feedback.

Wesentliche Voraussetzung des Modells von Thompson für die Auswahl von Koordinationsmechanismen ist, daß sich keiner der Teilbereiche abkoppeln kann und die Leistungen des Interaktionspartners nicht gänzlich durch externe Lieferung ersetzt werden können; die Interaktion ist demnach zwingend geboten. Besteht aber eine Wahlfreiheit hinsichtlich der Beschaffung interner und externer Leistungen, so verändert sich die Intensität der Abhängigkeit erheblich (vgl. Hoffmann 1984, 167). Bei freier Wahl des Leistungsaustauschs können die Teilbereiche vor allem durch technokratische Instrumente (Planung oder generelle Regelungen des Handlungs- bzw. Entscheidungsspielraums) koordiniert werden. Durch die Beseitigung der Wahlmöglichkeiten und Be-

---

4 Vergleiche Baliga/Jaeger 1984, Brockhoff 1994, Brockhoff/Hauschildt 1993, Child 1972a, Egelhoff 1988, Galbraith 1970, Hoffmann 1984, Macharzina 1993a, Meffert 1993, Mintzberg 1979, Nadler/Tushman 1988, Rubenstein/Barth/Douds 1971, Tomlin 1989, 1996, Tushman 1979.

Abbildung III-3: Interdependenzen und Koordinationsmechanismen

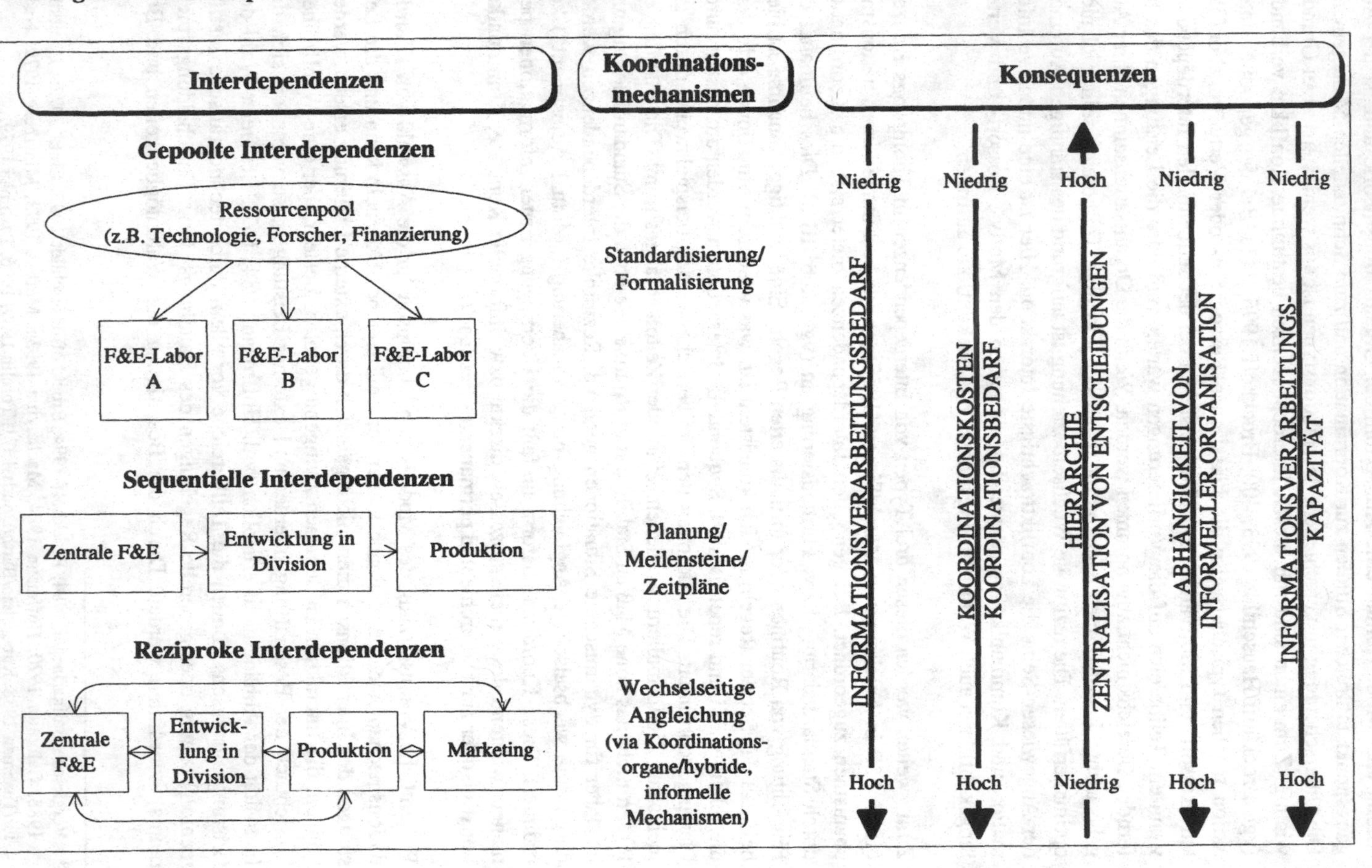

schränkung auf internen Leistungsaustausch wird die Abhängigkeit der Organisationseinheiten stark erhöht und ein hohes Maß an Abstimmung notwendig. Durch den dann erforderlichen Einsatz weiterer Mechanismen nehmen die Koordinationskosten zu.

Thompson und andere Autoren (vgl. Egelhoff 1988; Galbraith 1970; Nadler/Tushman 1988; Tushman 1979) ziehen aus dieser Verknüpfung von Interdependenztypen und Koordinationsformen mehrere Konsequenzen (vgl. Abb. III-3). Zum einen ist der Informationsverarbeitungsbedarf, der aus Kommunikations- und Entscheidungsbedarf besteht, je nach Interdependenztyp unterschiedlich. Dies trifft zum zweiten ebenso für den Koordinationsbedarf und die Koordinationskosten zu: Die reziproken Interdependenzen sind am schwierigsten zu koordinieren und weisen die höchsten Koordinationserfordernisse bzw. -kosten[5] auf, die gepoolten Beziehungen haben den geringsten Informations- und Koordinationsbedarf. Zum dritten wird die Abhängigkeit von der informellen Organisation um so höher, je ausgefeilter die Koordinationsmechanismen werden. Der Einsatz komplexer Instrumente wird aber viertens aufgrund des steigenden Bedarfs der Informationsverarbeitung notwendig. Die Fähigkeit der Organisation, reziproke Interdependenzen herzustellen, gelingt nur durch die Anwendung sophistizierter Koordinationsinstrumente, die der Informationsverarbeitungskapazität entsprechen. Im Gegensatz dazu ermöglicht fünftens eine Standardisierung und gepoolte Interdependenz eine starke Zentralisierung von Entscheidungen und die Etablierung von Hierarchie.

Unter den Bedingungen ökonomischer Rationalität wird das Management versuchen, die Koordinationskosten zu minimieren. Da die reziproken Interaktionen am schwierigsten zu koordinieren sind und somit die höchsten Kosten aufweisen, wird zuerst versucht, diese durch Umstrukturierung und die Einführung von Hierarchie zu sequentiellen bzw. letztendlich gepoolten Interdependenzen zu transformieren. Bietet sich keine Möglichkeit zur Bildung von Subsystemen/-elementen, muß die reziproke Interaktion durch komplexe Mechanismen koordiniert werden. Dazu zählt Thompson (1967) aber auch Nadler/Tushman (1988) die Instrumente, die in dieser Arbeit unter den strukturellen Koordinationsorganen (z.B. Integratoren, Komitees), den hybriden Mechanismen (z.B. Task Forces, Projekte) und der informellen Koordination subsumiert werden.

3.2 Vertikale Abhängigkeiten: Zentralisation vs. Dezentralisation?

Hoffmann (1984, 166) beobachtet in den von ihm untersuchten multinationalen Unternehmen gleichzeitig einen Anstieg der Zentralisation von Entscheidungsprozessen (und damit der vertikalen Abhängigkeit) und eine Intensivierung der technokratischen Koor-

5 Die Messung der Koordinationskosten ist allerdings unzureichend (Thompson 1967, 55): „Because the three types of interdependence are, in the order indicated, more difficult to coordinate, we will say that they are more costly to coordinate, noting that measurement of such costs is far from perfect".

dination (Planung, Standardisierung). Daraus zieht er den Schluß, daß Zentralisation und technokratische Koordination tendenziell gleichgerichtete Gestaltungsvariablen eines Steuerungskonzepts ausmachen. Starke vertikale Abhängigkeit und hoher Regelungsgrad entsprechen demnach einer bürokratischen Koordinationsstrategie, Dezentralisation von Entscheidungen und geringe Regelungsintensität stellen ein „organisches" Konzept dar. Andere Autoren ziehen ebenfalls diese Schlußfolgerung und machen letztendlich die Zentralisation bzw. Dezentralisation von Macht und Entscheidungen zu einem Parameter für die Auswahl weiterer Koordinationsmechanismen.[6]

Mit Blick auf japanische und US-amerikanische Konzerne kommen verschiedene Untersuchungen jedoch zu einem anderen Ergebnis (vgl. Baliga/Jaeger 1984; Jaeger 1983; Ouchi 1977, 1981): Entscheidungszentralisierung kann nicht unbedingt mit technokratischer Steuerung („Bürokratie") sowie Dezentralisierung nicht unmittelbar mit kultureller Steuerung („Cultural Control") verbunden werden. Vielmehr kann eine Bürokratie auch mit dezentralen Entscheidungsprozessen und das „Cultural Control Model" durch Zentralisation gesteuert werden. Demnach wären Zentralisation bzw. Dezentralisation nicht die Instrumentenauswahl bestimmende Parameter sondern würden in einem komplementären Verhältnis zu anderen Koordinationsinstrumenten stehen.

Die Gestaltung der Koordination sollte sich daher nicht nur auf beide Extremformen sondern auf einen Mix verschiedenartiger Mechanismen konzentrieren. Das Zentralisation-Dezentralisations-Muster bezieht sich offenbar auf den westeuropäischen Typ multinationaler Unternehmen und ist ohne weiteres nicht auf Firmen in einem anderen soziokulturellen Umfeld übertragbar. Aufgrund jüngerer Trends hin zu multidivisionalen Unternehmen und einer weiteren Dezentralisierung dürfte diese Dichotomie zudem der Vergangenheit angehören. Mit der Erkenntnis, daß zentral gesteuerte Aktivitäten sowie unabhängige Auslandsniederlassungen den globalen Herausforderungen nicht mehr gerecht werden können, rücken jenseits der Zentralisation-Dezentralisations-Dichotomie andere Organisationsmodelle wie z.B. das integrierte Netzwerk (Bartlett 1986; Bartlett/Ghoshal 1989), die Heterarchie (Hedlund 1986; Hedlund/Rolander 1990) oder die flexible laterale Organisation (Galbraith 1994) in den Vordergrund.

Die Unzufriedenheit mit dieser Dichotomie mag dazu beigetragen haben, daß sich manche Untersuchungen stärker den verschiedenen Funktionsbereichen der multinationalen Unternehmen widmeten (vgl. z.B. Hedlund 1981; Hoffmann 1984; Goehle 1980; Welge 1981). Diese Untersuchungen kommen zumindest Anfang der 80er Jahre gleichermaßen zu dem Ergebnis, daß in multinationalen Unternehmen die höchsten Zentralisierungsgrade in F&E sowie in der Finanzierung zu finden waren, während vor allem Marketing und Personal dezentral gehandhabt wurden. Entscheidungen mit erheblicher Tragweite für das Unternehmen werden demnach zentral getroffen. Die zunehmende Internationalisierung und geographische Verteilung von F&E kann jedoch auch eine stärkere Dezen-

---

6 Vergleiche z.B. das Konzept der „Mechanistic vs. Organic Organisation" von Burns/Stalker (1968) und die Fülle der daran anschließenden Beiträge.

tralisierung von Entscheidungen bewirken, die bisherige Gestaltungsmuster der Koordination in Frage stellt.

4 Unsicherheit, Informationsverarbeitung und kulturelle Nähe

4.1 Unsicherheiten und Informationsverarbeitungsbedarf

Unsicherheit wird vor allem in kontingenztheoretischen Ansätzen als Parameter für geeignete Koordinationsformen genannt. Damit kann die Wirkung bestimmter Strategien oder von Bedingungen der Unternehmensumwelt auf den Informationsverarbeitungsbedarf („Information-Processing Requirements"), mit dem das Unternehmen konfrontiert wird, ausgedrückt werden (vgl. Egelhoff 1988, 26). In diesem Sinne wird Unsicherheit als ein Attribut des umweltbedingten Kontextes und nicht im individual-pyschologischen Sinne (wie etwa bei Duncan 1972 oder Downey/Hellriegel/Slocum 1975) aufgefaßt. Unsicherheit ist ein abstrakter Parameter, der selbst nicht direkt meßbar ist. Mit dem Konzept der Unsicherheit und den Anforderungen an die Informationsverarbeitung wird unterschiedlich umgegangen. In einigen Studien wird Strategie und Umwelt direkt mit dem Informationsverarbeitungsbedarf verknüpft, ohne explizit auf die Wirkungen auf die Unsicherheit einzugehen (vgl. z.B. Galbraith 1970; Egelhoff 1988; Nadler/Tushman 1988). Andere Untersuchungen stellen explizit den Zusammenhang zwischen Unsicherheit und Anforderungen an die Informationsverarbeitung dar.[7]

In einer Studie über das Management der Kommunikation in F&E-Laboratorien stellt Tushman (1979) auf der Ebene von F&E-Projekten verschiedene Zusammenhänge zwischen Unsicherheit, Informationsverarbeitungsbedarf und Koordination her. Ein Zusammenhang betrifft die im vorhergegangenen Kapitel behandelten Interaktionstypen zwischen organisatorischen Teilbereichen: Je komplexer die Interdependenz desto höher ist der Bedarf an Informationsverarbeitung und die Komplexität der Koordinationsform. Eine weitere Beziehung besteht zwischen Unsicherheit und Umwelt eines F&E-Projekts: Je dynamischer bzw. turbulenter die F&E-Umwelt ist (z.B. durch neues Wissen oder Wettbewerber, die an einem ähnlichen Projekt arbeiten), desto größer ist die Unsicherheit und der Informationsverarbeitungsbedarf und um so komplexer müssen die Koordinationsmechanismen gestaltet sein. Hinsichtlich der Art der Projektaufgabe besteht eine dritte Verbindung: Forschungsarbeiten sind nicht routiniert und weisen eine

[7] Diese unterschiedliche Herangehensweise kann jedoch aufgrund der engen Wechselbeziehung vernachlässigt werden (Egelhoff 1988, 26): „Although there is an implicit relationship between uncertainty and information-processing requirements, whether an operational model explicitly uses uncertainty as an intervening concept or not is largely a matter of convenience".

höhere Unsicherheit auf wie experimentelle Entwicklung. Verbindet man diese Gedanken von Tushman mit den Charakteristika von F&E in Kapitel II.2.1, so kann angenommen werden, daß bei der zielgerichteten Grundlagenforschung aufgrund der geringen Zielorientierung bzw. dem hohen Grad der Unsicherheit ein hoher Informationsverarbeitungsbedarf entsteht, der wiederum komplexe Koordinationsmechanismen erfordert. Bei der angewandten Forschung kann von einem mittleren Zielbereich und Grad der Unsicherheit gesprochen werden, die Koordinationsinstrumente müssen weniger anspruchsvoll gestaltet sein. Die experimentelle Entwicklung ist eher routiniert und die Unsicherheit - und damit verbunden der Koordinationsbedarf - gering.

Diesen Zusammenhängen sollte noch ein weiteres Element hinzugefügt werden, und zwar die Unsicherheit des Entscheidungsprozesses. Thompson (1967, 134) sieht grundsätzlich zwei Dimensionen bei Entscheidungen: (1) Annahmen über Ursache-Wirkungs-Beziehungen und (2) Präferenzen hinsichtlich möglicher Ergebnisse. Darauf aufbauend entwickelt er eine Matrix von Sicherheit/Unsicherheit und Entscheidungsprozeß (vgl. Tab. III-2). Jede dieser vier möglichen Entscheidungssituationen verlangt eine unterschiedliche Strategie. Wenn Ursache-Wirkung und die Präferenzen sicher sind, kann von einer „Computational Strategy" gesprochen werden, das heißt der Entscheidungsprozeß kann praktisch programmiert werden („Programmed Decision"). Sind die Ergebnispräferenzen sicher aber nicht die Ursache-Wirkungs-Beziehungen, bezeichnet Thompson dies als „Judgemental Strategy". Bei unsicheren Präferenzen und sicheren Wirkungszusammenhängen spricht er von einer „Compromise Strategy". Wenn bei beiden Dimensionen Unsicherheit vorherrscht, wird die Strategie als „Inspirational Strategy" bezeichnet; hier ist der Informationsverarbeitungsbedarf am höchsten und erfordert den Einsatz sehr anspruchvoller Koordinationsformen.

Tabelle III-2: Sicherheit-Unsicherheit von Entscheidungsprozessen

Beliefs about Cause/Effects Relations	Preferences Regarding Possibly Outcomes: Certainty	Uncertainty
Certain	Computational Strategy	Compromise Strategy
Uncertain	Judgemental Strategy	Inspirational Strategy

Quelle: Thompson 1967, 134

Faßt man die Aussagen der verschiedenen Studien zusammen, und dies ist zulässig, da die Untersuchungen alle auf dem kontingenztheoretischen Ansatz basieren, so läßt sich daraus ein einfaches Modell der F&E-Koordination auf der Basis von Unsicherheit und Informationsverarbeitungsbedarf ableiten (vgl. Abb. III-4). Die Art des F&E-Projekts, die Dynamik der externen Umwelt sowie die Dimensionen des Entscheidungsprozesses sind Elemente der Unsicherheit von F&E-Aktivitäten.[8] Der Grad der Unsicherheit bestimmt den Bedarf an Informationsverarbeitung im Unternehmen. Über die Organisationsgestaltung und die Anwendung verschiedenartiger Koordinationsmechanismen verfügt das Unternehmen über die Fähigkeit zur Informationsverarbeitung („Information-Processing Capacity"). Dieser Prozeß wird effektiv gesteuert („Fit"), wenn der Informationsverarbeitungsbedarf mit der Informationsverarbeitungsfähigkeit übereinstimmt. Die Erreichung des „Fit" ist abhängig von der Wahl eines geeigneten Sets von Koordinationsmechanismen, und zwar auf der Ebene der Kommunikation innerhalb von Projekten, intern im Unternehmen sowie mit externen Akteuren. Dieses Modell wird als ein gedankliches, abstraktes Konzept verstanden; es wird nicht versucht, Informationsverarbeitung direkt zu messen (vgl. Egelhoff 1988, 27ff). Vielmehr werden die Einflußgrößen auf die Unsicherheit bzw. den Informationsverarbeitungsbedarf sowie die Variablen bzw. Dimensionen des Organisationsdesigns beschrieben.

Nadler und Tushman (1988, 485) weisen nachhaltig darauf hin, daß die Koordinationsmechanismen durch geeignete Anreiz- und Bewertungssysteme unterstützt werden müssen (vgl. Abb. III-4). Mitarbeiter werden durch formelle bzw. informelle Anreize motiviert und stellen sich auf die Bewertungsdimensionen ein. Besteht eine Inkonsistenz zwischen Mechanismen und Managementsystemen, wird die Koordination darunter leiden. Diese Unstimmigkeiten können so weit führen, daß die Wirkung der Instrumente verpufft. Anspruchsvolle Aufgaben und Koordinationsinstrumente erfordern auch komplexe Managementsysteme. Diese sollen daher klar spezifizierte und operationalisierte Zwecke haben, Teil- und Gesamtaufgaben belohnen, Null-Summen-Situationen vermeiden und Leistung mit Ergebnissen verbinden.

4.2 Interdependenzen, Umweltunsicherheit und kulturelle Nähe

Baliga und Jaeger (1984) gehen davon aus, daß die Wahl von Steuerungssystemen und das Ausmaß der Entscheidungsdelegation des Managements von multinationalen Unternehmen und deren ausländischen Niederlassungen vor allem von drei Faktoren beeinflußt wird, und zwar von:

---

8 Bei dem hier dargestellten Modell wird im Gegensatz zur Untersuchung von Tushman (1979) die Interdependenz nicht als eine Determinante der Unsicherheit aufgefaßt. Interaktionen stellen vielmehr einen eigenen Parameter dar (vgl. Nadler/Tushman 1988; Thompson 1967), der unmittelbar auf den Informationsverarbeitungsbedarf wirkt.

Abbildung III-4: Informationsverarbeitungs-Modell der F&E-Koordination

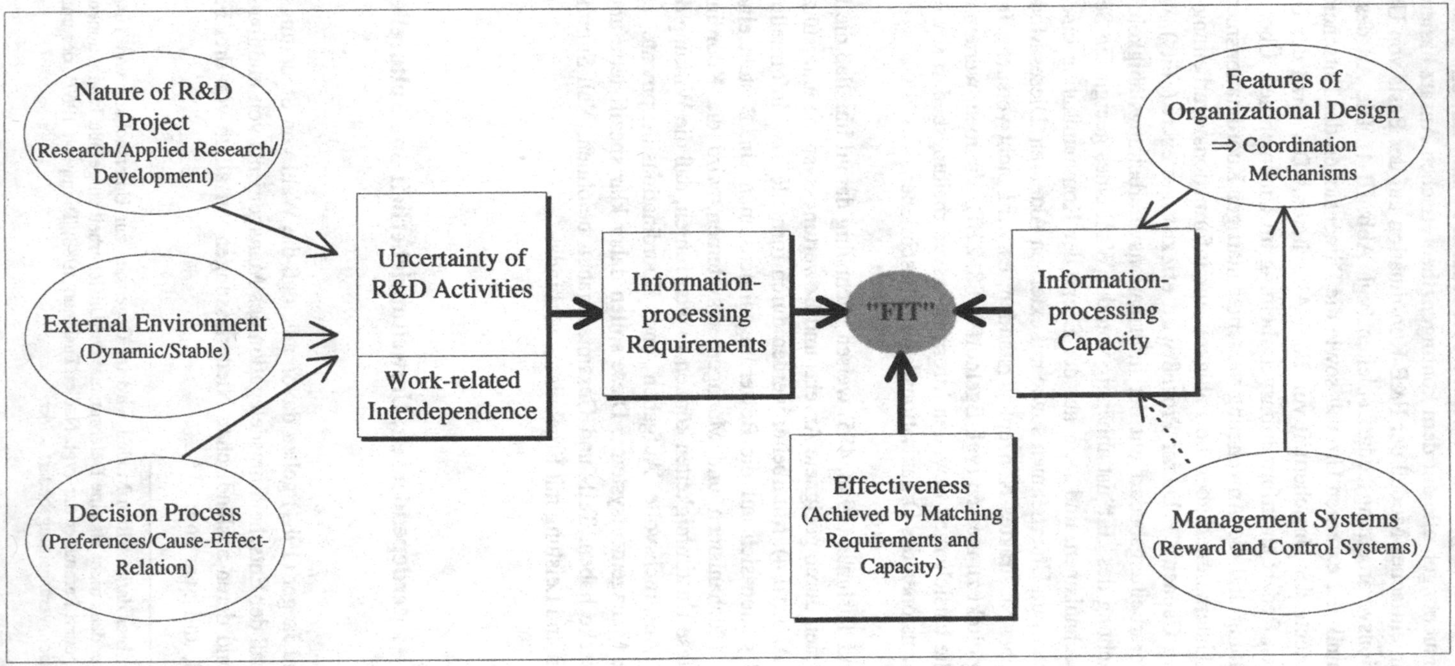

(1) der Art der Interdependenzen, wobei der Systematisierung von Thompson in gepoolte, sequentielle und reziproke Interaktion gefolgt wird;
(2) den Umweltunsicherheiten, die als niedrig und hoch bezeichnet werden;
(3) der „kulturellen Nähe“, die als das Ausmaß definiert wird, in dem die Gastlandkultur die Annahme der Kultur des Ursprungslands ermöglicht.

Wenn die Übernahme der Kultur des Stammlands einfach ist, wird die kulturelle Nähe als hoch betrachtet; im umgekehrten Fall ist sie niedrig. Wichtige Punkte für die Bewertung der kulturellen Nähe sind auch die physische Nähe sowie die Verfügbarkeit von Kommunikationsmitteln. Nach Ansicht der Autoren ist kulturelle Nähe eine ausgesprochen wichtige Variable bei der Auswahl von Steuerungssystemen, da die notwendigen Sozialisationskosten sehr unterschiedlich sind. Wenn die drei Faktoren Interdependenzen, Umweltunsicherheiten, kulturelle Nähe zusammengefügt werden, ergibt sich das in Abbildung III-5 dargestellte Modell. Anders als die Grafik suggeriert, sehen Baliga/Jaeger (1984, 33) die drei Parameter gleichberechtigt nebeneinander stehen.

Abbildung III-5: Kulturelle Nähe und Steuerungsformen

Type of Interdependence	Environmental Uncertainty	Cultural Proximity	Type of Control System	Extent of Delegation
POOLED	H	H	Cultural	Highly decentralized
		L	Bureaucratic	Highly decentralized
	L	H	Cultural	Moderatly decentralized
		L	Bureaucratic	Highly decentralized
SEQUENTIAL	H	H	Cultural	Moderatly decentralized
		L	Bureaucratic	Moderatly decentralized
	L	H	Cultural	Centralized
		L	Bureaucratic	Centralized
RECIPROCAL	H	H	Cultural	Highly decentralized
		L	Cultural	Moderatly decentralized
	L	H	Cultural	Centralized
		L	Cultural	Centralized

Key: H = High
L = Low

Quelle: Baliga/Jaeger 1984, 35

In Anlehnung an Ouchi (1977) wird als Kern der Steuerung von multinationalen Unternehmen und deren Auslandsgesellschaften der Prozeß der Beobachtung und Bewertung von Verhalten und Output betrachtet („Monitoring and Evaluation of Behavior and Output“). Entsprechend den Ansätzen von Child (1972a; 1973), Ouchi (1981) und Edström/Galbraith (1977) unterscheiden Baliga/Jaeger zwischen den beiden Steuerungssystemen „Bürokratie“ und „Kultur“. „Bureaucratic Control“ zeichnet sich durch die extensive Nutzung eines Sets von Regeln, Regulationen und Prozeduren aus, welche die

Verantwortung des Managements von Auslandsgesellschaften erheblich einschränkt. „Cultural Control" ist durch persönliche Kommunikation und Sozialisation gekennzeichnet. Im Gegensatz zum Bürokratie-System muß sich das Organisationsmitglied nicht nur an die expliziten Regeln halten, sondern auch die Werte, Normen und Ziele auf der informellen Ebene des Unternehmens erlernen.[9] Auf der Basis einer Literaturanalyse stellen beide Autoren fest, daß die beiden Typen von Steuerungssystemen nicht per se mit einem bestimmten Maß der Entscheidungsdelegation gleichgesetzt werden können: Die Bürokratie muß nicht mit der Zentralisation und das kulturelle Steuerungsmodell nicht mit der Dezentralisation von Entscheidungen übereinstimmen.

Baliga/Jaeger kommen zu dem Ergebnis, daß reziproke Interaktion unabhängig von der kulturellen Nähe durch „Cultural Control" koordiniert werden sollte, wobei die Entscheidungen bei hoher Unsicherheit hoch bzw. moderat dezentralisiert und bei geringer Unsicherheit zentralisiert werden sollen (vgl. Abb. III-5). Bei gepoolten und sequentiellen Interdependenzen spielt die kulturelle Nähe eine große Rolle. Ist diese hoch, wird eine Koordination über die Sozialisation empfohlen, bei niedriger kultureller Nähe bietet sich das Bürokratie-Modell an. Handelt es sich um sequentielle Interdependenz und ist die Unsicherheit hoch, so ist unabhängig von der kulturellen Nähe eine moderate Dezentralisierung vorteilhaft; bei geringer Unsicherheit sind Entscheidungen zu zentralisieren. Bei gepoolten Interaktionen werden die Entscheidungen hoch bzw. moderat dezentralisiert. Der Gedanke, die kulturelle Nähe als einen Parameter der Koordination aufzufassen, ist auch für die Frage nach geeigneten Mechanismen zur Koordination weltweit verteilter F&E-Einheiten von Interesse. Je nach Nähe des soziokulturellen Umfelds des jeweiligen F&E-Labors zum Stammland könnten dadurch Unterschiede in der Koordination erklärt werden. Eine empirische Überprüfung dieses Konzept wurde bisher allerdings noch nicht durchgeführt.

5 Zusammenhänge zwischen Koordinationsmechanismen

5.1 Keine nachweisbaren Zusammenhänge zwischen Mechanismen

Dieses Kapitel geht der Frage nach, ob die verschiedenen Gruppen von Koordinationsmechanismen (strukturelle, informelle, hybride, marktliche) untereinander substituierbar

[9] Wichtig für das Funktionieren des „Cultural Control System" sind langfristige Beschäftigungsgarantien, Treffen von Entscheidungen im Konsens und eine nicht-spezialisierte Karriereentwicklung. Baliga und Jaeger weisen darauf hin, daß die Koordination mittels der Sozialisation mit erheblichen Kosten verbunden ist. Sozialisation bietet sich demnach als Koordinationsinstrument nur an, wenn die Personalpolitik des Unternehmens auf langfristige Beschäftigung ausgerichtet ist.

oder eher voneinander abhängig sind und gewissermaßen ein „Steuerungskontinuum" (Welge 1989, 1186) darstellen. Während Einflußbeziehungen zwischen Kontextfaktoren und Differenzierung sowie zwischen Differenzierung und Koordination nachgewiesen werden konnten, ist dies für die Zusammenhänge zwischen Koordinationsmechanismen nicht bzw. nur unzureichend gelungen. Die empirischen Ergebnisse sind ausgesprochen widersprüchlich und kaum auf andere Situationen übertragbar.[10] Die Gründe dafür liegen in der unterschiedlichen Zielsetzung der Studie und der Zusammensetzung der Stichproben, verschiedenartiger Variablen bzw. Konzepte der Operationalisierung sowie im uneinheitlichen Vorgehen bei der Datengewinnung.

Ein weiterer Grund ist aber auch darin zu sehen, daß bereits in der theoretischen Diskussion unterschiedliche Standpunkte existieren (vgl. Hoffmann 1984). So wird beispielsweise einerseits argumentiert, daß mit einer höheren Formalisierung der Grad an Entscheidungsdezentralisation abnimmt, da bei veränderten Situationen nicht ausreichend Flexibilität zur Anpassung bleibt und daher Entscheidungen zentral zu treffen sind. Einer anderen Argumentation folgend wird die Dezentralisation durch die Standardisierung begünstigt, da durch Vorgabe eines Verhaltensrasters die zu treffenden Entscheidungen dezentral und gesamtzielbezogen gesteuert werden könnten (vgl. Khandwalla 1974). Demnach würde durch einen höheren Grad an Formalisierung und Planung eine stärkere Dezentralisation von Entscheidungen ermöglicht. Zusammenfassend ist die Schlußfolgerung zu ziehen, daß sich bisher keine Zusammenhänge zwischen Mechanismen empirisch nachweisen oder theoretisch fundiert beschreiben ließen.

5.2 Zunehmende Bedeutung informeller Koordination

In einer Auswertung von 85 empirischen Studien über die Nutzung von Koordinationsmechanismen in multinationalen Unternehmen kommen Martinez und Jarillo (1989) zu folgenden Tendenzen. Unterscheidet man grob zwischen zwei Gruppen von Koordinationsinstrumenten, und zwar den strukturellen/formalen und den informellen, so läßt sich in den letzten Jahrzehnten in der betriebswirtschaftlichen Forschung, aber auch in den Unternehmen, eine deutliche Perspektivenerweiterung bei der Anwendung von Abstimmungsinstrumenten aufzeigen (vgl. Abb. III-6). Während sich in den 50er und 60er Jahren die internationale Unternehmensführung vor allem mit den „harten" Koordinationsmechanismen wie Zentralisierung/Dezentralisierung von Entscheidungen, Standardisierung bzw. Formalisierung sowie der Planung auseinandersetzte, ist seit Ende der 70er Jahre ein zunehmendes Interesse an den informellen Mechanismen wie

[10] Vergleiche dazu die Aussagen und Zusammenstellungen von Studien bei Hoffmann 1980, 398ff, Martinez/Jarillo 1989, Meffert 1993, 28ff, Welge 1989, 1187.

Abbildung III-6: Entwicklung struktureller und informeller Mechanismen

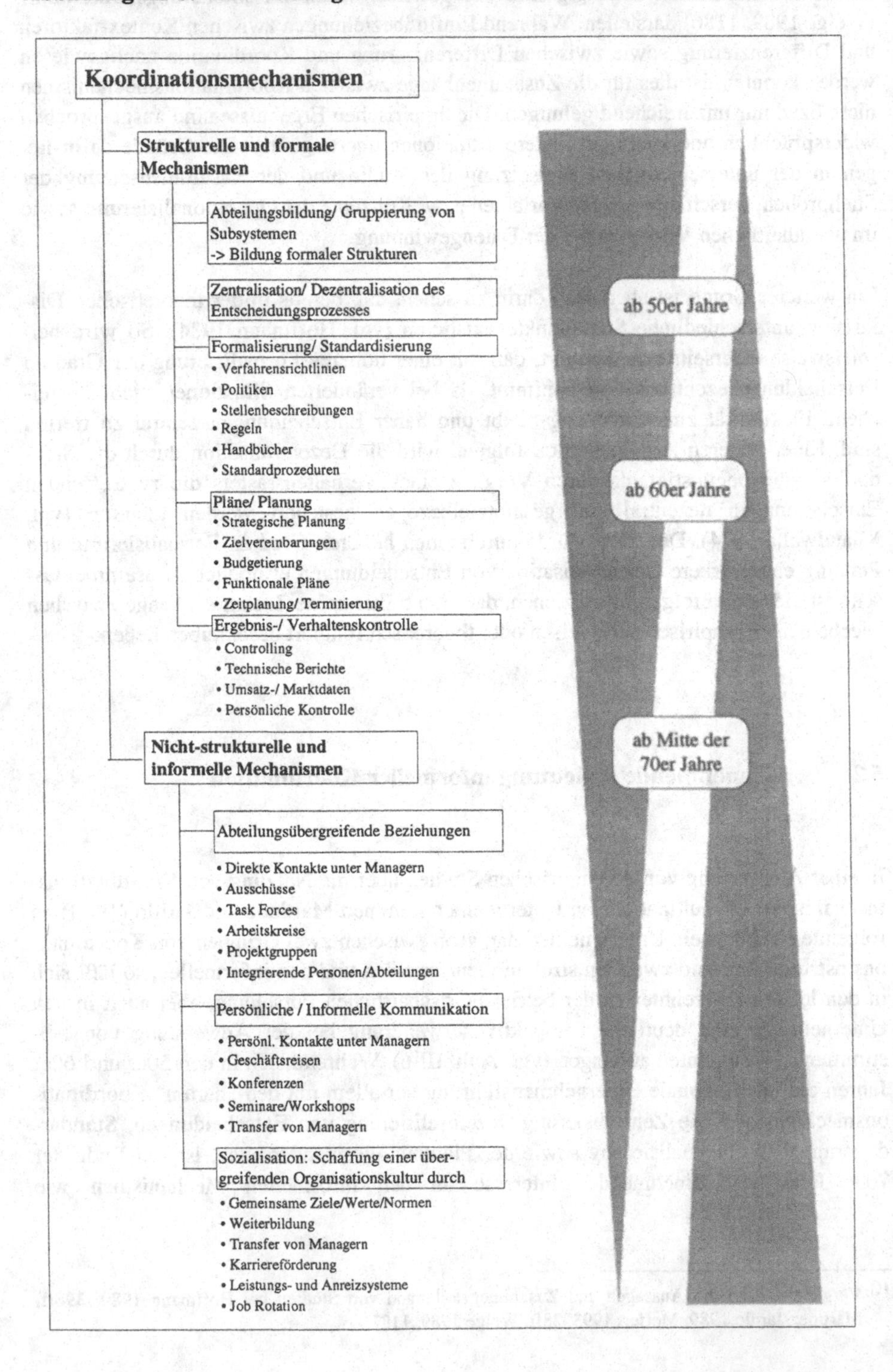
Koordinationsmechanismen
Strukturelle und formale Mechanismen
Abteilungsbildung/ Gruppierung von Subsystemen
-> Bildung formaler Strukturen
Zentralisation/ Dezentralisation des Entscheidungsprozesses
Formalisierung/ Standardisierung
• Verfahrensrichtlinien
• Politiken
• Stellenbeschreibungen
• Regeln
• Handbücher
• Standardprozeduren
Pläne/ Planung
• Strategische Planung
• Zielvereinbarungen
• Budgetierung
• Funktionale Pläne
• Zeitplanung/ Terminierung
Ergebnis-/ Verhaltenskontrolle
• Controlling
• Technische Berichte
• Umsatz-/ Marktdaten
• Persönliche Kontrolle
Nicht-strukturelle und informelle Mechanismen
Abteilungsübergreifende Beziehungen
• Direkte Kontakte unter Managern
• Ausschüsse
• Task Forces
• Arbeitskreise
• Projektgruppen
• Integrierende Personen/Abteilungen
Persönliche / Informelle Kommunikation
• Persönl. Kontakte unter Managern
• Geschäftsreisen
• Konferenzen
• Seminare/Workshops
• Transfer von Managern
Sozialisation: Schaffung einer übergreifenden Organisationskultur durch
• Gemeinsame Ziele/Werte/Normen
• Weiterbildung
• Transfer von Managern
• Karriereförderung
• Leistungs- und Anreizsysteme
• Job Rotation
ab 50er Jahre
ab 60er Jahre
ab Mitte der 70er Jahre

die Herausbildung einer Unternehmenskultur bzw. der Aufbau internationaler, informeller Kommunikationsnetze von Interesse.[11] Diese Tendenz wird nun nicht dahingehend interpretiert, daß die Bedeutung struktureller, formaler Mechanismen zurückgegangen wäre, vielmehr wurde die Sichtweise über die Anwendung geeigneter Koordinationsmechanismen erweitert. In einer empirischen Studie über 50 Niederlassungen von MNU in Spanien zeigen Martinez und Jarillo (1991, 441), daß diese „weichen" Mechanismen in den Unternehmen eine wichtigere Rolle spielen, und zwar dann, wenn der Koordinationsbedarf steigt. Voraussetzung dafür sei aber, daß die strukturellen Mechanismen bereits etabliert sind.

Ebenso mit Blick auf japanische Konzerne und deren Erfolge rückten die informellen Koordinationsmechanismen stärker in den Vordergrund. Untersuchungen wiesen auf die kulturorientierten Aspekte der Koordination hin, die vor allem auf den sogenannten „Expatriates", dem Transfer von Managern, häufigen Besuchen und einem starken Sozialisationsprozeß basieren und von japanischen Großunternehmen eingesetzt werden (vgl. Jaeger 1983; Jaeger/Baliga 1985; Ouchi 1977, 1981; Ouchi/Johnson 1978). Edström und Galbraith (1977) zeigten in einer „klinischen" Studie von vier europäischen MNU, daß der internationale Personaltransfer ein Schlüsselinstrument für die Sozialisation von Managern und den Aufbau eines informellen, weltweiten Kommunikationsnetzwerks ist. Der Transfer von Managern wurde neben der Standardisierung und Zentralisation als drittes Instrument von den Unternehmen eingesetzt, und zwar kumulativ und nicht alternativ.

Diese frühe Untersuchung, aber auch die späteren Studien von Bartlett/Ghoshal (1989, 1990) zeigen, daß angesichts der Gleichzeitigkeit verschiedener strategischer Herausforderungen und der gewachsenen Komplexität der Unternehmensumwelt multinationale Unternehmen die Fähigkeit besitzen müssen, verschiedenartige Koordinationsmechanismen zu nutzen. Um den Anforderungen gerecht zu werden, müssen den strukturellen, formalen Koordinationsmechanismen die informellen Instrumente hinzugefügt werden, *ohne* diese aber ersetzen zu können. Für das transnationale Unternehmen wird demnach die verstärkte Nutzung informeller Instrumente immer wichtiger. Dazu zählen Martinez/Jarillo (1989, 507) laterale Beziehungen quer zu den formalen Hierarchien, informelle Kommunikationskanäle und die Herausbildung einer Unternehmenskultur durch gemeinsame Ziele, Normen und Werte (vgl. Tab. III-3). Dagegen ist das multinationale Unternehmen sowie das globale Unternehmen vor allem durch die Anwendung struktureller und formaler Koordinationsinstrumente gekennzeichnet, deren Form und Intensität aber unterschiedlich ausgeprägt ist.

---

[11] „First, it is found that the study of mechanisms of coordination has evolved from focussing on the more formal tools to an appreciation of the subtle forms of coordination, such as the acculturation and the creation of networks of informal communiation" (Martinez/Jarillo 1989, 490).

Tabelle III-3: Historische Entwicklung der Nutzung von Koordinationsmechanismen in multinationalen Unternehmen

Period and "Labels"	Structural Configuration or Organizational Pattern of MNCs	Main Mechanisms of Coordination Utilized
Period I 1920-1950 "Multinational" "Multidomestic"	**Decentralized Federation** Loose federation of highly autonomous national subsidiaries, each focused primarily on its local market.	**Structural and Formal Mechanisms** International division Direct personal reporting Not much output control, and mainly financial performance Behaviour control by using expatriate executives.
Period II 1950-1980 "Global" "Pure Global"	**Centralized Hub** Value activities that provide the company a competitive advantage - normally upstream activities, such as product design or manufacturing - are centralized at headquarters, or are tightly controlled.	**Structural and Formal Mechanisms** International division, worldwide product, geographic, or regional division Higher centralization of decision making at headquarters Higher formalization of policies, rules, and procedures Standardization in planning and budgeting systems Tight output control in U.S. MNCs, behavior (and cultural) control in Japanese MNCs.
Period III 1980- "Transnational" "Complex Global"	**Integrated Network** Physical assets and management capabilities are distributed internationally to country units, thus creating a truly integrated network of dispersed yet interdependent resources and capabilities. Each subsidiary is considered a source of ideas, skills, and knowledge.	**Structural and Formal Mechanisms** Former structures plus global matrix Centralization of decision making but upgrading the role of subsidiaries High formalization Strategic planning Tight and complex output control. **More Informal and Subtle Mechanisms** Temporary or permanent teams, tasks, committees, integrators Informal channels of communication and relationships among all managers Strong organizational culture by knowing and sharing objectives and values.

Quelle: Martinez/Jarillo 1989, 506

Dieser Überblick über verschiedene Untersuchungen zum „inneren" Zusammenhang von Koordinationsmechanismen ergab keine konsistenten Aussagen, offensichtlich existiert hier keine Verbindung. Davon abgesehen lassen sich aber zumindest drei weiterführende Ergebnisse zusammenfassen:

(1) Es besteht weitgehend Übereinstimmung, daß es sich bei der Wahl geeigneter Koordinationsinstrumente nicht um eine „Entweder-oder"- sondern um eine „Sowohl-als-auch"-Entscheidung handelt.

(2) Informelle und insbesondere kulturorientierte Koordinationsformen gewinnen offenbar aufgrund einer zunehmenden Komplexität der externen Umwelten und der Unternehmen an Bedeutung für das Management, sie können aber strukturelle Mechanismen nicht substituieren.

(3) Es besteht ein relativ hoher Gestaltungsspielraum des Managements für das Design der unternehmensinternen Koordination.

6 Einfluß von Internationalisierungsstrategie, Organisationsform und -kultur

6.1 Strategietypen der Internationalisierung und Koordination

In der Literatur zur internationalen Unternehmensführung existiert eine Breite von Ansätzen zur Typologisierung von Internationalisierungsstrategien. In dieser Vielfalt hat sich das sogenannte „Integration-Responsiveness-Paradigma" (Prahalad 1975; Doz 1979) als tragfähig erwiesen und mittlerweile zu einer konsensfähigen Internationalisierungsmatrix entwickelt. Dieser Ansatz begreift die Internationalisierung als strategischen Prozeß diversifizierter multinationaler Unternehmen und baut die Strategietypologisierung entsprechend den beiden Dimensionen „globale Integration/Standardisierung" und „lokale Anpassung" auf. Anknüpfend an Arbeiten von Bower (1970) hat sich vor allem um Wissenschaftler der Harvard Business School sowie der Stockholm School of Economics, die sogenannte „Process School of the Diversified Multinational Corporation (DMNC)" etabliert, die auf dem „Global-Integration-Local-Responsiveness-Framework" ihre Forschungsarbeiten aufbaut (vgl. Bartlett/Ghoshal 1991; Doz/Prahalad 1991).[12] Die „Process School" kritisiert das Stopford-Wells-Modell (1972), das zu stark auf die formale Organisationsstruktur ausgerichtet sei, und konzentriert ihre Arbeiten stärker auf die organisatorischen Fähigkeiten und das Wechselspiel mit den

---

[12] „Taken together, the work of Prahalad, Doz, Bartlett, Ghoshal, Hedlund, Hamel, and others following the same research approach provides us with a rich organisation theory of the DMNC and with detailed understanding of managerial tasks of DMNCs" (Doz/Prahalad 1991, 158).

externen Unternehmensumwelten (vgl. Ghoshal/Nohria 1993, 23f). Firmen werden nicht als fixe, sondern als organische Einheiten betrachtet, und verändern sich entsprechend dem Wandel des Umweltkontexts.

Eine Dimension der Typologisierung von internationalen Strategien sind die *Kräfte für lokale Anpassung* (vgl. Abb. III-7). Multinationale Unternehmen operieren in verschiedenen nationalen bzw. lokalen Umwelten und müssen sich in unterschiedlichem Maße den Anforderungen der lokalen Kunden, Regierungen und staatlichen bzw. technischen Regulationen anpassen, um weiterhin ökonomisch erfolgreich und wettbewerbsfähig zu sein. Die verschiedenen lokalen Kontexte müssen aber möglicherweise miteinander verbunden werden und forcieren die Integration (vgl. Abb. III-7). Diese *Kräfte der globalen Integration* stellen die zweite Dimension der Matrix dar; sie setzen das Unternehmen unter Druck und erfordern die Integration grenzüberschreitender Aktivitäten. Gründe dafür sind gemeinsame Kundenpräferenzen über Länder, die Realisierung von „Economies of Scale", der notwendige Transfer von Wissen von einem Land in ein anderes oder die Tatsache, daß Kunden, Zulieferer, Wettbewerber oder staatliche Regulatoren (wie z.B. die Europäische Kommission) ebenfalls grenzüberschreitend ausgerichtet sind.[13] Zwischen den Strategietypen und den Anforderungen an die Koordination lassen sich nun Beziehungen herstellen. Grundannahme ist hierbei, daß die Strategie den Umweltkontext abbildet und das organisatorische Design bzw. die Managementprozesse dementsprechend auszurichten sind.[14]

Sind die Vorteile einer lokalen Anpassung hoch, aber die der globalen Integration niedrig, so ist die Unternehmensstrategie *multinational* orientiert (vgl. Abb. III-7). Das Unternehmen besteht im wesentlichen aus autonomen Einheiten, die lokal ausgerichtet sind und differenzierte Aufgaben wahrnehmen. Diese Strategie ist erfolgreich, wenn die Organisation die Fähigkeit besitzt, eine eher nach den lokalen Gegebenheiten differenzierte Beziehung zwischen Headquarter und Niederlassung zu unterstützen (vgl. Ghosal/Nohria 1989; Nohria/Ghoshal 1994). Dieser „Differentiated Fit" zwischen Strategie und Koordination läßt sich vor allem durch die Mechanismen der Zentralisation, Formalisierung und Sozialisation herstellen. Der vorherrschende Mechanismus verändert sich je nachdem, ob die Komplexität des Umfelds der Auslandseinheit und die verfügbaren Ressourcen hoch oder niedrig sind. Wenn beispielsweise die Umweltkomplexität und die Ressourcen niedrig sind, sollte die Zentralisation als Koordinationsmechanismus bestimmend sein, Formalisierung und Sozialisation spielen eine untergeordnete Rolle. Bei hoher externer Komplexität und Ressourcenverfügbarkeit ist der Grad der Zentralisation niedrig, der Formalisierung moderat und der Sozialisation hoch.

---

[13] Vergleiche zur Diskussion der Bestimmungsfaktoren der globalen Integration und lokalen Anpassung die Studien von Fayerweather 1978, Kobrin 1991, Prahalad/Doz 1987, Ghoshal/Nohria 1989, Yip 1989.

[14] „One of the most enduring ideas of organization theory is that an organization's structure and management process must „fit" its environment, in the same way that a particular horse might be more suited to one course than another" (Ghoshal/Nohria 1993, 23).

Im Gegensatz dazu wird mit der *globalen* Strategie die Erzielung von Skalen- und Synergieeffekten und eine Erhöhung der weltweiten Wettbewerbsfähigkeit angestrebt (vgl. Abb. III-7). Das Unternehmen ist durch strukturelle Uniformität und ausgeprägte Zentralisierung strategischer Entscheidungen gekennzeichnet. Bei der Koordination dominiert eine starke, für alle Unternehmenseinheiten gleichermaßen geltende Koordinationsform („Structural Uniformity").

Eine *internationale* Strategie ist vorwiegend auf den Export ausgerichtet, die für den heimischen Markt entwickelten Produkte werden später auf Auslandsmärkte übertragen. Die Vorteile sowohl einer lokalen Anpassung als auch einer lokalen Integration sind gering. Auf der Analyse dieses Strategietyps hat Vernon (1966) in einer Untersuchung amerikanischer, international tätiger Unternehmen sein Produktlebenszyklusmodell entwickelt. Zu dieser Strategie paßt das Muster der „Ad-hoc-Variation" (vgl. Abb. III-7): Es existiert weder ein dominierender Integrationsmechanismus noch eine explizite Form zur Differenzierung, um sich lokalen Anforderungen anzupassen.

Abbildung III-7: Matrix der Internationalisierungsstrategien und Organisation

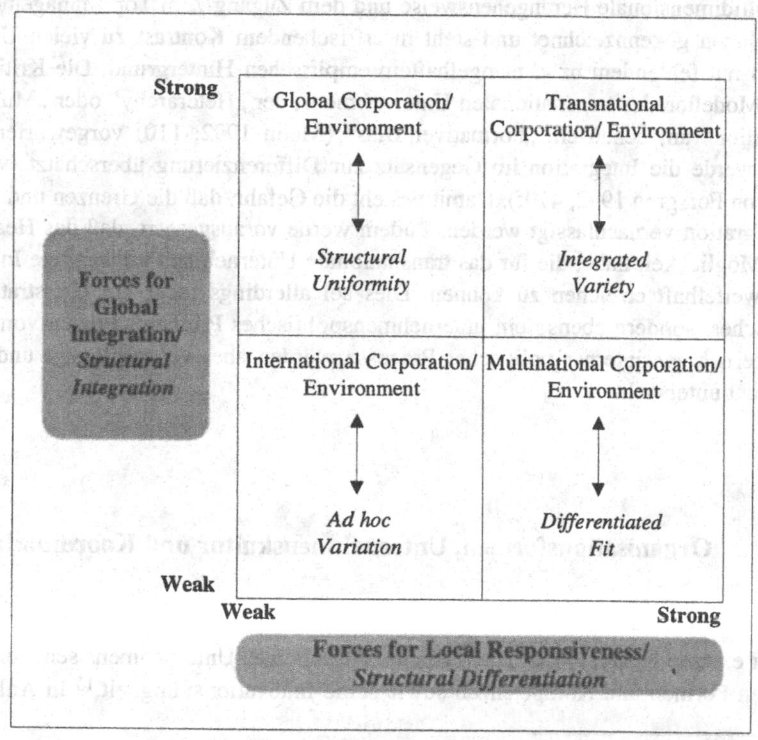

Quelle: in Anlehnung an Ghoshal/Nohria 1993, 27, 31

Eine Synergie hinsichtlich der Vorteile der multinationalen und globalen Strategie stellt die *transnationale* Strategie dar: Effizienz und Integration ist das Mittel, um globale

Wettbewerbsfähigkeit zu erreichen, während hohe Flexibilität und weltweites Lernen die Vorteile lokaler Differenzierung sicherstellen soll (vgl. Abb. III-7). Die transnationale Strategie ist erfolgreich, wenn das Unternehmen über die organisatorische Fähigkeit verfügt, die Logik des „Differentiated Fit" mit einem dominierendem und übergreifendem Integrationsmechanismus zu überlagern (vgl. Ghoshal/Nohria 1993, 28). Die vorherrschende Koordinationsform kann sowohl die Zentralisation oder Formalisierung als auch die Sozialisation bilden („Integrated Variety").

Wie ist der Ansatz der „Process School" vor dem Hintergrund anderer wissenschaftlicher Konzepte zu beurteilen? Positive Übereinstimmung besteht darin, daß die beiden Dimensionen „globale Integration" und „lokale Differenzierung" trotz bestimmter methodischer und inhaltlicher Schwächen ein konsensfähiges, anschauliches Grundportfolio zur Unterscheidung von Internationalisierungsstrategien bildet (vgl. Macharzina 1993, 79). Melin (1992, 111), der nicht mit Kritik hinter dem Berg hält, hebt ebenfalls positiv hervor, daß die „Process School" neue organisatorische und strategische Muster multinationaler Unternehmen identifiziert hat. Das Verständnis international agierender Firmen mit ihren entsprechenden Koordinationsmechanismen und ihrer spezifischen strategischen Logik wurde eindeutig bereichert. Der Forschungsprozeß selbst ist durch eine multidimensionale Herangehensweise und dem Zugang zum Top Management der Unternehmen gekennzeichnet und steht in erfrischendem Kontrast zu vielen Untersuchungen mit fehlendem bzw. mangelhaftem empirischen Hintergrund. Die Kritik setzt an den Modellen des transnationalen Unternehmens, der „Heterarchy" oder „Multifocal Corporation" an, denen ein „normativer Bias" (Melin 1992, 110) vorgeworfen wird. Zudem werde die Integration im Gegensatz zur Differenzierung überschätzt (vgl. die Kritik von Forsgren 1992, 479f). Damit besteht die Gefahr, daß die Grenzen und Kosten der Integration vernachlässigt werden. Zudem werde vorausgesetzt, daß das Headquarter die Möglichkeit habe, die für das transnationale Unternehmen notwendige Integration unzweifelhaft erreichen zu können. Dies sei allerdings nicht nur ein strategisch-analytisches, sondern ebenso ein unternehmenspolitisches Problem; Fragen von Macht und unternehmensinterner politischer Prozesse würden aber vernachlässigt und empirisch nicht untersucht.

6.2 Organisationsformen, Unternehmenskultur und Koordination

Wie der externe Kontext prägt aber auch die Kultur eines Unternehmens seine organisatorischen Formen und Kompetenzen sowie seine Innovationsfähigkeit.[15] In Anlehnung

[15] Eine wachsende Zahl verschiedener Publikationen stellt einen Zusammenhang zwischen Unternehmenskultur und organisatorischer Innovationsfähigkeit sowie individuellem Innovationsverhalten her (vgl. Dake 1991; Feldman 1988; Golden 1992; Moenaert/De Meyer/Clarysse; Peters/Waterman 1982 und den Literaturüberblick von Reger/Cuhls/von Wichert-Nick 1996).

an Schein (1985, 3) und Smircich (1983, 342) kann unter Unternehmenskultur ein einzigartiges System von Annahmen, Werten und Normen verstanden werden, das von den Mitgliedern einer Organisation geteilt wird (vgl. Abschnitt II.3.3). Vor allem drei Elemente treten hierbei hervor (vgl. Bartlett/Ghoshal 1989, 57ff): (1) die Einwirkung der Führung bzw. des Managements auf die Unternehmensnormen und -philosophien, (2) der Einfluß der Kultur des Stammlands auf die grundlegenden Werte und Normen des Unternehmens sowie (3) die Bedeutung der Firmengeschichte. Veränderungen der Strategie oder der Organisationsstruktur dürften schwerlich wirksam werden, wenn sie nicht von entsprechenden Änderungen der Grundhaltung, Normen und Werte im Unternehmen begleitet werden. Demzufolge machen Organisationen nicht nur die formale Struktur (Anatomie), sondern ebenso Kernmanagementprozesse (Physiologie) und Mentalitäten, Normen bzw. Werte ihrer Manager (Psychologie) aus. Um die organisatorischen Fähigkeiten eines Unternehmens zu analysieren, müssen alle drei Elemente betrachtet werden.

Bei ihren Untersuchungen in international tätigen Unternehmen stießen Bartlett und Ghoshal (1989) auf drei Grundmodelle: das multinationale, internationale und globale Unternehmen. Jedes dieser Modelle beschreibt auch eine spezifische Unternehmenskultur, die durch die Mentalität des Managements, die strukturelle Konfiguration und die Steuerungs- bzw. Kontrollmechanismen gekennzeichnet ist. In ihren Befragungen stellten beide Autoren fest, daß die Unternehmenskultur erheblichen Einfluß auf die Koordination der internationalen Aktivitäten hat und Unternehmen mit ähnlicher Vergangenheit auch im Kern ähnliche Koordinationsformen entwickelt haben.

Am weitesten verbreitet in Westeuropa ist das *multinationale Organisationsmodell*, in dem jede nationale Einheit als unabhängiges Unternehmen mit der Grundhaltung geführt wurde, auf dem jeweiligen nationalen Markt die bestmöglichste Position zu erlangen (vgl. Tab. III-4). Die Auslandsniederlassungen sollen lokale Marktchancen und Techniktrends erkennen bzw. nutzen sowie das Wissen selbst erwerben und sichern. Kennzeichend sind eine Dezentralisierung von Werten, Verantwortung und Entscheidungen sowie die Koordination durch persönliche Kontakte/informelle Kommunikation, die durch einfache Finanzkontrolle überlagert ist. Die Koordination der Auslandseinheiten erfolgt in der Unternehmenspraxis sehr unterschiedlich entsprechend dem Konzept des „Differentiated Fit".

Das *globale Unternehmen* betrachtet den Weltmarkt als ein integriertes Ganzes, Produkte und Strategien werden mit Blick auf diesen einheitlichen weltweiten Markt entwikkelt. Im Extremfall beinhaltet diese Strategie eine weltweite Streuung der unterschiedlichen Aktivitäten der Wertekette zur Nutzung von Spezialisierungsvorteilen, ausgeprägte Liefer- und Leistungsbeziehungen sowie die Entwicklung global akzeptierbarer Produkte und standardisierter Konzepte. Die Kompetenzen, Vermögen und Verantwortlichkeiten sind zentralisiert (vgl. Tab. III-4). Die Auslandsfilialen beschränken sich auf Verkauf bzw. Service und dienen dazu, fremde Märkte für die weltmarktorientierte Produktion zu erschließen und die Strategien des Headquarters umzusetzen. Charakteristisch für diese Konfiguration ist, daß die Zentrale den Dreh- und Angelpunkt darstellt, die Filialen im Ausland sehr abhängig sind und streng kontrolliert werden und in der Haltung des Managements als eine einzige ökonomische Einheit erscheinen. Beispiele für das globale Modell sind die frühen Pioniere der Internationalisierung wie Ford oder die japanischen Konzerne der 70er und 80er Jahre. Dieser Typus paßt zu der Managementkultur japanischer Unternehmen, da trotz Weltmarktorientierung das kulturabhängige System mit gruppenorientiertem Verhaltensmuster durch die Zentralisierung der Entscheidungsprozesse beibehalten werden konnte.

Im *internationalen Unternehmens* werden die Auslandseinheiten als Anhängsel der Zentrale betrachtet (vgl. Tab. III-4). Kernkompetenzen werden im Stammland zentralisiert, und das dort erworbene Wissen zu den Auslandsfilialen transferiert. Die Einheiten im Ausland verfügen zwar über gewisse Kompetenzen, um neue Produkte an den jeweiligen Markt anzupassen, sie sind jedoch erheblich von der Zentrale abhängig. Im Gegensatz zum multinationalen Modell ist weitaus mehr Koordination erforderlich, die vor allem auf formalen Planungs- und Kontrollmechanismen beruht.

Tabelle III-4: Unternehmenstypen nach Bartlett/Ghoshal

Kennzeichen	**Multinational: Dezentrale Föderation**	**International: Koordinierte Föderation**	**Global: Zentrale als Angelpunkt**	**Transnational: Integriertes Netzwerk**
Grundhaltung/ Mentalität des Managements	Auslandseinheiten sind Portfolio unabhängiger Unternehmen	Auslandsfilialen sind Anhängsel der Zentrale	Auslandsfilialen sind Kanäle für Belieferung des einheitlichen Weltmarkts	Vorteile durch Effizienz, lokale Anpassung, weltweite Innovationen/Lernfähigkeit
Konfiguration (von Werten, Verantwortlichkeiten, Entscheidungen)	Dezentralisiert und im nationalen Rahmen unabhängig	Kernkompetenzen zentralisiert, andere Kompetenzen dezentralisiert	Zentralisiert und weltmarktorientiert	Breitgestreute, spezialisierte, interdependente Ressourcen/ Kompetenzen
Steuerungs-/ Kontrollmechanismen (Zentrale-Ausland)	Informelle Beziehungen, durch einfache Finanzkontrolle überlagert	Formale Planungs- und Kontrollsysteme	Strenge Kontrolle der Ressourcen, Informationen, Entscheidungen	unterschiedliche Koordinationsinstrumente, selektive Entscheidungen
Rolle der Auslandsniederlassungen	Erkennen und Nutzen lokaler Marktchancen	Anpassung und Anwendung von Kompetenzen der Zentrale	Umsetzung von Strategien der Zentrale	Differenzierte Beiträge zu integrierten weltweiten Aktivitäten
Entwicklung und Diffusion von Wissen	Erwerb und Sicherung von Wissen in jeder Unternehmenseinheit	Erwerb von Wissen in der Zentrale und Transfer in Auslandsniederlassungen	Erwerb und Sicherung von Wissen in der Zentrale	Gemeinsame Entwicklung und Nutzung von Wissen

Quelle: in Anlehnung an Bartlett/Ghoshal 1989

Nach Bartlett und Ghoshal (1989) entwickelten sich seit den 80er Jahren drei Herausforderungen für international tätige Unternehmen: der Zwang zur Effizienz und zur lokalen Differenzierung sowie zu weltweiter Lern- bzw. Innovationsfähigkeit. Jedes dieser Unternehmensmodelle ist aber nur auf eine Mission ausgerichtet, die beiden Extreme bilden der globale und multinationale Archetyp. Das globale Unternehmen ist eine effiziente Produktionsmaschinerie, das strategisch auf die Realisierung von Kostenvorteilen setzt, aber möglicherweise an lokalen Märkten vorbeiproduziert. Dagegen zielt das multinationale Unternehmen auf die Anpassung an lokale Erfordernisse und hat Schwierigkeiten bei der Erzielung von Skalenvorteilen. Beim internationalen Unternehmen sollen zentral entwickelte Innovationen ins Ausland transferiert werden. Die Entwicklung und Implementierung weltweiter Innovationen und die Herausbildung einer internationalen Lernfähigkeit kann keines der drei Modelle erfüllen.

Da alle drei Typen zu eindimensional ausgerichtet sind und die Herausforderungen nicht bewältigen können, sehen die Autoren die Notwendigkeit eines neuen zukünftigen Modells. Dieses *transnationale Unternehmen* verfügt idealtypisch über eine integrierte Netzwerkstruktur, und aufgrund deren hohen Flexibilität können die Prozesse vielfältig gesteuert werden (vgl. Tab. III-4). Bei der Entwicklung neuer Produkte und Verfahren arbeiten die geographisch verstreuten Organisationseinheiten eng zusammen. Wissen wird gemeinsam generiert und weltweit genutzt. Bestimmte Teile des Unternehmens bauen spezifische Ressourcen und Fähigkeiten auf, und in jedem Innovationsprozeß werden differenzierte Rollen herausgebildet. Grundhaltung des Managements ist, Wettbewerbsvorteile durch eine effiziente Produktion, Flexibilität und lokale Anpassung sowie weltweite Lern- und Innovationsfähigkeit zu erzielen.

Bartlett/Ghoshal (1989) beschränken sich allerdings auf ein Set von drei Koordinationsmechanismen: Zentralisation (von Ressourcen, Kompetenzen, Entscheidungen), Formalisierung/Standardisierung und Sozialisation. Als Aufgaben werden diesen die Koordination des Warenflusses (Rohstoffe, Materialien, Komponenten), des Ressourcenflusses (Personal, Kapital, Dividende, Technologietransfer) und des Informationsflusses (Rohdaten, Analysen, akkumuliertes Wissen) matrixartig gegenübergestellt. Für die Steuerung des Ressourcenflusses bietet sich demzufolge vor allem die Zentralisation an, für die Abstimmung der Warenströme die Formalisierung und zur Gewährleistung des Informationsaustauschs die Sozialisation.

Die beschriebene Matrix muß jedoch in mehrerer Hinsicht kritisiert werden. Zum einen ist angesichts der Vielfalt der in der Literatur dargestellten und bei Unternehmen eingesetzten Koordinationsmechanismen die Beschränkung auf nur drei Instrumente ausgesprochen eng. Wo bleibt die Vielfalt unterschiedlicher Koordinationsmechanismen? Ein weiterer Kritikpunkt betrifft die drei Koordinationsaufgaben: Diese sind sehr allgemein gehalten und überlappen sich teilweise. Ein Informationsfluß kann z.B. durch einen Transfer von Technologie und Personal hergestellt werden, wobei die beiden letzteren jedoch zu den Ressourcen gerechnet werden. Zu kritisieren ist ebenfalls die vorgenommene länderspezifische Zuordnung der drei Koordinationsinstrumente (vgl. Bartlett/Ghoshal 1989). Die Zentralisierung wird den japanischen Unternehmen als wichtigstes Koordinationsinstrument zugeschrieben, die Formalisierung den US-Firmen und die Sozialisation den westeuropäischen Konzernen. Diese länderspezifische Zuteilung ist nicht nur eindimensional und höchst fragwürdig. Vor dem Hintergrund anderer Studien (z.B. Westney 1994; Hedlund/Nonaka 1993; Nonaka/Takeuchi 1995) ist auch deren Validität in Zweifel zu ziehen.

Abschließend läßt sich festhalten, daß die „Process School" Gestaltungsprinzipien hinsichtlich der Unternehmens- bzw. Internationalisierungsstrategien, der Grundhaltung des Managements, der organisatorischen Differenzierung und Koordination bietet. Diese Gestaltungsansätze können aber nicht ohne weiteres auf die F&E- bzw. Innovationsaktivitäten übertragen werden. Die organisatorische Herausforderung besteht gerade darin, die Geschäfte, Produktgruppen, Funktionen und länderspezifischen Anforderungen entsprechend dem Integration-Differenzierungs-Paradigma zu charakterisieren und infolgedessen unterschiedlich zu koordinieren. Bartlett and Ghoshal (1987) weisen diese entscheidende Herausforderung an die Organisationsfähigkeit am Beispiel von Unilever nach (vgl. Abb. III-8). Die Notwendigkeit lokaler Differenzierung kann je nach Geschäftsfeld bzw. Produktgruppe, betrieblicher Funktionen bzw. Aufgaben sowie für die jeweiligen Ländermärkte unterschiedlich sein. Um zu Aussagen über die Koordination geographisch verteilter F&E und Innovation zu kommen, muß die Differenziertheit und strategische Bedeutung der Innovationsprozesse zum Ausgangspunkt gemacht werden.

Abbildung III-8: Lokal differenzierte Organisation am Beispiel Unilever

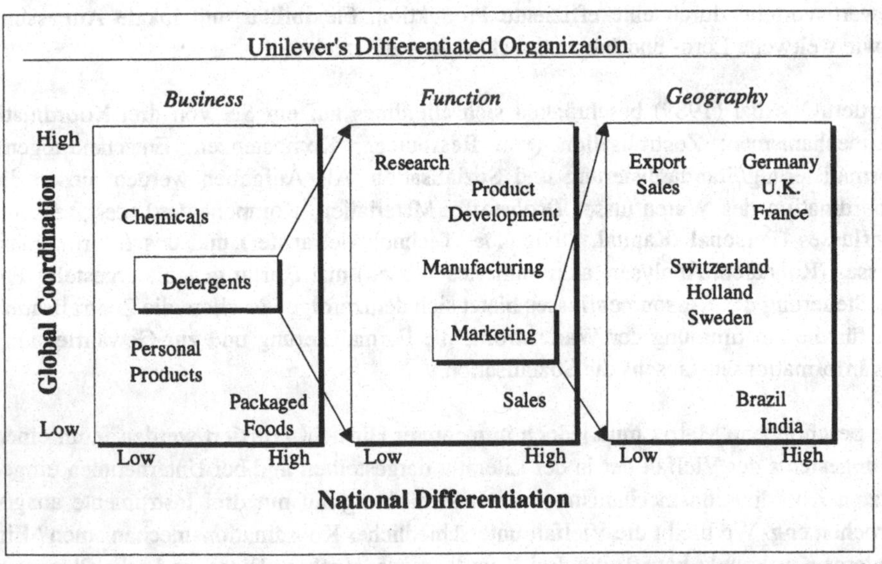

Quelle: Bartlett/Ghoshal 1987, 46

7 Einfluß von Innovations- und F&E-Strategien

7.1 Strategische Rolle von Innovationen und Koordination

Bei den von ihnen untersuchten Unternehmen identifizieren Bartlett und Ghoshal (1989, 1990; Ghoshal/Bartlett 1988) zwei traditionelle Vorgehensweisen bei Innovationen. Beim zentralen Innovationsprozeß („*Centre-for-Global*“) erkennt das Headquarter auf dem heimischen Markt eine neue Chance, entwickelt unter Einsatz der Ressourcen in der Zentrale ein neues Produkt oder Verfahren und verwertet dieses anschließend weltweit. Hier besteht die Gefahr der Marktferne. Hingegen nutzen beim lokalen Innovationsprozeß („*Local-for-Local*“) die Tochtergesellschaften ihre eigenen Ressourcen und Kompetenzen. Die Innovation ist auf die Bedürfnisse der Kunden vor Ort zugeschnitten, allerdings besteht konzernweit das Risiko nutzloser und kostspieliger Differenzierung bzw. Doppelarbeiten. In beiden Innovationsprozessen spiegeln sich die herkömmlichen strategischen Grundrichtungen und Mentalitäten wider: Der zentrale Prozeß wird meist von weltmarktorientierten, globalen Unternehmen favorisiert, während lokale Innovationen die multinationale Vorgehensweise darstellen.

Auf der Suche nach neuen Organisationsmodellen wurden von den Firmen auch bei der Gestaltung des Innovationsgeschehens neue Wege jenseits der beiden althergebrachten Verfahren eingeschlagen. In lokal gesteuerten Prozessen („*Locally-Leveraged*“ oder „Local-for-Global“) werden Markt- bzw. Technologietrends in einem Land beobachtet, die vorhandenen Ressourcen bzw. Kompetenzen genutzt und die dort entwickelten Innovationen nicht nur in diesem Land sondern weltweit verwertet. Mit Erfahrungen aus führenden Märkten sollen Trends anderenorts gesetzt werden. Voraussetzung ist das Vorhandensein entsprechender lokaler Fähigkeiten und eine Koordination des transnationalen Lernprozesses. Die Übertragung ist allerdings nicht immer einfach, entweder ist das neue Umfeld nicht geeignet oder das Produkt wird nicht von den Niederlassungen in anderen Ländern übernommen („Not-Invented-Here“-Syndrom). In weltweit verknüpften Innovationsverfahren („*Globally-Linked*“ oder „Global-for-Global“) werden Ressourcen und Fähigkeiten der Zentrale und verschiedener Auslandseinheiten miteinander verbunden und Innovationen gemeinsam entwickelt bzw. implementiert. Diese Strategie bietet sich an, wenn die nötigen Kompetenzen vor Ort nicht zur Verfügung stehen oder auf verschiedene Standorte verteilt sind. Wesentlicher Nachteil dieses Typs sind die hohen Koordinationskosten und die Gefahr von Unklarheiten bzw. übertriebener Kompetenzstreuung. Beide Innovationsprozesse - „Local-for-Global“ und „Global-for-Global“ - sind typisch für Unternehmen auf dem Weg zum transnationalen Modell.

Wie werden nun die verschiedenen Innovationsprozesse in international tätigen Unternehmen koordiniert? Mit ihrer Typologie der Organisationsmodelle und der Innovationsprozesse weisen beide Autoren darauf hin, daß die Verwendung von Koordinationsmechanismen zum einen durch die strategische Grundrichtung und die Kultur des Unternehmens beeinflußt wird. Zum anderen hängt dies von der strategischen Bedeutung der jeweiligen Innovation ab. Das Management transnationaler Unternehmen steht hierbei vor mehreren Aufgaben: Die Effektivität der „Centre-for-Global"-Innovation muß gesteigert werden, die Effizienz der „Local-for-Local"-Innovation muß verbessert und gleichzeitig günstige Bedingungen für die beiden anderen Formen transnationaler Innovation geschaffen werden. Dazu sind vor allem zwei Probleme zu meistern: Zum einen muß den beschriebenen negativen Auswirkungen jedes einzelnen Innovationsprozesses entgegengewirkt werden. Zum anderen ist bei einer Gleichzeitigkeit verschiedenartiger Innovationsprozesse darauf zu achten, daß sich die organisatorischen Abläufe nicht gegenseitig blockieren. Das Dilemma besteht darin, daß beispielsweise „Local-for-Local"-Innovationen andere Ressourcen und Koordinationsmechanismen benötigen wie zentral durchgeführte bzw. transnationale Innovationsprozesse.

Bartlett und Ghoshal (1990; Ghoshal/Bartlett 1988) beobachten in den von ihnen untersuchten Firmen, daß als Ausweg aus diesem Dilemma den jeweiligen ausländischen Einheiten unterschiedliche Rollen im Innovationsprozeß zugewiesen werden. Die jeweilige Rolle bezieht sich nicht auf alle Aktivitäten der Auslandsniederlassung, sondern nur auf ein spezifisches Geschäftsfeld, eine bestimmte Produktgruppe oder Technologie. Eine F&E-Einheit im Ausland mag beispielsweise für eine bestimmte Technologie eine strategische Bedeutung haben, in einem anderen Fall soll nur der Trend beobachtet werden. Der Innovationsprozeß wird von den Autoren in drei Subprozesse gegliedert:

(1) Erkennen technologischer Trends und potentieller Nachfrage („Sensing"),
(2) unmittelbare F&E-Aktivitäten wie Ideenformulierung, Problemlösung und Prototypenerstellung („Response"),
(3) Nutzung der F&E-Ergebnisse bzw. Markteinführung („Implementation").

Die Entscheidung über die Regelung der Zentrale-Auslandseinheit-Beziehung erfolgt gemäß der beiden Dimensionen „strategische Bedeutung des lokalen Umfelds" und „lokal vorhandene Ressourcen und Fähigkeiten". Mit Hilfe dieser Matrix werden vier Typen des Innovationsprozesses mit unterschiedlichem Koordinationsbedarf gebildet (vgl. Abb. III-9).

Der *„Strategic Leader"* für die Innovation hat vor Ort sehr hohe Ressourcen bzw. ein starkes Leistungspotential, die strategische Bedeutung des lokalen Umfelds ist ausgesprochen hoch. Diese Auslandseinheit verfügt über sämtliche Elemente des Innovationsprozesses und ist der innovative, weltweit führende Vorreiter des Unternehmens in einer bestimmten Produktgruppe oder Technologie. Es werden Innovationen für den führenden Markt generiert, die nach einer erfolgreichen Testphase über den Konzern in andere Märkte verbreitet wird. Zudem spielt diese innovierende Einheit eine Schlüsselrolle bei weltweit verknüpften Innovationsprozessen. Soweit notwendig wird zu zentral gesteuerten Innovationen ein Beitrag geleistet. Adäquate Koordinationsmechanismen der „Headquarter-Leader"-Beziehungen sind vor allem ein umfassender Sozialisationsprozeß aber auch die Formalisierung, die den Rahmen für die Interaktion bilden soll (vgl. Abb. III-9). Der „Strategic Leader" arbeitet mit anderen innovierenden Einheiten (vor allem den „Contributors") zusammen; zu dieser Abstimmung ist ebenfalls der Sozialisationsprozeß geeignet. Mit den Horchposten im Ausland wird auch kooperiert, um strategisch wichtige Signale von anderen Märkten schnell zu erfassen und wissenschaftliche bzw. technologische Neuheiten einbeziehen zu können.

Wenn eine Auslandseinheit in einem strategisch unbedeutendem Umfeld über geringe eigene Ressourcen verfügt, fällt dieser die Aufgabe zu, zentrale und globale Innovationen dem lokalen Markt anzupassen und dort zu implementieren. Der *„Implementer"* stellt das Ende der Innovations-Pipeline des Konzerns dar; zur Koordination reichen formalisierte Instrumente wie Planung bzw. generelle Regelungen aus.

Abbildung III-9: Koordination verschiedener Typen des Innovationsprozesses

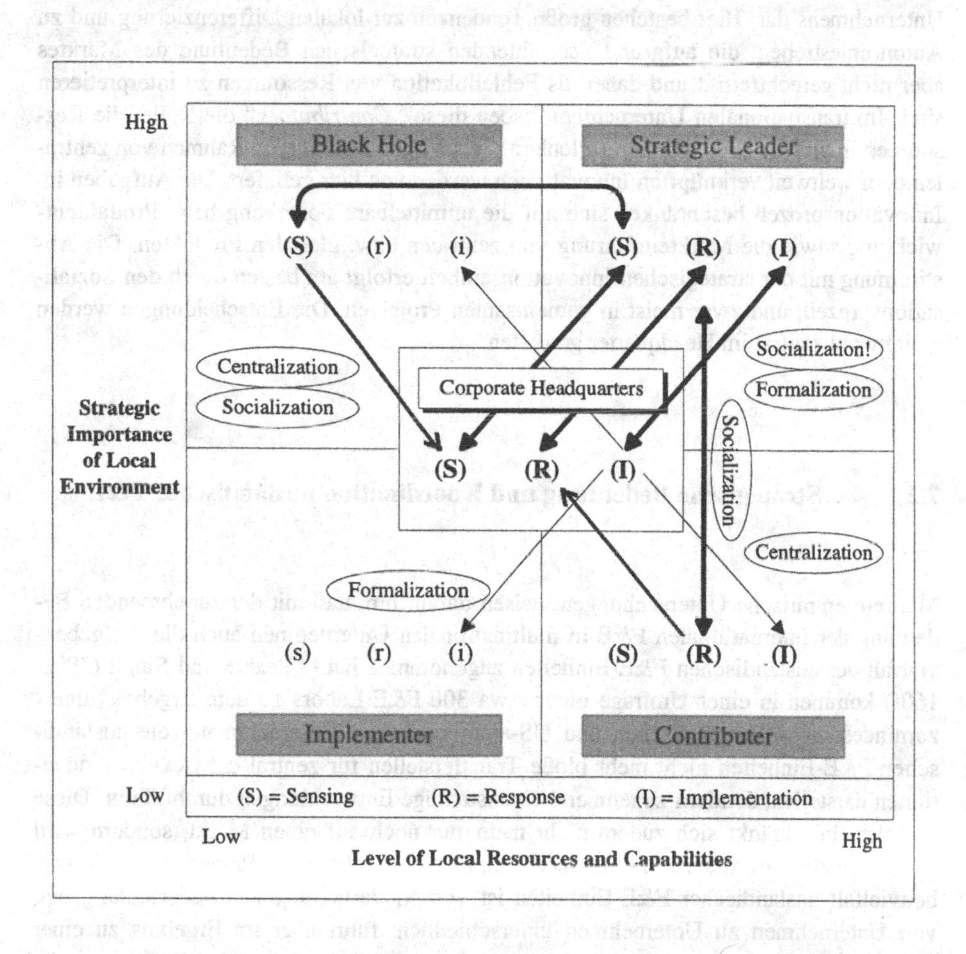

Befindet sich eine Niederlassung in einem strategisch wichtigen Umfeld und verfügt sie nicht über ausreichende Ressourcen, so beschränkt sich ihre Aufgabe im Innovationsprozeß auf das Erkennen neuer Technologietrends und potentieller Nachfrage. Dieses *„Black Hole"* spielt die erfaßten Trends an die Zentrale und gegebenenfalls an die strategische Innovationseinheit zurück (vgl. Abb. III-9). Die Koordination ist durch eine starke Zentralisation der Entscheidungen im Headquarter aber auch durch Sozialisation gekennzeichnet, um den Kontext der strategischen Informationen zu verstehen. Niederlassungen japanischer Konzerne in den USA und in Westeuropa sowie von amerikanischen und westeuropäischen Firmen in Japan spielen diese Rolle der „Local Antenna". Langfristiges Ziel müßte nach Bartlett/Ghoshal (1990, 246) sein, adäquate Ressourcen und entsprechendes Leistungspotential vor Ort aufzubauen, um eine strategische Rolle gemäß der hohen strategischen Bedeutung des lokalen Umfelds zu entwickeln.

Innovierende Einheiten im Ausland, die über ein hohes Maß an Ressourcen und Leistungspotential verfügen und sich aber in einem strategisch unbedeutendem Umfeld bewegen, stellen das herkömmliche Management von Innovationen des multinationalen Unternehmens dar. Hier bestehen große Tendenzen zur lokalen Differenzierung und zu Autonomiestreben, die aufgrund der fehlenden strategischen Bedeutung des Marktes aber nicht gerechtfertigt und daher als Fehlallokation von Ressourcen zu interpretieren sind. Im transnationalen Unternehmen haben diese *„Contributors"* die Rolle, die Ressourcen in globale Innovationen zu lenken. Spezifische Beiträge im Rahmen von zentralen oder weltweit verknüpften Innovationen werden von hier geliefert. Die Aufgaben im Innovationsprozeß beschränken sich auf die unmittelbare Forschung bzw. Produktentwicklung sowie die Markteinführung von zentralen bzw. globalen Produkten. Die Abstimmung mit der strategischen Innovationseinheit erfolgt am besten durch den Sozialisationsprozeß, und zwar meist in gemeinsamen Projekten. Die Entscheidungen werden gleichwohl zentral im Headquarter getroffen.

7.2 Strategische Bedeutung und Koordination ausländischer F&E

Mehrere empirische Untersuchungen weisen darauf hin, daß mit der zunehmenden Bedeutung der internationalen F&E in multinationalen Unternehmen auch die Aufgabenvielfalt der ausländischen F&E-Einheiten zugenommen hat.[16] Pearce und Singh (1992, 160f) kommen in einer Umfrage unter etwa 300 F&E-Labors zu dem Ergebnis, daß - zumindest in westeuropäischen und US-amerikanischen Unternehmen - die ausländischen F&E-Einheiten nicht mehr bloße Transferstellen für zentral entwickelte Innovationen darstellen, sondern zunehmend eigenständige Entwicklungen durchführen. Diese Tätigkeit beschränkt sich zudem nicht mehr nur noch auf einen Markt, sondern wird auch vermehrt auf andere Märkte ausgedehnt. Die Zunahme der Relevanz und Aufgabenvielfalt ausländischer F&E-Einheiten ist von Niederlassung zu Niederlassung und von Unternehmen zu Unternehmen unterschiedlich, führt aber im Ergebnis zu einer

[16] Vergleiche die empirischen Studien von Casson/Singh 1993, Håkanson/Nobel 1990, Håkanson/Nobel 1993 und 1993a, Pearce 1989, Pearce/Singh 1992 sowie den Literaturüberblick von Pearson/Brockhoff/von Boehmer 1993.

Stärkung des ausländischen Leistungspotentials gegenüber der F&E im Stammland. Die verschiedenen Rollen und Aufgaben der ausländischen F&E-Einheiten erfordern eine unterschiedliche Intensität der Kommunikation und Koordination.[17] Damit wird die strategische Bedeutung der ausländischen F&E-Einheit, die sich in deren Aufgaben widerspiegelt, zu einem wesentlichen Parameter des Koordinationsbedarfs und für die Auswahl von Koordinationsmechanismen. Übereinstimmend kommen die zitierten Untersuchungen zu dem Ergebnis, daß sich die strategische Rolle und die Aufgaben im Zeitverlauf - und infolgedessen auch die Instrumente der Koordination - verändern.

Wie können nun ausländische F&E-Einheiten entsprechend ihres strategischen Stellenwerts charakterisiert werden? In einer Untersuchung von US-Unternehmen Ende der 70er Jahre identifiziert Ronstadt (1977, 1978) vier Typen, Pearce (1989) reduziert diese in einer späteren Studie auf drei Kategorien. Die Beschreibung der Aufgabenprofile von Ronstadt, Hood/Young (1982) und Pearce sind nahezu identisch (vgl. Tab. III-5). Håkanson und Nobel (1993a) ermitteln fünf unterschiedliche Rollen, von denen drei der Typologie der anderen Studien ähneln.

„Technology Transfer Units" (Ronstadt 1977) bzw. „Support Laboratories" (Pearce 1989) haben vor allem zwei Funktionen: Sie sollen die regionalen Tochtergesellschaften bei der Durchführung der Geschäfte unterstützen und desweiteren Technologie bzw. Wissen von den Muttergesellschaften hin zu den ausländischen Töchtern transferieren. Bestehende Produkte bzw. Produktionstechnologien sollen an das Gastland angepaßt und Produktionsprozesse vor Ort unterstützt werden (vgl. Tab. III-5). „Indigenous Technology Units" („Locally Integrated Laboratories" nach Pearce) setzen demgegenüber eine höhere Unabhängigkeit von der Zentrale voraus. Sie haben die Aufgabe, neue bzw. verbesserte Produkte für den lokalen Markt zu entwickeln und sind auf das Feedback der lokalen Produktion bzw. des Marketings vor Ort angewiesen. Lokal integrierte F&E-Labors können auch in Arbeiten strategischer Einheiten mit World Product Mandate involviert sein. „Global Technology Units" („International Interdependent Laboratories" nach Pearce) sollen neue Produkte und Prozesse für die Anwendung in mehreren Märkten generieren und besitzen globale Verantwortung für bestimmte Technologiefelder. Pearce integriert Ronstadt's vierten Typ der „Corporate Technology Unit" in seine Kategorie der „International Interdependent Laboratories", da diese zielgerichtete, langfristige Forschung betreiben und in die Programme der Zentralforschung des Konzerns eingebunden sind. Diese F&E-Einheiten sind meist in hohem Maße in die weltweiten F&E-Aktivitäten involviert.

Die Typologisierung von Håkanson und Nobel (1990, 1993, 1993a) lehnt sich an die beschriebenen Kategorien an, spitzt diese aber stärker auf den Kontext der Unternehmensfunktion (Forschung, Produktion, Marketing) zu (vgl. Tab. III-5). Bei einer Um-

---

17 „However, the process has affected some subsidiaries more than others, increasing the diversity of foreign subsidiary 'roles'. This makes it increasingly impossible to run foreign subsidiaries according to standard systems; incentives, control systems and degrees of autonomy must be differentiated" (Håkanson 1990, 262).

frage unter 151 ausländischen F&E-Einrichtungen schwedischer Konzerne ermitteln sie durch eine Faktoren-/Clusteranalyse neben produktionsunterstützenden, markt- sowie forschungsorientierten Einheiten zwei weitere Kategorien. „Politically Motivated Units“ gehen hauptsächlich auf die Akquisition fremder Unternehmen zurück, bei denen die bestehende F&E übernommen wurde. Diese wurde aus verschiedenen, hauptsächlich politisch motivierten Gründen beibehalten: Forderungen lokaler Regierungen, Handelsbarrieren, Mitwirkung an Projekten der Europäischen Kommission, Steuervorteile oder Kostenvorteile. Eine fünfte Kategorie stellen die „Multi-Motive Units“ dar, die verschiedene Typen von F&E durchführen, gut ausgebildetes Personal haben und F&E-Projekte mit konzernweiter Bedeutung bearbeiten. Diese F&E-Einheiten sind relativ klein (im Durchschnitt unter 20 Personen bei den befragten Firmen) und haben vielfältige Aufgaben. Offenbar handelt es sich hier um Horchposten in strategischen Märkten, die eng mit dem Headquarter der Division bzw. des Konzerns zusammenarbeiten.

Tabelle III-5: Typologisierung ausländischer F&E-Einheiten

Ronstadt (1977, 1978)	Pearce (1989) Hood/Young (1982)	Håkanson/Nobel (1990, 1993, 1993a)
Technology Transfer Units	Support Laboratories	Production Support Units
Indigenous Technology Units	Locally Integrated Laboratories	Market-oriented Units
Global Technology Unit	International Interdependent Laboratories	Research Units
Corporate Technology Unit		
		Politically Motivated Units
		Multi-Motive Units

Quelle: in Anlehnung an Pearson/Brockhoff/von Boehmer 1993, 252

Die zitierten Untersuchungen weisen alle auf den Bedarf an Steuerungs- bzw. Integrationsmechanismen hin, die an den jeweiligen Typ der F&E-Einheit angepaßt sein müssen. Konzepte für die Gestaltung der unterschiedlichen Koordinationsanforderungen werden allerdings nicht abgeleitet oder bewegen sich auf geradezu abstraktem Niveau.[18] Die Hinweise beschränken sich letztendlich darauf, daß mit zunehmender Komplexität der Aufgabe der Auslandsniederlassung der Koordinationsbedarf und die Anforderungen an die Koordinationsmechanismen zunehmen. Übereinstimmend wird hier erheblicher Forschungsbedarf konstatiert.[19]

---

18 Vergleiche z.B. das Diskussionspapier von Håkanson/Nobel (1992), die versuchen, auf der Basis der Typologisierung ausländischer F&E-Einheiten ein Muster der Koordination zu entwerfen.

19 Beispielhaft dafür seien Håkanson und Nobel (1993a, 409) zitiert: „On the firm level, geographical

...

8 Innovationsspezifische Einflußgrößen

8.1 Einfluß der Phasen des Innovationsprozesses

Verschiedene Studien versuchen den Einfluß der unterschiedlichen Phasen des Innovationsprozesses auf den Koordinationsbedarf und die Auswahl geeigneter Instrumente abzuschätzen. Der gesamte Innovationsprozeß wird dabei in unterschiedlicher Tiefe in einzelne Phasen aufgegliedert. Roberts (1988) unterteilt den Innovationsverlauf von der Erkennung der Möglichkeiten bis hin zur Markteinführung bzw. Diffusion in sechs verschiedene Phasen (vgl. Abschnitt II.2.2). Andere Autoren beschränken sich auf ein dreistufiges Konzept, in dem die Phasen Ideengenerierung, Ideenakzeptierung und Ideenrealisierung oder Monitoring, Problemlösung und Implementierung (vgl. Ghoshal/Bartlett 1988) voneinander abgegrenzt werden. Benkenstein (1987, 49ff) nimmt eine Fünf-Phasen-Untergliederung vor und stellt die These auf, daß mit zunehmender zeitlicher Distanz der Produktinnovation von der Markteinführung sowie mit zunehmender Länge des Innovationszyklus der Koordinationsbedarf zwischen F&E und Marketing steigt; diese Annahme wird allerdings empirisch nicht überprüft oder bestätigt.

Thom (1980, 208ff) gliedert den Innovationsprozeß in drei Hauptphasen und ordnet diesen bestimmte Koordinationsinstrumente zu. Er stellt die These auf, daß personenorientierte Mechanismen bei der Ideengenerierung die wichtigste Rolle spielen und bei der Ideenrealisierung eine geringere Bedeutung haben (vgl. Abb. III-10). Strukturelle Maßnahmen sind dagegen bei der Ideenakzeptierung von höchster Bedeutung und haben bei der Generierung bzw. Realisierung von Ideen nur eine untergeordnete Rolle. Verfahrenstechnisch-prozessuale, formale Koordinationsinstrumente sind vor allem bei der Ideenrealisierung geeignet, dagegen bei der Generierung von Ideen kaum.[20] Die empirische Überprüfung der Annahmen von Thom sind aber nicht eindeutig.

---

and organizational decentralisation of R&D creates new needs for coordination, communication and control in order to ensure the direction, efficiency and effectiveness of technological progress. Systems, procedures and organizational structures must be designed to overcome cultural, organizational and geographical barriers to ensure cooperation and smooth flow of information between units. More systematic empirical studies of current organizational practice is needed before we can reach firmly grounded normative conclusions."

[20] Thom (1980, 209ff) versteht unter personenorientierten Koordinationsinstrumenten in Anlehnung an Khandwalla ein partizipatives Management, Aus- und Weiterbildung, Grid-Management sowie die Schaffung eines Klimas des gemeinsamen Vertrauens und der Zusammenarbeit; diese Instrumente entsprechen im wesentlichen der in dieser Arbeit angewandten Definition der informellen Mechanismen. Unter verfahrenstechnisch-strukturellen Instrumenten faßt Thom aufbauorganisatorische Maßnahmen wie Komitees, Integratoren, Kollegien, Matrixorganisation und andere Formen der Querorganisation; in dieser Arbeit werden darunter vor allem die strukturellen Koordinationsorgane aber auch einige hybride Instrumente verstanden. Verfahrenstechnisch-prozessuale Maßnahmen bestehen nach Thom vor allem aus Planungs-, Kontroll- und Budgetierungssystemen; sie entsprechen hier im wesentlichen den Instrumenten der Formalisierung bzw. Planung.

Johne (1984) zeigt bei einer Untersuchung eine Beziehung zwischen wirtschaftlichem Innovationserfolg und einer sogenannten „Loose-Light"-Prozeßsteuerung auf: Innovationserfolg stellt sich in den Firmen ein, die zum einen in der Initiativphase mit systematischer Ideengenerierung, überwiegend mündlicher Kommunikation und hierarchisch niedriger Ideenherkunft arbeiten. Dagegen wird der Innovationsprozeß in der Implementierungsphase vor allem durch schriftliche Anweisungen, Erfolgskontrollen und ressortübergreifenden Einsatz von F&E, Marketing und anderen Abteilungen abgestimmt.

Abbildung III-10: Koordination und Phasen des Innovationsprozesses

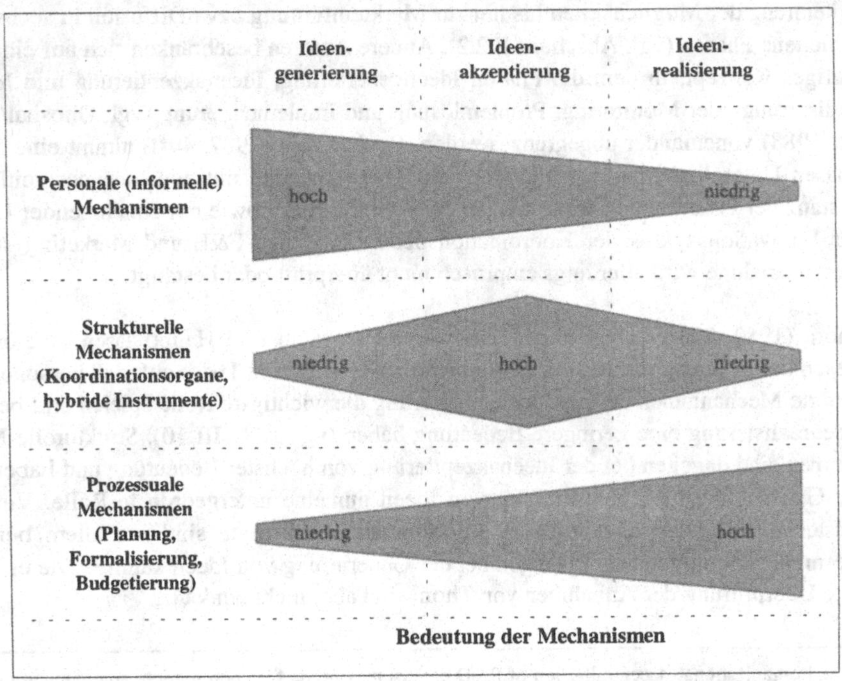

Quelle: in Anlehnung an Thom 1980, 216

Witte (1968, 625ff), aber auch jüngere Folgestudien (vgl. die Übersicht von Hauschildt 1993, 286), können empirisch *keine* Phasengliederung der Innovationsentscheidungen belegen und rücken daher vom „Phasen-Theorem" ab. Hauschildt (1993, 289) weist darauf hin, daß es Alternativen zu den traditionellen Phasentheorien gibt, welche die tatsächlichen Entscheidung-Durchsetzungs-Prozesse bei Innovationen wesentlich besser abbilden. Es werden drei Gestaltungstypen für die Gliederung von Innovationsprozessen vorgeschlagen. Der erste Typ ist die verrichtungsbezogene Prozeßgliederung, bei der alle gleichen Verrichtungen des Innovationsprozesses gebündelt, zeitlich zusammengefaßt und in einer bestimmten Reihenfolge bearbeitet werden. Diese Gliederung nach Verrichtungen entspricht dem herkömmlichen Phasenkonzept. Die objektbezogene Prozeßgliederung ist das zweite Gestaltungsmuster: Hier wird der Prozeß nach unterschiedlichen Objekten eingeteilt, die nacheinander oder parallel bearbeitet werden (Einteilung in Arbeitspakete). Der dritte Typ stellt eine Mischform zwischen Verrichtungsorientierung und der Objektorientierung dar.

In Experimenten wurde festgestellt, daß Individuen zu Beginn des Innovationsprozesses eher nach dem Phasenkonzept vorgehen (vgl. Hauschildt/Petersen 1987, 1056ff; Hauschildt 1993, 291). Mit zunehmender Routinebildung durch Wiederholungen des Arbeitsprozesses nimmt die Objektorientierung aber erheblich zu. Für die Ausgangsfragestellung bedeuten diese Ergebnisse nun zweierlei: Zum einen kann ein Zusammenhang zwischen den unterschiedlichen Phasen des Innovationsprozesses und der Koordination nur hergestellt werden, wenn es sich um eine verrichtungsbezogene Gliederung des Innovationsprozesses handelt. Zum zweiten ist der Verrichtungsbezug lediglich eine Organisationsform der „ersten Stunde“, die mit wachsender Erfahrung durch objektbezogene Prozesse bzw. Mischformen abgelöst wird. Wahrscheinlich verläuft der Innovationsprozeß in einer Mischform (vgl. Hauschildt 1993, 291): In der ersten Innovationsphase erfolgt entsprechend dem Verrichtungsbezug eine konzentrierte Informationsbeschaffung, dann werden objektorientiert die verschiedenen Teilaufgaben bearbeitet, und eine anschließende Wertung (Verrichtungsorientierung) beendet den Prozeß. Letztlich gibt es auch bei verrichtungsbezogenen Innovationsprozessen keine empirisch abgesicherten Ergebnisse hinsichtlich der Auswahl geeigneter Koordinationsinstrumente.

8.2 Einfluß der Innovationshöhe

Die Unterscheidung von Innovationen hinsichtlich ihrer Neuheit ist ein zentrales Thema in der Forschung über technologische Innovationen. Weitgehend Übereinstimmung besteht über eine Gliederung in inkrementale und radikale Innovation oder Basisinnovation bzw. Verbesserungsinnovation.[21] Bei der inkrementalen bzw. Verbesserungsinnovation wird das bestehende Produkt nur relativ wenig geändert und das Potential des bestehenden Designs ausgenutzt. Bei diesem Typ bleiben sowohl die Zwecke als auch die Mittel im Prinzip unverändert. Im Gegensatz dazu ist eine radikale bzw. Sprung- oder Basisinnovation durch die Generierung bahnbrechender Problemlösungen charakterisiert. Dieser Typ basiert auf völlig neuen Prinzipien, sowohl die Zwecke wie auch die Mittel werden neu gesetzt. Eine radikale Innovation kann völlig neue Märkte und potentielle Anwendungen eröffnen und die Basis für den erfolgreichen Eintritt neuer Firmen in den Markt oder die Umstrukturierung eines Industriezweigs darstellen. Der Neuheitsgrad kann sich je nach Betrachtungsweise auf die betriebliche, überbetriebliche

21 Vergleiche zum Beispiel dazu Cooper/Schendel 1976, Freeman 1982, Hauschildt 1993, 9, Mansfield 1968, Mensch 1975, 54ff, Nelson/Winter 1982, Rothwell 1986, Thom 1980, 38ff, Tushman/Anderson 1986.

(z.B. Produkt, Geschäftsfeld, Technologie, Branche) oder gesellschaftliche Ebene (Volkswirtschaft, Land, Region) beziehen.

Welche Rolle spielt nun die Innovationshöhe bzw. der Neuheitsgrad der Produktinnovation hinsichtlich der Koordination? Hauschildt (1993, 292) sieht hier einen wichtigen Zusammenhang, da sich die angestrebten Wirkungen der Innovation nicht von dem Ausmaß des Organisationsgrads - verstanden als Verknüpfung von „mehr" oder „weniger" Steuerungsinstrumente - trennen läßt. Wird ein hoher Neuheitsgrad angestrebt und damit der Schwerpunkt auf Effektivität gelegt, so wird der Innovationsprozeß einen geringeren Organisationsgrad beinhalten. Dominieren dagegen Effizienzüberlegungen wie zeitliche Beschleunigung und höhere Wirtschaftlichkeit, ist ein „mehr" an Organisation erforderlich.[22]

Kroy (1995) weist ebenfalls darauf hin, daß je nach angestrebter Höhe der Innovation andere Formen des Technologiemanagements benötigt werden. Als „Werkzeug" für das Management grundlegender Innovationen empfiehlt er die Etablierung von Innovationskreisen. Diese bestehen aus der gemeinsamen, quer zur Hierarchie liegenden Generierung von Szenarien, auf deren Basis Strategien entwickelt werden (die aber intern nicht - wie in den meisten Unternehmen - geheim gehalten werden sollen). Neue Ideen zur Lösung werden gesammelt, gebündelt und bewertet und daraus sogenannte „Leitprojekte" definiert. Ziel eines Leitvorhabens ist die optimale Erzeugung von Wissen und der Nachweis der Lösbarkeit der Aufgabe durch einen „Demonstrator" (vgl. Kroy 1995, 74ff).

Gerybadze (1996a) geht ebenfalls von einem besonderen Management radikaler Innovationen aus und weist auf drei wichtige Elemente bei weltweiten Prozessen hin. Zum einen ist dies der „generische Pfad des Innovationsprozesses", wobei zwischen stammlandzentrierten und transnationalen Innovationsprozesse unterschieden wird. Bei stammlandzentrierten Innovationsprozessen können geeignete Koordinationsmechanismen für radikale Innovationen in einem vertrauten nationalen Umfeld aufgebaut werden. Dies ist sicher leichter, als die Herstellung einer länderübergreifenden Koordination bei transnationalen Prozessen. Ein weiterer Aspekt ist die internationale Verteilung von Kompetenzzentren innerhalb des Konzerns: Die weltweite Kompetenzverteilung entlang der Wertschöpfungskette (z.B. F&E stark in den USA, Produktion stark in Deutschland, Lead-Market in Asien) erfordert „stärkere" Koordinationsmechanismen als lediglich eine länderübergreifende Verteilung von F&E-Expertenteams des Unternehmens. Zum dritten müssen die Koordinationsmechanismen danach ausgewählt werden, welche Phase der Durchsetzung der Innovation in Vordergrund steht. Gerybadze (1996a) unterscheidet hier zwei Phasen: Bei Phase 1 handelt es sich um die Durchsetzung der radikalen Innovation innerhalb des Unternehmens und im angestammten, inländischen Markt; Phase 2 beschreibt die internationale strategische Durchsetzung und

[22] Witte (1969, 21ff) bringt dies auf den Punkt: „Der Verzicht auf ablauforganisatorische Regelung ist ... in allen Fällen zu erwägen, in denen die mit der Aufgabe betraute Person wegen des schöpferischen ... Arbeitsinhaltes die Freiheit zur Selbstordnung ihrer Arbeit beansprucht."

den Aufbau eines neuen Geschäftsfelds weltweit. In letztgenannter Phase reichen die „angestammten" Koordinationsmechanismen nicht mehr aus, sondern müssen durch eigenständige Strukturen bzw. Koordinationsmaßnahmen, die auf der entsprechenden Ebene der Unternehmenshierarchie aufgehängt sind, unterstützt werden.

Einen Zusammenhang zwischen Innovationshöhe und Koordinationsbedarf (allerdings nur zwischen F&E und Marketing) stellt auch Benkenstein (1987, 55f) her. Eine Beziehung sieht er nicht direkt, sondern nur mittelbar über die Unsicherheit der technologischen Entwickung und der potentiellen Nachfrage.

Henderson und Clark (1990, 10f) führen - neben der inkrementalen und radikalen Innovation - noch zwei weitere Kategorien ein: die modulare sowie die architektonische („architectural") Innovation. Bei einer modularen Innovation verändert sich das Kernkonzept eines Produktdesigns vollständig, während die Verbindung zwischen Kernkonzept und Produktkomponenten gleichbleibt (vgl. Abb. III-11). Als Beispiel nennen die Autoren den Ersatz des analogen durch das digitale Telefon; die „Architektur" des Produkts wird nicht angetastet. Wenn die Architektur des Produkts völlig neu gestaltet wird, aber die Komponenten des Kernkonzepts beibehalten werden, wird von einer „Architectural Innovation" gesprochen. Das Wesentliche an diesem Innovationstyp ist, daß ein bestehendes Produkt bzw. System neu konfiguriert wird, indem existierende Komponenten in einer neuen Art und Weise miteinander verbunden werden. Die Herausforderungen an die Firmen sind extrem vielschichtig, da der Neuheitsgrad dieses Innovationsmusters schwer erkennbar und mit einer Zerstörung des vorhandenen Wissens über die Produktarchitektur verbunden ist. Diese vier Typen werden in einer Matrix mit den beiden Achsen „Veränderungsgrad der Kernkonzepte" und „Verbindungen zwischen Kernkonzepten und Komponenten" dargestellt (vgl. Abb. III-11).

Welcher Zusammenhang kann nun zwischen diesen vier Innovationstypen und der Gestaltung der Koordination hergestellt werden? Eine Verbindung ergibt sich über die Annahme, daß je nach Neuheitstyp der Innovation sehr unterschiedliche organisatorische Fähigkeiten verlangt werden. Da sich das organisatorische Wissen und die Fähigkeiten zur Informationsverarbeitung je nach dem Charakter der Aufgaben und dem Wettbewerbsumfeld verändern (vgl. Lawrence/Lorsch 1967; Galbraith 1973), werden andere Organisationsformen und Koordinationsmechanismen zur Herstellung der Arbeitszusammenhänge und der Wissensgenerierung benötigt.

Inkrementale Innovationen verstärken die bestehenden organisatorischen Fähigkeiten und Kernkompetenzen des Unternehmens; die aktuelle Wettbewerbsposition der etablierten Firmen wird beibehalten. *Radikale Innovationen* zerstören dagegen die bestehenden Kompetenzen und organisatorischen Fähigkeiten und verlangen ein neues Set von technologischem bzw. marktlichem Wissen, neue Herangehensweisen zur Problemlösung und eine veränderte organisatorische Leistungsfähigkeit. Bei *modularen Innovationen* werden ebenfalls etablierte Kompetenzen zerstört und existierende Wissensbasen entwertet, allerdings nur partiell und nicht in der ganzen Breite. Die Kernfrage bei *architektonischen Innovationen* ist, welches Wissen und welche Kompetenz noch nützlich ist und welches nicht. Da sich das Wissen über den architektonischen Zusammenhang verändert, aber das Know-how über die Komponenten gleich bleibt, werden gleichzeitig bestimmte Kompetenzen und organisatorische Fähigkeiten verstärkt und andere zerstört. Organisatorisches Lernen über die Veränderungen in der Architektur der Wissensbasen und bei Produktinnovationen erfordern ein besonderes Management und hohe Aufmerksamkeit. Henderson und Clark (1990, 28) sehen in dem gegenwärtig hohen Bedarf nach offenen Organisationsformen und grenzüberschreitenden Koordinationsmechanismen wie z.B. multifunktionale bzw. interdisziplinäre Teams eine mögliche Antwort der Unternehmen auf die Herausforderung architektonischer Innovationen.

Abbildung III-11: Matrix zur Definition der Innovationshöhe

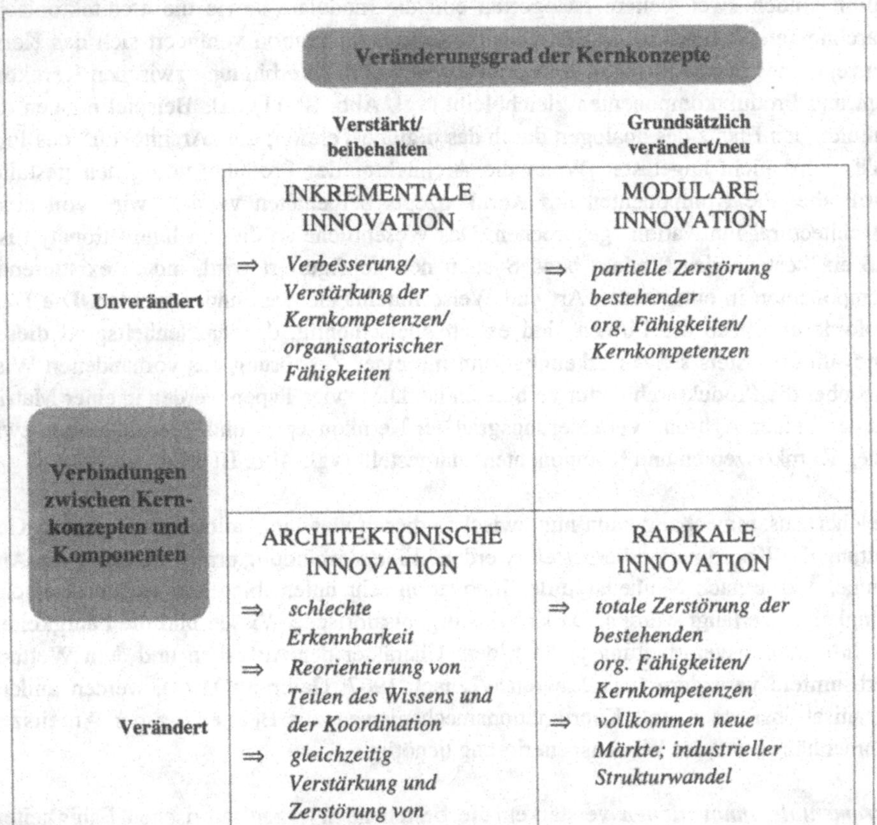

Verbindungen zwischen Kernkonzepten und Komponenten	Veränderungsgrad der Kernkonzepte: Verstärkt/ beibehalten	Veränderungsgrad der Kernkonzepte: Grundsätzlich verändert/neu
Unverändert	INKREMENTALE INNOVATION ⇒ *Verbesserung/ Verstärkung der Kernkompetenzen/ organisatorischer Fähigkeiten*	MODULARE INNOVATION ⇒ *partielle Zerstörung bestehender org. Fähigkeiten/ Kernkompetenzen*
Verändert	ARCHITEKTONISCHE INNOVATION ⇒ *schlechte Erkennbarkeit* ⇒ *Reorientierung von Teilen des Wissens und der Koordination* ⇒ *gleichzeitig Verstärkung und Zerstörung von Kompetenzen/org. Fähigkeiten*	RADIKALE INNOVATION ⇒ *totale Zerstörung der bestehenden org. Fähigkeiten/ Kernkompetenzen* ⇒ *vollkommen neue Märkte; industrieller Strukturwandel*

niedrig ← **Innovationsgrad** → **hoch**

Quelle: in Anlehnung an Henderson/Clark 1990, 12

In der Innovationsforschung herrscht weitgehend Übergestimmung, daß ein Zusammenhang zwischen der Innovationshöhe und dem organisatorischen Leistungspotential besteht. Insgesamt ist aber festzustellen, daß detaillierte und konkrete Hinweise zur Gestaltung der Koordination und zur Auswahl geeigneter Koordinationsmechanismen nicht gegeben werden. Schwierigkeiten beim empirischen Nachweis dieses Zusammenhangs und der Operationalisierung können sich möglicherweise daraus ergeben, daß die Grenzen zwischen den Innovationstypen nicht starr, sondern fließend sind.

9 Kodifizierbarkeit und Generierung von Wissen

9.1 Wissensgenerierung bei der Neuproduktentwicklung

Modelle der Wissensgenerierung und des Managements von Wissen versuchen, explizit einen Zusammenhang zwischen der Generierung von organisatorischem Wissen und der Gestaltung der Organisation herzustellen. Empirischer Untersuchungsgegenstand verschiedener Studien sind die Wissensgenerierungsprozesse bei der Neuproduktentwicklung meist in großen, international tätigen Unternehmen.[23] Mit dem Modell der „Knowledge-Creating Company" (Nonaka/Takeuchi 1995) wird die Reduzierung eines Unternehmens auf eine informationsverarbeitende Einheit kritisiert, da sich diese theoretische Sichtweise lediglich auf die Akquisition, Akkumulation und Nutzung von *bestehendem* Wissen beschränkt.[24] Um jedoch die Entstehung der Innovation zu erklären, bedarf es einer Theorie der organisatorischen Wissensgenerierung.

Kern dieser Theorie sind die beiden Dimensionen der „Epistemologie" und der „Ontologie" (vgl. Abb. III-12). Die *epistemologische Dimension* beschäftigt sich mit der Theorie des Wissens und unterscheidet in Anlehnung an Polanyi (1966) zwischen implizitem („tacit") und explizitem („explicit") Wissen. Hier ist wiederum die Unterscheidung zwischen Information und Wissen bedeutend: Im Gegensatz zur Information beinhaltet Wissen immer Annahmen, Werte, Normen, Übereinstimmung und muß sich mit Intention auseinandersetzen. Wissen umfaßt zudem Aktion im Sinne von Erfahrungswissen, ist kontextspezifisch und wird als ein dynamischer menschlicher Prozeß betrachtet, um die persönlichen Annahmen hinsichtlich der „Wahrheit" zu rechtfertigen und zu bewerten. „Tacit Knowledge" ist dieses persönliche, kontextspezifische Wissen und daher sehr

[23] Vergleiche dazu die Studien von Hedlund/Nonaka 1993, Hedlund 1994, Imai/Nonaka/Takeuchi 1985, Kogut/Zander 1992, Nagata/Nonaka/Kusonoki 1994, Nonaka/Takeuchi 1995, Nonaka 1988, 1990, 1994, Ridderstråle 1992, Sölvell/Zander 1994.

[24] „At the core of concern of these theories is the acquisition, accumulation, and utilization of *existing* knowledge; they lack the perspective of 'creating new knowledge'" (Nonaka/Takeuchi 1995, 49).

schwierig zu formalisieren und zu kommunizieren. Denn Individuen gewinnen Wissen, indem sie aktiv ihre eigenen Erfahrungen durchleben und bewerten. Dieses Erfahrungswissen kann aber nicht allein über Worte und Sprache übermittelt werden (Polanyi 1966, 4): „We know more than we can tell". Explizites Wissen kann dagegen in formaler und systematischer Form transferiert werden, ist kodifizierbar und entspricht im wesentlichen dem Begriff der Information. Explizites Wissen ist das Wissen der Rationalität (des Geistes), des sequentiellen und digitalen Wissens (Theorie) (vgl. Nonaka/Takeuchi 1995, 60f). „Tacit Knowledge" ist Erfahrungswissen, simultan verarbeitetes und analoges Wissen (Praxis).

Die *ontologische Dimension* beschreibt die organisatorische Ebene der Wissensgenerierung; hier wird zwischen Individuum, Gruppe, Organisation (innerhalb des Unternehmens) und zwischen Organisationen unterschieden (vgl. Abb. III-12). Das dynamische Modell der Wissensgenerierung in Organisationen basiert auf der Grundannahme, daß Wissen streng genommen nur durch das Individuum generiert werden kann. Dieses individuelle Wissen kann aber zum organisatorischen werden, wenn es innerhalb der Organisation verbreitet und dort verankert wird; dieser Prozeß geschieht durch die soziale Interaktion zwischen gebundenem und explizitem Wissen.

Der Konversionsprozeß von individuellem zu organisatorischem Wissen kann in vier verschiedene Muster eingeteilt werden, von denen jedes eine bestimmte Richtung beschreibt: (1) unter Sozialisation wird der Wandel vom impliziten zum impliziten Wissen verstanden, (2) die Externalisierung („Externalization") beschreibt den Wandel vom impliziten zum expliziten Wissen, (3) die Kombination („Combination") behandelt den Übergang vom expliziten zum expliziten Wissen und (4) Internalisierung („Internalization") charakterisiert die Konversion vom expliziten zum impliziten Wissen. Die Sozialisation baut stark auf Gruppenprozesse und der Herausbildung einer organisationsübergreifenden Kultur auf. Die Externalisierung von implizitem zu explizitem Wissen ist eine Quintessenz im organisatorischen Wissengenerierungsprozeß; es ist ein Reflektionsprozeß, der oft die Form von Metaphern, Konzepten, Hypothesen, Analogien oder Modellen annimmt. Die Internalisierung ist eng mit „Learning-by-Doing" und dem organisatorischen Lernen verbunden. Die Kombination von jeweils explizitem Wissen bezieht sich auf die Verarbeitung von bestehenden Informationen, die durch Systematisieren, Hinzufügen, Weglassen, Kombinieren oder Kategorisieren neu konfiguriert werden. Innovationen entstehen, wenn sich die Wissensspirale entlang der epistimologischen und ontologischen Dimension in Gang setzt (vgl. Abb. III-12). Dies geschieht durch die soziale Interaktion zwischen implizitem und explizitem Wissen und durch das Voranschreiten dieser Wissenskonversion von der individuellen auf die organisatorische Ebene. Ausgangspunkt ist das individuelle implizite Wissen, das über den Sozialisationsprozeß einer Gruppe mitgeteilt wird und - im besten Fall - wie eine Spirale die verschiedenen organisatorischen Grenzen (zwischen Projektteams, Abteilungen, Labors, Divisionen) überschreitet.

Abbildung III-12: Spirale der organisatorischen Wissensgenerierung

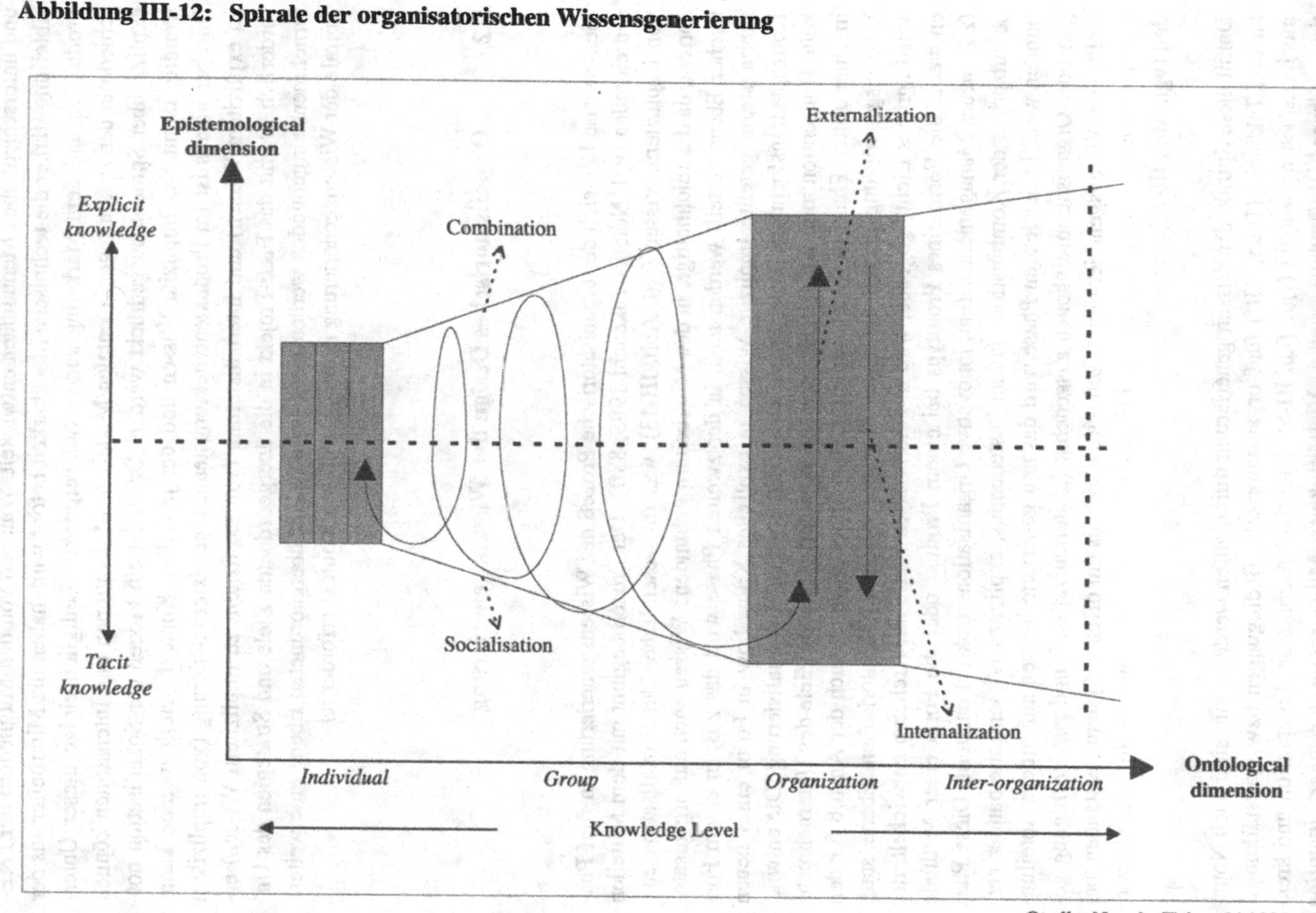

Quelle: Nonaka/Takeuchi 1995, 73

Ein Beispiel für diese Spirale der organisatorischen Wissensgenerierung ist die Entwicklung eines Produkts. Dieses wird von Individuen mit unterschiedlichem Hintergrund und unterschiedlichen Mentalitäten entwickelt. Während von den Mitgliedern der F&E-Abteilung stärker die technische Machbarkeit betont wird, haben die Mitarbeiter aus der Produktion und dem Marketing andere Schwerpunkte. Lediglich einige dieser Unterschiede in den Erfahrungen, mentalen Modellen, Motivationen und Intensionen können explizit über Sprache ausgedrückt werden. Daher ist ein Prozeß der Sozialisation notwendig, damit das implizite Wissen und der jeweilige Kontext geteilt werden kann. Darüber hinaus ist im Produktentwicklungsteam eine Externalisierung (von implizitem zu explizitem Wissen) und Internalisierung (von explizitem zu implizitem Wissen) erforderlich. Damit das F&E-Projekt in die übergeordneten Ziele und Strategien des Unternehmens eingebunden werden kann, ist auf einer übergeordneten Ebene eine weitere Spirale der Wissensgenerierung in einem größeren Kontext erforderlich.

9.2 Organisatorisches Design der Wissensgenerierung

Idealerweise läßt sich der organisatorische Prozeß der Wissensgenerierung in fünf Phasen einteilen (vgl. Nonaka/Takeuchi 1995, 83ff). Der Prozeß beginnt mit dem Mitteilen von implizitem Wissen (vgl. Abb. III-13), was im wesentlichen der Sozialisation entspricht, da das reichhaltige, in den Mitarbeitern gebundene Wissen auch auf organisatorischer Ebene verteilt werden muß. In der zweiten Phase wird das z.B. in einem Forschungsteam geteilte implizite Wissen in explizites Know-how in Form eines neuen Konzepts transformiert; dieser Prozeß entspricht etwa der Externalisierung. Die entwickelte Konzeption muß vor dem Hintergrund der übergreifenden Ziele des Unternehmens in einer dritten Phase bewertet werden. Damit findet zugleich auch der Anstoß für den Wissensgenerierungsprozeß auf einer übergeordneten organisatorischen Ebene statt. Wird „grünes Licht" gegeben, wird in einer vierten Phase ein Archetyp entwickelt, der entweder die Form eines Prototyps bei einem Produkt oder die Form einer Methode (z.B. neues Managementsystem, innovative Organisationsstruktur) darstellt. Diese Phase entspricht der Kombination, da hier bestehendes, explizites Wissen miteinander verbunden wird. In der letzten Phase wird das neu generierte Wissen auf andere Abteilungen oder Organisationseinheiten ausgedehnt („Internalization") und zur Verfügung gestellt. Der Wissensgenerierungsprozeß wird dabei als ein offenes System verstanden, bei dem Impulse von außen kommen und Ergebnisse mit dem externen Umfeld geteilt werden (vgl. Abb. III-13).

Damit diese Spirale der Wissensgenerierung durchlaufen werden kann, sind nach Nonaka und Takeuchi (1995, 73ff) fünf organisatorische Bedingungen bzw. Verstärkungsmechanismen notwendig (vgl. Tab. III-6): Intention, Autonomie, Fluktuation und kreatives Chaos, Redundanz sowie Vielfältigkeit. Mit *organisatorischer Intention* („Organizational Intention") werden die Ziele, Strategien und Visionen des Unterneh-

Abbildung III-13: Fünf-Phasen-Modell der organisatorischen Wissensgenerierung

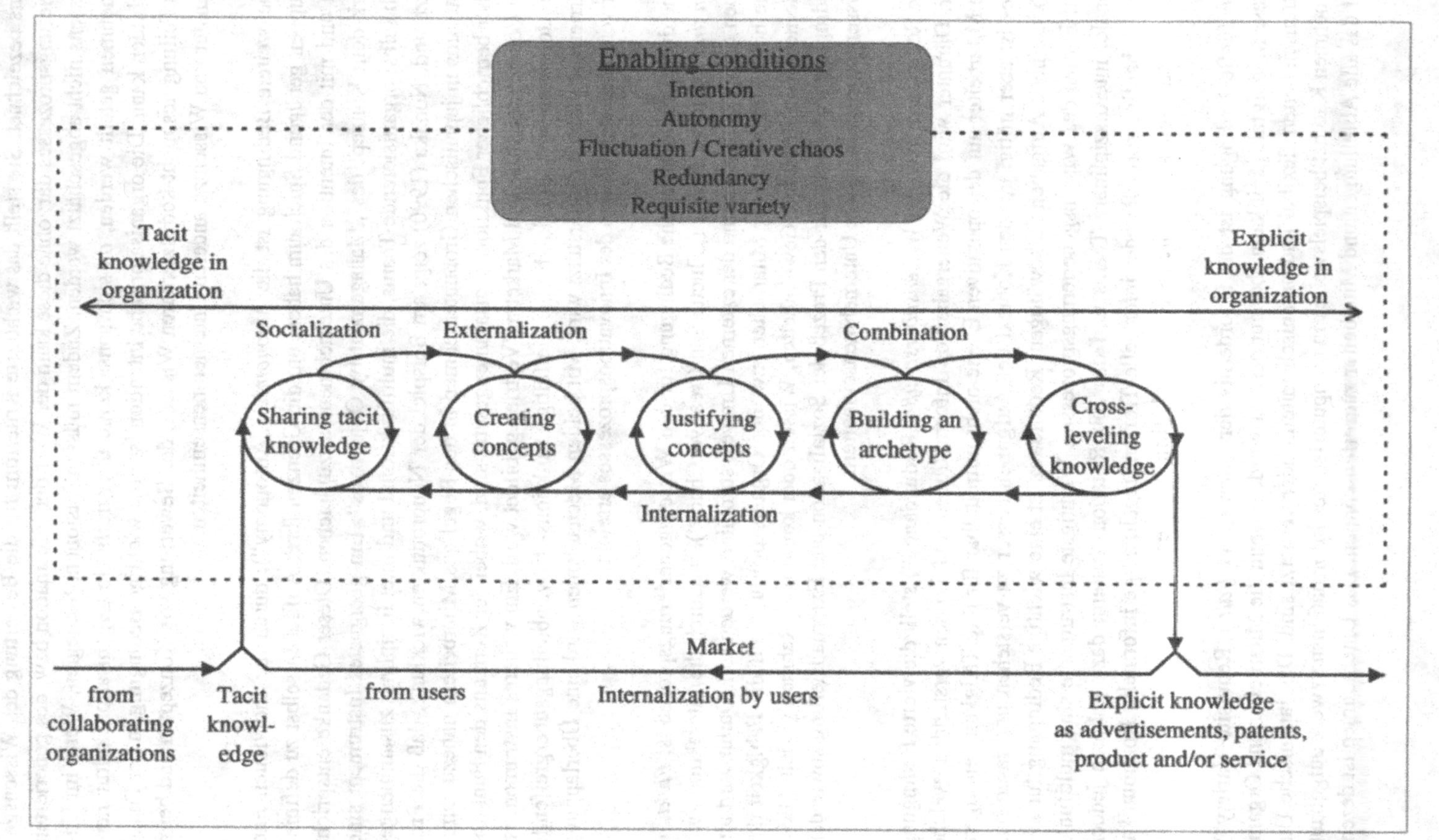

Quelle: Nonaka/Takeuchi 1995, 84

mens bezeichnet. Sie stellt das wichtigste Kriterium für die Bewertung des Wissensgenerierungsprozesses dar; ohne diese kann der Wert der Information bzw. des generierten Wissens nicht abgeschätzt werden. Zudem müssen Visionen, Strategien, Werte im Unternehmen geteilt werden, da sich sonst keine übergreifende Organisationskultur herausbilden kann. Die organisatorische Intention ist eine wichtige Bedingung in der Phase der Teilung des nicht-kodifizierbaren Wissens, der Bewertung von Konzepten und beim Transfer von Wissen zu anderen Unternehmenseinheiten.

Eine weitere Bedingung ist die *Autonomie* („Autonomy"), durch die Individuen und Gruppen genügend Spielraum haben, um die Grenzen ihrer Aufgaben selbst zu definieren und mit der Intention des Unternehmens abzugleichen. Dieser Gedanke entspricht stark dem Konzept des „Management by Objectives". Ein geeignetes Instrument sind sich selbst organisierende Teams, die multifunktional und interdisziplinär zusammengesetzt sind. Nonaka (1990) zeigt am Beispiel der Neuproduktentwicklung, daß die Projektteams in japanischen Großunternehmen in der Regel aus Mitarbeitern nahezu sämtlicher betrieblicher Funktionen zusammengesetzt sind, wobei der Kern aus den Funktionen F&E, Produktion und Marketing/Vertrieb gebildet wird. Ein weiteres Instrument ist die „Job Rotation", die durch eine vielfältige funktions- bzw. abteilungsübergreifende Karriereentwicklung unterstützt wird. Mit beiden Mechanismen wird eine Überlappung der verschiedenen Phasen des Innovationsprozesses erreicht.

Eine dritte organisatorische Bedingung für den Wissensgenerierungsprozeß ist *Fluktuation und kreatives Chaos* („Fluctuation/Creative Chaos"), wodurch die Interaktion zwischen der Organisation und der externen Umwelt stimuliert werden soll. Damit wird auf eine hohe Flexibilität der Mitarbeiter bzw. der Organisation und auf die Fähigkeit des Erlernens von Routinen, Gewohnheiten, Wissen oder kognitiven Rahmen gezielt. Diese Bedingung ist wichtig für den Prozeß der Sozialisation und Externalisierung sowie den Wissenstransfer in andere Unternehmenseinheiten.

Die Redundanz bzw. der *Wissensüberschuß* („Redundancy") stellt die vierte Bedingung dar. Darunter wird die Weitergabe von Informationen und Wissen verstanden, welche die Mitarbeiter auf der operativen Ebene nicht unmittelbar für ihre Tätigkeit benötigen. Dies ist aber nötig, um den Kontext der Aufgaben besser zu verstehen und rasch und flexibel neue Aufgaben zu bewältigen. Redundanz ist eine wichtige Bedingung für alle fünf Phasen des Wissensgenerierungsprozesses. Wichtigste Instrumente sind multifunktionale, interdisziplinäre Teams und das Job Rotation System; dazu gehören jedoch ebenso häufige formelle oder informelle Treffen, regelmäßige informelle Kommunikation und ein breites persönliches Kommunikationsnetzwerk.

Die fünfte Bedingung ist die Erfordernis der *internen Vielfalt* („Requisite Variety"). Diese Mannigfaltigkeit kann aber nur genutzt werden, wenn die Mitarbeiter und Organisationseinheiten flexibel und organisch miteinander vernetzt sind. Das japanische Unternehmen Kao hat beispielsweise ein computerisiertes Informationsnetzwerk aufgebaut, auf das alle Abteilungen und Mitarbeiter zugreifen können. Das Unternehmen ist dezen-

Tabelle III-6: Matrix der Phasen der Wissensgenerierung und des organisatorischen Designs

	Sharing Tacit Knowledge (Socialization)	Creating Concepts (Externalization)	Justifying Concepts	Building an Archetype (Combination)	Cross-Leveling Knowledge
Intention • Vision • Strategy • Norms, values	***	**	***	*	**
Autonomy • Self-organizing overlapping teams (cross-functional, interdisciplinary) • Job-Rotation/multiple functional career	***	***	O	O	***
Fluctuation/Creative Chaos • Unlearning • Flexibility	***	***	O	O	***
Redundancy • Overlapping teams • Job Rotation • Informal communication network	***	***	**	***	***
Requisite Variety	***	***	O	***	***
*** Very important; ** Important; * Less important; O Not necessary					

Quelle: in Anlehnung an Nonaka/Takeuchi 1995; eigene Bewertung tralisiert mit flacher Hierarchie und flexibler Organisationsstruktur aufgebaut, und soll eher der Funktion eines Lebewesens entsprechen, in dem alle Einheiten „organisch" zusammenarbeiten.

Anhand dieser Darstellung läßt sich eine Matrix der fünf Phasen des Wissensgenerierungsprozesses und der fünf organisatorischen Bedingungen bzw. Koordinationsmechanismen entwickeln (vgl. Tab. III-6). Generell werden für die Koordination der Spirale der organisatorischen Wissensgenerierung vor allem hybride (multifunktionale, interdisziplinäre, sich selbst organisierende Teams) und informelle Koordinationsmechanismen (informelle Kommunikationsnetzwerke, Job Rotation, Sozialisation) empfohlen. Diese Instrumente sind besonders bedeutsam für die Phase des Austausches von nicht-kodifizierbarem Wissen („Sharing Tacit Knowledge"), der Konzeptentwicklung („Creating Concepts") und dem Transfer des neuen Wissens in andere Unternehmenseinheiten („Cross-Leveling Knowlege"). In diesen drei offensichtlich schwierigsten Phasen der Wissensgenerierung müssen sowohl die genannten Bedingungen vorhanden sein als auch eine hohe Vielfalt von hybriden und informellen Koordinationsinstrumenten eingesetzt werden.

9.3 Hypertextorganisation als Idealtyp der Wissensgenerierung

Nonaka und Takeuchi (1995, 124ff) stellen die Frage nach dem optimalen Managementprozeß und der Organisationsform, womit die Spirale der organisatorischen Wissensgenerierung am besten gefördert wird. Sie identifizieren aus den von ihnen untersuchten Unternehmen drei Modelle (vgl. Tab. III-7): Das „Top-Down-Model" (z.B. General Electric), das „Bottom-Up-Model" (Beispiel: 3M) und als Synthese das „Middle-Up-Down-Model" bzw. die „Hypertext Organisation" (Beispiel: Canon, Sharp).

Das *Top-Down-Model* ist das klassische hierarchische, bürokratische Managementmuster. Der Wissensgenerierungsprozeß wird zentral vom Top Management angestoßen, das mittlere Management spielt als Informationsverarbeiter nur eine untergeordnete Rolle (vgl. Tab. III-7). Es wird vor allem explizites Wissen akkumuliert, die Wissenskonversion geschieht nur partiell und ist auf Kombination und Internalisierung ausgerichtet. Die Kommunikation erfolgt vor allem durch Weisungen entlang der Hierarchie, kreatives Chaos ist nicht geduldet. Die Schwäche dieser Form besteht im wesentlichen in der hohen Abhängigkeit von den Entscheidungen des Top Managements.

Das *Bottom-Up-Model* ist dagegen stark auf Unternehmertum, Individualität und Autonomie sowie Dezentralisierung der Entscheidungen ausgelegt (vgl. Tab. III-7). Das mittlere Management ist sehr autonom und auf internes Unternehmertum orientiert. Es wird vor allem nicht-kodifizierbares, implizites Wissen akkumuliert, die Informationswege sind informell und erfolgen über das Selbstorganisationsprinzip. Die Wissenskonversion umfaßt vor allem die Sozialisation und die Externalisierung. Das Wissen ist in den Individuen gebunden und nicht in der Organisation verbreitet. Die vorherrschende Organisationsform sind das sich selbst organisierende Projektteam und informelle Kommunikationsnetzwerke. Die Schwächen dieses Typs liegen in dem hohen Zeitaufwand und in den hohen Kosten für die Koordination der Individuen.

Tabelle III-7: Managementmodelle zur organisatorischen Wissensgenerierung

		Top-down	Bottom-up	Middle-up-down
Who	Agent of knowledge creation	Top management	Entrepreneurial individual	Team (with middle managers as knowledge engineers)
	Top management role	Commander	Sponsor/mentor	Catalyst
	Middle management role	Information processor	Autonomous intrapreneur	Team leader
What	Accumulated knowledge	Explicit	Tacit	Explicit and tacit
	Knowledge conversion	Partial conversion focused on combination/internalization	Partial conversion focused on socialization/ externalization	Spiral conversion of internalization/ externalization/ combination/ socialization
Where	Knowledge storage	Computerized database/manuals	Incarnated in individuals	Organizational knowledge base
How	Organization	Hierarchy	Project team and informal network	Hierarchy and task force (hypertext)
	Communication	Orders/ instructions	Self-organizing principle	Dialogue and use of metaphor/ analogy
	Tolerance for ambiguity	Chaos/fluctuation not allowed	Chaos/fluctuation premised	Create and amplify chaos/ fluctuation
	Weakness	High dependency on top management	Time-consuming Cost of coordinating individuals	Human exhaustion Cost of redundancy

Quelle: Nonaka/Takeuchi 1995, 130

Beide Formen lehnen sich an bereits existierende andere Theorieansätze an: Das Top-Down-Model entspricht in etwa dem Bürokratie-Modell von Weber oder der mechanistischen Organisation von Burns und Stalker; das Bottom-Up-Model zeigt Ähnlichkeiten zum „Organic Management". Nonaka und Takeuchi (1995) entwickeln hinsichtlich der optimalen Steuerung der organisatorischen Wissensgenerierung das Modell der *Hypertextorganisation* als mögliche Synthese (vgl. Tab. III-7). Das Wissen wird von den verschiedenen Teams generiert. Eine besondere Rolle spielt das mittlere Management als „Knowledge Engineers" zwischen der operativen und normativen Ebene. Sowohl explizites als auch implizites Wissen wird akkumuliert, die Spirale der Wissenskonversion ist vollständig und umfaßt alle vier Richtungen der Wissensgenerierung. Das Unternehmen verfügt über eine gemeinsame organisatorische Wissensbasis und die Organisationsstruktur ist von verschiedenen Schichten überlagert. Die Schwäche dieses Modells ist in den hohen Kosten des Wissensüberschusses (Redundanz) und der möglichen Überforderung der Mitarbeiter zu sehen.

Kennzeichen der Hypertextorganisation ist, daß drei vollkommen verschiedene Schichten bzw. Kontexte innerhalb des Unternehmens existieren (vgl. Abb. III-14). In der Mitte ist die Ebene des operativen Geschäfts, in der die täglichen Routinearbeiten ausgeführt werden. Da hierfür bürokratische Strukturen ausreichend sind, ist diese Schicht wie eine hierarchische Pyramide geformt. Die obere Schicht bildet eine Projektorganisation, in der eine Vielzahl von Projektteams - wie etwa für die Neuproduktentwicklung - Wissen generieren. Die Projektgruppen arbeiten untereinander zusammen und sind lose um bestimmte organisatorische Intentionen gruppiert. Die Mitarbeiter der Projekte stammen alle aus dem System des operativen Geschäfts und sind mit diesem weiterhin verbunden. Die dritte Schicht stellt die organisatorische Wissensbasis dar, in der die Unternehmensvisionen, Organisationskultur, Technologien und Datenbasen enthalten sind. Die organisatorische Wissensbasis stellt anders als die beiden zuerst genannten Schichten keine organisatorische Einheit dar. Wesentliches Charakteristikum der Hypertextorganisation ist die Fähigkeit ihrer Mitglieder, die Kontexte zu verändern, indem sie sich leicht von einem Kontext in den anderen bewegen.

An der Darstellung der Hypertextorganisation ist zu kritisieren, daß von den Autoren nicht der Kontext beschrieben wird, für den dieses Modell geeignet ist. Die starke Anlehnung an Beispiele japanischer Großunternehmen zeigt, daß diese Form offenbar vor dem Hintergrund der Bedingungen in Japan als erfolgversprechend angesehen wird. Ob die Hypertextorganisation auch auf westeuropäische Bedingungen übertragbar ist, wäre zu prüfen. Ebenso stellt sich die Frage, ob der sehr komplexe Prozeß der Wissensgenerierung so auch in einem internationalen Kontext durchführbar ist. Gerade der Beginn der Wissensgenerierung durch Sozialisation, also die Übertragung von implizitem zu implizitem Wissen, dürfte bei weltweit verteilten F&E-Labors und Projektteams eine außerordentlich schwierige Aufgabe für das Management darstellen.

Für die Frage der Steuerung und der Auswahl von Koordinationsmechanismen sind die Ansätze der Spirale der Wissensgenerierung und der Archetyp der Hypertextorganisation aber aus mehreren Gründen interessant:

(1) Es verlagert sich der Schwerpunkt der Betrachtung von der Informationsverarbeitung zur organisatorischen Wissensgenerierung, die damit weitaus stärker in den Mittelpunkt als bei anderen Managementmodellen rückt und zum Ausgangspunkt für den Bedarf bzw. die Gestaltung der Koordination wird.

Abbildung III-14: Hypertextorganisation

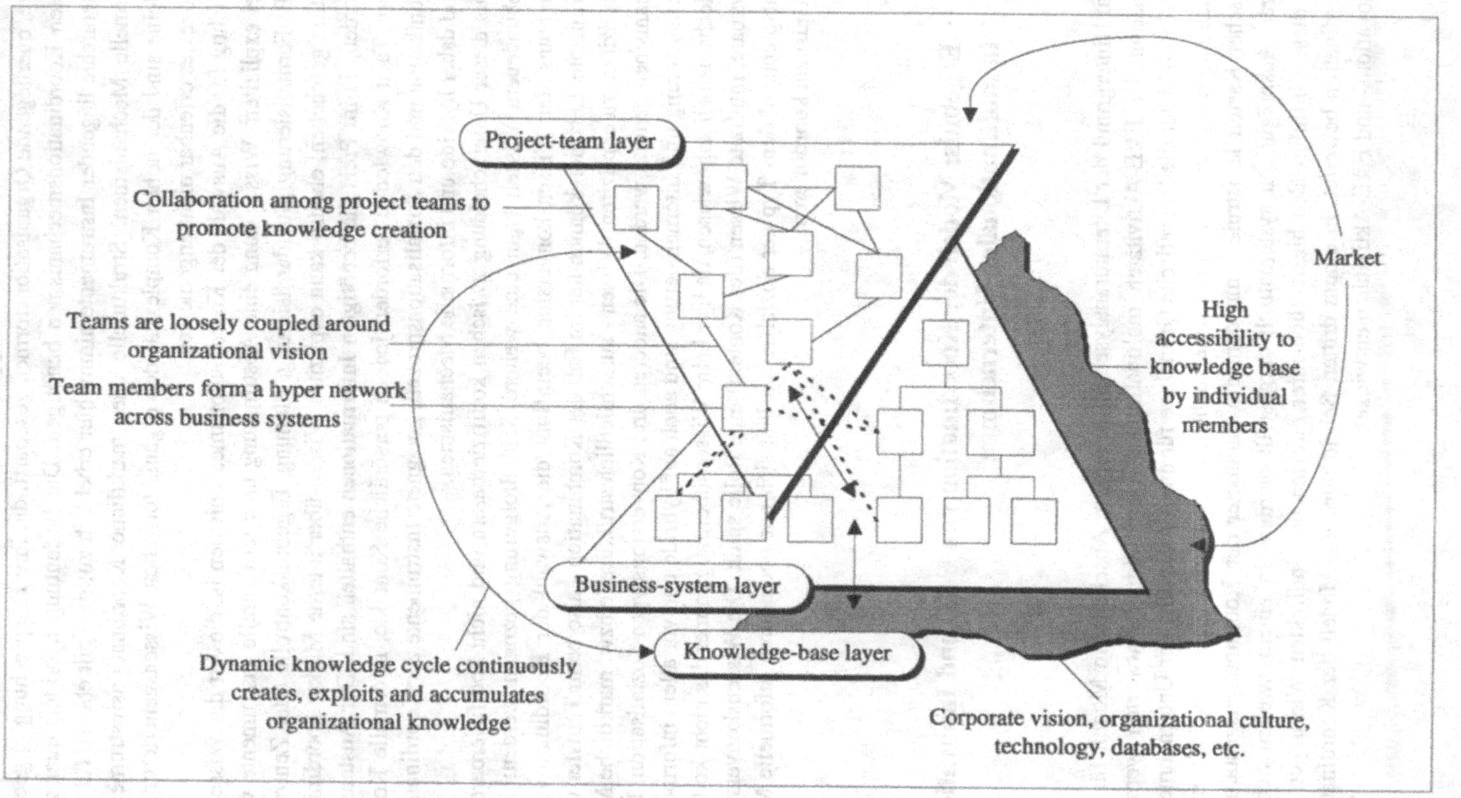

Quelle: Nonaka/Takeuchi 1995, 169

(2) Zudem wird durch das Modell der Hypertextorganisation der Blick für vielschichtige, querliegende Organisationsformen geschärft, die ihre Entsprechung in geeigneten Koordinationsmechanismen benötigen. Die Bedeutung hybrider, quer zur Hierarchie liegender Instrumente nimmt hier erheblich zu; dies gilt ebenso für informelle Mechanismen. Strukturelle oder marktliche Koordinationsinstrumente alleine sind der hohen Komplexität des organisatorischen Wissensgenerierungsprozesses offenbar nicht angemessen.

(3) Wichtig für die Auswahl der Koordinationsmechanismen ist die Art des Wissens: Bei explizitem Wissen kann eine Abstimmung über strukturelle Instrumente wie z.B. Formalisierung, Standardisierung, Planung, Ergebniskontrolle oder Zentralisation geschehen; ebenso kann explizites Wissen über interne Märkte koordiniert werden, da im Preis die benötigten Informationen enthalten sind. Der Austausch von „Tacit Knowledge" erfordert jedoch persönliche Kontakte, informelle Kommunikation und den Sozialisationsprozeß; geeignete Instrumente zur Koordination sind daher hybride und informelle Mechanismen.

(4) Aus dieser Unterscheidung zwischen kodifizierbarem und nicht-kodifizierbarem, gebundenem Wissen kann eine weitere Schlußfolgerung gezogen werden: Die Richtung der Wissenskonversion beeinflußt die Auswahl der Koordinationsinstrumente. Letztlich können nur im Fall der Kombination - also beim Transfer von explizitem zu explizitem Wissen - ausschließlich strukturelle bzw. marktliche Mechanismen genutzt werden. Die anderen drei Konversionstypen Sozialisation, Externalisierung und Internalisierung sind auch auf hybride und vor allem informelle Mechanismen angewiesen, da hier beim Wissensübergang immer das nicht-kodifizierbare, implizite Wissen (der Kontext) eine Rolle spielt. Die Wissenskonversion entsprechend dem Typ der Sozialisation läßt sich nur noch durch informelle Mechanismen koordinieren.

10 Ergebnis: Modell der Koordination von F&E und Innovation in multinationalen Unternehmen

Vor dem Hintergrund der Literaturanalyse soll in diesem Abschnitt ein Modell für die Koordination der F&E-Aktivitäten multinationaler Unternehmen entworfen werden. Dieses Modell bietet die theoretische Grundlage für die Auswertung der Unternehmensfallstudien und der Interviews in den untersuchten Unternehmen. Zuerst wird ein morphologischer Kasten konstruiert, mit dem die Parameter der Koordinationsgestaltung und deren Ausprägungen systematisch dargestellt werden. In einem zweiten Schritt werden diese Einflußgrößen hinsichtlich ihrer direkten und indirekten Wirkungen auf die Koordination bewertet. In einem dritten Schritt wird ein Modell der Koordination von Innovations- und F&E-Aktivitäten entwickelt.

10.1 Morphologie der Koordination von F&E und Innovation

Die morphologische Analyse wurde von Zwicky in den 50er Jahren entwickelt, mit der komplexe Sachbereiche systematisch gestaltet und geformt werden können. Entsprechend dem Grundansatz dieser Methode wird ein Themengebiet lückenlos und überschneidungsfrei nach bestimmten Kriterien gegliedert, die durch eine Vielzahl unterschiedlicher Ausprägungen beschrieben werden. Die morphologische Analyse ist eine hilfreiche Methode zur Erfassung der Parameter, die auf die Gestaltung der Koordination der F&E-Aktivitäten wirken, und zur Darstellung der verschiedenen Ausprägungen dieser Einflußgrößen.

Aus den Parametern und ihren Ausprägungen wird in Form einer Matrix der sogenannte „morphologische Kasten" gebildet. Jedes Merkmal einer Einflußgröße kann mit allen anderen Ausprägungen kombiniert werden, jede Kombination stellt demnach eine Alternative dar. Die Gesamtzahl der Alternativen ergibt sich durch das Produkt aller Ausprägungen, Alternativengenerierung ist somit auf den Prozeß der Kombination reduziert (vgl. Hauschildt 1993, 264f). Die Bewertung unterschiedlicher Alternativen ist von der Generierung des morphologischen Kastens getrennt und erfolgt auf der Grundlage einer Theorie oder bestimmter Werte bzw. Ziele. Nach Zwicky (1966, 114ff) wird bei der morphologischen Analyse in fünf Schritten vorgegangen:

(1) *Beschreibung, Definition und zweckmäßige Verallgemeinerung des Problems:* Kernfragestellung ist hier, wie die F&E-Aktivitäten in multinationalen Unternehmen in bestimmten Situationen adäquat gestaltet werden können.
(2) *Genaue Bestimmung der Parameter des Problems bzw. der Fragestellung*: Dazu werden im folgenden auf der Grundlage der durchgeführten Literaturanalyse die Einflußgrößen auf die Koordinationsgestaltung dargestellt.
(3) *Aufstellung des morphologischen Kastens und (vorurteilsfreie) Einordnung der möglichen Problemlösungen*: Ebenfalls auf der Grundlage der Literaturauswertung werden den verschiedenen Parametern der Koordinationsgestaltung bestimmte Ausprägungen matrixartig zugeordnet.
(4) *Analyse der im morphologischen Kasten enthaltenen Lösungen durch ausgewählte Wertnormen*: Die Parameter werden hinsichtlich ihrer direkten und indirekten Wirkung auf die Koordinationsgestaltung bewertet.
(5) *Wahl der optimalen Lösung*: Auf der Grundlage der Systematisierung und Bewertung wird ein Modell für die Gestaltung der F&E-Koordination entwickelt.

Die ersten drei Schritte werden in diesem Kapitel durchgeführt, Schritt 4 und 5 in den beiden darauffolgenden Kapiteln.

Mit der Aufstellung der Parameter und deren Ausprägungen wird dem situativen Theorieansatz gefolgt. Situativ steht in dieser Theorie für die Bedingungen und Einflußfaktoren, die das organisatorische Gestaltungshandeln begrenzen. Folglich kann Organisieren nicht ohne die Berücksichtigung der jeweiligen Situation erfolgreich durchgeführt bzw.

abgeschlossen werden. Situation bzw. Kontext ist ein Sammelbegriff, der weiter unterteilt werden kann. In dieser Arbeit werden verschiedene Kontexte gebildet, die wiederum eine Gruppe von Parametern umfassen (vgl. Tab. III-8 und III-9).

Der *Umweltkontext* beschränkt sich auf die externe, aufgabenbezogene Umwelt des Unternehmens und beinhaltet vier Einzelgrößen (vgl. Tab. III-8). Zum einen ist das Unternehmen extern abhängig von Kunden, Lieferanten, Konkurrenten, dem Arbeitsmarkt und Kapitalgebern. Zudem wirkt generell die Dynamik und Unsicherheit der technologischen Entwicklung sowie die Komplexität der Technologie. Die Dynamik und Unsicherheit der Absatzmärkte sowie die Wettbewerbsintensität haben ebenso einen Einfluß auf die Organisationsgestaltung. Die Kultur ist zwar der aufgabenbezogenen Umwelt des Unternehmens nicht direkt zuzuordnen, sozio-kulturelle Unterschiede sowie die kulturelle Nähe zwischen Stammland und Ausland rücken in multinationalen Unternehmen vor dem Hintergrund zunehmender Globalisierung jedoch immer näher in den Vordergrund. Je nach theoretischem Ansatz werden die Umweltfaktoren als relativ unbeeinflußbar - als vorgegebene Rahmenbedingungen - oder als zumindest teilweise durch das Management veränderbar angesehen.

Demgegenüber liegt der *Unternehmenskontext* im unmittelbaren Einflußbereich der Unternehmensführung und beschreibt den internen Kontext. Dazu zählt der Umfang, die Zusammensetzung und die relative Dynamik des Leistungsprogramms des Unternehmens (vgl. Tab. III-8). Eine ebenfalls wichtige Rolle spielt die Größe des Unternehmens (z.B. hinsichtlich Personal, Kapital, Ertrag, räumliche Differenzierung) sowie die Größe der ausländischen Geschäftseinheiten. Einen unmittelbaren Einfluß auf die Koordination hat die Spezialisierung, deren Ausprägungen durch die klassische Einteilung nach Verrichtung, Objekten und mehreren Dimensionen ausreichend beschrieben werden können. Die Interdependenzen (gepoolt, sequentiell, reziprok) wirken ebenfalls unmittelbar auf die Koordination ein; die Reichweite dieser Wirkung ergibt sich danach, ob die Unternehmensbereiche mit oder ohne Wahlfreiheit bei der Gestaltung der internen Abhängigkeitsbeziehungen ausgestattet sind. Die „Process School" weist in ihren Untersuchungen die hohe Bedeutung der Unternehmenskultur nach, die im wesentlichen durch die Grundhaltung bzw. Philosophie des Managements und die Firmengeschichte beschrieben werden kann.

Die *Strategie* ist ein Bündel verschiedenster Maßnahmen des Unternehmens, um auf die Herausforderungen der Unternehmensumwelt zu antworten. Nach Porter (1985, 62ff) wird die Unternehmens- bzw. Wettbewerbsstrategie in (Produkt-)Differenzierung, Kostenführerschaft und Nischenstrategie unterschieden (vgl. Tab. III-8). Bei einer Differenzierungsstrategie will sich das Unternehmen am Markt durch unverwechselbare Anbietereigenschaften auszeichnen und in eine einzigartige Verkaufsposition bringen („Unique Setting Proposition"). Die Produkte bzw. Dienstleistungen müssen folglich einzigartige Eigenschaften aufweisen. Sind die Kunden bereit, für diese gehobenen Produktmerkmale einen höheren Preis zu bezahlen, so ergibt sich für das Unternehmen ein Wettbewerbsvorteil. Im Gegensatz dazu zielt die Kostenführerschaft auf die Erlangung von Wettbewerbsvorteilen durch im Vergleich zur Konkurrenz geringere Kosten. Mit einer Nischenstrategie wird auf die Bearbeitung einzelner Marktsegmente gezielt. Die

Ausprägungen der Internationalisierungsstrategie folgen der Einteilung von Bartlett/Ghoshal in die internationale, multinationale, globale und transnationale Strategie.

Der Prozeß und die Spirale der organisatorischen *Wissensgenerierung* hat ebenfalls einen Einfluß auf die Koordination von F&E und Innovation. Je nachdem, ob Wissen kodifizierbar oder nicht-kodifizierbar ist, verändert sich der Koordinationsbedarf. Gleiches gilt für die Richtung der Wissenskonversion, bei der zwischen den vier Kategorien der Sozialisation, Externalisierung, Kombination und Internalisierung unterschieden werden kann (vgl. Tab. III-8).

F&E und Innovation unterliegen aber noch einem *spezifischen Umweltkontext* (vgl. Tab. III-9). Dieser kann durch den Pfad der Entwicklung der Technologien des 21. Jahrhunderts beschrieben werden: Zunehmende Überlappung und Fusion der Technikgebiete, wachsende Dynamik der Wissenschaftsbindung und Zunahme der technologischen Komplexität. Diese Entwicklung geht einher mit der Beschleunigung der Produktlebens- und Innovationszyklen sowie dem steigendem F&E- und Innovationsaufwand. Die Bedeutung der zunehmenden Internationalisierung von Wissen, Technologie und der Innovationsprozesse gewinnt für multinationale Unternehmen zunehmend an Bedeutung für die Gestaltung der Spezialisierung und Koordination.

Der Charakter der F&E- und Innovationsaktivitäten erzeugt eigene, besondere Situationen. Dieser *F&E- und innovationsspezifische Kontext* kann durch mehrere Parameter beschrieben werden (vgl. Tab. III-9). Dazu gehört die Innovationshöhe, die durch inkrementale, radikale, architektonische und modulare Innovationen charakterisiert werden kann. Weitere Parameter sind die F&E- und Innovationsphasen, wobei sich eine Wirkung auf die Koordination, wie dargestellt, nur bei einer verrichtungsbezogenen Ausrichtung des Prozesses ergibt. Die Spezialisierung sowie die internen Interdependenzen können F&E- bzw. innovationsspezifisch sein und sich vom Unternehmenskontext unterscheiden. Die Aufgabe bzw. Schnittstelle der Koordination ist ebenfalls ein Parameter, der durch die vier Elemente Integration von F&E in die Konzern-/Geschäftsbereichsstrategien, Koordination zentrale F&E und Produktentwicklung, Koordination von Querschnittstechnologien und -themen sowie Koordination der ausländischen F&E-Einheiten beschrieben wird.

Die *F&E- und Innovationsstrategien* wirken ebenfalls spezifisch auf Differenzierung und Koordination ein. Die strategische Rolle der Innovation kann durch die Bedeutung des lokalen Umfelds und die vor Ort vorhandenen Ressourcen, Fähigkeiten bzw. Kompetenzen ausgedrückt werden (vgl. Tab. III-9). Ebenso dürfte sich je nach der strategischen Aufgabe der ausländischen F&E-Einheiten und dem Ausmaß der Globalisierung des Innovationsprozesses der Koordinationsbedarf verändern. Bei der Kennzeichnung der strategischen Aufgabe ausländischer F&E wurde auf die fünf Merkmale von Håkanson und Nobel zurückgegriffen und bei der Klassifizierung des weltweiten Innovationsprozesses die Kategorien von Bartlett und Ghoshal übernommen.

Tabelle III-8: Morphologischer Kasten der Koordination von Forschung und Innovation

Kontext	Parameter	Ausprägungen				
UMWELTKONTEXT	*Externe Abhängigkeiten*	Kunden	Lieferanten	Konkur-renten	Arbeits-markt	Kapital-geber
	Technologie	Dynamik	Unsicherheit	Komplexität		
	Markt	Dynamik	Unsicherheit	Wettbewerbsintensität		
	Kultur	Stammland	Ausland	kulturelle Nähe		
UNTERNEHMENSKONTEXT	*Leistungs-programm*	Umfang	Zusammensetzung	Dynamik		
	Größe	Unternehmensgröße	Größe der ausländischen Geschäftseinheiten			
	Spezialisierung	Verrichtung	Objekte	mehr-dimensional		
	Interdependenzen	gepoolt	sequentiell	reziprok	mit Wahl-freiheit	ohne Wahl-freiheit
	Unternehmens-kultur	Grundhaltung/Philosophie des Managements	Firmengeschichte			
STRATEGIE	*Unternehmens-/Wettbewerbs-strategie*	Differenzierung	Kostenführerschaft	Nischenstrategie		
	Internationali-sierungsstrategie	international	multinational	global	transnational	
KONTEXT WISSENS-GENERIERUNG	*Art der Wissens-bindung*	explizit, kodifizierbar	gebunden, nicht-kodifizierbar			
	Richtung der Wissenskonversion	gebunden → gebunden (Sozialisation)	gebunden → explizit (Externali-sierung)	explizit → explizit (Kombination)	explizit → gebunden (Internali-sierung)	

Tabelle III-9: Morphologischer Kasten der Koordination von Forschung und Innovation (Fortsetzung)

	Parameter	Ausprägungen					
UMWELTKONTEXT F&E/INNOVATION	*Technologiepfad*	Technologiefusion	Dynamik der Wissenschafts-bindung	Zunahme der Komplexität			
	Internationali-sierung	Wissen	Technologie	Innovationsprozesse			
	Beschleunigung	Produktlebenszyklen	Innovationszyklen	steigender F&E- und Innovationsaufwand			
F&E/INNOVATIONS-SPEZIFISCHER KONTEXT	*Innovationshöhe*	inkremental	radikal	architektonisch	modular		
	Innovationsphasen	Möglich-keiten erkennen	Ideen formu-lieren	Problem-lösung	Proto-typen-erstellung	Kommer-zialisieren	Markt-einführ-ung/Dif-fusion
	F&E-Phasen	zielgerichtete Grundlagenforschung	angewandte Forschung	experimentelle Entwicklung			
	Spezialisierung in F&E	Verrichtung	Objekte	mehr-dimensional			
	Interdependenzen	gepoolt	sequentiell	reziprok	mit Wahl-freiheit	ohne Wahl-freiheit	
	Koordinations-aufgabe (Schnittstelle)	Integration F&E/Unter-nehmens-strategien	Zentrale F&E/ Produkt-entwicklung	Querschnitts-technologien	Integration ausländischer F&E-Einheiten		
F&E/INNOVATIONS-STRATEGIE	*Strategische Rolle der Innovation*	Bedeutung des lokalen Umfeldes	lokal vorhandene Ressourcen, Fähigkeiten, Kompetenzen				
	Strategische Aufgabe ausländischer F&E	produk-tionsunter-stützend	markt-orientiert	forschungs-orientiert	politisch-motiviert	Misch-formen	
	Globalisierung des Innovations-prozesses	zentral im Stammland	lokal für den Binnenmarkt	lokal gesteuert	weltweit verknüpft		

10.2 Direkte und indirekte Wirkungen verschiedener Parameter

Bei der unternehmensinternen Koordination von F&E und Innovation kann zwischen der Koordination von Aktivitäten innerhalb von F&E und der Integration von F&E mit anderen Teilbereichen des Unternehmens unterschieden werden. Der erstgenannte Bereich der Koordination beinhaltet vor allem die Abstimmung der Labors der zentralen Forschung, die Koordination der Zentralforschung mit der Produktentwicklung der Divisionen bzw. Geschäftsbereiche sowie die Koordination der geographisch verteilten F&E-Einheiten. Der zweitgenannte Bereich der Koordination umfaßt die Abstimmung von F&E mit anderen betrieblichen Funktionen sowie die Integration von F&E in die Unternehmensstrategien. Welche Wirkungen haben - auf der Basis der vorangegangenen Literaturanalyse - die verschiedenen Kontexte und Parameter auf die Koordination?

Übereinstimmung besteht in der Literatur weitgehend darüber, daß sowohl der *Umweltkontext* des Unternehmens als auch die *Unternehmens-, Wettbewerbs- und Internationalisierungsstrategie* nur *mittelbar* auf die Koordination einwirkt (vgl. Abb. III-15). Der Umweltkontext beeinflußt die Differenzierung, die ihrerseits wiederum mit der Koordination korrespondiert; direkte Aufgabenumwelt-Koordination-Zusammenhänge existieren nicht. Dieser Zusammenhang wurde im wesentlichen durch den situativen Theorieansatz hergestellt. Die Differenzierung beinhaltet die beiden Elemente Entscheidungsverteilung und Konfiguration. Strategien entstehen auf der Grundlage von Situationsanalysen und der Philosophie des Managements und stellen komplexe und für das Unternehmen bedeutsame Entscheidungen dar. Veränderungen der Strategie ziehen in der Regel Veränderungen der Organisationsstruktur nach sich. Die Koordination wandelt sich in Folge der Umgestaltung der Differenzierung. Zwischen Strategie und Koordination besteht ebenfalls ein *indirekter* Zusammenhang, der durch die Wirkungskette Strategie-Differenzierung-Koordination veranschaulicht wird.

Der Einfluß von Parametern des *Unternehmenskontexts* auf die Koordination ist unterschiedlich. Schließt man sich der Argumentation von Hoffmann (1980, 1984) an, dann wirken das Leistungsprogramm und die Größe unmittelbar nur auf die Differenzierung; hier kann nur von einem *indirekten* Zusammenhang zwischen Leistungsprogramm bzw. Größe und Koordination gesprochen werden. Dagegen hat nach Bartlett/Ghoshal (1989) und Baliga/Jaeger (1984) die Unternehmenskultur einen *direkten* Einfluß auf die Koordination. Dieser unmittelbare Zusammenhang besteht sowohl für die Koordination von F&E mit anderen Unternehmensbereichen als auch für die Koordination innerhalb der F&E. Übereinstimmung besteht darin, daß die Differenzierung/Spezialisierung und die internen Interdependenzen *unmittelbar* auf den Koordinationsbedarf wirken (vgl. Abb. III-15).

Der *Umweltkontext von F&E und Innovation* wirkt ebenso wie die *F&E- und Innovationsstrategie* lediglich *indirekt* über die Differenzierung auf die Koordination der F&E. Ein unmittelbarer Zusammenhang zwischen Umweltkontext und Koordination oder F&E-/Innovationsstrategie und Koordination besteht nicht (vgl. Abb. III-15).

Abbildung III-15: Direkte und indirekte Wirkungen von Kontextparametern auf die Koordination

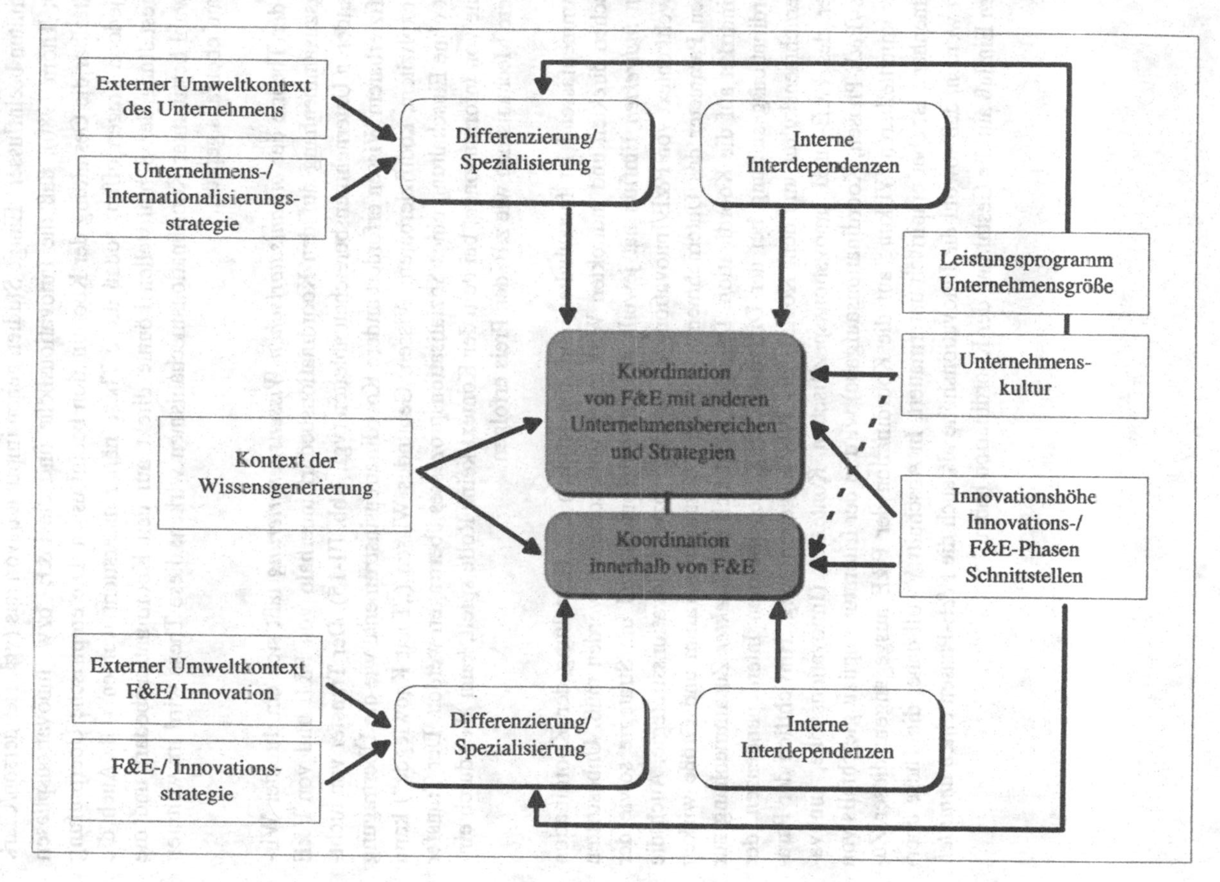

Hinsichtlich der Beziehung zwischen dem *F&E- bzw. innovationsspezifischen Kontext* und der Koordination weist die Literaturauswertung auf eine *direkte* Wirkungsweise hin. Übereinstimmung besteht wiederum darüber, daß die Differenzierung/Spezialisierung und internen Interdependenzen direkt die Koordination der F&E- und Innovationsaktivitäten beeinflussen. Einige Studien gehen implizit davon aus (vgl. Henderson/Clark 1990; Thom 1980), daß die Innovationshöhe und die F&E- bzw. Innovationsphasen unmittelbar die Gestaltung der Koordination beeinflussen. Die empirische Überprüfung ließ jedoch Fragen offen, sodaß diese These näher untersucht werden soll. Auch die Ausgestaltung der Schnittstellen könnte direkt auf den Koordinationsbedarf und die Auswahl bestimmter Koordinationsmechanismen wirken; diese These wird im weiteren Verlauf ebenfalls geprüft.

Aus der Theorie der *organisatorischen Wissensgenerierung* läßt sich ein direkter Wirkungszusammenhang auf den Koordinationsbedarf innerhalb von F&E und von F&E mit anderen Unternehmensbereichen ableiten (vgl. Abb. III-15). Der Transfer von nichtkodifizierbarem Wissen erfordert andere Koordinationsinstrumente wie die Übertragung von explizitem, kodifizierbarem Wissen. Gebundes Wissen („Tacit Knowlegde") kann nicht ohne Einschaltung eines Sozialisationsprozesses übertragen werden. Der Transfer alleine von Informationen, bei dem der Kontext keine Rolle spielt, kann aber durch einfachere Mechanismen wie z.B. den Preis erfolgen.

Zusammenfassend ist festzuhalten, daß hinsichtlich der Gestaltung der Koordination zwischen direkten und indirekten Wirkungen unterschieden werden muß. Unbestritten einen *indirekten* Einfluß hat jeweils der Umweltkontext und die Strategie sowie der Umweltkontext von F&E/Innovation und die F&E- bzw. Innovationsstrategie. Auch die beiden Parameter des Unternehmenskontextes Leistungsprogramm und Größe wirken nur indirket auf die Koordination. Dagegen zeigt sich ein *direkter* Zusammenhang zur Koordinationsgestaltung bei der Differenzierung, den internen Interdependenzen, der Unternehmenskultur und dem Kontext der Wissensgenerierung. Hinsichtlich der Parameter des F&E- und innovationsspezifischen Kontextes (Innovationshöhe, Innovations-/F&E-Phasen, Koordinationsaufgabe) wird in der Literatur implizit gleichfalls von einer unmittelbaren Wirkung auf die Koordination der F&E ausgegangen; dieser Zusammenhang ist aber empirisch untermauert. In Abschnitt V soll daher die These überprüft werden, daß sowohl die Innovationshöhe als auch die F&E-Phasen einen *unmittelbaren* Einfluß auf die Gestaltung der Koordination haben.

10.3 Modell der Koordination von F&E und Innovation auf der Basis der organisatorischen Wissensgenerierung

Die Vertreter einer Theorie der organisatorischen Wissensgenerierung kritisieren zu Recht die Sichtweise eines Unternehmens als „Information-Processing Machinery", da sich diese auf die Akquisition, Akkumulation und Nutzung *bestehenden* Wissens beschränkt. Daher wird der von Nonaka/Takeuchi (1995) und anderen Autoren beschriebene Prozeß der organisatorischen Wissensgenerierung in dieser Arbeit als Ausgangspunkt für die Entwicklung eines Modells der Koordination von F&E und Innovation genommen. Ähnlich wie in den theoretischen Ansätzen zur Informationsverarbeitung wird zwischen dem Bedarf und den organisatorischen Fähigkeiten unterschieden. Im Gegensatz dazu wird jedoch von einem Bedarf der Wissensgenerierung ausgegangen, um den sich wandelnden Anforderungen der Unternehmensumwelt und dem Unternehmenskontext gerecht zu werden. Damit wird ein Unternehmen als wissensgenerierende Einheit aufgefaßt, die sich durch die Zerstörung bestehenden organisatorischen Wissens und die Generierung neuen Wissens, neuer Produkte, neuer Prozesse oder Methoden und neuer organisatorischer Fähigkeiten selbst regenerieren kann. Die Sichtweise der „Knowledge-Creating-Company" ist besonders hilfreich bei der Konstruktion eines Modells der Koordination von F&E und Innovation (vgl. Abb. III-16 und III-17).

Am bisherigen Modell des wissensgenerierenden Unternehmens ist jedoch zu kritisieren, daß dieses unabhängig vom jeweiligen Kontext bzw. der spezifischen Situation aufgestellt wird und als idealtypische Organisationsform sozusagen „in der Luft hängt". Folgt man jedoch dem situativen Theorieansatz, so ist der Bedarf der Informationsverarbeitung (ebenso wie der Bedarf der Wissensgenerierung) von der Sicherheit bzw. Unsicherheit der Entscheidungsprozesse abhängig. Sicherheit-Unsicherheit wird wiederum wesentlich von den jeweiligen Kontexten bzw. der Situation, in der sich das Unternehmen befindet, beeinflußt. Diese Situation ist der Sammelbegriff für die jeweilige Ausprägung von Parametern des Umweltkontextes und des Unternehmenskontextes sowie der in die Zukunft gerichteteten Strategie. Umweltkontext, Unternehmenskontext und Strategie stehen in einem Dreiecksverhältnis zueinander (vgl. Abb. III-16 und III-17). Die verschiedenen Parameter des Umweltkontextes wirken auf die Dimensionen des Unternehmenskontextes, welche die vergangenen und gegenwärtigen Vorteile aber auch „Altlasten" des Unternehmens widerspiegeln. Die Ausgestaltung der Unternehmensumwelt fordert die Formulierung der Strategie als Antwort heraus. Die Bewertung der Situation, die Festlegung der Ziele und der Strategie erfolgt auf der Grundlage der Philosophie und Grundhaltung des Managements und der Firmengeschichte. Mittels der Unternehmenskultur besteht daher ein Zusammenhang zwischen Unternehmenskontext und Strategie. Der Unternehmenskontext bildet die Vergangenheit und Gegenwart ab, die Strategie weist in die Zukunft. Mit der expliziten Einbeziehung der Entscheidungsträger bzw. der „strategischen Wahl" (Child 1972) und der „Psychologie der Organisation" (Bartlett/Ghoshal 1990) soll hier auf die starke Kritik am Determinismus der Kontingenztheorie eingegangen werden. Damit wird dem Vorwurf der mechanistisch-

Abbildung III-16: Modell der Koordination von F&E und Innovation auf der Basis der Wissensgenerierung

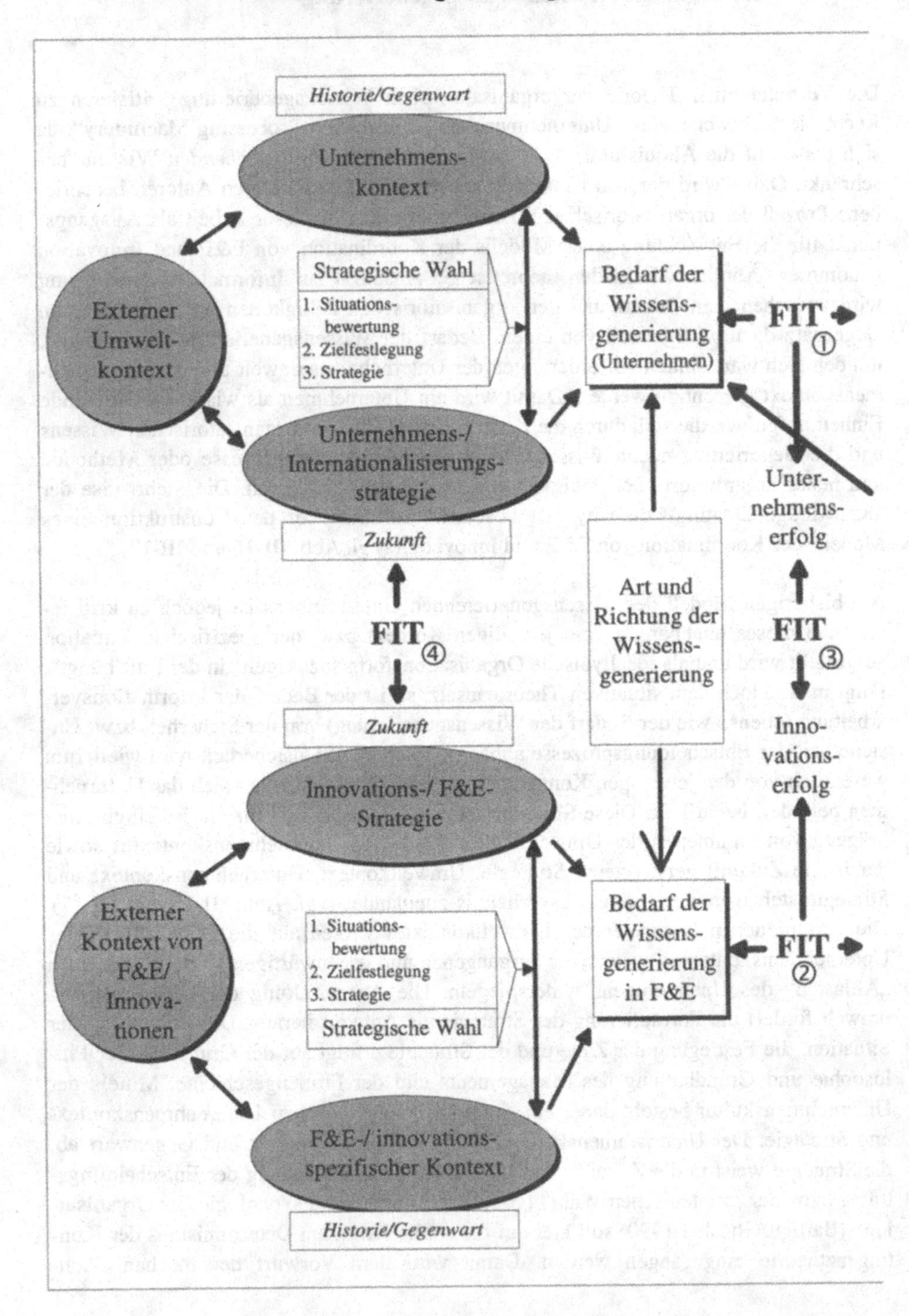

Abbildung III-17: Modell der Koordination von F&E und Innovation auf der Basis der Wissensgenerierung (Fortsetzung)

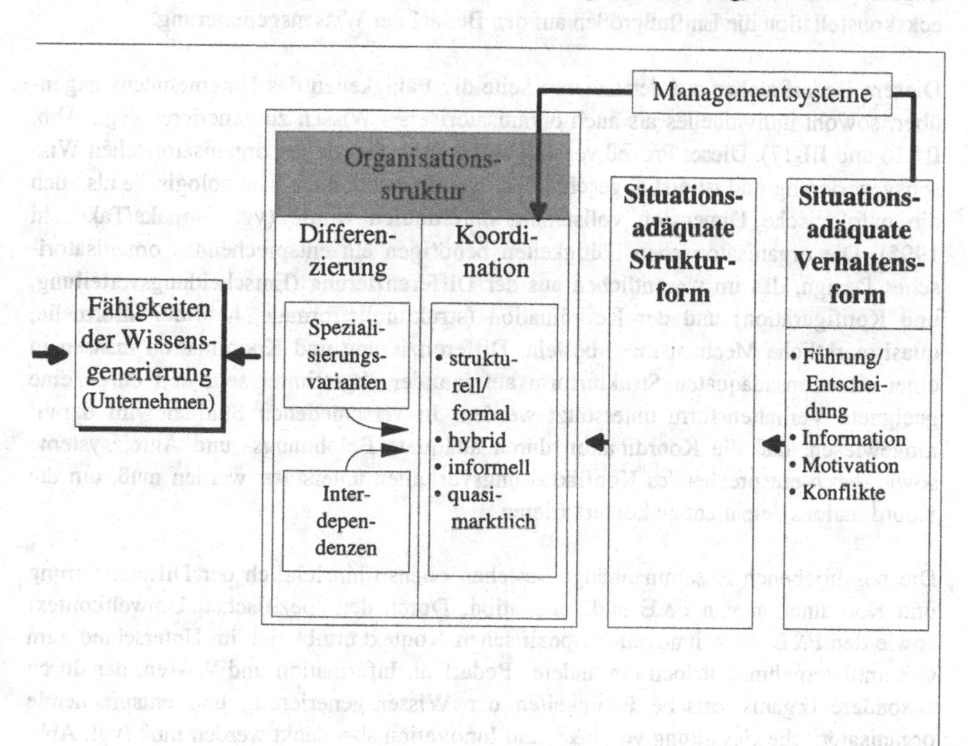

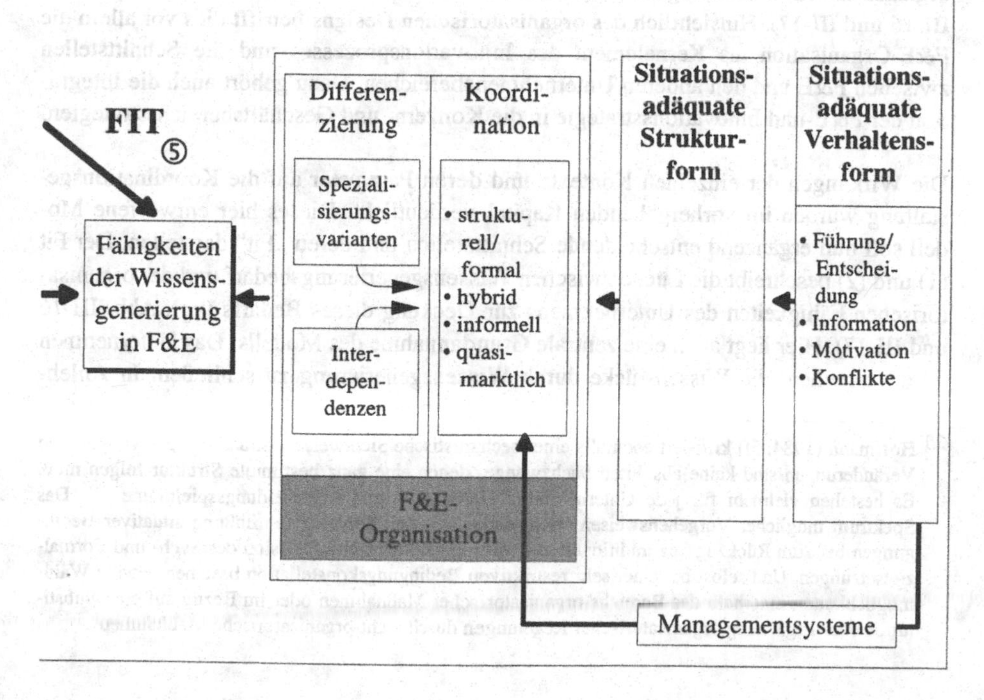

deterministischen Interpretation des Situation-Struktur-Zusammenhangs Rechnung getragen.[25] Umweltkontext, Unternehmenskontext und Strategie bilden in dieser Dreieckskonstellation die Einflußgrößen auf den Bedarf der Wissensgenerierung.

Diesem Bedarf stehen auf der anderen Seite die Fähigkeiten des Unternehmens gegenüber, sowohl individuelles als auch organisatorisches Wissen zu generieren (vgl. Abb. III-16 und III-17). Dieser Prozeß verläuft entlang der Spirale der organisatorischen Wissensgenerierung und ist erst abgeschlossen, wenn sowohl die epistemologische als auch die ontologische Dimension vollständig durchlaufen wurde (vgl. Nonaka/Takeuchi 1995). Die organisatorischen Fähigkeiten benötigen ein entsprechendes organisatorisches Design, das im wesentlichen aus der Differenzierung (Entscheidungsverteilung, und Konfiguration) und der Koordination (strukturelle/formale, hybride, informelle, quasi-marktliche Mechanismen) besteht. Differenzierung und Koordination müssen in einer situationsadäquaten Strukturform aufeinander abgestimmt sein und durch eine geeignete Verhaltensform unterstützt werden. In verschiedenen Studien wird darauf hingewiesen, daß die Koordination durch adäquate Belohnungs- und Anreizsysteme sowie durch entsprechendes Konfliktlösungsverhalten unterstützt werden muß, um die Koordinationsziele nicht zu konterkarieren.

Die beschriebenen Zusammenhänge bestehen ebenso hinsichtlich der Differenzierung und Koordination von F&E und Innovation. Durch den spezifischen Umweltkontext sowie den F&E- bzw. innovationsspezifischen Kontext ergibt sich im Unterschied zum Gesamtunternehmen jedoch ein anderer Bedarf an Information und Wissen, der durch besondere organisatorische Fähigkeiten der Wissensgenerierung und entsprechende organisatorische Gestaltung von F&E und Innovation abgedeckt werden muß (vgl. Abb. III-16 und III-17). Hinsichtlich des organisatorischen Designs betrifft dies vor allem die F&E-Organisation als Kernelement des Innovationsprozesses und die Schnittstellen zwischen F&E und den anderen Unternehmensbereichen. Dazu gehört auch die Integration der F&E-und Innovationsstrategie in die Konzern- und Geschäftsbereichsstrategien.

Die Wirkungen der einzelnen Kontexte und deren Parameter auf die Koordinationsgestaltung wurden im vorhergehenden Kapitel verdeutlicht. Dieses hier entworfene Modell soll nun ergänzend entscheidende Schnittstellen und deren „Fit" darstellen. Der Fit (1) und (2) beschreibt die Lücke zwischen Wissensgenerierungsbedarf und der organisatorischen Fähigkeiten des Unternehmens zur Deckung dieses Bedarfs (vgl. Abb. III-16 und III-17). Hier liegt auch eine zentrale Grundannahme des Modells: Das Unternehmen wird versuchen, die Wissenslücke durch Wissensgenerierung zu schließen. In Anleh-

---

[25] Hoffmann (1984, 5f) kritisiert ebenfalls eine mechanistische Sichtweise: „Situative Bedingungen und Veränderungen sind keine absoluten Sachzwänge, denen eine ganz bestimmte Struktur folgen muß. Es bestehen vielmehr für jede Unternehmung Handlungs- und Entscheidungsspielräume ... . Das Spektrum möglicher Vorgehensweisen reicht dabei von der aktiven Beeinflußung situativer Bedingungen bis zum Rückzug aus traditionellen Betätigungsfeldern und Revision der Sach- und Formalzielsetzungen. Und selbst bei einer sehr restriktiven Bedingungskonstellation bestehen gewiße Wahlmöglichkeiten innerhalb des Bereichs organisatorischer Maßnahmen oder im Bezug auf eine Substitution oder Ergänzung organisatorischer Regelungen durch nicht-organisatorische Maßnahmen".

nung an den Theorieansatz der Informationsverarbeitung (vgl. Galbraith 1972; Egelhoff 1988; Tushman/Nadler 1978) wird diese Lücke mit Unsicherheit gleichgesetzt. In diesem Sinne ist Unsicherheit die Differenz zwischen dem Wissen, das zur Aufgabenbewältigung benötigt wird, und dem organisatorische Wissen, das vom Unternehmen gehalten wird. Die Effektivität des Unternehmens ist zuerst einmal abhängig von der Qualität des Fit (1) d.h. von der Übereinstimmung der Strategie und dem Wissensbedarf des Unternehmens mit den Fähigkeiten zur Wissensgenerierung und der organisatorischen Gestaltung. Für die F&E-Organisation bedeutet dieses Fit-Konzept, daß bei Fit (2) die F&E- und Innovationsstrategie und der Wissensbedarf mit den Fähigkeiten der Wissensgenerierung und dem organisatorischen Design von F&E übereinstimmen muß. Maßstab ist bei beiden die Effektivität der organisatorischen Wissensgenerierung, die zum Innovationserfolg und letztendlich - Fit (3) - zum Unternehmenserfolg führen muß. Zahlreiche Beispiele von Unternehmen, die zwar über exzellente Forschungsergebnisse aber nicht über den entsprechenden Return-on-Investment verfügen, zeigen, daß ausgiebige F&E-Aktivitäten nicht zwangsläufig zum Unternehmenserfolg führen müssen.

Damit Innovationen auch zum wirtschaftlichen Erfolg werden, muß nicht nur die F&E- bzw. Innovationsstrategie mit der Organisation von F&E in Einklang gebracht werden. Vielmehr müssen weitere Übereinstimmungen geleistet werden. Dazu gehört - Fit (4) - die Integration der F&E- und Innovationsstrategie in die Wettbewerbs- und Internationalisierungsstrategie des Unternehmens (vgl. Abb. III-16 und III-17). Aber nicht nur die Strategien müssen integriert werden, sondern gleichfalls die Verhaltensformen des Unternehmens müssen der innovativen Orientierung entsprechen. Zudem muß die Strukturform der F&E auch der Strukturform und dem Wissensgenerierungsbedarfs des Gesamtunternehmens entsprechen. Beispielsweise zeichnet sich das transnationale Unternehmen dadurch aus, daß neben den beiden herkömmlichen Innovationsprozessen ebenso lokal gesteuerte und weltweite verknüpfte Innovationsprozesse existieren. Folglich müssen bestimmte F&E-Einheiten auch die strategische Führung für spezifische Forschungsfelder oder Technologien besitzen. Desweiteren ist die Schaffung der Verbindung von F&E mit den anderen betrieblichen Funktionen erforderlich. Diese zuletzt genannten Aspekte sollen durch Fit (5) dargestellt werden (vgl. Abb. III-16 und III-17): Zur Übereinstimmung zwischen Wissensgenerierungsbedarf des Gesamtunternehmens und Wissensgenerierungsfähigkeiten in F&E muß die Organisationsstruktur sowie die Struktur- und Verhaltensform auf der Ebene des Gesamtunternehmens der innovativen Orientierung entsprechen. Die F&E-Organisation muß andererseits über die Fähigkeiten verfügen, den Wissensgenerierungsbedarf des Unternehmens zu decken.

IV. FALLSTUDIEN WESTEUROPÄISCHER UND JAPANISCHER UNTERNEHMEN

In diesem Abschnitt wird die Gestaltung der Koordination von F&E und Innovation am Beispiel von vier international tätigen Unternehmen dargestellt. Mit Philips und Siemens sind aus dem Bereich der Elektrotechnik/Elektronik zwei westeuropäische Firmen sowie mit Sony und Hitachi zwei japanische Unternehmen vertreten. Die vier Konzerne sind alle durch eine hohe F&E- und Technologieintensität, eine hohe Bandbreite der Produkte und Technologien, eine starke Spezialisierung der F&E-Aktivitäten und eine Internationalisierung ihrer F&E, Produktion und Märkte gekennzeichnet. Diese Merkmale sind jedoch je nach Unternehmen differenziert ausgeprägt. Bei der Analyse des F&E-Managements der vier Firmen wird in vier Schritten vorgegangen:

(1) Zuerst werden die Unternehmensaktivitäten sowie die Aufbauorganisation des Konzerns und damit der Unternehmenskontext beschrieben.
(2) Anschließend wird die Organisation und Internationalisierung von F&E und damit der F&E- bzw. innovationsspezifische Kontext dargestellt.
(3) Im dritten Schritt wird auf die Gestaltung der Koordination der F&E und Innovationsprozesse eingegangen; insbesondere werden die organisatorischen Fähigkeiten hinsichtlich der Integration von F&E in die Konzern- bzw. Geschäftsbereichsstrategien, der Koordination der Zentralforschung mit den Geschäftsbereichen, dem Management technik- und konzernübergreifender Themen und der Koordination weltweit verteilter F&E-Aktivitäten analysiert.
(4) Die wesentlichen Aspekte werden jeweils abschließend zusammengefaßt und kritisch gewürdigt.

1 Fallstudie Philips Electronics N.V.

1.1 Unternehmensaktivitäten und Aufbauorganisation

1.1.1 Wirtschaftliche Entwicklung und globale Aktivitäten

Das Unternehmen wurde 1891 in Eindhoven von dem niederländischen Ingenieur Gerard Philips gegründet, der ein kostensparendes Verfahren zur Herstellung von Glühlampen entwickelte. Philips Electronics N.V. ist heute ein multidivisionales, hochdiversifiziertes Unternehmen und ein weltweit führender Anbieter von Produkten, Systemen und Dienstleistungen im Bereich Elektronik/Lichttechnik. Das breite Geschäftsfeld des Konzerns ist auf Konsumgüter ausgerichtet und kann in sechs Produktbereiche aufgeteilt werden (in Klammern Umsatzanteil an der Philips-Gruppe in %, Ende 1994):

- Lighting (13,4%),
- Consumer Products (34,8%),
- Other Consumer Products (20,1%),
- Components and Semiconductors (14,5%),
- Professional Products and Systems (13,4%),
- Miscellaneous (3,8%).

Am Jahresende 1994 waren weltweit 253.000 Mitarbeiter im Konzern beschäftigt, gegenüber 1988 (310.000 Mitarbeiter) hat die Beschäftigung um ca. 18% abgenommen. In der Bundesrepublik arbeiteten bei der Philips GmbH 1992 ca. 28.600 Beschäftigte, hier hat sich die Beschäftigung im Vergleich zu 1988 (30.400 Mitarbeiter) um 6% verringert. Die Bedeutung der deutschen Tochter Philips GmbH wird sich weiter reduzieren, da vor allem deutsche Unternehmen wie die PKI (Philips Kommunikations Industrie) oder Grundig dem Konzern 1993 Verluste von jeweils 348 Mio DM bereiteten (vgl. Meier 1994, 72).

Im Geschäftsjahr 1994 betrug der Nettoumsatz 60,98 Mrd. holländische Gulden[1] (hfl) und stieg somit um 4% gegenüber 1993. Philips sieht sich gerne zugleich als europäisches und globales Unternehmen. 1994 wurden etwa 54% des Umsatzes in Europa erzielt, 55% der Beschäftigten arbeiteten hier und etwa 80% des F&E-Budgets wird in Europa ausgegeben. Etwa 50% der F&E gemessen am Budget wird in den Niederlanden und die anderen 50% im Ausland durchgeführt. Allerdings wird strategisch für die Zukunft der Ausbau des außereuropäischen Geschäfts forciert. Dies betrifft vor allem den asiatischen Raum, der als einziger eine Steigerung des Beschäftigtenanteils an den Konzernmitarbeitern (1994: 23%; 1990: 13,6%) zu verzeichnen hat (vgl. Abb. IV-1). Hier soll auch die technologische Präsenz verstärkt werden, was vor allem für die Divisionen und nicht für die zentrale Forschung gilt. Die Aktivitäten in Europa verringern sich dagegen deutlich: Der Nettoumsatzanteil fiel 1990-94 in Europa von 61% auf 54% und die Beschäftigung von 59,6% auf 54%. Dagegen stieg der Anteil des Nettoumsatzes in Asien 1994 auf 15,1% (1990: 8,6%) und in Südamerika auf 6,8% (1990: 5,9%). Der Nettoumsatz in Nordamerika blieb mit 21,6% im Jahr 1994 im Vergleich zu 1990 (21,2%) in etwa konstant. Geht man davon aus, daß F&E den weltweit verteilten Produktionsstätten folgen wird, dürfte mittelfristig die Bedeutung von F&E in Europa zugunsten der asiatischen Philips-Standorte abnehmen.

---

1 ca. 54,39 Mrd. DM; Kurs 100 hfl = 89,2 DM am 10.8.95

Abbildung IV-1: Geografische Verteilung von Nettoumsatz und Beschäftigung 1990 und 1994 der Philips Electronics N.V.

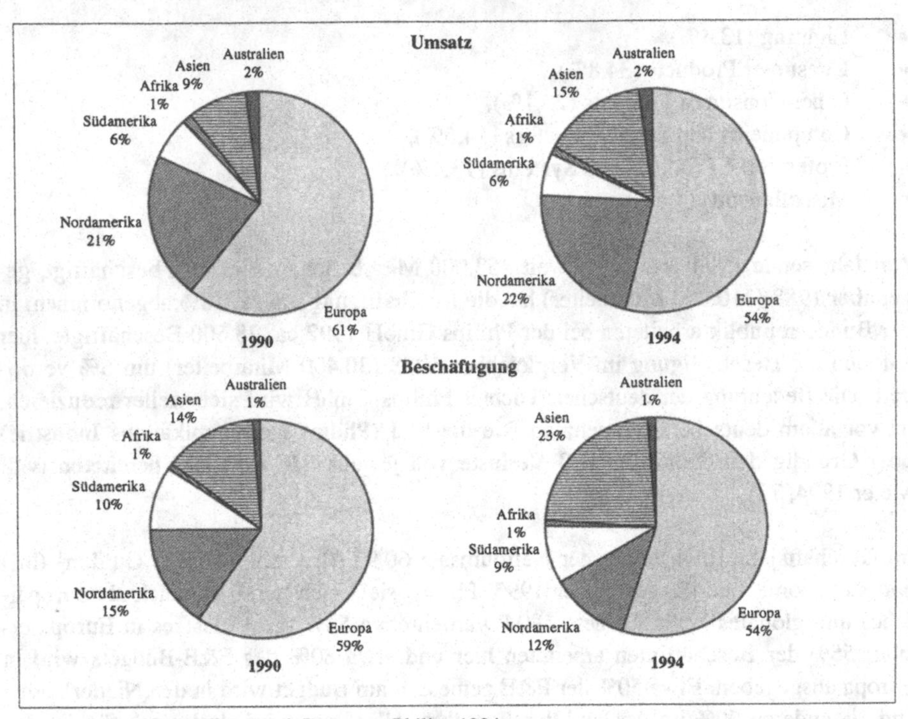

Quelle: eigene Darstellung nach Daten aus Philips 1994

1.1.2 Aufbauorganisation: Zunehmender Einfluß der Produktdivisionen

Bis 1940 wurde das Unternehmen von Eindhoven zentral geführt, und die Funktionen F&E sowie Finanzen wurden dort ausgeführt. Aufgrund des II. Weltkriegs begannen die Philips-Niederlassungen im Ausland selbständig zu agieren. Nach dem Krieg wurde dieses Muster als erfolgreich angesehen und das Unternehmen aus machtvollen regionalen Einheiten („National Organisations“) aufgebaut, vor allem um den strengen Handelsrestriktionen im Ausland entgegenzuwirken. Bis Anfang der 70er Jahre war Philips durch eine Matrixorganisation gekennzeichnet, in der die jeweilige Produktpolitik durch 14 Produktdivisionen vertreten und mit dem Management der nationalen Gesellschaften abgestimmt werden sollte (vgl. Bartlett/Ghoshal 1992, 846f). Die mehr als 60 „National Organisations“ verfügten mit dem „General Management Board“ über ein starkes Instrument, da dieses letztlich für die Geschäfte und Unternehmenspolitik im jeweiligen Land verantwortlich war.

Diese Machtverteilung in der Matrix hin zu den nationalen Gesellschaften mußte von Philips durch das Auftreten von kostengünstigen Anbietern aus Japan seit Mitte der 70er Jahre auf dem Elektrotechnik- und Elektronik-Markt hinterfragt werden, da die Nutzung von Größenvorteilen in der Produktion eine höhere Wettbewerbsfähigkeit versprach. Zudem war Philips wesentlich auf das europäische Geschäft fixiert und wurde durch die Verlagerung der Marktdynamik vom Atlantik hin zum Pazifik überrascht. Die Politik des Unternehmens im Bereich der Konsumelektronik, die technischen Standards von neuen Produkten mit den Wettbewerbern und Zulieferern zu vereinbaren, führte zu langandauernden Gesprächen vor der Produkteinführung und zu verzögertem Markteintritt. Ende der 70er Jahre wurde Philips als „Sleeping Giant" angesehen: Der Konzern verfügte zwar über eine ungeheure technologische Kompetenz, es mangelte ihm aber erheblich an Marktorientierung, Wettbewerbsfähigkeit und Gewinnmargen.

Vor diesem Hintergrund trat der Vorstandsvorsitzende Wisse Dekker im Januar 1982 sein Amt an und startete eine interne sowie öffentliche Kampagne zur Rettung des angeschlagenen Unternehmens. Philips wurde auf eine globale Strategie mit Standardprodukten ausgerichtet, die Produktionskosten gesenkt und eine größere Zahl internationaler Produktionszentren geschaffen. Die Unternehmensaktivitäten wurden auf die ursprünglichen Geschäfte Elektronik bzw. Lichttechnik konzentriert, in diese neue Richtung passende Unternehmen wie z.B. Grundig oder Westinghouse Electric akquiriert und Firmen in anderen Feldern abgestoßen. Im Bereich der Elektronik wurde die Philips-zentrierte Strategie der Eigenentwicklungen verlassen und eine Strategie der Kooperation mit anderen führenden Unternehmen gefahren. Dies führte in den 80er Jahre zu zahlreichen strategischen Allianzen und Joint Ventures auch mit Wettbewerbern. Der Einfluß der Produktdivisionen wurde zum einen durch die Abschaffung des „General Management Board" und die Einrichtung eines „Corporate Councils" gestärkt, in dem auch das Management der Divisionen vertreten war. Zum zweiten wurde das seit der Firmengründung vorherrschende beidseitige Führungsprinzip[2] („Dual Leadership") von je einem verantwortlichen technischen und kaufmännischen „Codirector" durch die Schaffung der übergeordneten Instanz *einer* Leitungsperson faktisch abgeschafft. Die Führung jedes Geschäftsbereichs konzentriert sich auf einen Manager, und jede Produktdivision hat einen CEO.

Seit 1986 setzte Cor van der Klugt die Politik Dekkers weiter fort. Die Einrichtung von Profit-Centers erweiterte die Verantwortung und Bedeutung der Produktdivisionen. Die Unternehmensstrategie wurde stärker auf ausgewählte Bereiche der Elektronik fokussiert. Das „Board of Management" wurde verkleinert und diesem ein „Group Management Committee" (GMC) zur Seite gestellt (vgl. Abb. IV-2), das aus dem Vorstand und den Leitern der Divisionen besteht. Die Neustrukturierung des Konzerns Mitte 1987

---

[2] Diese Form des „Duumvirats" hat ihren Ursprung in der Gründung des Unternehmens. Dem Ingenieur Gerard Philips sprang nach der Firmengründung sein Bruder und Geschäftsmann Anton zur Seite, der mehr die unternehmerischen Talente besaß. Seitdem fanden sich auf allen Ebenen des Unternehmens gleichberechtigt „Commercial Manager" und „Technical Manager", die jeweils für die unternehmerische bzw. technische Seite verantwortlich zeichneten.

setzte faktisch der Matrixstruktur zugunsten der Produktdivisionen ein Ende, die demzufolge eine eigene globale Perspektive entwickeln mußten. Die Strategie der Globalisierung und der Kooperation auch in F&E mit führenden Unternehmen wurden weitergeführt. Der Konzern hatte sich von einem multinationalen zu einem globalen Unternehmen entwickelt.

Philips Electronics N.V. gliedert sich (Stand: Ende 1994) in acht Produktdivisionen („Product Divisions") und etwa 30 Geschäftsbereiche („Business Groups"). Weltweit besitzt der Konzern über 275 Produktionsstätten in 43 Ländern, nationale Verkaufsorganisationen in 60 Ländern und Vertriebsstellen in 150 Ländern. Die acht Divisionen sowie die Aufbauorganisation sind in Abbildung IV-2 schematisch dargestellt.

Philips kann zu Recht als einer der „Global Players" im Bereich Elektronik/Lichttechnik bezeichnet werden. Die internationale Orientierung des Konzerns wird nicht nur durch die weltweiten Aktivitäten aller Elemente der Wertekette sondern auch durch die Zusammensetzung des „Group Management Committee" deutlich: Dieses besteht aus dem Vorsitzende Jan D. Timmer aus den Niederlanden und 13 Mitgliedern aus Holland (4), Großbritannien (3), den USA (3), der Schweiz (1), Schweden (1) und Frankreich (1).

Jan D. Timmers mußte die Reorganisation mit konzernübergreifenden Strukturierungsprogrammen seit 1990 weiterführen. Ein Beispiel ist das konzernweite Programm „Centurion", mit dem Überkapazität abgebaut, die Rentabilität gesteigert und die Bilanz des Unternehmens ausgeglichen werden sollte, die 1990 noch mit einem Vorsteuerverlust von 3,5 Mrd. DM abschloß. Neben diesen quantitativen Zielen sollte mit „Centurion" erreicht werden, auf die schnellen Markt- und Technologieveränderungen mittels eines flexibleren, aber langfristig ausgerichteten Managements reagieren zu können. Das Unternehmen sollte global mit einer gemeinsamen Zielrichtung geführt und die weltweit verteilten Geschäftsbereiche - wo notwendig - miteinander abgestimmt werden. Die Unternehmenspolitik der 90er Jahre („The Philips Way") zielt vorrangig auf fünf Schwerpunkte, die für alle Elemente der Wertekette gültig sind:

- Kundenorientierung,
- Entwicklung der Personal- und Karrieremöglichkeiten für Beschäftigte,
- Qualität (ISO 9000 Zertifizierungsprogramm, interner „Philips Quality Award for the 90s"),
- zunehmende Wertsteigerung für die Anteilseigner,
- Weiterentwicklung des internen Unternehmertums.

Ende der 80er Jahre mußte aufgrund der strukturellen Probleme des Konzerns eine Arrondierung von Philips Corporate Research (PCR) stattfinden. Das Hamburger Labor wurde in das Aachener Labor integriert, und das Labor in Brüssel geschlossen. Durch „Centurion" wurde in PCR die Personalkapazität um etwa 20% reduziert. Zudem wurde die Auftragsforschung für die Product Divisions (PD) bzw. Business Groups (BG)

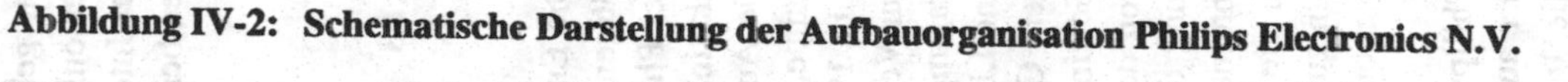

Abbildung IV-2: Schematische Darstellung der Aufbauorganisation Philips Electronics N.V.

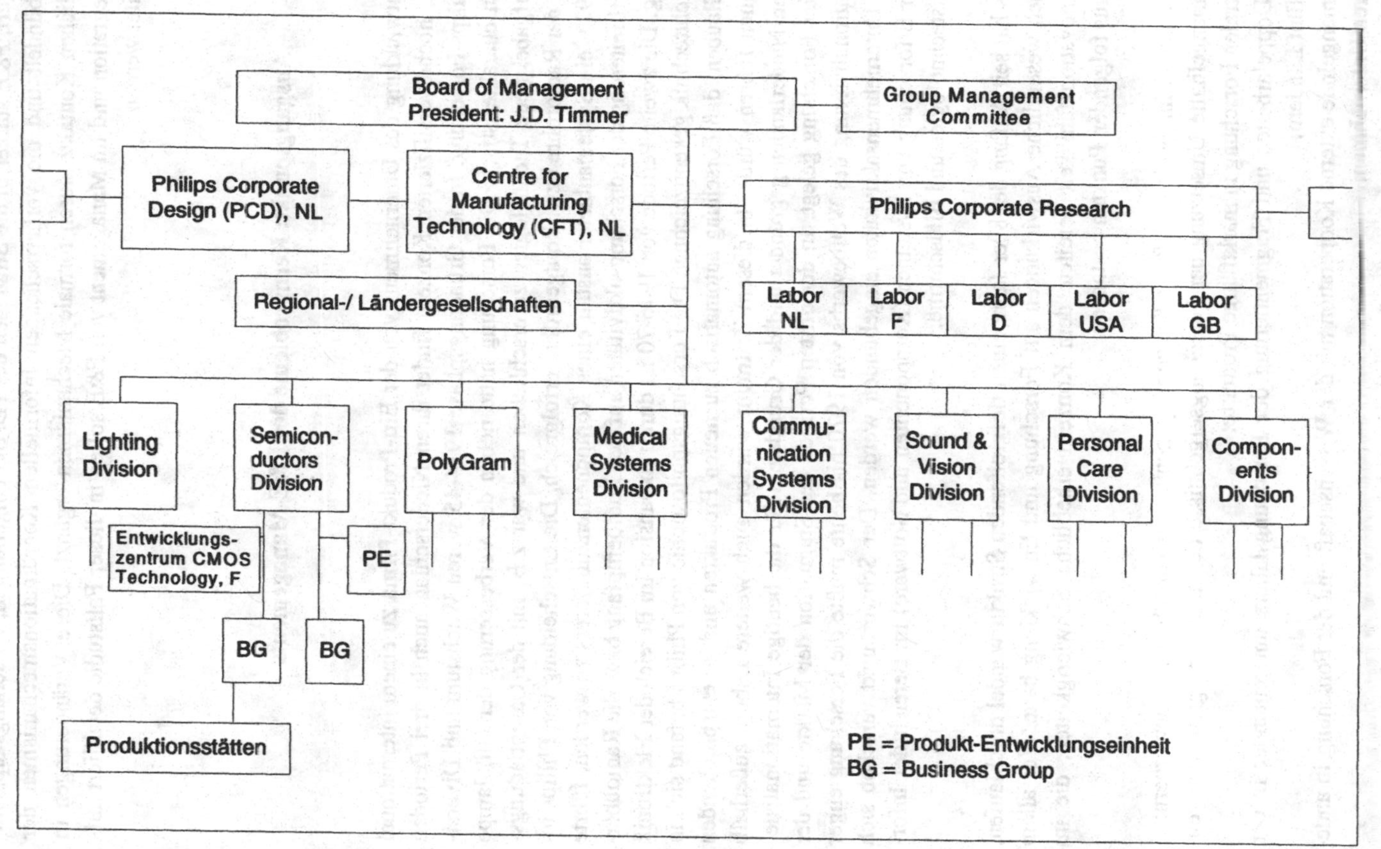

erheblich ausgeweitet und die über Konzernumlage finanzierte Forschung gravierend verringert, F&E stärker in die Strategien der PD/BG eingebunden, Forschungskapazitäten gebündelt und die vorherrschenden informellen Koordinationsmechanismen der persönlichen Kontakte durch formale Mechanismen ergänzt. Diese Veränderungen in der Integration und im Management von F&E sollen in dieser Fallstudie detailliert aufgearbeitet werden.

1.1.3 Ausgangspunkt: Kernprobleme des F&E-Managements

Die Entwicklung des Unternehmens von der Ein-Produkt-Firma zu einem international tätigen, hochdiversifizierten Konzern findet ihren Niederschlag auch in drei Perioden der Philips-Forschung. In der Gründungsphase 1914-45 waren Wachstum und Diversifikation charakteristisch. Die Forschung hatte neben der Verbesserung der Glühlampe die Aufgabe, neue Technologien zu erschließen und war z.B. mit der Gasentladungslampe, der Radioröhre bzw. Röntgenröhre erfolgreich. Die Entscheidung von Philips im Jahr 1923, ein Systemanbieter anstatt eines Komponentenzulieferers zu werden, führte zur Verbreiterung der Forschungsaktivitäten auf den Radioempfang bzw. die Radioübertragung. Die zweite Periode von 1946-70 ist durch Expansion im Bereich der Elektronik und Lichttechnik gekennzeichnet. Die Forschungsphilosophie von Philips befand sich in dem Glauben, daß Forschung automatisch zu neuen Produkten und zu entsprechenden Gewinnen führen würde. In diesem Zeitraum wurden auch weitere Labors außerhalb von den Niederlanden gegründet und der Grundstein für die heutige Internationalisierung der Forschung gelegt. In der dritten Periode der Stagnation der Märkte und der Internationalisierung des Wettbewerbs von 1970 bis heute mußte die Forschung enger in die Unternehmensaktivitäten eingebunden werden. Der Schwerpunkt verschob sich hin zur Erforschung von Systemen (Komponenten und Software) im Bereich der Informationstechnologien und Bildschirme.

Philips hat seit Anfang der 80er Jahre einen tiefgreifenden Strukturwandel durchlaufen, der auch wesentliche Auswirkungen auf Forschung und Entwicklung hatte. Vor allem die Innovationsfähigkeit bereitete dem Konzern erhebliche Schwierigkeiten, die im Kern aus folgenden Punkten bestanden:

- fehlende Innovationskraft des Konzerns gegenüber japanischen Wettbewerbern;
- mangelhafte Umsetzung der Forschungsergebnisse der autonom agierenden zentralen Forschung in marktfähige Produkte;
- Doppelarbeiten und Fragmentierung der Forschungslabors untereinander in den fünf Ländern;
- mangelnde externe Kooperation mit der Wissenschaft und der Forschung in anderen Unternehmen;
- fehlende internationale Orientierung des F&E-Managements;

- zu starke Orientierung auf Technologie an sich („Choice of Technologies") und nicht auf Anwendungen („Choice of Applications").

Insgesamt überwiegten die Aussagen, daß Philips mit zu großer Forschungsautonomie teures Lehrgeld bezahlt habe. Die japanischen Wettbewerber waren beispielsweise bei der Bildplatte oder bei Videorecordern immer schneller auf dem Markt, obwohl Philips technologisch an der Spitze stand.

Die weitaus größte Herausforderung für Philips sind daher die Stärken des japanischen Innovationsmanagements, da sich dieses bei der Umsetzung von Forschungsergebnissen in marktfähige Produkte, in der Kooperationsfähigkeit und bei der Suche nach neuen Marktchancen zumindest in der Vergangenheit erfolgreicher zeigte. Die Integrations- und Koordinationsfähigkeit der japanischen Konkurrenten vor allem entlang der Kette Forschung-Produktion-Markteinführung war derjenigen von Philips überlegen.

1.2 Organisation und Internationalisierung von F&E

1.2.1 Konfiguration von F&E in internationaler Dimension

Aufgabenabgrenzung zentrale Forschung und Entwicklung in den Sparten

Philips hat ca. 3,72 Mrd. hfl (ca. 3,31 Mrd. DM) im Jahr 1994 für F&E ausgegeben, das entspricht etwa 6,1% des Nettoumsatzes (vgl. Abb. IV-3). Nimmt man den Nettoumsatz der PolyGram aus dem Gesamtumsatz heraus, da diese keine F&E durchführt, so ergibt sich ein F&E-Anteil von 7,1%. Der Anteil der zentralen Forschung am Umsatz liegt unter 1%. Insgesamt arbeiteten 23.325 Beschäftigte in F&E (1994), der Anteil der F&E-Beschäftigten an den Gesamtbeschäftigten betrug 9,2% und ist seit Ende der 80er Jahre kontinuierlich gesunken. Vor allem die Anzahl der Beschäftigten in der zentralen F&E, der „Philips Corporate Research" (PCR), schrumpfte von 4.500 Ende der 80er Jahre auf etwa 2.900 im Jahr 1994.

Weltweit wird F&E bei Philips in den F&E-Labors der zentralen Forschung sowie in den Entwicklungslabors, Technologiezentren oder Produktentwicklungsabteilungen der Divisionen bzw. deren Tochtergesellschaften betrieben (vgl. dazu Abb. IV-2 zur Aufbauorganisation). In der zentralen Forschung erfolgen etwa 10% und in der Entwicklung in den Divisionen bzw. deren Tochtergesellschaften etwa 90% der F&E-Aktivitäten. Definitionsgemäß wird bei Philips die zentrale F&E als Forschung mit einem Zeithorizont von 5-10 Jahren bezeichnet, obwohl neben der grundlegenden Forschung auch experimentelle Entwicklung betrieben wird. Die Produktentwicklung in den Sparten ist anwendungsnah und kurzfristig mit einem Zeithorizont von 2-5 Jahren ausgerichtet.

Abbildung IV-3: Nettoumsatz und F&E-Aufwand Philips Electronics N.V.

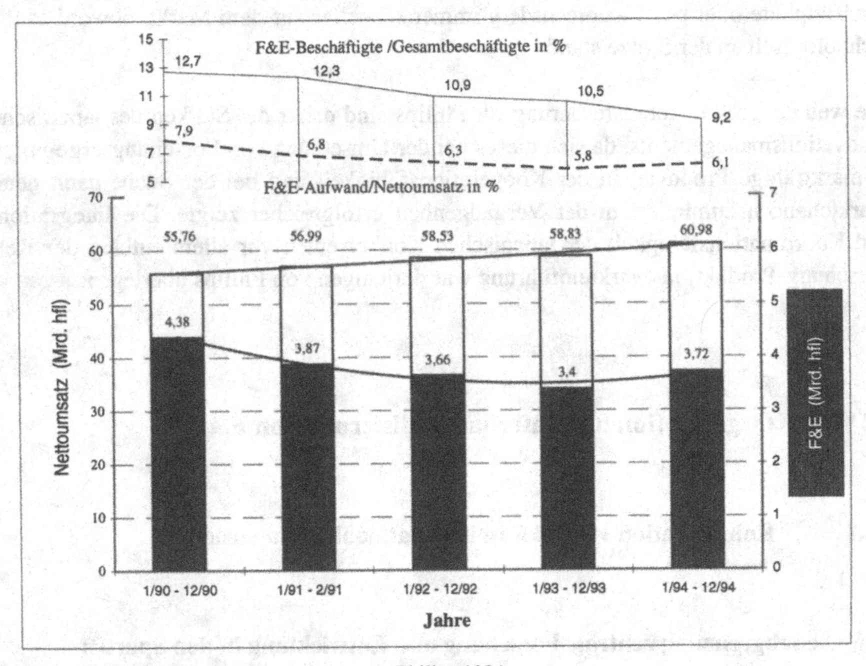

Quelle: eigene Darstellung nach Daten aus Philips 1994

Organisation und Internationalisierung von Philips Corporate Research

Das breite, auf Konsumgüter ausgerichtete Geschäftsfeld des Konzerns stützt sich auf wenige Kerntechnologien. Damit wird eine Herstellung von Synergien durch die zentrale Forschung begünstigt, wodurch Philips Corporate Research eine relativ hohe Bedeutung erhält. Die Philips-Laboratorien begreifen sich als eine starke, interdisziplinäre und internationale industrielle Forschungsorganisation mit folgenden Aufgaben:

- Optionen für Innovationen bieten,
- zeitgerecht technische Lösungen in die Produktdivisionen transferieren,
- eine starke Patentposition erreichen,
- technische Synergien maximieren,
- das technologische Gewissen des Unternehmens sowie
- die wesentliche Quelle von Innovationen darstellen.

Abbildung IV-4: Organisation Philips Corporate Research

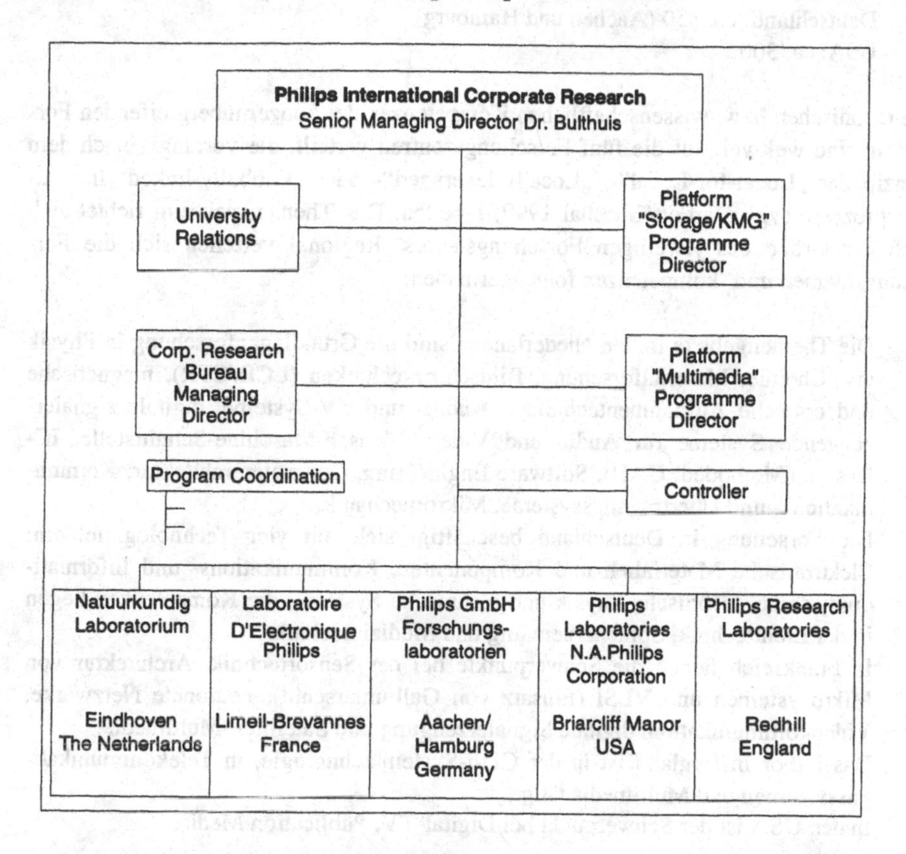

Ausgangspunkt der Forschung von Philips war die Gründung des „Natuurkundig Laboratorium" 1914 in Eindhoven. Heute wird in fünf Forschungszentren in fünf Ländern F&E betrieben (vgl. Abb. IV-4), die unter dem Dach von Philips International Corporate Research und der Leitung von Dr. Bulthuis zusammengefaßt sind. Diesem sind in Stabsfunktion die Abteilungen „University Relations", „Controller" und „Corporate Research Bureau" zugeordnet, wobei der letztgenannte Bereich als strukturelles Koordinationsorgan eine zentrale Rolle für die Abstimmung innerhalb von Philips Research sowie mit den PD/BG spielt. Desweiteren sind die Bereiche „Storage" und „Multimedia" als abteilungs- und laborübergreifende Technologieplattformen direkt Dr. Bulthuis zugeordnet (vgl. dazu Kapitel IV.1.3.3). Der Senior Managing Director berichtet direkt an den Executive Vice President Dr. Carrubba, der als Mitglied des Board of Management und des Group Management Committee für F&E und Technologie zuständig ist. Von den 2.900 Beschäftigten arbeiten etwa 1.700 als Wissenschaftler; regional verteilen sich die Mitarbeiter folgendermaßen:

- Eindhoven, Niederlande: ca. 1.750
- Großbritannien: ca. 200

- Frankreich: ca. 200
- Deutschland: ca. 450 (Aachen und Hamburg)
- USA: ca. 300.

Die technischen bzw. wissenschaftlichen Kompetenzen der konzernübergreifenden Forschung sind weltweit auf die fünf Forschungszentren verteilt, die vorrangig nach dem Prinzip der „Local-for-Local"-, „Locally-leveraged"- oder „Globally-linked"-Innovationsprozesse (vgl. Bartlett/Ghoshal 1990) arbeiten. Das Themenspektrum richtet sich nach der Größe des jeweiligen Forschungslabors. Regional verteilen sich die Forschungsthemen und -kompetenzen folgendermaßen:

- Die Themengebiete in den Niederlanden sind die Grundlagenforschung in Physik und Chemie, Materialforschung, Bildschirmtechniken (LCD/CTR), magnetische und optische Aufnahmentechniken, Audio- und TV-Systeme, digitale signalerzeugende Systeme für Audio und Video, Mensch-Maschine-Schnittstelle, IC-Design (Methoden, CAD), Software-Engineering, Computerarchitektur, Kommunikations- und Übertragungssysteme, Mikromechanik.
- Die Forschung in Deutschland beschäftigt sich mit vier Technologiefeldern: Elektronische Materialien und Komponenten, Kommunikations- und Informationssysteme, technische Physik und technische Systeme; die Kompetenzen liegen in der Lichttechnik, Spracherkennung und Medizintechnik.
- In Frankreich liegen die Schwerpunkte bei der Sensortechnik, Architektur von Mikrosystemen und VLSI (Einsatz von Galliumarsenid), neuronale Netzwerke, Videokommunikation, digitale Signalerzeugung und Satelliten-Multimedia.
- Das Labor in England ist in der CD-i-Systemtechnologie, in Telekommunikationssystemen und Multimedia tätig.
- In den USA ist der Schwerpunkt bei Digital-TV, Publication Media.

Zudem sind die nationalen Labs zuständig für marktspezifische Technologieentwicklungen z.B. im Bereich der Telekommunikationstechnologien.

Die Struktur eines Labors ist am Beispiel des deutschen Forschungslabors Aachen/Hamburg in Abbildung IV-5 dargestellt (Stand: Ende 1994). Kern der Organisation der Forschungslabors sind die Forschungsgruppen („Research Groups"), die im Durchschnitt aus 25 Forschern bestehen. Die Gruppen sind in der Mehrzahl um technische Disziplinen wie z.B. „Electronic Ceramics" und nur wenige nach Produkten oder Systemen organisiert. Die Forschungsgruppen sind als organisatorische Kerneinheiten für Qualität, Expertise, Relevanz des Themengebiets und Kenntnis über die weltweiten technischen Entwicklungen verantwortlich. Der Gruppenleiter überwacht Mission, Programm, Qualität und Set der technischen Disziplinen; zudem kommuniziert er mit der Technikentwicklung der Business Groups.

Ab vier Forschungsgruppen wird ein Sektor („Research Sector") gebildet, der jeweils vom „Deputy Director" geleitet wird. Die Verwaltungsabteilung („Administration") und

Abbildung IV-5: Organisation Philips GmbH Forschungslaboratorien

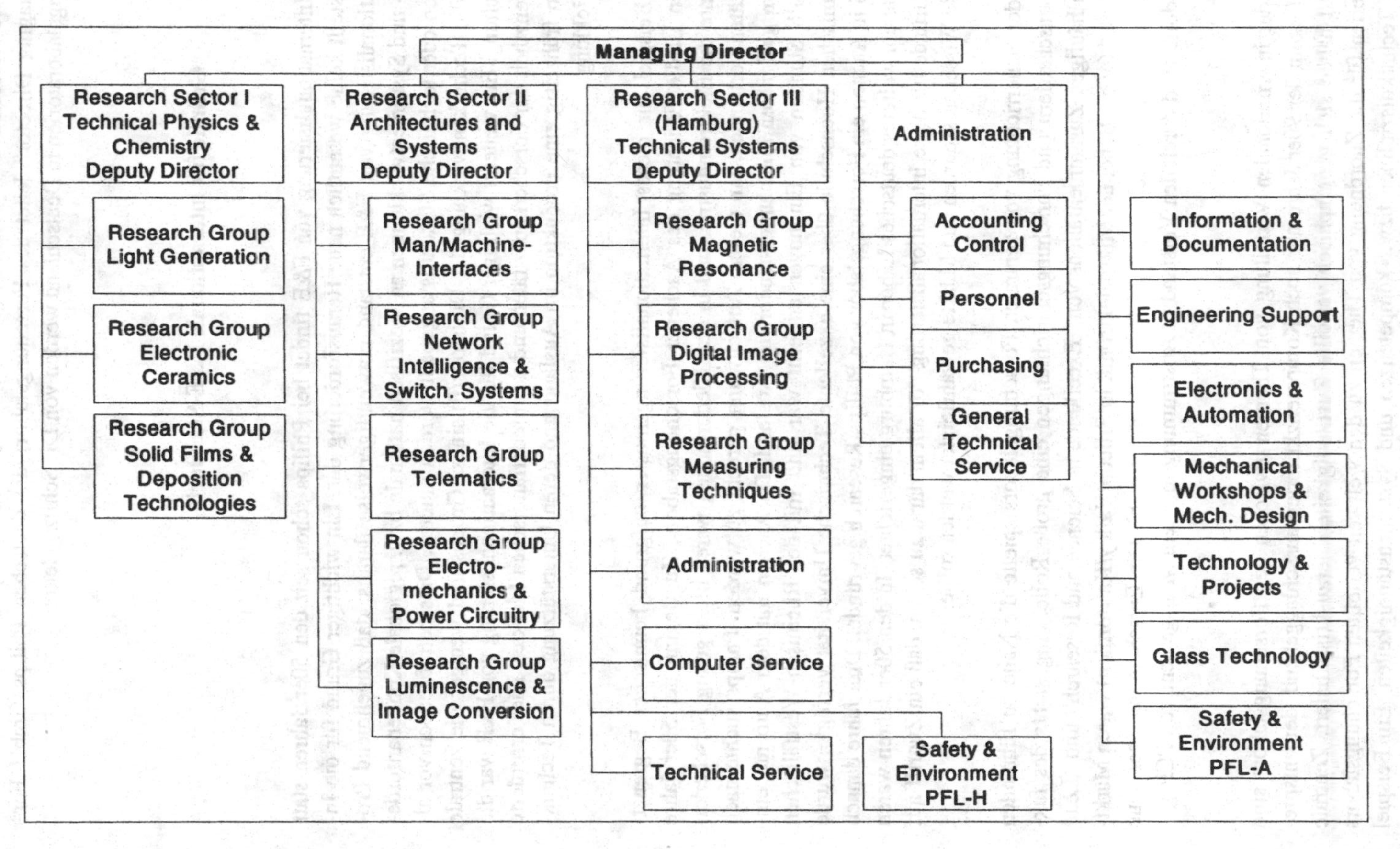

Managing Director
Research Sector I Technical Physics & Chemistry Deputy Director
Research Group Light Generation
Research Group Electronic Ceramics
Research Group Solid Films & Deposition Technologies
Research Sector II Architectures and Systems Deputy Director
Research Group Man/Machine-Interfaces
Research Group Network Intelligence & Switch. Systems
Research Group Telematics
Research Group Electro-mechanics & Power Circuitry
Research Group Luminescence & Image Conversion
Research Sector III (Hamburg) Technical Systems Deputy Director
Research Group Magnetic Resonance
Research Group Digital Image Processing
Research Group Measuring Techniques
Administration
Computer Service
Technical Service
Safety & Environment PFL-H
Administration
Accounting Control
Personnel
Purchasing
General Technical Service
Information & Documentation
Engineering Support
Electronics & Automation
Mechanical Workshops & Mech. Design
Technology & Projects
Glass Technology
Safety & Environment PFL-A

mehrere Stabsstellen unterstützen die Forschungstätigkeiten (vgl. Abb. IV-5). Der „Managing Director" leitet das Forschungslabor; die deutschen Philips GmbH Forschungslaboratorien in Deutschland werden von Dr. Schilz geleitet.

1.2.2 Gründe für internationale F&E-Standorte

Die Internationalisierung von F&E findet bei Philips schon seit den 50er Jahren statt und stellt keine wesentlich neue Herausforderung dar. Ein wichtiger Grund für die Internationalisierung von F&E entstand notwendigerweise daraus, daß zunehmend Produkt- und Systementwicklungen an spezifisch nationale bzw. regionale Kundenanforderungen oder technische Standards angepaßt werden mußten. Dies betraf jedoch vor allem die Technikentwicklung der Divisions/Business Groups und weniger die zentrale Forschung. Ein weiterer wichtiger Grund für die Internationalisierung von F&E war die Begrenztheit der Forscherkapazitäten und des niederländischen Marktes: Dies erforderte schon frühzeitig eine Produktion im Ausland und deren Unterstützung durch Technikentwicklung.

Ein Beispiel für dieses Internationalisierungsmuster aufgrund heimischer Begrenztheiten ist die Errichtung des Aachener Forschungslabors. Zu Beginn der 50er Jahre boomte die Elektroindustrie, und in den Niederlanden waren nicht genug Forscherkapazitäten vorhanden, um diesem Aufschwung gerecht zu werden. Philips suchte nach einem geeigneten Forschungsstandort im Ausland. Da Aachen mit dem Auto nur eineinhalb Stunden von Eindhoven entfernt war und mit der Rheinisch-Westfälischen Technischen Hochschule über eine exzellente Technische Universität verfügte, wurde 1955 in Aachen ein Forschungslabor von Philips Research gegründet. Drei Jahre danach wurde ein weiteres deutsches Labor in Hamburg eingerichtet. In den 50er Jahren waren die Gründe für diese Internationalisierung vor allem darin zu sehen, daß ein Zugriff auf lokale Wissensressourcen und Märkte gewährleistet werden sollte.

Bei der Neuerrichtung von zentralen Forschungslabors spielte die Nähe zu führenden Wissenschaftlern und Forschungseinrichtungen eine große Rolle. Angesichts des faktisch häufigen Zusammenfallens von „Excellence in Science and Research" und „Lead Markets" (wie z.B. bei der Mikroelektronik in Silicon Valley/Kalifornien) waren Marktaspekte ebenfalls ausschlaggebend für die Standortwahl. Die Entscheidung über neue Standorte wird durch den Vorstand in Abstimmung mit dem Management von PCR gefällt.

Bei der internationalen Verteilung von Themen zwischen den Forschungslabors sind seit Beginn der 90er Jahre nur noch Kompetenzkriterien ausschlaggebend, dementsprechend haben sich geographisch verteilte Zuständigkeiten herauskristallisiert. Zentrale Kriterien für die Zuordnung von Themen zu den weltweit verteilten Forschungslabors sind Technikdisziplinen bzw. -kompetenzen und Systemzuständigkeiten. Ein Beispiel für eine interne Zusammenarbeit in F&E ist der Bereich „Ultrasound", für den die unternehmerische Zuständigkeit in den USA liegt. Da die Forschungskompetenz beim französischen Philips-Labor bestand, wurde ein Auftragsforschungsprojekt dorthin vergeben. Die am Projekt beteiligten Ingenieure des amerikanischen Geschäftsbereichs reisten daher mehrmals im Jahr nach Limeil-Brévannes. Ein Beispiel für die Standortverlagerung eines Forschungsthemas ist die „Fuzzy Logic": Gemäß der disziplinären Verantwortung für neue Software-Basistechnologien war das Natuurkundig Laboratorium in Eindhoven verantwortlich, bis schließlich der Anwendungs- und Systembezug zur Radiotechnologie dominierte und aufgrunddessen eine Verlagerung der „Fuzzy Logic" in das französische Labor stattfand.

Die Kompetenzverteilung weist aber auch Nachteile auf. Probleme entstehen bei kleinen Labors, die bei der Auftragsforschung von einzelnen Geschäftsbereichen abhängig und deswegen an wenige Technologien gebunden sind. Bei einem notwendigen Themenwechsel sind die kleinen Labors sehr unflexibel, während größere Labors diesen leichter bewältigen können.

1.2.3 Monitoring technologischer Trends

Die Verantwortung über die Verfügbarkeit und Optionen von Technologieressourcen liegt alleine bei PCR. Jedes Labor ist für das Monitoring der technologischen Trends in seinem jeweiligen Kompetenzbereich verantwortlich. Dabei haben sich eine langfristige systematische Vorausschau von Markt- bzw. Technologietrends mittels vielfältiger Methoden (Szenarien, Trendanalyse, etc.) offenbar nicht bewährt. Eine interne „Forecasting Group" wurde Ende der 80er Jahre aufgelöst. Insbesondere eine langfristige Markterkundung ist nach Ansicht der Gesprächspartner für die Produktentwicklung nur sinnvoll, wenn wirklich Pilotanwendungen sichtbar sind. Die Treffsicherheit von Anwendungsprognosen wurde als sehr gering und die der Technikvorausschau als besser aber nicht ausreichend eingeschätzt. Das Technologieportfolio von Philips wird gegenwärtig im Hinblick auf die Gefahr der Überalterung vor allem im Unterhaltungssektor überprüft, wo neue „Cash Cows" gesucht werden.

Quellen der Information über zukünftige technologische Entwicklungen sind weniger systematisch durchgeführte Studien als vielmehr persönliche Kontakte der Wissenschaftler, die Teilnahme an wissenschaftlichen Konferenzen bzw. Tagungen, Mitwirkung an öffentlich geförderten F&E-Projekten, Zusammenarbeit mit Universitäten bzw. außeruniversitären Forschungseinrichtungen sowie vielfältige Formen der F&E-Kooperationen mit Unternehmen wie z.B. gemeinsame Projekte, Joint Ventures, strategische Allianzen.

1.2.4 Finanzierung und Controlling von F&E

Budgetierung der zentralen Forschung

Die Kosten von Philips Corporate Research (PCR) sind intern bekannt und werden als gegeben vorausgesetzt. Die Festlegung der Kapazitäten und der Kosten von PCR erfolgt im Vorstand. Die F&E-Investitionen werden in die Personalkosten eingerechnet und daraus die durchschnittlichen Kosten für die Forscherkapazitäten pro Jahr errechnet. Es wird demnach kein Unterschied nach spezifischen Projektkosten gemacht, sondern den auftraggebenden Divisions/Business Groups ein Durchschnittswert berechnet. Demzufolge wird nicht nach Arbeitsstunden, Materialien, etc. mit den Kunden abgerechnet, vielmehr muß die Forschungsleistung im Rahmen des vereinbarten Budgets erfolgen. Wichtig für die F&E-Planung ist daher die Finanzierungsseite. Die Finanzierung von PCR erfolgt zu ca. 30% durch Konzernumlage und zu ca. 70% durch Auftragsforschung für PD/BG. Früher wurde die zentrale Forschung nahezu vollständig durch Konzernumlage finanziert.

Hinsichtlich des Gesamtbudgets besteht zwischen Vorstand und dem Management von PCR Übereinkunft, daß das Wachstum des Gesamtkonzerns das Wachstum von Philips Research bestimmt. Die zentrale Forschung macht etwas weniger als 1% des Konzernumsatzes und die konzernweite F&E weniger als 10% aus („Daumenregel" 1:10:100). Diese Richtschnur wurde früher in der Regel beibehalten, allerdings ist der F&E-Anteil im Zeitverlauf seit Anfang der 90er Jahre kontinuierlich bis auf etwa 6% (ohne PolyGram 7%) gesunken. In Zeiten konjunktureller und struktureller Schwäche entstehen oft Probleme bei der Finanzierung von PCR durch die Product Divisions und die Frage der Kostensenkung in F&E ist bedeutend. Bei konjunktureller Wiederbelebung ist die Entscheidung über die Finanzierung von Philips Research kein Thema, vielmehr geht es darum, welche Rolle die Labors von PCR für die zukünftigen Geschäftsfelder spielen. Offenbar ist der Entscheidungsprozeß stark von der augenblicklichen Geschäfts- und Konjunkturentwicklung abhängig. Die Divisionen können ihr jeweiliges F&E-Budget autonom bestimmen.

Neben den Forschungsaktivitäten gibt es noch „High Level Services" (wie z.B. Information/Dokumentation, Patentwesen, Universitätsbeziehungen) und die „Self-Financing Activities (SFA)" von PCR. Diese SF-Aktivitäten sind kleinere Tätigkeiten, die für die Divisionen übernommen werden. Dabei handelt es sich z.B. um die Herstellung von Sensoren bzw. Laser-Produkten, Softwareentwicklungen, das Design für ASICs oder die Weiterbildung von Philips-Mitarbeiter im Eindhovener Natuurkundig Laboratorium.

Die Unternehmens- und Innovationskultur von Philips ist stark durch „Commitment" geprägt und erfordert eine rege, direkte persönliche Kommunikation. Eine stärker finanzorientierte Steuerung von F&E-Aktivitäten über Controlling oder Schaffung eines internen Wettbewerbs zwischen den Labors wird bisher als kommunikationshemmend abgelehnt.

Company Research versus Contract Research

Durch den Wandel hin zur Auftragsforschung gibt es zwei grundsätzlich verschiedene Projektarten, die sich nicht nur durch die Finanzierung sondern auch den Entstehungs- bzw. Entscheidungsprozeß unterscheiden:

- Die langfristig explorativen Projekte entstehen in Eigeninitiative der Abteilungen bzw. Labors von PCR und werden durch eigene Mittel aus der Konzernumlage finanziert („Company Research"). Wenn Ergebnisse vorliegen, werden diese den PD/BG als Technologietransferprojekte angeboten.
- Die Auftragsforschungsprojekte sind unmittelbar anwendungsorientiert und werden für die PD/BG durchgeführt, die diese Projekte auf Verrechnungspreisbasis finanzieren („Contract Research").

Ideen für langfristige, über Konzernumlage finanzierte Forschungsprojekte gewinnen die Forscher aus Konferenzen, Tagungen, Gesprächen mit Wissenschaftlern und Fachkollegen anderer Unternehmen oder mit Kunden. Bei strategischen Vorgaben wie beispielsweise bei der Technologieplattform Multimedia (vgl. Kapitel IV.1.3.3) kann die Phantasie der Forscher ausgeprochen stark stimuliert und richtungsweisend orientiert werden. Es kommt daher darauf an, die Themen richtig auszuwählen und Prioritäten zu setzen. Die Auswahl bzw. Prioritätensetzung erfolgt danach, ob zum einen die Projektidee in das Forschungsprogramm paßt (Marktpotential, Forscherkapazität und -fähigkeiten) und ob zum anderen ein Transfer der Projektergebnisse in die PD/BG sichergestellt werden kann. Der Anstoß für neue Projekte kommt zu etwa 80% Bottom-Up aus den Forschungsgruppen und nur zu 20% Top-Down durch das Management. Der Gruppenleiter trifft entsprechend der genannten Kriterien eine Auswahl von Projekten, die er für die Programmdiskussion für das nächste Jahr vorschlägt.

Über die durch Konzernumlage finanzierten Forschungsprojekte bestimmt letztendlich eine Plattformgruppe, die aus vier Mitgliedern international zusammengesetzt ist (zwei Mitglieder aus NL, je ein Mitglied aus GB und USA). Diese prüft die Anträge und entscheidet im Einvernehmen mit dem Leiter des Corporate Research Bureau, Herrn Dr. Meijer, über die Projektvorschläge. Als Kriterium für die Auswahl dienen wiederum Marktpotential bzw. -attraktivität und benötigte Aufwendungen bzw. Fähigkeiten für die Aktivitäten. Der Deputy Director des Forschungssektors muß dem Corporate Research Bureau im Vorfeld die richtigen Argumente liefern, damit die technische Neuheit des Vorhabens erkannt wird und beurteilt werden kann. Etwa einmal im Jahr besucht Dr. Meijer alle Deputy Directors (etwa 20 Research Sectors weltweit), um sich persönlich eine Meinung über die Auswahl von Projekten zu bilden. Im Vorfeld des formalen Entscheidungsprozesses findet demnach ein informeller, auf direkten persönlichen Kontakten basierender Meinungsbildungsprozeß statt.

Ideen für Auftragsforschungsprojekte werden sowohl durch die Business Groups als auch durch die Forschungsgruppen angestoßen. Bei letzteren handelt es sich meist um vorhandene Ergebnisse von Forschungsprojekten, die als „reif" für die Anwendung und den Transfer gelten. Eine wichtige Rolle haben hier die Leiter der Forschungsgruppen, die informell im Vorfeld mit ihren Auftragnehmern Angebot und Nachfrage austauschen. Im Mai/Juni werden meist die Projektideen gesammelt und im September/Oktober Top-Down der Kapazitätsrahmen fixiert. Im Dezember werden auf der Sitzung des „Steering Committee" die Prioritäten entsprechend dem vom Vorstand und PCR-Management festgelegten Kapazitätsrahmen bestimmt. Innerhalb eines Forschungslabors diskutieren dann die Gruppen- bzw. Abteilungsleiter über die interne Verteilung der Vertragsprojekte. Die Abstimmungsprozesse und -mechanismen werden im Detail im folgenden Kapitel beschrieben.

Projekt-Controlling

Ein Projekt-Controlling nach finanziellen Gesichtspunkten erfolgt *nur* bei öffentlich geförderten Forschungsprojekten und nicht bei internen Vorhaben. Bei großen, internen Projekten werden zuvor die Kosten überschlagen, ein ständiges Controlling im Projektverlauf und bei Projektende findet nicht statt. Der Start von Projekten wird als Entscheidung des Managements gesehen, eine bestimmte technologische Richtung zu verfolgen, und nicht aus finanziellen Erwägungen heraus begründet. Die Forschungsressourcen sollen offenbar unabhängig von Controlling-Aspekten verteilt und genutzt werden, Budget-Gründe sind daher kein formales Kriterium für die Projektauswahl. Kritische Stimmen äußerten die Meinung, daß das Controlling der internen Forschungsvorhaben unzureichend ist und noch weiter entwickelt werden sollte.

1.3 Koordination der F&E- und Innovationsprozesse

1.3.1 Koordination der F&E mit Divisions- und Bereichsstrategien

Kern des strategischen Managements von F&E bei Philips ist das Management von Fähigkeiten („Capability Management"), das seit Beginn der 90er Jahre in Philips Research eingesetzt wird und mit dem folgende Ziele verfolgt werden:

- Entwicklung einer langfristigen Forschungsstrategie,
- Aufbau und Unterstützung von Qualifikationen und zukünftigen Kompetenzen,
- Einstellung neuer Forscher,
- Allokation der Finanzmittel nach strategischen Gesichtspunkten und Prioritätensetzung bei Forschungsthemen,
- Aufbau von internationalen Kompetenzzentren,
- Darstellung der zukünftigen Produktpolitik in Abhängigkeit der benötigten Fähigkeiten in der Forschung.

Das Capability Management ist ein wesentliches Instrument zur Ermittlung der F&E-Strategien und der benötigten Fähigkeiten sowie zur Abstimmung der F&E-Strategie mit den Produktstrategien der Divisions bzw. Business Groups. Es setzt sowohl auf der strategischen als auch auf der operativen Ebene an. Mit Hilfe des Capability Management sollen Projekte strategisch ausgewählt und gesteuert werden. Die Abstimmung zwischen Philips Research und dem „Board of Management“ geschieht direkt durch das Management von Philips International Corporate Research. Die verschiedenen Einzelinstrumente („Tools“) sowie deren Ziele sind in Tabelle IV-1 dargestellt und werden im folgenden beschrieben.

„Blue Books“ und „Green Books“

In den „Blue Books“ werden Übersichten über die vorhandenen Fähigkeiten jeder Forschungsgruppe von PCR erstellt. In dieser Übersicht sind Angaben über den Gruppenleiter, die Anzahl der Forscher und deren technische Fähigkeiten sowie das Kernarbeitsgebiet der Gruppe enthalten. Die „Blue Books“ haben die Forschungsgruppen zum Gegenstand und dienen zur langfristigen Planung der technischen Forschungskapazitäten bzw. -fähigkeiten. Mit diesem Instrument zur Planung der Angebotsseite bestehen bei Philips Research bereits seit etwa 30 Jahren Erfahrungen.

In den „Green Books“ werden die F&E-Projekte der Forschungsgruppen einzeln beschrieben. Dieses Instrument wurde mit Einführung der Auftragsforschung benötigt, um die aktuellen Projekte gegenüber den BGs darzustellen. In der Projektbeschreibung sind allgemeine Angaben (Forschungsgruppe, Projekttitel, Projektleiter, Forscherkapazitäten, Laufzeit, Auftraggeber/Kunde) sowie die Ziele, Relevanz, der Inhalt bzw. die Methoden und die Meilensteine des Projekts enthalten. In diesen Beschreibungen, die nur eine DINA4-Seite pro Projekt umfassen dürfen, spiegeln sich Leitsätze und -fragen des F&E-Projektmanagements von Philips Research wieder:

(1) Ziele des Projekts [„What?“],
(2) Relevanz [„Why?“],
(3) Inhalte/Methoden [„How?“],
(4) Meilensteine [„When?“] und
(5) Kunde [„For Whom?“].

Die Daten über die Research Capabilities und der F&E-Projekte werden einmal pro Jahr von den Gruppenleitern erhoben, an das Corporate Research Bureau weitergeleitet und in einer Datenbank gespeichert. Verantwortlich für die Erfassung und Speicherung ist das Corporate Research Bureau, das als Stabsabteilung direkt dem Senior Managing Director, Dr. Bulthuis, berichtspflichtig ist. Blue Books und Green Books werden an die Divisions und Business Groups weitergegeben, die damit über eine aussagefähige Zusammenstellung der Fähigkeiten bzw. Projekte aller Forschungsgruppen von Philips Corporate Research verfügen. Bei Interesse kann schnell der geeignete Ansprechpartner gefunden werden.

Tabelle IV-1: Einzelinstrumente des Capability Management und deren Ziele

Tools	Ziele	Verantwortliche Einheit/Ebene
Blue Books	Erstellen einer Übersicht über die vorhandenen Fähigkeiten der Forschungsgruppen („Capabilities Inventory")	• Forschungsgruppe und deren Leiter • operative Ebene
Green Books	Auflistung der F&E-Projekte der Forschungsgruppen („Projects Capabilities")	• Forschungsgruppe und deren Leiter • operative Ebene
Programme Matrix	Abstimmung der Fähigkeiten von PCR mit möglichen Anwendungsbereichen bzw. Produkten	• Steering Committee • strategische Ebene
Research Capability Profile	Abstimmung des Fähigkeitenprofils von PCR mit den Kapazitätsanforderungen der Business Groups	• Steering Committee • strategische Ebene
Research Project Portfolio	• Gegenüberstellung von technologischer Reife und Wettbewerbsposition • Abstimmung F&E mit den Strategien PD/BG	• Management Committee • strategische Ebene
Road Maps	• Übersicht über die den einzelnen Produkten zugrundeliegenden Technologien im Zeitverlauf • Abstimmung F&E mit langfristiger Strategie der PD/BG	• Management Committee • strategische/normative Ebene
Microscopic Control (daily)	• Einhalten der Projekt-Meilensteine • professionelles F&E-Management	• Projektmitarbeiter • Projektleiter • operative Ebene
Macroscopic Control (annual)	• Steuerung der Fähigkeiten • Einrichtung/Auflösung von Forschungsgruppen • Strategische Planung, Prioritätensetzung und Auswahl der Themen	• Management Committee • Senior Managing Director • strategische Ebene

„Programme Matrix" und „Research Capability Profile"

Die Koordination der F&E-Planung von PCR mit der Strategie der Divisions bzw. Business Groups erfordert einen Überblick über die Fähigkeiten und das F&E-Programm sowie ein langfristiges Planungsinstrument zur Strategieformulierung. Bei Philips existieren dazu zwei Instrumente, die eng miteinander verbunden sind (vgl. Abb. IV-6). Zum einen ist dies die „Capability/Applications Matrix" oder „Programme Matrix", mit der die Fähigkeiten einer Forschungsgruppe von PCR erhoben und mit möglichen Anwendungen abgestimmt werden. Die Fähigkeiten werden mit technischen Disziplinen bzw. Qualifikationen (wie z.B. Werkstoffe, Prozeßtechnologie, Elektronik Design, Mechanik, Systemwissen, Mensch-Maschine-Schnittstellen)) und die Anwendungen mit bestimmten Feldern bzw. neuen Produkten (z.B. Komponenten, Halbleiter, Haushaltsprodukte, Displays, Lichtsysteme) beschrieben. Das zweite Instrument stellt das „Research Capability Profile" dar, mit dem die Kapazitätsanforderungen der Divisions/Business Groups und das Fähigkeitenprofil von PCR koordiniert werden können.

In der „Programme Matrix" werden auf der vertikalen Achse die Forschungsschwerpunkte entsprechend den Fähigkeiten bzw. Technologien und auf der Horizontalen mögliche Anwendungsfelder bzw. neue Produkte aufgelistet (vgl. Abb. IV-6). Die schwarzen Balken in der Matrix bilden die Verteilung der Forscherkapazitäten hinsichtlich neuer Anwendungen oder Produkte (a...g) der jeweiligen Business Group ab. Mit dieser Programm-Matrix können Lücken in den Fähigkeiten der Forschungsgruppen von PCR in bezug auf neue Produkte/Anwendungen sichtbar gemacht werden.

Das „Research Capability Profile" setzt die Fähigkeiten der Forschungsgruppen in Beziehung zu den Kapazitätsanforderungen der jeweiligen Business Group (vgl. Abb. IV-6), wobei diese sowohl die Auftragsforschung als auch die über Konzernumlage finanzierte Forschung umfaßt. Die „Research Capabilities" werden einmal im Jahr vom Research Group Leader oder dem Deputy Director für jede Forschungsgruppe und -abteilung erhoben und gespeichert. Dabei werden die technischen Qualifikationen eines Forschers in verfügbare Arbeitsstunden ausgedrückt und auf die verschiedenen Fähigkeiten verteilt. Diese Zuordnung kann im Zeitverlauf variieren, wenn unterschiedliche Aspekte der Qualifikation des Forschungspersonals hervorgehoben werden: Bei der physikalischen Chemie kann z.B. einmal mehr die Chemie und ein anderes Mal die Physik stärker in den Vordergrund treten.

„Research Projects Portfolio"

Mit dem „Research Projects Portfolio" werden die F&E-Projekte nach technologischer Neuheit bzw. Wettbewerbsposition eingeteilt und mit der Strategie der jeweiligen Product Division oder Business Group abgestimmt (vgl. Abb. IV-7). Auf der horizontalen Achse wird die Neuheit mittels der beiden Dimensionen (1) technologische Reife im spezifischen Anwendungsfeld und (2) Reife des Produktkonzepts bzw. Innovationsgrad des angestrebten Produkts gemessen. Für beide Dimensionen werden zwischen 0 und 4

Abbildung IV-6: „Programme Matrix" und „Research Capability Profile"

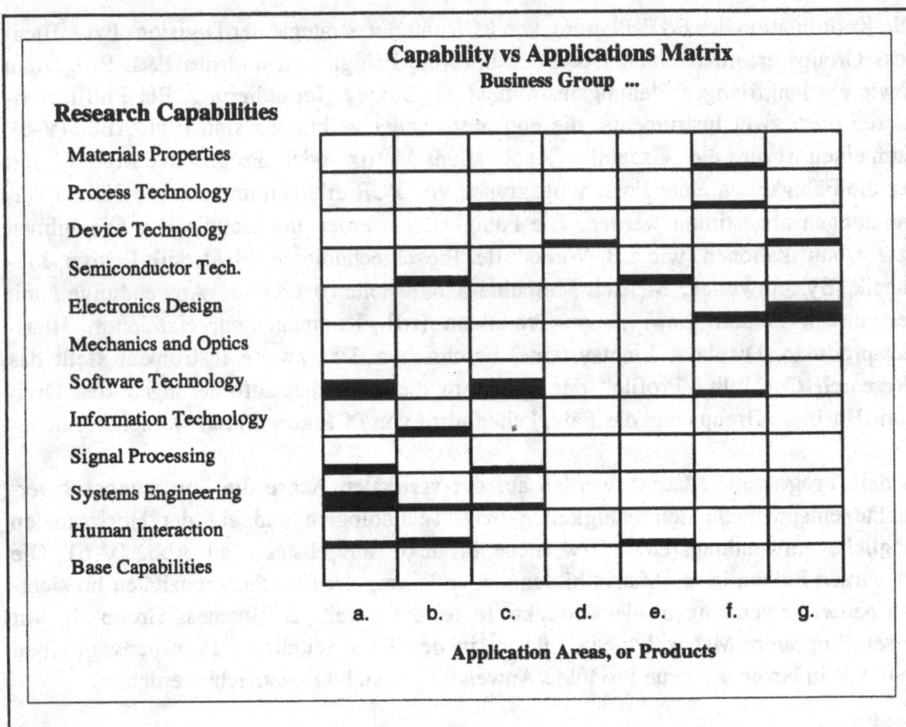

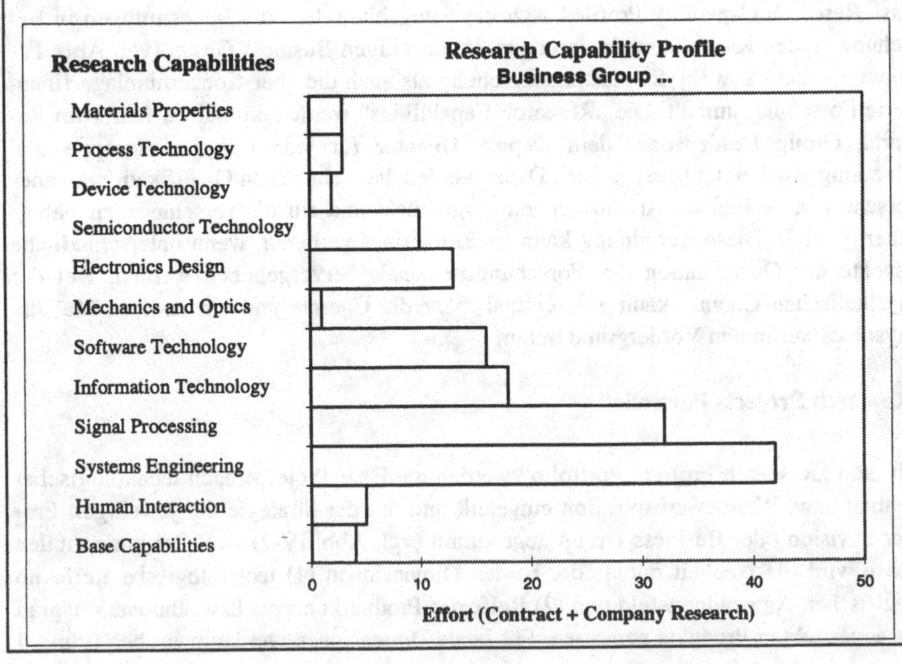

Punkte vergeben und der *Durchschnittsbetrag* für jedes F&E-Projekt in die Skala eingetragen. Auf der vertikalen Achse wird die Wettbewerbsposition dargestellt (vgl. Abb. IV-7), die anhand dreier Dimensionen ermittelt wird. Für diese drei Dimensionen werden zwischen 0 und 5 Punkte vergeben und der *niedrigste* Wert in die Matrix aufgenommen. Folgende Dimensionen werden hierbei erhoben:

(1) Technologische Stärke: Fähigkeit, innovative Konzepte in F&E auszuarbeiten;
(2) Transferstärke: Fähigkeit, neue Konzepte von F&E in die Produktion der Business Groups zu transferieren;
(3) Marktstärke: Fähigkeit, neue Produkte erfolgreich am Markt zu placieren.

Die schwarzen Kreise beschreiben die Position der Projekte der Forschungsgruppen von PCR, wobei die Größe der Kreise den Personaleinsatz darstellen. Der schattierte Kreis gibt das angestrebte Geschäftsfeld der Business Group in 2-3 Jahren wieder.

Die Research Project Portfolios werden in Abstimmung mit den technischen Leitern bzw. den Marketingleitern jeder BG sowie den Deputy Directors der Abteilungen der Forschungslabors ausgearbeitet. Den Abstimmungsprozeß und die detaillierten Ausar-

Abbildung IV-7: Research Projects Portfolio

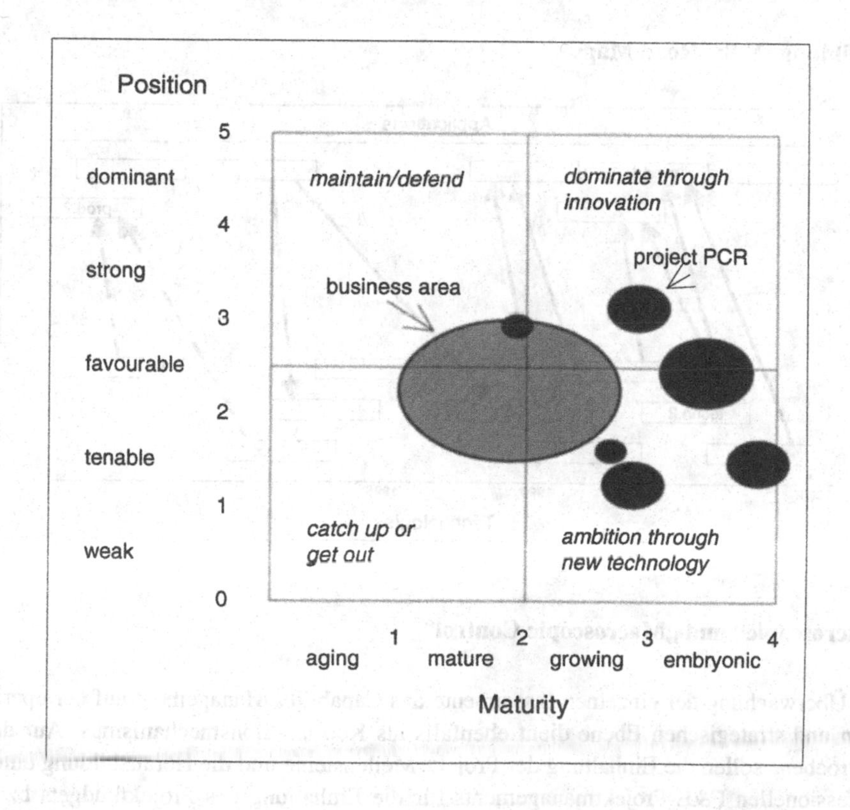

beitungen übernimmt das Corporate Research Bureau. Jedes Jahr wird für alle Business Groups jeweils ein Portfolio erstellt. Eine wichtige Koordinationsfunktion erfüllt allein der Prozeß zur Vorbereitung der Portfolios, da die Strategien bereits im Vorfeld abgeklärt werden. Früher konnte sich PCR bei Unstimmigkeiten mit dem Geschäftsbereich über den Forschungsbedarf hinwegsetzen, heute liegt die letztendliche Entscheidung über die F&E-Planung (zumindest über die 70% Auftragsforschung) bei den PD/BG.

„Road Maps"

Mit den Road Maps wird eine Übersicht über den Zusammenhang zwischen Anwendungen bzw. Produkten und den zugrundeliegenden Technologien im Zeitverlauf hergestellt sowie der Beitrag von F&E für Produkt- bzw. Prozeßinnovationen nachvollziehbar gemacht (vgl. Abb. IV-8). Damit wird eine Abstimmung von F&E mit den langfristigen Produktstrategien der PD/BG und eine Selektion von Forschungsprojekten ermöglicht. Das „Road Mapping" wird *nicht* als Reviewprozeß sondern zur Vorlaufplanung auf den Ebenen der Produktplanung, Prozeßplanung, Entwicklungs- und Forschungsplanung sowie der Planung von Standardisierungsprojekten genutzt. Road Maps ermöglichen die Darstellung von Optionen zukünftiger Anwendungen und der zugrundeliegenden Technologien. Eine Bewertung dieser Optionen geschieht nach Budgetkriterien und „Make-or-Buy"-Kriterien.

Abbildung IV-8: Road Maps

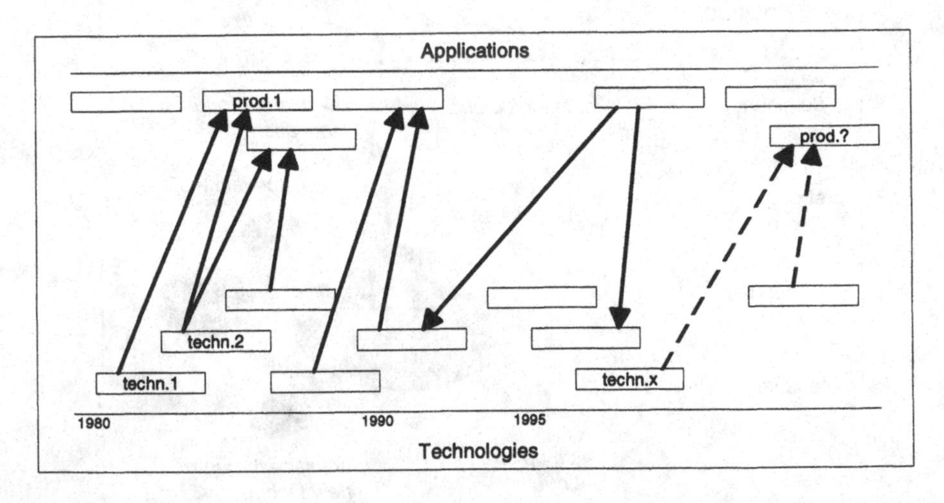

„Microscopic" und „Macroscopic Control"

Die Überwachung der einzelnen Instrumente des Capability Management auf der operativen und strategischen Ebene dient ebenfalls als Koordinationsmechanismus. Auf der Mikroebene sollen die Einhaltung der Projekt-Meilensteine und die Herausbildung eines professionellen F&E-Projektmanagements für die Einhaltung des Projektbudgets bzw.

der Terminvorgaben und Kundenzufriedenheit sorgen. Auf der Makroebene soll eine Verschiebung der Fähigkeiten von PCR entsprechend der Anforderungen der PD/BG sowie eine strategische Planung, Prioritätensetzung und Auswahl von Themen gemäß dem Anwendungsbedarf der Geschäftsbereiche erfolgen.

Die konsequente Anwendung der beschriebenen „Tools" verhindert nunmehr Alleingänge bzw. persönliche „Lieblingsprojekte". Vor dem Projektstart werden die Ziele festgelegt und die zur Durchführung des Projekts benötigten Kompetenzen ermittelt. Damit wird die mit der Einführung der Auftragsforschung angestrebte enge Anbindung an die Divisionen und Geschäftsbereiche auf der strategischen Seite unterstützt. Die hier aufgeführten Instrumente werden nach Interviewaussagen von den einzelnen Business Groups allerdings sehr unterschiedlich eingesetzt. Das Bewußtsein über die Notwendigkeit dieser Instrumente ist aber generell gewachsen.

1.3.2 Koordination Zentralforschung und Entwicklung in den Divisionen

Herausbildung der Auftragsforschung

Die Entwicklung des F&E-Managements von Philips Research hinsichtlich der Abstimmung der zentralen Forschung mit den Divisionen läßt sich in drei Stufen beschreiben (vgl. Tab. IV-2). Bis Ende der 60er Jahre wurden die F&E-Programme informell in Verhandlungen mit der Konzernleitung generiert. Die zentrale Forschung wurde vollständig durch Konzernumlage finanziert, und das wesentliche Instrument des F&E-Managements war die Wertschätzung der erzielten Forschungsergebnisse. Die Forschung zielte zu dieser Zeit des Wachstums auf Diversifizierung. In den 70er und 80er Jahren wurden die F&E-Aktivitäten nicht mehr informell sondern formal verhandelt, Philips Research wurde weiter durch Konzernumlage finanziert. Als Managementinstrument kam die Projektorganisation und das Projektmanagement hinzu. Die zentralen Forschungsaktivitäten zielten auf eine Vertiefung bzw. Erneuerung von Technologien.

Das F&E-Management der 90er Jahre ist durch eine Zweiteilung in Auftragsforschung für die Divisionen/Bereiche (70%) und grundlegende Forschung (30%) gekennzeichnet (vgl. Tab. IV-2). Das F&E-Programm in der Auftragsforschung wird in einer formalisierten Prozedur verhandelt und muß vom Management Committee beschlossen werden. Die Product Divisions bzw. Business Groups vergeben Aufträge an die Philips-Labors. Dagegen kann über die grundlegende Forschung, die über Konzernumlage finanziert wird, von PCR selbst entschieden werden. Kennzeichen dieser neuen Managementgeneration sind neben der Anerkennung der Forscherleistungen und der Projektorganisation die Generierung des (im Kapitel zuvor beschriebenen) Technologieportfolios. Ziele sind neue Geschäftsfelder, die Schaffung von Synergien sowie ein meßbarer Return-on-Investment. Die Hauptveränderung in den 90er Jahren stellt eindeutig die Einrichtung der Auftragsforschung dar. Kritische Stimmen sehen in dieser starken Betonung der

Auftragsforschung allerdings die Gefahr, daß die konzernübergreifende Forschung zu kurzfristig ausgerichtet werden könnte.

Der Übergang zu einer neuen Managementgeneration ist noch nicht gänzlich vollzogen. Von mehreren Gesprächspartnern wurde das F&E-Management von Philips nach wie vor als sehr informell charakterisiert. Dies sei zwar ein Vorteil, wenn man über gute persönliche Kontakte verfüge, werde aber zum Nachteil, wenn diese nicht vorhanden sind. Zudem erfolgen die meisten Anregungen und Ideen in Philips Research in der Linienorganisation, konzernübergreifende Technologieplattformen wie Multimedia sind neue Instrumente.

Tabelle IV-2: Entwicklung des F&E-Managements von Philips Research

<table>
<tr><th></th><th>Generierung der F&E-Programme</th><th>Finanzierung der zentralen Forschung</th><th>Kennzeichen des F&E-Managements</th><th>Ziele</th></tr>
<tr><td>bis Ende der 60er Jahre</td><td>• informell
• Verhandlung/ Beratung</td><td>• Konzern-umlage</td><td>• Wertschätzung/ Anerkennung</td><td>• Diversi-fizierung</td></tr>
<tr><td>70er und 80er Jahre</td><td>• formal
• Verhandlung/ Beratung</td><td>• Konzern-umlage</td><td>• Wertschätzung/ Anerkennung
• Projekte</td><td>• Vertiefung
• Erneuerung</td></tr>
<tr><td>90er Jahre
Auftrags-forschung</td><td>• formal
• Beschluß des Management Committee</td><td>• Aufträge durch Sparten</td><td rowspan="2">• Wertschätzung/ Anerkennung
• Vertrags-Projekte
• Portfolio</td><td rowspan="2">• Return on Investment
• neue Geschäftsfelder
• Synergien</td></tr>
<tr><td>grundlegende Forschung</td><td>• Corporate Research</td><td>• Konzern-umlage</td></tr>
</table>

Anreize: Motivation durch Anerkennung

Das zentrale Element der Motivation besteht nach wie vor in der Würdigung bzw. Anerkennung der Leistungen der Forscher für besonders eindrucksvolle technische Lösungen. Nach Ansicht eines Gesprächspartners ist dies in vielen multinationalen Unternehmen in Westeuropa ebenso der Fall. Dagegen werden in den USA Erfolge vor allem im unternehmerischen Sinne und in Japan bei besonders guter Planung bzw. Vorbereitung anerkannt. Die Probleme der technischen Erfolgsorientierung haben bei Philips den beschriebenen Prozeß des Umdenkens in Gang gesetzt.

Es gibt im Prinzip intern keine auf ökonomischen Wettbewerb basierende Konkurrenz zwischen den Forschungsgruppen und Labors. Das Management schürt diese nicht und ist auf „Commitment“ sowie die Herausbildung von Kompetenzzentren ausgerichtet. Die Motivation soll durch interessante Themen und neuerdings durch die Anerkennung seitens der Auftraggeber erfolgen. Indirekt entsteht dadurch natürlich auch eine gewisse stimulierende Konkurrenz um die Anerkennung der PD/BG.

Chief Technology Officer und PD-Koordinator

Die Position des Chief Technology Officer (CTO) wurde im Rahmen der Umstellung von Philips Research auf das Modell der Auftragsforschung eingerichtet. Der CTO ist für die zur Produktentwicklung bzw. Produktion notwendige technologische Basis der Product Division und deren Business Groups verantwortlich. Seine Aufgabe ist die Anregung bzw. Unterstützung derjenigen Technologien, die nicht von den Geschäftsbereichen allein initiiert werden, und die Abstimmung zwischen PD und BGs, unter den Geschäftsbereichen und mit PCR. Er ist der unterschriftsberechtigte Auftraggeber von Contract Research Projects, die von der Division an PCR erteilt werden. Dem CTO steht auf der Seite von PCR der „Product Division Coordinator“ gegenüber, der Ansprechpartner für eine oder zwei Divisions ist. Der Managing Director der deutschen Philips-Laboratorien ist z.B. der PD-Koordinator für die Lighting Division und die Communication Systems Division.

In sehr großen Divisionen gibt es mehrere CTO, die jeweils für einzelne Geschäftsbereiche wie z.B. Audio oder Television verantwortlich sind. Konzernweit verantwortlich für Technologie ist Dr. Carrubba, der Mitglied des „Board of Management“ und des „Group Management Committee“ ist, er wird im Philips-Sprachgebrauch aber nicht als CTO bezeichnet. Im Gegensatz zum vorherrschenden Verständnis in der Literatur (vgl. z.B. Rubenstein 1989; Adler/Ferdows 1990; Jonash 1995) ist der CTO bei Philips nicht auf Konzernebene sondern auf der Ebene der Product Divisions angesiedelt. Der Grund dafür ist die Absicht, die für die Business Groups notwendigen Technologien übergreifend zu koordinieren und dennoch eine gewisse Nähe bzw. Verantwortlichkeit der Divisions gegenüber den BGs herzustellen.

Der CTO hat neben der Koordinations- auch eine Entscheidungskompetenz: Dazu kann er in der Regel über 10% des F&E-Budgets der Divisionen selbständig verfügen und daraus z.B. eigenständig Aufträge an PCR erteilen. Nach Einschätzung eines Gesprächspartners nimmt das Gewicht der CTO bei Philips zu. Besonders gilt dies für die Interaktion zwischen Philips Research und der Division bei langlaufenden Forschungsprojekten sowie die Abstimmung unter den Geschäftsbereichen der Division.

Produktmanager, Entwicklungsleiter und BG-Koordinator

Der Produktmanager oder Entwicklungsleiter („Development Leader“) der Business Group hat den Rang eines Deputy Director und ist für die Produktentwicklung der BG mit einem Zeithorizont von 2-3 Jahren verantwortlich. Für die Philips-Labors sind beide Manager auf der Ebene der Geschäftsbereiche der zentrale Ansprechpartner, mit ihnen wird informell bereits im Vorfeld das Forschungsprogramm diskutiert. Bei großen BGs übernimmt diese Rolle der jeweilige CTO.

Auf der Seite von PCR steht jeder BG ein „Business Group Coordinator" als Ansprechpartner gegenüber, der für die Abstimmung mit der Business Group verantwortlich ist. Diese Rolle nimmt meist der Deputy Director eines Forschungssektors war, dessen Abteilung einen hohen Anteil von „Research Capabilities" für den jeweiligen Geschäftsbereich aufweist. Der Deputy Director der Abteilung „Angewandte Chemie und Technologie" im Eindhovener Laboratorium ist beispielsweise BG-Koordinator für „Personal Care". In dieser Funktion verhandelt er mit der Business Group auch im Namen anderer Abteilungsleiter von PCR, deren Forschung sich auf „Personal Care" bezieht.

Die PD- und BG-Koordinatoren spielen eine gewisse Rolle bei der Generierung des Forschungsprogramms, da diese im Vorfeld informell in direkten persönlichen Gesprächen die Programmvorschläge mit dem CTO der PD bzw. dem Product Manager oder Entwicklungsleiter der BG verhandeln. Allerdings können die Koordinatoren nicht über Budgets für Projekte der PD/BG entscheiden und sind auf deren Commitment angewiesen.

Projektmanagement: Division/Bereich als Projekteigentümer

Ein weiteres Koordinationsinstrument ist das Management der Auftragsforschungsprojekte. Es gibt eine Vielzahl gemeinsamer Projekte zwischen der zentralen Forschung und der Entwicklung der Division/Bereiche. Die Gründe für Auftragsvergaben sind oft die Ergänzung von Kapazitäten bzw. von Fähigkeiten (disziplinäre Kompetenzen) oder die Zusammenarbeit in geschäftsbereichsübergreifenden Vorhaben. Für jedes dieser Projekte existiert zwar auf der Seite von PCR und der Division/Business Group jeweils ein Projektleiter. Der Geschäftsbereich ist aber Eigentümer des Projekts und besitzt die Leitung des Gesamtprojekts. Der Projektleiter eines Zentrallabors ist folglich nicht nur „seinem" Research Group Leader, sondern ebenso dem Projektleiter der Business Group berichtspflichtig.

Personaltransfer

Ein weiteres wichtiges Instrument zur Abstimmung ist der Transfer von Forschern in die Divisionen bzw. Geschäftsbereiche: Forscher bleiben in der Regel etwa im Alter von 25 bis 35 Jahre in Philips Research, danach beginnt die Mehrheit von ihnen eine Karriere gewöhnlich in der Entwicklung der Divisions/Business Groups. Dieser „Technologietransfer über Köpfe" wird als wesentliches Element des Wissenstransfers von der Forschung in die Divisionen/Bereiche angesehen. Im Durchschnitt verweilen die Forscher etwa fünf bis sieben Jahre in Research und sollen entsprechend der Personalpolitik in die PD/BG diffundieren. Diese verfügen nach Ansicht eines Gesprächspartners über genügend Erfahrung in der Aufnahme der Forscher „... after they have lost their wild attitude in Research and meanwhile have build up considerable experience in Philips".

Besonders vorteilhaft ist es, wenn ein Forscher mit einem Projekt in die Entwicklung einer Business Group überwechseln kann.

Dieser an sich organische Transfer von Forschern im Rahmen von Forschungsprojekten wird aber nicht systematisch durch entsprechende Managementinstrumente der Personalentwicklung unterstützt. Letztendlich besteht lediglich eine informelle Vereinbarung mit dem Forscher, sich ab Mitte 30 eine Stelle in der PD/BG zu suchen. Diese Aussage wurde durch den Eindruck in den Interviews mit Projektleitern und Gruppenleitern erhärtet. Es wurde bemängelt, daß Forscherkarrieren nicht explizit geplant und keine Perspektiven aufgezeigt werden, sondern nur informelle Entwicklungsmöglichkeiten bestehen. Am wichtigsten für den Wechsel zu den Business Groups seien wiederum direkte persönliche Kontakte, ohne die ein Transfer kaum möglich ist. Diejenigen Wissenschaftler, die länger in Philips Research tätig sind, verbleiben als Senior Researcher in der Forschung oder gehen in das allgemeine Forschungsmanagement - allerdings ist hier die Zahl der Stellen gering.

Ebenen der Kommunikation

Die Kommunikation zwischen zentraler Forschung und der Entwicklung der PD/BG geschieht entsprechend dieser neuen Generation des F&E-Managements auf verschiedenen Ebenen (vgl. Tab. IV-3). Auf der operativen Ebene sollen die in gemeinsamen F&E-Projekten befindlichen Forscher aus dem jeweiligen Zentrallabor und der Entwicklung der Business Group täglich in Kontakt sein und direkt Informationen austauschen. Der Projektleiter von Corporate Research und des Geschäftsbereichs treffen sich mindestens zweimal im Jahr in Arbeitsgruppensitzungen, um gemeinsam den Projektfortschritt und die Einhaltung der Meilensteine zu überwachen. In diesen „Working Groups“ können auch neue Projektvorschläge generiert werden. Bei großen Vorhaben wird ein „(Project) Steering Committee“ zur Beobachtung des Projektverlaufs eingerichtet, das in der Regel aus dem Deputy Director des Forschungssektors und dem Produktmanager und/oder dem Entwicklungsleiter der BG besteht.

Auf der Ebene der Business Group finden zweimal im Jahr Treffen des „Steering Committee“ statt, auf dem die Deputy Directors der Research Sectors von PCR, der BG-Koordinator und der jeweilige Produktmanager bzw. Entwicklungsleiter der BG bzw. gegebenenfalls der CTO der PD teilnehmen. Hier werden für die BG die Prioritäten bei den F&E-Projekten gesetzt und die zukünftigen Forschungsthemen bzw. Programme ausgewählt.

Das „Management Committee“ hat ebenfalls zweimal im Jahr Sitzungen, an denen von Seiten des PCR die Managing Directors der Philips-Labors, der Senior Managing Director sowie der PD-Koordinator teilnehmen. Die jeweilige Division ist durch den Managing Director und den CTO der PD vertreten. Die Aufgabe des Management Committee besteht in der Generierung und Verabschiedung des Technologie- bzw. Projektportfolios auf Ebene der Division und im strategischen Ausgleich der F&E-Aktivitäten. Die Aufgaben des „Steering Committee“ und des „Management Committee“ sind aber nicht ausführlich beschrieben oder festgelegt. Falls notwendig, nehmen technische Experten an den Sitzungen teil.

Tabelle IV-3: Ebenen der Kommunikation und Koordination zwischen zentraler Forschung und Entwicklung der Divisionen/Bereiche

Akteure		Koordinations-mechanismus	Ziel der Abstimmung
Corporate Research	**Product Division/ Business Group (PD/BG)**		
• Forscher	• Forscher	• täglich direkte persönliche Kontakte	• direkte Kommunikation mit den Kunden/Auftraggebern
• Projektleiter • Deputy Director	• Projektleiter • Product Manager/Development Leader	• Working Groups • Project Steering Committee	• Projektfortschritt (Meilensteine) • Projektvorschläge
• Deputy Directors (Research Sector) • BG Coordinator	• Product Manager • Development Leader • [CTO der PD]	• Steering Committee	• Prioritätensetzung bei Projekten und Auswahl der Themen auf Ebene der BG
• Managing Directors • Senior Managing Director • PD Coordinator	• Managing Directors der PD • CTO der PD	• Management Committee	• Technologie-/ Projektportfolio auf Ebene der PD • strategischer Ausgleich der F&E-Aktivitäten

1.3.3 Management von Querschnittstechnologien

Technologieplattformen entstehen neuerdings bei Philips zur Bewältigung der Fusion von verschiedenen Technologien. Zur Zeit der Interviews bestanden die Plattformen „Storage" und „Multimedia". Diese liegen quer zu den meist nach technischen Disziplinen ausgerichteten Abteilungen der Forschungslabors. Projektvorschläge und -anträge können von den fünf weltweit verteilten Philips-Forschungszentren, aber auch von den PD/BG, gestellt werden. Die Teilnahme ist international und ermöglicht neben der Fusion verschiedener Technologien die Abstimmung der internationalen Philips-Labors. Die Plattformen werden von einem „Programme Director" geleitet, der in der Hierarchie etwa zwischen Deputy Director und Managing Director angesiedelt ist. Am Beispiel der

Technologieplattform „Multimedia" wird in diesem Kapitel das Management von Querschnittstechnologien (oder nach internem Philips-Sprachgebrauch „Systemtechnologien") dargestellt.

Technologieplattform Multimedia

Seit Beginn der 90er Jahre gibt es enorme Anstrengungen in der Orientierung von Philips Research auf den Bereich Multimedia und digitales TV. Vor etwa 1½ Jahren wurde aus technischen und politischen Gründen HDTV/D2MAC gestoppt, US-Firmen drängten in den Markt und revitalisierten ihre Kompetenzen. Das Top Management von Philips war sich zwar bewußt, daß Multimedia und die Digitalisierung des TV die entscheidende Zukunftstechnologie darstellen wird. Es gab aber im Konzern in dieser Technologie keine gebündelte und übergreifende Kompetenz, und es stellte sich die Frage, wie sich Philips in diesem Gebiet für den Wettbewerb positionieren kann.

Bisher gibt es nur viele unterschiedliche und verschwommene Begriffe von Multimedia. Philips definierte daher intern Multimedia nicht positiv sondern negativ und versuchte alle Bereiche auszuschließen, in denen der Konzern auch ohne Existenz dieser Querschnittstechnologie forschen würde. So wurden z.B. F&E-Aktivitäten im Bereich Liquid Cristal Display (LCD) ausgeschlossen, da diese auch ohne Multimedia-Anwendungen erfolgen würden.

In einem Haushalt wird es zwar immer noch verschiedene „Boxes" geben (PC, TV, Audio), diese werden aber in Zukunft zu Netzwerken verbunden sein. Hier ist deutlich eine Veränderung in der Generierung von Produkten zu sehen: Produkte gründen sich nicht mehr auf eine neue Idee, sondern auf eine Betrachtung des ganzen Systems aus verschiedenen Standards, Anwendungen, Nutzen, Einzelprodukten oder -techniken. Die Zeiten, in denen aus einer Technik ein Produkt entwickelt werden konnte, sind nach Meinung von Gesprächspartnern vorbei. Die technische Basis stellt die Digitalisierung dar, die zahlreichen unterschiedlichen Nutzungsmöglichkeiten müssen miteinander verbunden und zu einem System ausgebaut werden.

Multimedia liegt quer zu technischen Disziplinen und läßt sich nicht eindeutig zuordnen. Da die Research Sectors bzw. Groups von Philips Research meist nach technischen Disziplinen organisiert sind, konnte die Querschnittstechnologie nicht integriert oder einer Abteilung zugewiesen werden. Multimedia wurde daher als eine Technologieplattform etabliert, die quer zu den technisch ausgerichteten Sektoren der Forschungslabors liegt, direkt dem Senior Managing Director untersteht (vgl. auch Abb. IV-1 zur Aufbauorganisation) und über Konzernumlage finanziert wird. Die Leitung wurde dem Programme Director Dr. Swanenburg übertragen. Da Multimedia eine extreme Bandbreite verschiedener technischer Disziplinen enthält, ist das Forschungsprogramm sehr breit angelegt worden. Die Wissenschaftler arbeiten weiter in ihren Sektoren und beteiligen sich in Form von Projekten am Multimedia-Programm. Multimedia ist sehr anwendungsorientiert, aber das benötigte Wissen ist sehr forschungsintensiv.

Generierung der Technologieplattform Multimedia

Dr. Swanenburg sammelte verschiedene Wissenschaftler mit unterschiedlichen Erfahrungen und einem ausgesprochenen Willen zur Kooperation um sich. Gemeinsam wurden mehrere Brain Storming Meetings durchgeführt, die sehr effizient hinsichtlich der gemeinsamen Zielsetzung verliefen. Es fand keine Abgrenzung eigener, persönlicher Felder statt, die Atmosphäre war ausgesprochen kooperativ und zielorientiert. In diesen Sitzungen wurden mögliche Forschungsgebiete diskutiert. Letztendlich wurde die Plattform „Multimedia" mit dem Charakter eines übergreifenden Forschungsprogramms aus der Taufe gehoben und in fünf Themenbereiche gegliedert.

Für diese Plattform wurde ein interner „Call for Proposal" ausgeschrieben, zu dem 250 Projektvorschläge von Philips-Forschungsgruppen eingereicht wurden. Mit dieser hohen Zahl hatte niemand gerechnet, daher war ein strenges Auswahlverfahren erforderlich. Die eingereichten Projektvorschläge wurden mit verschiedenen Gruppenleitern diskutiert und mit diesen über die Annahme der Vorschläge entschieden. In diesem Prozeß gab es nahezu keine Beteiligung von den Divisions bzw. Business Groups. Durch die Beteiligung der Group Leaders, die in diesem Bereich Kompetenz besaßen, erfolgte die Prozedur der Projektauswahl in gemeinsamer Übereinstimmung („Common Understanding"). Die Frage nach der Finanzierung des Forschungsprogramms wurde zu dieser Zeit nicht diskutiert. Dies war vom Prozeß der Programmgenerierung her beabsichtigt, da nicht über Finanzen sondern über Themengebiete diskutiert werden sollte.

Die endgültige Auswahl der Vorhaben erfolgte an einem zweitägigen Meeting. Die 250 eingereichten Vorschläge hätten von der Kapazität her über 200 Forscher pro Jahr ausgelastet, es standen aber nur Mittel für etwa 60 Forscher/Jahr zur Verfügung. Auf dem Treffen waren vom Programme Director Projekte mit einer Kapazität von etwa 50 Wissenschaftlern festgelegt worden. Dies ließ nur noch eine Auswahl der verbleibenden zehn Wissenschaftler-Kapazitäten zu, die nach einer langwierigen Diskussion erfolgte. Der Prozeß der Projektauswahl konnte aufgrund der Vielzahl der Vorschläge nicht im Sinne eines Konsensus-Management verlaufen. Die Plattform hat eine Kapazität von etwa 60 Forscher pro Jahr, wobei weltweit ungefähr 300 Philips-Wissenschaftler mitarbeiten.

Vorteile der Technologieplattform als Koordinationsmechanismus

Multimedia mußte als Technologieplattform im Sinne eines übergreifenden Forschungsprogramms organisiert werden. Da die zukünftigen Trends bzw. Anwendungen und die Ziele unklar sind, bot sich die Projektorganisation nicht als Koordinationsmechanismus an. In Multimedia müssen verschiedene Richtungen verfolgt werden, ein Projekt konzentriert sich aber per definitionem auf ein Ziel. Die Projekte hätten aber auch nicht in den Forschungssektoren lanciert werden können, da eine sehr gute Kommunikation und Bündelung unterschiedlichster Kompetenzen notwendig ist. Wären die Multimedia-Projekte aber in den Sektoren durchgeführt worden, hätten sich rasch Abteilungsegoismen herausgebildet und der Kommunikationsfluß wäre unterbrochen worden.

Offenbar sind die Grenzen zwischen den technisch orientierten Abteilungen der Forschungslabors sehr ausgeprägt. Die Unklarheit der Ziele und die Bildung querliegender Kompetenzen waren die Argumente, um die Technologieplattform als Instrument zur Koordination von Querschnittstechnologien vorzuziehen.

Bisher stellte es kein Problem dar, finanzielle und personelle Ressourcen für „Multimedia" zu erhalten. Ohne die eindeutige und klare Unterstützung durch den Senior Managing Director, Dr. Bulthuis, hätte die Plattform nicht aus der Taufe gehoben werden können. Das Top Management von PCR machte Multimedia zu einer Speerspitze für die Generierung weiterer Plattformen. Heute ist „Multimedia" keine Pilotmaßnahme mehr, sondern eine von mehreren etablierten oder angestrebten Plattformen für unterschiedliche Querschnitts- bzw. Systemtechnologien.

Neu ist nach Meinung von Dr. Swanenburg, daß sich über Multimedia ein konzernweites Forschungsnetzwerk („Corporate Research Network") herausgebildet hat, das den Austausch von Informationen und die Kommunikation zwischen verschiedensten Projekten herstellt. Dieses Netzwerk geht deutlich über die bisher praktizierte Kooperation und Koordination in Philips Research hinaus. So wird beispielsweise ein „Multimedia Newsletter" veröffentlicht, in dem konzernweit über Forschungstätigkeiten in diesem Bereich informiert wird.

Multimedia baut auf bereits vorhandenen Technologien auf. Wichtig ist es daher, die bereits existierenden Kompetenzen von Philips zusammenzubringen, die weltweit auf die Forschungslabors und Divisionen/Bereiche verteilt sind. Das Verständnis von Multimedia ist auch länderspezifisch sehr unterschiedlich: In den USA steht z.B. das TV und in Japan der Computer (PC) im Mittelpunkt. Da die US-Firmen sehr weit fortgeschritten sind, ist es für Philips entscheidend, die dortigen Entwicklungen zu kennen und möglicherweise Anwendungen auf Europa zu übertragen. Die Internationalisierung von Philips in F&E wurde in den Interviews in diesem Zusammenhang als deutlicher Vorteil genannt. Wenn Philips heute nur über ein heimisches Forschungslabor verfügen würde, müßten jetzt (hypothetisch gesehen) weltweit weitere Labors gegründet werden, da die Marktentwicklungen in Querschnittstechnologien sehr unterschiedlich sind.

Mögliche Spannungsfelder im Management

Allerdings beinhaltet die Schaffung der Technologieplattformen ein Führungsproblem: Die Sektorleiter könnten durch die quer zu den technisch ausgerichteten Abteilungen liegende Organisationsform und die hohe Bedeutung des Themas einen Machtverlust befürchten und die Arbeiten boykottieren. Nach einjähriger Laufzeit ist das Management mit dem Verlauf bisher zufrieden, eine abgesicherte Bewertung ist jedoch zur Zeit nicht möglich.

Bei den Gesprächen wurde deutlich, daß die erfolgreiche Implementierung stark durch die persönliche Ausstrahlung des Programme Director Dr. Swanenburg getragen wurde. Ebenfalls wesentlich zum Erfolg des Vorhabens trug die kompromißlose Unterstützung des Top Managements von Philips Research bei.

1.3.4 Koordination der internationalen F&E-Kompetenzzentren

Herausbildung von Kompetenzzentren

Bis Ende der 80er Jahre bestand ein wesentliches Problem von Philips Research in der erheblichen Fragmentierung der Forschungslabors in den fünf Ländern. Die Labors agierten weitgehend autonom und unkoordiniert, gleichartige Kompetenzen wurden an verschiedenen Standorten vorgehalten und Doppelarbeiten betrieben. Dieser Problematik sollte durch die Bildung von Kompetenzzentren und die Anwendung geeigneter Koordinationsmechanismen entgegengewirkt werden. Die Einbindung von F&E in die Produktstrategien durch Programme Matrix, Portfolios und Road Maps, die Abstimmung der zentralen Forschung mit den PD/BG über Auftragsforschung und Arbeitsgruppen/Komitees auf verschiedenen Ebenen sowie das Management von Querschnittstechnologien ist bei Philips Research daher auch in einer globalen Dimension zu sehen. Die Forschungslabors in den fünf Ländern werden mit diesen Mechanismen koordiniert und ebenso in die Divisionen/Bereiche integriert. Damit ist Philips Research einer weltweiten Abstimmung der Kompetenzen in den geographisch verteilten Philips-Labors erheblich nähergekommen. Allerdings war die seit Beginn der 90er Jahre betriebene Politik der Herausbildung eindeutiger Kompetenzen mit einem schmerzhaften Abschmelzen bzw. Zusammenlegen von Standorten (z.B. von Hamburg nach Aachen) und einem Rückgang der F&E-Beschäftigten verbunden.

Die Verteilung der Projekte zwischen den geographisch verstreuten Forschungslabors soll heute entsprechend der Kompetenzen des jeweiligen Labors geschehen. Das angestrebte Idealkonzept ist eine Fokussierung der Kompetenz an einem Standort, so daß eine eindeutige Zuordnung der Forschungsvorhaben möglich ist. Da die Projektkosten als Durchschnittswert berechnet werden, sind reale Kostenunterschiede der Forschungslabors kein Verteilungskriterium. Ein Wettbewerb zwischen den Corporate Research Labs wird nicht verfolgt und wird als eher kommunikationshemmend aufgefaßt. Die Idealvorstellung wird nicht immer erreicht: beispielsweise sind die Materialtechnologien breiter auf Aachen und Eindhoven verteilt.

Die F&E-Projekte sollen dort bearbeitet werden, wo die entsprechenden Fähigkeiten vorhanden sind. Das Aachener Labor kooperiert z.B. eng mit dem Forschungslabor in den USA, da Aachen über die Kompetenz in der Lichttechnik verfügt und in Briarcliff Manor die entsprechende Kompetenz in der Elektronik besteht. Die Bildung von weltweit verteilten F&E-Kompetenzzentren führt bei komplexen Aufgabenstellungen dazu, daß die Abstimmung zwischen den global verteilten Philips-Labors an Bedeutung gewinnt. Die Konzentration bestimmter Fähigkeiten auf ein Labor und die Vermeidung von Redundanzen führt offenbar vor dem Hintergrund einer steigenden Komplexität von Produkten bzw. Technologien zu einem weiter steigenden Koordinationsbedarf unter den Labors.

Research Directors Conferences

Innerhalb von PCR finden pro Jahr sechs „Research Directors Conferences (RDC)" statt, an denen die Managing Directors der Philips-Labors und der Senior Managing Director teilnehmen. Die RDC dienen zur Abstimmung der weltweit verteilten zentralen Forschungslabors. Hier werden konsensorientiert alle wichtigen Fragen des Projektportfolios, der Erfolgsbilanzierung, der Neuaufnahme von „Company Research"-Projekten und der Weiterentwicklung der Forschungsfähigkeiten entschieden, wobei der Senior Managing Director seine endgültige Zustimmung geben muß.

Ein Beispiel für die Abstimmung von internationalen „Company Research Projects" ist das Projekt „Gasentladungslampen für Konsumenten". Sowohl PCR als auch der zuständige Geschäftsbereich stimmten darin überein, daß es auch bei den privaten Haushalten Nachfrage nach extrem lichtstarken Lampen gäbe, die nur über industrielle Studio-Technik zu realisieren waren. Das Projekt wurde auf den Konferenzen der Forschungsdirektoren diskutiert und über die Prioritätensetzung, Mittelallokation bzw. eventuell auch den Abbruch des Projekts entschieden. In der Entscheidungsvorbereitung wurden verschiedene Projektideen auch mit den Geschäftsbereichen diskutiert, da deren Stellungnahme (nicht formal, aber faktisch) auch ohne Finanzierungsbeitrag zur Durchsetzung neuer Themen im Management bzw. Steering Committee ausschlaggebend sein kann.

Forschungskonferenzen

Ein weiteres Instrument zur Abstimmung der weltweit verteilten Forschungslabors sind Forschungskonferenzen, die etwa zweimal im Jahr stattfinden und auf denen neue Forschungsthemen bzw. -ergebnisse vorgestellt oder Konzepte des F&E-Managements diskutiert werden.

Internationale F&E-Projekte

Zur Koordination der Labors sind internationale Forschungsprojekte ein wichtiges Instrument. In einer Forschungsgruppe eines Labors wird im Durchschnitt an 15 Projekten gleichzeitig gearbeitet, d.h. die Projektteams müssen sich aus dem Personal mehrerer Forschungsgruppen rekrutieren. Die Projektteams sind größtenteils international zusammengesetzt, wobei Teammitglieder in anderen zentralen Forschungslabors oder in den PD/BG als Auftragnehmer angesiedelt sind. Bei Auftragsprojekten ist in der Regel der Projektstandort beim Kunden, wo die Projektmitarbeiter im Durchschnitt bis zu einem ½ Jahr arbeiten. Die Bedeutung internationaler Projekte wird zukünftig aufgrund der Bildung der F&E-Kompetenzzentren zunehmen. Nach Meinung einiger Gesprächspartner bestehen die Schwierigkeiten bei internationalen F&E-Projekten zusammengefaßt vor allem in folgenden Punkten:

(1) Informationsgewinnung und Kommunikation: Schwierig ist bereits vor dem Projektstart, über ausreichend Informationen zu verfügen, um ein qualifiziertes Team

zusammenzustellen. Die interne Kommunikation geschieht vor allem durch viele Reisen, Telefonkonferenzen und E-Mail.

(2) Unterschiedliche Fähigkeiten: Hinsichtlich Eigeninitiative, Engagement, Teamfähigkeit und Projektmanagement sind die Arbeitsweisen an den Standorten teilweise sehr unterschiedlich.

(3) Kulturell unterschiedliche Problembewältigung: Die niederländischen Forscher stellen sehr offen Vor- und Nachteile ihrer Ideen bzw. Arbeiten dar und diskutieren die Probleme. Dagegen wird von den amerikanischen Forschern in der Regel das Positive präsentiert, um sich besser verkaufen zu können.

Der Projektleiter muß diese Probleme bereits im Ansatz erkennen, ihm kommt daher als Faktor für die erfolgreiche Durchführung internationaler Vorhaben eine entscheidende Bedeutung zu. Über die Zusammensetzung internationaler Teams trifft der Projektmanager allerdings nicht die Entscheidung, diese erfolgt durch den Research Sector von PCR oder den jeweiligen Auftraggeber. In einigen Gesprächen wurde dies deutlich als demotivierendes Manko bezeichnet.

1.3.5 Stärken und Schwächen des F&E-Managements am Beispiel des Projekts „Helen"

Die Division Lighting gab Mitte der 80er Jahre den Anstoß für eine Machbarkeitsstudie für ein neues Verfahren zur Beschichtung von Lampen. Hintergrund dafür war, daß ein wichtiger Wettbewerber ebenfalls an ähnlichen Prozessen zur Glasbeschichtung arbeitete. Da von den Universitäten in diesem Bereich wenig zu erwarten war, wurde das Projekt „Helen" als umlagefinanziertes Forschungsprojekt 1987 im Aachener Laboratorium gestartet. Mit der Einführung der Auftragsforschung 1990 wurde das Projekt durch die Division „Lighting" finanziert. Als deutlich wurde, daß der angestrebte Anwendungszweck nicht umgesetzt werden konnte, wurde das Projekt abgebrochen. Der Projektleiter suchte in Eigeninitiative nach anderen möglichen Anwendungen, um bisher erreichte Forschungsergebnisse zu nutzen.

Schließlich wurde das Projekt von 1992-94 als Technologietransferprojekt für eine Produktionsstätte in Frankreich im Geschäftsbereich „Special Purpose Lighting" fortgesetzt, da der Fertigungsprozeß für spezifische Lampen sinnvoll genutzt werden konnte. Die Entwicklung des Projekts verlief demnach in den drei Phasen (1) umlagefinanzierte Forschung von 1987-90, (2) Forschung im Auftrag der Division 1990-92 und (3) Technologietransfer im Auftrag der Business Group 1992-94. Damit repräsentiert „Helen" einen neuen Projekttyp, der beispielhaft für das veränderte F&E-Management von Philips steht: Früher erfolgte der Technologietransfer von PCR über die Product Division in die Produktionsstätte. In diesen Prozeß waren zuviele Ebenen eingeschaltet, zudem waren Angebot (Forschungsergebnis) und Nachfrage (Anforderungen der BG bzw. Fabrik) oft nicht aufeinander abgestimmt. Heute wird die Technologie in direktem

Kontakt mit dem Auftraggeber in die Technikentwicklung oder die Produktion transferiert. Bis Ende der 80er Jahre war es nach Interviewaussagen üblich, daß sich Philips-Forscher an technologischen Spitzenleistungen, aber selten an der erfolgreichen Entwicklung einer Produkt- oder Prozeßinnovation orientierten.

Als „Helen" als Technologietransferprojekt erneut aufgenommen wurde, bestand das Team (mit nahezu Vollzeitkapazität) aus drei Wissenschaftlern des Aachener Labors und vier Ingenieuren/Verfahrenstechnikern der französischen Produktionsstätte. In der Anfangsphase, die etwa ein ¾ Jahr dauerte, wurden alle Projektmitarbeiter in ein Großraumbüro ins Aachener Labor geholt, um in enger Kooperation mit den Forschern den Fertigungsprozeß zu beschreiben und das Verfahren zu einem Prototypen zu entwikkeln. Die Transferphase zur Implementierung des Prototypen in der Produktion fand in der Fabrik in Metz statt. Nach den Regeln des neuen F&E-Managements ging damit die Projektleitung in die Hände des Kunden über. Dem früheren Projektleiter fiel die Akzeptanz dieser Entscheidung sehr schwer, da er selbst als treibende Kraft nach einer Umsetzung seiner Ergebnisse suchte und die Ingenieure in Frankreich erst von der Überlegenheit des neuen Verfahrens überzeugen mußte.

Vor Projektbeginn wurden die inhaltlichen Ziele und der zeitliche Rahmen abgesteckt sowie Meilensteine definiert. Zur funktionalen Spezifikation wurde ein Pflichtenheft erstellt. Weitere Instrumente wurden nicht eingesetzt, ein Abgleich zwischen Kapazitätsbedarf und -verbrauch im Projektverlauf war offenbar nur in den Köpfen der Beteiligten verankert. Für die Projektlenkung wurde ein Steering Committee etabliert, dem der Deputy Director des Forschungssektors „Technical Physics and Chemistry" sowie der Produktmanager und der Entwicklungsleiter des französischen Auftraggebers angehörte. Alle drei Monate wurde hier der Projektfortschritt diskutiert und bei Bedarf der französische Projektleiter, der Gruppen- oder Projektleiter aus Aachen hinzugezogen.

Die Stellung des Projektleiters wird als schwach empfunden, seine Aufgabe besteht im wesentlichen in der ordnungsgemäßen Durchführung des Projekts. Die Definition, das Budget, der Zeitplan und die Zusammensetzung des Teams werden dem Projektleiter vorgegeben. In Abhängigkeit von der persönlichen Motivation kann der Projektmanager nur informell auf die Vorgaben Einfluß nehmen, formal liegen die Zuständigkeiten beim Gruppen- bzw. Abteilungsleiter. Die Stellung und Verantwortlichkeit des Projektleiters kann daher als unzureichend bezeichnet werden, die ihm zur Verfügung stehenden Instrumente sind eher informeller Art.

Hinsichtlich der Motivation für eine optimale Durchführung der Projekte wird offenbar vom Management auf den inneren Antrieb des Forschers und sein ursprüngliches Interesse an seiner Arbeit gesetzt. Spürbar an Bedeutung gewinnt die Anerkennung der Leistungen durch die Auftraggeber. Die schwache Stellung der Projektmanager wirft augenscheinlich Motivationshemmnisse auf, hier wurde in den Gesprächen mehr Beteiligung und Verantwortlichkeit für die Leitung und das Team reklamiert.

1.4 Zusammenfassung und kritische Würdigung

Philips hat seit Anfang der 80er Jahre einen tiefgreifenden Strukturwandel durchlaufen, der von einer massiven Verschiebung des Einflusses zugunsten der Divisionen begleitet wurde und wesentliche Auswirkungen auf Forschung und Entwicklung hatte. Ende der 80er Jahre mußte eine Arrondierung von Philips Corporate Research (PCR) stattfinden. Das Hamburger Labor wurde in das Aachener Labor integriert, das Labor in Brüssel geschlossen und die Personalkapazität in PCR um etwa 25% reduziert. Vor allem die Innovationsfähigkeit bereitete dem Konzern erhebliche Schwierigkeiten, die vor allem in (1) einer mangelnden Umsetzung der Forschungsergebnisse der autonom agierenden zentralen Forschung in marktfähige Produkte, (2) in Doppelarbeiten und Fragmentierung der Forschungslabors untereinander in den fünf Ländern, (3) einer ungenügenden Kooperation mit Wissenschaft und Forschung in anderen Unternehmen und (4) einer zu starken Orientierung auf Technologie an sich und nicht auf Anwendungen bestand. Das F&E-Management kann bis in die 80er Jahre als stark informell charakterisiert werden. In den Gesprächen überwogen die Aussagen, daß Philips mit zu hoher Forschungsautonomie teures Lehrgeld bezahlt habe. Japanische Wettbewerber waren beispielsweise bei der Bildplatte oder bei Videorecordern schneller auf dem Markt, obwohl Philips technologisch an der Spitze stand.

Wesentliche Ansatzpunkte eines „Change Management" waren daher die Herausbildung formaler Entscheidungsprozeduren, die Steuerung eines wesentlichen Teils der Forschung durch den Markt bzw. die Kunden sowie die Integration der weltweit „verstreuten" Forschung. So wurde die Auftragsforschung für die Product Divisions bzw. Business Groups erheblich ausgeweitet und die über Konzernumlage finanzierte Forschung gravierend verringert, F&E durch Portfoliomanagement in die Strategien der PD/BG eingebunden, Forschungskapazitäten weltweit gebündelt und die vorherrschenden informellen Koordinationsmechanismen durch formale Mechanismen ergänzt. Im Kern handelt es sich um Probleme der Koordination und um Maßnahmen zur Verbesserung der Koordinationsfähigkeit. Mit diesen Veränderungen in der Integration und im Management von F&E sind zum Zeitpunkt unserer Befragung bereits erste Erfahrungen des Philips-Managements gesammelt worden.

Diese Veränderungen werden auch bei einer Gegenüberstellung der verschiedenen Koordinationsmechanismen deutlich (vgl. Abb. IV-9). Bei den informellen Koordinationsmechanismen herrschen nach wie vor die direkten persönlichen Kontakte und die informelle Kommunikation vor. Ein Transfer von Forschern in die Divisionen/Bereiche wird offenbar nicht ausreichend systematisch betrieben (dieser Eindruck wurde zumindest durch Gespräche mit Projekt- und Gruppenleiter vermittelt). Die Abstimmung zwischen F&E und den Divisionen/Bereichen sowie zwischen den internationalen F&E-Einheiten scheint nicht durch unterstützende Personalpolitik und Anreizsysteme verfolgt zu werden oder kommt nicht zur Geltung. Auch dieser Mangel führt entsprechend den Interviews zu Unzufriedenheit und Demotivation auf der operativen Ebene.

Abbildung IV-9: Matrix Koordinationsaufgabe und -instrumente (Philips N.V.)

Koordination internationaler F&E	Koordination von ... Zentraler Forschung & Sparten	F&E/Unternehmensstrategie	verschied. Technikgebieten	int. F&E-Einheiten
Strukturelle und formale Mechanismen				
Zentralisation/ Dezentralisation				
– Dezentralisation des Entscheidungsprozesses	■	■	■	■
Strukturelle Koordinationsorgane				
– Management Committee (Vorstand/F&E)		■		▒
– Steering Committee (F&E/Sparten)	■			▒
– Research Directors Conferences				■
– CTOs	▒			▒
– PD-/BG-Koordinatoren	▒			
– Corporate Research Bureau	▒	■		■
Programmierung/ Standardisierung				
– F&E-Politiken				
– Stellenbeschreibungen				
– Handbücher (z.B. F&E-Projektmanagement)				
Pläne/ Planung				
– Portfolio/Capability Management	■	■	▒	■
Ergebnis-/ Verhaltenskontrolle				
– Controlling von Projekten/Budgets				
– Projekt-Meilensteine	▒			
– Evaluation F&E-Programme/-Projekte				
Hybride Mechanismen				
– Zeitlich befristete Teams (Task Forces)				
– (Internationale) F&E-Projekte	■		■	■
– Strategische Projekte				
– Technologieplattformen (z.B. Multimedia)	▒		■	▒
Informelle Mechanismen				
Persönliche Kontakte/ Informelle Kommunikation				
– Persönliche Kontakte unter (F&E-)Managern	■	▒	▒	■
– Besuche	▒		▒	▒
– Technologiemessen				
– Forschungskonferenzen			▒	▒
– Transfer von Wissenschaftlern	▒			▒
Sozialisation: Schaffung einer übergreifenden Organisationskultur durch				
– Gemeinsame Ziele/Strategien				
– Gemeinsame Werte/Normen				
– Job Rotation F&E-Produktion-Marketing				
– Leistungs- und Anreizsysteme				
– Weiterbildung/Personalentwicklung				
Interne Märkte/ Lenkpreise				
– Auftragsforschung für Geschäftsbereiche	■			

■ = sehr gewichtiges, ausgeprägtes Instrument
▒ = Instrument wird eingesetzt
☐ = unbedeutend, keine Anwendung

Zum ausgeprägten Koordinationsmechanismus der persönlichen Kontakte/informellen Kommunikation kommen jedoch mit dem F&E-Management der 90er Jahre strukturelle und formale Mechanismen hinzu (vgl. Abb. IV-9). Dazu zählen für die Planung das ausgefeilte Instrument des „Portfolio/Capability Management" und die strukturellen Koordinationsorgane mit den verschiedenen Committees, integrierenden Personen (CTOs, Product Manager, PD-/BG-Koordinatoren) und dem Corporate Research Bureau. Letztgenanntes spielt eine wichtige Rolle bei der Abstimmung von zentraler Forschung und den Divisionen/Bereichen, von F&E mit den Divisions- bzw. Bereichsstrategien und den internationalen F&E-Einheiten. Dagegen ist die Entscheidungskompetenz der CTOs offenbar nicht so ausgeprägt, um wirklich Einfluß auf die Abstimmung zwischen F&E und den Divisions/Business Groups zu nehmen; gleiches läßt sich für die PD-/BG-Koordinatoren feststellen. Die Standardisierung von Entscheidungsabläufen ebenso wie die Ergebnis- bzw. Verhaltenskontrolle spielt keine Rolle als Koordinationsmechanismus. Insgesamt gesehen ist der Entscheidungsprozeß durch Dezentralisation und „Commitment" gekennzeichnet.

Ein neues, hybrides Koordinationsinstrument sind Technologieplattformen. Diese wurden neuerdings bei Philips Research zum Management von Querschnittstechnologien eingerichtet (vgl. Abb. IV-9). Zur Zeit der Interviews bestanden die Plattformen „Storage" und „Multimedia". Diese liegen quer zu den meist nach technischen Disziplinen ausgerichteten Abteilungen der Forschungslabors. Projektvorschläge und -anträge können von den fünf weltweit verteilten Philips-Forschungszentren und den Business Groups gestellt werden. Die Teilnahme ist international und ermöglicht neben der Fusion verschiedener Technologien die Abstimmung der geographisch verstreuten Philips-Labors. Eine Plattform wird von einem Programme Director geleitet, der direkt dem Senior Managing Director berichtspflichtig ist, hat hohe Priorität und die Unterstützung durch das Top Management. Mit der Plattform „Multimedia" gelang die Herausbildung eines konzernübergreifenden, internationalen Forschungsnetzwerks innerhalb des Unternehmens.

Einen weiteren hybriden Koordinationsmechanismus stellen F&E-Projekte dar, die zum Teil länderübergreifend durchgeführt werden und die zentrale Forschung mit den Divisionen/Bereichen, verschiedene Technikgebiete und die Labors global verbinden sollen. Die Stellung des Projektleiters wurde in einigen Gesprächen hinsichtlich der Entscheidungskompetenz als zu schwach bezeichnet, um die potentiellen Wirkungen dieses Instruments wirklich zu erreichen.

Das F&E-Management der 90er Jahre ist bei Philips durch eine Zweiteilung in Auftragsforschung für die Sparten (70%) und grundlegende Forschung (30%) gekennzeichnet. Die Hauptveränderung stellt eindeutig die Einrichtung der Auftragsforschung dar. Kritische Stimmen sehen allerdings die Gefahr, daß die Konzernforschung zu kurzfristig ausgerichtet werden könnte. Deutliche Vorteile sind die höhere Zielorientierung der Forschung und deren unmittelbare Orientierung auf die Bedürfnisse der Divisionen/Bereiche und deren Märkte. Zudem tritt Philips Research aus Sicht der Geschäftsbereiche in eine fruchtbare Konkurrenz mit externen F&E-Einrichtungen.

2 Fallstudie Sony Corporation

2.1 Unternehmensaktivitäten und Aufbauorganisation

Das Unternehmen wurde im Mai 1946 von Masaru Ibuka und Akio Morita als Tokyo Tsushin Kogyo (Tokyo Telecommunications Engineering Corporation) in Tokyo gegründet und 1958 als Sony Corporation an der Börse notiert. Das Unternehmen stellte 1950 den ersten japanischen Cassettenrecorder sowie 1955 das erste japanische Transistorradio her und war weltweit mit dem ersten Transistor-TV 1960 und dem kleinsten Videorecorder 1963 auf dem Markt. Eine lange Serie von Erfolgen folgte (u.a. Walkman, CD-Player, Camcorder) verbunden mit hohem Wachstum und hohen Gewinnmargen, die 1991 mit dem ersten ausgewiesenen operativen Verlust gestoppt wurde. Sony hat eine Vielzahl von Innovationen hervorgebracht und zählt heute zu seinen Produkten Video- und Audioausrüstungen, Television, Bildschirme, Halbleiter, Computer und informationsbezogene Produkte wie CD-ROM und Micro Floppydisc Systems. Eine Vielzahl von Beobachtern zählen Sony zu den weltweit eindruckvollsten innovativen Unternehmen im Elektronikbereich, das über eine ungewöhnliche organisatorische Fähigkeit zur Innovation verfügt[1].

2.1.1 Wirtschaftliche Entwicklung und globale Aktivitäten

Der Konzern ist nicht nur eines der weltweit führenden Unternehmen in der Konsumelektronik sondern auch im Bereich der Unterhaltung: Durch Sony Music Entertainment Inc. und Sony Pictures Entertainment hat das Unternehmen seine Geschäftstätigkeit in der Unterhaltungsbranche aber auch im Bereich werbewirksamer Software stärken können. Es erfolgte deutlich eine Diversifizierung der Konsumelektronik „Upstream“ hin zu Halbleitern und Elektronikkomponenten und „Downstream“ zu Computern, Software und Unterhaltung.

Im Geschäftsjahr 1994 waren 130.000 Mitarbeiter bei der Sony Corporation beschäftigt. Die Geschäftstätigkeit wird in die beiden großen Bereiche Elektronik und Unterhaltung eingeteilt, die wiederum weiter in Produktgruppen untergliedert werden und 1994 folgenden Anteil am Gesamtumsatz von 3.734 Mrd. Yen[2] hatten:

---

[1] Vergleiche z.B. Collinson 1993, Cope 1990, Cianarca/Colombo/Mariotti 1989, Fujita/Ishii 1994, 8ff, Ishii 1992, Nozu 1991, Sanderson/Uzumeri 1995, Schlender 1992.

[2] Ca. 58,25 Mrd. DM; Kurs 100 Yen = 1,56 DM, März 1995.

- Elektronik (78,9%):
  - Videoausrüstungen (17,9%) wie z.B. Videorecorder/Camcorder;
  - Audioausrüstungen (22,5%) wie z.B. CD-Geräte, DAT, MD, Stereogeräte;
  - Television (16,6%) wie z.B. HDTV, Monitore, LCD, Satellitenübertragung;
  - übrige Bereiche (21,9%) wie Halbleiter, Elektronikkomponenten, CD-ROM, Computer.

- Unterhaltung (21,1%):
  - Gruppe Musik (12,3%) (Sony Music Entertainment Inc.);
  - Gruppe Film (8,8%) (Sony Pictures Entertainment Inc.).

Seit Gründung des Unternehmens bestand die Strategie weniger in der Suche nach Marktlücken als vielmehr in der Schaffung neuer Märkte durch innovative Produkte und die Nutzung neuer Technologien. „Sony will nicht (vorhandene, bewußte) Bedürfnisse des Verbrauchers befriedigen, sondern Bedürfnisse erzeugen, von denen der Verbraucher heute nichts weiß, die ihn aber begeistern werden" (Sommer 1990, 12). Dies beinhaltete früher wie heute eine starke, unternehmensweite Übereinstimmung über die Durchführung von Forschung und Entwicklung und die Einbeziehung von F&E in die Geschäftsstrategie.

Nach Ländern - oder besser im Sony-Sprachgebrauch nach „Zonen" („Zones") - gegliedert, entfielen im Geschäftsjahr 1994 auf Japan 27,4%, auf die USA 30,9%, auf Europa 22,3% und auf die übrigen Gebiete 19,4% des Umsatzes.[3] Beinahe 74% des gesamten Umsatzes wurde demnach im Ausland erzielt. In Europa verringerte sich der Umsatz um 19,9% gegenüber 1993, während dieser in den USA lediglich um 5,1% sank. Die negative wirtschaftliche Entwicklung der vergangenen Jahre führte auch bei Sony zur Konzentration und Umstrukturierung des Unternehmens sowie zu Kostensenkungen und einem selektiven Investitionsverhalten.

Die Aufwertungen des Yen führten zur Reduzierung der hohen Exportquote von 66% (1985) auf heute 60% und zur Ausdehnung der Produktion im Ausland. Derzeit umfaßt die langfristige Unternehmensstrategie die nachhaltige Ausdehnung der Geschäftsaktivitäten über Japan hinaus in die USA, Europa und Asien. Die Globalisierung betrifft alle Elemente der Wertekette, also sowohl Produktion, Marketing, Vertrieb, Kundendienste als auch zunehmend Forschung, Entwicklung und Design.

---

3 1995 betrug der regionale Anteil am weltweiten Nettoumsatz für Japan 27,6%, USA 28,9%, Europa 22,7% und für die anderen Gebiete 20,8%.

2.1.2 Aufbauorganisation

Als eine Konsequenz aus der negativen ökonomischen Entwicklung wurden nach 11 Jahren im April 1994 die bisher bestehenden 19 Product Groups abgeschafft und acht unabhängige divisionale Unternehmen („Companies“) gegründet (vgl. Abb. IV-10). Zu diesen selbständig agierenden Divisionen gehören drei sogenannte „Group Companies“ (Consumer AV, Components, Recording Media and Energy), die in angestammten Geschäftsfeldern tätig sind. Zum anderen sind dies fünf „Division Companies“ (Broadcast, Business & Industrial Systems, Infocom, Mobile Electronics, Semiconductor), die in Wachstumsmärkten agieren. Die Unternehmen sind weltweit für ihre Geschäftsfelder verantwortlich. Für die nächste Zukunft wurde die Bildung von zwei weiteren Divisionen angekündigt, so daß dann zehn Companies existieren.

Sony hat sich bereits ab den 60er Jahren als Unternehmen mit weltweiten Produkten verstanden und frühzeitig Vertriebsniederlassungen vor allem in den USA und Europa etabliert. Heute kann Sony als globales Unternehmen mit überwiegend „Centre-for-Global“-Innovationsprozessen charakterisiert werden (im Sinne von Bartlett/Ghoshal 1989). Von der Führung, den Entscheidungsprozessen und der Zentralisation von F&E her gesehen ist Sony nach wie vor ein sehr stark japanisch geprägtes Unternehmen. Das „Board of Directors“ besteht aus zwei ausländischen und 16 japanischen Direktoren. In Japan erfolgt das strategische globale Management und die Entwicklung der Kerntechnologien, während die operativen Entscheidungen des Managements bzw. der Produktion vor Ort in den drei Regionen USA, Europa und Asien getroffen werden. Das „Headquarter“ in Tokyo übernimmt daher zentrale Managementaufgaben wie Entwicklung der Unternehmensstrategien bzw. F&E-Strategien, Marketing, Personal, Weiterbildung, Finanzen, Werbung und Beschaffung (vgl. Abb. IV-10). Zudem sind die zentralen Forschungslabors ebenfalls in Japan (v.a. in Tokyo) angesiedelt.

Obwohl jedes Sony-Unternehmen weltweit für seine Produkte und Produktion verantwortlich ist, wurden regionale Headquarters eingerichtet, deren Aufgaben in der Koordination der Unternehmen einer Region sowie in der regionalspezifischen Werbung, im Vertrieb, in rechtlichen bzw. steuerlichen Angelegenheiten und im Personalwesen liegen. Derzeit bestehen operative Headquarters in New York für die Region Nordamerika, in Singapore für Asien (ausgenommen Japan) und in Deutschland für Europa. Mit dem Konzept der „Global Localization“ soll die bisherige globale Strategie aber vorsichtig verlassen werden.

In Europa spiegelt sich die Struktur der acht Companies wider (vgl. Sony 1995). Entwicklung, Konstruktion, Produktion und strategisches Marketing sind in zentralen Einheiten in den Management Headquarters eingerichtet. Vertrieb und Dienstleistungen sind dagegen den einzelnen Ländern zugeordnet.

Abbildung IV-10: Schematische Darstellung der Aufbauorganisation Sony Corporation

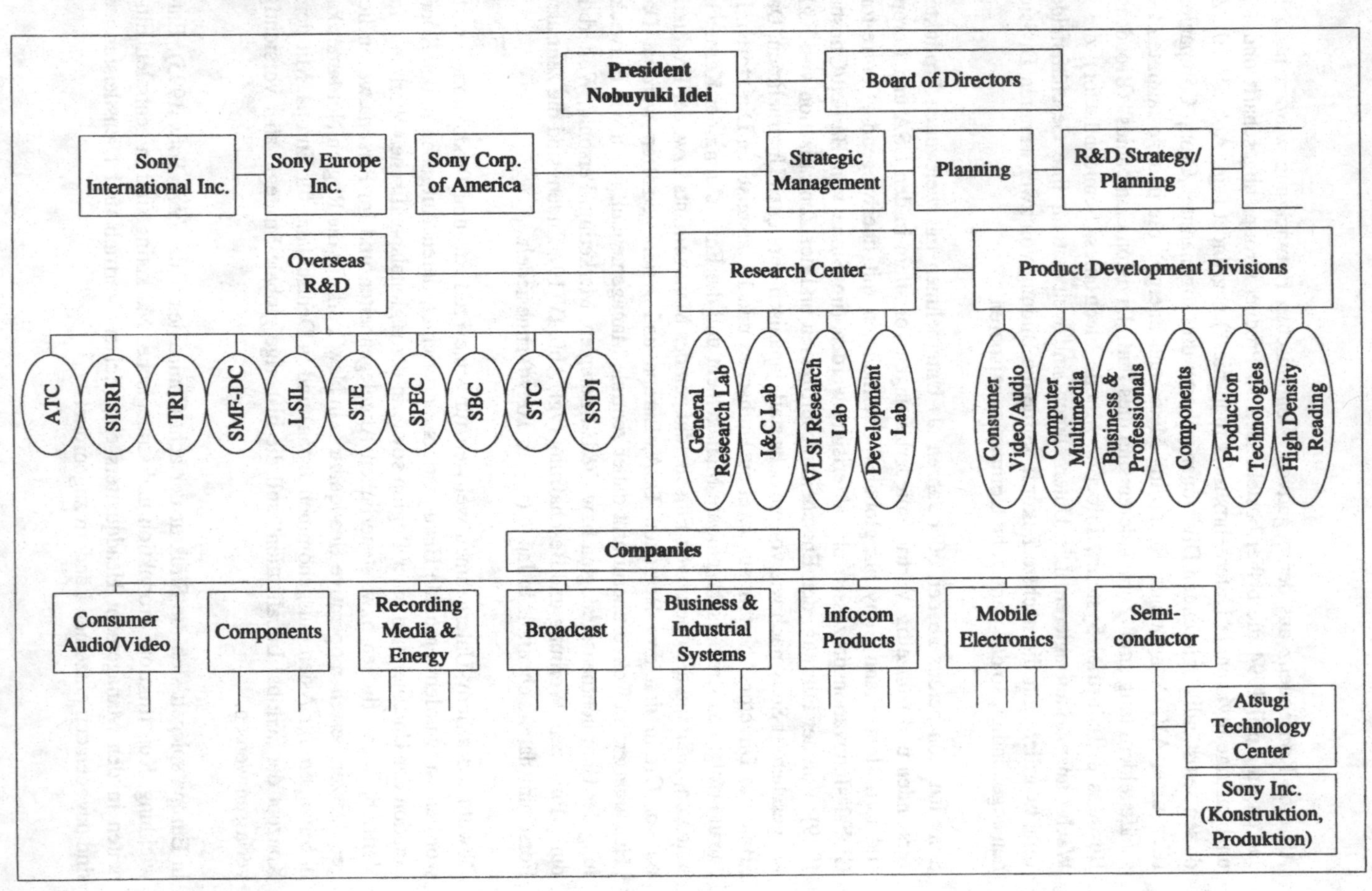

2.1.3 Kernprobleme des F&E-Managements

Sony befindet sich in einer starken Umbruchphase, in der gezwungermaßen neue Organisationsstrukturen und Managementkonzepte gefunden und ausprobiert werden müssen. Welches Konzept sich letztendlich durchsetzt, ist derzeit ungewiß; die Aussagen dieser Fallstudie müssen daher als Momentaufnahmen gesehen werden. In den Gesprächen wurde die Notwendigkeit einer Veränderung des japanischen Managementstils von Sony betont. Im Bereich der Produktion war Japan sehr fortgeschritten. In den 80er Jahren galt die Maxime, daß die Herstellung von Produkten zu geringen Kosten zu hohen Gewinnen führt. Das damals vorherrschende Paradigma bestand in kostengünstiger Produktion und Preiswettbewerb. Dieses gilt heute für Sony und andere japanische Großunternehmen nicht mehr. Die Konzerne Südostasiens haben aufgeholt und können weitaus günstiger produzieren. Der Yen ist hoch bewertet und drückt die Exporte. Es müssen also neue Wege gefunden werden, damit das Unternehmen wettbewerbsfähig bleiben kann. Bisher verharrten die Sony-Manager zu lange in ihrer japanisch-geprägten Unternehmenswelt. Da eine Vielzahl neuer Geschäftsmöglichkeiten wie z.B. Mobiltelefone und Digital Video Broadcasting vom regionalen Umfeld abhängen, schwindet der Wettbewerbsvorteil japanischer Produktion, der in der ausgezeichneten Kooperation in kleinen Teams besteht.

Das größte Problem des internationalen F&E-Managements wird in der Koordination der ausländischen F&E, dem Ausbalancieren des autonomen Kompetenzaufbaus im Ausland und der Integration in den Gesamtkonzern gesehen. Sony versucht gerade, hier neue Wege einzuschlagen. Bis vor kurzem hatte das „Headquarter“ in Tokyo über die „Corporate R&D Planning Group“ entscheidenden Einfluß auf die Tätigkeit der ausländischen F&E-Labors. Dies führte zu erheblichen Abstimmungs- und Motivationsproblemen bei Forschern und Managern im Ausland. Das F&E-Management in den 90er Jahren versucht daher, die Entscheidungen stärker zu dezentralisieren bzw. zu regionalisieren und dennoch eine Einbindung in die japanische Mutter sicherzustellen.

2.2 Organisation und Internationalisierung von F&E

2.2.1 Konfiguration von F&E in internationaler Dimension

Konstanter F&E-Anteil trotz Konjunktureinbruch

Der Anteil des F&E-Aufwands am Umsatz schwankte in den Geschäftsjahren 1990 bis 1994 zwischen 5,7% (1990) und 6,1% (1992) und betrug etwa 6% im Jahr 1994 (vgl.

Abb. IV-11). Es ist Unternehmenspolitik von Sony, den F&E-Anteil am Umsatz trotz Konjunktureinbrüche bei etwa 6% zu halten, da F&E als entscheidender Faktor für das langfristige Wachstum des Elektronik-Geschäftsbereichs gilt. In absoluten Zahlen stieg der F&E-Aufwand von 165 Mrd. Yen (1990) auf 222 Mrd. Yen[4] im Jahr 1994. Nimmt man den Umsatz der Music Group und Pictures Group aus dem Konzernumsatz mit der Begründung heraus, daß beide Gruppen keinen Beitrag zu F&E leisten, ergibt sich ein höherer F&E-Anteil am Umsatz mit 8,2% im Jahr 1994. Etwa 9.000 Ingenieure und Wissenschaftler arbeiten bei Sony in der F&E (vgl. Harryson 1994, 148).

F&E-Aktivitäten in Höhe von 222 Mrd Yen (1994) wurden zu 94% in den Unternehmen (F&E-Labors und Technikentwicklung) und zu 6% im zentralen Forschungszentrum durchgeführt. Der Anteil der Sony-Unternehmen an der gesamten F&E des Konzerns ist im Vergleich mit Philips (Verhältnis 90 : 10) höher.

Abbildung IV-11: Nettoumsatz und F&E-Aufwand Sony Corporation

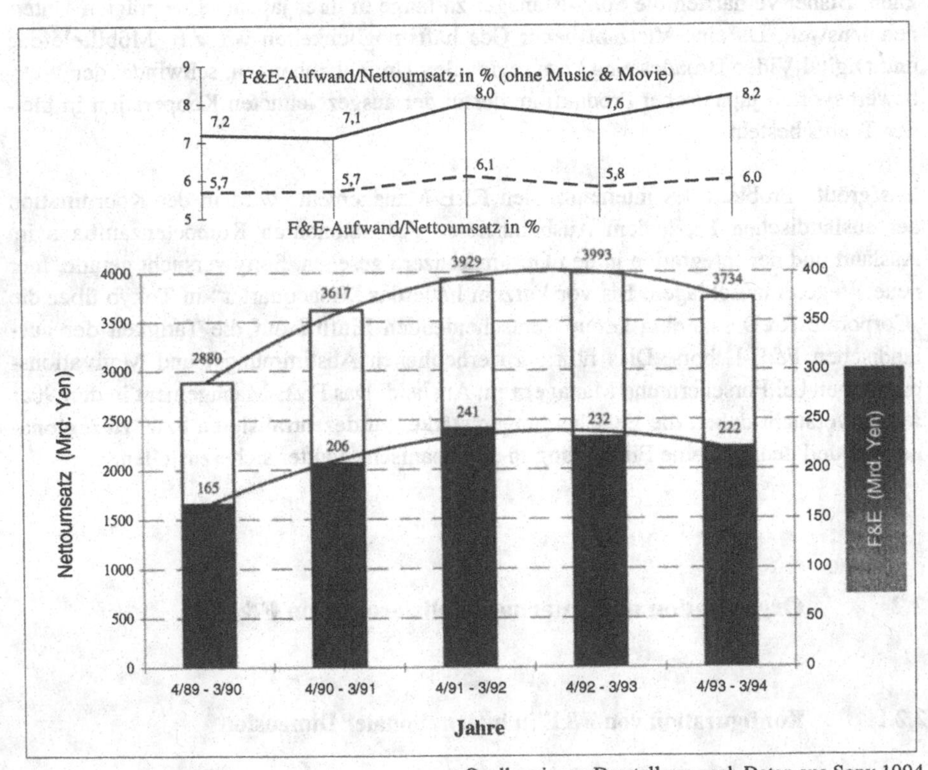

Quelle: eigene Darstellung nach Daten aus Sony 1994

4 Ca. 3,46 Mrd. DM; Kurs 100 Yen = 1,56 DM, März 1995.

Umstrukturierung und Aufbau von F&E

Die Umstrukturierung findet auch in Forschung und Entwicklung statt, und die zentralen Forschungslabors („Corporate Research Laboratories") von Sony erhielten eine neue Managementstruktur. Im April 1994 wurde das „Research Center" reorganisiert und verschiedene, wichtige Zentrallabors unter ein Management vereint. Das Research Center in Tokyo/Yokohama stellt mit diesen Forschungslabors die konzernübergreifende Forschung von Sony dar. Diese Zentralisierung soll die Zusammenarbeit zwischen verschiedenen F&E-Einheiten verbessern und den Technologietransfer von zentraler F&E zu den Geschäftsbereichen erleichtern. In den 80er Jahren stand das „Research Center" außerhalb der anderen „Corporate Research Laboratories".

Die internen F&E-Aktivitäten von Sony bestehen aus drei organisatorischen Schichten (vgl. Abb. IV-10 zur Aufbauorganisation): Primär um Forschung geht es im zentralen Forschungszentrum („Research Center"), das 1961 in Yokohama gegründet wurde, und den dazugehörigen „Corporate Research Labs"; der Zeithorizont der Tätigkeiten beträgt hier etwa 3-10 Jahre. Desweiteren betreiben die Sony-Unternehmen Produktentwicklung mit einem Zeithorizont von 1-3 Jahren in den „Product Development Divisions". Diese haben auch die Aufgabe, neue Technologien des Forschungszentrums zu nutzen, die den Weg nicht unmittelbar in die Companies gefunden haben, und die Rolle des „Incubators" wahrzunehmen. Zudem bestehen „Technology Centers" der Unternehmen, die z.B. Produktionstests durchführen, und teilweise eigene Technikentwicklungs- oder Konstruktionsabteilungen zur Unterstützung der Produktionsstätten. Die dritte Ebene stellen die zehn ausländischen F&E-Einheiten dar, die sich aus Mitteln für F&E-Projekte finanzieren, die im Auftrag von oder in Kooperation mit den Sony-Unternehmen, dem Headquarter bzw. den Ländergesellschaften durchgeführt werden.

Die dreiteilige Struktur wird durch die Möglichkeit unterbrochen, Projektgruppen außerhalb der formalen Organisation einzusetzen. Hierbei werden Projekte durchgeführt, die weder von den Sony-Unternehmen noch von der Konzernforschung aufgegriffen werden. Diese Projekte sollen konzernübergreifende Synergien herstellen und werden von den sogenannten „Merchandisers" koordiniert (vgl. Kapitel IV-2.3.3).

Weltweite F&E-Aktivitäten

Regional sind Forschung und Entwicklung in den vier „Zones" Japan, Europa, USA und Asien entsprechend Abbildung IV-12 verteilt. In Japan, Tokyo, ist eindeutig das Zentrum und der Schwerpunkt der Aktivitäten:

- Das „Research Center" in Tokyo forscht im Bereich neue Materialien, Schaltungen, IuK-Systeme und Halbleiter und ist das Herz der Sony-Forschung. Dem Forschungszentrum sind verschiedene zentrale Labors zugeteilt, die sich überwiegend in Tokyo befinden. Bei der Halbleiterforschung besteht eine Verbindung mit dem LSI-Labor in den USA, das dem Forschungszentrum zugeordnet ist.

- Entwicklung von Produkten wird in den „Product Development Divisions" der Sony-Unternehmen betrieben.

In Europa bestehen in fünf Ländern sechs F&E-Einheiten, die angewandte F&E und produktionsunterstützende Dienste anbieten (vgl. Abb. IV-12):

- Belgien: Sony Telecom Europe (STE) wurde in Brüssel vor allem mit der Absicht gegründet, die Entwicklungen im Bereich der Standardisierung und Harmonisierung für „Interactive Video Systems" in der Nähe der Europäischen Kommission rasch zu erfassen. Zudem soll der Zugang zu F&E-Projekten der Kommission erleichtert und Antragstellung und Durchführung von EU-Projekten Sony-intern koordiniert werden.
- Großbritannien: Sony Broadcast and Communications (SBC) wurde 1987 in Basingstoke, Großbritannien gegründet und ist im Bereich „Broadcast R&D" und „Digital Consumer R&D (DVB)" tätig. In Pencoed wird die dortige TV-Produktion unterstützt („Engineering").
- Deutschland: Das Stuttgart Technology Center (STC) besteht aus drei Einheiten, von denen nur die beiden Bereiche „Advanced-TV" und „Environmental Technology" Technikentwicklung betreiben. Das STC verfügt über Kompetenzen bei Digital Video Broadcasting, Digital Audio Broadcasting, Telecom, Car Navigation, TV und GSM-Mobiltelefone.
- Frankreich: In Ribeauville wird die Produktion von Audiogeräten und Mobiltelefonen durch „D&D Activities" (Konstruktions- und Designaktivitäten) unterstützt.
- Spanien: Ebenso wird die Produktionsstätte in Barcelona (TV, Tuner) von „D&D Activities" begleitet.

Insgesamt sind in den USA fünf organisatorische F&E-Einheiten an ungefähr 20 Standorten angesiedelt (vgl. Abb. IV-12):

- Das Advanced TV Technology Center (ATC) in Montvale forscht im Bereich des hochauflösenden TV vor allem für das Sony-Unternehmen „Consumer AV".
- Sony Intelligent Systems Lab (SISRL) in San Jose betreibt angewandte F&E im Bereich Signalverarbeitung vor allem für die Sony-Unternehmen „Consumer AV" und „Components".
- Das Telecommunications Research Lab (TRL) in Montvale forscht auf dem Gebiet der Telekommunikation.
- Sony Microelectronic Design Center (SME-DC) in San Jose arbeitet auf dem Gebiet der Halbleiter vor allem für das Sony-Unternehmen „Semiconductors".
- Das LSI Systems Lab (LSIL) in San Jose ist dem Forschungszentrum in Tokyo berichtspflichtig und forscht im Halbleiterbereich; es ist neben dem STE in Brüssel die einzige F&E-Einrichtung, die dem „Research Center" zugeordnet ist.
- Daneben existieren noch weitere F&E-Einheiten, die im wesentlichen von US-Tochtergesellschaften als Labors oder Technikzentren gegründet wurden und unter deren Leitung stehen.

Abbildung IV-12: Weltweite F&E-Einheiten der Sony Corporation

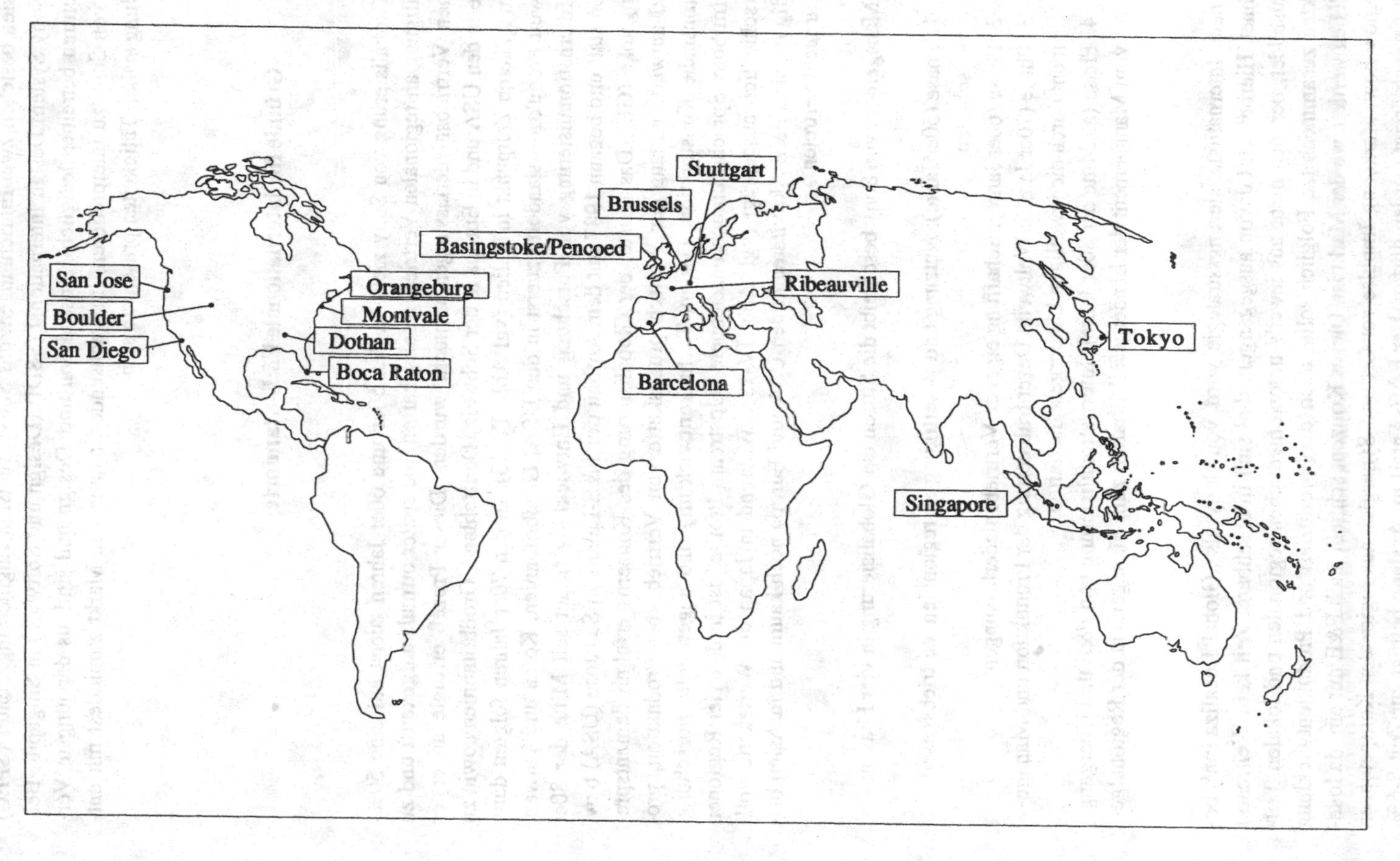

In Asien bestehen zwei Einrichtungen: das Sony Precision Engineering Center (SPEC) und Sony System Design International (SSDI) (Design und Software) in Singapur. Beide Zentren betreiben lediglich Konstruktion und Design und sind als der jüngste Versuch von Sony zu interpretieren, im wachsenden asiatischen Markt zumindest mit entwicklungsnahen Tätigkeiten präsent zu sein.

2.2.2 Gründe für internationale F&E-Standorte

Die Globalisierung von Sony zielte in den 50er und 60er Jahren zuerst auf eine 50%-Beteiligung an regionalen Vertriebsgesellschaften, die später oftmals aufgekauft und zu eigenen Vertriebsniederlassungen gemacht wurden. Dieser Prozeß erfolgte an erster Stelle in den USA und in Europa in der Schweiz, Deutschland, Großbritannien sowie zu einem späteren Zeitpunkt in Italien (vgl Abb. IV-13). In den 70er Jahren folgten dann weltweit Produktionsstandorte zuerst in den USA, Großbritannien, Korea und Taiwan. Die Internationalisierung von Forschung und Entwicklung findet seit Mitte der 80er Jahren statt und begann 1987 mit dem Aufbau der F&E-Labors in San Jose (USA) bzw. Basingstoke (GB). Das Muster der Globalisierung des Konzerns erfolgte dementsprechend aufwärts entlang der Wertschöpfungskette von Vertrieb über Produktion, produktionsnahe Konstruktion, Design, Technikentwicklung und angewandte Forschung. Das im Sony-Sprachgebrauch bezeichnete „Upstream Profile“ ist in den vier Regionen unterschiedlich ausgeprägt (vgl. Abb. IV-13): Während in Japan die Wertekette vollständig ist, sind F&E-Aktivitäten in den USA und Europa noch kaum und in Asien bisher gar nicht vertreten.

Das Management von Sony beschreibt die Stufen der Globalisierung in vier Phasen:

- 1. Phase (50er Jahre): Nutzung und Beteiligung an regionalen Vertriebsgesellschaften.
- 2. Phase (60er Jahre): Schaffung eigener Vertriebsniederlassungen.
- 3. Phase (70er Jahre): Weltweite Dezentralisierung der Produktion und Management durch die jeweiligen Ländergesellschaften.
- 4. Phase (ab Mitte der 80er Jahre): Internationalisierung von F&E und Übergang vom Management der Ländergesellschaften zum Management der Regionalgesellschaften („Zone Management“).

Die neue Internationalisierungsstrategie wird von Sony als „Global Localization“ bezeichnet. Hierbei wird davon ausgegangen, daß sich in absehbarer Zeit kein Weltmarkt herausbildet, der sich nicht aus jeweils unterschiedlichen regionalen und lokalen Teilmärkten zusammensetzt. Folglich sollte auch dort produziert und Produktentwicklung betrieben werden, wo der Markt ist. Dieses Konzept schließt auch F&E mit ein, da lokales Know-how, Marketing-Impulse vor Ort und Synergien aus regionalen Kompetenzen nicht vernachlässigt werden dürfen. Der F&E-Anteil im Ausland beträgt zur Zeit 5-6%, wobei sich die Quote in Europa auf etwa 3% und in den USA auf über 2% beläuft. Das Konzept des „Global Localization" zielt für die Zukunft auf einen F&E-Auslandsanteil von 20%, wobei sich Sony Europe und Sony America jeweils die Hälfte teilen sollen.

Abbildung IV-13: Schematische Darstellung der Internationalisierung der Wertekette von Sony („Upstream Profile")

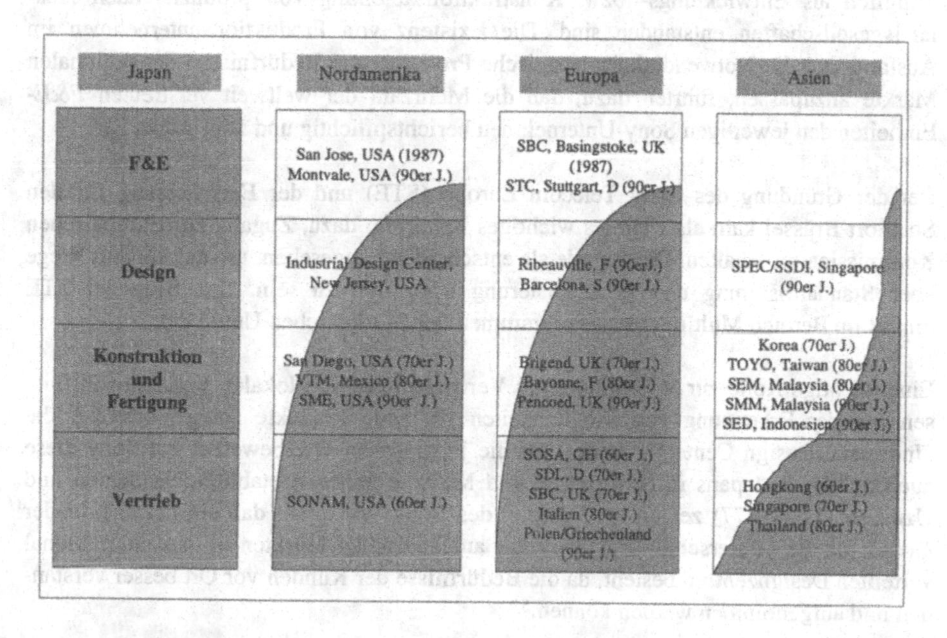

Im Kern verfolgt Sony mit der weltweiten Errichtung von F&E-Labors vier Ziele, die auch die Gründe für die geographische Verteilung von F&E darstellen. Nach Aussage des Managements sollen:

(1) neue Geschäftsfelder in lokalen Märkten generiert und die Bedürfnisse der Kunden vor Ort verstanden werden,
(2) Wissen und Erfahrungen vor allem im Bereich von Computern und Software erworben werden,
(3) Informationszentren für die lokalen Technik- und Markttrends etabliert werden („Local Antenna"),
(4) Beiträge zu lokalen Gemeinschaften z.B. im Bereich der Umwelttechnik geleistet sowie Zugänge zu Verwaltungen bzw. Ministerien geschaffen werden.

Entscheidend für die Gründung von ausländischen F&E-Labors bei Sony ist, daß sowohl Tochtergesellschaften mit Produktionstätigkeiten vorhanden sind als auch ein Bedarf für die lokale Anpassung der Produkte an den Markt besteht. Das Ziel, lokal neue Geschäftsfelder zu erschließen und Bedürfnisse zu verstehen, rangiert daher auch ganz oben in der internationalen F&E-Strategie. Ein Interesse und vor allem ein Bedarf an der Gewinnung von externen Wissensressourcen besteht bei Computer und Software, da

Sony in diesem Bereich schwach ist und in Japan nicht ausreichend Wissen und Erfahrung zur Verfügung steht („we can build hardware but not software"). Bedeutsam für die Standortentscheidung in diesem Fall ist eine hervorragende Expertise der regionalen Forschungseinrichtungen aber auch der Softwareunternehmen.

Im Gespräch mit den Managern von Sony wurde deutlich, daß die F&E-Einheiten vordringlich als Entwicklungs- bzw. Konstruktionsabteilung von produzierenden Auslandsgesellschaften entstanden sind. Die Existenz von Produktionsunternehmen im Ausland und die Notwendigkeit, japanische Produkte den Bedürfnissen der regionalen Märkte anzupassen, führten dazu, daß die Mehrzahl der weltweit verstreuten F&E-Einheiten den jeweiligen Sony-Unternehmen berichtspflichtig und zugeordnet ist.

Bei der Gründung des Sony Telecom Europe (STE) und der Entscheidung für den Standort Brüssel kam als weiteres wichtiges Kriterium dazu, Zugang zur Europäischen Kommission zu erhalten. Dies wurde als entscheidend angesehen, um auf kurzem Wege über Standardisierung und Harmonisierung informiert zu sein. Das Brüsseler STE nimmt im Bereich Multimedia an Programmen der Europäischen Union teil.

Eine wichtige Rolle zur Verbindung des Vertriebs bzw. von lokalen Kundenbedürfnissen mit der Erkennung von Möglichkeiten für neue Produkte spielen offenbar die „Industrial Design Centers". Anders als die japanischen Wettbewerber hat Sony diese auch außerhalb Japans in New Jersey und Mailand/Stuttgart etabliert. Sanderson und Uzumeri (1995, 777) zeigen am Beispiel des Sony Walkman, daß ein entscheidender Grund für die Führerschaft von Sony auf ausländischen Märkten in den international verteilten Designzentren besteht, da die Bedürfnisse der Kunden vor Ort besser verstanden und aufgenommen werden können.[5]

Mit Spannung wird bei Sony die Entwicklung der südostasiatischen Märkte beobachtet und die Frage gestellt, ob sich der Konzern dort mit F&E-Tätigkeiten stärker engagieren solle und wie sich die Konkurrenz verhalte. Folgt man den Prioritäten der Standortwahl könnte sich ein stärkeres F&E-Engagement in einigen Jahren auch in südostasiatischen Ländern entwickeln.

---

5 „Sony relied on its industrial design centers to understand lifestyles outside Japan and to exploit the potential for incremental and topological changes to serve customer perceptions and lifestyles. By combining industrial design with manufacturing flexibility, Sony generated designs that had market impacts and little marginal costs. (...) By locating marketing, product planning and industrial design resources in each of its major markets, Sony placed responsibility for design changes in the hands of the people who could best perform them" (Sanderson/Uzumeri 1995, 780).

2.3 Koordination der F&E- und Innovationsprozesse

2.3.1 Integration von F&E in Unternehmensstrategien

„Innovation Mandate"

Die Verbindung von F&E mit Konzern- bzw. Unternehmensstrategien wird bei Sony als Aufgabe des Top Managements angesehen. Es herrscht die Auffassung vor, daß der Innovationsprozeß nur durch ein Mandat - einen Auftrag - auf höchster Ebene angestossen werden kann. Dieses „Innovation Mandate" wird bei Sony vom Top Management ausgeübt, das auch die Ziele und Prioritäten festlegt.[6] Ist dies erfolgt, müssen diese Ziele entlang der Linienhierarchie konzernweit übertragen werden. Nur in einem innovationsfreundlichen Klima im Unternehmen kann dieses Mandat gedeihen. Die interne Unternehmenswelt muß die Herausbildung gemeinsamer Ziele und Werte auf allen Hierarchieebenen fördern. Die Schaffung dieser innovativen Kultur wird bei Sony als schwierige, aber entscheidende Aufgabe angesehen, da ohne diese Kultur Innovationen keine große Chance haben dürften. Dieser innovativen Unternehmenskultur kommt der vage Managementstil sehr entgegen, der entsprechend den Interviews weniger durch klare Strukturen als vielmehr durch „Fuzzy Logic" charakterisiert werden kann.

Corporate R&D Planning Group

Das wichtigste Organ zur Sicherung des „Innovation Mandate" bei Sony ist die „Corporate R&D Planning Group", die wöchentlich direkt dem Präsidenten zu berichten hat (vgl. ausführlich dazu Kapitel IV-2.3.4). Die weltweite Beobachtung, Abstimmung und Steuerung der konzernweiten F&E-Aktivitäten von Sony ist die Aufgabe dieser zentralen F&E-Planungsgruppe. Die „Corporate R&D Planning Group" ist der wesentliche Akteur in der Koordination sämtlicher F&E-Aktivitäten des Konzerns, sie soll Doppelarbeiten identifizieren sowie den Fortschritt und die Richtung der Sony-F&E überwachen.[7] Mit dieser Planungsgruppe wurde ein schlagkräftiges strukturelles Koordinationsorgan geschaffen, mit dem das Top Management die konzernweite F&E strategisch beeinflussen kann.

---

6 Vergleiche dazu den Hinweis von Morita (1992, 11): „Naturally, ... , the most important responsibility of the top management of an industrial company is to decide targets for the innovation mandate in that company".

7 Dieses durch eigene Interviews gewonnene Ergebnis wird durch Morita (1992, 11) erhärtet: „Any company has an accounting group, supervising the companywide financial situation. In just the same way we have a group watching R&D companywide all the time. Because in my company, we have many, many different divisions and sometimes the same R&D is going on in different divisions. It's a waste of money."

Strategy Committees

Bei Sony wird großer Wert auf die Einbindung der F&E-Strategie in die Strategie des Konzerns und der „Companies“ gelegt. Jedes Sony-Unternehmen hat jährliche Treffen, auf denen die F&E- und die Geschäftsstrategien diskutiert werden. Die Konzernstrategie wird vom Präsidenten formuliert und ist eine Top-Down-Entscheidung.

Auf Konzernebene finden zweimal pro Jahr „Strategy Meetings“ statt. In der ersten Reihe sitzt der Vorstand („Board of Directors“) mit den etwa 30 Direktoren. Es besteht Anwesenheitspflicht, und so nimmt bei den Treffen die Mehrzahl der Vorstandsmitglieder teil. In der zweiten Reihe sitzen die Stäbe (ca. 50-60 Personen), die zu Fachfragen Stellung nehmen. Diese Strategiesitzungen werden in japanisch abgehalten, der teilnehmende CTO von Sony Europe ist der einzige Nicht-Japaner. Viele der Direktoren stammen aus der F&E oder sind hier noch tätig, sie stellen so eine ausgezeichnete persönliche Verbindung zur Einbettung von F&E in die Konzernstrategie dar.

Die F&E-Strategie jeder einzelnen Company und deren F&E-Prioritäten werden auf dem „R&D Strategy Planning Meeting“ besprochen, das zweimal pro Jahr stattfindet. Teilnehmer sind der President und die zuständigen Manager aus den Unternehmen.

Insgesamt wurde in den Gesprächen deutlich, daß bei Sony F&E als ein strategisches Instrument eingesetzt wird, und daher strikt auf die Einbettung von F&E in die Konzern- und -Unternehmensstrategien geachtet wird. Dieses bei Sony mit Akribie verfolgte Konzept, ein ausgeprägtes innovatives Klima und die Strategie, nicht Marktnischen zu suchen sondern neue Märkte aktiv zu schaffen, könnte ein wesentlicher Faktor für die langfristige Innovations- und Wettbewerbsfähigkeit des Unternehmens sein.

2.3.2 Koordination zentrale Forschung und Entwicklung in den“Companies“

Auftragsforschung

Die zentrale Forschung wird zu ungefähr 20% über Konzernumlage und zu etwa 80% über Aufträge der Unternehmen finanziert. Mit diesem hohen Anteil soll eine starke Anbindung der „Corporate Research Labs“ an die Sony-Unternehmen sichergestellt werden. Die Forscher in den Labors des Research Center müssen sich zunächst einen internen Sponsor für ihre Forschungsarbeiten suchen, der die Entwicklung eines technischen Demonstrators fördert. Mit der Demonstration wird ein interessiertes Sony-Unternehmen als Sponsor geworben, das die weiteren Arbeiten bis zum Prototyp hin finanziell unterstützt.

Bei neuen Technologien oder Anwendungen des Forschungszentrums, die nicht von den Companies nachgefragt bzw. gesponsert werden, haben die „Product Development Divisions" die Aufgabe, diese zu prüfen, und die Rolle des „Incubator" und „Intermediary" zwischen Research Center und Unternehmen wahrzunehmen.

Personaltransfer

Ein wichtiges Instrument der Koordination zwischen den zentralen Forschungslabors und den Sony-Unternehmen ist das Job Rotation System. Dieser informelle Mechanismus zur Herausbildung einer gemeinsamen Kultur wurde in den Gesprächen immer wieder genannt und in den Vordergrund gestellt, auf eher formale Koordinationsinstrumente wurde weniger eingegangen. Etwa die Hälfte der Forscher der Forschungslaboratorien wechseln nach drei Jahren in die Entwicklung der Sony-Unternehmen, der Aufenthalt in der Forschung wird eher als zeitlich begrenzter Ausbildungsabschnitt verstanden. Teilweise werden ganze Forscherteams mit ihrer neuen Anwendung in ein Sony-Unternehmen transferiert. Dort arbeiten diese beispielsweise am Aufbau der Produktionslinie für die neuen Produkte. In den meisten Fällen kehren die Wissenschaftler nicht mehr in die „Corporate Research Labs" zurück. Aus Sicht des Managements stellt Job Rotation gemäß der Interviews ein ausgezeichnetes Instrument zur Koordination der zentralen Forschung mit der Entwicklung bzw. Produktion der Sony-Unternehmen dar. Zudem können damit versteckte Potentiale der Forscher z.B. im Managementbereich entdeckt werden. Job Rotation ist ein institutionalisiertes System, in dem der Transfer in der Regel alle drei Jahre stattfinden soll. Der Transfer bezieht sich nicht nur auf die zentrale Forschung und die Unternehmen, sondern auch auf die Rotation von Wissenschaftlern zwischen den verschiedenen Forschungslabors.

Das Transfersystem ist nicht immer einfach, da vor allem spezialisierte Wissenschaftler gerne in ihrem Fachgebiet bleiben möchten und sich gegen eine Versetzung sperren. Harryson (1994, 156f) weist in seinem Fallbeispiel über Sony darauf hin, daß in den Forschungslabors aufgrund schlechter Erfahrungen nur selten promovierte Wissenschaftler angestellt werden.[8] Promovierte Wissenschaftler gelten als unflexibel, da sie in ihrem angestammten Spezialgebiet verharren möchten, und werden daher für Job Rotation als nicht geeignet angesehen. Die kurze Verweildauer in der Forschung und die Vorbehalte gegenüber promovierten Wissenschaftlern lassen sich dahingehend interpretieren, daß der Koordination deutlich Vorrang vor der Spezialisierung eingeräumt wird. Sony erwartet von seinen Forschern und Entwicklern nicht die Rolle des „Scientist", der im Labor Neues erforscht, sondern den marktorientierten „Technologist" (vgl. auch Morita 1992).[9]

---

8 „When we need a specific expertise for an important project, we do hire PhDs in our Research Center. However, it is necessary that he accepts to leave his speciality and is flexible enough to work in new, more product-oriented areas; otherwise his contributions to Sony will be of limited value" (Interview mit Makato Kikuchi, ehemaliger Direktor des Sony Research Center; zitiert nach Harryson 1994, 156).

9 „ ... it is crucial that society helps to encourage the development of more engineers and

. . .

Unternehmerische Orientierung

Das F&E-Management wurde in einigen Gesprächen als sehr unternehmerisch ausgerichtet charakterisiert. Der Forscher oder Ingenieur muß dem Management immer deutlich machen, daß hinter seiner Idee ein konkretes Produkt steht, und intern Mittel für seine Idee einwerben. Das Konzept des „Merchandiser/Product Champion“, auf das im folgenden Kapitel eingegangen wird, ist ein Ausdruck dieser internen „Unternehmerorientierung“. Eine andere Form sind die Auslandsaufenthalte: Wenn sich ein japanischer Ingenieur im Ausland aufhält, muß er ein Drittel seiner Zeit bei Sony-Händlern verbringen, um den ausländischen Markt kennenzulernen.

Review Meetings

Ein weiteres Instrument sind die „Information Exchange Meetings“, die monatlich stattfinden, und auf denen die Ergebnisse von F&E-Projekten diskutiert werden. Aus den laufenden Forschungsprojekten werden wichtige herausgenommen und deren Ergebnisse begutachtet. Dieser Ausschuß hat die Entscheidungskompetenz, F&E-Projekte zu stoppen, wenn sich keine Ergebnisse zeigen. An diesen Treffen nehmen der CEO, Delegierte der betroffenen Unternehmen, beratende Mitglieder von anderen Sony-Unternehmen und das Topmanagement im F&E-Bereich teil. Unter dem Topmanagement in F&E wird der Direktor des Research Centers, der Direktor der zentralen F&E-Planungsgruppe und der verantwortlichen Person für Technologie des jeweiligen Unternehmens verstanden. Zu besonderen Themen finden monatliche Treffen, sogenannte „Development Meetings“, statt.

Die Bewertung der Projektvorschläge für durch Konzernumlage finanzierte F&E-Projekte erfolgt durch ein Steering Committee, das sich aus 5 bis 20 Mitgliedern zusammensetzt. Die Zusammensetzung hängt vom jeweiligen Projekt bzw. Forschungsthema ab. Meist nehmen die Direktoren der F&E-Labors und der Sparten teil.

„Technology Exchange Fair“ und „Research Forum“

Das „Technology Exchange Fair“ ist ein weiteres Koordinationsinstrument und ist eine konzernweite Messe zum Austausch von Informationen. Diese Messe findet im Hauptquartier von Sony in Tokyo statt und wird von den Mitarbeitern gut besucht. Ziel dieser Messe ist es, (auch laufende) Forschungsprojekte und -ergebnisse darzustellen.
Ein weiteres Instrument ist das „Sony Research Forum“ des Research Centers, das alle zwei bis drei Jahre stattfindet. Hier werden speziell Forschungsprogramme und -projekte des Research Center vorgestellt.

'technologists'. The key to competitiveness in a borderless, 'high tech' world does not lie beneath the microscopic lens of the laboratory scientist, but on the drawing boards of computer screens of electrical engineers, software developers and design experts“ (Morita 1992, 4).

2.3.3 Management von Querschnittstechnologien

Das Zusammenbringen verschiedener Technikgebiete wird bei Sony als eine wichtige Quelle von zukünftigen Innovationen angesehen. Vor der Veränderung der Managementstruktur im April 1994 waren die meisten der F&E-Labors nach technischen Disziplinen gegliedert. Derzeit wird versucht, diese Struktur aufzubrechen und die F&E-Labors eher nach Anwendungen zu organisieren.

Übergreifende F&E-Programme

Übergreifende F&E-Programme existieren in bestimmten Bereichen auch bei Sony. Zu den Aufgaben der zentralen F&E-Planungsgruppe gehört es, die Notwendigkeit für die Einrichtung eines übergreifenden Programms zu ermitteln und das Programm zu generieren. Der Impuls für diese übergreifenden Programme muß nach Meinung eines Vorstandsmitglieds von der Zentrale kommen, die einzelnen F&E-Labors sehen dazu oft keine Notwendigkeit.

Konzept des „Merchandiser/Product Champion"

In den 80er Jahren wurde von Akio Morita das Konzept des „Merchandiser" oder „Product Champion" entwickelt und eingeführt. Diese integrierende Rolle wurde geschaffen, um mögliche technologische Potentiale der verschiedenen Sparten zu nutzen und konzernübergreifend technologische Synergien herzustellen. Die Aufgabe dieser „Verkäufer" oder „Champions" besteht zum einen in der konzernweiten Abstimmung der Erfahrung, des Wissens und der Ressourcen, um Ideen und Konzepte in marktfähige Produkte zu transformieren. Zum anderen soll der wirtschaftliche Erfolg des Neuprodukts durch die Identifizierung von Märkten und überzeugenden Vertriebskanälen frühzeitig sichergestellt werden. Ein weiteres Ziel ist, die Motivation und den Einfallsreichtum junger Mitarbeiter auf marktfähige Produkte zu richten, indem die ausgewählten Champions als interne Unternehmer („Internal Entrepreneur") frei von Routinearbeiten agieren können.

Der Auswahlprozeß zum „Merchandiser" ist hart, Bewerber müssen schriftliche Tests und Interviews bei Sony-Direktoren absolvieren sowie besondere Produktideen aufweisen. Für ihre Rolle als Projektkoordinator and Integrator sind weniger technische Kenntnisse als vielmehr eine konzernübergreifende Sichtweise gefragt. Im Idealfall sollte der „Merchandiser" die Macht besitzen, Forscher aus verschiedenen Technikgebiete und Experten aus unterschiedlichen betrieblichen Funktionen (v.a. F&E, Produktion, Marketing/Vertrieb) zusammenbringen, die noch dazu Synergien aus mehreren Divisionen herstellen. Die angestrebte Zusammensetzung der Projektteams ist demnach interdisziplinär, multifunktional und konzernübergreifend.

Für den Erfolg des „Product Champions" ist es notwendig, daß ein Senior Manager das Projekt politisch stützt („Machtpromotor") und die Finanzierung durch einen Sponsor abgesichert ist. Nicht selten werden die angestrebten Projekte junger, unerfahrener Champions durch erfahrene Linienmanager in den Geschäftsbereichen blockiert. Zudem sollen die „Intrapreneurs" autonom von den hierarchischen Strukturen agieren können. Praktisch werden die Querschnittsprojekte jedoch in die Verantwortung eines Sony-Unternehmens bzw. dessen Senior Managers gelegt und damit der „Merchandiser" in diesem Bereich angesiedelt. Dadurch hat er zwar im Konzern die notwendige Anbindung an die Entscheidungsstrukturen, die konzernübergreifende Sichtweise kann jedoch möglicherweise verloren gehen.

Ein Beispiel für ein erfolgreiches Projekt eines Champions bei Sony beschreibt Collinson (1993) mit dem Data Discman, der 1990 zuerst auf dem japanischen Markt eingeführt wurde. Für die Entwicklung dieses Produkts ist die Fusion verschiedener Techniken notwendig, die den CD-getriebenen Audiosystemen, LCD-Bildschirmen, CD-ROMs, Computerprozessoren und der Software zugrundeliegen. Die technische Kompetenz war auf mehrere Divisionen verteilt. Die Produktidee wurde von einem „Merchandiser" entwickelt und das Projektteam von diesem zusammengestellt. Das Projekt wurde in der damaligen Division „General Audio Group" verankert, die letztendlich die Verantwortung trug. Der „Merchandiser" spielte eine entscheidende Rolle in der frühen Phase des Innovationsprozesses, in der die möglichen Synergien zwischen den Divisionen identifiziert und die relevanten Forscher zusammengebracht werden mußten. Als die Produktidee etabliert war, übernahm der „Merchandiser" die Rolle des Wissensintegrators, der die technische Expertise, das Design und das Wissen über mögliche Märkte bzw. Vertriebskanäle im Team verbunden hat. Entscheidend für die erfolgreiche Entwicklung des Data Discman war die Unterstützung des damaligen Präsidenten Norio Ohga, dem das Projekt frühzeitig präsentiert werden mußte. Die realiter fehlende Macht des Product Champion konnte durch das „Commitment" mit dem CEO und dessen Schutz ausgeglichen werden.[10]

10 „Once the viability of the product has been proved to upper management, it is not passed on to a specialized development division, but the individuals responsible for the idea are given a degree of authority and autonomy to fulfil the project goals" (vgl. Collinson 1993, 302).

2.3.4 Globale Koordination: Zentralisation versus Kompetenzaufbau

Von wildwüchsiger Internationalisierung zur Bildung von Kompetenzzentren

Bei der Frage nach der Koordination weltweiter, konzernübergreifender F&E-Aktivitäten muß zunächst die historische Entwicklung der Globalisierung von F&E bei Sony beachtet werden. Die ersten F&E-Labors in den USA und in Großbritannien wurden 1987 nicht von der zentralen Forschung sondern von den Product Groups gegründet. Die F&E-Einheiten hatten eine sehr begrenzte Autonomie und standen unter der Kontrolle der Produktgruppen. Durch diese Vorgehensweise bildete sich eine wildwüchsige Konfiguration geographisch verstreuter F&E heraus, die aus den zentralen Forschungslabors mit internationalen Ablegern, den Produktentwicklungsbereichen der Produktgruppen und deren F&E-Labors mit internationalen Ablegern besteht. Die Managementstruktur war dreigeteilt: Die ausländischen F&E-Einheiten waren zum einen entweder den ausländischen Tochtergesellschaften oder zum anderen dem zentralen Forschungszentrum in Tokyo berichtspflichtig. Die F&E-Planung erfolgte aber in Abstimmung sowohl mit dem jeweiligen japanischen Counterpart (d.h. dem Sony-Unternehmen oder Research Center) als auch mit der zentralen F&E-Planungsgruppe. In Gesprächen wurde deutlich, daß die ausländischen F&E-Einheiten bisher unter starker Kontrolle der japanischen Counterparts standen und dies zu erheblichen Abstimmungs-, Kommunikations- und Motivationsproblemen geführt hat.

Mit dem Konzept der „Global Localization" wird nun begonnen, auch im Ausland den Aufbau von Kompetenzen in F&E zu fördern. Ein Beispiel dafür ist die Entwicklung von F&E bei Sony Europe. Das Engagement von Sony in Europa startete 1960 mit der Gründung von Sony Overseas S.A. in Baar, Schweiz. 1995 hat Sony Europe einen Nettoumsatz (Net Sales) von 15,032 Mrd. DM, davon 80% „Electronics and Others" sowie 20% „Entertainment" (vgl. Sony 1995). 1993 waren 18.200 und 1994 19.400 Mitarbeiter beschäftigt (jeweils 74% Electronics and Others/26% Entertainment). Während 1993 die F&E-Aktivitäten von Sony Europe lediglich 2 Mio. DM ausmachten, liegen diese Anfang 1996 bereits bei 100 Mio. DM. Mittlerweile sind etwa 400-500 Mitarbeiter in F&E beschäftigt, das ist ein Anteil von nahezu 3% der Sony-Europe-Beschäftigten im Bereich Electronics. Für einige Produktsegmente hat Sony Europe die weltweite Verantwortung und Kompetenz erhalten: Digital Video Broadcasting (DVB), Digital Audio Broadcasting (DAB), interaktive Videosysteme und insbesondere GSM-Mobiltelefone. Offenbar wird die Strategie verfolgt, bei Systemtechnologien auch Kompetenzen im Ausland aufzubauen, aber die jeweilige Schlüsseltechnologie (wie z.B. LCD) und damit die Kernkompetenzen in Japan zu behalten.

Die finanziellen Rahmenbedingungen der F&E-Aktivitäten im Ausland sind aber hart. Es besteht keine Grundfinanzierung durch die japanische Zentrale, sämtliche Mittel müssen eingeworben werden. Bei Sony Europe wird etwa ein Drittel des F&E-Budgets aus Projekten mit den europäischen Sony-Produktionsstätten erzielt. Ungefähr 50% des Budgets machen Vorhaben mit dem Headquarter in Tokyo aus, und ca. 15% stammen aus Projekten im Auftrag des europäischen „Headquarter". Die Akquisition dieser projektifizierten Mittel ist ausgesprochen zeitintensiv und ermöglicht lediglich stark marktorientierte Aktivitäten.

„Corporate R&D Planning Group"

Die Steuerung dieser geographisch verteilten F&E-Aktivitäten ist die Aufgabe der „Corporate R&D Planning Group". Vor der Umstrukturierung war die Planungsabteilung ein Bestandteil des Research Centers. Dadurch wurde diese von den Sparten finanziert und konnte auf deren F&E-Aktivitäten offenbar nicht entsprechenden Einfluß nehmen. In der Rezession wurde diese Problematik offensichtlich und führte zu einer veränderten Managementstruktur, die zum Zeitpunkt des Interviews implementiert wurde.

An erster Stelle stand die Einführung eines eigenen Managements für die zentralen Forschungslabors, diese Aufgabe wird seit April 1994 durch das „Research Center" wahrgenommen. Die F&E-Planungsgruppe ist nicht mehr Bestandteil des Research Centers und wurde ausgegliedert. Die Gruppe bestand zum Zeitpunkt des Gesprächs aus etwa 40 Mitarbeitern einschließlich administrativen Personals und übte eine Stabsfunktion für das Headquarter der Sony Corporation aus. Der Direktor der Planungsgruppe berichtet unmittelbar zum Vorstandsvorsitzenden (President). Als Stabsfunktion hat die Planungsgruppe keine expliziten Entscheidungs- bzw. Weisungsbefugnisse. Die Corporate R&D Planning Group ist jedoch federführend bei der Ausrichtung der verschiedenen „Strategy Committees" oder „Meetings". Durch die Angliederung an den Vorsitzenden, die Teilnahme und Veranstaltung von Diskussionen mit der zentralen Forschung, den Unternehmen und deren Tochter beeinflußt die Gruppe faktisch den Entscheidungsprozeß. Ein wichtiges Instrument ist zudem das Controlling des F&E-Budgets. Dies bezieht sich auf die durch Konzernumlage finanzierte F&E sowie die internationalen F&E-Aktivitäten. Im einzelnen hat die F&E-Planungsgruppe folgende Aufgaben:

- Einbindung von F&E in die Konzernstrategie,
- Überwachung des F&E-Budgets,
- Steuerung der Budgetverteilung für die einzelnen Forschungsthemen oder F&E-Projekte,
- Überwachung und Controlling der Forschungsprojekte,
- Entwicklung von Vorschlägen für (unternehmens- und konzernübergreifende) F&E-Projekte,
- Sammlung sämtlicher Daten der F&E-Aktivitäten im Unternehmen in einer Datenbank und deren EDV-gestützte Auswertung,
- Überwachung der kurzfristigen, einjährigen Projektplanung.

Chief Technology Officer

Ein weiteres neues Element in der Managementstruktur ist die Einrichtung von Chief Technology Officer (CTO) in den beiden Regionen Europa und USA. Der zuständige

CTO für Europa ist Dr. Junginger, der in Personalunion Vizepräsident von Sony Europe und Leiter des Stuttgart Technology Center ist. Für die USA nimmt Dr. Holy die Aufgabe des CTO war. Der CTO ist für die jeweilige Region verantwortlich und der Ansprechpartner für alle F&E-Aktivitäten in der Region; auf den Hierarchieebenen darunter gibt es diese Funktion nicht. Mit der Einrichtung der regionalen CTO soll die bis Anfang 1994 herrschende Zuständigkeit der Sony-Zentrale (via Corporate R&D Planning Group) für die europäischen und amerikanischen F&E-Aktivitäten auf das „Zone Management" übergehen (vgl. Abb. IV-14). Damit wird beabsichtigt, den starken Zugriff der japanischen Zentrale zu lockern und Entscheidungen zu regionalisieren und dezentralisieren. Zudem soll das bisher individuell ausgerichtete Projektmanagement durch eine optimale Ressourcenallokation auf globaler Ebene ersetzt werden. Die Einrichtung zweier regionaler CTO ist insofern ein wichtiger Baustein in der Dezentralisierung internationaler F&E-Aktivitäten. Allerdings wurde das System des CTO erst kürzlich implementiert, Aufgaben und Verantwortlichkeiten sind zur Zeit noch nicht ausreichend definiert.

Abbildung IV-14 soll diese angestrebte Dezentralisation graphisch darstellen. Die Koordination der geographisch verteilten F&E-Aktivitäten erfolgt durch die Corporate R&D Planning Group. Deren Ansprechpartner sind in erster Linie die beiden CTO, die sich wiederum untereinander abstimmen sollen. Dazu finden unter anderem etwa zweimal im Jahr „Global R&D Planning Meetings" statt. Teilnehmer an diesen Treffen sind die Direktoren von jedem ausländischen F&E-Labor, Mitglieder der zentralen Planungsgruppe und die beiden Chief Technology Officer. Die Sitzungen werden in Englisch abgehalten, die japanischen Teilnehmer gehen aber öfter auch fließend in ihre Sprache über.

Ein gutes technisches Instrument zur Koordinierung geographisch verteilter F&E ist der Austausch von Informationen über E-mail. So werden Sony-interne Aufrufe für die Einreichung von Projektvorschlägen („Call for Proposal") und die Beteiligung an internen F&E-Programmen über E-Mail weltweit verbreitet. Die jeweilige F&E-Einheit schickt per E-Mail ihre Vorschläge an die Zentrale zurück.

Kulturelle Unterschiede

Ein Manager der F&E-Planungsgruppe, der vier Jahre lang als Leiter von Sony Telecom Europe (STE) in Brüssel arbeitete, berichtete von seinen Erfahrungen. Seine Hauptaufgabe war, den europäischen Managern zu übersetzen, welches Anliegen die japanische Zentrale hatte und den Kontext zu erklären. Die Kulturen sind seiner Meinung nach so unterschiedlich, daß er vermitteln mußte, da die Europäer vieles nicht nachvollziehen und nicht zwischen den Zeilen lesen konnten. Der Gesprächspartner hat bei verschiedenen Sony-Unternehmen etwa zehn Jahre im Ausland verbracht. Den Europäern war oft nicht klar, daß etwa ein Nein oder Ja aus der Zentrale in Nippon nicht unumstößlich, sondern veränderbar ist.[11] Die gegensätzlichen Kulturen erschweren die Koordination erheblich und können zum absoluten Kommunikationsstop führen. Entscheidend für die Kommunikation ist offenbar nicht das Managementsystem, sondern der Managementstil.

Im Interview wurde auf einen wichtigen Unterschied zwischen japanischen und europäischen Unternehmen hingewiesen. In europäischen Unternehmen stellt praktisch der Vorgesetzte den Mitarbeiter ein. Dieser muß sich dann mit seinem Vorgesetzten gut verstehen. Wenn das nicht der Fall ist, wird der Mitarbeiter das Unternehmen über kurz oder lang verlassen (müssen). In japanischen Unternehmen sind die Mitarbeiter vom Unternehmen und nicht vom Vorgesetzten angestellt. Wenn sich der Mitarbeiter und der Vorgesetzte nicht verstehen, ist dies kein Grund, das Unternehmen zu verlassen. Es gibt ausreichende Möglichkeiten, in andere Bereiche zu wechseln. Zudem werde es dem Vorgesetzten zum Nachteil gereicht, wenn die Mitarbeiter nicht mehr mit ihm zusammenarbeiten würden.

Abbildung IV-14: Angestrebte globale Struktur und Koordination von F&E

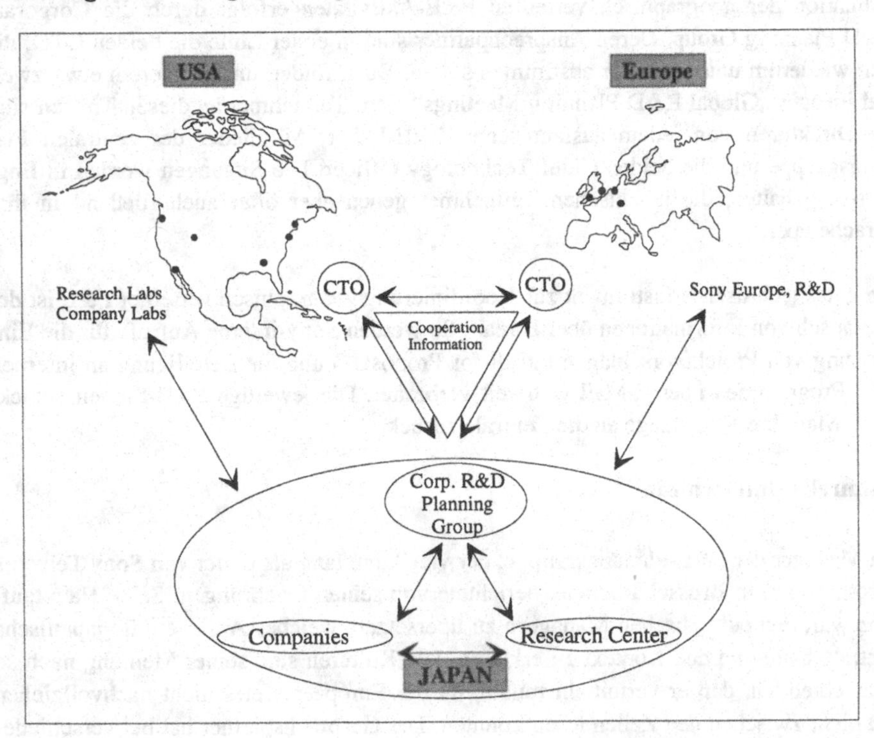

11 Ein anderer Gesprächspartner aus Deutschland stellte dazu fest: „Die japanische Mischung aus hoher Flexibilität, langfristiger Planung und Sturheit ist für Europäer oft nicht verständlich."

2.4 Zusammenfassung und kritische Würdigung

Sony verfügt über nahezu die gesamte Bandbreite von Instrumenten zur Koordination der F&E-Aktivitäten - von ausgesprochen locker betriebenen Forschungsprojekten bis hin zu streng geführten strategischen Projekten oder Strategieausschüssen. Die Stärken des Unternehmens liegen zum einen in der Integration von F&E in die Konzern- bzw. Unternehmensstrategien. Forschung und Innovation wird eindeutig zur Aufgabe des Vorstands erklärt. Das „Innovation Mandate" wird vom Top Management ausgeübt, das die Ziele formuliert. Innovation und Unternehmertum sind offenbar fest im Leitbild des Konzerns verankert. Die Herausbildung gemeinsamer Werte und Ziele, die Schaffung einer innovativen Kultur wird als entscheidende Aufgabe angesehen. Ein wichtiges Instrument zur Sicherung dieses Mandats ist die „Corporate R&D Planning Group", die direkt beim „President" angegliedert ist und konzernweit die F&E-Aktivitäten abstimmen soll. Weitere Mechanismen sind verschiedene „Strategy Committees" und strategische Projekte (vgl. Abb. IV-15).

Eine weitere Stärke des Unternehmens ist die Einbindung der zentralen Forschung in die „Companies" und die starke Marktorientierung. Ein wichtiger Mechanismus ist der Merchandiser/Product Champion, der auch der in F&E erwarteten Kultur des „innovativen Unternehmers" entspricht. Die von den Merchandisers initiierten Projekte sowie die vom Headquarter eingerichteten strategischen Projekte und unternehmens- bzw. konzernübergreifenden F&E-Programme sind ebenfalls wichtige, hybride Instrumente für die Marktorientierung von F&E (vgl. Abb. IV-15). Bei den informellen Mechanismen ragt wiederum der Transfer von Wissenschaftlern in die Sony-Unternehmen und das Job-Rotation-System heraus. In der Regel wird dic Tätigkeit in der zentralen F&E als eine Art der Weiterbildung begriffen, nach drei Jahren soll der Forscher bereits in den Companies arbeiten. Damit wird der Koordination (bzw. der Schaffung einer übergreifenden Unternehmenskultur) der Vorrang vor der Spezialisierung gewährt. Untypisch für japanische Konzerne ist der hohe Anteil der Auftragsforschung (80%) am Budget der Zentralforschung; dies korrespondiert aber vortrefflich mit der auf den „Internal Entrepreneur" ausgerichteten Unternehmenskultur.

Bisher konnte Sony als ein globales Unternehmen gekennzeichnet werden, das seine Technologie und sein Wissen zentral in den Labors in Japan generiert und seine Produkte weltweit vertreibt. Im Ausland gegründete Einheiten wurden auf produktionsunterstützende Dienste für die lokalen Tochtergesellschaften beschränkt. Mit dem Konzept der „Global Localization" wird nun auf die Entwicklung reagiert, daß neue Geschäfte mehr und mehr von regional spezifischen Bedürfnissen bestimmt werden und an die lokalen Märkte anzupassen sind. Diese Strategie verlangt eine Internationalisierung der gesamten Wertekette und führt in der Konsequenz zum Aufbau regionaler Technologie- und Produktkompetenz.

Abbildung IV-15: Matrix Koordinationsaufgaben und -instrumente (Sony)

Koordination internationaler F&E	Koordination von ... Zentraler Forschung & Sparten	F&E/Unternehmensstrategie	verschied. Technikgebieten	int. F&E-Einheiten
Strukturelle und formale Mechanismen				
Zentralisation/ Dezentralisation				
Zentralisation des Entscheidungsprozesses		■		▒
Dezentralisation des Entscheidungsprozesses	▒		▒	▒
Strukturelle Koordinationsorgane				
R&D Strategy Planning Meeting		■		
Corporate Management Committee	▒	■		
Global R&D Planning Meeting				■
Chief Technology Officer (CTO)				■
Corporate R&D Planning Group	▒	■	▒	■
Programmierung/ Standardisierung				
F&E-Politiken				
Stellenbeschreibungen				
Handbücher (z.B. F&E-Projektmanagement)				
Pläne/ Planung				
F&E-/Technologieportfolios	▒	▒	▒	▒
Ergebnis-/ Verhaltenskontrolle				
Controlling von Projekten/Budgets				▒
Technische Berichte/Meilensteine				
Hybride Mechanismen				
Übergreifende F&E-Programme	▒		■	
Merchandiser Projects	■		■	
Strategische Projekte	▒	■	▒	
Merchandiser/Product Champion	■		■	
Informelle Mechanismen				
Persönliche Kontakte/ Informelle Kommunik.				
Persönliche Kontakte unter F&E-Managern	▒	▒	▒	▒
Besuche				▒
Technology Exchange Fair	▒		▒	
Sony Research Forum	▒		▒	
Transfer von Wissenschaftlern	■			■
Sozialisation: Schaffung einer übergreifenden Organisationskultur durch				
Gemeinsame Ziele/Strategien	▒	■	▒	
Gemeinsame Werte/Normen	▒	■	▒	
Job Rotation (F&E-Produktion-Marketing)	■		▒	
Leistungs- und Anreizsysteme				
Weiterbildung/Personalentwicklung	■	▒	▒	
Interne Märkte/ Lenkpreise				
Auftragsforschung für Geschäftsbereiche	■			

■ = sehr gewichtiges, ausgeprägtes Instrument

▒ = Instrument wird eingesetzt

☐ = unbedeutend, keine Anwendung

Eine streng hierarchische, nur vom Zentrum im Stammland beherrschte Steuerung stößt - wie das Beispiel Sony zeigt - über kurz oder lang an seine Grenzen, und steht im Widerspruch zu der für den Kompetenzaufbau erforderlichen Autonomie der regionalen Einheiten. Die Einrichtung von regionalen CTOs bei Sony Europe und Sony America sowie von Koordinationstreffen für die geographisch verteilten F&E-Einheiten stellen einen Versuch dar (vgl. Abb. IV-15), die mittels der zentralen F&E-Planungsgruppe aufrechterhaltene Dominanz des Headquarter in Japan zu lockern. Die innovative Kultur als - auch in der Managementliteratur viel gerühmte - wesentliche Stärke von Sony ist offenbar auf das japanische Umfeld begrenzt. Diese wird zur schädlichen Schwäche, wenn die japanisch geprägte Kultur des Headquarter auf andere Weltregionen übergestülpt wird und Impulse von ausländischen F&E-Einheiten nicht berücksichtigt werden.

3 Fallstudie Siemens Konzern

3.1 Unternehmensaktivitäten und Aufbauorganisation

3.1.1 Wirtschaftliche Entwicklung und globale Aktivitäten

Eine neue technische Entwicklung, der elektromagnetische Zeigertelegraf, führte 1847 zur Gründung der „Telegraphen Bau-Anstalt Siemens & Halske". 1866 entdeckte Werner von Siemens das dynamoelektrische Prinzip und legte damit den Grundstein für die Energietechnik als zweites Kerngebiet des Unternehmens. Als Siemens & Halske 1897 in eine Aktiengesellschaft umgewandelt wurde, waren wesentliche Schwerpunkte der Unternehmenspolitik schon verwirklicht: Siemens war mit neuen, eigenen Entwicklungen in den Markt eingetreten und auf dem Gebiet des Schwachstroms und Starkstroms, vor allem in der Nachrichten- und Energietechnik, tätig.

Heute ist Siemens eines der größten und traditionsreichsten Unternehmen der Elektrotechnik mit einem außerordentlich breitem Leistungsspektrum. Das Unternehmen ist ein weltweiter Anbieter von elektronischen und elektrotechnischen Produkten, Systemen und Anlagen; Aktivitäten außerhalb der Branche sind von untergeordneter Bedeutung. Zum 30.9.1995 waren im Konzern weltweit 373.000 Mitarbeiter beschäftigt, die einen Umsatz von 88,76 Mrd. DM im Geschäftsjahr 1994/95 erwirtschafteten. Siemens ist in ca. 260 Geschäftsfeldern tätig, die in acht übergreifenden Arbeitsfeldern zusammengefaßt werden und folgenden Anteil am Konzernumsatz aufweisen (vgl. Siemens 1995):

- Energie (14%),
- Industrie (24%),
- Kommunikation (20%),
- Informationssysteme (13%),
- Verkehr (8%),
- Medizinische Technik (7%),
- Bauelemente (7%),
- Licht (5%),
- übrige Arbeitsgebiete (2%).

In den fünf Jahren von 1987-92 expandierte das Geschäftsvolumen weltweit um über 60%, die Zahl der Mitarbeiter stieg um etwa 60.000. Nach dieser Wachstumsphase stagnierte der Umsatz und das Unternehmen reagierte mit Kostensenkung in den operativen und zentralen Einheiten. Die größten Verluste erreichten die Bereiche Halbleiter und Datentechnik (Siemens Nixdorf Informationssysteme AG). Zur negativen Konjunktur kamen gravierende Strukturprobleme hinzu: Die Weiterentwicklung der Mikroelektronik führte zu abnehmender Wertschöpfung in der Hardware-Produktion, während die Software oftmals zum maßgeblichen Wettbewerbsfaktor wurde. Nach Siemens-internen Schätzungen liegen heute etwa 40% der F&E-Aufwendungen des Konzerns in der Softwareentwicklung.

Der Konzern umfaßt die Siemens AG sowie in- und ausländische Unternehmen, bei denen der AG direkt oder indirekt die Mehrheit der Stimmrechte zusteht und die konsolidiert werden. Das Unternehmen hat eine globale Orientierung und ist in über 190 Ländern mit 261 Produktionsstätten und 160.000 Mitarbeitern (30.9.94) vertreten (vgl. Hoppenstedt 1995, 1). Im Geschäftsjahr 1993/94 wurden in der Bundesrepublik 42% des Umsatzes, im übrigen Europa 26%, in Amerika 17% und in Asien 9% erzielt (vgl. Abb. IV-16). In den letzten fünf Jahren sank der geographische Anteil des Umsatzes und der Beschäftigung in Deutschland und Europa, dagegen stieg er in Amerika und in Asien leicht an. Ähnlich wie bei Philips nimmt die Bedeutung der Märkte in Europa zugunsten der amerikanischen und vor allem asiatischen Märkte ab.

Zur derzeitigen Strategie des Konzerns gehört die Beseitigung des Ungleichgewichts zwischen regionaler Wertschöpfungsstruktur und regionaler Umsatzstruktur: Während fast 60% des Umsatzes im Ausland erzielt wird, befinden sich etwa zwei Drittel der Wertschöpfung in Deutschland. Ein weiterer Ausbau der Produktion und produktionsunterstützender Dienste auf den Weltmärkten ist Bestandteil dieser Strategie. Vor allem einzelne Geschäftsbereiche setzen auf eine konsequente Internationalisierung. Ein Beispiel dafür ist der Siemens-Bereich Öffentliche Kommunikationsnetze (ÖN), dessen damaliger Vorsitzender, Dr. Hardt, die nachhaltige Internationalisierung zum „Global Player" als strategischen Erfolgsfaktor betrachtete.[12] In Konsequenz wurde von ÖN in

---

12 „Der Trend zur Internationalisierung ist unumkehrbar und damit ein Dauertest für die Wettbewerbsfähigkeit des Standorts Deutschland" (Dr. Hardt, damaliger Siemens-Bereichsvorsitzender Öffentliche Kommunikationsnetze; zitiert nach Handelsblatt vom 17.3.1994, 18).

Indien ein Softwarehaus gegründet. Von der Führung her ist Siemens nach wie vor ein deutsches Unternehmen: Sowohl der Zentral- als auch der Gesamtvorstand setzt sich aus deutschstämmigen Mitgliedern zusammen. Internationalität spielt als Kriterium für die Komposition des Vorstands oder weiterer strategischer Gremien keine Rolle.

Abbildung IV-16: Geographische Verteilung von Umsatz und Beschäftigung (Siemens)

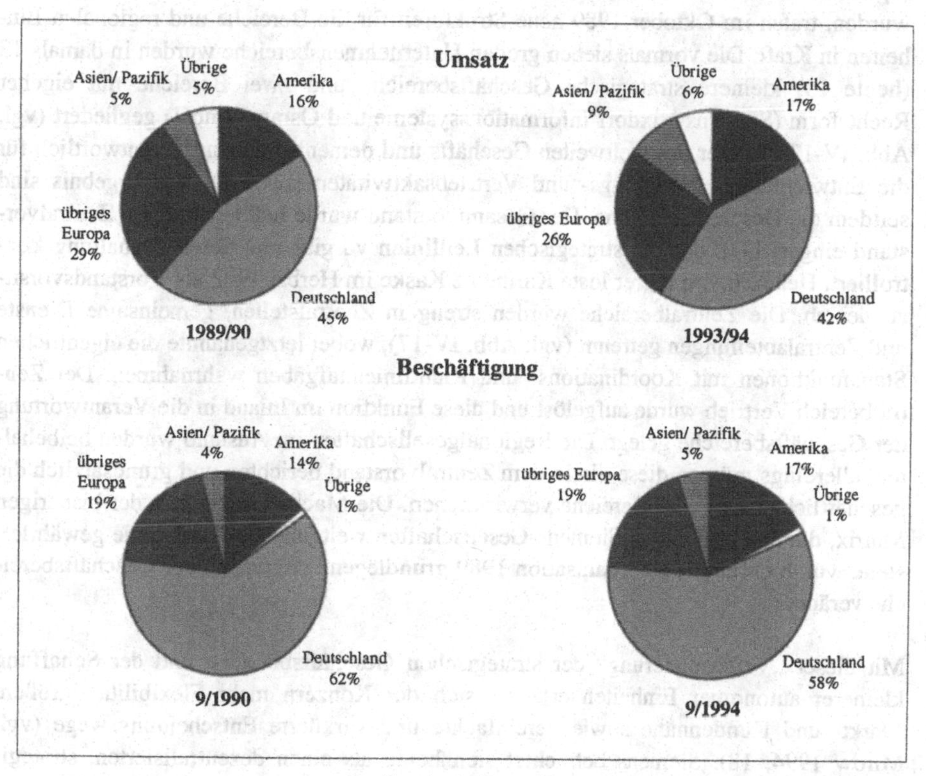

Quelle: eigene Darstellung nach Daten aus Hoppenstedt 1995, 7f

3.1.2 Aufbauorganisation

Ende der 60er Jahre wurden die auf völlig getrennten Märkten operierenden Unternehmen Siemens & Halske, Siemens-Schuckertwerke und Siemens-Reiniger zur Siemens AG (seit 1.10.1969) zusammengeführt und diese in sechs und später sieben weitgehend autonome Unternehmensbereiche gegliedert. Ein einheitliches Auftreten auf den Märkten und gegenüber Kunden wurde durch den mächtigen Zentralbereich Vertrieb hergestellt. Daneben gab es vier weitere Zentralbereiche (Betriebswirtschaft, Finanzen, Personal, Technik), die für den funktionalen Zusammenhalt und bereichsübergreifende Synergien verantwortlich waren. Diese Organisationsform war über 20 Jahre erfolgreich und wurde dem Paradigma des Größenwettbewerbs und der Globalisierung gerecht: Der Umsatz wuchs von 11,7 Mrd. DM (1969/70) auf 84,6 Mrd. DM (1993/94).

Mit der Verkürzung der Innovationszyklen und der Zunahme des „Zeitwettbewerbs" wurden flexiblere Konzernstrukturen und eine tiefgreifende Reorganisation notwendig (vgl. Mirow 1994, 16). Nachdem zum Oktober 1988 die Zentralbereiche bereits gestrafft wurden, traten im Oktober 1989 neue Strukturen für die Bereiche und regionalen Einheiten in Kraft: Die vormals sieben großen Unternehmensbereiche wurden in damals 13 (heute 15) kleinere strategische Geschäftsbereiche und zwei Bereiche mit eigener Rechtsform (Siemens Nixdorf Informationssysteme und Osram GmbH) gegliedert (vgl. Abb. IV-17). Träger des weltweiten Geschäfts und dementsprechend verantwortlich für die Entwicklungs-, Fertigungs- und Vertriebsaktivitäten sowie für das Ergebnis sind seitdem die Geschäftsbereiche. Der Gesamtvorstand wurde halbiert und ein Zentralvorstand eingerichtet, der die strategischen Leitlinien vorgibt und deren Einhaltung kontrolliert. Heinrich von Pierer löste Karlheinz Kaske im Herbst 1992 als Vorstandsvorsitzender ab. Die Zentralbereiche wurden streng in Zentralstellen, gemeinsame Dienste und Zentralabteilungen getrennt (vgl. Abb. IV-17), wobei letztgenannte die eigentlichen Stabsfunktionen mit Koordinations- und Richtlinienaufgaben wahrnahmen. Der Zentralbereich Vertrieb wurde aufgelöst und diese Funktion im Inland in die Verantwortung der Geschäftsbereiche gelegt. Die Regionalgesellschaften im Ausland wurden beibehalten, allerdings müssen diese direkt dem Zentralvorstand berichten und grundsätzlich die geschäftlichen Ziele der Bereiche verwirklichen. Die Machtverteilung in der bisherigen Matrix, die den regionalen Siemens-Gesellschaften weitgehende Autonomie gewährleistete, wurde durch die Reorganisation 1989 grundlegend zugunsten der Geschäftsbereiche verändert.

Mit dieser „Vertikalisierung" der strategischen Geschäftsbereiche und der Schaffung kleinerer autonomer Einheiten erhoffte sich der Konzern mehr Flexibilität, größere Markt- und Kundennähe sowie vereinfachte und verkürzte Entscheidungswege (vgl. Mirow 1994, 18). Siemens betrachtet sich heute als einen dezentralisierten, strategischen Konzern mit einer mittleren Anzahl autonomer Geschäfte und Möglichkeiten zur Herstellung von strategischen Gemeinsamkeiten zwischen den Bereichen. Die zentrale Unternehmensstrategie lautet: „Auf dem Gebiet der Elektrotechnik/Elektronik zu den wettbewerbsstärksten Unternehmen der Welt und zu den Schrittmachern der technologischen Entwicklung zu gehören". In diesem Sinne wird für Bereiche der Elektrotechnik/Elektronik weltweit Technologieführerschaft angestrebt. Von der Internationalisierungsstrategie her betrachtet wandelte sich das Unternehmen von einem internationalen zu einem globalen Konzern.

Die Probleme, die zur Reorganisation des Konzerns führten, sind offenbar noch nicht gelöst. Mit der sogenannten „top-Bewegung", die 1993 gestartet wurde, sollen in den nächsten Jahren die Innovationszyklen und die Durchlaufzeiten halbiert, die Produktivität um 30% verbessert, 30 Mrd. DM Kosten eingespart und die Rendite von 2 auf 5%

Abbildung IV-17: Aufbauorganisation Siemens

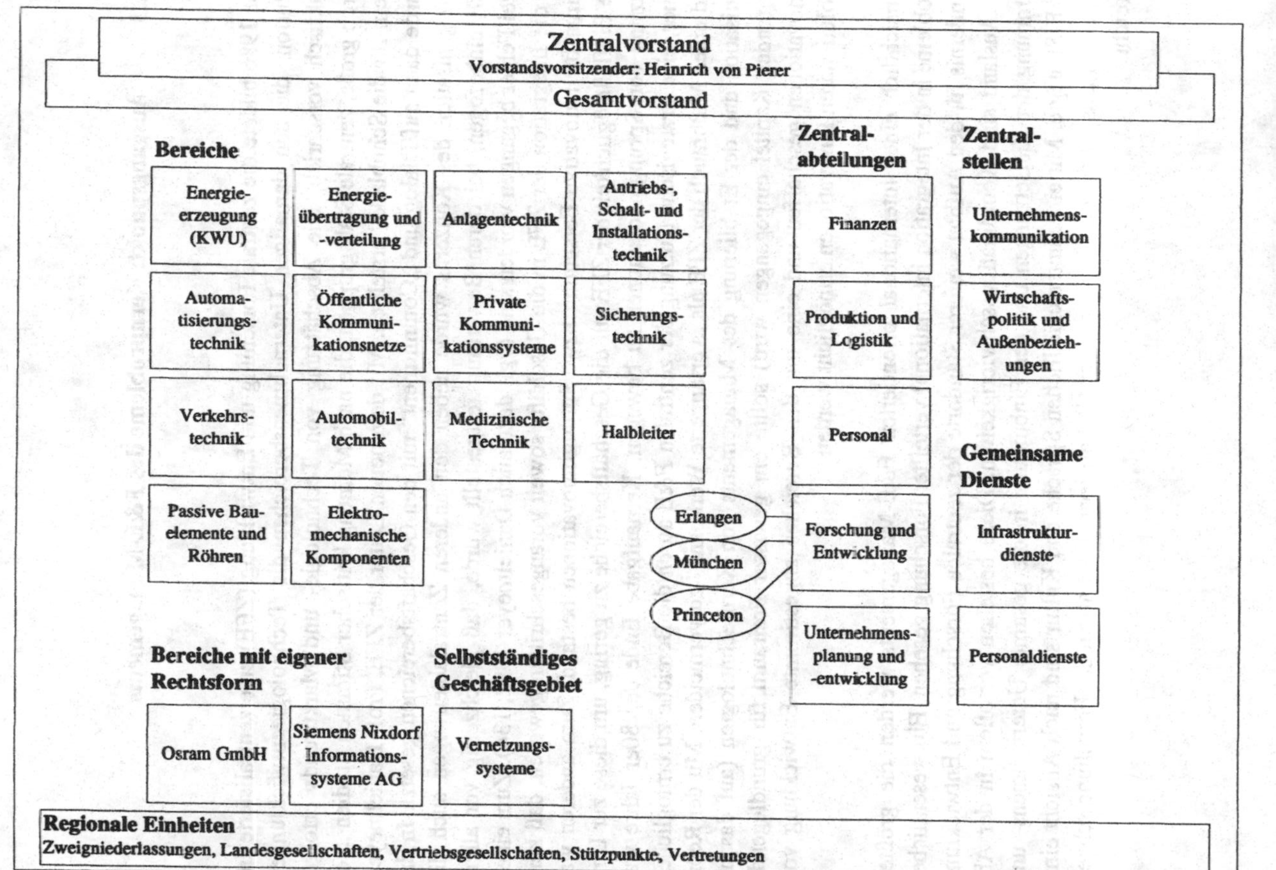

Quelle: eigene Darstellung nach Siemens 1995 (Stand 1.12.1995)

gesteigert werden (vgl. Fischer/Schwarzer 1994). Top steht für „Time Optimized Process" und ist ein unternehmensweites Produktivitäts- und Kostensenkungsprogramm, das die Wände zwischen den betrieblichen Funktionen einreißen und die Wertekette eines Produkts in einzelne Prozeßabschnitte unterteilen soll.

3.1.3 Ausgangspunkt: Kernprobleme des F&E-Managements

Vor 1986 bildete die zentrale Forschung und Entwicklung (ZFE) eine zentralisierte Institution, die den damaligen Unternehmensbereichen die Technologieentwicklungen praktisch vorschrieb. Die Abschätzung von Technologie- und Markttrends erfolgte durch große, zentrale Stabsgruppen, die nach Meinung kritischer Stimmen Studien „vor allem für die Schublade" erstellten. Mit dem neuen Leiter der ZFE, Prof. Danielmeyer, wurde dann auf Dialog und „Commitment" mit den Geschäftsbereichen gesetzt. In die Reorganisation des Konzerns wurde neben den anderen Zentralabteilungen auch die ZFE einbezogen, bei deren Bewertung festgestellt wurde, daß gleichzeitig vor allem zwei Fehler begangen worden sind (vgl. dazu auch Danielmeyer 1992, 134). Zum einen ist die Integration der ZFE in die Geschäfte soweit vorangeschritten gewesen, daß kein Klima für innovative Forschung bzw. Sprunginnovationen bestand. Zum anderen war die Einflußmöglichkeit der ZFE auf die Geschäftsbereiche zu gering, um diese zur Umsetzung von Sprunginnovationen zu bewegen. Kernaufgabe Ende der 80er Jahre war daher, eine strategische Nutzung der zentralen F&E durch die Bereiche zu ermöglichen und einen Mißbrauch der ZFE als „verlängerte Werkbank" zu vermeiden. Mit der Reorganisation und der Etablierung des Managements von Kerntechnologien (auf das im folgenden Kapitel eingegangen wird) sollte ein gewisser Freiraum für grundlegende Innovationen geschaffen und eine mit den Bereichen abgestimmte Entwicklung von evolutionären Innovationen ermöglicht werden.

Hinsichtlich eines international orientierten F&E-Managements werden die größten Probleme in der Integration international verteilter Forschung gesehen. Ein wesentliches Hindernis für den Aufbau weiterer Standorte der zentralen Forschung und Entwicklung im Ausland sind Koordinationsschwierigkeiten. Diese bestehen vor allem in der Abstimmung der Zielsetzungen und der Einbindung in die gesamte Unternehmens- und F&E-Strategie. Mit einer unterschiedlichen Sprache und Kultur sind nach Ansicht einiger Gesprächspartner die Grenzen einer Globalisierung vor allem der Forschung schnell erreicht.

3.2 Organisation und Internationalisierung von F&E

3.2.1 Konfiguration von F&E in internationaler Dimension

Aufgabenabgrenzung zentrale Forschung und Entwicklung in den Bereichen

Siemens hat weltweit im Geschäftsjahr 1994/95 7,27 Mrd. DM für F&E ausgegeben, das sind 8,2% des Umsatzes (vgl. Abb. IV-18). F&E wird größtenteils in den Geschäftsbereichen durchgeführt, wobei sich die Mittel auf fünf Bereiche konzentrieren: Etwa 70% der gesamten F&E-Ausgaben wurden 1994/95 von Siemens Nixdorf, Öffentliche Kommunikationsnetze, Private Kommunikationssysteme, Medizinische Technik und Halbleiter getätigt. Zwischen den Geschäftsbereichen und den Zentralabteilungen mit F&E-Aufgaben gliedert sich das Budget folgendermaßen:

- Geschäftsbereiche: ca. 94% des F&E-Aufwands,
- Zentralabteilung Forschung und Entwicklung (ZFE): ca. 4-5%,
- Zentralabteilung Produktion und Logistik (ZPL): ca. 1-2%.

Bei der Verteilung der F&E-Mitarbeiter ergibt sich ein ähnliches Verhältnis. Weltweit waren insgesamt 44.800 Wissenschaftler, Ingenieure und Techniker in F&E beschäftigt, das sind 12% der Gesamtbeschäftigten. Diese verteilten sich wie folgt auf Zentralabteilungen und Bereiche (Stand 30.09.95; vgl. Siemens 1996, 5):

- Geschäftsbereiche: 43.000 F&E-Beschäftigte (96,2%),
- Zentralabteilung Forschung und Entwicklung (ZFE): 1.270 (2,8%),
- Zentralabteilung Produktion und Logistik (ZPL): 430 (1%).

Der Anteil des F&E-Aufwands am Umsatz ist seit Ende der 80er Jahre kontinuierlich gesunken, der F&E-Beschäftigtenanteil ist leicht gestiegen und verharrt bei ungefähr 12% (vgl. Abb. IV-18). Diese Steigerung ist im wesentlichen auf die Zunahme der F&E- Beschäftigten im Ausland zurückzuführen: In der Bundesrepublik sind die F&E-Beschäftigten von 9/89 bis 9/95 um 1,5% zurückgegangen (9/89: 32.700 inländische F&E-Beschäftigte; 9/95: 32.200). Dagegen nahmen im Ausland die Mitarbeiter in F&E im gleichen Zeitraum um 50% zu (9/89: 8.400 ausländische F&E-Beschäftigte; 9/95: 12.600). Die F&E-Internationalisierung bei Siemens wird durch die Zunahme des Anteils der ausländischen F&E-Mitarbeiter von 20,4% im Geschäftsjahr 1988/89 auf 28,1% im Jahr 1994/95 deutlich (vgl. Abb. IV-18). Die Anzahl der ausländischen F&E-Beschäftigten ist in den USA und in Österreich am höchsten (vgl. Siemens 1996, 5):

- 4.400 F&E-Beschäftigte in den USA (vor allem Kommunikationstechnologie, Medizintechnik, Mikroelektronik),
- 3.200 in Österreich (v.a. Software),
- 2.000 in Großbritannien (v.a. Kommunikationstechnologie, Sensorik, Software),

- 3.000 in anderen Ländern (z.B. Australien, Belgien, Kanada, Frankreich, Indien, Italien, Portugal, Schweiz, Taiwan).

Die Geschäftsbereiche betreiben im wesentlichen Anwendungsentwicklungen und sind beispielsweise in ihrer Gestaltung von F&E oder dem Eingehen von Kooperationen autonom; sie müssen sich jedoch auf den Bereich der Elektrotechnik/Elektronik beschränken. Während in den Geschäftsbereichen die Arbeitsweise der Entwicklungstätigkeit überwiegend vertikal ausgerichtet ist - die Einteilung erfolgt in Arbeitsgebiete,

Abbildung IV-18: Umsatz, F&E-Aufwand und F&E-Beschäftigte (Siemens)

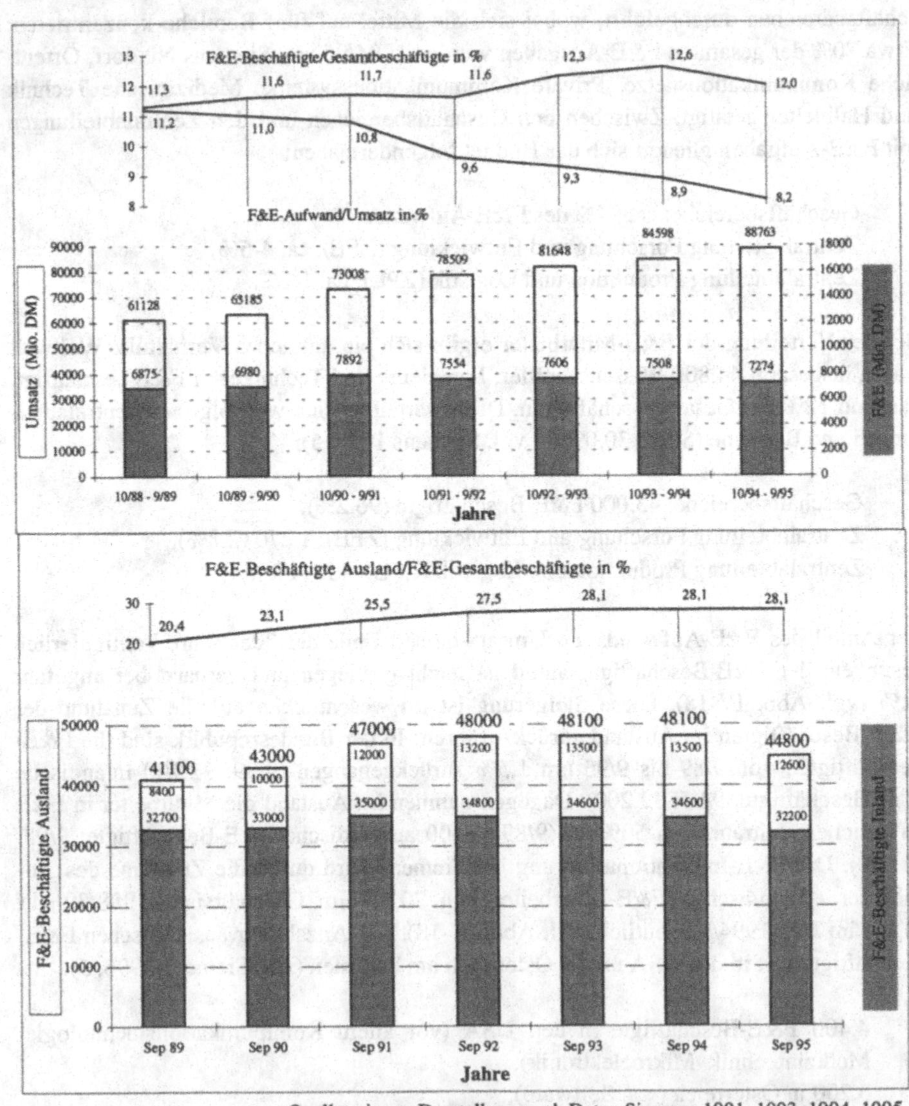

Quelle: eigene Darstellung nach Daten Siemens 1991, 1993, 1994, 1995

Geschäftsfelder, Projekte und fallweise einzelne Kundenaufträge - muß die Zentralabteilung F&E sowohl vertikale als auch horizontale, bereichsübergreifende Aufgaben bewältigen. Als ein tragender Wettbewerbsvorteil wird der Ideenaustausch quer über die Märkte und Technologien unter einem Dach angesehen: Hier liege ein entscheidender Vorteil der Siemens-Organisationsstruktur in Geschäftsbereiche und Zentralforschung gegenüber einer Holding-Struktur.

Internationale Organisation der zentralen F&E

Von den fünf Zentralabteilungen (Finanzen, F&E, Personal, Produktion und Logistik, Unternehmensplanung und -entwicklung) beschäftigen sich die ZFE und ZPL mit Forschung und Entwicklung. Die Zentralabteilung Produktion und Logistik (ZPL) entwikkelt ausschließlich im Auftrag der 15 Siemens-Bereiche neue Produktionstechniken und bearbeitet Probleme der Arbeitsorganisation sowie des internen Umweltschutzes.

Die ZFE ist der Technologielieferant für die Geschäftsbereiche und hat die strategische Aufgabe, langfristige Markt- und Technologietrends und deren Nutzen für die F&E-Aktivitäten des Konzerns abzuschätzen sowie Synergien hinsichtlich der Technologien und Geschäftsbereiche herzustellen. Zusätzlich zum operativen F&E-Geschäft leistet die ZFE forschungsnahe Dienste (wie gewerblicher Rechtsschutz mit den Patent- und Normenabteilungen, Laborbetriebe, Fachinformations- und Dokumentationsdienste, Kooperation und Forschungsförderung). Im Jahr 1990 wurde das Ziel formuliert, in fünf Jahren ca. 1% vom Umsatz oder 10% vom gesamten F&E-Aufwand für die ZFE zur Verfügung zu stellen. Mit einem derzeitigen Anteil der ZFE von etwa 5% des F&E-Budgets ist diese Vorgabe allerdings in weite Ferne gerückt. Die Beschäftigtenzahl in der ZFE ist dagegen von 2.650 im Jahr 1988 (berechnet nach Siemens-ZFE 1990, 26) auf 1.270 (9/1995) in sieben Jahren halbiert worden.

F&E-Aktivitäten in den USA

1976 fand das erste Auslandsengagement in F&E in den USA mit der Gründung des „Central Research Department" in Cherry Hill statt; ab 1980 wurde dieses in Princeton, New Jersey, weitergeführt. Das Siemens Corporate Research Inc. (SCR) in Princeton ist das bisher einzige ausländische Zentralforschungslabor mit einem Jahresbudget von bis zu 20 Mio. Dollar und etwa 140 Mitarbeitern (Stand 30.9.1993), die überwiegend aus den USA stammen. Das SCR ist an die Princeton University angelagert und betreibt anwendungsorientierte Forschung im Bereich der Bild- und optischen Datenverarbeitung. Drei Gründe waren für den Standort USA entscheidend:

- Zum einen sind die USA (und deren Wissenschaftler) auf diesem Gebiet führend („Mekka der Sprach- und Bildverarbeitung"),
- zum anderen ist Siemens durch mehrere Töchter in den USA vertreten, die das F&E-Zentrum nutzen können (Aufträge, Wissen, Technologie, aber auch Kontaktanbahnung),
- drittens war das damals notwendige Know-how im Konzern nicht vorhanden.

Wie im gesamten Unternehmen repräsentiert auch bei der Siemens Corporation in den USA die zentrale Forschung und Entwicklung nur einen geringen Teil der F&E-Aktivitäten: Die SCR-Mitarbeiter haben lediglich einen Anteil von 3,2% an den 4.400 F&E-Beschäftigten in den USA; diese Quote liegt nur geringfügig unter dem Anteil von 3,5% der F&E-Mitarbeiter der ZFE an den F&E-Beschäftigten in Deutschland. Zum größten Teil findet produktionsnahe Entwicklung bei den einzelnen Tochtergesellschaften an etwa 30 verschiedenen Standorten statt, beispielsweise für Telekommunikation in Boca Raton (Florida) oder für Medizintechnik in Chicago (vgl. Siemens-Zeitschrift 1994, 1).

Siemens-Aktivitäten in Japan

Siemens unterhält derzeit eine Unternehmensgruppe in Japan, die aus der Siemens K.K. und acht Tochtergesellschaften besteht. Im Geschäftsjahr 1990/91 hatte die gesamte Gruppe einen Umsatz von 82 Billionen Yen und insgesamt 1.620 Beschäftigte. Siemens K.K. wurde schon 1887 in Japan gegründet und beinhaltet verschiedene kleinere Produktbereiche, die im wesentlichen auch die 15 Geschäftsbereiche widerspiegeln. Zudem werden hier die Planungs- und Koordinierungsaufgaben für die japanischen Siemens-Unternehmen bzw. Joint Ventures wahrgenommen. In Japan wurden bisher keine eigenen F&E-Zentren aufgebaut, hier versucht Siemens mit strategischen Allianzen (z.B. mit Toshiba), durch die Übernahme von High-Tech-Unternehmen bzw. einem Monitoring der Trends in der Forschungslandschaft weiterzukommen. Der Schwerpunkt der japanischen Siemens-Aktivitäten liegt im Verkauf, in der Montage und im Dienstleistungs- bzw. Wartungsbereich. Die Produktionseinheiten sind gering, Forschung und Entwicklung beschränkt sich auf ein „Technology Department", das „Monitoring-/Scanning"-Aufgaben wahrnimmt.

Im Technology Department, das der ZFE in München berichtspflichtig ist, sind bis zu fünf Mitarbeiter beschäftigt. Die Abteilung ist nicht nur für Japan sondern ganz Ostasien zuständig und hat im wesentlichen vier Aufgaben:

(1) Informationsbeschaffung: Es sollen Informationen über die Entwicklung der Techniken und Innovationen in Japan und über die F&E-Strategien von Unternehmen gesammelt werden; dazu werden Fachzeitschriften, Publikationen und Artikel ausgewertet. In Kooperation mit Siemens-Mitarbeitern oder mit Unternehmensberatern werden Technologiestudien oder Benchmarking-Analysen durchgeführt.
(2) Kommunikation: Für die Siemens-Geschäftsbereiche werden Kontakte vermittelt, entsprechende Gesprächspartner gesucht und nach Japan reisende Siemens-Mitarbeiter beraten.
(3) Kooperation: Die Tätigkeit beschränkt sich hier im wesentlichen auf den Austausch von Wissenschaftlern oder die Suche nach geeigneten Kooperationspartnern (Hochschulen, Unternehmen, F&E-Einrichtungen).
(4) Repräsentation: Über die Teilnahme an Meetings, Workshops oder Vorträgen soll die Siemens-Forschung auch in Japan repräsentiert werden.

Entscheidend für einen möglichen zukünftigen Ausbau von Forschung und Entwicklung in Japan ist die Marktstrategie von Siemens in Asien. Ein stärkeres Engagement im asiatischen Markt müßte jedoch einen etwa fünfmal höheren Umsatz als zum gegenwärtigen Stand aufweisen, um den Aufbau eigenständiger Forschung und Entwicklung zu rechtfertigen. Zur Technologiebeobachtung reicht das bisherige Team aus. Der Aufbau von Forschung und Entwicklung ohne lokal produzierende Tochtergesellschaften und einen entsprechenden Marktumsatz in Asien wird als sinnlos betrachtet.

Softwareentwicklung in Indien

1994 wurde in Indien vom Geschäftsbereich „Öffentliche Kommunikationsnetze (ÖN)" ein Softwarehaus gegründet, in dem in den nächsten Jahren bis zu 1000 indische Ingenieure Software für das gesamte Produktspektrum des EWSD-Vermittlungssystems entwickeln sollen. Der Technologiefluß läuft in der Regel folgendermaßen: Die Produkte werden bei ÖN in München entwickelt und konzipiert, in Indien erfolgt die Ausführung von klar umrissenen Tätigkeiten. Die Arbeiten beziehen sich überwiegend auf stark festgelegte, kodifizierbare und in einem Pflichtenheft spezifizierte Aufgaben. Ob sich hier mittelfristig ein bereichsspezifisches Kompetenzzentrum für Software herausbildet, ist derzeit nicht abzuschätzen.

3.2.2 Muster der Internationalisierung

Die Internationalisierung von F&E vollzieht sich bei Siemens überwiegend durch die Übernahme von High-Tech-Firmen und *nicht* durch den Aufbau ausländischer F&E-Zentren („Greenfield R&D"). Nach Meinung eines Gesprächspartner wird deren Aufbau überschätzt, durch einen guten Informationsfluß läßt sich globales Wissen und Technologie effizienter und reibungsloser ohne ausländische F&E-Labors gewinnen. Dagegen sei der Koordinationsaufwand für eine auf verschiedene Standorte verteilte F&E viel zu hoch. Im Bereich der konzernübergreifenden Forschung würden weniger die Kosten als vielmehr die Forschungsergebnisse und der Informationsfluß für die Standortwahl entscheidend sein. Die Grenzen einer Internationalisierung von F&E seien schnell durch Kultur, Sprache und Koordinationsbedarf erreicht. Der Aufbau des SCR in Princeton ist folglich nur ein (untypisches) Element einer Bandbreite verschiedenartiger Instrumente zur Nutzung weltweit verteilter Forschungsergebnisse und Technologien; folgendes Instrumentenset wird eingesetzt:

- Teilnahme an über 170 F&E-Projekten im Rahmen der F&T-Programme der Europäischen Union; in diesen Projekten ergaben sich bisher Kooperationen mit mehr als 700 verschiedenen Partnern;
- weltweite F&E-Kooperationen mit über 150 Hochschulen und außeruniveritären F&E-Einrichtungen;

- strategische Allianzen in F&E zum Beispiel mit IBM (64 Megabit-DRAM) oder IBM/Toshiba (256 Megabit-Chip);
- Akquisition von technologieintensiven Unternehmen;
- unterstützende Entwicklungstätigkeiten für ausländische Produktionsstätten;
- Etablierung des SCR in Princeton.

Die internationalen Innovationsprozesse können bei Siemens entsprechend der Typologie von Ghoshal/Bartlett (1988) vor allem als „Centre-for-Global" oder „Local-for-Local" charakterisiert werden: Die Kerntechnologien werden vor allem in Deutschland von den Geschäftsbereichen und der ZFE entwickelt. Die außerhalb Deutschlands lokalisierten F&E-Einheiten bestehen mit Ausnahme des SCR vor allem aus Entwicklungsabteilungen in Tochterunternehmen mit produktionsunterstützenden Aufgaben.

3.3 Koordination der F&E- und Innovationsprozesse

Als entscheidende Erfolgsfaktoren des Innovationsprozesses wurden in der Zentralabteilung Forschung und Entwicklung (ZFE) zu Beginn der 90er Jahre drei Punkte angesehen (vgl. dazu auch Danielmeyer 1990, 2): (1) Erfüllung der Kundenwünsche, (2) Schnelligkeit und Parallelität von F&E mit Fertigung und Marketing und (3) interdisziplinäres Arbeiten, da neue Märkte und Technologien dort entstehen, wo sich verschiedene Märkte und Technikgebiete überlappen. Das wesentliche Instrument zur Abstimmung von Forschungs- und Technologiestrategien, der ZFE mit den Bereichen sowie zur Herstellung technikübergreifender Synergien stellte bis etwa 1994 das Management der Kerntechnologien dar, das mit der Reorganisation 1988 eingeführt wurde. Im folgenden Kapitel wird dieses Kerntechnologie-Management näher beschrieben, das in ähnlicher Weise bei NEC bereits seit Mitte der 70er Jahre betrieben wird. Nach 1994 wurden jedoch andere Schwerpunkte im F&E-Management bei Siemens gesetzt, auf die im vorletzten Kapitel (IV.3.4) eingegangen wird. In dieser Fallstudie ergab sich daher die Möglichkeit, einen längeren Zeitraum zu beobachten und die Veränderungen des Managements der Zentralen Forschung und Entwicklung zu beschreiben.

3.3.1 Koordination von F&E mit Unternehmensstrategien

Zur Realisierung von Synergien durch die ZFE wurden die damals 278 Geschäftsfelder der 16 Geschäftsbereiche auf 23 Kerntechnologien reduziert und zu sechs übergreifenden Kerntechnologiegebieten zusammengefaßt: Material und Recycling, Prozesse und Energie, Komponenten und Module, Mikroelektronik, Software und Engineering, Systeme und Netze (vgl. Abb. IV-19). Die Kerntechnologien wurden erstmals vor der

Neuorganisation 1988 durch interne Umfragen bei den Geschäftsbereichen ermittelt. Praktisch bedeutete dies, daß Mitglieder des Stabs der ZFE Interviews mit Experten der Geschäftsbereiche führten und eine Bestandsaufnahme der vorhandenen Technologien erstellten. Diese wurden gebündelt, bewertet und daraus die Kerntechnologien abgeleitet. Dazu wurden nur diejenigen Technologien ausgewählt (vgl. Danielmeyer 1993), die

(1) einen bedeutenden Beitrag zur Wertschöpfung und zum Umsatz aufweisen,
(2) in der Regel für mehrere Geschäftsfelder und -bereiche benötigt werden,
(3) längerfristige Innovations- und Wachstumspotentiale sichern,
(4) strategische Relevanz für Siemens besitzen.

Abbildung IV-19: Kerntechnologien der Siemens ZFE

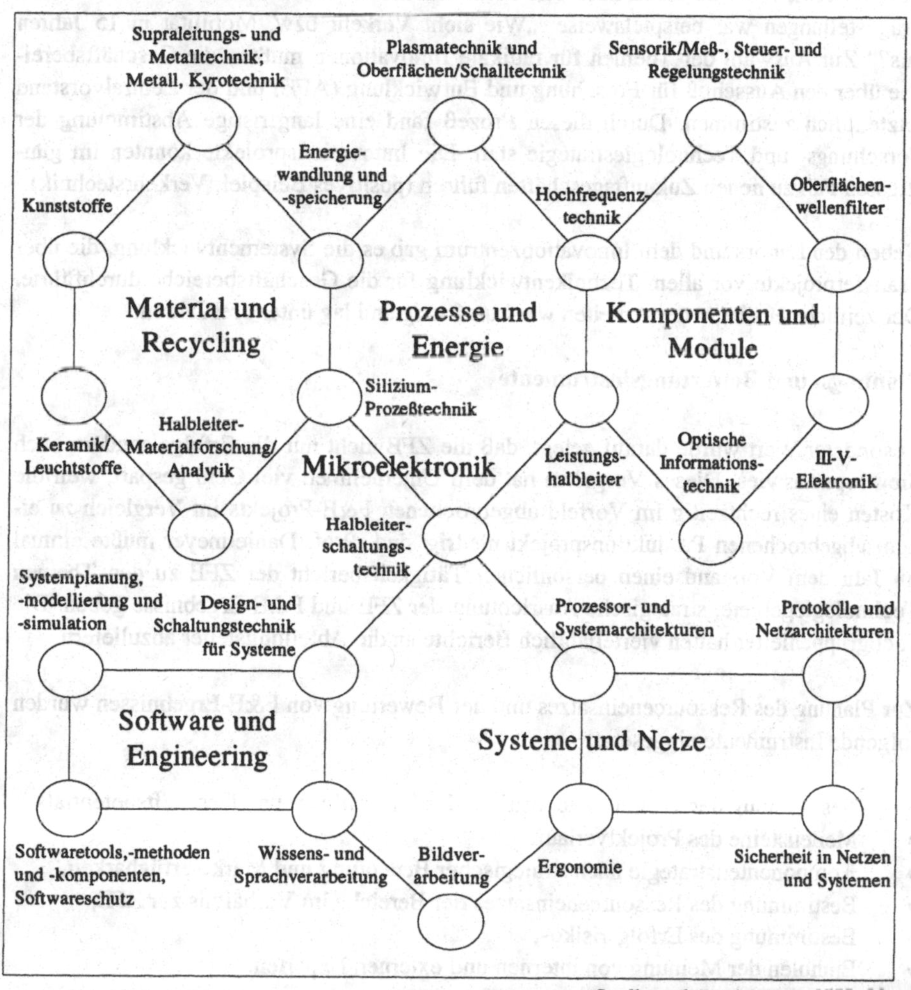

Quelle. vgl. Danielmeyer 1993, 20

Nach etwa drei Jahren der Anpassung und Korrektur der Forschungsinhalte wurde die Grundstruktur der ZFE gemäß der Struktur und den Beziehungen der Kerntechnologien gestaltet. Entsprechend den sechs Kerntechnologiegebieten wurden sechs F&E-Abteilungen gebildet, die etwa 95% der F&E-Aufwendungen der ZFE umfassen. Diese arbeiteten mit einem Zeithorizont von 3-7 Jahren und waren für die evolutionäre Entwicklung von Innovationen (inkrementale Innovationen) zuständig (vgl. Abb. IV-20). Für radikale Innovationen war das Innovationszentrum verantwortlich, hier wurden langfristige technologische, marktliche und gesellschaftliche Trends beobachtet und neuen Ideen nachgegangen („rumgesponnen"). Im Innovationszentrum waren etwa 12 Mitarbeiter beschäftigt, zum Zeitpunkt der Gespräche wurden 7 Felder mit je 2 bis 3 Wissenschaftlern bearbeitet. Fallweise konnten in wichtigen Projekten aber auch 40-50 Wissenschaftler aus verschiedenen Arbeitsfeldern beschäftigt sein. Zeitlich dachte dieser Bereich etwa 7 bis 20 Jahre über den Zeithorizont der Geschäftsbereiche hinaus; eine Fragestellungen war beispielsweise: „Wie sieht Verkehr bzw. Mobilität in 15 Jahren aus?" Zur Auswahl der Themen für radikale Innovationen mußten die Geschäftsbereiche über den Ausschuß für Forschung und Entwicklung (AFE) und der Zentralvorstand letztendlich zustimmen. Durch diesen Prozeß fand eine langfristige Abstimmung der Forschungs- und Technologiestrategie statt. Die Innovationsprojekte konnten im günstigsten Fall zu neuen Zukunftsgeschäften führen (positives Beispiel: Verkehrstechnik).

Neben den Labors und dem Innovationzentrum gab es die Systementwicklung, die über Transferprojekte vor allem Technikentwicklung für die Geschäftsbereiche durchführte. Der zeitliche Horizont der Arbeiten war kurzfristig und lag unter drei Jahren.

Planungs- und Bewertungsinstrumente

Besonderer Wert wurde darauf gelegt, daß die ZFE nicht nur die Erfolge sondern auch die Flops auswies. Dieses Vorgehen hat dem Unternehmen viel Geld gespart, weil die Kosten eines rechtzeitig im Vorfeld abgebrochenen F&E-Projekts im Vergleich zu einem abgebrochenen Produktionsprojekt niedrig sind. Prof. Danielmeyer mußte einmal im Jahr dem Vorstand einen persönlichen Tätigkeitsbericht der ZFE zu den Themen Technologiegebiete, strategische Ausrichtung der ZFE und F&E-Ergebnisse geben. Die Fachgruppenleiter hatten vierteljährlich Berichte an die Abteilungsleiter abzuliefern.

Zur Planung des Ressourceneinsatzes und der Bewertung von F&E-Ergebnissen wurden folgende Instrumente eingesetzt:

- Bestimmung der Technologieposition, des Innovations- und Geschäftspotentials,
- Meilensteine des Projektverlaufs,
- Komponentenstrategie nach strategischer Bedeutung und Marktverfügbarkeit,
- Bestimmung des Ressourceneinsatzes der Bereiche im Verhältnis zur ZFE,
- Bestimmung des Erfolgsrisikos,
- Einholen der Meinung von internen und externen Experten.

Abbildung IV-20: Reichweite der zentralen Forschung und Entwicklung

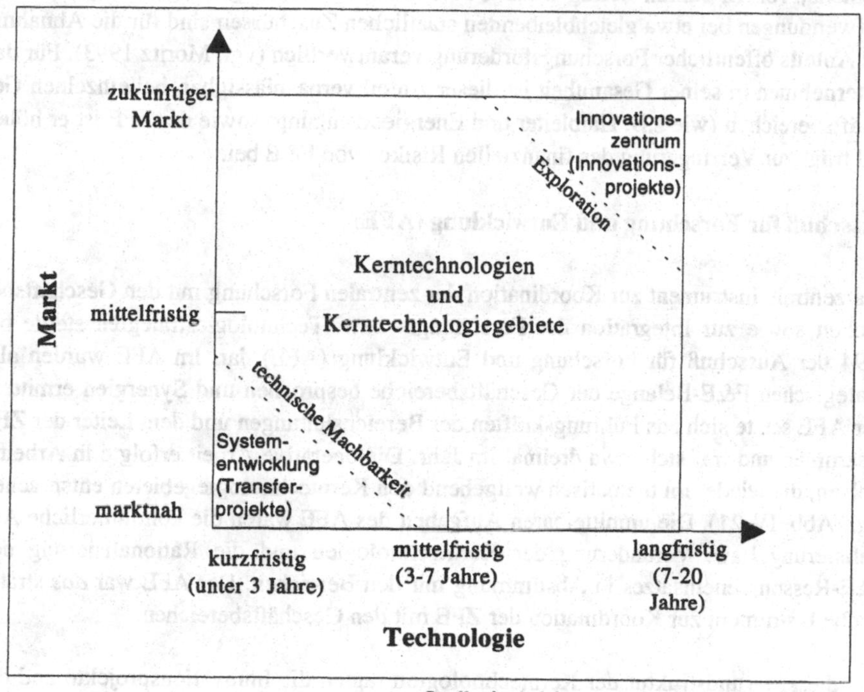

Quelle: in Anlehnung an Danielmeyer 1992, 135

3.3.2 Koordination zentrale Forschung und Entwicklung in den Bereichen

Ausweitung der Auftragsforschung

Die ZFE wurde früher zu etwa 60% durch Grundzuschuß von den Geschäftsbereichen (ZKD: Zentrale Kostendeckung) finanziert und zu etwa 20% durch Aufträge der Bereiche. Die restlichen 20% werden durch Fremdaufträge, öffentliche bzw. andere Mittel finanziert. Die ZKD ist sozusagen eine Konzernsteuer: Die Geschäftsbereiche müssen an die Zentrale eine Umlage entrichten, mit der alle zentralen Funktionen (bzw. Abteilungen) finanziert werden. Im Zuge einer erneuten Umstrukturierung der ZFE und des wachsenden Einflusses der Geschäftsbereiche wurde diese Finanzierungsart verändert. In Zukunft sieht der Schlüssel folgendermaßen aus: 35% sollen durch ZKD, 50% aus den Aufträgen der Geschäftsbereiche und die restlichen 15% aus anderen Quellen finanziert werden. Das Finanzierungsverhältnis hat sich folglich in Richtung Auftragsforschung für die Bereiche umgekehrt

Die öffentlichen Fördermittel haben heute einen Anteil von 2-3% am F&E-Budget von Siemens; vor 10 Jahren betrug diese Quote noch 7%. Stark gestiegene eigene F&E-Aufwendungen bei etwa gleichbleibenden staatlichen Zuschüssen sind für die Abnahme des Anteils öffentlicher Forschungsförderung verantwortlich (vgl. Moritz 1993). Für das Unternehmen in seiner Gesamtheit ist dieser Anteil vernachlässigbar, bei einzelnen Geschäftsbereichen (wie z.B. Halbleiter und Energieerzeugung) sowie der ZFE ist er höher und trägt zur Verringerung des finanziellen Risikos von F&E bei.

Ausschuß für Forschung und Entwicklung (AFE)

Das zentrale Instrument zur Koordination der zentralen Forschung mit den Geschäftsbereichen sowie zur Integration der Forschungs- bzw. Technologiestrategien stellte bis 1994 der Ausschuß für Forschung und Entwicklung (AFE) dar. Im AFE wurden alle strategischen F&E-Belange der Geschäftsbereiche besprochen und Synergien ermittelt. Der AFE setzte sich aus Führungskräften der Bereichsleitungen und dem Leiter der ZFE zusammen und traf sich etwa dreimal im Jahr. Die operative Arbeit erfolgte in Arbeitskreisen, die wiederum thematisch weitgehend den Kerntechnologiegebieten entsprachen (vgl. Abb. IV-21). Die unmittelbaren Aufgaben des AFE waren die kontinuierliche Aktualisierung bzw. Veränderung der Kerntechnologien und die Rationalisierung des F&E-Ressourceneinsatzes in Abstimmung mit den Bereichen. Der AFE war *das* strategische Instrument zur Koordination der ZFE mit den Geschäftsbereichen.

Aus dieser Grundstruktur der Kerntechnologien ragten die Innovationsprojekte und die Exploration heraus (vgl. Abb. IV-21). Die Innovationsprojekte zur langfristigen Erreichung neuer Geschäftsmöglichkeiten unterlagen nicht der Einteilung nach Kerntechnologien. Die Exploration dient zum Kompetenzaufbau für neue Gebiete, denen ein Potential für eine Kerntechnologie bzw. neue Produktlinie zugetraut wurde.

Bereichsrepräsentanten

Zur Gewährleistung des Technologietransfers von der ZFE zu den Geschäftsbereichen wurden sogenannte „Bereichsrepräsentanten" eingerichtet (vgl. Abb. IV-21). Diese waren in Personalunion die Leiter der Labors und verantwortlich für jeweils etwa 200 Wissenschaftler/Ingenieure. Die Bereichsrepräsentanten sollten als „F&E-Unternehmer" nicht nur einen optimalen Transfer sicherstellen und über den F&E-Bedarf des jeweiligen Bereichs informiert sein („F&E-Botschafter der Bereiche") sondern auch Lücken in ihrem Technologieangebot erkennen bzw. decken. Durch die Bildung von Bereichsrepräsentanten sollte sich ein optimaler horizontaler und vertikaler Kommunikationsfluß zwischen dem Technologieangebot (von ZFE und externen F&E-Einrichtungen) und dem Bedarf der Geschäftsbereiche ergeben.

Personaltransfer

Die Koordinierung zwischen Geschäftsbereiche und ZFE erfolgte auf der strategischen Ebene durch den AFE. Ein Instrument auf der operativen Ebene ist der „Transfer über

Köpfe". So wechselt beispielsweise der Software-Entwickler mit „seinen" in der ZFE erarbeiteten Projektergebnissen in den entsprechenden Geschäftsbereich. Die Nutzung eines systematischen Personaltransfers oder die Etablierung eines Job Rotation Systems zur Koordination konnte jedoch bei den Gesprächen nicht festgestellt werden.

Abbildung IV-21: Kerntechnologiemanagement der Siemens ZFE

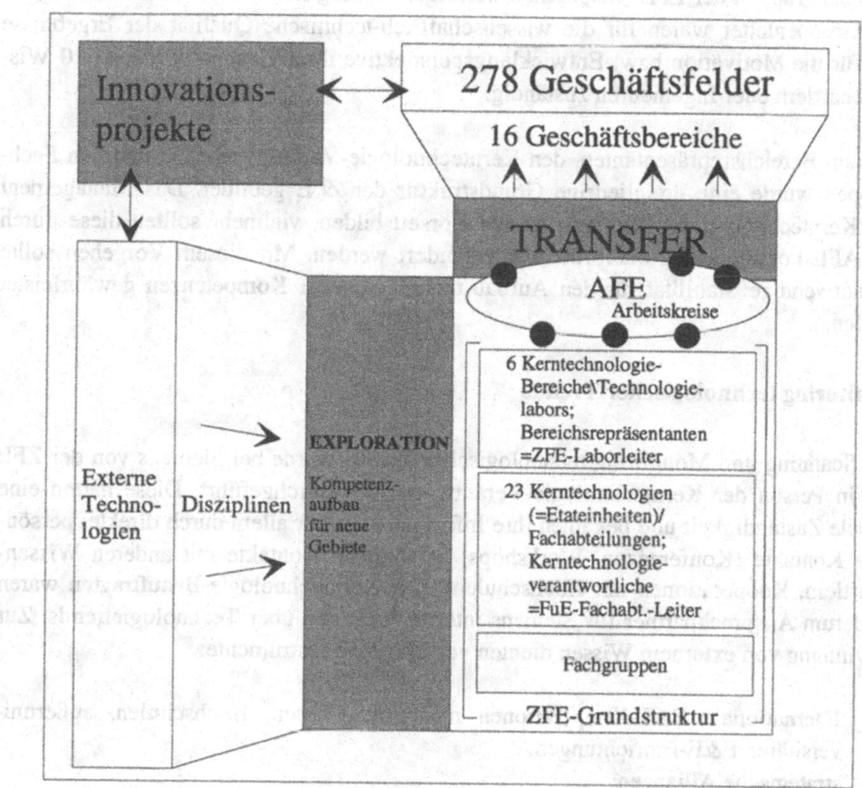

Quelle: in Anlehnung an Danielmeyer 1993, 23

3.3.3 Management von Querschnittstechnologien

Kerntechnologie-Verantwortliche

Die hierarchisch unter den Labors liegenden Fachabteilungen der ZFE entsprachen den 23 Kerntechnologien, welche die Etateinheiten bildeten (vgl. Abb IV-21). Die Fachabteilungsleiter waren für die Ressourcenoptimierung und die Technologieführerschaft von Siemens in der jeweiligen Kerntechnologie zuständig. Sie waren die „Kerntechnologie-Verantwortlichen“ und mußten persönlich dafür geradestehen, daß internationale Entwicklungen in der Forschung frühzeitig erkannt und umgesetzt wurden. Sie wirkten als „Antennen“ für externe Impulse und mußten den „State-of-the-Art“ in ihrem Gebiet kennen. Mit den Kerntechnologie-Verantwortlichen wurde der Versuch gemacht, Technologie zu personifizieren und ein „persönliches Gewissen der Technologie“ zu schaffen.

Die Fachgruppen der ZFE entsprachen wichtigen Teilsegmenten der Kerntechnologien. Die Gruppenleiter waren für die wissenschaftlich-technische Qualität der Ergebnisse und für die Motivation bzw. Entwicklungsperspektive ihrer Gruppe von etwa 10 Wissenschaftlern oder Ingenieuren zuständig.

Mit den Bereichsrepräsentanten, den Kerntechnologie-Verantwortlichen und den Fachgruppen wurde eine dreigliedrige Grundstruktur der ZFE gebildet. Das Management von Kerntechnologien sollte kein starres Korsett bilden, vielmehr sollten diese durch den AFE kontinuierlich überprüft und verändert werden. Mit diesem Vorgehen sollte die notwendige Stabilität für den Aufbau technologischer Kompetenzen gewährleistet werden.

Monitoring technologischer Trends

Das Scanning und Monitoring technologischer Trends wurde bei Siemens von der ZFE und in Person der Kerntechnologie-Verantwortlichen durchgeführt. Diese hatten eine globale Zuständigkeit und bekamen ihre Informationen vor allem durch direkte, persönliche Kontakte (Konferenzen, Workshops, persönliche Kontakte mit anderen Wissenschaftlern, Kooperationen mit Hochschulen). Die Kerntechnologie-Beauftragten waren wiederum Ansprechpartner für Siemens-interne Anfragen über Technologietrends. Zur Gewinnung von externem Wissen dienten verschiedene Instrumente:

- Internationale F&E-Kooperationen mit Unternehmen, Hochschulen, außeruniversitären F&E-Einrichtungen;
- strategische Allianzen;
- Vergabe externer F&E-Aufträge oder Studien;
- persönliche Kontakte über z.B. Konferenzen, Workshops oder Seminare, die ausgesprochen wichtig sind, aber meist nicht systematisch eingesetzt werden;
- Datenbankrecherchen, die zum Gewinnen eines ersten Überblicks dienen.

3.3.4 Koordination internationaler F&E-Einheiten

Ausländische Siemens-Töchter und deren F&E-Tätigkeiten sind autonom, eine übergreifende internationale Koordinierung findet nicht statt. Ein wesentlicher Grund ist darin zu sehen, daß die Entwicklungsaktivitäten sehr nahe an der Produktion liegen. Es werden vor allem globale Produkte hergestellt, die regional vertrieben und lediglich angepaßt werden. Eine Ausnahme davon bildet der Markt und die in bestimmten Gebieten vorauseilende technologische Entwicklung in den USA. Demzufolge wurde in jüngster Zeit ein „R&D Advisory Council" zur Abstimmung der F&E-Aktivitäten in den USA eingerichtet (vgl. Danielmeyer 1995, 23). An diesem Komitee nehmen die Leiter der Entwicklungsabteilungen der US-Tochtergesellschaften und der Leiter des SCR in Princeton teil. Das Gremium dient vor allem zum gegenseitigen Austausch und Feedback bei F&E-Problemen auf operativer Ebene.

Die Abstimmung zwischen dem Zentrallabor in Princeton und der ZFE in München erfolgte im wesentlichen durch den deutschen Laborleiter, der bei Besuchen in München Bericht erstattete. Lange Zeit war Princeton nicht in das Kerntechnologie-Programm eingebunden und wurde lediglich als „Window on US Technology" (Danielmeyer 1995, 23) betrachtet. Die Weiterführung des amerikanischen Labors wurde des öfteren in Frage gestellt, da der Nutzen für den Konzern und die US-Töchter nicht deutlich war. Princeton war der Testfall, der über das weitere Auslandsengagement der zentralen Forschung bestimmte.[13]

Die „Produkte" der ZFE sind stark auf die Bedürfnisse der deutschen Geschäftsbereiche konzentriert. Eine internationale konzernübergreifende Koordination von Forschung und Entwicklung wird nach Einschätzung einiger Gesprächspartner derzeit nicht für erforderlich gehalten. Selbst internationale F&E-Projekte haben bisher zumindest in der zentralen Forschung und Entwicklung nur eine geringe Bedeutung.

3.4 Neuere Veränderungen im F&E-Management der Zentralforschung

Nach 1994 wurden einige wesentliche Änderungen im F&E-Management der ZFE getroffen. Eckpunkte dieses Wandels bildeten: (1) Die Strategie der Globalisierung aller Elemente der Wertekette (Wertschöpfung dort, wo der Markt ist), (2) die stärkere Autonomie der Geschäftsbereiche und damit verbunden deren Technikentwicklung sowie (3) die Steigerung der Effizienz der Innovationsprozesse im Konzern und die Einbindung der ZFE in das „top-Programm".

Aufgrund der mangelnden Sichtbarkeit des Zentrallabors in Princeton wurde das Siemens Corporate Research Inc. explizit in das Kerntechnologie-Management aufgenom-

[13] „There were other forces within the Management Board which favoured establishment of group laboratories elsewherer rather than putting the effort into a central laboratory in the US. My own attitude at the time was that until we made a success of the US laboratory we should not try elsewhere" (Danielmeyer 1995, 24).

men und ist jetzt weltweit für den Bereich „Imaging and Learning" verantwortlich (vgl. Abb. IV-22). Damit wurde ein wesentlicher Schritt getan, um die Qualität der Forschung in den USA zu erhöhen und eine Integration in die konzernübergreifende Forschung zu erreichen. Die Abstimmung mit der ZFE wurde zudem durch regelmäßige Besuche des SCR-Forschungsleiters einmal im Monat zu den Abteilungssitzungen in München intensiviert.

Abbildung IV-22: Neubestimmung der Kerntechnologien

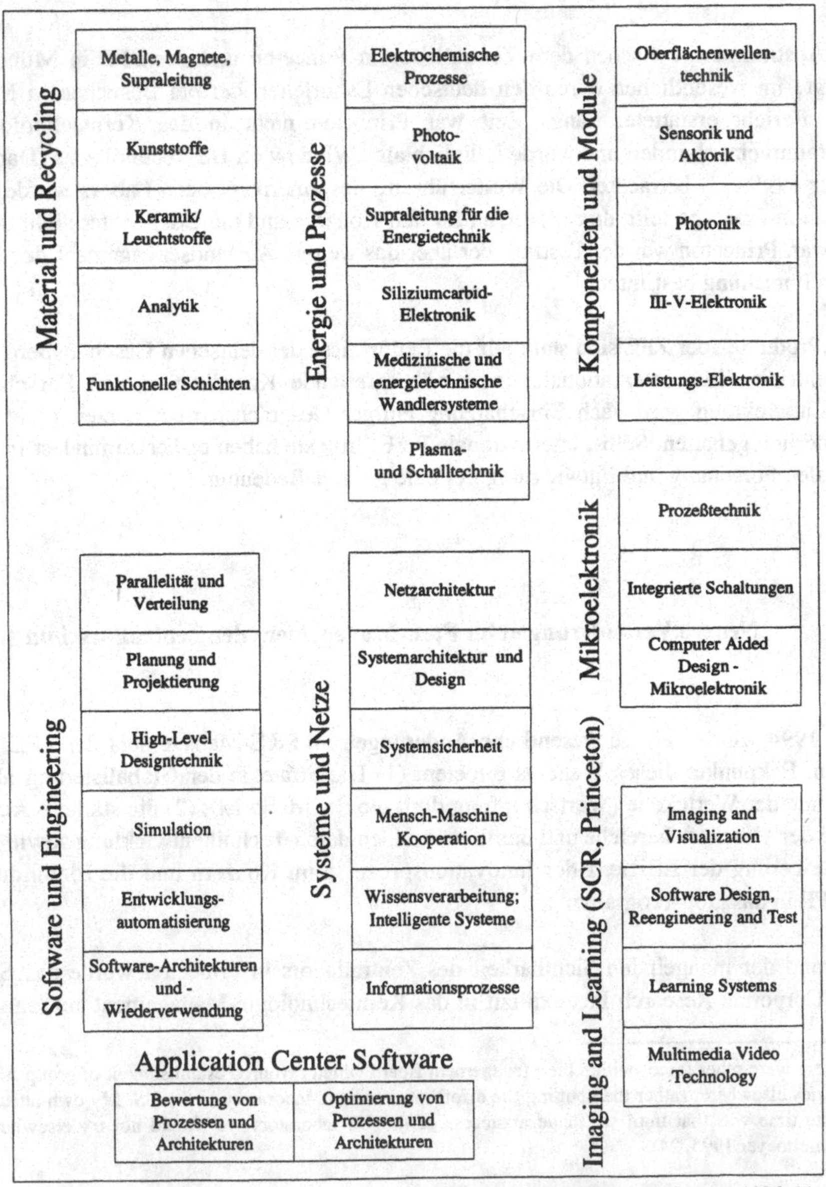

Quelle: in Anlehnung an Siemens 1996, 11

Die Kerntechnologien wurden überarbeitet und die Kerntechnologie-Bereiche von sechs auf acht erhöht (vgl. Abb. IV-22): Neu hinzugekommen sind „Application Center Software" und „Imaging and Learning" (SCR Princeton). Die frühere Teilung in F&E-Bereiche wurde aufgehoben und die ZFE in acht Abteilungen gegliedert, die den Kerntechnologie-Bereichen entsprechen. Die neuen Abteilungsleiter sollen die zu Bereichen zusammengefaßten Kerntechnologien repräsentieren, die Querschnittsfunktion der Verantwortlichen für jeweils eine Kerntechnologie wurde aufgegeben. Innerhalb der ZFE wurden die Leitungsspannen verringert und zwei Hierarchieebenen abgebaut.

Eine entscheidende Veränderung betrifft die Abstimmung zwischen ZFE und Geschäftsbereiche sowie die Bestimmung der langfristigen Innovationsthemen (vgl. Abb. IV-23). Der Ausschuß für Forschung und Entwicklung (AFE), der zuvor das zentrale strategische Instrument zur Koordination der Zentralforschung mit den Geschäftsbereichen darstellte, ist nunmehr für die Bestimmung der Innovationsfelder zuständig: In themenspezifischen Innovationsarbeitskreisen werden langfristige Innovationsfelder diskutiert und ausgearbeitet. Die Koordination mit den Geschäftsbereichen geschieht dagegen über verschiedene Methoden der Technologieplanung: Das „Multi Generation Product Planning" (MGPP) der Geschäftsbereiche, das vor allem aus „Product Roadmaps" und „Technology Trees" besteht, wird mit den verschiedenen „Technology Roadmaps" der Zentralforschung in Übereinstimmung gebracht und darüber die Forschungs- und Technologiestrategien koordiniert. Die Technology Roadmaps entsprechen jeweils den Kerntechnologien und sind praktisch „Planungseinheit". Der Abstimmungsprozeß geschieht heute demzufolge direkt zwischen den Geschäftsbereichen und der ZFE und ohne den AFE als Koordinationsorgan.

Die Bestimmung der Innovationsfelder soll die Grundlage für die Langfristorientierung der ZFE darstellen und das frühzeitige Erkennen zukünftiger Bedarfe und Technologien ermöglichen. In Verbindung mit den Geschäftsbereichen und externen Quellen wird in folgender Weise vorgegangen: (1) Bestimmung langfristiger Kundenbedarfe, (2) Entwicklung von Szenarios bzw. Marktperspektiven und Erstellen der Technology Roadmaps, (3) Konzept- und Strategieentwicklung für innovative Projekte, (4) Diskussion der Ergebnisse in den Innovationsarbeitskreisen des AFE, (5) Implementierung von strategischen Innovationsprojekten in den Siemens-Bereichen oder der ZFE. Derzeit bestehen die fünf Innovationsarbeitskreise Energie, Industrie und Umwelt, Transport/Verkehr, Information und Kommunikation sowie Gesundheit (vgl. Abb. IV-23).

Wesentliches strukturierendes Element für das F&E-Management der ZFE sind nach 1994 nicht mehr die Kerntechnologien sondern die Unterscheidung in Langfristorientierung und revolutionäre Innovation sowie mittelfristige Orientierung und evolutionäre Innovation. Damit gewinnt die Innovationshöhe bzw. der Neuheitsgrad der Innovation als Leitelement des Managements von F&E und Innovation entscheidend an Bedeutung. Dies macht sich auch bei der Integration der ZFE bemerkbar (vgl. Abb. IV-23): Die langfristige Orientierung der Forschung wird in den Innovationsarbeitskreisen des

Abbildung IV-23: Revolutionäre und evolutionäre Innovation als Leitelement des F&E-Managements

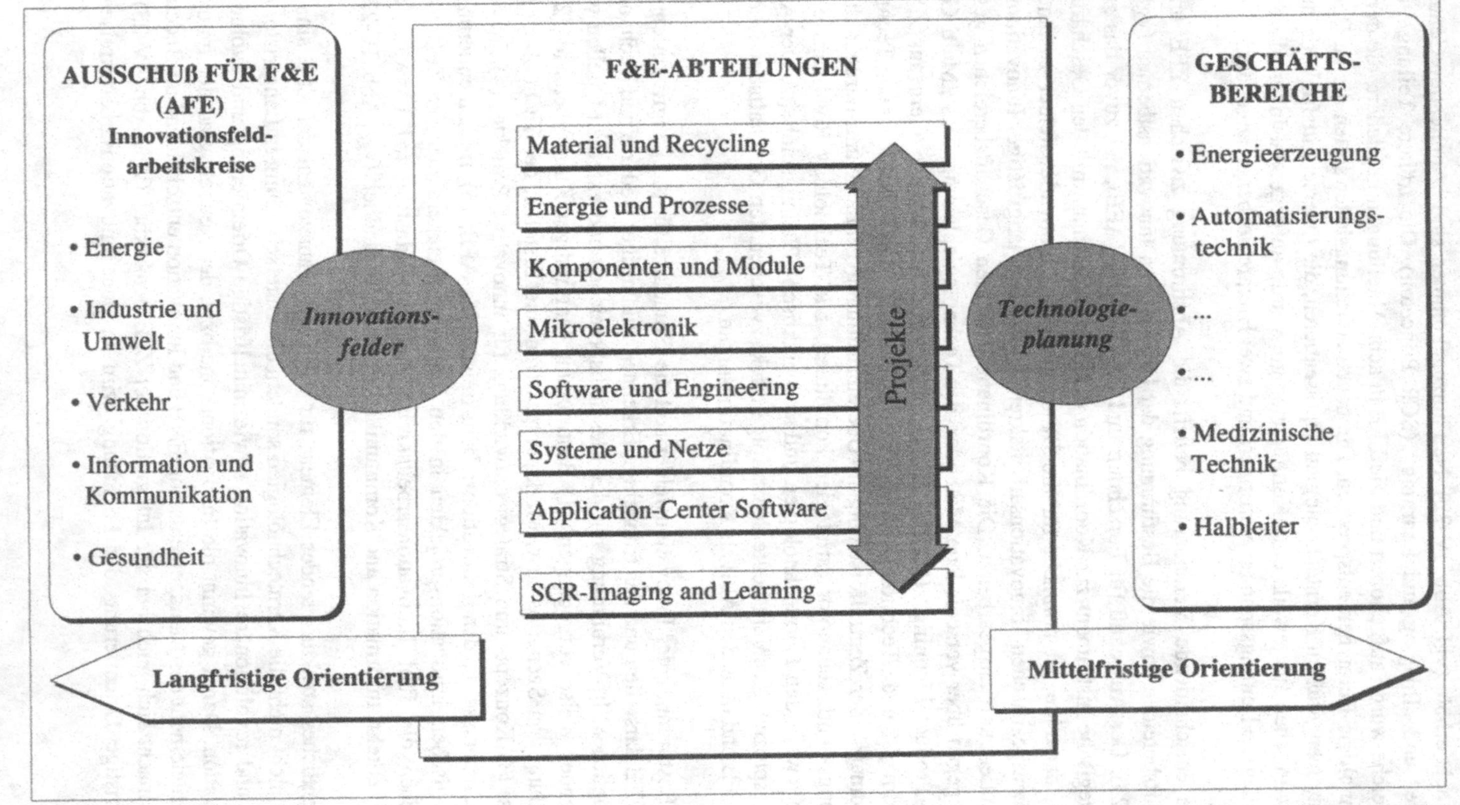

Quelle: in Anlehnung an Siemens 1996, 10

AFE abgestimmt, während die mittelfristige Orientierung durch die Technologieplanung unmittelbar mit den Geschäftsbereichen koordiniert wird. Die Kerntechnologien bilden den Ausgangspunkt der Technologieplanung der ZFE und stellen bei der Strukturierung der acht F&E-Abteilungen der Zentralforschung den Hintergrund dar.

Als Begründung für die Hervorhebung der Innovationshöhe als bestimmendes Element des Managements der ZFE werden die jeweils unterschiedlichen Merkmale und Erfolgsfaktoren genannt (vgl. Weyrich 1995, 8). Evolutionäre Innovationen haben einen kurzen Zeithorizont, die Unsicherheit und das Risiko sind gering, der Markt besteht bereits und die Planbarkeit ist hoch; zentrale Erfolgsfaktoren sind demzufolge die Qualität der Planung, Time-to-Market, Projektmanagement und eine klare Stoßrichtung. Dagegen stellen revolutionäre Innovationen einen Quantensprung dar, sind langfristig orientiert, die Unsicherheit und das Risiko ist hoch, ein Markt besteht noch nicht; hier sind Faktoren für den Erfolg die Vermittlung von Visionen, ein langer Atem, Intuition und eine ganzheitliche Betrachtungsweise. Von dem nach Innovationshöhe differierendem Management wird eine Steigerung der Effizienz des Innovationsprozesses bei Verbesserungsinnovationen und eine höhere Effektivität bei radikalen Innovationen erwartet. Als Instrumente gewinnen beim Management der Sprunginnovationen strategische Innovationsprojekte und sogenannte „White-Space"-Projekte, mit denen bereichsübergreifend weiße Flecken am Markt besetzt werden sollen, an Bedeutung.

3.5 Zusammenfassung und kritische Würdigung

Bei einer längerfristigen Betrachtung des F&E-Managements der Zentralen Forschung und Entwicklung (ZFE) werden verschiedene Veränderungen deutlich. Zum einen hat die ZFE durch den Abbau der Forscherkapazitäten seit Ende der 80er Jahre an konzernübergreifender Kompetenz eingebüßt. Mit der Etablierung weitgehend autonomer Geschäftsbereiche haben diese deutlich auch in F&E an Macht und technologischer Kompetenz gewonnen. Zum zweiten konnte beobachtet werden, daß eine Reorganisation der Zentralforschung in den letzten Jahren immer infolge tiefgreifender organisatorischer Maßnahmen im Gesamtkonzern durchgeführt wurde: Dies geschah 1988 mit der Abschaffung der Zentralbereiche und dem Aufbau strategischer Geschäftsbereiche sowie mit dem konzernweiten Start der top-Bewegung (1993) und der Einbindung der ZFE in dieses Programm im Jahr 1994. Die zentrale Forschung kam folglich durch unternehmensorganisatorische Maßnahmen unter Druck, die jeweils zu einer Reformulierung der Aufgaben und zur Reorganisation der ZFE führten. Zum dritten ist deutlich die Entwicklung hin zu einer starken Kundenorientierung der ZFE auf die Geschäftsbereiche als Abnehmer und einer höheren Effizienz des Innovationsprozesses festzustellen. Eine stärkere Differenzierung des Managements von radikalen und inkrementalen Innovationen kann als ein Versuch interpretiert werden, konzernübergreifende Basisinnovationen trotz geringerer Ressourcen weiter zu generieren.

Abbildung IV-24: Matrix Koordinationsaufgaben und -instrumente (Siemens)

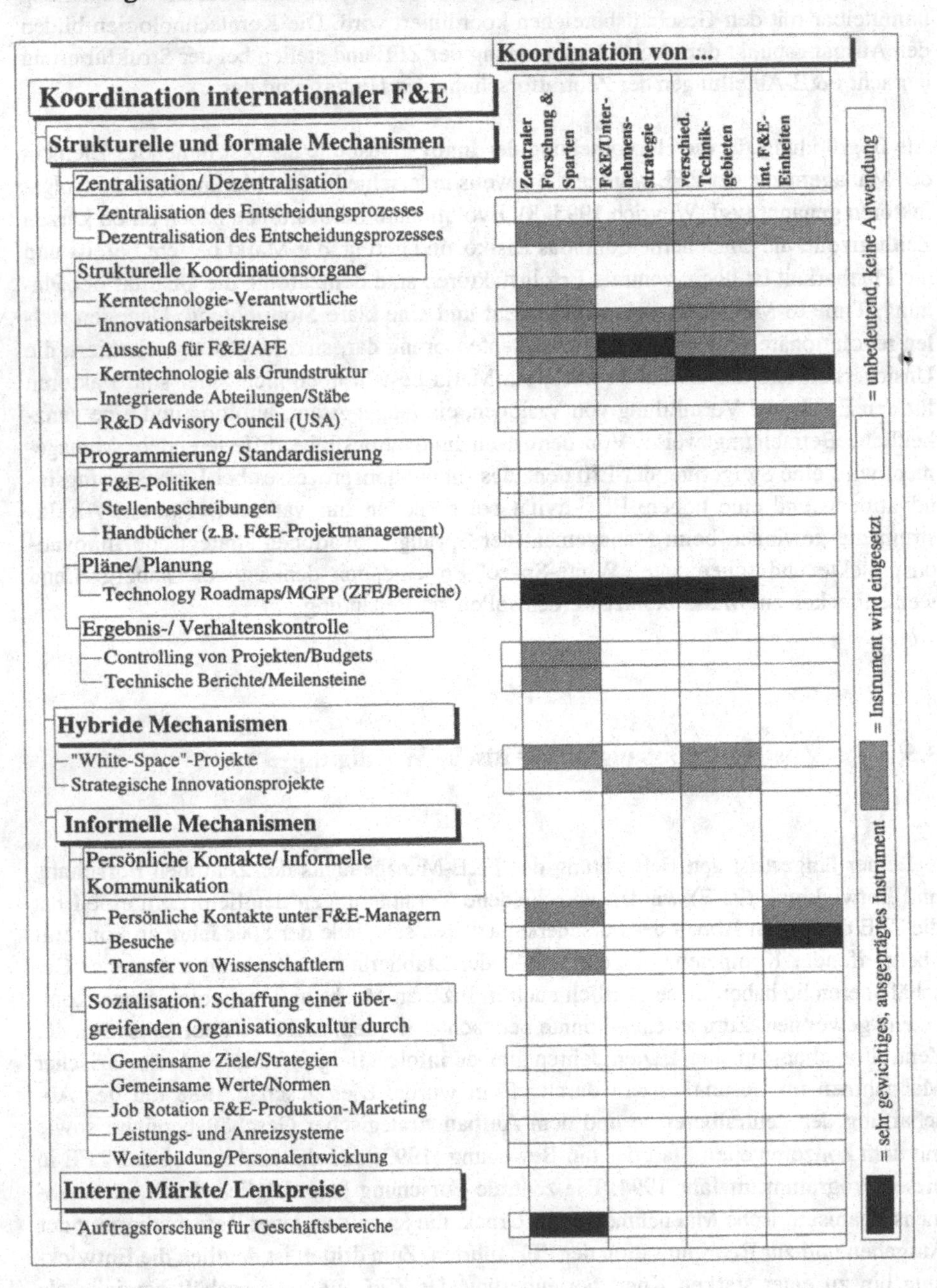

Die stärkere Kundenorientierung der ZFE spiegelt sich auch in den Koordinationsmechanismen wider. Zur Koordination zwischen ZFE und den Geschäftsbereichen wird zum einen vor allem auf die Technologie-/Produktplanung gesetzt (vgl. Abb. IV-24), die aus dem Zusammenbringen der Technology Roadmaps der ZFE mit dem „Multi Generation Product Planning" der einzelnen Bereiche besteht. Den zweiten wesentlichen Mechanismus stellt die Auftragsforschung für die Geschäftsbereiche dar; diese wurde zu Beginn der 90er Jahre auf zwei Drittel des Budgets der ZFE ausgedehnt.

Zur Integration der ZFE in die Strategie der Siemens-Bereiche dient vor allem der Ausschuß für Forschung und Entwicklung (AFE) mit seinen Innovationsarbeitskreisen und ebenso die Technologie-/Produktplanung (vgl. Abb. IV-24). Weitere Instrumente sind die strategischen Innovationsprojekte und die Bildung der ZFE-Grundstruktur entlang der Kerntechnologie-Bereiche.

Das Management der Kerntechnologien verbindet alle vier Aspekte der Koordination, die einzelnen Instrumente setzen sich vor allem aus verschiedenen strukturellen Koordinationsorganen zusammen (vgl. Abb. IV-24). Insgesamt gesehen ist allerdings die Bedeutung als leitendes Element des F&E-Managements gesunken. Das Kerntechnologie-Management spielt aber nach wie vor für die Fusion verschiedener Technikgebiete - zusammen mit der Technologieplanung - eine große Rolle. Wichtig für die Bildung von Querschnittstechnologien sind ebenso die bereichsübergreifenden „White-Space"-Projekte sowie die Innovationsprojekte, die beide interdisziplinär ausgerichtet sind.

Die Koordination der ZFE mit dem Forschungslabor in Princeton geschieht im wesentlichen durch monatliche Besuche des Laborleiters in München und durch die Einbindung in die Kerntechnologie-Struktur (vgl. Abb. IV-24), womit das SCR auch die Verantwortlichkeit für den Bereich „Imaging and Learning" erhielt. Die F&E-Aktivitäten in den USA werden durch das „R&D Advisory Council" lose abgestimmt. Eine konzernweite Koordination der geographisch verteilten F&E findet nicht statt; wichtigste Gründe dafür dürften die Ausrichtung auf produktionsnahe Entwicklungstätigkeiten und damit die Nähe zu den Produktionsstätten sowie die Autonomie der Geschäftsbereiche sein.

Instrumente der Programmierung und Standardisierung spielen für die Koordination keine Rolle. Der Transfer von Wissen und Technologie über Köpfe wird offenbar ebenso wie die Herausbildung einer übergreifenden Organisationskultur nicht systematisch betrieben (vgl. Abb. IV-24).

4 Fallstudie Hitachi

4.1 Unternehmensaktivitäten und Aufbauorganisation

4.1.1 Wirtschaftliche Entwicklung und globale Aktivitäten

Hitachi wurde 1910 von Namihei Odaira als Fabrik für Elektromotoren und Generatoren gegründet. In den 50er Jahren kam zum Energiebereich und der Industrieelektronik die Konsumelektronik hinzu. Heute ist Hitachi ein traditionsreiches japanisches Unternehmen im Bereich der Elektrotechnik, Informationstechnik und von Kraftwerks- bzw. Industrieanlagen. Hitachi entwickelte sich zu einem globalen Unternehmen, das - in unterschiedlichem Ausmaß - über alle Funktionen der Wertschöpfungskette weltweit mit einer Vielzahl von Tochtergesellschaften bzw. Niederlassungen vertreten ist. Seit der Gründung ist Kern der Unternehmensphilosophie die Entwicklung eigener, originärer Technologien. Die Schwerpunkte der Geschäftsaktivitäten haben sich seit Mitte der 70er Jahre weg von der Konsumelektronik hin zu Halbleitern sowie Informations- und Kommunikationstechnik verschoben.

Weltweit waren 1993 bei Hitachi 330.637 Mitarbeiter beschäftigt (vgl. Japan Electronics Almanac 1994, 238). Im Geschäftsjahr 1994 betrug der gesamte Umsatz des Konzerns (konsolidiert) 7.400 Mrd. Yen[14]. Die vier zusammengefaßten Geschäftsfelder hatten Ende März 1994 einen Anteil am Umsatz wie folgt (vgl. Hitachi 1994):

(1) Information Systems & Electronics (Umsatzanteil 32%): z.B. Halbleiter, Computersysteme, Software, Telekommunikation, Medizintechnik;
(2) Power & Industrial Systems (30%): z.B. Nuklear-/Thermokraftwerke, Industrieanlagen, Industrieroboter, Transportsysteme, Aufzüge;
(3) Consumer Products (10%): z.B. Video-/Audio, Fernseher, Haushaltsgeräte;
(4) Materials & Others (28%): z.B. Kabel, Keramik, Chemikalien, Metalle.

Im Ausland wurden Produktionsstätten bis in die 70er Jahre vor allem in Südostasien gegründet. Die ausländische Produktion in Konsumelektronik und Halbleiter wurde in den 80er Jahren zuerst in den USA und dann in Westeuropa etabliert (vgl. Ishii 1992, 56ff). Trotz weltweiter Stagnation baute Hitachi in den 90er Jahren sein Engagement in China und Südostasien aus, um an den wachsenden Märkten auch in Zukunft teilzuhaben. Hitachi Ltd. Japan exportierte 1994 etwa 23% des Umsatzes, das bedeutete einen Rückgang um 5%, wobei die Abnahme in Europa besonders stark war. Von der Führung

---

[14] Ca. 115,44 Mrd. DM; Kurs 100 Yen = 1,56 DM, März 1995.

her ist der Konzern stark japanisch geprägt, das „Board of Directors“ und die „Senior Executive Managing Directors“ sind fest in Nippon's Hand.

4.1.2 Aufbauorganisation

Kennzeichnend für die Struktur von Hitachi war das einzigartige „Factory-based Profit Center System“, das jedes Produktionsunternehmen für die Erwirtschaftung des Gewinns sowie Entwicklung, Produktion bzw. Vertrieb verantwortlich machte (vgl. Hitachi 1994, 4). Aufgrund der anhaltenden Stagnation machten sich jedoch strukturelle Probleme bemerkbar. Der Konzern war gezwungen, weltweit F&E-Aktivitäten, Produktion und Marketing zu konsolidieren und Beschäftigung abzubauen. Am stärksten betroffen war der Bereich „Consumer Electronics“, der Einbruch führte 1992 zur Schließung der VCR-Produktion in Deutschland und zur Zusammenlegung mit der britischen Produktion. Im gleichen Jahr wurde die VCR-Produktion in den USA eingestellt. Die Notwendigkeit einer konzernübergreifenden Koordination der Investitionen, der F&E sowie des weltweiten Produktionssystems führte bis 1993 zur Aufgabe dieses Systems: Profit-Center ist nun nicht mehr die Fabrik sondern die „Business Group“.

Heute ist der Konzern in sechs Geschäftsbereiche (Business Groups) strukturiert, die sich in Divisionen und Produktionsstätten gliedern (vgl. Abb. IV-25). Die Geschäftsbereiche sowie einige Divisionen bzw. Fabriken verfügen über eigene Entwicklungsabteilungen oder -zentren. Das „Headquarter“ in Tokyo ist für die zentralen Managementaktivitäten wie Planung der Konzernstrategie, Personal, Finanzen, Marketing und F&E-Strategie zuständig. Die Geschäftsaktivitäten in Nordamerika werden durch Hitachi America Ltd. (HAL) und in Europa durch Hitachi Europe Ltd. (HEL) koordiniert.

4.1.3 Ausgangspunkt: Kernprobleme des F&E-Managements

Die hinter Forschung und Entwicklung stehende Philosophie ist getragen von einer ausgesprochen langfristigen Orientierung des Unternehmens. Der Gründer von Hitachi, Namihei Odaira, hatte folgenden Gedanken (zitiert nach Hitachi 1993, 3): „Though we cannot live one hundred years, we should be concerned about one thousand years hence“. Das Unternehmen verfolgte daher die Strategie, ein Pioneer in der Technologie zu sein und zum Wohlstand der Gesellschaft durch technische Verbesserungen beizutragen. Diese langfristige Orientierung ist ernst gemeint: Bei der Gründung des ersten Forschungslabors von Hitachi 1942, dem Hitachi Central Research Laboratory hatte dieses die Aufgabe, „... to create new basic technologies for the coming 10 to 20 years,

Abbildung IV-25: Schema der Aufbauorganisation Hitachi

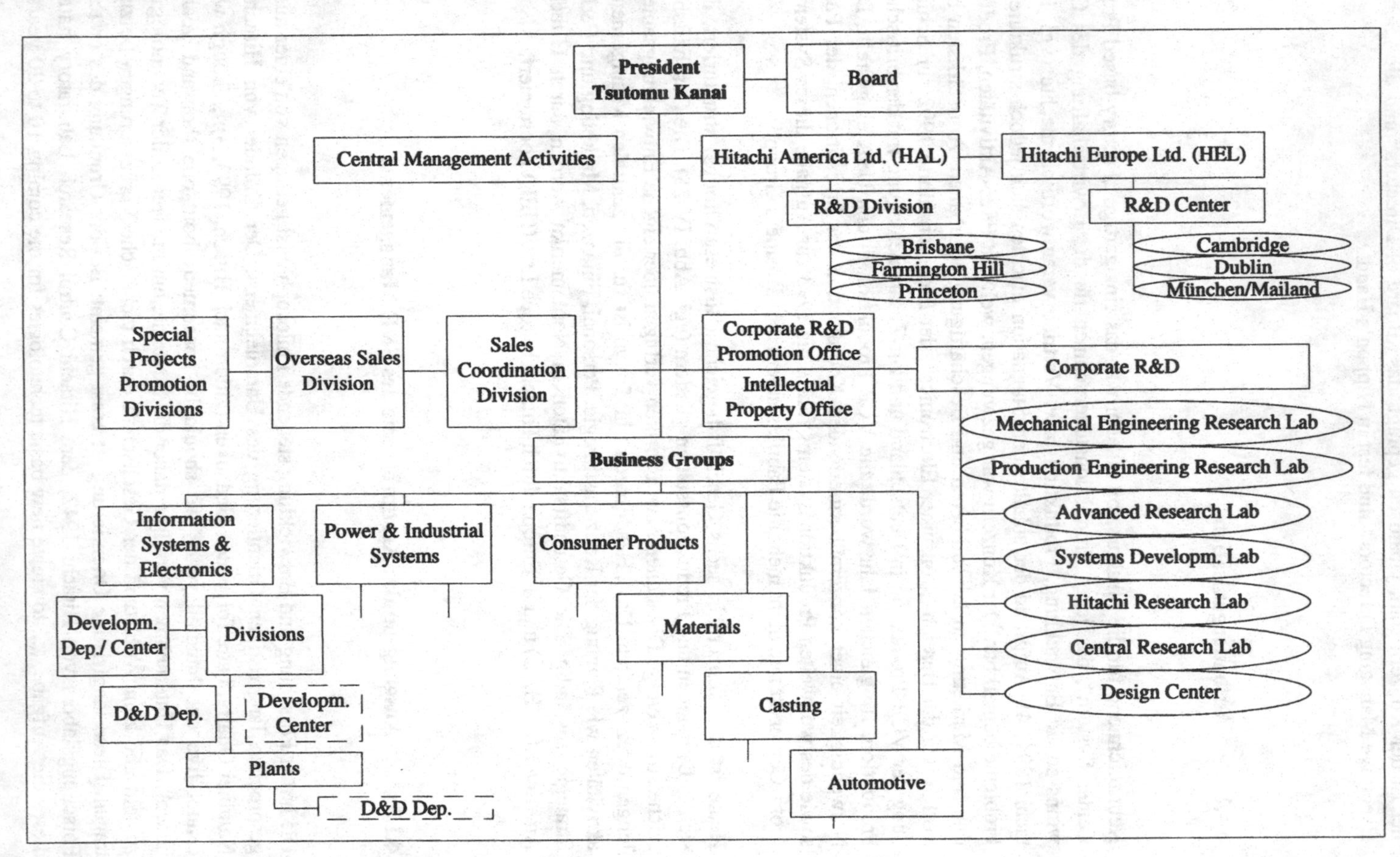

as well as to pursue development work for Hitachi's business today" (Namihei Odaira; zitiert nach Hitachi 1993, 3).

Die frühere Organisation des „Factory-based Profit Center System" wirkte sich negativ auf das Management von F&E aus. Hitachi wurde zwar als eines der wenigen traditionellen japanischen Unternehmen mit dezentralisierten Entscheidungsprozessen betrachtet (vgl. Miyazaki 1995, 86f), das aber mit erheblichen Schwierigkeiten in der horizontalen Koordination zwischen F&E und Produktion/Marketing sowie in der Unterstützung der langfristigen Forschung durch die Produktionsstätten zu kämpfen hatte. Daher versucht das F&E-Management heute eine Balance bei der Allokation der F&E-Aufwendungen zwischen Grundlagen- bzw. Anwendungsforschung und Produktentwicklung zu finden. Grundsätzlich hat sich an der Betrachtung der langfristigen Rolle von F&E für die Entwicklung des Unternehmens nichts geändert. Entsprechend den Interviews liegen die drei Kernaufgaben des F&E-Managements von Hitachi, in denen sich die Probleme der Vergangenheit widerspiegeln, darin

- ein ausgewogenes Verhältnis der Forschungsaufwendungen für die nahe, mittlere und ferne Zukunft zu schaffen,
- den Einklang zwischen der Geschäfts- und der Forschungsstrategie herzustellen,
- die Grundlagenforschung zu betonen, um hiermit die langfristige Basis für die zukünftige Geschäftsentwicklung zu legen.

Eine weitere Herausforderung war für Hitachi in den letzten Jahren die stärkere Fokussierung der F&E und Anfang 1995 die Verringerung der Zentralforschung von neun auf sieben Labors. Doppelarbeiten zwischen den Labors sollten vermieden und der Wettbewerb unter diesen abgebaut werden. Mit der Zunahme der Internationalisierung von F&E werden Probleme in der Abstimmung der weltweiten F&E-Aktivitäten gesehen.

4.2 Organisation und Internationalisierung von F&E

4.2.1 Konfiguration von F&E in internationaler Dimension

F&E-Aufwendungen

Die Aufwendungen des Konzerns (konsolidiert) für F&E betrugen 1994 ca. 484,2 Mrd. Yen[15] und hatten einen Anteil von 6,5% des Umsatzes. In der Unternehmensphilosophie wird Forschung und Entwicklung als essentiell für das zukünftige Wachstum angese-

[15] Ca. 7,55 Mrd. DM; Kurs 100 Yen = 1,56 DM, März 1995.

hen, die F&E-Aufwendungen sollen aus diesem Grund nicht von kurzfristigen konjunkturellen Entwicklungen abhängig gemacht werden und bewegten sich in den vergangenen drei Jahren - trotz der Konjunkturschwankungen - um etwa 6,5%. Der F&E-Aufwand im Unternehmensbereich „Information Systems & Electronics" macht mit 60% den größten Anteil am gesamten F&E-Budget aus.

Etwa 1% des gesamten F&E-Etats von Hitachi kommt aus öffentlichen Forschungsprogrammen des MITI (Ministry of International Trade and Industry). Hitachi beteiligt sich meist an MITI-Projekten, die einen langfristigen Zeithorizont haben und die zu den grundlegenden Forschungsarbeiten des Unternehmens passen. An mittelfristigeren Projekten nimmt Hitachi offenbar weniger teil. Die insgesamt seit 1992 stärker auf die Förderung von Grundlagenforschung ausgerichtete Technologiepolitik des MITI scheint dem Unternehmen jedenfalls sehr entgegenzukommen.

Ende März 1994 waren bei Hitachi Ltd. (Japan) 13.100 Mitarbeiter in F&E beschäftigt (davon 980 Doktoranden), neun F&E-Labors haben ihren Standort in Japan. In der Hitachi Group (konsolidiert) waren 18.000 Mitarbeiter in F&E beschäftigt (davon 1.240 Doktoranden), und 31 F&E-Labors sind auf verschiedene Standorte weltweit verteilt.

Aufgabenabgrenzung zentrale Forschung und Entwicklung der Divisionen

Der F&E-Aufwand von Hitachi Ltd. (nicht konsolidiert) betrug im Jahr 1994 etwa 370 Mrd. Yen[16]. Auf die Produktentwicklung in den Divisionen/Tochtergesellschaften entfielen davon 74% und auf die damals neun Zentrallabors 26%, wobei sich der Anteil der mit Konzernumlage finanzierten Forschung auf 10% des gesamten F&E-Budgets des Konzerns beläuft (vgl. Abb. IV-26). Der Anteil von ¼ des F&E-Budgets für konzernübergreifende F&E ist im Vergleich zu den anderen untersuchten Unternehmen mit Abstand am höchsten. Aufgrund der Zusammenlegung von zentralen Labors dürfte sich der finanzielle und der personelle Anteil in der Konzernforschung aber verringert haben.

Organisationsstruktur von Forschung und Entwicklung

Die Organisationsstruktur von Forschung und Entwicklung bei Hitachi ist aus Abbildung IV-25 (siehe das Kapitel zur Aufbauorganisation) ersichtlich. Forschung auf Konzernebene wird von den nunmehr sieben zentralen F&E-Labors durchgeführt, die direkt dem Vorstandsvorsitzenden („President") zugeordnet sind. Als für „Corporate R&D" relevante Stabsfunktionen bestehen das Intellectual Property Office und das Corporate R&D Promotion Office. Dies ist für die weltweite Koordination, die Förderung und die Bewertung von umfangreichen, interdivisionalen F&E-Projekten und großen Prototypentwicklungen zuständig. Die regionalen Gesellschaften Hitachi America Ltd. (HAL) und Hitachi Europe Ltd. (HEL) verfügen über eine eigene „R&D Division" bzw. ein eigenes „R&D Center" mit jeweils drei F&E-Einheiten (vgl. Abb. IV-25). Die F&E-

16 Ca. 5,77 Mrd. DM; Kurs 100 Yen = 1,56 DM, März 1995.

Aktivitäten von Hitachi lassen sich demnach in drei organisatorische Schichten gliedern: (1) Die zentrale F&E mit sieben Labors im Einzugsgebiet von Tokyo, (2) die Entwicklungszentren bzw. -abteilungen der Geschäftsbereiche und deren Divisionen/Fabriken sowie (3) die an die regionalen Gesellschaften in Amerika und Europa angegliederten F&E-Zentren mit den jeweiligen F&E-Labors.

Abbildung IV-26: Ressourcenverteilung in F&E (Hitachi Ltd.)

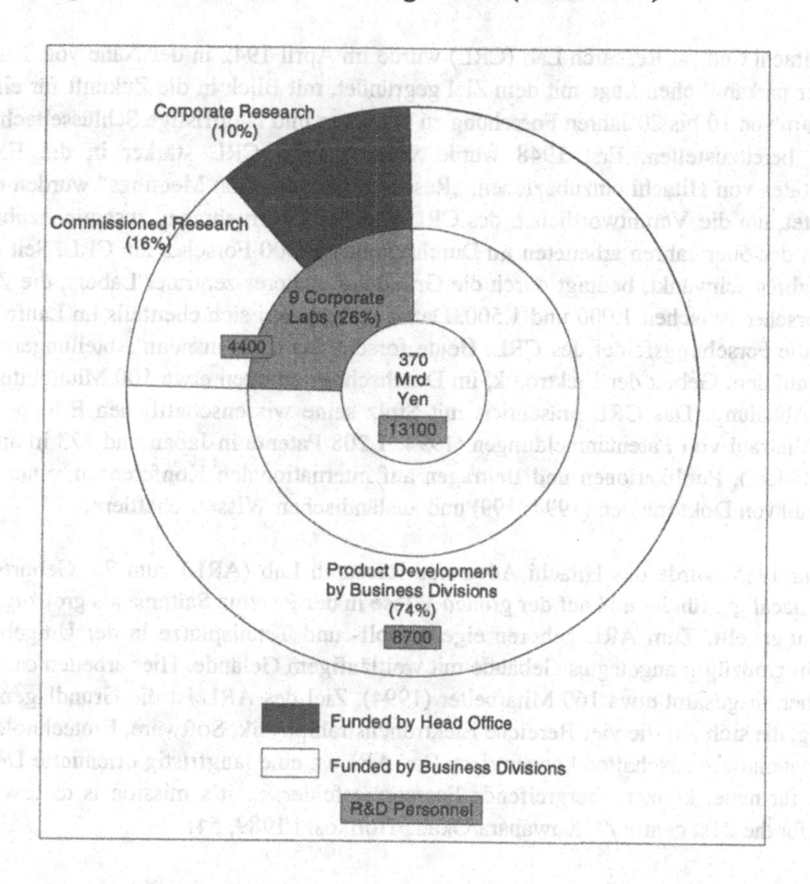

Die Leiter der sieben japanischen Zentrallabors, des HEL R&D Center und der HAL R&D Division sind dem „Senior Executive Managing Director" berichtspflichtig. Dieses Vorstandmitglied berichtet dem Vorstandsvorsitzenden nicht nur über die zentralen bzw. ausländischen Labors sondern über sämtliche F&E-Aktivitäten des Konzerns.

Wie schon zu Beginn betont, befindet sich Hitachi in einem strukturellen Wandel. Für die F&E-Aktivitäten bedeutet das zwar einen etwa gleichbleibenden Anteil des F&E-Aufwands am Umsatz, dennoch wurden F&E-Tätigkeiten gestrafft und zusammengelegt. Die konzernübergreifende Forschung wurde am stärksten getroffen: Die bis 1994 bestehenden neun F&E-Labors wurden zu sieben F&E-Einheiten zusammengelegt und die Zahl der Forscher von 4.400 (Anfang 1994) auf etwa 3.200 (März 1995) um ¼ verringert. Bis Mitte 1995 sind die F&E-Ressourcen für die Zentralforschung auf etwa 20% des gesamten F&E-Budgets verringert worden (vgl. Kuwahara 1995, 67). Je ca. 1.000 Mitarbeiter (Forscher und technisches Personal) arbeiten im Central Research Lab (CRL) und im Hitachi Research Lab (HRL), die beide damit die umfangreichsten Kapazitäten der sieben F&E-Labors aufweisen.

Entwicklung der „Corporate R&D"

Das Hitachi Central Research Lab (CRL) wurde im April 1942 in der Nähe von Tokyo in einer parkähnlichen Lage mit dem Ziel gegründet, mit Blick in die Zukunft für einen Zeitraum von 10 bis 20 Jahren Forschung zu betreiben und langfristige Schlüsseltechnologien bereitzustellen. Erst 1948 wurde versucht, das CRL stärker in die F&E-Aktivitäten von Hitachi einzubeziehen; „Research Coordination Meetings" wurden eingerichtet, um die Verantwortlichen des CRL und des Unternehmens zusammenzubringen. In den 50er Jahren arbeiteten im Durchschnitt um 300 Forscher am CRL. Seit den 60er Jahren schwankt, bedingt durch die Gründung weiterer zentraler Labors, die Zahl der Forscher zwischen 1.000 und 1.500. Damit veränderten sich ebenfalls im Laufe der Jahre die Forschungsfelder des CRL. Heute forscht das CRL in neun Abteilungen vor allem auf dem Gebiet der Elektronik, im Durchschnitt arbeiten etwa 100 Mitarbeiter in einer Abteilung. Das CRL präsentiert mit Stolz seine wissenschaftlichen Erfolge mit einer Vielzahl von Patentanmeldungen (1994: 1.208 Patente in Japan und 173 in anderen Ländern), Publikationen und Beiträgen auf internationalen Konferenzen, einer hohen Zahl von Doktoranden (1994: 199) und ausländischen Wissenschaftlern.

Im Jahr 1985 wurde das Hitachi Advanced Research Lab (ARL) zum 75. Geburtstag von Hitachi gegründet und auf der grünen Wiese in der Provinz Saitama als großzügiger Neubau erstellt. Zum ARL gehören eigene Golf- und Tennisplätze in der Umgebung und ein großzügig angelegtes Gebäude mit weitläufigem Gelände. Hier arbeiten ca. 120 Forscher, insgesamt etwa 160 Mitarbeiter (1994). Ziel des ARL ist die Grundlagenforschung, die sich auf die vier Bereiche Elektronenstrahlphysik, Software, Biotechnologie und Materialwissenschaften konzentriert. Das ARL ist eine langfristig orientierte Denkfabrik für neue, konzernübergreifende Forschungsfelder: „...it's mission is to sow the seeds for the 21st century" (Kuwahara/Okada/Horikoshi 1989, 54).

Internationalisierung von F&E

Hitachi hat 1989 jeweils drei F&E-Einrichtungen in den USA und in Europa etabliert. Insgesamt handelt es sich im Ausland um sechs Einrichtungen an sieben Standorten, von denen vier F&E-Einheiten angewandte Forschung/Entwicklung und zwei Forschung betreiben. Die F&E-Einrichtungen in den USA sind rechtlich Hitachi America Ltd. zugeordnet und beschäftigen insgesamt etwa 50 Mitarbeiter (Forscher, Manager, Administration). Die drei F&E-Labors kooperieren aufgrund ihrer Ausrichtung intensiv mit den amerikanischen Tochterunternehmen und führen vor allem angewandte Forschung und Entwicklung in den aufgeführten Feldern durch (vgl. Abb. IV-27):

- Semiconductor Research Lab (SRL) in Brisbane/San Francisco, Kalifornien,
- Automotive Products Research Lab (APL) in Farmington Hills/Detroit, Michigan,
- Advanced Television and Systems Lab (ASL) in Princeton, New Jersey.

In Europa sind die drei F&E-Einheiten an vier Standorten rechtlich der Hitachi Europe Ltd. zugeordnet und beschäftigen insgesamt ungefähr 60 Mitarbeiter (Forscher, Manager, Administration). Die beiden auf Grundlagenforschung ausgerichteten F&E-Institute arbeiten vor allem mit dem CRL zusammen und führen grundlegende Forschung in der Mikroelektronik und Computerwissenschaft durch (vgl. Abb. IV-27):

- Hitachi Cambridge Lab (HCL) in Großbritannien (Mikroelektronik),
- Hitachi Dublin Lab (HDL) in Irland („Computational Science"),
- die Design Group (DEG) ist auf die Standorte München und Mailand verteilt und ist für industrielles Design (Produktdesign) zuständig.

4.2.2 Gründe der Internationalisierung von F&E und Unternehmenspolitik

Das Hitachi Central Research Lab (CRL) entwickelte in den 80er Jahren eigenständige Aktivitäten zur Förderung der Internationalisierung von F&E, die an folgenden Punkten ansetzte:

- Förderung internationaler Partnerschaften,
- Schaffung von Synergien in der Forschung durch die Verbindung von Forschern mit fachlich bzw. kulturell unterschiedlichem Hintergrund,
- Forschungsaktivitäten zum gegenseitigen Nutzen der Beteiligten,
- anerkannte Beiträge zur weltweiten „Scientific Community".

Demzufolge begann bei Hitachi die Geschichte der Internationalisierung von F&E im Jahr 1985 mit einer Aktivität des CRL, und zwar dem Start des „Hitachi Research Visit Programms" (HIVIPS). Dieses unternehmensinterne Austauschprogramm ermöglichte ausländischen Forschern einen im Durchschnitt einjährigen Aufenthalt am CRL. Ziel des Programms war, durch die Anwesenheit ausländischer Wissenschaftler neue Ideen zu erhalten und vor dem Hintergrund unterschiedlicher kultureller Erfahrungen Synergien hinsichtlich technologischen Wissens bzw. des F&E-Managements herzustellen.[17] Von 1985-1995 besuchten ca. 450 Forscher das CRL, etwa 40% kamen aus Europa, 35% aus den USA und 25% aus Asien. Der Anteil asiatischer Forscher am HIVIPS nimmt zu, dies entspricht auch dem Eindruck, daß eine stärkere Ausrichtung der F&E von Hitachi auf Asien beabsichtigt ist.

---

[17] Eine interne Bewertung des HIVIPS-Programms nach einer vierjährigen Laufzeit kommt zu dem Schluß, daß die gesetzten Ziele auch weitgehend erreicht worden sind (vgl. Kuwahara/ Takeda 1989).

Abbildung IV-27: Weltweite F&E-Einheiten (Hitachi)

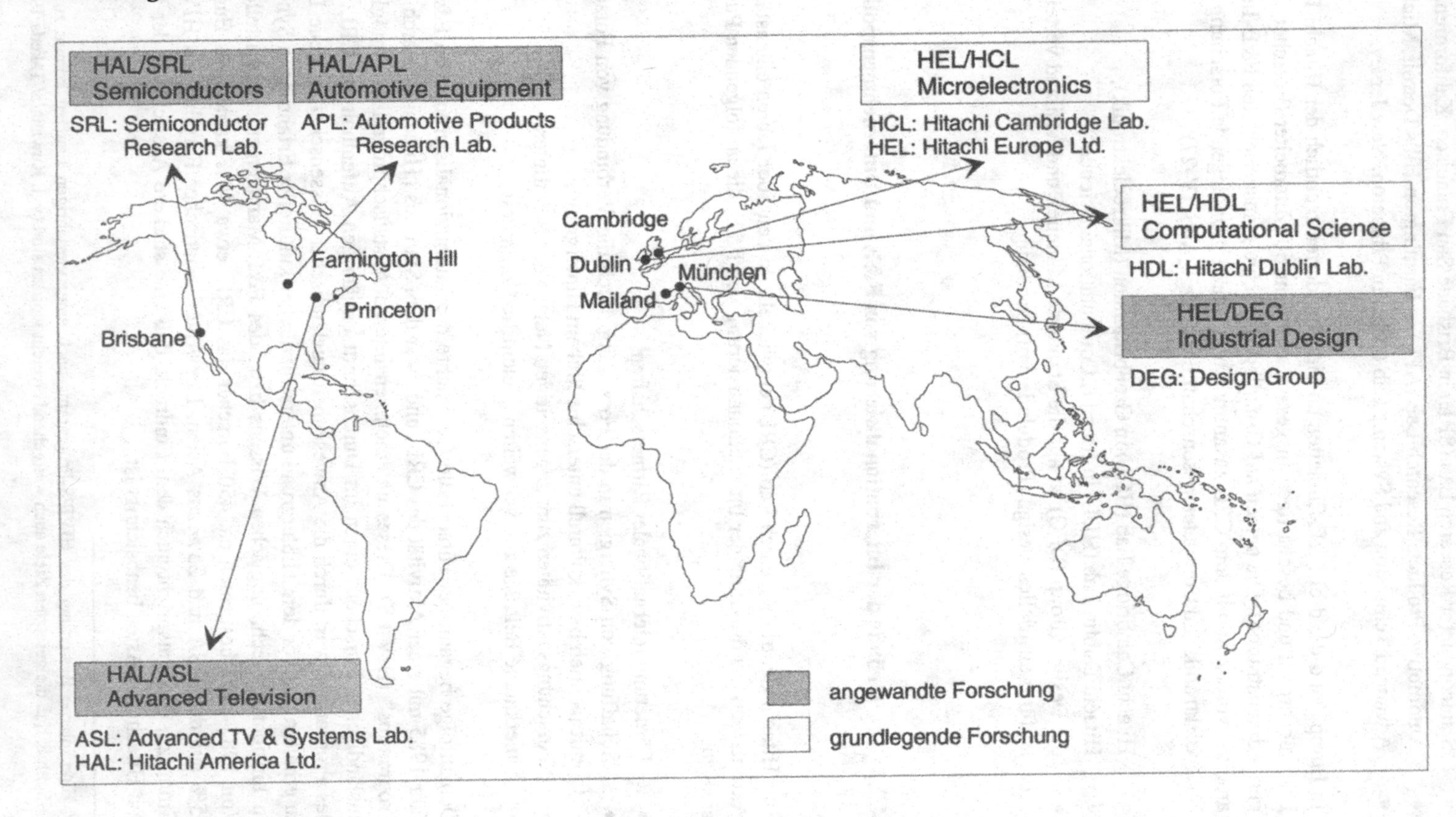

Die sechs ausländischen F&E-Labors in Nordamerika und Westeuropa wurden alle Anfang 1989 eingericht. Dahinter steht die seit Ende der 80er Jahre vertretene Konzernphilosophie, die Wertekette international zu vervollständigen und eigenverantwortliche Unternehmen außerhalb Japans zu etablieren. Dies ist die letztendliche Konsequenz von der Abkehr der Strategie der Exportorientierung und des innerjapanischen Wachstums hin zu einem globalen Wachstum des Konzerns durch autonome regionale Unternehmen. Die im Vergleich mit der japanischen F&E sehr geringe Zahl von Forschern im Ausland zeigt jedoch, daß Hitachi erst am Beginn der F&E-Internationalisierung steht.

In Westeuropa bestanden vor allem Verkaufs- bzw. Vertriebsstätten und nur wenige Fabriken, sodaß für die Ansiedlung der Labors in Großbritannien und Irland die Nähe zur Produktion als Grund für die Ansiedlung von F&E ausscheidet. Da das CRL bereits über das HIVIPS-Programm mit der University of Cambridge und dem Trinity College in Dublin über gute Kontakte verfügte, entschloß sich das Management, dort je eine F&E-Einheit einzurichten. Ziel war die Zusammenarbeit mit der (englischsprachigen) Wissenschaft und die Unterstützung der Zentralforschung in Japan. Ausschlaggebend für diese Standorte in Europa war letztendlich die englische (Welt-)Sprache. Für F&E-Einheiten in Deutschland oder Frankreich bestand vom Markt oder den Produktionsstätten her kein Bedarf; dies hat sich derzeit auch nicht geändert. Für die Ansiedlung in Europa war nach Meinung eines Gesprächspartners ein weiterer Grund, daß mit der Einführung des EG-Binnenmarktes 1992 eine Abschottung Westeuropas und erhebliche Schwierigkeiten bei der Gründung japanischer Niederlassungen befürchtet wurden.

Das Hitachi Cambridge Laboratory (HCL) kooperiert eng mit der University of Cambridge und ist auf dem Campus angesiedelt. Im Bereich des Ein-Elektron-Speichers wird beispielsweise bei der Grundlagenforschung eine starke Zusammenarbeit zwischen dem (HCL), United Kingdom, dem Hitachi Central Research Laboratory in Tokyo und der Universität von Cambridge gefördert. Das Hitachi Dublin Laboratory (HDL) befindet sich auf dem Campus des Trinity College in Dublin und arbeitet eng mit diesem zusammen. Beispielsweise forscht ein Team von Wissenschaftlern bestehend aus dem HDL und dem Trinity College an der Entwicklung einer künstlichen Netzhaut.

In den USA bestanden dagegen zuvor einige Produktionsstätten, die durch Ingenieurgruppen bzw. Konstruktionsabteilungen unterstützt wurden. Die drei F&E-Labors sollten anfangs im wesentlichen japanische Produkte auf die Bedürfnisse des US-amerikanischen Marktes anpassen. Die Gründe für die Etablierung ausländischer F&E-Einheiten und deren Ziele waren demnach unterschiedlich: In Großbritannien und Irland sollte der Zugang zu grundlegendem Wissen und neuen Technologien ermöglicht werden, in den USA ging es um die Anpassung von Produkten auf US-spezifische Marktbedürfnisse und Standards sowie die Nähe zur Produktion. Dieses Interviewergebnis wird durch andere Quellen bestätigt.[18]

---

[18] Vergleiche dazu die Aussagen des Vice President of Hitachi America Ltd., Satomi Kobayashi (1994, 50): „So when comparing Hitachi's '89 operations in the US to those in Europe, one notes that the US supported Hitachi's offshore manufacturing while Europe supported Hitachi's offshore sales and aca-

. . .

Für die Zukunft wurde eine weitere F&E-Globalisierung prognostiziert, da mittlerweile die Produktionsstätten von Hitachi weltweit verteilt sind. Besonderes Interesse an einer Ausweitung von F&E besteht aufgrund der dynamischen Märkte in Richtung Südostasien, dort wurde bereits ein kleines Technologiezentrum als „Horchposten" gegründet.

Neben der dargestellten „Greenfield R&D" setzt Hitachi auf internationale F&E-Kooperation mittels gemeinsamer Projekte und strategischer Allianzen. Im Bereich „Information Systems and Electronics" wurde z.B. bei Großcomputeranlagen ein Technologieabkommen mit IBM, bei 1.8- 2.5 inch Diskettenlaufwerken ein Abkommen mit der MiniStor Peripherals Corporation (USA) und bei Multimedia ein „Agreement" mit Sega Enterprises Ltd. getroffen. Bei der Halbleitertechnik wurden Allianzen mit Goldstar Electron, Korea, und mit Texas Instruments bei DRAMs geschlossen.

4.3 Koordination der F&E- und Innovationsprozesse

4.3.1 Koordination von F&E mit Konzern-/Bereichsstrategien

Prozeß der strategischen Forschungsplanung

Hitachi betrachtet sich als ein Unternehmen in einer überwiegend technologiegetriebenen Industrie und sieht in diesem Umfeld die strategische Planung als entscheidend für die zukünftige Entwicklung an. Folglich gibt es einen jährlichen Zyklus der strategischen Forschungsplanung, der in allen japanischen zentralen Labors angewandt wird.[19]

Jedes Jahr im Herbst findet eine strategische Diskussion wichtiger technologischer Felder statt. Diese Strategiedebatte wird von den Leitern der Zentrallabors („General Manager") aufgegriffen und in Richtlinien für die Planung der nächsten fünf Jahre gegossen (vgl. Abb. IV-28). Basierend auf diesen Richtlinien führen die Abteilungen („Departments") und Forschungsgruppen („Research Units") der Labors ihre 5-Jahres-

---

demic R&D. (...) Hence, Hitachi established applied research in the US to support its US manufacturing. Conversely, Hitachi decided that R&D in Europe should support Hitachi's Corporate R&D research. Hence, Hitachi established fundamental research in Europe to share with Europe's academica."

19 Dieser Zyklus der strategischen Forschungsplanung wurde in den Interviews beschrieben und wird durch eine Publikation von Hitachi-Mitarbeitern bestätigt, in der die strategische Planung am Beispiel des Hitachi Central Research Laboratory dargestellt wird (vgl. Kuwahara/ Okada/ Horikoshi 1989). In den Interviews wurde deutlich gemacht, daß dieser Planungszyklus in allen zentralen Hitachi-Labors („Corporate R&D Labs") durchgeführt und zu einem langfristigen, übergreifenden Plan der Konzernforschung gebündelt wird.

Abbildung IV-28: Zyklus der strategischen Forschungsplanung

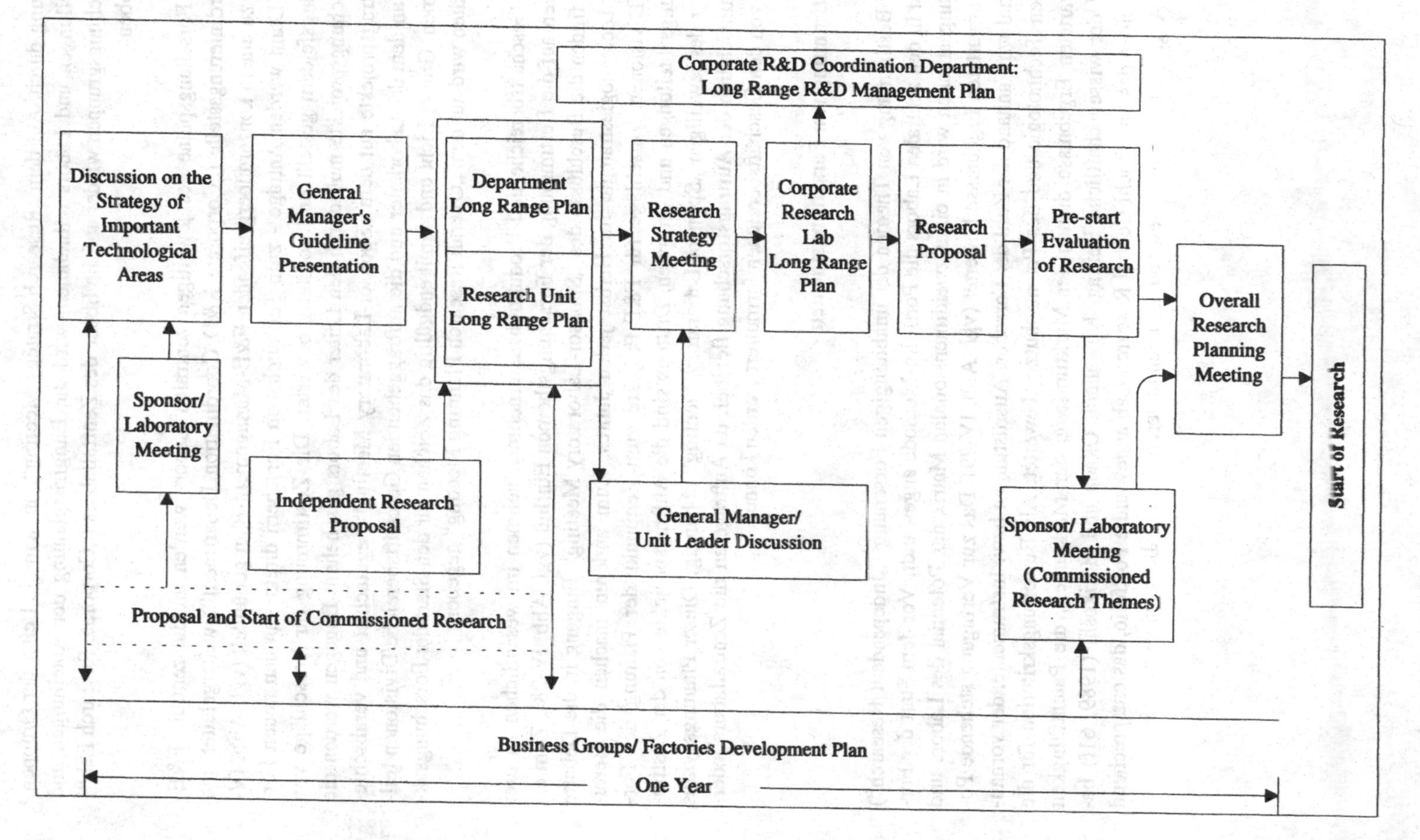

Planung durch. Auf dem „Research Strategy Meeting", an dem die Leiter der Gruppen, Abteilungen und Labors teilnehmen, wird die Langfristplanung der Abteilungen und Forschungsgruppen wieder auf die Ebene des Zentrallabors („Corporate Research Lab") gehoben.

Die Forschungspläne des jeweiligen zentralen Labors werden an die zentrale F&E-Koordinierungsstelle („Corporate R&D Coordination Department") weitergeleitet und dort zu einem konzernübergreifenden F&E-Management-Plan gebündelt (vgl. Abb. IV-28). Dann werden Anträge - zum Teil auch von Forschern direkt - in den neuen Forschungsfeldern gestellt und vorläufig bewertet. Die Zustimmung für Vorschläge von Forschungsprojekte muß durch den Leiter des Labors geschehen. Dagegen werden die Auftragsprojekte auf dem „Sponsor-Laboratory Meeting" begutachtet und verabschiedet, an dem der Laborleiter und die auftraggebenden Geschäftsbereiche/Divisionen teilnehmen. Grünes Licht und damit endgültig das Zeichen für den Start der Forschungsaktivitäten wird auf dem „Overall Research Planning Meeting" gegeben.

Die Geschäftsbereiche und Produktionsunternehmen nehmen im wesentlichen an drei Stellen auf die Bestimmung der Forschungsthemen Einfluß (vgl. Abb. IV-28): Zum einen finden die Beschlüsse des „Sponsor-Laboratory Meeting" Eingang in die Debatte der Technologiestrategie im Herbst jeden Jahres. Zum anderen machen die Bereiche/Divisionen Vorschläge für F&E-Projekte zum Zeitpunkt der Planung der Forschungsabteilungen und -gruppen. Drittens sind die Auftragsprojekte von der Zustimmung des jeweiligen „Sponsor-Laboratory Meeting" abhängig. Dieser Planungszyklus ist hinsichtlich der Auftragsforschung flexibel, da Aufträge an die Zentrallabors jederzeit von den Geschäftsbereichen formuliert werden können.

Bestimmung von Forschungsthemen

Zur Bestimmung von Themen der unabhängigen Forschung („Independent Research") wird in den zentralen Labors die Portfolio-Methode angewandt. Vor dem Start der Forschungsarbeiten wird in einer zweidimensionalen Matrix das Potential des Labors und die erwarteten Ergebnisse bewertet (vgl. Abb. IV-29). Das zur Verfügung stehende Potential wird anhand der Zahl der Forscher, Ausrüstungen bzw. Instrumente, der vorhandenen Technologie und des Patentschutzes bewertet. Als Bewertungskriterien für die erwarteten Ergebnisse dienen der Marktumfang, der Marktanteil, die Patentfähigkeit und der wissenschaftliche Beitrag. Kuwahara, Okada und Horikoshi (1989, 61f) beschreiben das im Hitachi Central Research Lab angewandte Portfolio, das entsprechend der Angaben in den Interviews auch in den anderen Zentrallabors eingesetzt wird.

Abbildung IV-29: Bestimmung von Themen durch Portfolio-Methode

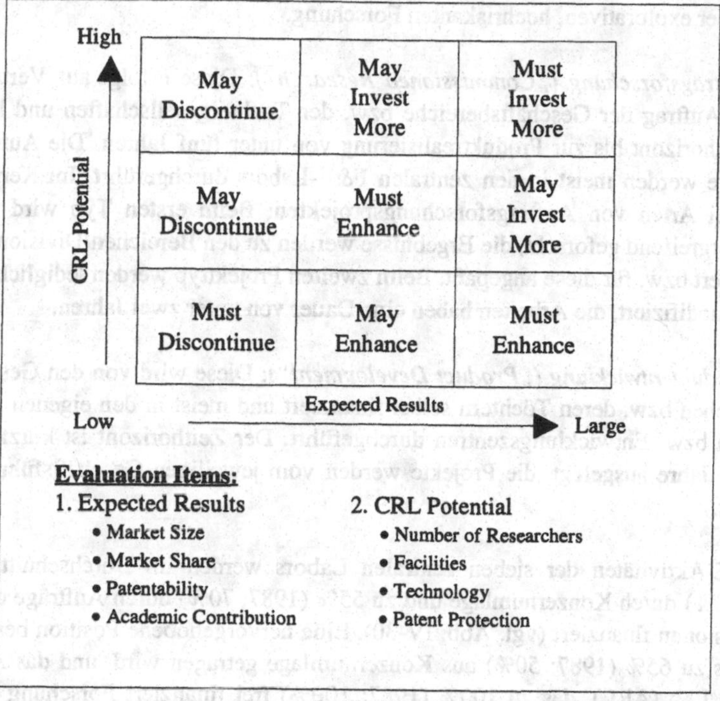

Quelle: Kuwahara/Okada/Horikoshi 1989, 62

4.3.2 Koordination zentrale Forschung und Entwicklung in den Bereichen

Auftragsforschung

Die F&E-Aktivitäten werden bei Hitachi in drei Kategorien einteilen (vgl. Abb. IV-30):

(1) *Konzernübergreifende Forschung („Corporate Research")*: Diese wird durch Konzernumlage zu 100% finanziert und hat einen Zeithorizont von 5 Jahren und mehr bis zur Produktrealisierung. Vorschläge und Durchführung von Projekten liegen in der Regel in der Hand des General Manager des jeweiligen F&E-Labors, die Durchführung erfolgt in den zentralen F&E-Labors. Die konzernübergreifende Forschung wird weiter unterteilt in „North Star Research" und „Independent Research". Die unabhängige Forschung (Independent Research) dient zur Generierung neuen Wissens für zukünftige Geschäftsfelder. In den North Star Research Projects wird dagegen in der Verantwortung der Abteilungen explorative Forschung betrieben. Dazu werden innovativen Forschern Mittel zur Verfügung ge-

stellt, um an den Grenzen der Forschung weit in die Zukunft reichende Felder zu erkunden.[20] Etwa 1% des F&E-Budgets von Hitachi fließt in die Finanzierung dieser explorativen, hochriskanten Forschung.

(2) *Auftragsforschung („Commissioned Research"):* Diese erfolgt auf Vertragsbasis im Auftrag der Geschäftsbereiche bzw. der Tochtergesellschaften und hat einen Zeithorizont bis zur Produktrealisierung von unter fünf Jahren. Die Auftragsprojekte werden meist in den zentralen F&E-Labors durchgeführt. Im Kern gibt es zwei Arten von Auftragsforschungsprojekten: Beim ersten Typ wird konzernübergreifend geforscht, die Ergebnisse werden zu den Bereichen/Divisionen transferiert bzw. für diese angepaßt. Beim zweiten Projekttyp werden lediglich Produkte modifiziert, die Arbeiten haben eine Dauer von unter zwei Jahren.

(3) ***Produktentwicklung („Product Development"):*** Diese wird von den Geschäftsbereichen bzw. deren Töchtern selbst finanziert und meist in den eigenen Abteilungen bzw. Entwicklungszentren durchgeführt. Der Zeithorizont ist kurzfristig auf 1-2 Jahre ausgelegt, die Projekte werden vom jeweiligen Geschäftsführer bewilligt.

Die F&E-Aktivitäten der sieben zentralen Labors werden im Durchschnitt zu 45% (1987: 30%) durch Konzernumlage und zu 55% (1987: 70%) durch Aufträge der Bereiche/Divisionen finanziert (vgl. Abb. IV-30). Eine hervorgehobene Position besitzen das CRL, das zu 65% (1987: 50%) aus Konzernumlage getragen wird, und das Advanced Research Lab (ARL), das zu 100% (1987: 100%) frei finanziert Forschung betreiben kann. Über den Schlüssel zur Verteilung des Budgets entscheidet der Vorstand von Hitachi Ltd. in Japan.

Abbildung IV-30: Kategorien und Finanzierung der F&E (Hitachi)

	Corporate Research	Commissioned Research	Product Development
R&D Funding	Head Office	Sponsors Business Groups Subsidiary Companies	Business Groups
Project/ Authorization	General Manager of Laboratory	Contract Basis	Group Executive
Product Target	Beyond 5 years	Within 5 years	1 or 2 years

7 Corporate Laboratories	45%	55%
CRL	65%	35%
ARL	100%	

20 North Star Research Projects werden bei Hitachi charakterisiert als „... individual high-risk future-oriented research for new frontier exploration" (Kuwahara/ Okada/ Horikoshi 1989, 57).

Im Vergleich zu 1987 hat der Anteil der Auftragsforschung abgenommen. In den Interviews wurde aber deutlich, daß es in Zukunft für die zentrale Forschung von Hitachi schwieriger werden dürfte, den durch Konzernumlage finanzierten, hohen Anteil für grundlegende Forschung beizubehalten. In diesem Zusammenhang kommt die stärkere Ausrichtung der japanischen Technologiepolitik auf die Forschung und die gezielte Förderung von Forschung an Universitäten und Instituten, mit denen dann zusammengearbeitet werden kann, dem Konzern entgegen.

Steering Committee

Die Abstimmung der Projekte zwischen zentraler Forschung und den Geschäftsbereichen erfolgt in den bereits zuvor genannten „Sponsor-Laboratory-Meetings", in dem sich Vertreter jedes zentralen F&E-Labors mit dem General Manager und den Department Managers der Bereiche/Divisionen etwa alle sechs Monate treffen. Hier werden die Projekte der Auftragsforschung (Commissioned Research) koordiniert.

Ergebniskontrolle und Bewertungsverfahren

Als Instrument zur Bewertung der Auftragsforschung („Commissioned Research") wurde von Hitachi der sogenannte „Research Contributed-to-Profit" (RCP) entwickelt und seit den 80er Jahren eingesetzt. Diese Methode dient zur Bewertung der F&E-Aktivitäten jedes Forschungslabors bzw. der Auftragsprojekte. Sie wird nur auf die von den Bereichen/Divisionen finanzierten F&E-Arbeiten angewandt und nicht auf die „unabhängigen" Projekte, da eine Größe des RCP die von den internen Auftraggebern bereitgestellten Mittel beinhaltet.

Personaltransfer

Ein ausgesprochen wichtiges Koordinationsinstrument zum Technologie- bzw. Wissenstransfer zu den Geschäftsbereichen ist der Transfer über Köpfe. Bei Hitachi werden vier Möglichkeiten für den Transfer von Technologie in die Divisionen bzw. Produktionsstätten unterschieden, drei davon geschehen über Personaltransfer (vgl. Abb. IV-31). Den einfachsten Fall (A) stellt der Transfer von Forschungsergebnissen bzw. Technologie aus einem zentralen Hitachi-Labor in die Fabrik dar. Im Fall (B) werden die Forscher aus dem Labor zeitlich befristet in die Produktionsunternehmen gesandt, um gemeinsame Projekte durchzuführen oder bei der Implementierung neuer Technologien (z.B. Produktionsumstellungen im Zuge neuer Produkte) behilflich zu sein. Umgekehrt (Fall C) arbeiten Ingenieure aus der Produktion befristet und auf Projektbasis in einem Zentrallabor mit: Die Ingenieure beteiligen sich frühzeitig an den Projekten und können die Projektergebnisse in ihr Unternehmen überführen. Eine vierte Möglichkeit (Fall D) wird im unbefristeten und gleichzeitigen Transfer von Forschern und Technologie gesehen. Die Forscher verlassen das jeweilige Zentrallabor oder dessen Zweigstelle („Branch Laboratory") und nehmen ihre Kenntnisse zur Implementierung in die Divisionen bzw. Produktionsstätten mit. Die Verweildauer in der zentralen Forschung orientiert sich grob an der Dauer der strategischen Forschungsplanung: Diese reicht in der

Regel fünf Jahre, so daß nach diesem Zeitablauf ein Transfer von Forschern zu den Divisionen/Töchtern angebracht ist. Der Transfer über Köpfe ist bei Hitachi ein sehr wichtiges, nicht-strukturelles Instrument zur Koordination der zentralen Forschung mit den Divisionen bzw. Produktionsstätten. Hauptvorteil dieser Rotation ist eine bessere Überlappung der Wissensbasis quer über die verschiedenen betrieblichen Funktionen.

Abbildung IV-31: Technologie- und Personaltransfer bei Hitachi

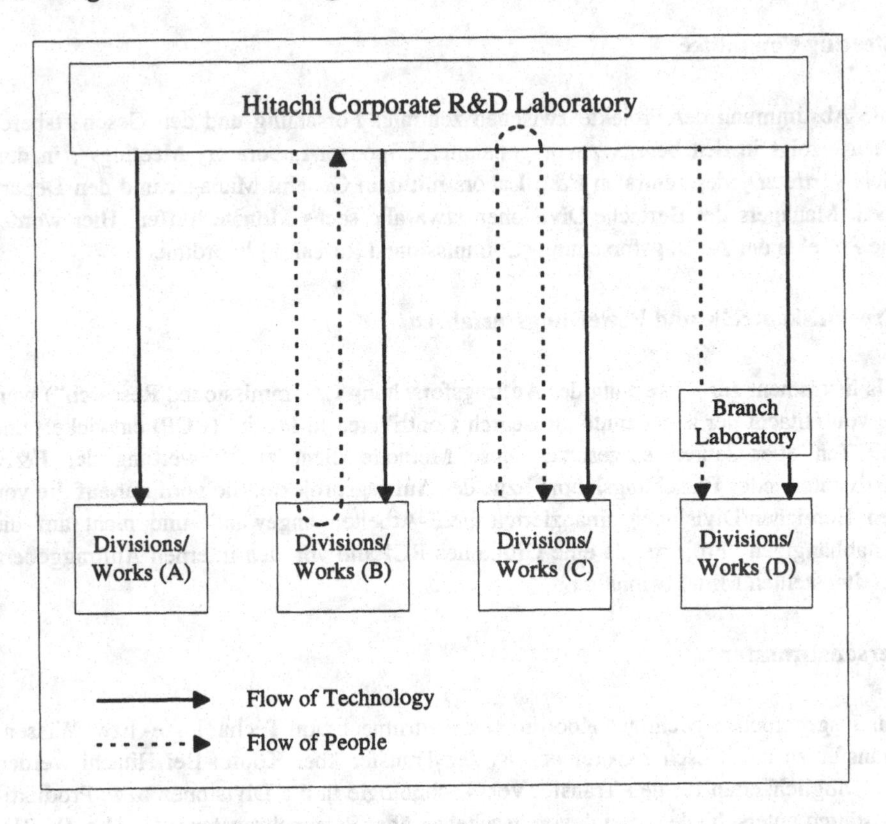

Die hohe Bedeutung des Personaltransfers als Koordinationsinstrument wird auch von anderen Studien über Hitachi bestätigt, wobei die Angaben über den Umfang des Transfers voneinander abweichen: Fransman (1994, 181) zeigt am Beispiel des Hitachi Central Research Lab, daß pro Jahr mehr als 150 Forscher (ca. 15% der F&E-Beschäftigten von CRL) in die Fabriken wechseln und gegebenenfalls durch neugraduierte Wissenschaftler ersetzt werden. Miyazaki (1995, 87) nennt in ihrer Fallstudie über Hitachi einen Transfer von mehreren hundert Forschern in den 80er Jahren, um die Abstimmung zwischen den Zentrallabors und den Divisionen bzw. Fabriken zu stärken. Die Personen zur Rotation werden vom Management ausgewählt, der Einzelne hat darauf wenig Einfluß.

„Strategic Business Projects System“

Ein zentrales Element der Restrukturierung im Jahr 1992 stellte die Verbesserung der Marktorientierung von Geschäftsoperationen mit dem sogenannten „Strategic Business Projects System“ dar, das etwa 20% des Gesamtbudgets für F&E umfaßt. Damit soll die horizontale Abstimmung zwischen den zentralen Forschungslabors, den Divisionen und Produktionsstätten von Beginn bis zum Ende des Innovationsprozesses für strategisch wichtige Produkte bzw. Geschäftsfelder gewährleistet werden. Zudem soll der Prozeß im Sinne eines „Concurrent Engineering“ bzw. „Concurrent Management“ nicht sequentiell sondern weitgehend parallel ablaufen. Das Projektteam setzt sich aus der Planungsgruppe, dem Vertrieb und der Technologieentwicklung zusammen (vgl. Abb. IV-32). Die Planungsgruppe wird von der verantwortlichen Division geleitet und umfaßt Mitarbeiter aus dem Marketing, Vertrieb, Finanzbereich und der Werbung; sie ist zuständig für die Geschäftsstrategie, das Marketing sowie für Finanzierung und „Return-on-Investment“. Das Vertriebsteam wird von der Vertriebsabteilung geleitet und setzt sich aus der jeweiligen Division und der Marketingabteilung zusammen; in deren Verantwortung liegt die Vorbereitung der Vertriebskanäle. Das Forschungslabor leitet die Technologieentwicklungsgruppe, die sich aus Forschern, Konstrukteuren bzw. Ingenieuren der beteiligten Divisionen, Produktionsstätten und Zentrallabors zusammensetzt; dieses Team ist für F&E und Fertigung zuständig.

Abbildung IV-32: Strategic Business Projects

PROJECT PLANNING
TECHNOLOGY DEVELOPMENT
PRODUCTION & SALES

- Business Strategy
- Marketing
- Investment-Return

- Research & Development
- Production Facilities

- Sales Channels

Project Leader: Director of Business Division

PROJECT TEAM

- ***Planning Group - Leader: Business Division***
  Marketing, Sales, Finance, Advertisement Department
- ***Sales Group - Leader: Sales Department***
  Business Division, Marketing Department
- ***Technology Development Group - Leader: Research Laboratory***
  Business Divisions & Factories (Engineering & Production)

Federführend im „Strategic Business Project" ist die Division, in der das Projekt größtenteils durchgeführt wird. Die Division ist nicht nur an den einzelnen Projektgruppen beteiligt und für die Projektplanung verantwortlich, sondern leitet mit dem Direktor der Division auch das Gesamtprojekt (vgl. Abb. IV-32). Der Ansatz der Projekte ist marktorientiert und auf eine strategische, horizontale Koordination der betrieblichen Funktionen ausgerichtet. In einem Projekt wirken durchschnittlich 100-150 Mitarbeiter mit.

4.3.3 Management von Querschnittstechnologien

„Core Projects/Core Programmes"

In der Regel sind die Hitachi-Labors in Abteilungen und weiter in Forschungsgruppen gegliedert, die mit durchschnittlich etwa 10 Forschern die kleinsten F&E-betreibenden Einheiten darstellen. Diese Forschungsgruppen führen alle drei Arten der Forschung durch (North Star Projects, Independent Research, Commissioned Research) und sind nach technischen Gebieten strukturiert. Zur Koordination von Querschnittsthemen bzw. -technologien werden in den F&E-Labors sogenannte „Core R&D Projects" und „Core R&D Programmes" durchgeführt. Diese Kernprojekte bzw. -programme liegen quer zur Organisationsstruktur und dienen zur abteilungsübergreifenden Integration des F&E-Labors.

Ein Kernprojekt soll Forscher aus verschiedenen Abteilungen bzw. Gruppen zur Entwicklung von benötigten Querschnittstechnologien zeitlich befristet zusammenführen. Jedes Jahr werden die Kernprojekte neu diskutiert und über deren Weiterführung bzw. Abbruch entschieden. Der Vorteil der Projekte als Koordinationsform besteht in der Möglichkeit einer kurzfristigen Beendigung. Mit den Forschungsprogrammen sollen die Potentiale einer Schlüsseltechnologie untersucht werden, bevor die eigentlichen Forschungsarbeiten dazu aufgenommen werden. Ein Projekt bzw. Programm ist zwar abteilungsübergreifend ausgerichtet, wird aber immer in der Verantwortung einer Abteilung durchgeführt. Der Projekt- bzw. Programm-Manager ist für die beteiligten Forscher verantwortlich und gegenüber dem jeweiligen Abteilungsleiter („Department Manager") berichtspflichtig. Nach Beendigung eines Kernprojekts bzw. -programms kehren die mitwirkenden Forscher wieder in ihre ursprüngliche Forschungsgruppe zurück.

Ein Beispiel für diese dynamische, hybride Organisation eines F&E-Labors ist das Hitachi Central Research Laboratory (CRL) mit seinen neun Forschungsabteilungen, die von mehreren Kernprojekten bzw. -programmen überlagert werden (vgl. Abb. IV-33). Zum Zeitpunkt der Befragung wurden dort folgende fünf Kernprojekte im Bereich der Elektronik/Informationstechnik durchgeführt:

- Parallel and Distributed Computing,
- Broadband Intelligent Network,
- Media Fusion,
- Medical and Welfare,
- System on Semiconductor.

Diese fünf Kernprojekte gruppieren sich um überlappende Fragestellungen wie New Materials, Low Cost Micro-Fabrication, ASIC Design, Virtual Reality, Object-Oriented Programming. Es gibt keine speziellen Kernprojekte der ausländischen F&E-Labors, die beiden Labors in Dublin und Cambridge beteiligen sich aber an diesen Maßnahmen des CRL. Offensichtlich werden diese Instrumente vor allem zur Koordination von Querschnittstechnologien innerhalb der japanischen Zentrallabors eingesetzt.

Abbildung IV-33: Dynamische Organisation des Central Research Lab

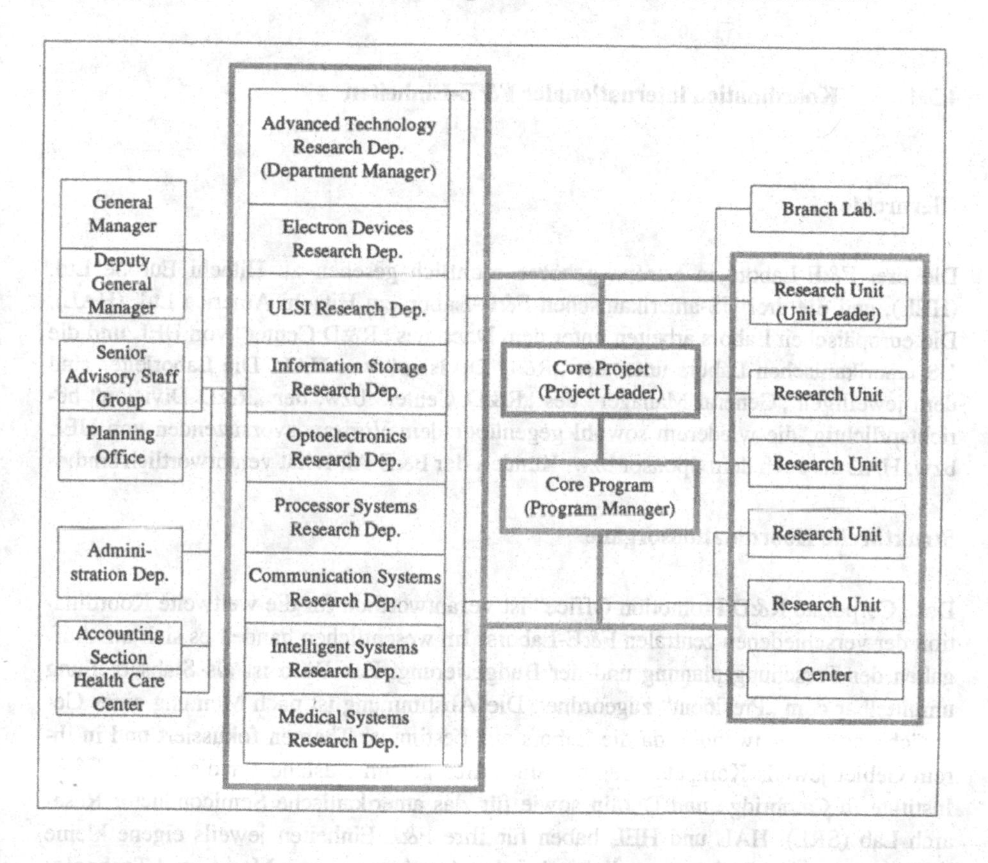

„Tokken" Projects

Als erstes japanisches Unternehmen führte Hitachi in den 70er Jahren sogenannte „Top Priorities ('Tokken') Projects" ein (vgl. Miyazaki 1995, 96), mit denen finanzielle und personale Ressourcen auf strategische Ziele ausgerichtet wurden. Mit den „Tokken"-Projekten sollten zwei Integrationsaufgaben verfolgt werden: Zum einen sollte horizontal und lateral die Kompetenz der Zentrallabors, Divisionen, Produktionsstätten und des Marketings für strategische Produktentwicklungen gebündelt werden. Zum anderen wird auf die Entwicklung von Kerntechnologien gezielt, die quer zu den Divisionen und den Zentrallabors liegen. Die Projekte werden vom „Corporate R&D Promotion Office" in der Tokioter Zentrale organisiert und administrativ unterstützt. Im Vergleich zu den zuvor beschriebenen abteilungsübergreifenden Kernprojekten zentraler Labors stellen die „Tokken"-Projekte ein Instrument des konzernübergreifenden Managements von Querschnittstechnologien dar. „Tokken Projects" sind technologiegetrieben und strategisch auf die Entwicklung von Kerntechnologien ausgerichtet, während die „Strategic Business Projects" marktgetrieben sind und eine strategische horizontale Einbindung von F&E-Produktion-Marketing bewirken sollen.

4.3.4 Koordination internationaler F&E-Einheiten

Hierarchie

Die drei F&E-Labors in Europa gehören rechtlich gesehen zu Hitachi Europe Ltd. (HEL), und die drei US-amerikanischen F&E-Labors zu Hitachi America Ltd. (HAL). Die europäischen Labors arbeiten unter dem Dach des „R&D Center" von HEL und die US-amerikanischen Labors unter der „R&D Division" von HAL. Die Laborleiter sind dem jeweiligen „General Manager" des „R&D Center" bzw. der „R&D Division" berichtspflichtig, die wiederum sowohl gegenüber dem Vorstandsvorsitzenden von HEL bzw. HAL als auch dem Sponsor bzw. Kunden der F&E-Aktivität verantwortlich sind.

Strukturelle Koordinationsorgane

Das „Corporate R&D Promotion Office" ist verantwortlich für die weltweite Koordination der verschiedenen zentralen F&E-Labors. Im wesentlichen handelt es sich um Aufgaben der Forschungsplanung und der Budgetierung. Das Büro ist als Stabsabteilung unmittelbar dem „President" zugeordnet. Die Abstimmung ist nach Meinung eines Gesprächspartners notwendig, da die Labors auf bestimmte Themen fokussiert und in ihrem Gebiet jeweils Kompetenzzentren sind, dies gilt im Ausland für die beiden F&E-Institute in Cambridge und Dublin sowie für das amerikanische Semiconductor Research Lab (SRL). HAL und HEL haben für ihre F&E-Einheiten jeweils eigene kleine Planungsgruppen, die im wesentlichen bei der Abschätzung von Markt- und Technologietrends mitwirken.

Finanzierung

Die für die in Japan ansässige F&E beschriebene Finanzierung gilt nicht für die ausländischen F&E-Labors. Deren Mittel stammen aus Auftragsforschungsprojekten für die Business Groups/Divisions, die zentralen Forschungslabors oder das Corporate R&D Promotion Office. Eine Finanzierung aus Mitteln der Konzernumlage existiert nicht. Die ausländischen F&E-Labors müssen sich vollständig über Aufträge finanzieren und sind von den Sponsoren abhängig. Die Divisionen und Produktionsstätten sind die wesentlichen Auftraggeber, aber auch „Corporate R&D“ in Tokyo vergibt in geringerem Umfang Forschungsaufträge an die ausländischen Labors; für externe Kunden wurden (bisher) keine Aufträge durchgeführt.

Internationale F&E-Projekte

Als weiteres wichtiges Koordinationsinstrument werden F&E-Projekte genannt, an denen sich verschiedene ausländische und japanische F&E-Labors beteiligen. Eine Teilnahme z.B. vom Central Research Lab, dem Hitachi Cambridge Lab und einem amerikanischen Labor an einem gemeinsamen Projekt ist nach Auskunft der Gesprächspartner nichts ungewöhnliches. Das CRL startet im Jahr etwa fünf internationale F&E-Projekte, die im Durchschnitt ungefähr ein Jahr dauern.

Ebenfalls ein gut genutztes Instrument zur Koordinierung der ausländischen F&E ist der Gedankenaustausch auf internen Konferenzen, Workshops und Seminaren, die zum Teil vom Hitachi CRL veranstaltet werden.

4.3.5 Internationale Koordination am Beispiel der HAL R&D-Division

Organisatorischer und rechtlicher Rahmen

Im Jahr 1959 gründete Hitachi seine erste Auslandsniederlassung, Hitachi America Ltd. (HAL), in den USA, um Produkte der Energietechnik zu vertreiben. Im Laufe der Zeit wurden weitere Vertriebs- und Serviceniederlassungen sowie Produktionsstätten gegründet, die immer wieder unter das Dach von HAL integriert wurden. Heute ist HAL eine Unternehmensgruppe im Bereich Halbleiter, Computer, Telekommunikation, Automobilelektronik und Konsumelektronik mit einem Umsatz 1991 von 2,2 Mrd. US-Dollar und mehr als 4.000 Beschäftigten. Mit der Gründung der „R&D Division“ und den drei Labors wurde die Wertekette in den USA um F&E komplettiert und damit in den Augen von Hitachi ein autonomes Unternehmen geschaffen. HAL ist in acht Vertriebsdivisionen („Sales Divisions“) strukturiert, die im wesentlichen den Produktfeldern des Konzerns entsprechen (vgl. Abb. IV-34).

Abbildung IV-34: Aufbauorganisation Hitachi America Ltd.

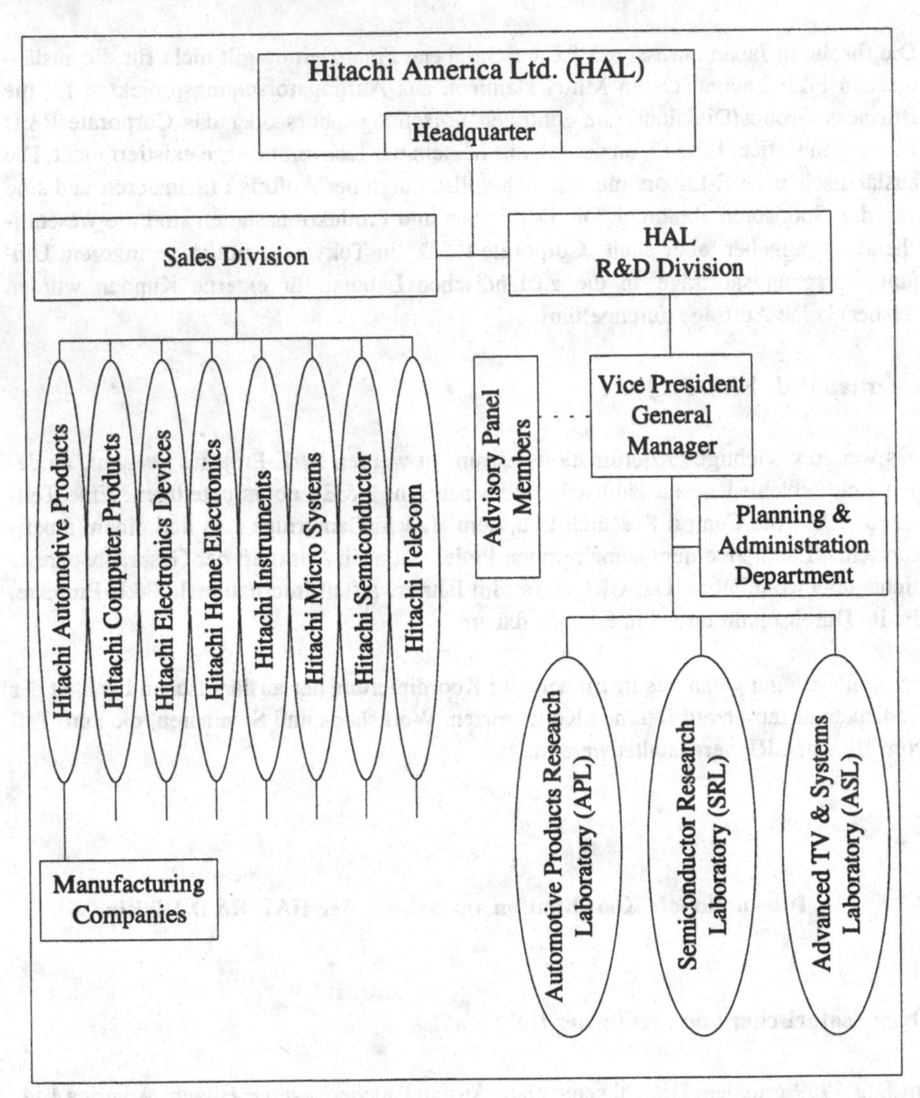

Forschung und Entwicklung wurde in eine Division innerhalb der HAL-Gruppe integriert, und zwar um (1) die Effizienz ausländischer F&E-Investitionen zu erhöhen, (2) die Frage des geistigen Eigentums zu gestalten und (3) rechtliche Unterstützung vor allem beim Import bzw. Export geistigen Eigentums zu gewährleisten (vgl. Kobayashi 1994, 52f). Durch die Integration in HAL konnten zum einen die vorhandene Infrastruktur genutzt (Personal, Finanzen/Rechnungslegung, Beschaffung, Recht, Computer- und Informationsnetzwerk, TV-Konferenzsystem) und Gemeinkosten verringert werden. Hinsichtlich des geistigen Eigentums ermöglicht diese Konstruktion zum anderen unkompliziert, daß HAL die Patentanmeldungen finanziert und alle Rechte an den Patenten hält, die von der F&E-Division angemeldet werden. Ein dritter wichtiger Punkt ist die Unterstützung bei juristischen Fragen beim Wissenstransfer. Die vertragliche Gestaltung der Hitachi-internen Auftragsforschung sowie von Kooperationsvereinbarungen z.B. mit amerikanischen Universitäten ist Aufgabe der Verwaltung von HAL.

Die rechtlichen Vereinbarungen zwischen Hitachi Ltd., Japan, und HAL bestehen auf zwei Ebenen. Zum einen werden durch eine grundlegende F&E-Vereinbarung die Rahmenbedingungen zwischen beiden Unternehmen geregelt. In dieser Rahmenvereinbarung (1) vertraut Hitachi der HAL die F&E-Aktivitäten in den USA an, (2) wird Vertraulichkeit zugesichert, (3) werden die Rechte am geistigen Eigentum geregelt und (4) wird der Import/Export zwischen Hitachi Japan und HAL geregelt. Die zweite Ebene besteht in individuellen F&E-Vereinbarungen, die zwischen der F&E-Division von HAL und den Auftraggebern geschlossen werden und im wesentlichen den Gegenstand der einzelnen F&E-Aktivität regeln. Die allgemeine F&E-Vereinbarung wird zwischen dem Vorsitzenden von HAL und dem Executive Vice President/Director of R&D von Hitachi Ltd., Japan, unterschrieben. Die individuellen F&E-Verträge werden zwischen dem General Manager der F&E-Division von HAL und einem gleichrangigen Vertreter der jeweiligen Division bzw. Produktionsstätte unterzeichnet.

Aufgaben der F&E-Division und Labors

Die Aufgabe der R&D-Division von HAL war von Beginn an die Unterstützung der HAL-Divisionen und deren Niederlassungen durch die schnelle Entwicklung von Technologien und Produkten. Die drei F&E-Labors und deren Themen sind 1989 aus drei F&E-Projekten hervorgegangen, die von wesentlicher Bedeutung für die HAL-Divisionen waren (vgl. Kobayashi 1994, 55f). Das *Semiconductor Research Laboratory (SRL)* in Brisbane/San Francisco ist aus einem Projekt über die digitale Signalverarbeitung herausgewachsen. Dieses F&E-Projekt war Bestandteil der Unternehmensstrategie von HAL, dessen Division Hitachi Micro Systems Inc. auf diesem Gebiet in Nordamerika die Kompetenz besaß und bereits über Fertigungsstätten verfügte. Die F&E-Aktivitäten zur digitalen Signalverarbeitung des Geschäftsbereichs Halbleiter in Japan wurden im Laufe der Zeit eingestellt und dem SRL (angewandte Forschung) bzw. der Hitachi Micro Systems Inc. (Entwicklung, Design) übertragen. Kennzeichnend für Innovationen in der digitalen Signalverarbeitung bei Hitachi ist der Typus der „Locally-leveraged-Innovation" (im Sinne von Bartlett/Ghoshal 1990) (vgl. Abb. IV-35), da die Kompetenz innerhalb des Hitachi Geschäftsbereichs in den USA konzentriert und weltweit die anderen Hitachi-Divisionen bedient werden.

Das *Automotive Products Research Laboratory (APL)* in Farmington Hill/Detroit ging aus einem F&E-Projekt über Komponenten zur Steuerung von Automotoren hervor. Hier wurde die Nachfrage von amerikanischen Produktionsstätten der US-Division Hitachi Automotive Products an HAL formuliert. Die Division mußte rasch Bedarf von US-Kunden in der Steuerungstechnik von Motoren befriedigen. APL ist daher auch in der Nähe der Fertigungsstätten in Detroit angesiedelt. Bei diesen Innovationen handelt es sich um „Local-for-Local-Innovation" (vgl. Abb. IV-35), da die Steuerungstechnik vor Ort generiert und (bisher) nur für den amerikanischen Markt genutzt wird.

Abbildung IV-35: Wechselbeziehungen HAL-Gruppe und Hitachi Japan

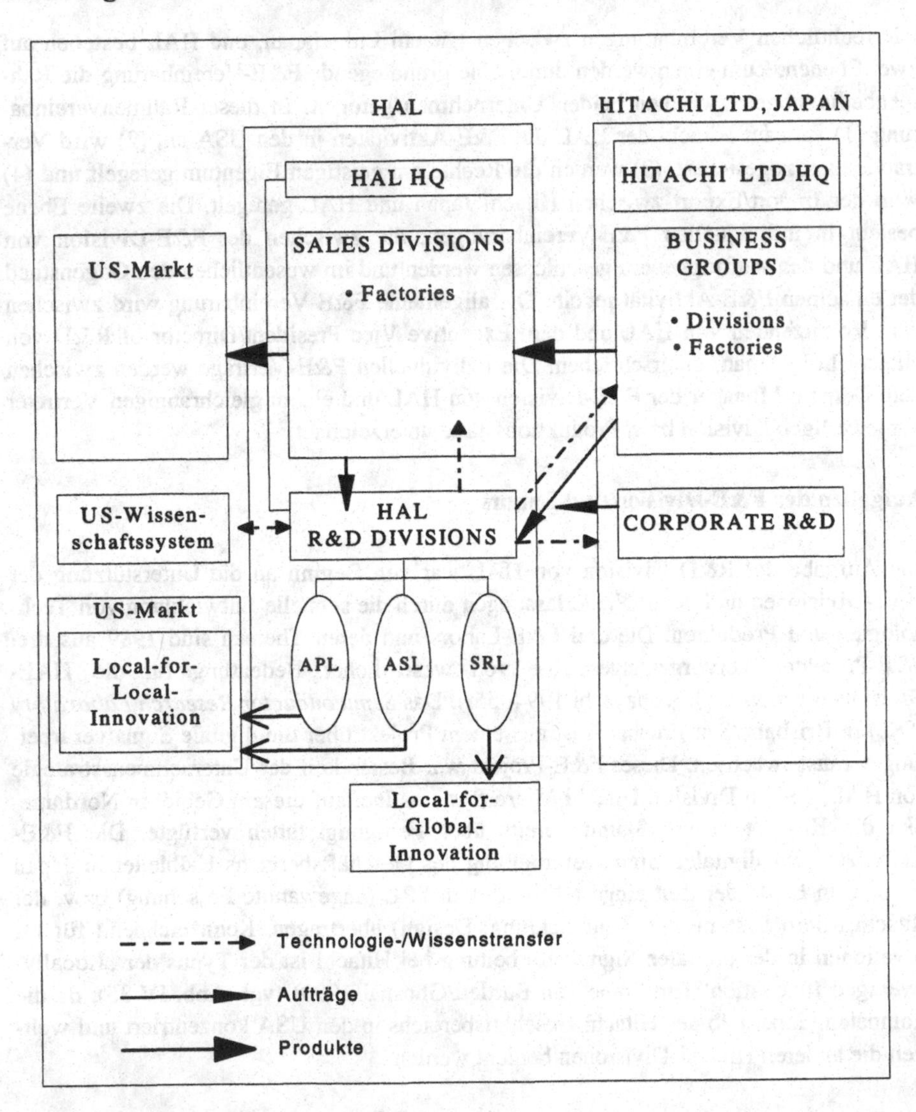

Aus einem F&E-Projekt über „Advanced TV and Application Systems" ist das dritte US-Labor, *Advanced TV & Systems Laboratory (ASL)*, in Princeton entstanden. Ende 1989 wurde klar, daß die US-Regierung ihr eigenes HDTV-Digitalsystem nach amerikanischen Spezifikationen anwenden wird. Durch dieses digitale Standardsystem der Federal Communications Commission, dessen Einführung im Jahr 2009 abgeschlossen sein soll, werden die gegenwärtigen TV-Empfänger nutzlos, da die Signale nicht empfangen werden können. Zu diesem heranwachsenden Markt für digitale Fernsehgeräte kommen interaktive Computer, Kommunikationssysteme, Videospiele und andere Multimedia-Anwendungen hinzu; alle Geräte müssen dem neuen digitalen US-Standard entsprechen. Die Aufgabe des ASL war daher, die HAL-Niederlassungen im Bereich der Konsumelektronik durch F&E zu unterstützen. Das kurzfristige Ziel bestand in der Entwicklung eines TV-Prototypen nach den neuen US-Spezifikationen. Langfristig soll ASL interdisziplinäre F&E-Aktivitäten im Bereich der Computer, Kommunikation und Konsumenten entwickeln und diese weiter ausdehnen. Hierbei sollen in den USA lediglich die Technologien entwickelt werden, die für die US-Spezifikationen erforderlich sind, während allgemeine Technologien für TV von Hitachi Ltd., Japan, importiert werden sollen. Die Innovationen des ASL lassen sich ebenfalls als „Local-for-Local" charakterisieren (vgl. Abb. IV-35), da Wissen vor Ort generiert und spezifisch für den US-Markt genutzt wird.

Technologie-/Wissenstransfer und Koordination durch F&E-Aufträge

Die Wechselbeziehungen innerhalb der HAL-Gruppe und zwischen HAL und Hitachi Ltd. Japan werden schematisch in Abbildung IV-35 dargestellt. Die acht Vertriebsdivisionen von HAL bedienen den US-Markt mit Produkten, die in etwa den Segmenten des japanischen Konzerns entsprechen. Die Divisionen vertreiben zum einen Produkte, die von Hitachi aus Japan exportiert wurden. Zum anderen werden in eigenen Fabriken in den USA Produkte vor allem für den amerikanischen Markt hergestellt. Eine Ausnahme davon ist sicher die HAL-Division Hitachi Micro Systems Inc, die im Bereich digitale Signalverarbeitung weltweite Kompetenz erhielt. Etwa ein Drittel des Umsatzes von HAL stammt aus US-amerikanischer Produktion.

Die HAL-Labors führen im Auftrag von Sponsoren F&E-Projekte durch oder beteiligen sich an gemeinsamen Projekten und transferieren im Gegenzug Technologie und Wissen (vgl. Abb. IV-35). Die Finanzierung der F&E-Division von HAL und der drei Labors erfolgt durch Aufträge für F&E bzw. andere Dienstleistungen von drei Seiten, und zwar von: (1) Den Divisionen bzw. Produktionsstätten der HAL-Gruppe, (2) den Geschäftsbereichen, Divisionen bzw. Fabriken von Hitachi Ltd. Japan sowie (3) der zentralen F&E in Tokyo. Für externe Auftraggeber werden keine Dienste geleistet. Der Schwerpunkt der Aktivitäten der F&E-Division liegt bei Aufträgen aus Japan, etwa 90% der F&E-Verträge wurden in der Vergangenheit mit Hitachi in Japan und die restlichen 10% mit HAL-Niederlassungen geschlossen (vgl. Kobayashi 1994, 53). Diese finanzielle Abhängigkeit sichert Hitachi Ltd. Japan erheblichen Einfluß auf seine ausländische F&E zu. Extern findet ein Wissensaustausch mit dem amerikanischen Wissenschaftssystem statt.

Koordination durch „Liaison Persons"

Die Abstimmung zwischen der R&D-Division der HAL-Gruppe und Hitachi Ltd. Japan soll durch ein System von Verbindungspersonen („Liaison Persons") sichergestellt werden, das einen Mentor in Japan sowie einen „Leader" und einen „Gatekeeper" in der

HAL R&D-Division umfaßt (vgl. Abb. IV-36). Der Mentor bei Hitachi Ltd. Japan muß in seiner Organisation einen starken Rückhalt haben und Ziele bzw. Strategien in das Ausland weitervermitteln können. In der amerikanischen F&E-Division ist sein Ansprechpartner der Gatekeeper, der japanischer Herkunft ist und die Position eines „Director" innehat. Er ist verantwortlich für den Aufbau der technologischen Fähigkeiten, die Planung bzw. Einhaltung des Budgets und die Kontakte innerhalb Hitachis (vgl. Abb. IV-36). Der Leader ist aus den USA und auf der Ebene eines „Senior Director" angesiedelt. Seine Zuständigkeiten sind die technologischen Fähigkeiten, die Forschung sowie die Herstellung und Pflege des externen Netzwerks mit dem amerikanischen Forschungssystem. Konflikte sollen zuerst zwischen Gatekeeper und Leader besprochen werden, die gemeinsam nach Lösungsmöglichkeiten suchen müssen.

Abbildung IV-36: Koordination durch Verbindungspersonen

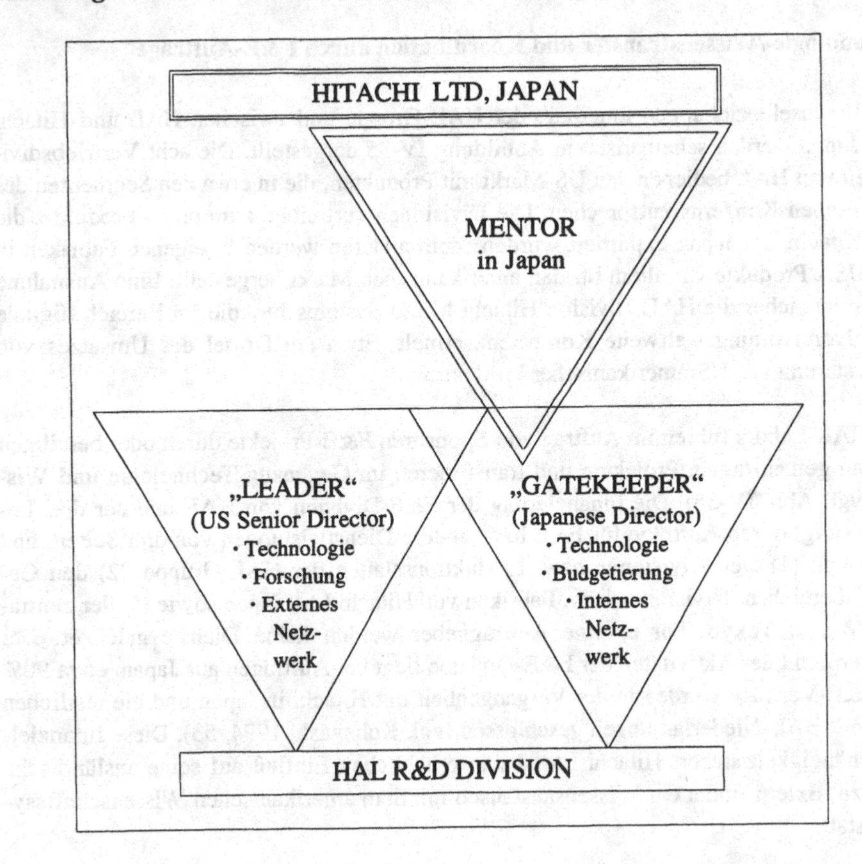

Hitachi hat sich bewußt dafür entschieden, den Gatekeeper - anders als z.B. Panasonic - innerhalb der ausländischen F&E-Organisation anzusiedeln.[21] Dies erschwert zwar die Abstimmung und Kommunikation mit der japanischen Zentrale. Bei einer Richtungsänderung wird es für eine Verbindungsperson in Japan jedoch erheblich schwieriger, die Gründe für die ausländische F&E-Einheit nachvollziehbar zu machen und Akzeptanz zu erreichen. Wenn den Mitarbeitern Veränderungen aber nicht nahegebracht werden können, führt dies zur Demotivation der Forscher und schlimmstenfalls zum Zusammenbruch der Kommunikation mit der F&E-Einrichtung im Ausland. Dagegen hat der Gatekeeper in der HAL F&E-Division ausreichend Zeit und Möglichkeiten, Richtungswechsel persönlich seinen Kollegen darzustellen. Dieses Vorgehen ist nach Meinung des Vice President von HAL sehr effektiv, spart Zeit und verbessert die Motivation der Mitarbeiter bzw. Forscher.

4.4 Zusammenfassung und kritische Würdigung

Bis Ende der 80er Jahre galt Hitachi mit seinem „Factory-based Profit Center System" als dezentral ausgerichteter Konzern im Vergleich zu anderen japanischen Großunternehmen. Vor dem Hintergrund einer zunehmenden Internationalisierung und Verschärfung des Wettbewerbs führte dieses System zu Schwierigkeiten in der horizontalen Abstimmung entlang der Wertekette zwischen F&E-Produktion-Marketing und einer mangelnden Unterstützung langfristiger strategischer Forschung durch die gewinnverantwortlichen Produktionsunternehmen. Nach Abschaffung dieses Systems und der Einführung der Business Groups 1993 als Profit Center bestanden die Kernaufgaben des F&E-Managements in der Herstellung eines ausgewogenen Verhältnisses der finanziellen Aufwendungen für kurz-, mittel- und langfristigen Forschung und Entwicklung, der Integration von F&E in die Geschäftsstrategie sowie der Schaffung einer langfristigen Geschäftsbasis durch grundlegende Forschung. Eine weitere Herausforderung ist die internationale Komplettierung der Wertekette durch F&E seit 1989 in Europa bzw. den USA und in Zukunft möglicherweise in Südostasien.

Während für Hitachi Ltd. (Japan) durch die Gewinnverantwortung der Geschäftsbereiche von einer stärkeren Zentralisierung gesprochen werden kann, stellt der Aufbau von Hitachi Europe Ltd. (HEL) und Hitachi America Ltd. (HAL) mit allen Funktionen der Wertekette eine Regionalisierung bzw. Dezentralisierung dar. Wesentliche Elemente zur Integration der ausländischen F&E-Labors verkörpert das Liaison Modell von Mentor-Gatekeeper-Leader, das Corporate R&D Promotion Office, die Durchführung län-

[21] „It (Panasonic) has its liaison located in the mother company. In this case, it is easy for the liaison to clearly understand Japan's requests and pass this information to the US sites. But when Japan's side decides to change its project direction, it becomes difficult for the liaison in Japan to articulate the nature of such changes to the US leaders" (Kobayashi 1994, 60).

derübergreifender F&E-Projekte, persönliche Kontakte und der Transfer von Wissenschaftlern (vgl. Abb. IV-37). Die Koordination verläuft als ein zwiespältiger Prozeß: Während F&E dezentralisiert wird und in einem langsamen, evolutionären Prozeß regionale Kompetenzen herausgebildet werden, herrscht ein erheblicher Einfluß des Headquarter in Tokyo vor. Die sechs ausländischen F&E-Labors finanzieren sich bisher über Projekte, die zum größten Teil von japanischen Geschäftsbereichen bzw. Divisionen und der zentralen F&E in Auftrag gegeben werden. Zudem gründet sich das Liaison Modell in erster Linie auf eine Abstimmung zwischen dem japanischen Gatekeeper in der amerikanische F&E-Division und dem Mentor in der Tokioter Zentrale. Die strategische Forschung und Entwicklung wird nach wie vor im Heimatland durchgeführt, die Strategic Business Projects und die „Tokken"-Projekte zielen gar nicht auf eine Integration der ausländischen F&E-Labors. Im Fall der auf „Local-for-Local-Innovation" ausgerichteten Labors bietet sich eine Einbindung in strategische Projekte nicht an. Die Nicht-Einbindung der auf Forschung orientierten Labors in Cambridge und Dublin in strategische Projekte kann aber möglicherweise zu Kompetenzverlusten führen.

Bei der Anwendung der verschiedenen Arten von Koordinationsmechanismen fällt die hohe Bedeutung der strukturellen Koordinationsorgane, hybriden Mechanismen und informellen Mechanismen ins Auge (vgl. Abb. IV-37). Die Programmierung bzw. Standardisierung spielt offenbar keine Rolle für die Abstimmung der Innovationsprozesse. Der Stellenwert der Auftragsforschung für die Einbindung der zentralen Forschung in die Sparten ist geringer als beispielsweise bei Philips, Sony oder Siemens. Der Anteil der unabhängigen Forschung („Corporate Research") ist im Vergleich zu 1987 sogar gestiegen und kann als eine Wirkung der Reorganisation hin zum Business Group System interpretiert werden.

Mit dem „Corporate R&D Promotion Office" verfügt Hitachi über ein wichtiges Instrument aus der Gruppe der strukturellen Koordinationsorgane zur konzernübergreifenden Abstimmung von F&E für die vier Kernaufgaben der Koordination - vor allem für die Einbindung von F&E in die Unternehmensstrategie sowie der internationalen F&E-Labors (vgl. Abb. IV-37). Aus dieser Gruppe von Mechanismen werden zudem vor allem Strategie- und Transferausschüsse zur Abstimmung zwischen der zentralen F&E und den Bereichen/Divisionen sowie von F&E mit den Konzern-/Bereichsstrategien genutzt. Die nahezu virtuose Verwendung von Ausschüssen auf verschiedensten Hierarchieebenen und mit Akteuren aus unterschiedlichen funktionalen Bereichen in einem komplexen Entscheidungssystem wird im jährlichen Zyklus der Forschungsplanung deutlich. Hier werden gemeinsame Ziele, Strategien, Werte und Normen entwickelt und weitergegeben, die zur Herausbildung einer übergreifenden Organisationskultur - allerdings nur in den japanischen Unternehmen - beitragen. Der notwendige hohe Zeitaufwand für die Sitzungen wird offenbar in Kauf genommen. Die Sozialisation als ein informeller Mechanismus der Koordination ist in engem Zusammenhang mit diesem ausgefeilten System verschiedener Ausschüssen zu sehen. Bei den informellen Koordinationsmechanismen spielt der Transfer von Forschern eine wichtige Rolle für die Integration der zentralen F&E in die Divisionen/Produktionsstätten und der Abstimmung zwischen den ausländischen F&E-Labors und den japanischen Zentrallabors.

Abbildung IV-37: Matrix Koordinationsaufgaben und -instrumente (Hitachi)

Koordination internationaler F&E	Koordination von ... Zentraler Forschung & Sparten	F&E/Unternehmensstrategie	verschied. Technikgebieten	int. F&E-Einheiten
Strukturelle und formale Mechanismen				
Zentralisation/ Dezentralisation				
Zentralisation des Entscheidungsprozesses		▒		▒
Dezentralisation des Entscheidungsprozesses	▒		▒	
Strukturelle Koordinationsorgane				
Mentor/ Gatekeeper/ Leader		▒		■
Strategy Meeting (Vorstand/F&E)	▒	■		▒
Sponsor-Lab-Meeting (F&E/Sparten)	■	▒		
Transnationale Komittees				
Integratoren (z.B. CTO)				
Corporate R&D Promotion Office	▒	■	▒	■
Matrixstrukturen				
Programmierung/ Standardisierung				
F&E-Politiken				
Stellenbeschreibungen				
Handbücher (z.B. F&E-Projektmanagement)				
Pläne/ Planung				
F&E-/Technologieportfolios	▒	■		
Ergebnis-/ Verhaltenskontrolle				
Controlling von Projekten/Budgets				
Technische Berichte/Meilensteine				
Research Contributed-to-Profit (RCP)	▒			
Hybride Mechanismen				
Internationale F&E Projekte				■
Core R&D Projects			■	
Core R&D Programmes			■	
Strategic Business Projects	■	■	▒	
"Tokken" Projects	▒	▒	■	
Informelle Mechanismen				
Persönliche Kontakte/ Informelle Kommunik.				
Persönliche Kontakte unter F&E-Managern	▒	▒	▒	■
Besuche				▒
Technologiemessen				
Seminare/Workshops				▒
Transfer von Wissenschaftlern	■			■
Sozialisation: Schaffung einer übergreifenden Organisationskultur durch				
Gemeinsame Ziele/Strategien	▒	■	▒	
Gemeinsame Werte/Normen	▒	▒	▒	
Job Rotation F&E-Produktion-Marketing	■			
Leistungs- und Anreizsysteme				
Weiterbildung/Personalentwicklung	■			
Interne Märkte/ Lenkpreise				
Unternehmensinterne Verrechnungspreise				
Auftragsforschung für Geschäftsbereiche	▒			

■ = sehr gewichtiges, ausgeprägtes Instrument

▒ = Instrument wird eingesetzt

☐ = unbedeutend keine Anwendung

Ein bedeutender Stellenwert kommt den verschiedenen hybriden Koordinationsmechanismen zu, deren Einsatz aber mit Ausnahme der internationalen F&E-Projekte auf Hitachi Ltd. Japan beschränkt bleibt (vgl. Abb. IV-37). Für das Management von Querschnittstechnologien dienen auf der Ebene der japanischen Zentrallabors, die überwiegend nach technischen Disziplinen strukturiert sind, die „Core Projects" und „Core R&D Programmes". Auf interdivisionaler, konzernübergreifender Ebene werden als neues strategisches Instrument seit 1992 die Strategic Business Projects und als Instrument aus den 70er Jahren die „Tokken"-Projekte zur Fusion von Querschnittsthemen bzw. -technologien eingesetzt. Letztgenannte sind technologiegetrieben und strategisch vorwiegend auf die Entwicklung von Kerntechnologien ausgerichtet. Dagegen sind die „Strategic Business Projects" marktgetrieben und sollen eine strategische horizontale Einbindung von F&E-Produktion-Marketing bewirken; durch ein „Concurrent Management" soll der Innovationsprozeß und die verschiedenen involvierten Projektteams weitgehend parallel gesteuert werden.

V. CROSS-CASE-ANALYSIS: EINFLUSSFAKTOREN AUF DIE KOORDINATION

Die vier Unternehmen werden in diesem Abschnitt miteinander verglichen und die Ergebnisse der Fallstudien nach verschiedenen Gesichtspunkten ausgewertet. Im Mittelpunkt stehen hierbei folgende Fragestellungen:

(1) In welchen Kontexten befindet sich das jeweilige Unternehmen und welchen Einfluß haben diese auf die Koordination?
(2) Welche Strategien verfolgen diese Unternehmen und wie wirken sich diese auf Differenzierung und Koordination aus?
(3) Welche Unterschiede bestehen in der Differenzierung und Koordination der F&E zwischen den Unternehmen und was sind die Gründe dafür?
(4) Welcher Zusammenhang läßt sich zwischen Differenzierung und Koordination der F&E herstellen?

Ziel dieses Abschnitts ist es, verschiedene Einflußfaktoren auf den Koordinationsbedarf und die Auswahl situationsadäquater Koordinationsmechanismen zu ermitteln und einen Wirkungszusammenhang zwischen Kontext, Strategie, Differenzierung und Koordination der F&E herzustellen (vgl. Kap. III.10.). Bei der Analyse der Kontexte der Unternehmen wird zwischen dem Umweltkontext, der für F&E und Innovation relevant ist, dem Unternehmenskontext und dem F&E- bzw. innovationsspezifischen Kontext unterschieden. Hinsichtlich der Charakterisierung der Unternehmensstrategien wird zwischen Internationalisierungs- bzw. Wettbewerbsstrategie und F&E- bzw. Innovationsstrategie differenziert. Bei der Beschreibung der Differenzierung der F&E werden Entscheidungsprozesse und Konfiguration sowohl in der Produkt- bzw. Technikentwicklung in den Divisionen/Geschäftsbereichen als auch in der konzernübergreifenden F&E charakterisiert; der Schwerpunkt liegt gleichwohl auf den konzernübergreifenden Aktivitäten. Die Darstellung der Koordination geschieht ebenfalls vor allem aus dem Blickwinkel der konzernübergreifenden F&E-Aktivitäten.

1 Analyse der Kontexte der Unternehmen

1.1 F&E- und innovationsrelevanter Umweltkontext

Für die Analyse des Umweltkontextes wurden die Merkmale ausgewählt, die relevant für F&E und Innovation sind (vgl. Tab. V-1): Marktcharakteristika, Produktlebens- bzw. Innovationszyklen, Stammlandcharakteristika und kulturelles Umfeld des Unternehmens. Die Märkte von Philips und Sony sind vor allem durch eine hohe Dynamik und Kurzlebigkeit der Konsumgüter geprägt. Es sind vor allem Käufermärkte, die eine hohe Anpassung der Produkte an den Geschmack und die Bedürfnisse vor Ort erfordern. Die Produktlebens- und Innovationszyklen haben sich stark beschleunigt. Siemens und Hitachi haben mit ihrem Schwerpunkt auf Investitionsgüter der Elektrotechnik/Elektronik stärker Unternehmen und den Staat als Kunden. Langlebigkeit oder Beschleunigung der Produktlebenszyklen herrscht je nachdem vor, ob es sich um einen Angebots- oder Käufermarkt handelt.

Die drei Unternehmen Sony, Siemens und Hitachi verfügen über hohe eigene Wissens- und Technologieressourcen im Stammland (vgl. Tab. V-1). Dagegen sind die Wissensressourcen und Märkte von Philips in den Niederlanden (im Vergleich zu Deutschland und Japan) begrenzt, dies führte zu der frühzeitigen Internationalisierung von F&E seit den 50er Jahren. Sony und Hitachi haben daneben den Vorteil, daß bei wichtigen Produkten im Bereich der Mikroelektronik „Lead Markets" in Japan vorhanden sind.

Die „kulturelle Nähe" der F&E-Einheiten im Ausland ist bei Siemens relativ hoch, da diese überwiegend in den USA oder den hochindustrialisierten Ländern der Europäischen Union (EU) angesiedelt sind. Dies gilt ebenso für Philips: Zu den Labors in Ländern der EU und den USA besteht eine relativ hohe kulturelle Nähe mit den Niederlanden (NL) als Stammland. Bei Sony und Hitachi ist die kulturelle Nähe zwischen Stammland und den USA bzw. Europa im Vergleich niedriger.

1.2 Unternehmenskontext

Mit den Angaben zu den Beschäftigten und zum Umsatz soll die Unternehmensgröße als ein Merkmal des Unternehmenskontexts beschrieben werden. Mit einem Umsatz im Jahr 1994 zwischen ca. 54 Mrd. DM (Philips) und etwa 115 Mrd. DM (Hitachi) sowie Beschäftigten zwischen 130.000 (Sony) und 376.000 (Siemens) gehören die vier Unternehmen zu den weltweit größten in der Elektrotechnik/Elektronik (vgl. Tab. V-1). Hitachi und Siemens sind von der Beschäftigtengröße her ähnlich, Sony und Philips haben in etwa den gleichen Umsatz.

Der Umsatz nach Regionen und der Umsatz nach Sitz der Tochtergesellschaften dienen als Merkmale der globalen Ausrichtung der Unternehmen in der Vergangenheit. Philips ist mit einem Umsatz von 54% in Europa (NL: 5%) sehr hoch internationalisiert (vgl. Tab. V-1). Dieser Wert wird lediglich von Sony übertroffen, das nur noch 27% in Japan umsetzt. Siemens ist dagegen nach wie vor stark auf die Bundesrepublik (42% des Umsatzes) und Europa (68% des Umsatzes) orientiert. Hitachi beschränkt sich in noch höherem Maße auf Japan (77% des Umsatzes). Betrachtet man allerdings den Umsatzanteil nach Sitz der Gesellschaften, relativiert sich dieses Ergebnis. Die Philips-

Tabelle V-1: Merkmale der Kontexte der Unternehmen

	Philips	Sony	Siemens	Hitachi
UMWELTKONTEXT RELEVANT FÜR F&E/INNOVATION				
Marktcharakteristika	• Dynamische, kurzlebige Konsumgütermärkte • Käufermärkte	• Dynamische, kurzlebige Konsumgütermärkte • Käufermärkte	• Investitions- und Konsumgüter • Angebots- und Käufermärkte • Staatliche Nachfrage	• Investitions- und Konsumgüter • Angebots- und Käufermärkte • Staatliche Nachfrage
Produktlebens-/Innovationszyklen	• Starke Beschleunigung	• Starke Beschleunigung	• Langlebigkeit/Beschleunigung je nach Markt	• Langlebigkeit/Beschleunigung je nach Markt
Wissensressourcen und Märkte im Stammland	• Begrenzte Wissensressourcen und Märkte	• Hohe Wissensressourcen • Lead Markets bei wichtigen Produkten	• Hohe Wissensressourcen	• Hohe Wissensressourcen • Lead Markets bei wichtigen Produkten
Kulturelles Umfeld	• Westeuropäisch geprägt	• Japanisch geprägt	• Deutschsprachig geprägt	• Traditionell japanisch geprägt
UNTERNEHMENSKONTEXT				
Beschäftigte (1994)	• 253.000	• 130.000	• 376.000	• 330.637 (1993)
Umsatz (1994)	• ca. 54,4 Mrd. DM	• ca. 58,3 Mrd. DM	• 84,6 Mrd. DM	• ca. 115,4 Mrd. DM
Umsatz nach Regionen (1994)	• 54% Europa (NL: 5%), 22% N-Amerika, 15% Asien	• 22% Europa, 31% USA, 27% Japan	• 68% Europa (D: 42%), 17% Amerika, 9% Asien	• 77% Japan, 23% übrige Welt
Umsatz nach Sitz der Gesellschaften (1994)	• 61% Europa (NL: 20%), 16% N-Amerika, 17%Asien	• 14% Europa, 25% USA, 45% Japan	• 81% Europa (D: 58%), 15% Amerika, 4% Asien	• 85% Japan, 15% übrige Welt
Struktur	• 8 autonome Product Divisions mit 30 Business Groups	• 8 autonome Companies mit Geschäftsbereichen	• 15 strategische Geschäftsbereiche, 2 rechtl. selbst. Bereiche	• 6 autonome Business Groups mit Divisions
Zusammensetzung Vorstand	• Multinational (USA, Westeuropa)	• Ausschließlich japanisch	• Deutschsprachig	• Ausschließlich japanisch
Grundhaltung/Mentalität	• „Commitment" • „Personal Communication" • Transnational	• „Innovation Mandate" • „Fuzzy Logic" • Global	• Technologieorientierung • International/Global	• Technologieorientierung • International/Global

Unternehmen in Europa (NL: 20%) produzieren immerhin einen Anteil von 61% des Konzernumsatzes. Bei Siemens und Hitachi sind diese Werte wesentlich höher: Die Siemens-Gesellschaften in Europa erwirtschaften 81% und in Deutschland 58% des Konzernumsatzes, die Hitachi-Unternehmen in Japan 85% des Umsatzes. Nur bei Sony wird weniger als die Hälfte (45%) von den Tochterunternehmen in Japan produziert.

Philips begreift sich mehr als westeuropäisches denn als niederländisches Unternehmen. Das kulturelle Umfeld ist deutlich durch Westeuropa geprägt. Philips ist das einzige der vier untersuchten Unternehmen, das über eine multikulturelle Zusammensetzung des geschäftsführenden Vorstands verfügt: Das „Group Management Committee" besteht vor allem aus Mitgliedern aus den hochindustrialisierten Ländern Westeuropas und aus den USA (vgl. Tab. V-1). Sony und Hitachi sind dagegen stark japanisch geprägt, wobei Hitachi zu den stark traditionellen japanischen Unternehmen gerechnet werden kann. Die Zusammensetzung des geschäftsführenden Vorstands ist bei beiden Unternehmen ausschließlich japanisch. Siemens ist trotz eigener Beteuerungen nach wie vor stark durch das deutsche Umfeld geprägt; die Zusammensetzung des Zentralvorstands beschränkt sich auf den deutschsprachigen Raum.

Alle vier Unternehmen haben eine multidivisionale Struktur mit autonomen Produktdivisionen oder strategischen Geschäftsbereichen, die weiter in Unterbereiche und Produktionsstätten untergliedert werden. Die Bildung autonomer Divisionen mit eigener strategischer Ausrichtung und Komplettierung der Wertekette erfolgte bei Philips Mitte der 80er Jahre, Siemens gründete Ende der 80er Jahre die autonomen strategischen Geschäftsbereiche. Bei beiden Unternehmen ging diese Entwicklung einher mit einem starken Abschmelzen der Zentralbereiche, die erheblich an Macht, Einfluß und Kompetenz verloren haben. Die Reorganisation der zentralen F&E erfolgte im Zusammenhang mit der Bildung der autonomen Bereiche. Sony richtete Anfang der 90er Jahre autonome Unternehmen ein. Hitachi gab Anfang der 90er Jahre sein „Factory-based Profit Center System" auf, das jedes Produktionsunternehmen für die Gewinnerwirtschaftung verantwortlich machte, und etablierte sechs autonome Geschäftsbereiche mit Gewinnverantwortung. Während bei den anderen drei Konzernen eine Dezentralisierung zu beobachten ist, fand bei Hitachi eine Zentralisation und Bündelung der Ressourcen auf der Ebene dieser sechs Business Groups statt.

Die Grundhaltung bzw. Mentalität des Managements ist bei Philips durch „Commitment" und einem Hervorheben der persönlichen Kommunikation und Netzwerke gekennzeichnet (vgl. Tab. V-1). Das Management ist das einzige der vier Unternehmen, das sich durch eine transnationale Mentalität auszeichnet: Der Vorstand ist multikulturell zusammengesetzt, die Produktions- und F&E-Aktivitäten sind hoch internationalisiert, die Auslandseinheiten sollen differenzierte Beiträge zu weltweit integrierten Aktivitäten liefern, und Wettbewerbsvorteile sollen durch die Synergie globaler Effizienz und lokaler Anpassung sowie weltweite Lernfähigkeit erzielt werden. Sonys Management-Grundhaltung ist durch das „Innovation Mandate" und durch eine eher chaotische „Fuzzy Logic" zu beschreiben. Trotz der ausgesprochen hohen Wertschöpfung im Ausland herrschte bisher eine globale Mentalität vor, die durch eine Zentralisierung der Kompetenzen, Entscheidungen und Technologien in Japan, eine Weltmarktorientierung und den Erwerb bzw. die Sicherung von Wissen im Headquarter geprägt ist. Beide Unternehmen haben eine starke Marktorientierung. Siemens und Hitachi können dagegen eher durch eine hohe Technologieorientierung und eine stärker traditionelle, hierarchiebetonte Grundhaltung gekennzeichnet werden (vgl. Tab. V-1). Diese Unternehmen sind durch eine starke Bindung an das Stammland zu charakterisieren, die auch durch das „Infrastruktur-Geschäft" (z.B. Energie, öffentliche Kommunikationssysteme, Verkehr) und die Verbindungen zum Staat als Nachfrager geprägt sein dürfte. Nach wie vor besteht eine hohe Exportorientierung und Wertschöpfung im Stammland. Die Grundhaltung des Managements ist zwischen dem internationalen und globalen Typ einzuordnen.

1.3 F&E- und innovationsspezifischer Kontext

Größe und Ausmaß der F&E-Aktivitäten läßt sich durch die Anzahl der F&E-Beschäftigten und den finanziellen F&E-Aufwand sowie durch den Anteil der F&E-Mitarbeiter an den Gesamtbeschäftigten und die F&E-Intensität beschreiben (vgl. Tab. V-2). Der F&E-Aufwand war 1994 bei Philips und Sony mit über 3 Mrd. DM sowie einer F&E-Intensität von etwa 6% nahezu gleich hoch. Mit über 7,5 Mrd. DM hat der F&E-Aufwand von Siemens und Hitachi ebenfalls nahezu die gleiche Höhe; die F&E-Intensität von 8,9% bei Siemens übersteigt dagegen die 6,5% von Hitachi erheblich. Der Anteil der F&E-Beschäftigten von Philips (9,2%) und Siemens (12,6%) war im Jahr 1994 jeweils weitaus höher als bei Sony (6,9%) und Hitachi (5,5%). Die Zahl der F&E-Beschäftigten betrug bei Siemens 48.100 und bei Philips über 23.300 Mitarbeiter. Die F&E-Aufwendungen der beiden westeuropäischen Unternehmen sind seit Beginn der 90er Jahre unter starken Druck geraten. Die F&E-Intensität von Siemens ist im Zeitraum 1990-94 von 11% auf 8,9% und von Philips von 7,9% auf 6,1% gesunken (vgl. Tab. V-2). Philips hat seinen F&E-Aufwand und die F&E-Beschäftigten sogar absolut reduziert und damit F&E-Potential abgebaut. Bei Sony und Hitachi ist die F&E-Intensität in etwa konstant geblieben. In den Gesprächen wurde - auch in den anderen untersuchten japanischen Konzernen - darauf hingewiesen, daß eine nahezu gleichbleibende F&E-Intensität trotz Rezession erklärtes Ziel des Unternehmens sei.

Die quantitative Bedeutung der zentralen F&E läßt sich am Anteil der F&E-Beschäftigten und des F&E-Aufwands messen. Bei Philips Corporate Research waren immerhin 12% der gesamten F&E-Mitarbeiter beschäftigt, die 10% des F&E-Budgets erhielten (vgl. Tab. V-2). Das Sony Research Center macht dagegen nur 6% des gesamten F&E-Budgets aus. Die Siemens Zentralforschung hat einen Anteil am gesamten F&E-Aufwand von 6%, allerdings arbeiten hier nur etwa 3,5% der F&E-Mitarbeiter. Die quantitativ höchste Bedeutung hat „Corporate R&D" von Hitachi mit einer Quote von 20% am F&E-Aufwand und 24% an den F&E-Beschäftigten. Die Kapazitäten der Zentralforschung der beiden westeuropäischen Unternehmen sind in den vergangenen

Tabelle V-2: F&E- und innovationsspezifischer Kontext

	Philips	Sony	Siemens	Hitachi
F&E-/ INNOVATIONSSPEZIFISCHER KONTEXT				
F&E-Beschäftigte (1994; 1990)	• 23.325 ; 35.127	• ca. 9.000 ; - - -	• 48.100 ; 43.000	• 18.000 ; - - -
F&E-Aufwand (1994; 1990)	• ca. 3,31 Mrd. DM ; ca. 3,96 Mrd.	• ca. 3,46 Mrd. DM ; ca. 2,57 Mrd.	• 7,51 Mrd. DM ; 6,98 Mrd.	• ca. 7,55 Mrd. DM ; - - -
Anteil der F&E-Beschäftigten (1994; 1990)	• 9,2 % ; 12,7%	• 6,9% ; - - -	• 12,6% ; 11,6%	• ca. 5,5% ; - - -
F&E-Intensität (1994; 1990)	• 6,1% ; 7,9%	• 6,0% ; 5,7%	• 8,9% ; 11,2%	• 6,5% ; 6,5%
F&E-Anteil Ausland (1994;1990)	• 50% ; etwas unter 50%	• 6% ; unter 3%	• 28% ; 23% (F&E-Beschäftigte)	• unter 3% ; ca. 1%
F&E-Beschäftigte in der Zentralforschung (1994; 1990)	• 2.900 ; ca. 4.000	• - - - ; - - -	• ca. 1.300 (ZFE) ; 2.650 (1988)	• 4.400 ; 3.200 (1995)
Anteile der Zentralforschung an gesamter F&E (1994)	• 12% (F&E-Beschäftigte) • ca. 10% (F&E-Aufwand)	• - - - • ca. 6% (F&E-Aufwand)	• 3,5% (F&E-Beschäftigte) • 6% (F&E-Aufwand)	• 24% (F&E-Beschäftigte) • 20% (F&E-Aufwand)
Technologische Basis der Produkte	• Wenige Kerntechnologien	• Wenige Kerntechnologien	• Ca. 80% der Elektrotechnik/ Elektronik	• Ca. 80% der Elektrotechnik/ Elektronik
Unsicherheit und Neuheit des F&E- bzw. Innovationsprojekts	• „Contract Research“: - Anwendungsorientiert - Kurzfristig - Division/Group-finanziert - Formale Projektgenerierung - Interner Sponsor nötig • „Company Research“: - Explorativ, grundlegend - Langfristig - Konzernumlage-finanziert - Initiative der Sectors/ Research Groups - Beschluß durch PCR Platform Group	• Produktentwicklungsprojekte: - Anwendungsorientiert - Kurzfristig - Company/Group-finanziert - Interner Sponsor nötig • Forschungsprojekte: - Explorativ, grundlegend - Langfristig - Konzernumlage-finanziert	• Evolutionäre Innovationsprojekte: - Kurzer Zeithorizont - Unsicherheit/Risiko gering - Hohe Planbarkeit - Bestehender Markt - Geschäftsbereichs-finanziert • Revolutionäre Innovationsprojekte: - Langfristig - Unsicherheit/Risiko hoch - Geringe Planbarkeit - Zu generierender Markt - Konzernumlage-finanziert	• „Commissioned Research“: - Anwendungsorientiert - Kurzfristig - Group/Division-finanziert • „Corporate Research“: • „Independent Research“: - Langfristig - Generierung neuen Wissens - Konzernumlage-finanziert • „North Star Research“: - Explorative Forschung - Konzernumlage-finanziert - Initiative in Abteilungen

Jahren erheblich eingeschränkt worden: Bei der Siemens ZFE wurden die F&E-Beschäftigten seit 1988 um etwa die Hälfte von 2.650 auf 1.300 Mitarbeiter und bei Philips Research 1990-94 um ein Viertel von 4.000 auf 2.900 Mitarbeiter reduziert (vgl. Tab. V-2). Der Abbau von F&E-Kapazitäten erfolgte überproportional stark in der Zentralforschung beider Unternehmen. Hitachi reduzierte infolge der langanhaltenden Rezession erst 1995 seine F&E-Kapazitäten in der zentralen F&E von 4.400 auf 3.200 F&E-Mitarbeiter. Konkrete Daten wurden zwar nicht genannt, in den Interviews wurde aber auf eine konstante Zahl der F&E-Beschäftigten bis zu diesem Zeitpunkt hingewiesen.

Die qualitative Bedeutung der zentralen F&E läßt sich mit der Möglichkeit zur Schaffung technologischer Synergien beschreiben. Da sich bei Philips und Sony die technologische Basis der Produkte auf bestimmte Kerntechnologien beschränkt, besteht ein hohes Synergiepotential der Zentralforschung, das deren Position im Konzern festigt. Die den Produkten zugrunde liegende technologische Basis ist bei Siemens und Hitachi wesentlich höher und erschwert für die Zentralforschung die Herstellung von Synergien. Zumindest im Siemens-Konzern führt dies vor dem Hintergrund sinkender F&E-Aufwendungen und F&E-Intensität zu einer zunehmenden Infragestellung der Synergiepotentiale der zentralen Forschung.

Die geographische Verteilung der F&E-Aktivitäten ist bei den vier Unternehmen sehr unterschiedlich. Etwa die Hälfte der gesamten F&E-Aktivitäten von Philips werden - gemessen am F&E-Budget - im Ausland durchgeführt (vgl. Tab. V-2). Bei Siemens arbeiten 28% der F&E-Beschäftigten im Ausland. Die Internationalisierung von F&E ist in den beiden japanischen Firmen bei weitem noch nicht soweit vorangeschritten: Bei Sony werden 6% und bei Hitachi unter 3% der F&E-Aktivitäten im Ausland betrieben. Sony gilt jedoch innerhalb Japans als ein auch hinsichtlich der F&E stark internationalisiertes Unternehmen. Wichtig ist, daß von einer weltweiten Verteilung der F&E-Aktivitäten nicht gesprochen werden kann. Philips und Siemens haben sich vor allem auf wenige hochindustrialisierte Länder Westeuropas und die USA beschränkt; Japan oder Südostasien spielen bei F&E derzeit eine sehr untergeordnete Rolle. Sony und Hitachi haben F&E ebenfalls vor allem in den USA und den hochindustrialisierten Ländern der Europäischen Union aufgebaut. Seit Ende der 80er Jahre hat die F&E-Internationalisierung der vier Konzerne einen zusätzlichen Schub erhalten. Philips führt bereits seit den 50er Jahren F&E im Ausland durch und verfügt mit Abstand über den größten Erfahrungsschatz.

Eine These dieser Arbeit lautete, daß eine Einflußgröße auf die Koordination die F&E- bzw. Innovationsphase oder Innovationshöhe darstellt. In den Unternehmen wird jedoch weniger nach der F&E- oder Innovationsphase unterschieden. Vielmehr werden je nach Neuheit des Wissens und der Innovation, der Unsicherheit sowie des strategischen Stellenwerts des Vorhabens verschiedenartige Koordinations- und Managementinstrumente eingesetzt. Philips differenziert beispielsweise zum einen zwischen Projekten der „Contract Research", die kurzfristig und anwendungsorientiert sind und im Auftrag der Divisionen/Geschäftsbereiche durchgeführt werden (vgl. Tab. V-2). Die Projekte der „Company Research" sind dagegen langfristig, explorativ und grundlegend ausgerichtet und werden durch Konzernumlage finanziert. Eine ähnliche Aufteilung und Finanzierung besteht bei Sony in Produktentwicklungsprojekte und Forschungsprojekte. Hitachi besitzt mit „Commissioned Research“ und „Corporate Research“ vergleichbare Kategorien; die „Corporate Research“ wird zudem wiederum unterteilt in langfristige Forschung („Independent Research“) und explorative Vorlaufforschung („North Star Research“). In der Siemens ZFE wird zwischen evolutionären und revolutionären Innovationsprojekten differenziert: Die evolutionären Projekte sind kurzfristig und auf einen bestehenden Markt ausgerichtet, die Unsicherheit ist gering und die Planbarkeit hoch; die evolutionären Projekte sind dagegen langfristig orientiert, der Markt muß erst generiert werden, die Unsicherheit ist hoch und die Planbarkeit gering. Diese Gegenüberstellung soll verdeutlichen, daß sich die Unterschiede im Management und in der Koordination weniger aus dem Verrichtungsbezug und der Innovations- bzw. F&E-Phase sondern vielmehr aus der Neuheit des Wissens und der Innovation sowie der Unsicherheit ergeben. Allerdings besteht beim verrichtungsorientierten Innovationsprozeß ein Zusammenhang zwischen Neuheit bzw. Unsicherheit und F&E- bzw. Innovationsphasen (vgl. Kap. II.2.1 und Tab. II-1).

2 Analyse der Strategien

2.1 Internationalisierungs- und Wettbewerbsstrategien

Philips verfolgt seit Anfang der 90er Jahre eine transnationale Strategie, mit der die Vorteile einer globalen Integration und die Fähigkeit zur Anpassung an lokale Märkte verbunden werden soll. Das Unternehmen wandelte sich vom multinationalen Konzern der 60er und 70er Jahre zum globalen Unternehmen der 80er Jahre und kann heute als transnationales Unternehmen im Sinne von Bartlett/Ghoshal (1989) bezeichnet werden (vgl. Tab. V-3). Sony veränderte sich vom internationalen zum globalen Unternehmen der 80er Jahre und richtet seit Mitte der 90er Jahre seine Strategie transnational aus: Mit der Strategie der „Global Localization“ soll dort produziert und entwickelt werden, wo der Markt ist. Angesichts der hohen Wertschöpfung im Ausland (55% des Umsatzes wird im Ausland hergestellt) und der starken Abhängigkeit der Produkte vom Kundenverhalten ist diese strategische Neuorientierung dringend nötig. Sony befindet sich hier nach Meinung von Gesprächspartnern allerdings in einer „Testphase“; die Tragfähigkeit dieser Strategie muß sich erst noch erweisen, um in Zukunft weiter verfolgt zu werden. Siemens und Hitachi konnten bis zu den 80er Jahren als internationale Unternehmen mit einer stark exportorientierten Strategie bezeichnet werden und verfolgen heute eine globale Strategie. Bei beiden Unternehmen wirkt sich offenbar die stärkere Rolle der Investitionsgütermärkte dahingehend aus, daß die Möglichkeiten der globalen Integration weitaus mehr betont werden können.

Tabelle V-3: Elemente der Unternehmensstrategien

	Philips	Sony	Siemens	Hitachi
INTERNATIONALISIERUNGS- UND WETTBEWERBSSTRATEGIE				
Internationalisierungsstrategie	• 60er/70er Jahre : multinational • 80er Jahre: von multinational zu global • 90er Jahre: transnational	• 60er/70er Jahre: international • Mitte 80er Jahre: von international zu global • Mitte der 90er Jahre: „Global Localization"	• 70er/80er Jahre: international • Ab Ende 80er Jahre: global	• 60er-80er Jahre: international • Ende 80er Jahre: global
Wettbewerbsstrategie	• Kostensenkung • Von der Technologie- zur Marktorientierung • Fokussierung auf Kernkompetenzen	• Upstream-Diversifizierung zu Halbleitern/Komponenten • Downstream-Diversifizierung zu Computern, Software • Innovationsführerschaft	• Technologieführerschaft für Bereiche der Elektronik/ Elektrotechnik • Fokussierung auf Kernkompetenzen	• Technologieführerschaft für Bereiche der Elektrotechnik/ Elektronik • Diversifizierung
F&E- UND INNOVATIONSSTRATEGIE				
Strategische Bedeutung der Märkte für F&E	• Sehr hoch	• Sehr hoch	• Niedrig bis hoch	• Niedrig bis hoch
Lokale Ressourcen/ Kompetenzen der F&E	• Hoch bis sehr hoch • F&E-Kompetenzzentren	• Niedrig • Bildung eigener F&E-Kompetenzen in USA/Europa	• Niedrig bis hoch • Kompetenzzentrum in USA (SCR)	• Niedrig • Langsame Entwicklung eigener Kompetenz in USA/Europa
Typen von Innovationsprozessen	*** Local-for-Local *** Local-for-Global ** Globally Linked * Centre-for-Global	*** Centre-for-Global ** Local-for-Local * Local-for-Global	*** Centre-for-Global ** Local-for-Local * Local-for-Global	*** Centre-for-Global * Local-for-Local * Local-for-Global
Strategische Rolle ausländischer F&E	• Wissens-/Technologiegewinnung • Zugang zu führenden Märkten • Produktionsunterstützend • Lokale Anpassung von Produkten • Lokale Produktentwicklung • Informationen über lokale Technik-/Markttrends	• Wissens-/Technologieakquisition • Zugang zu führenden Märkten • Politisch motiviert • Aufbau neuer Geschäftsfelder • Lokale Anpassung von Produkten • Produktionsunterstützend • Informationen über lokale Technik-/Markttrends	• Wissens-/Technologieakquisition • Zugang zu führenden Märkten • Produktionsunterstützend • Lokale Anpassung von Produkten • Informationen über lokale Technik-/Markttrends	• Wissens-/Technologieakquisition • Aufbau neuer Geschäftsfelder • Produktionsunterstützend • Lokale Anpassung von Produkten • Politisch motiviert • Informationen über lokale Technik-/Markttrends

Legende: * sehr hohe Bedeutung ** hohe Bedeutung * geringe Bedeutung**

Dieser stärkere Drang zur Anpassung an geographisch verteilte, lokal unterschiedliche Teilmärkte, macht sich bei Philips und Sony auch in der Wettbewerbsstrategie bemerkbar (vgl. Tab. V-3): Philips hat seine Strategie deutlich von der Technologie- zur Marktorientierung verändert, Sony strebt nicht Technologie- sondern Innovationsführerschaft an. Siemens und Hitachi setzen dagegen auf Technologieführerschaft in Bereichen der Elektronik/Elektrotechnik. Ein wichtiger Unterschied besteht in der Wettbewerbsstrategie zwischen den westeuropäischen und den japanischen Unternehmen. Philips und Siemens verfolgen eine Strategie der Fokussierung auf Kernkompetenzen und Kerngeschäfte. Dagegen setzen Sony und Hitachi auf Diversifizierung. Im Falle von Sony bedeutet dies eine „Upstream"-Diversifizierung zu Halbleitern und Elektronikkomponenten sowie eine „Downstream"-Diversifizierung zu Computern, Software und Medien. Die Nutzung ausländischer F&E-Einheiten zum Aufbau neuer Geschäftsfelder ist ein Element dieser Diversifizierungsstrategie, das von vielen der untersuchten japanischen Unternehmen offensiv genutzt wird. Internes Wachstum als strategisches Element hat bei den japanischen Konzernen eine wesentlich höhere Bedeutung als die Akquisition fremder Unternehmen.

2.2 F&E- und Innovationsstrategien

Bei Siemens und Hitachi wird die strategische Rolle der Auslandsmärkte für F&E stark vom jeweiligen Produktfeld bzw. Geschäftsbereich bestimmt und danach als niedrig oder hoch bewertet (vgl. Tab. V-3). Die vorhandenen Kompetenzen der ausländischen F&E sind bei Siemens eher als niedrig einzustufen; eine Ausnahme davon bildet Siemens Corporate Research (SCR) in den USA. Die lokalen Ressourcen und Kompetenzen der Auslands-F&E von Hitachi sind sehr gering; hier werden langsam seit Anfang der 90er Jahre eigenständige Kompetenzen in einem US-Labor und den beiden europäischen Forschungslabors herausgebildet. Sony bezieht die strategische Bedeutung ausländischer Märkte für F&E mit der Strategie der „Global Localization" stärker ein. Die Ressourcen und Kompetenzen der Sony-Labors im Ausland sind derzeit noch niedrig, offenbar findet jedoch ein Umdenkungsprozeß hin zur Bildung von mehr F&E-Kompetenzen in den Händen von Sony Europe und Sony America statt. Das Management von Philips schätzt die strategische Bedeutung der ausländischen Märkte für F&E als sehr hoch ein. Im Gegensatz zu den anderen drei Unternehmen hat Philips Corporate Research seine fünf geographisch verteilten Labors zu entsprechenden F&E-Zentren mit sehr hohen Ressourcen und Kompetenzen ausgestattet.

Der F&E- und Innovationsstrategie von Philips entspricht das Vorhandensein aller vier Typen von Innovationsprozessen. Neben den „Local-for-Local"-Innovationen haben zunehmend „Local-for-Global"-Innovationen eine sehr hohe Bedeutung (vgl. Tab. V-3). Weltweit verknüpfte Innovationsprozesse spielen eine wichtigere Rolle, während zentral durchgesetzte Innovationen an Bedeutung verlieren. Bei Sony herrschen dagegen nach wie vor „Centre-for-Global"-Innovationen vor. Anpassungen der Produkte an den lokalen Markt und „Local-for-Local"-Innovationen haben eine hohe Bedeutung. „Local-for-Global"-Innovationen werden in jüngster Zeit mit der Bildung von F&E-Kompetenzen in Westeuropa und den USA angestrebt. Dieser Prozeß wird vom japanischen Headquarter mit erheblicher Vorsicht und beträchtlichem Mißtrauen in die Wege geleitet - aus Angst vor Kompetenzverlust im eigenen Land. Bei Sony wird der Widerspruch der strategischen Orientierung deutlich, der einerseits im hohen strategischen Gewicht der Märkte für F&E und der weitgehenden Internationalisierung der Wertschöpfung und andererseits in der unzureichenden Bereitstellung von Ressourcen für die F&E-Einheiten im Ausland besteht. „Centre-for-Global"-Innovationen haben bei Siemens eine beträchtliche Bedeutung, lokale Innovationsprozesse spiegeln die hohe Bedeutung der Produktionsorientierung ausländischer F&E wider. Mit der Eingliederung des SCR in die Kerntechnologie-Struktur werden aber auch „Local-for-Global"-Innovationen angestrebt. Hitachi setzt als globales Unternehmen ebenfalls vor allem auf zentral gesteuerte Innovationen. Lokale und lokal gesteuerte Innovationen haben eine geringe Bedeutung, die Ausrichtung von zumindest drei der ausländischen F&E-Einheiten zielt aber langfristig auf die Entwicklung eigener Kompetenzen. Von den vier Unternehmen ist Philips das einzige, das in seine transnationale Unternehmensstrategie konsequent die Innovationsstrategie integriert hat. Erhebliche Schwierigkeiten und Ängste mit dem Aufbau eigenständiger F&E-Kompetenzen im Ausland haben die beiden japanischen Unternehmen; Sony kämpft hier mit seiner strategischen Inkonsequenz. Davon abgesehen dürfte in den nächsten Jahren die F&E-Internationalisierung weiter zunehmen: Alle vier Unternehmen planen für die Zukunft eine Ausweitung ihrer F&E-Aktivitäten im Ausland.

Die strategische Rolle der zentralen F&E-Labors im Ausland unterscheidet sich bei den beiden westeuropäischen Unternehmen von der Rolle der divisionalen F&E im Ausland (vgl. Tab. V-3). Der Aufbau ausländischer Zentrallabors war bei Philips Corporate Research vor allem durch den Wunsch getrieben, Zugang zu im eigenen Land begrenzten Wissens- und Technologieressourcen zu erhalten. Die Auswahl der Standorte erfolgte aber auch nach der Bedeutung der Märkte, „Excellence of Research" stimmte oftmals mit „Lead Market" überein. Produktentwicklung sollte vor Ort geschehen und Informationen über lokale Technik- und Markttrends gewonnen werden. Die Internationalisierung der divisionalen F&E erfolgte dagegen zur Unterstützung ausländischer Produktionsstätten und zur Anpassung von Produkten an lokale Märkte. Siemens wollte mit dem Aufbau des SCR in den USA vor allem technologisches Wissen akquirieren, Zugang zum führenden Markt der Sprach- und Bildverarbeitung erlangen und ebenso lokale Technik- und Markttrends beobachten. Der weitaus größte Teil der ausländischen F&E-Aktivitäten liegt aber in den Händen der Geschäftsbereiche, hier spielt vor allem die Unterstützung der Produktionsstätten und die lokale Anpassung von Produkten eine Rolle. Die Internationalisierungsstrategie von Sony läßt sich nicht so scharf hinsichtlich der zentralen F&E und der F&E der „Companies" trennen, da eher eine integrierte Strategie für die gesamten F&E-Aktivitäten verfolgt wird. Die „Corporate R&D Planning Group" spielt für die Koordination der globalen F&E-Strategie eine entscheidende Rolle. Motive für die Etablierung von F&E im Ausland sind die Generierung neuer Geschäftsfelder in lokalen Märkten, die Unterstützung von Produktionsstätten und die Anpassung von Produkten, Wissen über komplementäre Technologien und die Kundenbedürfnisse vor Ort zu gewinnen und politische Motive. Auch bei Hitachi kann von einer integrierten F&E-Strategie gesprochen werden, die vom „Corporate R&D Promotion Office" koordiniert wird. Gründe für die Internationalisierung sind ebenfalls die Wissensakquisition von komplementären Technologien und lokalen Kundenbedürfnissen, der Aufbau neuer Geschäftsfelder, Unterstützung lokaler Produktionsstätten und Anpassung von Produkten sowie politische Motive (z. B. Standardisierungsregelungen).

Die von Håkanson/Nobel (1993, 1993a) beschriebenen fünf Typen ausländischer F&E finden sich in den vier Unternehmen wieder. Die strategische Rolle der F&E-Einheiten im Ausland reicht von produktionsunterstützenden, marktorientierten, forschungsgetriebenen und politisch-motivierten Aufgaben bis hin zu Mischformen (vgl. Kap. III.7.2). Ergänzend ist die Beobachtung zu vermerken, daß die Zuweisung *einer* Rolle für *eine* ausländische F&E-Einheit meist nicht zutrifft sondern diverse Mischformen vorherrschen. Die Rolle der Philips-Zentrallabors ist z.B. markt- und forschungsorientiert, das Brüsseler Sony-Labor hat forschungs- und politisch-motivitierte Aufgaben und das Hitachi Automotive Products Lab in Detroit unterstützt lokale Produktion und entwickelt gleichzeitig ein Produkt für den US-Markt. Eine weitere Ergänzung zur Typologie von Håkanson/Nobel ist die Wahrnehmung, daß die japanischen Unternehmen ihre ausländische F&E strategisch zum Aufbau neuer Geschäftsfelder nutzen. Folgt man der Definition von Håkanson/Nobel, würden diese Einheiten den „Multi-Motive Units" zugeordnet werden. Im Sinne des Verständnisses des japanischen Managements sind diese F&E-Einheiten aber forschungsorientiert: Neues Wissen über Kundenbedürfnisse, Markt- *und* Technologietrends wird gewonnen und von den Erfahrungen führender Wissenschaftler und Hersteller gelernt, um neue Geschäftsfelder zu erschließen. In der Konsequenz ist zum einen ein neues Verständnis der Typologie von Håkanson/Nobel notwendig, das nicht die jeweilige F&E-Einheit sondern die verschiedenen Aufgaben der F&E-Einheit zum Ausgangspunkt hat. Zum anderen müßten die beiden Kategorien „Research Unit" und „Multi-Motive Unit" neu definiert werden.

3 Differenzierung der Forschung und Entwicklung

3.1 Hohe Differenzierung und Spezialisierung der F&E

In den vier untersuchten Unternehmen ist die Differenzierung und Spezialisierung der F&E-Aktivitäten weit vorangeschritten. Grob läßt sich eine organisatorische Teilung in die Produkt- und Technikentwicklung in den Divisions- bzw. Geschäftsbereichen und die zentrale, konzernübergreifende F&E vornehmen. Die Produkt- und Technikentwicklung findet bei den vier Unternehmen auf der Ebene der Produktdivisionen bzw. Geschäftsbereiche in Entwicklungslabors, Technikzentren oder Entwicklungsabteilungen der Produktionsstätten statt (vgl. Tab. V-4). Mit dem Übergang zu multidivisionalen

Unternehmensstrukturen und der Einrichtung strategischer Geschäftsbereiche erlangten die Divisionen bzw. Geschäftsbereiche Autonomie und Eigenverantwortung in F&E-Entscheidungen. Bei Sony und Hitachi ist diese Selbständigkeit durch die konzernweite Planung und Abstimmung der F&E etwas eingeschränkt.

Die Organisationsform der zentralen F&E unterscheidet sich in den vier Unternehmen dagegen in weit höherem Maße. Philips Corporate Research (PCR) besteht aus fünf Labors in fünf Ländern, die in einer Netzwerkstruktur mit starkem Zentrum in den Niederlanden organisiert sind. 40% der F&E-Beschäftigten von PCR arbeiten im Ausland. Anfang der 90er Jahre fand eine Fokussierung und Bündelung der F&E-Aktivitäten und die Bildung von geographisch verteilten F&E-Zentren statt. Innerhalb von PCR sind die Entscheidungsprozesse stark dezentralisiert, wichtig sind persönliche Kontakte und ein persönliches Kommunikationsnetzwerk. Der Senior Management Director von PCR ist berichtspflichtig an den für Technologie zuständigen Executive Vice President im Board of Management. Mit der multinationalen Netzwerkstruktur, der Etablierung von Kompetenzzentren und der Dezentralisierung bzw. Regionalisierung von Entscheiden entspricht die Organisationsform von PCR den Anforderungen einer transnationalen Strategie. Die Entscheidungsprozesse in F&E sind generell stark dezentralisiert. Die Abstimmung zwischen PCR und den Divisions/Business Groups sowie zwischen den Zentrallabors beruht erheblich auf „Commitment“. Seit der Reorganisation der F&E Anfang der 90er Jahre herrscht das Bestreben vor, den Forscher oder die Forschungsgruppe *direkt* mit der Fabrik oder der Business Group als Kunde in Kontakt zu bringen; laterale Kommunikation und Abstimmung werden vermehrt angestrebt.

Sony hat seine vier Zentrallabors im „Research Center“ in Tokyo/Yokohama zusammengefaßt (vgl. Tab. V-4). Die Kernkompetenzen und Schlüsseltechnologien sind nach wie vor in Japan zentralisiert. Das Research Center unterhält jeweils nur eine kleinere F&E-Einheit in den USA und in Brüssel. Der Senior Management Director des Research Center ist berichtspflichtig direkt an den Präsident. Die strategischen Entscheidungsprozesse sind stark zentralisiert; dies gilt auch für die Produkt- bzw. Technikentwicklung in den Companies. Durch die Organisation in weitgehend selbständige Unternehmen wurde die Kompetenz in F&E aber dezentralisiert. Die quantitative Bedeutung der Zentralforschung ist bei Sony erheblich geringer als bei Philips.

Die Siemens Zentralabteilung Forschung und Entwicklung (ZFE) ist in sieben F&E-Abteilungen in Deutschland und dem SCR in den USA als achte F&E-Abteilung organisiert. Nur etwa 7% der F&E-Beschäftigten der ZFE arbeiten in den USA. Die Kernkompetenzen und Schlüsseltechnologien werden nach wie vor in Deutschland zentralisiert. Die Grundstruktur der ZFE wurde entsprechend den Kerntechnologiebereichen gebildet, das SCR ist nun Teil der Kerntechnologie-Struktur. Mit der jüngsten Reorganisation der ZFE wurden zwei Leitungsspannen abgebaut. Seit Ende der 80er Jahre hat die ZFE mit jeder Umstrukturierung des Konzerns qualitativ und quantitativ an Bedeutung und Einfluß verloren. Durch den Aufbau strategischer Geschäftsbereiche wurden mehr und mehr F&E-Kompetenzen dorthin verlagert.

Tabelle V-4: Differenzierung und Spezialisierung der F&E

	Philips	Sony	Siemens	Hitachi
DIFFERENZIERUNG DER F&E				
Produkt-/Technikentwicklung (PE) in den Divisionen/Bereichen	• Weltweit verteilte PE in: - Entwicklungslabors - Technikzentren - Entwicklungsabteilungen • Divisionen autonom in F&E-Entscheidungen	• 6 Product Development Divisions • Technology Centers • Entwicklungsabteilungen • Companies weitgehend autonom in F&E	• Weltweit verteilte PE in: - Entwicklungslabors - Entwicklungsabteilungen • Geschäftsbereiche autonom in F&E	• Entwicklungszentren/ -abteilungen der BG/Divisions • D&D-Departements der Produktionsstätten • BG weitgehend autonom in F&E
Zentrale, konzernübergreifende F&E	• 5 Labors in 5 Ländern in PCR zusammengefaßt • 40% der F&E-Besch. im Ausland • Netzwerkstruktur mit starkem Zentrum in NL • Anfang 90er Jahre: Fokussierung und Bildung geographisch verteilter F&E-Kompetenzzentren • Berichtspflicht an Executive Vice President (Board) • Entscheidungsprozesse stark dezentralisiert	• Research Center mit 4 Zentrallabors in J und je 1 F&E-Einheit in USA • Berichtspflicht an President • Schlüsseltechnologien zentral in J • Strategische Entscheidungsprozesse zentral	• ZFE mit 7 F&E-Abteilungen in D und 1 Labor in USA • ca. 7% der F&E-Beschäftigten in USA • Berichtspflicht an Mitglied des Zentralvorstands • Bildung von Kerntechnologien und entsprechender Grundstruktur • Schlüsseltechnologien zentral in D • Abbau von Leitungsspannen	• Corporate R&D mit 7 Labors in Japan • Je 1 Forschungslabor in UK und IRL • Berichtspflicht an President • Schlüsseltechnologien zentral in J • Entscheidungsprozesse in J zentralisiert
Planungsgruppen/ Stäbe	• Corporate Research Bureau: - Berichtspflicht an Senior Managing Director des PCR - Zuständig für und integriert in PCR	• Corporate R&D Planning Group: - Stabsfunktion für HQ - Berichtspflicht an President	• F&E-Planungsstab: - Berichtspflicht an ZFE-Leiter - Integriert in und zuständig für ZFE	• Corporate R&D Promotion Office: - Berichtspflicht an President - Stabsfunktion für HQ
Konzernweite Organisation globaler F&E	• Weltweite *Forschung* in PCR • Keine Organisation ausländ. F&E	• 10 F&E-Einheiten v.a. in USA/Westeuropa • In „Overseas R&D" organisiert • Dezentralisierung durch CTO	• Keine	• 3 US-Labors in HAL und 3 europäische Labors in HEL organisiert
Entscheidungsprozeße	• Dezentralisation durch Kompetenzverlagerung in Divisions	• Dezentralisation durch Kompetenzverlagerung in Companies	• Dezentralisation durch Kompetenzverlagerung in die Geschäftsbereiche	• Zentralisation durch Abschaffung des „Factory-based Profit Center Systems"

Die konzernübergreifende F&E von Hitachi besteht aus sieben Labors in Japan und je einem Forschungslabor in Großbritannien und Irland (vgl. Tab. V-4). Die Kernkompetenzen und Schlüsseltechnologien sind in Japan, vor allem in der Umgebung von Tokyo, konzentriert. Auch die Entscheidungen werden zentral in Japan getroffen. Der Senior Managing Director der konzernübergreifenden F&E ist ebenso wie bei Sony direkt berichtspflichtig an den Präsident. Strategische Entscheidungen sind stark zentralisiert. Die konzernübergreifende F&E von Hitachi hat im Vergleich zu den anderen drei Unternehmen quantitativ die höchste Bedeutung. Infolge der lang anhaltenden Rezession findet seit 1995 jedoch auch hier ein Abbau der F&E-Beschäftigten und des F&E-Aufwands statt. Mit der Abschaffung des „Factory-based Profit Center System" fand Anfang der 90er Jahre eine Zentralisation des Entscheidungsprozesses hin zur Ebene der Business Groups statt.

3.2 Konzernweite Organisation der globalen F&E

Ein wesentlicher Unterschied zwischen den untersuchten westeuropäischen und japanischen Unternehmen besteht in der Organisation der ausländischen F&E-Aktivitäten. Sony und Hitachi haben ihre F&E-Einheiten im Ausland nochmals zu einer eigenen Organisation zusammengefaßt. Die zehn F&E-Einheiten von Sony vor allem in den USA und Westeuropa sind in der „Overseas R&D" organisiert (vgl. Tab. V-4). Zudem sind die F&E-Labors jeweils in den USA und in Westeuropa an die Regionalgesellschaften Sony America bzw. Sony Europe angegliedert und unterstehen jeweils dem Management des regionalen Chief Technology Officer. Mit dieser Matrixstruktur wird versucht, eine Regionalisierung bzw. Dezentralisierung der Auslands-F&E zuzulassen und gleichzeitig zentral durch die „Corporate R&D Planning Group" im japanischen Headquarter zu steuern.

Auch bei Hitachi sind die ausländischen F&E-Aktivitäten organisatorisch integriert (vgl. Tab. V-4): Die drei US-Labors stehen unter dem Management der „R&D Division" von Hitachi America Ltd. (HAL), die drei westeuropäischen F&E-Einheiten sind im „R&D Center" von Hitachi Europe Ltd. (HEL) organisiert. Eine entscheidende Rolle bei der konzernweiten Koordination der ausländischen F&E spielt bei Hitachi das „Corporate R&D Promotion Office".

Die Forschung wird bei Philips im multinationalen Netzwerk von Philips Corporate Research betrieben und unter dem Management von PCR weltweit koordiniert. Eine konzernweite Organisation sämtlicher ausländischer F&E-Aktivitäten existiert nicht. Siemens hat das SCR als F&E-Abteilung in die ZFE integriert, eine Organisation der gesamten geographisch verteilten F&E besteht ebenfalls nicht.

3.3 Unterschiede zwischen den F&E-Planungsstäben

Bei den beiden japanischen Unternehmen spielen die konzernweiten F&E-Planungsgruppen eine herausragende Rolle für die Koordination der konzernweiten F&E-Aktivitäten. Darunter werden sowohl die zentrale F&E und die Produktentwicklung in den Divisionen bzw. Geschäftsbereichen als auch sämtliche F&E-Aktivitäten im Ausland verstanden. Die „Corporate R&D Planning Group" von Sony und das „Corporate R&D Promotion Office" von Hitachi arbeiten in einer Stabfunktion für das Headquarter (vgl. Tab. V-4). Die beiden Stäbe berichten direkt an den Präsidenten und sind nicht in die zentrale F&E integriert. Bei Sony wurde die F&E-Planungsgruppe 1994 aus dem Research Center ausgegliedert, um diese Aufgabe besser wahrnehmen zu können. Mit diesen Stäben verfügt jeweils der CEO von Sony und Hitachi über ein schlagkräftiges Instrument zur Steuerung sämtlicher konzernweiter F&E-Aktivitäten.

Die beiden westeuropäischen Unternehmen weisen kein äquivalentes Instrument auf. Das „Corporate Research Bureau" ist für Philips Corporate Research zuständig und hierin integriert. Es ist berichtspflichtig an den Senior Managing Director von PCR. Bei Siemens ist der F&E-Planungsstab ebenfalls in die ZFE integriert und für diese zuständig. Es wird ebenfalls an den Leiter der ZFE berichtet.

4 Koordination der F&E in vier multinationalen Unternehmen

In diesem Kapitel sollen die verschiedenen Mechanismen zur Koordination der F&E-Aktivitäten, die in den vier untersuchten Unternehmen angewandt werden, beschrieben und analysiert werden. Die Nutzung und das „Vorhalten" unterschiedlichster Koordinationsinstrumente wird hierbei als organisatorische Fähigkeit der Unternehmen aufgefaßt, um Strategien umsetzen zu können. Die in Abschnitt I gebildeten Thesen sollen in diesem Kapitel überprüft und Antworten auf folgende Fragestellungen gefunden werden:

(1) Welches Set aus unterschiedlichen Typen von Koordinationsmechanismen wird von den Unternehmen genutzt? Findet eine Ergänzung oder ein Ersatz struktureller Instrumente und eine Auflösung der Hierarchie statt?
(2) Wie stellen die Unternehmen technik- und konzernübergreifende Synergien her?
(3) Welche Mechanismen sind geeignet, um die interne Koordination geographisch verteilter F&E-Einheiten zu verwirklichen? Welche Unterschiede bestehen hier zwischen westeuropäischen und japanischen Unternehmen?
(4) Worin liegen die Koordinationsvorteile der japanischen Unternehmen?

4.1 Additionalität versus Substitution: Nutzung verschiedenartiger Koordinationsmechanismen

Die Koordination der F&E-Aktivitäten geschieht bei Philips vor allem mit den fünf Koordinationsmechanismen (1) „Capability Management“, (2) strukturelle Koordinationsorgane, (3) Auftragsforschung, (4) hybride Mechanismen und (5) persönliche, direkte Kontakte (vgl. Tab. V-5). Das „Capability Management“ ist im wesentlichen ein Planungs- und Review-Instrument: Die Fähigkeiten und F&E-Projekte von PCR werden geplant und dieses F&E-Angebot mit der Nachfrage der Business Groups abgestimmt. Wettbewerbsposition und technologische Fähigkeiten bilden die Parameter zur Bewertung und Auswahl der F&E-Projekte. Aufgrund der technologischen Fähigkeiten und der F&E-Projekte von PCR wird die Technologiebasis bestimmt und deren Übereinstimmung mit den Produktfamilien bewertet. Auf operativer und strategischer Ebene wird die Planung durch Review Meetings und nicht durch „hartes“ Projektcontrolling kontrolliert. Von den strukturellen Koordinationsorganen werden vor allem Komitees auf verschiedenen Ebenen bzw. mit verschiedenen Zielrichtungen und Integratoren eingesetzt. Als Integratoren dienen auf der Ebene der Produktdivisionen die CTOs bzw. PD-Koordinatoren, auf der Ebene der Business Groups die Product Managers bzw. BG-Koordinatoren und auf der Ebene der Philips Forschung das Corporate Research Bureau. Der dritte Koordinationstyp ist die Auftragsforschung, die seit Anfang der 90er Jahre bis auf 70% ausgeweitet wurde. Mit der Auftragsforschung für die Divisionen/Bereiche wurden quasi-marktliche Abstimmungsprozesse in F&E eingeführt: Die Zentrallabors stehen in gewissem Wettbewerb um Forschungsmittel zueinander und gegenüber externen F&E-Einrichtungen. Als vierter Koordinationstyp sind die Technologieplattformen und internationalen F&E-Projekte in der Gruppe der hybriden Mechanismen zu nennen. Der Aufbau persönlicher, direkter Kontakte und eines persönlichen Kommunikationsnetzwerks ist im Rahmen der auf informelle Kommunikation ausgerichteten Unternehmenskultur ein fünfter, wichtiger Koordinationstyp.

Sony nutzt fünf Elemente zur Koordination der F&E-Aktivitäten. Zu den strukturellen Koordinationsinstrumenten zählt hierbei zum einen die Technologieplanung und zum anderen die Nutzung verschiedener struktureller Koordinationsorgane (vgl. Tab. V-5). Zu den Koordinationsorganen zählen Komitees auf verschiedenen Ebenen und mit verschiedenen Zielrichtungen, Review Meetings, die Product Development Divisions und als strategisches Instrument die „Corporate R&D Planning Group“. Die Auftragsforschung ist der dritte Koordinationstyp und bei Sony mit einem Anteil von 80% am Budget der „Corporate R&D“ von den vier untersuchten Unternehmen am höchsten. Bei den hybriden Instrumenten spielt vor allem das Konzept des „Merchandiser/Product Champion“ eine wichtige Rolle. Auf die Herausbildung einer innovativen, übergreifenden Unternehmenskultur als fünfter Koordinationstyp wird bei Sony besonderer Wert gelegt. Elemente dieser „Innovation Culture“ sind das „Innovation Mandate“, das „Job Rotation System“ und das Modell des „Internal Entrepreneur“.

Tabelle V-5: Koordination der F&E in vier Unternehmen

Philips	Sony	Siemens	Hitachi
KOORDINATION DER F&E			
① *„Capability Management“:* • Planung der Fähigkeiten und F&E-Projekte • Abstimmung F&E-Angebot und Nachfrage der BG • Bewertung der F&E-Projekte • Bestimmung Technologiebasis und Produktfamilien • Kontrolle der Planung auf operativer und strategischer Ebene ② *Strukturelle Koordinationsorgane:* • Committees: - Project Steering Committees - Steering Committee - Management Committee - R&D Conferences • Integrators: - CTO, PD-Coordinator - Product Manager, BG-Coordinator • Corporate Research Bureau ③ *Auftragsforschung (70%)* ④ *Hybride Mechanismen:* • Technologieplattformen • Internationale F&E-Projekte ⑤ *Persönliche, direkte Kontakte* ⑥ *Transnationales Management der verteilten F&E-Kompetenzzentren*	① *Technologieplanung/-portfolios* ② *Strukturelle Koordinationsorgane:* • Committees: - Strategy Meetings (Konzern, Companies) - Review Meetings • Product Development Divisions • Corporate R&D Planning Group ③ *Auftragsforschung (80%)* ④ *Merchandiser/Product Champion* (Forscher, Sponsor, Promotor, Intrapreneur) ⑤ *„Innovation Culture“:* • „Innovation Mandate“ (Innovationen als konzernweite Ziele/Strategie) • Job Rotation System • „Internal Entrepreneur“ in F&E (Sponsorenmodell) ⑥ *„Global Localization“:* • Global R&D Planning Meeting • CTOs (USA, Europa) • Corporate R&D Planning Group zuständig für konzernweite, globale F&E	① *Koordination evolutionärer Innovationen:* • Bestimmung von KT (Kerntechnologie) und KT-Bereichen • Grundstruktur der ZFE gemäß KT • KT-Repräsentanten • Abstimmung Produktfamilien der Bereiche (MGPP) mit KT der ZFE • Geschäftsbereichs-finanziert ② *Koordination revolutionärer Innovationen:* • AFE als Koordinationsorgan • Innovationsarbeitskreise • Strategische Innovationsprojekte • „White-Space“-Projekte • Konzernumlage-finanziert ③ *Auftragsforschung (65%)* ④ *Globale F&E:* • R&D Advisory Council (nur USA) • Abstimmung SCR durch KT-Struktur, Besuche, persönliche Kontakte (SCR als Abteilung der ZFE)	① *Technologieportfolios (konzernübergreifend und Bereiche/Divisionen)* ② *Strukturelle Koordinationsorgane:* • Committees: - Strategy Meeting - Sponsor-Lab-Meeting • Corporate R&D Promotion Office ③ *Auftragsforschung begrenzt (55%)* ④ *Hybride Mechanismen:* • Core R&D Projects • Core R&D Programmes • Strategic Business Projects • „Tokken“ Projects ⑤ *Übergreifende Organisationskultur:* • Job Rotation System • Ausgeprägtes Modell der Planungs- und Strategiesitzungen → gemeinsame Ziele, Werte, Normen auf allen Ebenen ⑥ *„Overseas R&D“:* • Mentor-Gatekeeper-Leader-Modell • Internationale F&E-Projekte • Wissenschaftleraustausch • Corporate R&D Promotion Office für konzernweite, globale F&E

Als leitendes Element des Innovationsmanagements der zentralen F&E von Siemens wurde eine Zweiteilung in das Management evolutionärer und revolutionärer Innovationen vorgenommen. Die Koordination evolutionärer Innovationen beruht vor allem auf der Bestimmung der Kerntechnologien und Kerntechnologie-Bereiche, der Bildung der Grundstruktur der ZFE entlang den Kerntechnologien, den Kerntechnologie-Repräsentanten und der Abstimmung der Produktfamilien der Geschäftsbereiche mit den Kerntechnologien der ZFE (vgl. Tab. V-5). Hierbei handelt es sich um verschiedene Instrumente der strukturellen, formalen Koordination. Die Steuerung revolutionärer Innovationen geschieht durch den Ausschuß für F&E als Koordinationsorgan, die Innovationsarbeitskreise, strategische Innovationsprojekte und „White-Space"-Projekte. In diesem Fall wird auf strukturelle aber auch hybride Mechanismen zurückgegriffen. Ein weiterer wichtiger Koordinationstyp stellt die Auftragsforschung dar, die auch bei Siemens in den letzten Jahren erheblich (auf 65%) ausgeweitet wurde. Auch hier gerät die ZFE unter Wettbewerbsdruck zur F&E der Geschäftsbereiche und mit externen F&E-Einrichtungen. In den Gesprächen wurde deutlich, daß dies auch einen Wandel hin zu mehr „Unternehmertum in F&E" in der Zentralforschung bedingt. Mit welchen Instrumenten dieser Wandel vorangetrieben werden soll, wurde jedoch nicht deutlich. Instrumente der informellen Kommunikation wurden explizit nicht als wichtig für die Abstimmung der F&E genannt.

Hitachi wendet von den strukturellen Koordinationsmechanismen vor allem Technologieportfolios und verschiedene strukturelle Koordinationsorgane an. Zu diesen zählen vor allem Komitees auf verschiedenen Ebenen und mit unterschiedlicher Zielrichtung sowie - ebenso wie bei Sony - als strategisches Instrument das „Corporate R&D Promotion Office" (vgl. Tab. V-5). Die Auftragsforschung hat nur eine begrenzte Bedeutung; der Anteil der Auftragsprojekte ist im Vergleich zu den anderen drei Unternehmen am geringsten und wurde gegenüber 1987 sogar von 70% auf 55% (1994) zurückgefahren. Auffällig bei Hitachi ist auch die Nutzung einer Vielfalt von Instrumenten aus der Gruppe der hybriden Mechanismen, die auf unterschiedlichen Ebenen und mit unterschiedlichen Zielen eingesetzt werden. Ebenso wie bei Sony wird auf die Herausbildung einer übergreifenden Unternehmenskultur zur Koordination der F&E-Aktivitäten besonderer Wert gelegt. Instrumente dazu sind das „Job Rotation System" und ein ausgeprägtes Modell der Planungs- und Strategiesitzungen, die auf allen Hierarchieebenen zur Entwicklung gemeinsamer Ziele, Werte und Normen beitragen.

Abschließend läßt sich feststellen, daß in den untersuchten Unternehmen eine organisatorische und geographische Dezentralisierung der F&E-Aktivitäten zu beobachten ist (vgl. Kap. V.3). Mit der Bildung autonomer oder strategischer Bereiche wurden qualitativ und quantitativ F&E-Kompetenzen in die Divisionen bzw. Geschäftsbereiche verlagert. Diese Verlagerung ist bei den beiden westeuropäischen Unternehmen weitaus stärker als bei den japanischen Unternehmen. Die Internationalisierung der F&E wurde von den Unternehmen in höchst unterschiedlichem Ausmaß vorangetrieben, insbesondere bei den japapanischen Unternehmen besteht hier ein erheblicher Nachholbedarf. In Zukunft wird der Aufbau von F&E im Ausland weiter zunehmen. Beide Entwicklungen führen dazu, daß die zentrale F&E beträchtlich unter Druck gerät und an Einfluß bzw. Kompetenzen verliert. Vor dem Hintergrund stagnierender bzw. abnehmender F&E-

Budgets muß die Zentralforschung mehr und mehr ihren „Value Added“ und ihre Legitimation rechtfertigen. Dieser Rechtfertigungsdruck ist in den beiden westeuropäischen Unternehmen um ein Vielfaches höher als in den japanischen Unternehmen.

Für die Koordination der F&E-Aktivitäten werden unterschiedliche Instrumente eingesetzt. In der in dieser Arbeit verwandten Systematik von Koordinationsmechanismen nutzt Philips Corporate Research ein breites Set von strukturellen Mechanismen (Capability Management, strukturelle Koordinationsorgane), hybride und quasi-marktliche Mechanismen. Der Schwerpunkt liegt deutlich bei den strukturellen Mechanismen und der Auftragsforschung; die Nutzung hybrider Mechanismen hat in den letzten Jahren durch die Einführung der Technologieplattformen an Bedeutung gewonnen. Die Herausbildung einer übergreifenden Organisationskultur wird nicht ausdrücklich zur Koordination genutzt, die informellen Mechanismen bleiben auf persönliche Kontakte beschränkt. Die Siemens ZFE wendet im wesentlichen strukturelle, quasi-marktliche und hybride Mechanismen (strategische Innovationsprojekte, „White-Space“-Projekte) an. Informelle Mechanismen wurden zur Koordinationsfunktion nicht explizit aufgeführt. Sony nutzt ebenfalls strukturelle Instrumente (Technologieplanung, strukturelle Koordinationsorgane), hybride Mechanismen und die Auftragsforschung. Eine besondere Bedeutung kommt der Bildung einer innovativen, unternehmensübergreifenden Kultur zu. Diese „Innovation Culture“ beruht auf der permanenten Herausbildung der Innovationsfähigkeit und des internen Unternehmertums. Einzelne Elemente der Koordination sind darauf abgestimmt: Dazu gehört der hohe Anteil der Auftragsforschung, das Modell des Product Champion, zu dem immer jeweils Forscher, Sponsor, Promotor und Entrepreneur gehören, das „Innovation Mandate“ und das Sponsorenmodell in F&E. Bei Hitachi werden Instrumente aus allen vier Kategorien der Koordination angewandt. Im Gegensatz zu den anderen drei Unternehmen ist aber die Bedeutung der Auftragsforschung geringer. Zudem gibt es bei Hitachi Corporate R&D eine langjährige Erfahrung mit hybriden Koordinationsmechanismen: Die sogenannten „Tokken“-Projekte, die schon in der wissenschaftlichen Literatur als beispielhaft bezeichnet wurden, sind in den letzten Jahren um die „Core R&D Projects“, „Core R&D Programmes“ und „Strategic Business Projects“ ergänzt worden. Im Gegensatz zu Sony ist die Organisationskultur weniger marktgetrieben sondern eher forschungs- und technologieorientiert.

Demnach trifft es zu, daß in allen vier Unternehmen ein Set aus verschiedenartigen Koordinationsinstrumenten angewandt wird: Die hybriden, die formale Unternehmensstruktur überlagernden Mechanismen zur Koordination der F&E-Aktivitäten haben zugenommen. Quasi-marktliche Instrumente werden ebenso eingesetzt und haben mit Ausnahme von Hitachi gleichfalls an Bedeutung gewonnen. Die japanischen Unternehmen wenden intensiv die Sozialisation zur F&E-Koordination an. Trotz der organisatorischen und geographischen Dezentralisierung kann aber nicht von einer Auflösung der Hierarchie gesprochen werden, vielmehr werden die Instrumente additional zu strukturellen, hierarchischen Instrumenten und nicht substitutiv eingesetzt. Diese Additionalität verschiedenartiger Mechanismen ist offenbar zur Bewältigung der wachsenden Modularisierung der F&E-Organisation erforderlich. Die in Abschnitt I aufgestellte These (1) konnte in der Analyse der vier Unternehmen bestätigt werden: *Hinsichtlich der F&E-Organisation international tätiger Unternehmen ist eine Tendenz zur Dezentralisierung*

(Kompetenzverlagerung weg von der zentralen F&E hin zur divisionalen F&E) und Regionalisierung (Aufbau ausländischer F&E-Einheiten) festzustellen. Für die Koordination dieser F&E-Aktivitäten sind nicht allein strukturelle, hierarchische Koordinationsinstrumente sondern ein Set aus unterschiedlichen Typen von Mechanismen erforderlich, um den Koordinationsaufgaben gerecht zu werden. Die Bedeutung von nichtstrukturellen, hierarchiefreien Instrumenten zur Koordination der F&E wächst vor diesem Hintergrund. Dazu gehören die informellen und sogenannten „hybriden" Koordinationsmechanismen sowie die Etablierung interner Märkte zum Austausch der F&E-Leistungen. Diese Relevanzzunahme bewirkt jedoch nicht die Auflösung der Hierarchie in der F&E-Organisation und den Ersatz der strukturellen, formalen Mechanismen sondern deren Ergänzung durch die anderen Koordinationsinstrumente.

4.2 Koordination technik- und konzernübergreifender Themen

Die Organisation der F&E-Abteilungen nach technischen Disziplinen ist einerseits notwendig zur Bearbeitung hochspezialisierter Fragestellungen im „Alltagsgeschäft"; andererseits wurde dadurch bei den vier untersuchten Unternehmen die Koordination von technikübergreifenden Problemstellungen erschwert. Aber auch das Zusammenbringen verschiedener Kompetenzen an verschiedenen Standorten ist eine schwierige Aufgabe: Philips hatte z.B. mit Doppelarbeiten und Fragmentierung der Forschungslabors untereinander in den fünf Ländern zu kämpfen. Zudem haben sich durch die Organisation in Produktdivisionen oder strategische Geschäftsbereiche Egoismen herausgebildet, durch die eine Generierung und Koordination konzernübergreifender Querschnittsthemen verhindert oder vor erhebliche Probleme gestellt wird. Das „Factory-based Profit Center System" von Hitachi ist ein illustres Beispiel dafür, wie durch die Ausdehnung des Profit-Center-Systems auf die untersten Organisationseinheiten so starke Koordinationsprobleme aufgeworfen werden, daß diese Organisationsform abgeschafft werden mußte.

In den Unternehmen ergeben sich Spannungsfelder, wenn der Nutzen der internen Zusammenarbeit nicht gesehen oder befürchtet wird, daß die interne Position durch den Abfluß von Wissen an andere Einheiten relativ verschlechtert wird. Durch die Ausweitung der Auftragsforschung wurde bereichsegoistisches Denken gefördert, und die einzelnen Abteilungen bzw. F&E-Labors stehen verstärkt in Konkurrenz zueinander. Die Realisierung technologischer Synergiepotentiale wird zusätzlich noch durch die verschiedenen Dimensionen der unternehmensinternen Grenzen behindert. Technologische Synergien sollen hergestellt werden zwischen Abteilungen eines Labors, zwischen Labors in einem Land oder an verschiedenen Standorten, zwischen der Zentralforschung und der divisionalen F&E oder zwischen Divisionen bzw. Geschäftsbereichen. Für diese abteilungs-, labor-, länder-, bereichs- oder konzernübergreifenden Aktivitäten verfügen die untersuchten Unternehmen über unterschiedliche Instrumente, welche die negativen Seiten der Auftragsforschung und des Profit-Center-Gedankens eindämmen sollen.

Beispiele für die abteilungsübergreifende Koordination technologischer Synergien sind die „Core R&D Projects" und „Core R&D Programmes" von Hitachi, die auf der Ebene des einzelnen Zentrallabors ansetzen (vgl. Tab. V-5). Die „Tokken"-Projekte sollen eine interdisziplinäre Verbindung zwischen den verschiedenen F&E-Labors schaffen und dienen der laborübergreifenden Koordination. Die „Strategic Business Projects" verbinden die Zentralforschung mit verschiedenen Geschäftsbereichen/Divisionen zu konzernübergreifenden, strategischen Themen. Ein Beispiel für länder- und laborübergreifende Koordination stellen die Technologieplattformen „Multimedia" und „Storage" von Philips dar. Sony hat sich mit dem Modell des Product Champion/Merchandiser ebenfalls ein Instrument für die konzernübergreifende Koordination geschaffen. Die genannten Beispiele sind alle aus der Kategorie der hybriden Koordinationsmechanismen, die offenbar für die Herstellung von Synergien eine besondere Rolle spielen. Das Management von Querschnittstechnologien und -themen beinhaltet in den untersuchten Unternehmen zudem weitere Instrumente. Dazu gehören Komitees/Ausschüsse, Integratoren (z.B. Kerntechnologieverantwortliche, CTO), F&E-Stäbe, die Herstellung persönlicher Kontakte bzw. Netzwerke und die Sozialisation.

Auf der Basis der vier Unternehmensbeispiele läßt sich daher These (2) aus Abschnitt I bestätigen: *In vielen Unternehmen besteht das Problem, daß die F&E-Abteilungen der zentralen Forschung bzw. der Geschäftsbereiche meist nach technischen Disziplinen organisiert sind. Zudem werden durch die Etablierung strategischer Geschäftsbereiche (multidivisionale Struktur) und des Profit-Center-Prinzips konzernübergreifende Querschnittsthemen be- oder verhindert. Die Unternehmen schaffen sich daher Koordinationsmechanismen, um zwischen den Organisationseinheiten und auf unterschiedlichen Hierarchieebenen die verschiedenen Technikgebiete und Funktionen zusammenzubringen und konzernübergreifende Synergien für die Zukunftsgeschäfte herzustellen. Besonders geeignet sind hierfür die „hybriden" Koordinationsmechanismen, die quer zur formalen Aufbauorganisation liegen.*

4.3 F&E-Kompetenzzentren im Ausland und deren Koordination

Philips ist von den vier untersuchten Unternehmen am weitesten mit der Etablierung von F&E-Zentren im Ausland vorangeschritten. Die fünf Labors von Philips Corporate Research sind auf fünf Länder verteilt und mit entsprechenden Kompetenzen ausgestattet; Eindhoven bildet das Zentrum dieser netzwerkartigen Struktur. Philips ist das einzige der vier Unternehmen, bei dem in der konzernübergreifenden F&E von einem transnationalen Management gesprochen werden kann. Die fünf aufgeführten Elemente des F&E-Managements (vgl. Tab. V-5) dienen alle zur Steuerung der geographisch verteilten F&E-Zentren. Das Management von PCR verfügt nicht über spezifische Instrumente der Koordination ausländischer F&E, da es insgesamt länderübergreifend orientiert ist. Die transnationale Unternehmensstrategie findet sich im transnationalen F&E-Management der Konzernforschung wieder.

Die anderen drei Unternehmen sind mit der Bildung von F&E-Zentren im Ausland bei weitem noch nicht so weit fortgeschritten wie Philips, dies ist in den höheren Wissensressourcen im Stammland und dem damit verbundenen geringeren F&E-Internationalisierungsgrad begründet. Dennoch zeichnet sich in unterschiedlichem Maße bei den anderen drei Unternehmen ein Übergang zur Bildung von mehr F&E-Kompetenz im Ausland ab. Bei Sony ist dies mit der Strategie der „Global Localization" erklärtes Ziel: Schlüsseltechnologien werden weiterhin zentral in Japan gehalten, in einzelnen Gebieten wird aber zumindest eine Bildung von Kompetenzen bei Sony Europe und Sony America zugelassen. Instrumente zur Koordination sind das „Global R&D Planning Meeting", die regionalen Chief Technology Officer und die „Corporate R&D Planning Group".

Mit der Einbeziehung des SCR in den USA in die Kerntechnologie-Struktur geht auch Siemens zumindest in der Zentralforschung zu einer Bildung geographisch verteilter Kompetenzen über. Früher wurde das SCR lediglich als F&E-Abteilung der ZFE gefahren, heute hat es explizite Aufgaben im Bereich der Kerntechnologien. Damit erfolgt eine Koordination über das Management der Kerntechnologien und persönliche, direkte Kontakte. Seit 1995 werden alle F&E-Aktivitäten von Siemens in den USA informell über das „R&D Advisory Council" abgestimmt. Damit wird versucht, das SCR stärker in die amerikanischen F&E-Aktivitäten einzubinden.

Die Internationalisierung von F&E ist bei Hitachi am niedrigsten, die ausländischen F&E-Einheiten haben eine zu geringe finanzielle und personelle Kapazität, um derzeit wirklich Kompetenzen auszufüllen. Im Falle des Semiconductor Research Lab in den USA beginnen sich langsam „Local-for-Global"-Innovationsprozesse zu entwickeln. Die Koordination der ausländischen F&E geschieht durch das „Mentor-Gatekeeper-Leader"-Modell, Wissenschaftleraustausch, gemeinsame internationale F&E-Projekte und das „Corporate R&D Promotion Office", das für die Koordination der konzernweiten F&E verantwortlich ist.

These (3) aus Abschnitt I lautete: *International tätige Unternehmen gehen mehr und mehr dazu über, im Ausland Kompetenzen auch in F&E zu etablieren. Kennzeichend für diese transnationale Strategie ist der Versuch, die Vorteile globaler Integration mit den Vorteilen lokaler Anpassungsfähigkeit zu verbinden und Innovationen dort zu generieren, wo weltweit die höchsten Kompetenzen vorhanden sind. Damit rücken lokal gesteuerte und weltweit verteilte Innovationsprozesse in den Mittelpunkt der Innovationsaktivitäten. Die unternehmensinterne Koordination geographisch verteilter F&E-Einheiten erhält auf diese Weise eine neue Qualität und muß jenseits der Formalisierung und Zentralisierung der Macht und des Entscheidungsprozesses im Stammland die Bandbreite von Koordinationsinstrumenten, d.h. mehr die hybriden, informellen und marktlichen Mechanismen nutzen. Mit der Verlagerung von technologischen Kompetenzen und Ressourcen in ein strategisches Umfeld im Ausland haben insbesondere die japanischen Firmen erhebliche Schwierigkeiten. Zudem wird die japanische Organisationskultur auf die Auslandslaboratorien übergestülpt und führt zu erheblichen Managementproblemen.* Diese These läßt sich nicht für alle vier untersuchten Unternehmen bestätigen, da sich zwar ein Trend hin zur Etablierung von F&E-Kompetenzzentren im

Ausland abzeichnet, aber Kompetenzen im Ausland in hohem Maße nur bei Philips und in weitaus geringerem Maße bei Siemens, zum Teil auch bei Sony, etabliert sind. Bei Philips hat allerdings die unternehmensinterne Koordination geographisch verteilter F&E-Zentren eine neue Qualität erhalten und bedient sich jenseits der Zentralisierung der Entscheidungsprozesse und Kompetenzen im Stammland aller anderen verfügbaren Mechanismen zur Koordination. Im Gegensatz dazu sind die übrigen drei Unternehmen noch von ihrer globalen Unternehmensstrategie und der Zentralisation der Entscheidungen und Schlüsseltechnologien im Stammland geprägt. These (3) bestätigt sich jedoch hinsichtlich der beiden japanischen Unternehmen: Die Internationalisierung von F&E wird hier mit großem Mißtrauen und Unbehagen betrachtet und stellt das japanisch orientierte F&E-Management vor erhebliche Probleme bei der Koordination der Auslandslaboratorien.

4.4 Die Bedeutung der Sozialisation in den japanischen Unternehmen

Zwischen den beiden westeuropäischen und den japanischen Unternehmen lassen sich signifikante Unterschiede in der F&E-Koordination feststellen. Bei Philips und Siemens werden die strukturellen, hybriden und quasi-marktlichen Instrumente betont. In der F&E-Koordination von Sony und Hitachi kommt - neben den strukturellen, hybriden und quasi-marktlichen Instrumenten - der Sozialisation eine besonders hohe Bedeutung zu (vgl. dazu auch Tab. V-5). Beide Unternehmen können innerhalb des Stammlands die Vorteile dieses Mechanismus nutzen: Diese liegen vor allem in einer besseren Integration von F&E in die Strategien des Konzerns, der Divisionen und Geschäftsbereiche sowie in einer sehr guten Koordination der betrieblichen Funktionen F&E, Produktion und Marketing. Wesentliche Elemente sind bei Sony das „Innovation Mandate“, das Job Rotation System und das Sponsorenmodell in F&E. Bei Hitachi sind dies das Job Rotation System und das Modell der intensiven Planungs- und Strategiesitzungen, durch das auf allen Ebenen gemeinsame Ziele, Werte und Normen formuliert und transferiert werden. In der Koordination mit den ausländischen F&E-Einheiten stößt dieses japanische Modell der Koordination via Sozialisation in beiden Unternehmen auf erhebliche Widerstände. Die Etablierung regionaler Chief Technology Officer in den USA und Europa kann als der Versuch des Sony-Managements interpretiert werden, durch eine Regionalisierung und Dezentralisierung von F&E-Kompetenzen eine bessere Nutzung der F&E-Potentiale im Ausland zu ermöglichen.

These (4) aus Abschnitt I lautete: *Ein wesentlicher Vorteil von japanischen multinationalen Unternehmen ist die hohe Bedeutung, die den informellen Koordinationsmechanismen - insbesondere der Schaffung einer übergreifenden Unternehmenskultur (Sozialisation) - zugemessen wird. Dagegen unterschätzen die westeuropäischen Unternehmen die Koordinationsfunktion dieser Mechanismen und betonen eher strukturelle, formale sowie marktliche Koordinationsinstrumente. Diese „Kunst“ der japanischen Unternehmen zur Nutzung der informellen Mechanismen für die Koordination bewährt sich bei der Integration der zentralen F&E in die Unternehmensstrategien, bei der Einbindung der zentralen F&E in andere Elemente der Wertekette und die Geschäftsbereiche und der konzernübergreifenden Koordination.* Diese These hat sich für die vier Unternehmensbeispiele bestätigt: Ein wesentlicher Vorteil von Sony und Hitachi ist die Bedeutung, die der Sozialisation als informellen Koordinationsmechanismus zugemessen wird. Die beiden westeuropäischen Unternehmen unterschätzen die Bedeutung der informellen Mechanismen und betonen eher strukturelle, formale sowie quasimarktliche Koordinationsinstrumente. Dieser Vorteil bewährt sich bei der Integration der zentralen F&E in die Unternehmensstrategie und bei der Abstimmung von F&E, Produktion und Marketing. Hinzuzufügen ist zu dieser These noch, daß sich dieser Vorteil bei geringer kultureller Nähe zum japanischen Stammland nicht ausspielen läßt und sich sogar nachteilig auswirkt. Dies korrespondiert mit den Ergebnissen des vorhergehenden Kapitels und der Bestätigung von These (3).

5 Einflußfaktoren auf die Koordination am Beispiel Philips

Welchen Einfluß haben die verschiedenen Kontexte und deren Parameter auf die Koordinationsgestaltung? Am Beispiel von Philips sollen die Wirkungsweisen unterschiedlicher Faktoren auf die Koordination beschrieben und analysiert werden. Hierbei wird zwischen indirekten und direkten Wirkungen unterschieden. In Abbildung V-1 sind die Wirkungsweisen verschiedener Parameter und in Abbildung V-2 die Wirkungen der Ausprägungen der jeweiligen Parameter auf die einzelnen Kategorien der Koordination dargestellt.

5.1 Strategie und Differenzierung als indirekte Einflußgrößen

Ein bedeutsamer Einflußfaktor ist die Unternehmensstrategie, insbesondere welche Internationalisierungsstrategie das Unternehmen verfolgt, und ob es sich um eine Strategie der Fokussierung auf Kernkompetenzen oder der Diversifizierung handelt. Bei Philips führte die Begrenztheit der inländischen Wissensressourcen und des Binnenmarkts frühzeitig zu einer ausgedehnten Internationalisierung der Produktion und F&E. Heute ist die Wertschöpfung und die F&E im Ausland derart hoch, daß eine transnationale Strategie zur Nutzung der Vorteile globaler Integration und lokaler Anpassung sinnvoll ist. Zur Realisierung der Optionen dieser Strategie muß auch die Innovationsstrategie transnational ausgerichtet sein. Dies bedeutet nach Bartlett/Ghoshal (1989) zum einen, daß die ausländischen F&E-Einheiten je nach strategischer Bedeutung des lokalen Umfelds ausreichend Ressourcen und Kompetenzen erhalten müssen. Zum anderen müssen neben den herkömmlichen zentral gesteuerten und lokalen Innovationsprozessen auch lokal gesteuerte und weltweit verknüpfte Innovationen durchgeführt werden. Philips hat seine Zentrallabors in den fünf Ländern mit entsprechenden Ressourcen und Kompetenzen ausgestattet und diese in einer Netzwerkstruktur integriert. Dieses Netzwerk aus verschiedenen Kompetenzzentren wurde mit einem starken Zentrum in der Nähe des Headquarters in Eindhoven gebildet. Entgegen den Aussagen in der Literatur ist dies offenbar nötig, um die zentrifugalen Kräfte nicht zu stark werden zu lassen.

Zur Koordination dieses Netzwerks untereinander und mit den anderen Unternehmensteilen wird - wie bereits ausführlich beschrieben - eine beträchtliche Bandbreite struktureller, hybrider, informeller und quasi-marktlicher Instrumente *länderübergreifend* eingesetzt. Hinsichtlich des Einflusses der Internationalisierungs- und Innovationsstrategie ergibt sich folgende Wirkungskette (vgl. Abb. V-1): Zur Nutzung der strategischen Optionen einer hohen Internationalisierung der Produktion und F&E ist eine transnationale Strategie notwendig. Dies bedingt eine transnationale Innovationsstrategie und eine Netzwerkstruktur der Konzernforschung, zu deren Integration und Steuerung ein Set aus den vier Koordinationstypen erforderlich ist.

Die Wettbewerbsstrategie wirkt ebenfalls indirekt auf die F&E-Koordination. Steigende internationale Wettbewerbsintensität und technologische Komplexität führte bei Philips zu einer stärkeren Marktorientierung und Fokussierung auf Kerngeschäfte oder Kernkompetenzen. Zur Realisierung von Größenvorteilen und globalen Integrationsvorteilen wurden autonome Produktdivisionen etabliert und die Macht der Nationalgesellschaften abgebaut. Die Komplettierung der Wertekette in den Divisionen auch mit F&E führte zu einem qualitativen und quantitativen Kompetenzverlust der Konzernforschung. Die F&E- bzw. Innovationsstrategie wurde von Vertiefung und Erneuerung in den 80er Jahren auf Return-on-Investment, Effizienz, neue Geschäftsfelder und Synergien in den 90er Jahren ausgerichtet. Letztendlich wurde die Konzernforschung verkleinert und reorganisiert sowie stärker auf die Ziele der Divisionen/Bereiche orientiert. In der Konsequenz führte dies zu dem enormen Stellenwert der „Contract Research" als Koordinationsinstrument.

Hinsichtlich der Wettbewerbs- und Innovationsstrategie läßt sich auf folgende Wirkungskette schließen (vgl. Abb. V-1): Steigende Wettbewerbsintensität und technologische Komplexität führten zu stärkerer Marktorientierung und Fokussierung. Die Reorganisation des Unternehmens und Reformulierung der Innovationsstrategie beeinflußten die Umstrukturierung der F&E-Organisation und Neugestaltung der Koordination. Die Internationalisierungs-, Wettbewerbs- und Innovationsstrategie wirken demnach *indirekt* über die Organisationsstruktur auf die Gestaltung der Koordination innerhalb der F&E und mit den anderen Unternehmensbereichen. Auf den Zusammenhang Aufgabenumwelt-Strategie-Differenzierung-Koordination haben vor allem Vertreter des situativen Ansatzes hingewiesen. Die Unternehmensstrategie beeinflußt die Innovationsstrategie als Teilstrategie erheblich, das Management stellt offenbar einen „Fit" zwischen beiden Strategien her. Für die F&E-Koordination läßt sich folgender detailliertere

Abbildung V-1: Wirkungsweise verschiedener Parameter auf die Koordination am Beispiel Philips

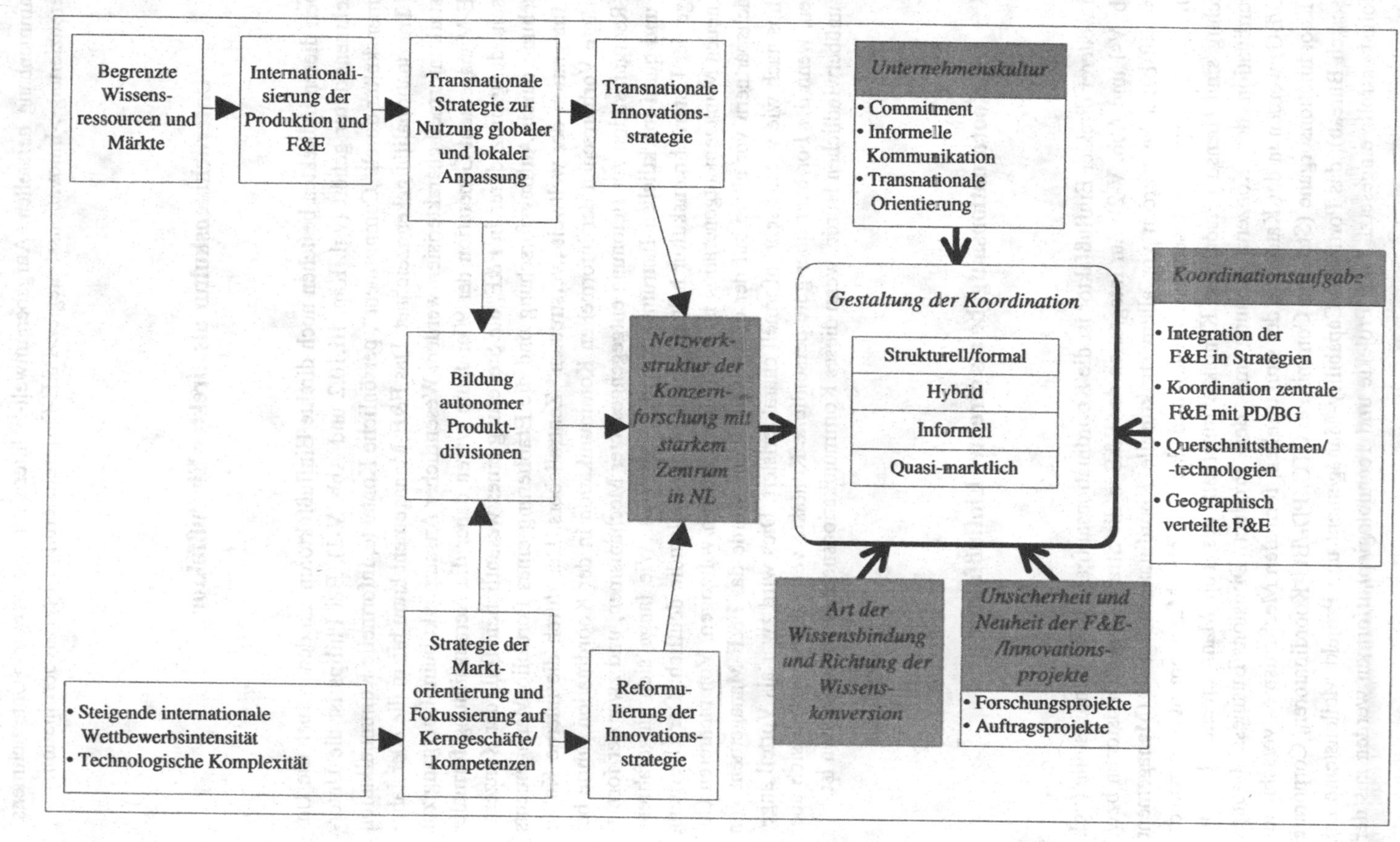

Zusammenhang herstellen: Aufgabenumwelt->Unternehmensstrategie->Unternehmensdifferenzierung->Innovationsstrategie->F&E-Differenzierung->F&E-Koordination.

5.2 Unternehmenskultur als direkter Einflußfaktor

Neben diesen indirekten bestehen noch direkte Einflußfaktoren, zu denen auch die Unternehmenskultur gehört (vgl. Kap. III.10.2 und Abb. V-1). Bei Philips ist die Unternehmenskultur durch „Commitment", persönliche Kontakte, informelle Kommunikation und Transnationalität gekennzeichnet. Das F&E-Management kann bis in die 80er Jahre als stark informell charakterisiert werden. Wesentlicher Ansatzpunkt beim Übergang zur F&E-Management-Generation der 90er Jahre waren daher die Herausbildung formaler Entscheidungsprozeduren in F&E, die Steuerung eines wesentlichen Teils der Konzernforschung durch Auftragsforschung und die Etablierung eines Portfolio-Managements zur Integration der weltweit „verstreuten" Zentrallabors. Das durch die interne Kultur geprägte Vorherrschen der informellen Kommunikation in der Koordination führte bei der Reorganisation zur Betonung entgegengesetzer Mechanismen, und zwar der formalen und quasi-marktlichen Instrumente (vgl. Abb. V-2). Wie lange sich eingefahrene Wege der Unternehmenskultur halten, wurde in der Fallstudie deutlich: Der Übergang zur neuen Managementgeneration ist noch nicht gänzlich vollzogen. Von mehreren Gesprächspartnern vor allem auf der operativen Ebene wurde das F&E-Management von Philips nach wie vor als sehr informell charakterisiert. Dies wird zwar als Vorteil angesehen, wenn der Forscher über gute persönliche Kontakte verfügt, entwickelt sich aber zur unüberwindlichen Hürde, wenn dieses Kommunikationsnetz nicht vorhanden ist.

5.3 Koordinationsaufgabe als direkter Einflußfaktor

Ein weiterer direkter Einflußfaktor ist die Koordinationsaufgabe bzw. Schnittstelle (vgl. Abb. V-1 und Abb. V-2). Zur Integration der F&E in die Strategie der Divisionen bzw. Geschäftsbereiche werden vor allem strukturelle Koordinationsorgane (Management Committee, Corporate Research Bureau) und das Portfolio-Management angewandt. Wichtig sind ebenso persönliche Kontakte innerhalb des Top Managements. Für die Koordination der Konzernforschung mit den Product Divisions/Business Groups (PD/BG) werden in der Kategorie der strukturellen, formalen Mechanismen verschiedene Koordinationsorgane (Steering Committee, CTO, PD-/BG-Koordinatoren, Corporate Research Bureau), das Portfolio-/Capability-Management und Projekt-Meilensteine zur Erfolgskontrolle eingesetzt. F&E-Projekte und Technologieplattformen werden aus der

Abbildung V-2: Wirkungsweise der Ausprägungen von Parametern auf die Koordination am Beispiel Philips

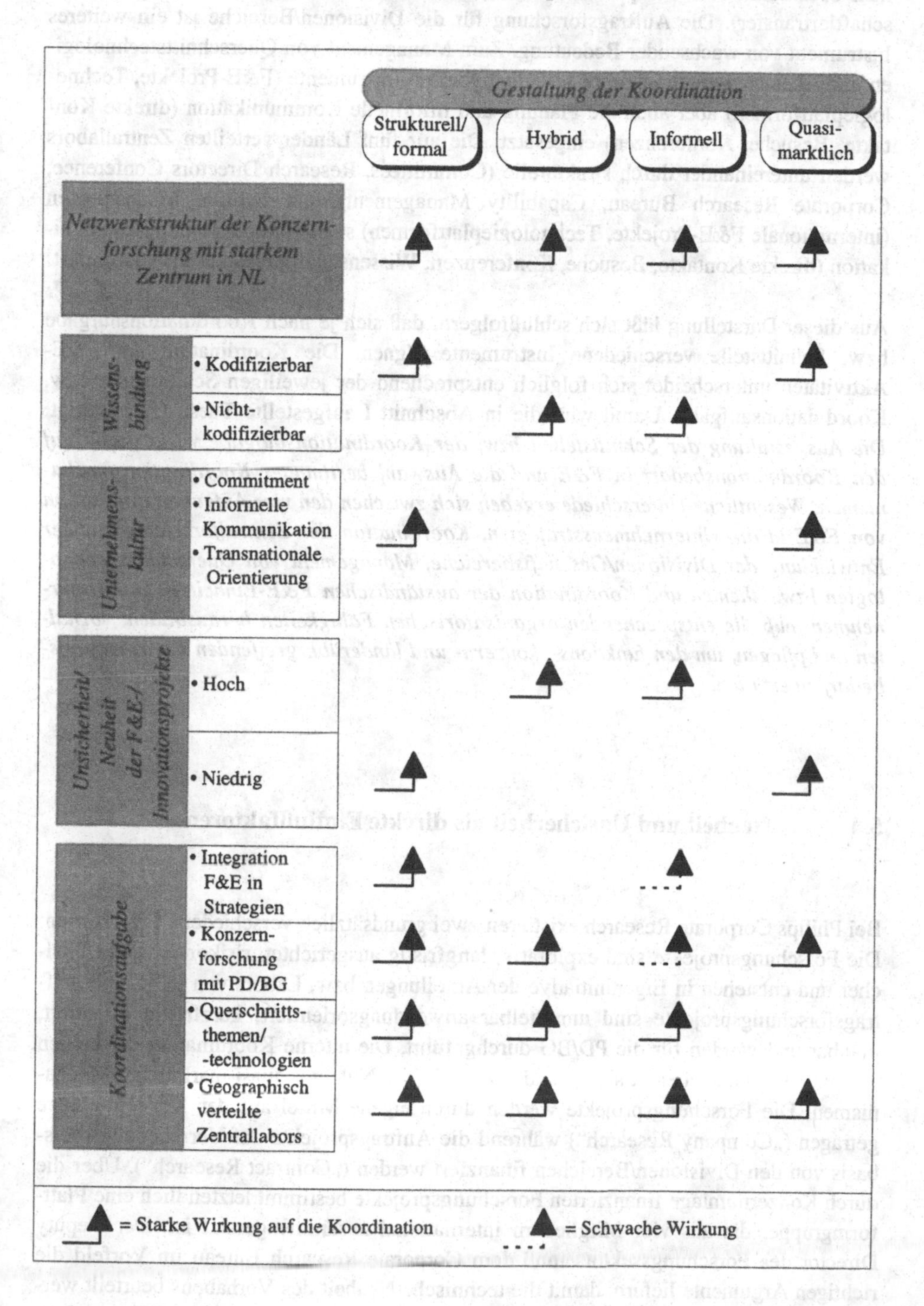

Kategorie der hybriden Mechanismen genutzt. Die Anwendung informeller Mechanismen beschränkt sich auf persönliche Kontakte (direkte Kontakte, Besuche, Wissenschaftlertransfer). Die Auftragsforschung für die Divisionen/Bereiche ist ein weiteres Instrument von wachsender Bedeutung. Zum Management von Querschnittstechnologien und -themen werden insbesondere die hybriden Instrumente (F&E-Projekte, Technologieplattformen) aber auch die Planung und informelle Kommunikation (direkte Kontakte, Besuche, Konferenzen) eingesetzt. Die auf fünf Länder verteilten Zentrallabors werden untereinander durch strukturelle (Committees, Research Directors Conference, Corporate Research Bureau, Capability Management) und hybride Mechanismen (internationale F&E-Projekte, Technologieplattformen) sowie die informelle Kommunikation (direkte Kontakte, Besuche, Konferenzen, Wissenschaftleraustausch) koordiniert.

Aus dieser Darstellung läßt sich schlußfolgern, daß sich je nach Koordinationsaufgabe bzw. Schnittstelle verschiedene Instrumente eignen. Die Koordination der F&E-Aktivitäten unterscheidet sich folglich entsprechend der jeweiligen Schnittstelle bzw. Koordinationsaufgabe. Damit wird die in Abschnitt I aufgestellte These (5) bestätigt: *Die Ausgestaltung der Schnittstellen bzw. der Koordinationsaufgabe wirkt direkt auf den Koordinationsbedarf in F&E und die Auswahl bestimmter Koordinationsmechanismen. Wesentliche Unterschiede ergeben sich zwischen den vier Aufgaben Integration von F&E in die Unternehmensstrategien, Koordination der Zentralforschung mit der Entwicklung der Divisionen/Geschäftsbereiche, Management von Querschnittstechnologien bzw. -themen und Koordination der ausländischen F&E-Einheiten. Das Unternehmen muß die entsprechenden organisatorischen Fähigkeiten herausbilden, vorhalten und pflegen, um den funktions-, konzern- und länderübergreifenden Koordinationsbedarf zu erfüllen.*

5.4 Neuheit und Unsicherheit als direkte Einflußfaktoren

Bei Philips Corporate Research existieren zwei grundsätzlich verschiedene Projektarten: Die Forschungsprojekte sind explorativ, langfristig ausgerichtet, risikoreich, sehr unsicher und entstehen in Eigeninitiative der Abteilungen bzw. Labors von PCR. Die Auftragsforschungsprojekte sind unmittelbar anwendungsorientiert, kurzfristig orientiert, planbar und werden für die PD/BG durchgeführt. Die interne Koordination der beiden Projektarten unterscheidet sich grundsätzlich in der Nutzung quasi-marktlicher Mechanismen: Die Forschungsprojekte werden durch eigene Mittel aus der Konzernumlage getragen („Company Research") während die Auftragsprojekte auf Verrechnungspreisbasis von den Divisionen/Bereichen finanziert werden („Contract Research"). Über die durch Konzernumlage finanzierten Forschungsprojekte bestimmt letztendlich eine Plattformgruppe, die aus vier Mitgliedern international zusammengesetzt ist. Der Deputy Director des Forschungssektors muß dem Corporate Research Bureau im Vorfeld die richtigen Argumente liefern, damit die technische Neuheit des Vorhabens beurteilt werden kann. Im Vorfeld des formalen Entscheidungsprozesses ist ein informeller, auf direkten persönlichen Kontakten basierender Meinungsbildungsprozeß erforderlich, der so ausgeprägt nicht bei den Auftragsprojekten stattfindet. Die Forschungsprojekte werden mit einem Set aus strukturellen Koordinationsorganen, Planung, hybriden Mechanismen und informeller Kommunikation koordiniert.

Während in einem Teil von Untersuchungen von einem indirekten Zusammenhang zwischen F&E- und innovationsspezifischem Kontext und Koordinationsbedarf via der Differenzierung ausgegangen wird, betonen andere Studien eine direkte Wirkung einzelner Parametern wie Innovationshöhe, Innovations- und F&E-Phasen. Daher sollte folgende These (6) überprüft werden: *Die F&E- bzw. innovationsspezifischen Kontextparameter Innovationshöhe und F&E- bzw. Innovationsphasen beeinflussen unmittelbar den Koordinationsbedarf: Forschungsaktivitäten müssen daher mit anderen Mechanismen als die experimentelle Entwicklung und radikale Innovationen anders als inkrementale Innovationen koordiniert werden.* Wie schon in Kapitel V.1.3 angedeutet, wird bei Philips und den anderen untersuchten Unternehmen jedoch weniger nach der F&E- oder Innovationsphase unterschieden. Dieses Beispiel soll hier vielmehr verdeutlichen, daß sich der Unterschied in der Koordination aus der Neuheit des Wissens und der Innovation sowie dem Grad der Unsicherheit des Vorhabens ergeben. These (6) läßt sich demnach nur für den Parameter Innovationshöhe bestätigen, aber nicht für die F&E- bzw. Innovationsphasen.

In Anlehnung an Thompson (1967), Galbraith (1970), Egelhoff (1988), Nadler/Tushman (1988) und Kapitel III.4 kann der Unsicherheits- und Neuheitsgrad zur Erklärung der unterschiedlichen Koordination dienen (vgl. Abb. V-1 und Abb. V-2): Je höher der Grad der Unsicherheit und die Neuheit des Wissens ist, desto höher ist der Informationsverarbeitungsbedarf und um so komplexer müssen die Koordinationsmechanismen sein. Folglich ist zur Koordination der Forschungsprojekte die Leistungsverrechnung nicht geeignet, da im Preis nicht ausreichend Informationen enthalten sind. Der Unsicherheitsgrad bzw. die Neuheit von Forschungsprojekten ist so hoch, daß zur Koordination informelle Mechanismen notwendig sind.

Wertet man die Kriterien der vier untersuchten Firmen für die Zuordnung der Vorhaben zu Forschungs- oder Auftragsprojekten aus, so lassen sich Neuheits- und Unsicherheitsgrad durch mehrere Dimensionen beschreiben. Beim Neuheitsgrad sind elementare Aspekte die Neuheit des technischen Wissens (grundlegende Forschung versus Entwicklung), des Marktes (vorhandener bzw. zu generierender Markt) oder der Innovation (inkrementale versus radikale Innovation). Zentrale Elemente des Unsicherheitsgrads sind der Zeithorizont, die Möglichkeit der Zielerreichung, das Investitionsrisiko, Return-on-Investment und die Planbarkeit.

5.5 Wissensbindung und -konversion als direkte Einflußfaktoren

Mit der F&E-Management-Generation der 90er Jahre wurde die Auftragsforschung als ein zentrales Instrument zur Einbindung der Philips Konzernforschung in die Ziele der Divisionen/Geschäftsbereiche und zum Transfer von Forschungsergebnissen eingeführt. Dieser quasi-marktliche Mechanismus sollte das auf verschiedene Standorte verteilte Wissen der „Technologieproduzenten" in den Zentrallabors mit den „Technologienutzern" in den Produktionsstätten, Business Groups oder Divisions direkt koordinieren. Würde man sich von Hayeks (1945, 24) Argument anschließen, daß in den Preisen alle relevanten Informationen konzentriert sind, dann würden diese Leistungsverrechnungen als Koordinationsmechanismus ausreichen.[1] Es wurde aber bereits ausgeführt, daß das Philips-Management zur Koordination der Konzernforschung mit den Divisions/Business Groups eine Bandbreite von strukturellen, hybriden und informellen Koordinationsmechanismen nutzt. Wie erklärt sich diese Vielfalt von Instrumenten?

Schließt man sich der Theorie der Wissensgenerierung von Nonaka und Takeuchi (1995; Nonaka 1994; vgl. Kap. III.9) an, so liegen die Gründe in der Art der Wissensbindung und der Richtung der Wissenskonversion (vgl. Abb. V-1). Da zur Wissensgenerierung und zum Wissenstransfer innerhalb der Organisation die Interaktion von „Tacit" und „Explicit Knowledge" sowie verschiedene Phasen der Wissenskonversion durchlaufen werden müssen, ist die Anwendung weiterer Mechanismen notwendig. Durch den Preismechanismus können demzufolge lediglich Informationen („Explicit Knowledge") transferiert oder die Kombination von kodifizierbarem mit kodifizierbarem Wissen („Combination") erreicht werden. Wird zur Problemerfassung und -lösung sowie zum Wissenstransfer aber das Teilen von Erfahrungs- und Hintergrundwissen oder der Kontext benötigt, so müssen zusätzlich insbesondere hybride und informelle Mechanismen zur Koordination eingesetzt werden (vgl. Abb. V-2). Wenn es sich um Ergebnisse von Forschungsprojekten handelt, die „reif" für die Anwendung sind, reicht zur Koordination des Transfers die Leistungsverrechnung aus. Wenn aber z.B. der Produktmanager oder Ingenieur eines Geschäftsbereichs oder einer Produktionsstätte den Forschern eines Zentrallabors die Anforderungen des Kunden oder der Produktion zur Problemlösung nahebringen muß, so ist der persönliche Kontakt und die direkte Kommunikation zum Verständnis des Kontextes notwendig (vgl. auch das Beispiel des Projekts „Helen" in der Philips-Fallstudie). Zur Institutionalisierung dieses Prozesses der Wissensgenerierung und des Wissenstranfers werden daher von Nonaka/Takeuchi hybride und informelle Mechanismen („Overlapping Teams", Job Rotation, direkte, persönliche Kommunikation) vorgeschlagen.

---

1 „In a system in which the knowledge of the relevant facts is dispersed among many people, prices can act to co-ordinate the separate actions of different people in the same way as subjective values help the individual to co-ordinate the parts of his plan" (von Hayek 1945, 25).

Betrachtet man die verschiedenen Ebenen der Kommunikation zwischen der Philips-Konzernforschung und den internen „Technologiekunden", so läßt sich das Modell der organisatorischen Wissensgenerierung erkennen (vgl. Kap. III.9, Abb. III-13). Auf der operativen Ebene sollen beispielsweise in gemeinsamen F&E-Projekten die Forscher eines Zentrallabors und die Ingenieure eines Geschäftsbereichs täglich in Kontakt sein und direkt Informationen austauschen. Der Projektleiter von Philips Research trifft sich regelmäßig mit dem Projektleiter des Geschäftsbereichs in Arbeitsgruppensitzungen, um gemeinsam den Projektfortschritt und die Einhaltung der Meilensteine zu überwachen. Durch die direkten Kontakte im Projektteam wird kodifizierbares *und* nicht-kodifizierbares Wissen ausgetauscht („Sharing Tacit Knowledge"), auf dieser Basis ein Konzept („Creating Concepts") und gegebenfalls der Prototyp entwickelt („Building an Archetype"). Zudem wird ein „Project Steering Committee" zur Beobachtung des Projektverlaufs und der Bewertung des Projekts eingerichtet, das in der Regel aus dem Deputy Director des Forschungssektors und dem Produktmanager und/oder dem Entwicklungsleiter der Business Group besteht („Justifying Concepts").

Auf der Ebene der Business Group finden zweimal im Jahr Komitee-Treffen statt, auf dem die Abteilungsleiter von Philips Research, der BG-Koordinator und der jeweilige Produktmanager bzw. Entwicklungsleiter des Geschäftsbereichs teilnehmen. Hier werden für die BG die Prioritäten bei den F&E-Projekten gesetzt und die zukünftigen Forschungsthemen mit der Konzernforschung abgestimmt. Dadurch findet auf einer höheren Stufe eine Einbettung der F&E-Projekte und der neuen Vorhaben in die Strategie der Geschäftsbereiche statt. Ob eine organistionsübergreifende Verbreitung des Wissens geschieht, hängt sicher vom einzelnen Projekt ab. Zudem konnte in der Unternehmensfallstudie nicht ausreichend geklärt werden, ob und in welchem Maße die Wissensgenerierung wirklich *organisatorisch* erfolgt; zumindest der Transfer von Forschern wird nicht systematisch als Koordinationsfunktion genutzt. Letztendlich kann aus dem dargestellten Beispiel die Schlußfolgerung gezogen werden, daß die Art der Wissensbindung und die Richtung der Wissenskonversion erklärende Variable für die Anwendung verschiedener Koordinationsmechanismen sind.

VI. INTERVIEWERGEBNISSE: UNTERSCHIEDE IM F&E-MANAGEMENT WESTEUROPÄISCHER UND JAPANISCHER UNTERNEHMEN

In diesem Abschnitt werden die Ergebnisse der vier Fallstudien zu den Befunden aus den Interviews in 18 Unternehmen in Beziehung gesetzt. Durch dieses Vorgehen können die Fallstudienresultate mittels einer größeren Anzahl von Fällen relativiert werden. Bei den Firmen handelt es sich um zehn westeuropäische und acht japanische Konzerne aus der Elektronik/Elektrotechnik und der Chemie-/Pharmaindustrie, die ihre F&E in unterschiedlichem Ausmaß internationalisiert haben (vgl. Kap. I.4.3 und Tab. I-3).

Im folgenden soll auf dieser breiteren empirischen Basis untersucht werden, welche Unterschiede zwischen westeuropäischen und japanischen Unternehmen in der Koordination der F&E- und Innovationsaktivitäten bestehen. Eine These dieser Arbeit ging davon aus, daß ein wesentlicher Vorteil von japanischen multinationalen Unternehmen in der hohen Bedeutung liegen könnte, die den informellen Koordinationsmechanismen - insbesondere der Schaffung einer übergreifenden Unternehmenskultur (Sozialisation) - zugemessen wird. Dagegen dürften die westeuropäischen Unternehmen die Koordinationsfunktion dieser Mechanismen unterschätzen und eher strukturelle, formale sowie marktliche Koordinationsinstrumente betonen. Der Vergleich behandelt die vier Koordinationsaufgaben Integration der zentralen F&E in die Konzern- und Geschäftsbereichsstrategien, Einbindung der zentralen F&E in die divisionale F&E und andere Elemente der Wertekette, Management von Querschnittsthemen und -technologien und die Koordination der geographisch verteilten F&E-Einheiten.

1 Unterschiede in der Integration von Strategien

1.1 Vorrangige Nutzung struktureller und hybrider Instrumente

Was ist bei den befragten Unternehmen „State-of-the-Art" bei der Integration der F&E-Strategie in die Konzern- bzw. Geschäftsbereichsstrategien? Von allen untersuchten Unternehmen werden im Kern strukturelle bzw. formale Mechanismen genutzt, und zwar im wesentlichen bestehend aus drei Elementen (vgl. Abb. VI-1): Zum einen sind dies Strategieausschüsse, die in den Unternehmen unterschiedliche Aufgaben haben und verschiedenartig besetzt sind. In der Regel sind diese mit dem Leiter der zentralen Forschung und den Leitern der Zentrallabors sowie von seiten der Divisionen/Geschäftsbereiche mit den Produkt-Managern, den Entwicklungsleitern bzw. dem Geschäftsführer der Division oder des Geschäftsbereichs besetzt. In den befragten japanischen Unternehmen fällt auf, daß meist die Konzernleitung durch den „President“ oder den „Senior Vice President“ vertreten ist. Das zweite Element sind Strategie- bzw. Planungsabteilungen, die den Prozeß der Strategieentwicklung unterstützen und koordinieren sollen. F&E- bzw. Technologie-Portfolios sind ein drittes wichtiges Element. Unternehmen wie Ciba-Geigy, Hoffmann LaRoche, Sandoz oder Sulzer, die in den letzten Jahren von einer starken Divisionalisierung geprägt sind, haben kein konzernweites Portfolio. Eine starke Divisionalisierung und hohe Autonomie der Divisionen wurde in diesem Zusammenhang als zweischneidig problematisiert: Geschäftsführer von Unternehmensbereichen setzen eigene F&E- bzw. Technologiestrategien fest, eine konzernweite Abstimmung fehlt. Dies führt zum einen zu Doppelspurigkeit und zum anderen zu einer kurzfristigen Ausrichtung von F&E auf das Tagesgeschäft. Letztendlich erstellen nur wenige der befragten Unternehmen ein konzernweites Technologie-Portfolio, dazu gehören etwa ABB, BASF, Eisaj, Kao, Hitachi, NEC oder Philips. „Best Practice“ für ein intensives und ausgefeiltes Technologieportfolio im transnationalen Unternehmen stellt das Portfolio-Management von ABB und Philips dar; dieses wird hier auch zur Koordination der weltweit verteilten F&E-Standorte genutzt. Wichtig bei der Anwendung des Portfolio-Managements ist die Initiierung eines Diskussionsprozesses über die F&E-, Technologie- und Unternehmensstrategien und die Nutzung der Planung zur Förderung des Lernprozesses (vgl. auch Galbraith 1994, 148; De Meyer 1992, 169ff).

Neben diesen drei Elementen, die den „State-of-the-Art“ in den meisten der untersuchten Unternehmen repräsentieren, nutzt ABB den Chief Technology Officer (CTO) als weiteres strukturelles Koordinationsinstrument. Dieser wirkt als integrierende Person und verbindet ein Set struktureller Koordinationsinstrumente untereinander. Ein wesentliches Instrumentarium ist bei ABB die alljährliche Erstellung einer F&E- und Technologiestrategie, die eng mit der Strategie auf der Ebene der Sparten, Unternehmensbereiche und des Konzerns gekoppelt ist. Die jährliche Erstellung der F&E-Strategie und des F&E-Portfolios wird durch das „Corporate Research Steering Committee“ durchgeführt, in dem die „Senior Vice Presidents“ und der CTO vertreten sind. Zuerst wird ein Review von Forschung und Technologie durchgeführt und die laufenden F&E-Projekte in einer Rangfolge gebracht. Dann wird das F&E-Budget für das Folgejahr und die drei bis vier Jahresplanung erstellt. Parallel dazu fertigen die Technologie-Komitees der Sparten unter Leitung des jeweiligen „Senior Vice President“ jährlich die Technologiestrategie und das F&E-Portfolio auf Spartenebene an. Der CTO koordiniert über das „Corporate Research Steering Committee“ alle konzernweiten Forschungsaktivitäten, arbeitet gemeinsam mit den „Senior Vice Presidents“ die Technologiestrategie aus und ist zentrale Anlaufstelle für die konzernübergreifenden Querschnittsprojekte. Zur Unterstützung der laufenden Arbeiten ist dem CTO in der ABB-Zentrale ein Stab zur Technologieplanung zugeordnet.

Ein neue Form zur Integration von F&E in die Konzern- bzw. Geschäftsbereichsstrategien sind strategische Projekte (vgl. Abb. VI-1). Beispiele für diesen hybriden Koordinationsmechanismus sind die Top-Projekte bei Bosch, die strategischen Innovationsprojekte der Siemens ZFE, Strategic Business Projects von Hitachi, die strategischen Typ-A-Projekte bei Mitsubishi Electric (Melco) oder Gold Badge Special Projects von Sharp. Das Management eines strategischen Projekts wird bei Sharp vorbildlich gelöst:

Die Organisation des Gold Badge Special Project Teams erfolgt quer zu allen Bereichen von Sharp. Meist umfassen die Projekte Forschung, Entwicklung, Produktion, Marketing und Vertrieb und integrieren die verschiedenen Schlüsseltechnologien des Unternehmens. Im Durchschnitt besteht ein Projekt aus 20 bis 40 Mitarbeitern und dauert etwa 1½ Jahre. Spätestens in einem Zeitraum von 2 Jahren müssen die Produkte reif für die Markteinführung sein. Die Teams haben „Top Priority" hinsichtlich finanzieller und technischer Ressourcen sowie bei der Auswahl der Mitarbeiter, die Vollzeit im Projekt arbeiten. Die strategischen Projekte von Sharp hatten sehr bekannte Produkte zum Ergebnis wie z.B. den View-Camcorder mit Color LCD, das Color TFT Liquid Crystal Display (LCD) oder die MiniDisc.

Diesen strategischen Projekten der untersuchten Unternehmen ist gemeinsam, daß der Leiter über ausreichende Macht verfügt, um für die gesamte Projektlaufzeit die notwendigen zeitlichen, finanziellen und personalen Ressourcen zu erhalten. Zudem haben diese Projekte strategischen Charakter und sollen in einem enorm kurzen Zeitraum neue Produkte generieren und diese bis zur Markteinführung treiben. Das Projektteam ist in der Regel technik-, funktions-, bereichs- und konzernübergreifend zusammengesetzt.

Abbildung VI-1: Instrumente zur Integration der F&E in die Konzern- bzw. Geschäftsbereichsstrategien

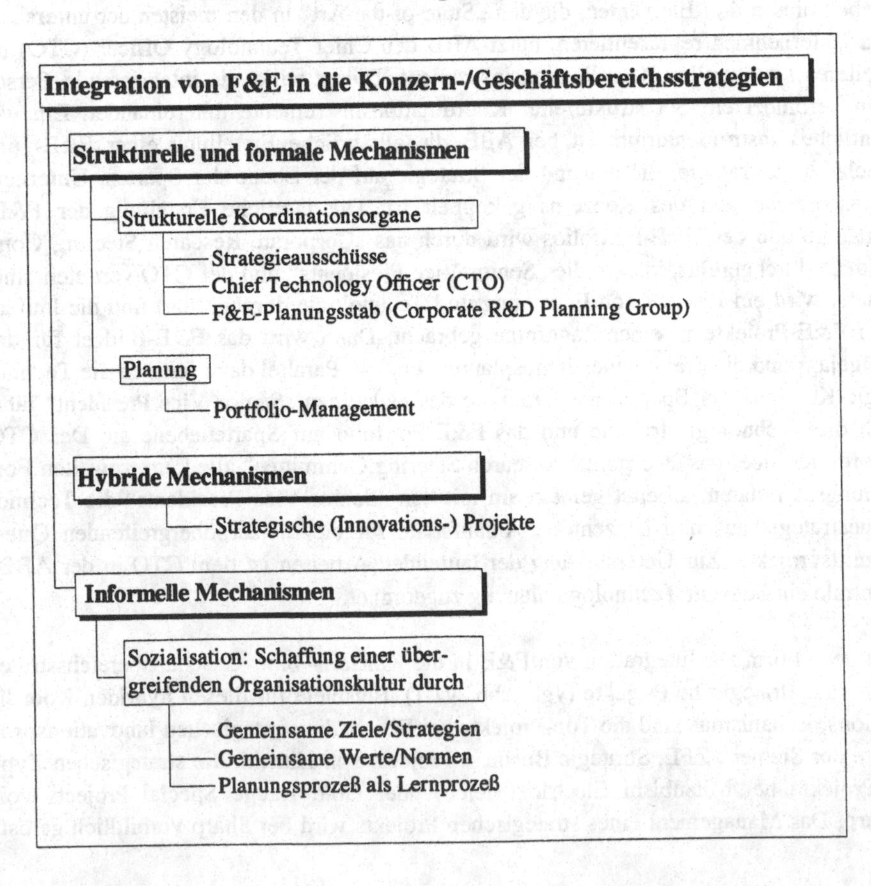

1.2 Unterschiede zwischen japanischen und westeuropäischen Firmen

Bei der Anwendung und Ausprägung der strukturellen Koordinationsinstrumente gibt es nennenswerte Unterschiede zwischen den befragten westeuropäischen und japanischen Unternehmen. Zum einen wird in den japanischen multinationalen Unternehmen die Tätigkeit der Strategy Committees sehr ernst genommen und der erforderliche Zeitaufwand für Sitzungen investiert. Nicht nur in diesen sondern auch in den R&D Steering Committees sind oftmals der President bzw. der jeweils zuständige Senior Vice President vertreten. Bei Kao finden beispielsweise zweimal jährlich sogenannte R&D Strategy Meetings statt, die sich über mehr als zwei Tage hinziehen. Zehn Mitglieder des Top Managements des Konzerns sowie die Managing Directors der Werke und des Vertriebsbereichs nehmen daran teil. Ergänzend dazu finden pro Monat ein bis zwei sogenannte Topics Meetings (z.B. für alle Projekte im Bereich Haarshampoo) statt. Daraus ergeben sich insgesamt etwa 15 Treffen im Jahr, an denen sich alle Top Manager beteiligen müssen. Der Prozeß der Strategieentwicklung erlangt dadurch einen sehr hohen Stellenwert, ist aber sehr sitzungs- und zeitintensiv. Dennoch wird bei Kao nach dem Prinzip „Decide Everything through Discussion“ gehandelt.

Ein weiterer Unterschied betrifft die F&E-Strategie- bzw. Planungsabteilungen. Bei den befragten japanischen Unternehmen ist die sogenannte „Corporate R&D Planning Group“ in der Regel *außerhalb* der zentralen Forschung angesiedelt und direkt der Konzernleitung unterstellt. Beispielsweise ist bei Sony die Planungsgruppe an das „Corporate Management Committee“ angebunden, der Direktor der Gruppe berichtet unmittelbar dem Chief Executive Officer (CEO). Die Abteilung besteht aus etwa 40 Mitarbeitern und soll die vielschichtigen, global verstreuten F&E-Aktivitäten von Sony koordinieren. Allerdings ist diese Aufgabe nicht einfach zu erfüllen, da der Stab keine Entscheidungs- bzw. Weisungsbefugnisse besitzt und auf die F&E-Einheiten schwerlich unmittelbaren Einfluß nehmen kann. Durch die direkte Angliederung an den CEO, die Teilnahme an und Durchführung von Treffen mit der zentralen Forschung, den „Companies“ und Tochterunternehmen beeinflußt die Corporate R&D Planning Group aber wesentlich den Entscheidungsprozeß. Bei den befragten westeuropäischen Unternehmen sind die zentralen F&E-Planungsgruppen jedoch Bestandteil der Zentralforschung. Sie sind den Leitern der zentralen Forschung berichtspflichtig, eine unmittelbare Anbindung an die Konzernleitung besteht nicht.

Die intensive Nutzung der japanischen Unternehmen von Ausschüssen, Treffen, Sitzungen nicht nur auf der normativen und strategischen Ebene sondern auch auf verschiedenen Stufen der operativen Ebene ist ein weiterer Unterschied. Durch diesen Diskussions- und Konsensfindungsprozeß erfolgt ein kollektives Verständnis der Unternehmensziele und -strategien sowie die Entwicklung gemeinsamer Werte und Normen, kurz die Herausbildung einer organisationsübergreifenden Unternehmenskultur (vgl. Abb. VI-1). Die Bedeutung dieses Prozesses der Formulierung und des Austauschs gemeinsamer Vorstellungen bzw. Ziele auf allen Ebenen des Unternehmens wurde von den befragten japanischen Firmen immer wieder betont.

2 Markt versus Kultur: Koordination der Forschung mit den Geschäftsbereichen

2.1 Set verschiedener Typen von Koordinationsmechanismen

Zur Abstimmung der Nahtstelle zwischen der zentralen bzw. konzernübergreifenden Forschung und den Divisionen bzw. Geschäftsbereichen nutzen die befragten Unternehmen ein Set verschiedener Typen von Koordinationsmechanismen (vgl. Abb. VI-2). Aus der Gruppe der strukturellen und formalen Mechanismen wenden die Unternehmen durchweg Steering bzw. Management Committees an, die sich meist aus dem Top Management der zentralen Forschung und den Leitern der Entwicklung aus den Divisionen bzw. Geschäftsbereichen zusammensetzen. Auch zentrale Planungsstäbe und Portfoliotechniken wirken hier integrierend und steuernd ein. Siemens und NEC haben mit ihrem Kerntechnologiemanagement der zentralen Forschung eine matrixartige Struktur gegeben.

Von den hybriden Mechanismen werden vor allem multifunktionale Teams oder strategische Projekte eingesetzt. Ein interessantes Beispiel für diese multifunktionalen Gruppen sind sogenannte „Cross-Functional Teams" bei ABB, bei denen sowohl Mitarbeiter aus der zentralen Forschung und der Entwicklung der jeweiligen Sparte als auch das Marketing, der Vertrieb sowie die Monteure in die Entwicklungsaktivitäten einbezogen werden. Bei wichtigen Neuentwicklungen sollen verschiedene kritische Kunden frühzeitig involviert und das Produktkonzept bzw. die Lösungsidee mit diesen in einem sogenannten „Customer Advisory Board" diskutiert werden.[1] Ein weiteres Beispiel sind die Strategic Business Projects von Hitachi, die in der Fallstudie vertiefend dargestellt wurden. In der Gruppe der informellen Mechanismen sind als bedeutsam vor allem der Technologie-Transfer über den Wechsel von Wissenschaftlern der zentralen Forschung in die Technikentwicklung oder Produktion der Geschäftsbereiche/Divisionen zu nennen. Die Schaffung einer übergreifenden Organisationskultur durch Job Rotation zwischen F&E-Produktion-Marketing, das durch ein Leistungs- bzw. Anreizsystem und die Personalentwicklung gestützt wird, wird in dieser Form ausschließlich von den untersuchten japanischen Unternehmen angewandt (vgl. Abb. VI-2). Die Forschung im Rahmen von internen Aufträgen wird vor allem von den westeuropäischen Unternehmen genutzt, um den Technologietransfer aus den Zentrallabors in die Geschäftsbereiche zu verbessern.

---

[1] Die Entwicklung der neuen Gasturbinengeneration GT24/26 war bei ABB-Gasturbinen das erste Projekt, bei dem dieser Ansatz konsequent verfolgt wurde.

2.2 Unterschiedliche Muster der Koordination

Bei einer getrennten Betrachtung der untersuchten westeuropäischen und japanischen Unternehmen fällt auf, daß hier im Kern zwei unterschiedliche Muster der Integration und Steuerung bestehen. Die untersuchten westeuropäischen multinationalen Unternehmen setzen neben den strukturellen Koordinationsmechanismen vor allem auf die Bildung interner Quasi-Märkte. Mit Ausnahme von Hoechst (20%) und Bosch (30%) weisen diese Unternehmen einen Anteil der Auftragsforschung für die Sparten von 50% und mehr am F&E-Budget auf (vgl. die horizontale Achse in Abb. VI-2). Siemens und Philips haben einen Anteil von 65% bzw. 70%, BASF von 85%. Hoffmann LaRoche und Sandoz haben ihre konzernübergreifende Forschung in den letzten Jahren abgeschafft und in die Division Pharma als stärksten Bereich integriert. Ende der 80er Jahre hat sich der Anteil der Auftragsforschung für die Geschäftsbereiche in den befragten westeuropäischen MNU erheblich erhöht. In vielen Fällen hat sich das Verhältnis Auftragsforschung zu Konzernumlage zu ungunsten der „Company Research" umgekehrt. Philips finanzierte beispielsweise seine zentrale Forschung bis Ende der achtziger Jahre überwiegend aus einer Konzernumlage, bei Siemens betrug diese bis 1993 etwa zwei Drittel des F&E-Budgets der ZFE. Hier zeigt sich deutlich die Entwicklung, neben strukturellen Koordinationsinstrumenten zunehmend interne Marktmechanismen einzusetzen, um die zentrale Forschung enger in die Ziele der Divisionen oder Geschäftsbereiche einzubinden und direkt mit dem Kunden bzw. Markt zu verknüpfen.

Diese Entwicklung hin zu mehr internem Markt läßt sich beim Gros der befragten japanischen Unternehmen nicht feststellen. Mit Ausnahme von Sony (Anteil der Auftragsforschung 80%) und Hitachi (55%) wird 50% und mehr des Budgets der zentralen Forschung über Konzernumlage bzw. das Headquarter finanziert (vgl. Abb. VI-2). Bei Hitachi ging aber der Anteil der Auftragsforschung von 70% im Jahr 1987 auf 55% im Jahre 1994 zurück. Im Gegensatz zu den befragten westeuropäischen Konzernen nutzen die japanischen Firmen - neben den „R&D Management Committees" - zudem wesentlich intensiver informelle Mechanismen wie Konferenzen/Workshops sowie insbesondere den Transfer von Wissenschaftlern in die Bereiche und Job-Rotation-Systeme zur Schaffung einer übergreifenden Organisationskultur. Diese Herausbildung einer Unternehmenskultur und die Nutzung zur Koordination ist ein entscheidender Vorteil der befragten japanischen Konzerne zur effektiven Abstimmung der Prozeßkette Forschung-Entwicklung-Produktion-Marketing. Diese Feststellung ist nicht dahingehend zu interpretieren, daß in den westeuropäischen Unternehmen die Organisationskultur gänzlich fehlen würde, sondern daß die potentielle Koordinationsfunktion der Sozialisation ungenutzt bleibt.

Ein interessantes Beispiel für die Anwendung eines Sets aus hybriden und informellen Koordinationsmechanismen stellt Kao dar. Hier wird die streng zentralistische, multidivisionale Unternehmensorganisation durch ein offenes Informations- und Kommunikationssystem überlagert. Die 19 zentralen Forschungslabors, die über drei Standorte in

Abbildung VI-2: Mechanismen zur Koordination der Konzernforschung und der Geschäftsbereiche

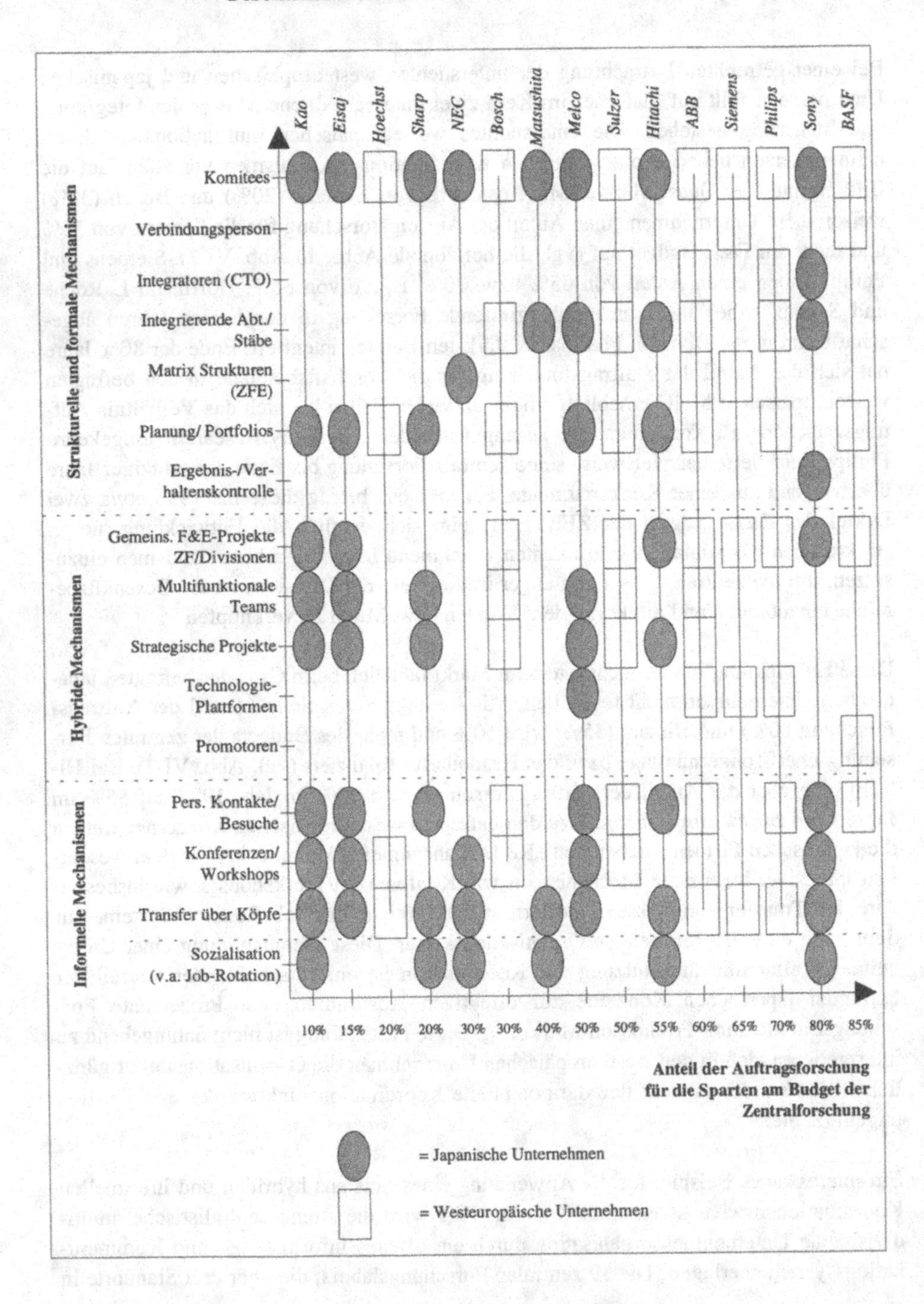

Japan verteilt sind, werden durch „Cross-Unit Development Teams", durch einen engen persönlichen Informationaustausch zwischen den Wissenschaftlern, gemeinsame Diskus-sionsrunden (Discussion Tables) und eine hohe Personalmobilität mit den Geschäftsbereichen koordiniert. Durch das Job Rotation System wird eine unternehmensübergreifende Kultur herausgebildet: Neue Mitarbeiter werden in der Regel in den Zentrallabors eingestellt und wechseln nach drei bis vier Jahren in andere betriebliche Funktionen. Auch Marketing und Vertrieb ist stark mit früheren Mitarbeitern der zentralen Labors besetzt, die immer noch ihre ehemaligen Kontakte aufrecht erhalten haben und Kundeninformationen ins F&E-System einspeisen. Diese Herausbildung einer unternehmensübergreifenden Kultur beschränkt sich allerdings auf die japanischen Unternehmensteile. Bisher ist es Kao nicht gelungen, weltweit eine universelle, integrierende Innovationskultur aufzubauen oder von den lokalen Innovationsaktivitäten konzernweit zu profitieren.

3 Management von Querschnittstechnologien und -themen

Auf die wachsende Bedeutung des Managements von Querschnittsthemen bzw. -technologien wurde schon mehrfach hingewiesen (vgl. Kap. I.1.2). Einige Unternehmen gehen den Weg der Differenzierung und bilden zentrale Forschungslabors, um dort die Kompetenzen für Querschnittstechnologien zu bündeln (vgl. Abb. VI-3). Matsushita Electric baute beispielsweise die „Corporate Multi Media Promotion Division" mit eigenem Multimedia-Zentrallabor auf, um für das multimediale Zeitalter gewappnet zu sein. Die Bildung von F&E-Labors geht auf jeden Fall einher mit hohen Investitionen und kann zum Teil von einem schmerzhaften Umstrukturierungsprozeß begleitet sein.

Strukturelle Koordinationsorgane werden nahezu von allen befragten multinationalen Unternehmen genutzt. Dazu können sogenannte Kerntechnologieverantwortliche gehören, die etwa bei Siemens als „personifiziertes Gewissen" einer Schlüsseltechnologie im Rahmen des Kerntechnologie-Managements eingesetzt werden. Aber auch Komitees oder Ausschüsse, die meist für andere Aufgaben gegründet wurden (z.B. F&E-Strategieentwicklung), sowie Stabsabteilungen, die im Rahmen ihrer Planungstätigkeit auch Querschnittsthemen koordinieren, werden aus der Gruppe der strukturellen Koordinationsorganie eingesetzt (vgl. Abb. VI-3). Darüber hinaus wurde in den vergangenen Jahren in einigen Unternehmen (z.B. ABB, Philips, Sony) die Position eines Chief Technology Officer (CTO) geschaffen, dessen Aufgaben und Kompetenzen aber von Unternehmen zu Unternehmen stark abweichen (vgl. auch die Studie von Adler/Ferdows 1990).

Eine sehr hohe Bedeutung für das Management von Querschnittstechnologien haben die hybriden Koordinationmechanismen. In den befragten Unternehmen werden unterschiedliche Instrumente dieses Typs eingesetzt, die Ausgestaltung und die Reichweite

Abbildung VI-3: Instrumente zum Management von Querschnittsthemen und -technologien

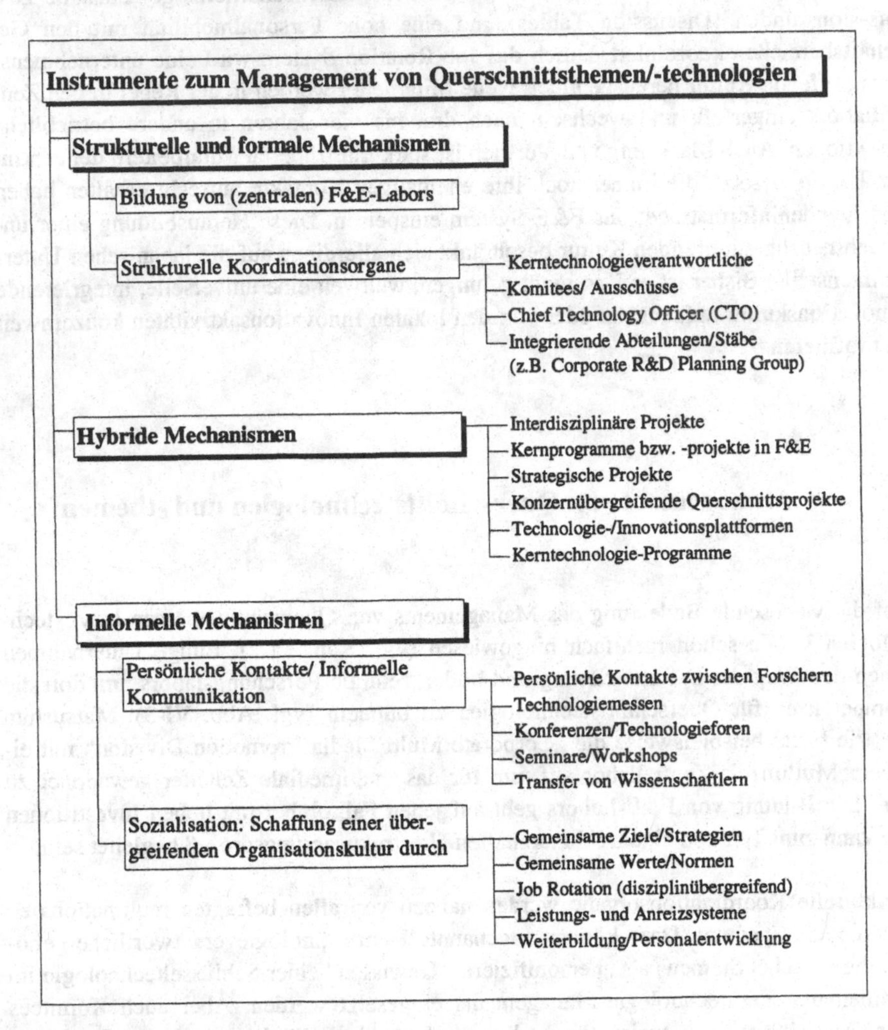

ist sehr unterschiedlich (vgl. Abb. VI-3). Querschnittstechnologien oder -themen werden auf verschiedenen Ebenen gebildet, und zwar (1) auf der Ebene eines zentralen Forschungslabors, (2) zur Verbindung weltweit verteilter zentraler F&E-Labors, (3) auf der Ebene der zentralen Forschung, (4) in Verantwortung eines Geschäftsbereichs oder (5) konzernübergreifend für das ganze Unternehmen. Verschiedene Ebenen können sich von Fall zu Fall auch überlappen. Die Koordination ist zum Teil ausschließlich national (vor allem in den japanischen Unternehmen) aber auch transnational wie bei ABB oder Philips ausgerichtet. Beispielhaft sind folgende neue Managementformen, die von einigen der untersuchten Unternehmen praktiziert werden und die eine abteilungs-, labor-, funktions-, geschäftsbereichs-, konzern- oder länderübergreifende Koordinationsfunktion haben:

- *Abteilungsübergreifende Koordination:* „Core Projects" und „Core Programmes" dienen im Hitachi Central Research Lab als Mechanismus zur Koordination verschiedener Technologien. Die Kernprojekte bzw. Kernprogramme liegen quer zu den technischen Abteilungen des zentralen Forschungslabors und beschränken sich auf die abteilungsübergreifende Koordination im Zentrallabor.
- *Labor- und bereichsübergreifende Koordination:* Das „Core Technology Program" wurde in den 70er Jahren von Uenohara für NEC entwickelt. Dieses Programm dient dazu, mögliche zukünftige Anwendungsfelder von neuen Produkten zu ermitteln und diese auf bestimmte Kerntechnologien zurückzuführen. Die Struktur der zentralen Forschung von NEC wird daher von 36 Kerntechnologien überlagert, die als langfristige Leitlinien für die Bestimmung zukünftiger Anwendungsfelder und die Ausrichtung der Forschung dienen. Mit Hilfe der Kerntechnologien werden dann Kernprojekte definiert, die in Kooperation der zentralen Forschung mit der Produktentwicklung der Geschäftsbereiche durchgeführt werden. Ein ähnliches System wurde bei der zentralen Forschung und Entwicklung von Siemens 1988 eingeführt.
- *Labor-, konzern- und länderübergreifende Koordination:* Bei Philips dient die Technologieplattform „Multimedia" zur Bündelung der Kompetenzen der fünf weltweit verteilten Zentrallabors. An den Programmen der Plattform beteiligen sich Philips Research und auch verschiedene Divisionen/Geschäftsbereiche.
- *Konzern- und funktionsübergreifende Koordination:* Zur konzernübergreifenden Koordination sind strategische Projekte geeignet, die nicht nur die Zentralforschung sondern unterschiedliche Geschäftsbereiche und Funktionen des Unternehmens umfassen. Die bereits an anderer Stelle geschilderten Gold Badge Special Projects von Sharp oder die „Tokken" Projects von Hitachi sind lediglich national orientiert und integrieren ausschließlich Unternehmenseinheiten in Japan.
- *Bereichs-, konzern- und länderübergreifende Koordination:* Der CTO hat bei ABB die Aufgabe, neben der Strategieentwicklung konzernübergreifende Querschnittsprojekte zu koordinieren (z.B. im Bereich Leittechnik, Mikroelektronik). Diese Vorhaben, an den mehrere Unternehmensbereiche mitwirken können, werden zwar nur in kleiner Anzahl lanciert, sind aber hochpolitisch und mit großen Budgets ausgestattet. Die Mehrzahl der Querschnittsprojekte wird aber nicht konzernübergreifend, sondern in Verantwortung der jeweiligen Sparte durchgeführt.

Die Gespräche in den Unternehmen und die Fallstudien zeigen, daß mehrere, sich ergänzende Instrumente eingesetzt werden. Bei Kao basiert die Bildung von Querschnittsthemen bzw. -technologien beispielsweise auf mehreren Ansatzpunkten. Zum einen hat das Unternehmen eine gemeinsame Wissensbasis formuliert und in die fünf Wissenschaftsdomänen „Fat and Oil Service", „Surface Science", „Polymere Science", „Biological Science" und „Applied Physics" gegliedert. Diese Bereiche wurden zum Kern aller Geschäfte und F&E-Anstrengungen erklärt und bilden den gemeinsamen Nenner aller Produktentwicklungsaktivitäten. Die verschiedenen Produktgruppen bzw. Divisionen greifen so auf gemeinsame Wissensgrundlagen zurück (z.B. die unterschiedlichen Produkte Haarkosmetik und Floppy Disk auf die Oberflächentechnik). Zudem wird mit dem Antritt von Yoshio Maruta als CEO unternehmensweit das Prinzip der Gleichheit aller Mitarbeiter beim Informationsaustausch vertreten. Durch die generelle Regel „Free

Access to Information" wurde eine intensive, bereichsübergreifende Kommunikation hergestellt. Das firmenweite PC-Informationssystem, zu dem alle Mitarbeiter Zugang haben, schafft Transparenz über firmeninternes Wissen und laufende Projekte. Kundeninformations- und Monitoring-Systeme sind eng gekoppelt mit dem Informationssystem der Forschung und der Divisionen. Job Rotation und eine hohe Personalmobilität, die systematisch durch Anerkennung, Motivation und Personalentwicklung gefördert wird, tragen ebenfalls zur technikübergreifenden Kohäsion bei. Die Karriereentwicklung ist *nicht* abhängig von einem Abteilungsleiter bzw. dem Verbleib in einer bestimmten Abteilung, der Mitarbeiter ist *im Unternehmen* angestellt. Nonaka/Takeuchi (1995, 170ff) bezeichnen Kao aufgrund seiner beispielhaften technik- und funktionsübergreifenden Koordinationsgestaltung als Unternehmen auf dem Weg zum Modell der „Knowledge-Creating Company".

Insgesamt weisen die Beispiele und Fallstudien darauf hin, daß die Unternehmen zum Management von Querschnittstechnologien und -themen strukturelle und informelle, vor allem aber verschiedene hybride Mechanismen einsetzen (vgl. Abb. VI-3). Die Auftragsforschung spielt in diesem Zusammenhang keine Rolle. Der Schwerpunkt liegt deutlich bei den hybriden Instrumenten, die offenbar besonders geeignet sind, bei einer gegebenen Aufbauorganisation verschiedene Technikgebiete, Wissenschaftsdisziplinen oder Themen quer zur Hierarchie zu verbinden. Die hybriden Koordinationsmechanismen - und auch das machen die Beispiele deutlich - können in der Anwendung durch informelle Instrumente (persönliche Kontakte/informelle Kommunikation, Sozialisation) hervorragend unterstützt werden.

4 Unterschiede in der Koordination weltweit verteilter F&E

Der Trend zur Internationalisierung von F&E hat in den untersuchten Unternehmen zugenommen: Bei Hoechst betrugen 1970 die F&E-Ausgaben im Ausland 5% und 1995 bereits fast 50%; der Schub der Internationalisierung erfolgte vor allem in den 80er und Anfang der 90er Jahre. Der Anteil der ausländischen F&E-Beschäftigten lag im Siemens-Konzern 1993 bei 28%, wobei von 1989-93 die ausländischen F&E-Beschäftigten um ca. 60% und die inländischen F&E-Beschäftigten nur um 6% zunahmen. Bei Sony Europe ist das F&E-Budget von 2 Mio. DM 1993 auf 100 Mio. DM 1996 gestiegen, Hitachi hat erst 1989 seine ausländischen F&E-Aktivitäten gestartet. Eisaj ist mit etwa 50% der F&E im Ausland von den untersuchten japanischen Unternehmen am weitesten internationalisiert. Die F&E-Internationalisierung der japanischen Unternehmen ist bei weitem noch nicht so ausgeprägt wie die der westeuropäischen Unternehmen; dies bestätigen die Studie von Roberts (1995), aber auch japanspezifische Untersuchungen (vgl. Odagiri/Yasuda 1994). Nahezu alle Konzerne gaben in den Interviews an, in Zukunft ihre F&E-Aktivitäten im Ausland weiter auszubauen.

Zur Koordination der geographisch verteilten F&E-Einheiten nutzen die untersuchten Unternehmen wiederum ein Set aus strukturellen/formalen, hybriden und informellen Mechanismen. Der Schwerpunkt liegt vor allem auf dem ersten und dritten Instrument, interne Märkte spielen keine Rolle. Ein wesentliches strukturelles Instrument sind die meist bereits bestehenden Strategieausschüsse (z.B. Strategy Committee, R&D Board, Produktplanungsausschuß), in denen die Abstimmung von F&E mit den Unternehmensstrategien erfolgt. Transnationale Komitees (z.B. Steering Technology Committee, Research Directors Conferences), die unmittelbar auf eine Integration der geographisch verteilten F&E-Labors zielen, bestehen nur in wenigen der befragten Unternehmen (Ciba-Geigy, Hoechst, LaRoche, Philips, Kao, Eisaj, Sony; vgl. Abb. VI-4). Die zentralen F&E-Planungsstäbe agieren als Verbindungsglied zwischen F&E-Aktivitäten und Konzernleitung sowie zwischen den geographisch verteilten F&E-Einheiten. Die befragten japanischen Konzerne haben in ihren „Corporate R&D Planning Groups" jeweils eine Abteilung, die spezifisch für das „Overseas Management" zuständig ist. Ein weiteres wichtiges Instrument ist die Einbeziehung der international verteilten F&E-Einheiten in die Planung und - sofern vorhanden - in das konzernweite Technologieportfolio. Chief Technology Officers mit explizit länderübergreifenden Aufgaben werden nur von wenigen Firmen genutzt.

Eine japanische Besonderheit ist die Etablierung von Verbindungspersonen („Liason Persons"), die im Hitachi-Fallbeispiel beschrieben wird. Die japanischen Konzerne nutzen intensiver als die westeuropäischen Firmen strukturelle Koordinationsmechanismen und sind durch eine hohe Zentralisation von Macht und Entscheidungsprozessen im Headquarter gekennzeichnet (vgl. Abb. VI-4). Die Unternehmensstrategien sind vor allem international oder global ausgerichtet. Kerntechnologien werden nach wie vor im Stammland konzentriert, und die Innovationsprozesse lassen sich durchweg als „Centre-for-Global" charakterisieren. Die Internationalisierung von F&E ist bei den japanischen Unternehmen im Vergleich zu Westeuropa und den USA nicht so weit fortgeschritten, und es wurden erhebliche Ängste deutlich, die Entwicklung von Kompetenzen fernab Nippons zuzulassen. Hier ist aber ein langsamer Umdenkungsprozeß hin zur Regionalisierung von Kompetenzen im Gange. Beispielsweise versuchte Sony, seine ausländischen F&E-Einheiten durch persönliche Kontakte unter Einbeziehung der sogenannten „Expatriates", durch Besuche von japanischen Managern bzw. Wissenschaftlern und durch eine konzernweite F&E-Planungsgruppe zu koordinieren. Nach jahrelangen mehr oder minder erfolglosen Versuchen sollen nun die Entscheidungsprozesse regionalisiert und auf die Regionalgesellschaften Sony Europe und Sony America übertragen werden. Die Abstimmung soll in Zukunft über die Chief Technology Officer beider Gesellschaften und die konzernweite F&E-Planungsgruppe erfolgen.

In der Gruppe der hybriden Mechanismen werden vor allem länderübergreifende F&E-Projekte eingesetzt (vgl. Abb. VI-4). Die Anwendung und deren Häufigkeit ist allerdings sehr unterschiedlich: In hochinternationalisierten Unternehmen wie Hoechst, ABB, Philips, Eisaj, Matsushita oder Sony gehört das Management länderübergreifender F&E-Projekte zum State-of-the-Art. Dagegen werden in anderen Unternehmen (z.B. BASF, Bosch, Siemens, Sulzer, Mitsubishi, Sharp) nur wenige internationale

Abbildung VI-4: Mechanismen zur Koordination weltweit verteilter F&E-Einheiten

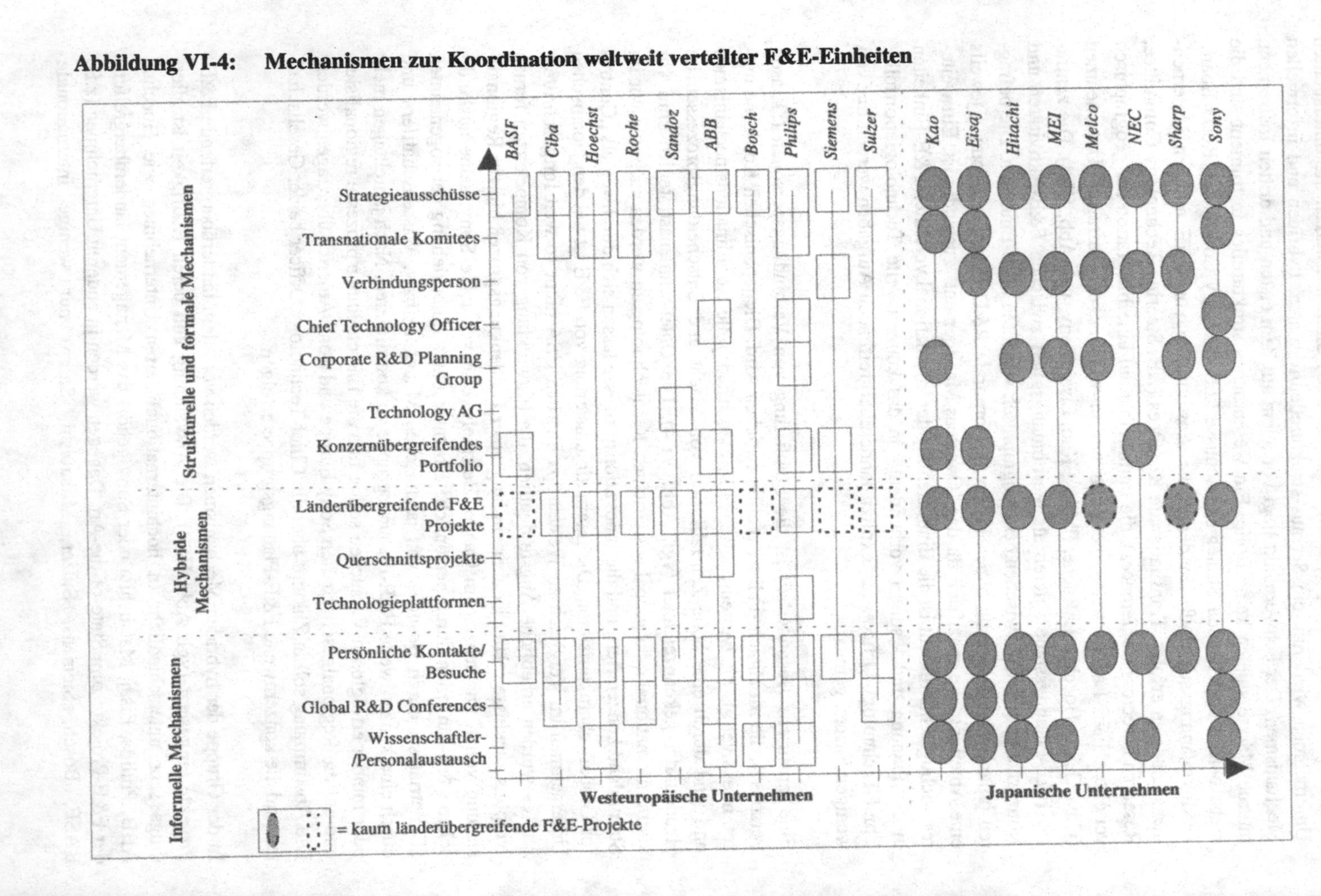

F&E-Projekte durchgeführt. Dies hängt einerseits sicher auch mit der geographischen Streuung und Bedeutung der Kompetenzen zusammen. Andererseits sind die ausländischen F&E-Einheiten in die strategischen Projekte jedoch meist nicht eingebunden. Ein Ausnahme davon bilden nur die wirklich transnationalen Unternehmen wie ABB oder Philips, bei denen die Kompetenzen zur Lösung strategischer Aufgaben weltweit integriert werden.

Persönliche, direkte Kontakte und Besuche sind bei allen befragten Unternehmen von hoher Bedeutung für die weltweite Kommunikation. Wichtig ist ein ausgiebiges informelles Kommunikationsnetzwerk, das durch globale F&E-Konferenzen oder Arbeitsgruppen unterstützt wird (vgl. Abb. VI-4). Der Transfer und Austausch von Forschern zwischen den geographisch verteilten F&E-Einheiten untereinander und mit der Zentralforschung im Stammland wird ebenfalls von vielen der befragten Firmen genutzt. In einigen Unternehmen bestehen regelrechte Austauschprogramme. Zur Unterstützung der direkten Kommunikation werden durchweg E-Mail, Video- und Telekonferenzen eingesetzt. In einigen Unternehmen bestehen internationale Datenbanken für F&E oder werden diese eingerichtet; ein ungelöstes Problem sind hierbei für die westeuropäischen Unternehmen vor allem Zugriffsrechte. Die elektronischen Hilfsmittel können bisher den „Person-to-Person"-Kontakt vor allem in Phasen der kontextorientierten Wissensgenerierung nicht ersetzen, der direkte Kontakt ist offenbar Voraussetzung für eine spätere technisch unterstützte Kommunikation.

Eine Besonderheit der japanischen Konzerne ist das konsequente Vorgehen bei der Erschließung zukunftsträchtiger Gebiete, die eine langjährige Vorlaufforschung erfordern. Es wird ein neues Forschungslaboratorium mit klarer Mission und guter finanzieller bzw. personeller Ausstattung gegründet. Sobald sich abzeichnet, daß das Thema geschäftsfähig ist, wird das Laboratorium in eine Division eingegliedert und die generierte Technologie zum Ausbau bestehender Geschäftsfelder genutzt. Diese Strategie verfolgt etwa Matsushita Electric und spiegelt sich in den wechselnden Aufgabenstellungen der international verteilten F&E-Labors wider. Alternativ dazu bildet das Laboratorium den Ausgangspunkt für eine neuzugründende Geschäftssparte, wenn das Unternehmen bislang in diesem Markt nicht vertreten ist (wie z.B. bei Canon, Matsushita, Sharp). Sind die neuen Geschäfte erfolgreich, wird die Konzernfinanzierung der F&E-Labors heruntergefahren, die sich dann zu 100% über gemeinsame Projekte mit dem Headquarter, den Divisionen oder Regionalgesellschaften finanzieren müssen.

5 Schlußfolgerungen: Vor- und Nachteile unterschiedlicher Muster der Koordination

5.1 Intelligentes, aufgabenspezifisches Set von Instrumenten

Die Auswertung der Interviews in den 18 Unternehmen bestätigt wiederum einen Teil von These (1): Für die Koordination der F&E-Aktivitäten sind nicht allein strukturelle, hierarchische Koordinationsinstrumente sondern ein Set aus unterschiedlichen Typen von Mechanismen erforderlich, um den Koordinationsaufgaben gerecht zu werden. Die Bedeutung von nicht-strukturellen, hierarchiefreien Instrumenten wächst vor diesem Hintergrund. Dazu gehören die informellen und sogenannten „hybriden" Koordinationsmechanismen sowie die Etablierung interner Märkte zum Austausch der F&E-Leistungen. Ein wichtiges Ergebnis ist, daß in den Unternehmen jedoch nicht die Auflösung der Hierarchie in der F&E-Organisation und der Ersatz der strukturellen, formalen Mechanismen sondern deren Ergänzung durch die anderen Koordinationsinstrumente bewirkt wird. Die verschiedenen Typen von Mechanismen müssen möglichst wirksam aufeinander abgestimmt sein, damit die Nachteile eines Instruments durch die Vorteile eines anderen kompensiert werden können. Wenn dies gelingt, kann von einem „intelligentem" Set verschiedener Koordinationsmechanismen gesprochen werden.

Zudem unterscheiden sich die Anwendungen erheblich hinsichtlich der Koordinationsaufgaben (vgl. auch Abb. VI-5):

(1) Die Integration von F&E in die Konzern- und Geschäftsbereichsstrategien erfolgt im wesentlichen über strukturelle Mechanismen, die durch hybride Formen unterstützt werden. Die japanischen Unternehmen nutzen dazu in erheblichem Maße auch Elemente zur Herausbildung einer organisationsübergreifenden Kultur.

(2) Zur Koordination der zentralen Forschung mit der Entwicklung der Geschäftsbereiche werden strukturelle, hybride, informelle und quasi-marktliche Instrumente genutzt. Die Vielzahl der Instrumente drückt auch die Schwierigkeit dieser Koordinationsaufgabe aus. Die westeuropäischen Konzerne setzen zunehmend auf interne Märkte während die japanischen Firmen weniger auf die Auftragsforschung sondern mehr auf die Koordinationskraft der Sozialisationsprozesse vertrauen.

(3) Die verschiedenen hybriden Instrumente sind offenbar sehr gut zum Management von Querschnittsthemen und -technologien geeignet und werden von den Unternehmen mehr und mehr genutzt. Diese werden in den Konzernen durch strukturelle und vor allem informelle Mechanismen in ihrer Wirkung unterstützt. These (2) findet daher durch die Interviews ebenfalls ihre Bestätigung.

(4) Zur Integration der geographisch verteilten F&E werden insbesondere strukturelle und informelle Mechanismen eingesetzt; auch hier spielen die hybriden Instrumente - vor allem bei den westeuropäischen Unternehmen - eine gewisse Rolle.

Abbildung VI-5: Intelligentes, aufgabenspezifisches Set von Koordinationsmechanismen

Koordinations-aufgabe	Koordinationsmechanismen							
	Strukturelle/formale Mechanismen		Hybride Mechanismen		Informelle Mechanismen		Interne Märkte	
	W-Firma	J-Firma	W-Firma	J-Firma	W-Firma	J-Firma	W-Firma	J-Firma
Integration von F&E in Konzern-/ Bereichsstrategien	***①		*	**	*	***②	0	
Koordination von zentraler Forschung und Entwicklung der Geschäftsbereiche	**		**		*	***②	***	*
Management von Querschnitts-technologien/-themen	*		***		**	***②	0	
Integration und Steuerung internationaler F&E-Einheiten	**	***	**	*	***③		0	

Legende:
- *** sehr hohe Bedeutung
- ** hohe Bedeutung
- * geringe Bedeutung
- 0 keine Bedeutung, wird nicht eingesetzt

① v.a. Komitees, Stäbe, Portfolios
② persönliche Kontakte/informelle Kommunikation, Sozialisation
③ persönliche Kontakte/informelle Kommunikation

Dieses Ergebnis bestätigt einen Teil von These (3): Die unternehmensinterne Koordination geographisch verteilter F&E-Einheiten erhält eine neue Qualität und muß jenseits der Formalisierung und Zentralisierung der Macht und des Entscheidungsprozesses im Stammland die Bandbreite weiterer Koordinationsinstrumenten nutzen.

Mit diesem Ergebnis wird auf breiterer empirischer Basis auch These (5) bestätigt, wonach die Ausgestaltung der Schnittstellen bzw. der Koordinationsaufgabe direkt auf den Koordinationsbedarf in F&E und die Auswahl bestimmter Koordinationsmechanismen wirkt. Zwischen den vier Aufgaben Integration von F&E in die Konzern- bzw. Geschäftsbereichsstrategien, Koordination der Zentralforschung mit der Entwicklung der Geschäftsbereiche, Management von Querschnittstechnologien bzw. -themen und Koordination der ausländischen F&E ergeben sich wesentliche Differenzierungen. Die Firmen bilden adäquate organisatorische Fähigkeiten heraus und gewinnen die erforderliche Erfahrung, um den funktions-, konzern- und länderübergreifenden Koordinationsbedarf zu bewältigen.

5.2 Vorteile und Nachteile japanischer Unternehmen

Interessant für die Gespräche in den Unternehmen war die Frage, ob die Unternehmen die Koordinationsfunktion des Sozialisationsprozesses systematisch und bewußt nutzen. Vergleichende Untersuchungen amerikanischer und japanischer Großunternehmen kommen zu dem Ergebnis, daß ein wesentlicher Wettbewerbsvorteil von multinationalen Unternehmen aus Japan darin zu sehen ist, daß den informellen Koordinationsmechanismen - insbesondere der Schaffung einer übergreifenden Unternehmenskultur - eine enorm hohe Bedeutung für die internen Abstimmungsprozesse zugestanden wird. Die Ergebnisse der eigenen Gespräche in den untersuchten Unternehmen zeigen signifikante Unterschiede zwischen der japanischen und westlichen Gestaltung der Koordination (vgl. Abb. VI-5): Japanische multinationale Unternehmen (J-Firmen) nutzen neben den strukturellen und hybriden Instrumenten vor allem die informellen Koordinationsmechanismen. Dagegegen setzen die westeuropäischen Unternehmen (W-Firmen) den Schwerpunkt auf eine Kombination aus strukturellen und hybriden Mechanismen gepaart mit marktlichen Instrumenten; letztgenannte sind jedoch nur zur Einbindung der Zentralforschung in die Geschäftsbereiche geeignet. Wo liegen hier die Vor- und Nachteile japanischer Unternehmen?

Ein zentraler Vorteil ist die effektive Abstimmung der Wertekette Forschung-Entwicklung-Produktion-Marketing, die auch in anderen Untersuchungen als ein entscheidender Wettbewerbsvorteil beschrieben wird (vgl. Nonaka/Takeuchi 1995; Odagiri/Goto 1993; Odagiri 1994, 97ff; Sakakibara/Westney 1985, 1992; Westney 1993, 1993a, 1994). Die erfolgreiche Koordination gelingt im wesentlichen durch ein ausgefeiltes System der Job Rotation, eine abteilungsunspezifische Karriereentwicklung und multifunktionale, sich überlappende Teams. Mitarbeiter von F&E gehen mit ihren Projekten in die Produktion oder wechseln zum Marketing und können danach wieder in ein F&E-Labor zurückkehren. Die Karriereplanung erfolgt abteilungs- und funktionsübergreifend, wodurch Abteilungs- und Funktionsegoismen abgebaut und die organisatorischen Grenzen durchlässiger werden. Nonaka (1990) beschreibt ausführlich den unterschiedlichen funktionalen Hintergrund in der Berufsbiographie einzelner Mitglieder von Neuproduktentwicklungsteams und die enorm koordinierende Wirkung dieser „Overlapping Teams".

Ein zweiter Vorteil der japanischen Konzerne ist in der Integration von F&E in die Unternehmensstrategien zu sehen, die durch die Schaffung gemeinsamer Werte, Normen und Ziele ermöglicht wird. Die Bedeutung des Prozesses der Formulierung und des Austauschs gemeinsamer Vorstellungen oder Ziele auf allen Hierarchieebenen wurde von den befragten japanischen Unternehmen immer wieder betont. In einer Untersuchung über die Unterschiede in der Wissensgenerierung innerhalb der Produktentwicklung in westlichen und japanischen Unternehmen bestätigen Hedlund und Nonaka (1993; Hedlund 1994) dieses Ergebnis: Die Sozialisation spielt als informeller Koordinationsmechanismus in den japanischen Unternehmen für die Generierung und Umsetzung der Strategien eine entscheidende Rolle. Der Prozeß der Strategieentwicklung erfolgt konsensorientiert und als Lernprozeß auf verschiedenen Hierarchieebenen.

Diesen Vorteilen im japanischen F&E-Management stehen aber auch Nachteile gegenüber. So wird durch das Job Rotation System zwar der Abstimmungsprozeß verbessert, aber eine Spezialisierung im Team bzw. der F&E-Tätigkeiten eher behindert. Während bei den westeuropäischen Unternehmen die Betonung auf der Spezialisierung der F&E-Mitarbeiter liegt und damit zwangsläufig der Koordinationsbedarf zunimmt, geben die japanischen Unternehmen bisher der effizienten Koordination den Vorrang. Dieses Muster befindet sich aber im Wandel. Nach der erfolgreichen Aufholjagd sind japanische Konzerne selbst in bestimmten Bereichen Weltmarktführer. Damit wandelte sich in den führenden, international tätigen Konzernen Japans die Orientierung von einer Imitationsstrategie auf eine Innovations- und Technologieführerschaft: Technologie soll vermehrt intern generiert werden und erfordert höhere Forschungsanstrengungen. Odagiri und Goto (1993, 110f) gehen für die Zukunft von einer wachsenden Bedeutung der grundlegenden Forschung in der Technologiepolitik und in den Konzernen aus. Letztendlich steht das japanische Management vor dem Dilemma „Koordinierung versus Spezialisierung": Die funktions- und konzernübergreifende Koordination ist besser gelöst, erschwert aber eine weitergehende wissenschaftliche und technische Spezialisierung der Forscher und Ingenieure.

Einen weiteren Nachteil der untersuchten japanischen Firmen stellt das Modell der übergreifenden Organisationskultur im internationalen Kontext dar. Während innerhalb des Konzerns in Japan die Koordination der Wertekette sehr erfolgreich ist, wird die Integration internationaler F&E erschwert. Die Übertragung der japanischen Kultur auf ausländische F&E-Einheiten stößt dort auf Ablehnung und führte zu regelrechten „Kultur-Schocks". Die untersuchten japanische Konzerne sind von einer exportorientierten, internationalen Strategie geprägt, die im Vergleich mit den westeuropäischen

Unternehmen erst relativ spät ab Mitte der 80er Jahre vor allem durch eine globale Strategie abgelöst wurde. Bartlett/Yoshihara (1988) weisen darauf hin, wie stark die Organisationsprozesse, überkommene strategische Annahmen sowie die Managementmentalität japanischer Konzerne an die exportorientierte Strategie gekoppelt waren. Aber auch innerhalb Japans gibt es Differenzierungen: Sony, Hitachi, Canon oder Eisaj sind neuere Beispiele für Versuche, F&E-Kompetenzen organisatorisch und geographisch zu dezentralisieren.

Insgesamt gesehen wird auf einer breiteren empirischen Basis die These (4) bestätigt: Ein zentraler Vorteil von japanischen multinationalen Unternehmen ist die hohe Bedeutung, die den informellen Koordinationsmechanismen (vor allem der Sozialisation) zugemessen wird. Die westeuropäischen Unternehmen unterschätzen die Koordinationsfunktion dieser Mechanismen und betonen eher strukturelle, formale sowie marktliche Koordinationsinstrumente. Diese „Kunst" der japanischen Unternehmen zur Nutzung der informellen Mechanismen für die Koordination der F&E ist allerdings (noch) auf Japan begrenzt.

VII. GESTALTUNGSMODELL: KOORDINATION VON F&E UND INNOVATION IM TRANSNATIONALEN UNTERNEHMEN

1 Zusammenfassung der wesentlichen Ergebnisse

1.1 Organisatorische und geographische Dezentralisierung der F&E

Das Management von F&E und Innovation hat sich seit Ende der 80er Jahre in den untersuchten westeuropäischen Unternehmen beträchtlich verändert. Eine weitreichende unternehmensinterne Veränderung stellt die *Kompetenzverlagerung weg von der zentralen F&E hin zur divisionalen F&E* dar: Mit der Bildung autonomer Divisionen oder strategischer Geschäftsbereiche hat die zentrale F&E erheblich an Einfluß, Kompetenz und F&E-Kapazitäten verloren. Vor dem Hintergrund eines steigenden finanziellen Aufwands für die Generierung von Innovationen und stagnierender oder abnehmender F&E-Intensitäten der westeuropäischen Unternehmen gerät die Zentralforschung mehr und mehr unter Rechtfertigungsdruck. Diese Kompetenzverlagerung geht einher mit einer engeren Einbindung der Zentralforschung in die kurzfristigeren Ziele der Geschäftsbereiche. In vielen der untersuchten westeuropäischen Unternehmen ist der Anteil der Auftragsforschung am Budget der zentralen F&E auf bis zu 85% gestiegen. Damit steht nur noch ein geringer Budgetanteil für langfristige Vorlaufforschung zur Verfügung. Offenbar rücken diese Firmen mehr und mehr vom Pfad der internen Generierung radikaler Innovationen ab.

Eine weitere bedeutende Veränderung besteht in der *wachsenden Internationalisierung von F&E* und dem Aufbau ausländischer F&E-Einheiten. Hier gehen die Unternehmen zunehmend dazu über, F&E-Kompetenzzentren mit globaler Verantwortung dort zu etablieren, wo in einem Technologiefeld oder Produktbereich weltweit am besten exzellente Forschung betrieben wird oder von einem „Lead Market“ gelernt werden kann. Kennzeichend für diese Strategie ist der Versuch, die Vorteile globaler Integration mit den Vorteilen lokaler Anpassungsfähigkeit zu verbinden und Innovationen dort zu generieren, wo weltweit die höchsten Kompetenzen vorhanden sind. In den Unternehmen mit dieser *transnationalen* Strategie rücken lokal gesteuerte und weltweit verknüpfte Innovationsprozesse in den Mittelpunkt der F&E- und Innovationsaktivitäten.

Insgesamt gesehen ist eine *wachsende organisatorische und geographische Dezentralisierung der F&E* der untersuchten westeuropäischen Unternehmen und die Herausbildung weltweit verteilter Kompetenzen zu beobachten. Die Vorteile der Dezentralisierung liegen in den Möglichkeiten zur flexiblen Reaktion auf lokale Veränderungen des Umfelds und zur Generierung von Wissen an den „Centers of Excellence“. Wesentliche Nachteile bestehen in den *Schwierigkeiten der Koordination konzernübergreifender*

Vorhaben und der Nutzung von Synergiepotentialen sowie in einer Verringerung der strategischen Kontrolle von Schlüsseltechnologien im Stammland.

Die beobachteten Entwicklungen in den westeuropäischen Unternehmen unterscheiden sich aber erheblich von den japanischen Konzernen. Die Internationalisierung von F&E ist bei weitem noch nicht soweit vorangeschritten, die ausländischen F&E-Einheiten sind in der Regel klein und stehen erst am Anfang der Entwicklung von unterstützenden Einheiten zu F&E-Zentren mit wirklich eigenständigen Kompetenzen. Zudem sind die internen Barrieren trotz der Bildung selbständiger „Companies“ oder „Business Groups“ nicht so ausgeprägt. Die Dezentralisierung und der Abbau von Kapazitäten der Zentralforschung findet nicht in vergleichbarem Ausmaß statt und setzte erst nach 1994 infolge der langanhaltenden Konjunkturschwäche ein. Desweiteren ist der Anteil der Auftragsforschung am Budget der Zentralforschung wesentlich niedriger als in den westeuropäischen Firmen und liegt in der Regel unter 50%. Letztendlich zeichnen sich hier zwei unterschiedliche Strategiemuster ab: Der *westeuropäische Strategietyp* ist auf kurzfristigen Return-on-Investment, Fokussierung auf Kerngeschäfte und Kernkompetenzen, Bündelung und Fokussierung der F&E-Aktivitäten sowie verstärkt inkrementale Innovationen ausgerichtet; die hochinternationalisierten Unternehmen verfolgen im Sinne von Bartlett/Ghoshal eine transnationale Strategie. Demgegenüber orientiert sich der *japanische Strategietyp* langfristig auf internes Wachstum, Diversifikation, den Aufbau eigener grundlegender Forschung und zunehmend radikale Innovationen; die Internationalisierungsstrategie ist noch durchweg als international oder global zu bezeichnen.

1.2 Veränderungen in der Koordinationsgestaltung

Für die Koordination der F&E- und Innovationsaktivitäten reichen allein strukturelle, hierarchische Instrumente nicht mehr aus. *Vor diesem Hintergrund wächst die Bedeutung von nicht-strukturellen, hierarchiefreien Instrumenten und der lateralen Koordination,* bei der die Kommunikation und der Informationsfluß nicht entlang der Hierarchie sondern quer zur vertikalen Rangordnung verläuft. Zu den nicht-strukturellen Instrumenten gehören die informellen und hybriden Koordinationsmechanismen sowie die Etablierung interner Märkte zum Austausch der F&E-Leistungen. In den Unternehmen konnte jedoch nicht festgestellt werden, daß dies die Ablösung der Hierarchie in der F&E-Organisation und den Ersatz der strukturellen, formalen Mechanismen bewirkt; vielmehr findet eine Komplettierung und Ergänzung durch die nicht-strukturellen Koordinationsinstrumente statt.

Die Bandbreite der eingesetzten Koordinationsinstrumente ist die Folge des hohen Koordinationsbedarfs innerhalb von F&E und von F&E mit anderen Unternehmensbereichen. Die Interdependenzen sind meist reziprok oder zumindest sequentiell, sodaß der hohe Koordinationsaufwand durch komplexe Koordinationsinstrumente gedeckt werden muß: *Ein Set aus unterschiedlichen Typen von Mechanismen ist erforderlich, um den hohen Anforderungen an die organisatorischen Fähigkeiten des Unternehmens gerecht zu werden.* Verschiedene Typen von Mechanismen müssen möglichst wirksam aufeinander abgestimmt sein, damit die Nachteile eines Instruments durch die Vorteile eines anderen kompensiert werden können. Von einem „intelligentem" Set kann dann gesprochen werden, wenn es diesen Anforderungen gerecht wird. Wesentliche Unterschiede in der Zusammenstellung dieses intelligenten Sets ergeben sich zwischen den vier Aufgaben Integration von F&E in die Konzern- bzw. Geschäftsstrategien, Koordination der Zentralforschung mit den Divisionen, Geschäftsbereichen oder Produktionsstätten, Management von Querschnittstechnologien bzw. -themen und Koordination der ausländischen F&E-Einheiten:

(1) F&E wird in der Vielzahl der untersuchten Unternehmen als strategisches Instrument begriffen. Die *Integration von F&E in die Konzern- und Geschäftsbereichsstrategien* erfolgt im wesentlichen durch strukturelle Mechanismen (Strategieausschüsse, CTO, F&E-Planungsstab, Portfolio-Management), die durch hybride Instrumente (verschiedene Formen von strategischen Innovationsprojekten) unterstützt werden. Eine konzernweite F&E-Strategie oder ein konzernweites Technologieportfolio existiert nur in wenigen Unternehmen. Die japanischen Unternehmen nutzen in erheblichem Maße den Planungsprozeß als Lernprozeß auf unterschiedlichen Hierarchieebenen und fördern so die Herausbildung einer übergreifenden Unternehmenskultur.

(2) Die *Koordination der zentralen Forschung mit den Divisionen, Geschäftsbereichen oder Produktionsstätten* bereitet den Unternehmen erhebliche Schwierigkeiten. Infolge der meist reziproken Interdependenzen entsteht ein hoher Koordinationsbedarf, der durch den Einsatz einer Vielzahl von strukturellen, hybriden, informellen und quasi-marktlichen Instrumenten gedeckt werden muß. Von den strukturellen Instrumenten werden Komitees, Integratoren, F&E-Planungsgruppen, Matrixstrukturen oder Portfolio-Management angewandt; die Standardisierung bzw. Formalisierung spielt in F&E keine Rolle. Gemeinsame, multifunktionale oder strategische Projekte und Technologieplattformen sind die wichtigsten hybriden Mechanismen. Von den informellen Instrumenten werden persönliche Kontakte bzw. Netzwerke, Workshops, Technologiemessen, Personaltransfer und Job Rotation genutzt. Der Anteil der Auftragsforschung am Budget der Zentralforschung ist bei den westeuropäischen multinationalen Unternehmen in der Regel wesentlich höher als bei den japanischen Firmen. Während die untersuchten Unternehmen aus Japan durch überlappende Teams und ein ausgefeiltes Job Rotation System auf die Koordinationskraft der Sozialisationsprozesse vertrauen, nutzen die Firmen aus Westeuropa zunehmend interne Märkte.

(3) Durch die Einrichtung strategischer Geschäftseinheiten und das Profit-Center-Prinzip haben sich rasch „Bereichsegoismen" und autonome Organisationseinheiten herausgebildet, die nach eigenem Erfolg streben. Zudem sind in den meisten Unternehmen die F&E-Abteilungen der zentralen Forschung bzw. der Geschäftsbereiche nach technischen Disziplinen organisiert. Die Unternehmen haben sich daher Koordinationsmechanismen geschaffen, um diese internen Barrieren zu überschreiten und konzernübergreifende Synergien für die Zukunftsgeschäfte her-

zustellen. Zum *Management von Querschnittstechnologien und -themen* eignen sich insbesondere strukturelle Koordinationsorgane (Komitees, Integratoren, integrierende Stäbe), hybride Mechanismen (interdisziplinäre oder strategische Projekte, Technologieförderprogramme, Technlogieplattformen), die informelle Kommunikation (direkte Kontakte, Konferenzen, Messen, Workshops, Wissenschaftlertransfer) und Sozialisation (v.a. Job Rotation).

(4) Mit zunehmender Internationalisierung der F&E und der Etablierung von Kompetenzen auch im Ausland erhält die *unternehmensinterne Koordination geographisch verteilter F&E-Einheiten* eine neue Qualität und muß jenseits der Formalisierung und Zentralisierung der Macht und des Entscheidungsprozesses im Stammland die Bandbreite von Koordinationsinstrumenten nutzen. Die Unternehmen setzen insbesondere strukturelle Instrumente (Komitees, Verbindungspersonen, Integratoren, F&E-Planungsgruppen, globale Planung) und die informelle Kommunikation (persönliche Kontakte, Besuche, globale F&E-Konferenzen, Personalaustausch) ein. Die westeuropäischen Unternehmen nutzen in höherem Maße auch hybride Instrumente (länderübergreifende F&E-Projekte, Technologieplattformen). In den japanischen Unternehmen existieren aufgrund der geringen F&E-Internationalisierung noch wenige Erfahrungen mit der Koordination. Die ausländischen F&E-Einheiten nehmen nicht an den strategischen Projekten teil, diese sind meist auf Japan begrenzt.

Zwischen japanischen und westeuropäischen Unternehmen gibt es ein signifikant unterschiedliches Muster hinsichtlich der Koordinationsgestaltung der F&E: Die japanische Unternehmen nutzen neben den strukturellen und hybriden Instrumenten vor allem die informellen Koordinationsmechanismen. Dagegegen legen die westeuropäischen Firmen den Schwerpunkt auf eine Kombination aus strukturellen und hybriden Mechanismen gepaart mit marktlichen Instrumenten. In den Interviews bei Unternehmen aus Westeuropa wurde auf die koordinierende Wirkung informeller Mechanismen kaum eingegangen, die Koordinationsfunktion informeller Mechanismen wird eindeutig unterschätzt. Dagegen liegt in der Fähigkeit zur Schaffung und Nutzung einer übergreifenden Unternehmenskultur für die Koordination ein beträchtlicher Vorteil der japanischen Unternehmen. Diese „Kunst“ der japanischen Unternehmen bewährt sich bei der Integration der Zentralforschung in die Konzern- und Geschäftsbereichsstrategien, bei der effektiven Abstimmung der Wertekette Forschung-Entwicklung-Produktion-Marketing sowie der konzernübergreifenden und lateralen Koordination. Die erfolgreiche Koordination gelingt durch das Job Rotation System, das mit einer abteilungsunspezifischen Personal- und Karriereentwicklung und langfristiger Beschäftigung einhergeht, durch multifunktionale, überlappende Teams und einen konsensorientierten Strategieentwicklungsprozeß, der als Lernprozeß genutzt wird. Diesen Koordinationsvorteilen stehen Spezialisierungsnachteile und Schwierigkeiten im Management ausländischer F&E-Einheiten gegenüber.

2 Einflußfaktoren auf die Koordination von F&E und Innovation

2.1 Direkte und indirekte Einflußfaktoren

Eine wichtige Fragestellung dieser Untersuchung war, welche Faktoren die Gestaltung der Koordination beeinflussen. Auf der Grundlage der Fallstudienergebnisse läßt sich der aus der Theorie abgeleitete Wirkungszusammenhang präziser formulieren (vgl. Kap. III.10.2, Abb. III-15) und ein Modell der direkten bzw. indirekten Wirkungen verschiedener Kontextparameter entwickeln.

Die Fallstudien bestätigen, daß die Strategien über die Differenzierung der F&E indirekt auf die Koordination wirken. Die Internationalisierungs- und Wettbewerbsstrategie sowie die Innovationsstrategie beeinflußen sowohl die Unternehmensorganisation als auch die Gestaltung der Differenzierung der F&E. Die Organisation des Unternehmens wirkt wiederum auf die F&E-Organisation. In den Fallstudien wird dies dadurch verdeutlicht, daß eine tiefgreifende Reorganisation der F&E *infolge* der Umstrukturierungen der Unternehmen durchgeführt wurde. Hinsichtlich der F&E-Koordination läßt sich folgender Wirkungszusammenhang herstellen (vgl. Abb. VII-1): Umweltkontext -> Internationalisierungs-/Wettbewerbsstrategie -> Innovationsstrategie -> Unternehmensorganisation -> F&E-Differenzierung -> F&E-Koordination. *Die Differenzierung der F&E wird demnach von den Strategien und der Unternehmensorganisation beeinflußt und wirkt direkt auf die Koordination der F&E.* Zwischen Differenzierung (bestehend aus Kompetenz- bzw. Entscheidungsverteilung und Konfiguration) und Koordination existiert ein enger Zusammenhang, der bei der Gestaltung der Koordination berücksichtigt werden muß.

Neben der F&E-Differenzierung sind *weitere direkte Einflußgrößen die Unternehmenskultur, die Koordinationsaufgabe, die Unsicherheit und Neuheit der Innovationsprojekte sowie der Kontext der Wissensgenerierung* (vgl. Abb. VII-1). Die *Unternehmenskultur* hat einen bedeutenden unmittelbaren Einfluß auf die Auswahl von Koordinationsmechanismen. Wesentliche Elemente der Unternehmenskultur sind die Grundhaltung, Werte und Normen des Managements und die Firmengeschichte. Die direkte Wirkung wird in den Fallstudien bestätigt: Ohne den multikulturellen Hintergrund wäre bei Philips der Übergang zum transnationalen Unternehmen und die Bildung bzw. Koordination geographisch verteilter F&E-Kompetenzzentren nicht möglich gewesen. Die auf „internes Unternehmertum" ausgerichtete, innovative Kultur bei Sony ist ein weiterer Beleg und zieht sich wie ein roter Faden durch die Gestaltung der F&E-Koordination; zudem ist diese Art der Unternehmenskultur für Japan gänzlich untypisch. Der Einfluß der Unternehmenskultur beschränkt sich nicht auf die Koordination, sondern findet sich gleichfalls in den Strategien und der Organisation wieder. In den Gesprächen wurde am

Abbildung VII-1: Modell der Einflußfaktoren auf die Koordination von F&E und Innovation

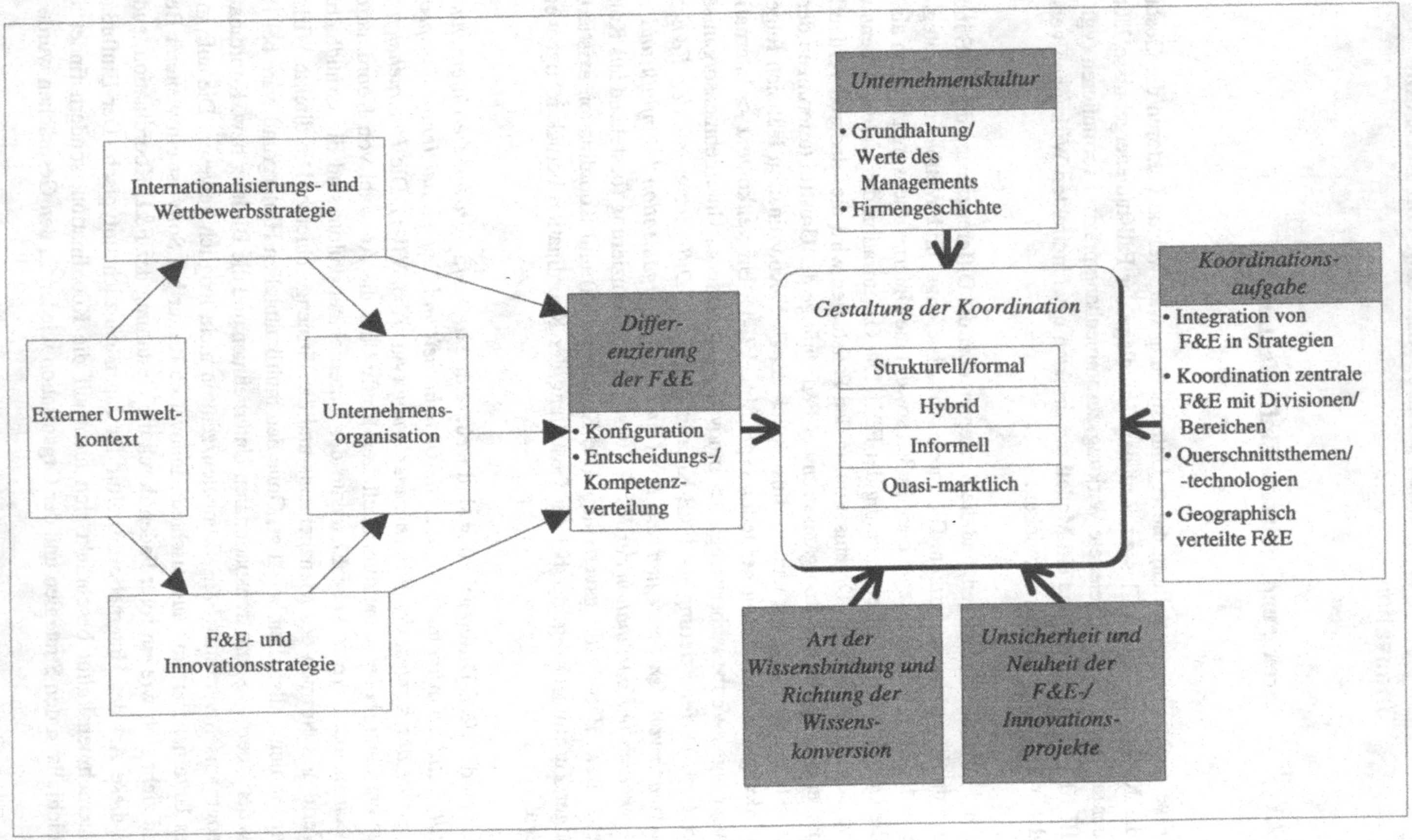

Internationalisierungs- und Wettbewerbsstrategie

Externer Umwelt-kontext

Unternehmens-organisation

F&E- und Innovationsstrategie

Differ-enzierung der F&E
- Konfiguration
- Entscheidungs-/Kompetenz-verteilung

Unternehmenskultur
- Grundhaltung/Werte des Managements
- Firmengeschichte

Gestaltung der Koordination

Strukturell/formal

Hybrid

Informell

Quasi-marktlich

Koordinations-aufgabe
- Integration von F&E in Strategien
- Koordination zentrale F&E mit Divisionen/Bereichen
- Querschnittsthemen/-technologien
- Geographisch verteilte F&E

Art der Wissensbindung und Richtung der Wissens-konversion

Unsicherheit und Neuheit der F&E-/Innovations-projekte

Rande immer wieder deutlich, wie stark der Strategieentwicklungsprozeß weniger von „harten" Fakten als vielmehr von der Intuition, Grundhaltung und Mentalität des Managements getragen wird. Die „strategische Wahl" wird wesentlich auf der Grundlage der Normen und Wertvorstellungen des dominierenden Managements getroffen.

Die *Koordinationsaufgabe* wirkt sich ebenfalls direkt auf den Koordinationsbedarf in F&E und die Auswahl bestimmter Mechanismen aus. Wesentliche Unterschiede ergeben sich zwischen den vier Aufgaben Integration von F&E in die Konzern- und Geschäftsbereichsstrategien, Koordination der Zentralforschung mit den Divisionen, Geschäftsbereichen und Produktionsstätten, Management von Querschnittstechnologien bzw. -themen und Koordination der ausländischen F&E (vgl. Abb. VII-1). Die Herausforderung an das Unternehmen ist, Erfahrungen mit verschiedenen Koordinationsinstrumenten zu erlangen und diese aufgabenspezifisch anzuwenden. Die Verfügbarkeit über dieses Erfahrungswissen und dessen Diffusion über organisatorische Grenzen hinweg sind essentielle Elemente der organisatorischen Fähigkeiten des Unternehmens.

Die *Unsicherheit und Neuheit von Innovationsvorhaben* haben ebenfalls eine direkte Wirkung auf die Koordination (vgl. Abb. VII-1). Je höher der Grad der Unsicherheit und Neuheit des Wissens ist, desto höher ist der Bedarf der Informationsverarbeitung und Wissensgenerierung und um so komplexer müssen die Koordinationsinstrumente sein. Auf der Basis der Fallstudien lassen sich Neuheits- und Unsicherheitsgrad durch mehrere Dimensionen beschreiben. Beim Neuheitsgrad sind elementare Aspekte die Neuheit (1) des technischen Wissens (grundlegende Forschung versus Entwicklung), (2) des Marktes (vorhandener bzw. zu generierender Markt) oder (3) der Innovation (inkrementale versus radikale Innovation). Zentrale Elemente des Unsicherheitsgrads sind (1) der Zeithorizont, (2) die Möglichkeit der Zielerreichung, (3) das Investitionsrisiko, (4) Return-on-Investment und (5) die Planbarkeit. Eine Wirkung der Innovationsphasen auf die Koordination konnte in den Fallstudien nicht festgestellt werden. Dies kann durch den fehlenden Verrichtungsbezug des Innovationsprozesses erklärt werden, da sich Objekt- und Verrichtungsbezug im Innovationsprozeß in der Regel vermischen.

Zur Wissensgenerierung und zum Wissenstransfer innerhalb des Unternehmens müssen die unterschiedlichen Arten der Wissensbindung („Tacit" und „Explicit Knowledge") und die verschiedenen Phasen der Wissenskonversion durchlaufen werden. Je notwendiger zur Problemerfassung und -lösung nicht-kodifizierbares Erfahrungs- und Hintergrundwissen oder der Kontext ist, um so mehr müssen hybride und informelle Mechanismen zur Koordination eingesetzt werden. Gleiches trifft für den Transfer von Wissen in andere Organisationseinheiten zu: Handelt es sich um die Übertragung von „reifen" Ergebnissen von Forschungsprojekten, dann reicht zur Koordination der marktliche Mechanismus aus. Ist der Austausch von nicht-kodifizierbarem Wissen notwendig, dann muß der persönliche Kontakt und die direkte Kommunikation hergestellt werden. Zur Vervollständigung und Institutionalisierung dieses Prozesses der organisatorischen Wissensgenerierung und des Wissenstranfers werden daher hybride und informelle Mechanismen benötigt. Diese ermöglichen erst den Wandel von gebundenem zu ungebundenem Wissen und vice versa. Die *Art der Wissensbindung und die Richtung der Wissenskonversion* wirken direkt auf die Koordination.

2.2 Einbeziehung der Wirkungsketten in Managemententscheidungen

Die hier analysierten Wirkungsketten müssen bei der Gestaltung der Koordination berücksichtigt werden. Die Unterscheidung in direkte und indirekte Wirkungen gibt dem Management Ansatzpunkte zum Design der F&E-Organisation. So ist z.B. bei einer Änderung der Innovationsstrategie sowohl die Differenzierung als auch die Koordination entsprechend zu formen. Von erheblicher strategischer Tragweite ist auch der direkte Zusammenhang zwischen Kompetenz- bzw. Entscheidungsverteilung, Konfiguration und Koordination. Ohne eine situationsadäquate Stimmigkeit dieser Strukturdimensionen untereinander können die Koordinationsaufgaben nicht erfüllt werden; hier müssen vom Management die strategischen Weichen gestellt werden. Die Abgrenzung von mittelbaren und unmittelbaren Wirkungen ist jedoch nicht gleichbedeutend mit der Reichweite des Einflußbereichs des F&E-Managements. Die Formulierung der Innovationsstrategie oder die Gestaltung der F&E-Organisation liegt beispielsweise nicht allein in den Händen des F&E-Managements und auch eine Änderung der Kultur dürfte ohne Einbeziehung des Gesamtunternehmens schwerlich gelingen. Innerhalb des internen Einflußbereichs des F&E-Managements befinden sich auf jeden Fall einzelne Faktoren des innovationsspezifischen Kontextes: Die Unsicherheit und Neuheit der Innovationsvorhaben und der Kontext der Wissensgenerierung.

In den Unternehmen konnte eine starke Unterscheidung zwischen dem Management radikaler und inkrementaler Innovationen beobachtet werden. Die Gründe hierfür liegen zum einen in einer höheren Effizienzorientierung in F&E und der Vermeidung von „Over-Engineering" bei der Gestaltung der Koordination. Zum anderen soll vor dem Hintergrund einer stärkeren Kundenorientierung der F&E der notwendige Freiraum für grundlegende Forschung gewährleistet werden. Das Wissen über den Zusammenhang zwischen einerseits der Anwendbarkeit verschiedener Typen der Koordination und andererseits der Unsicherheit bzw. Neuheit und der Art der Wissensbindung ist daher auch für das F&E- und Innovationsmanagement erforderlich und läßt sich dafür nutzen (vgl. Abb. VII-2). *Die hybriden und informellen Mechanismen sind stark personenorientiert und eignen sich daher besonders für die Koordination des organisatorischen Wissensgenerierungsprozesses, bei dem „Tacit Knowledge" ausgetauscht werden muß.* Zudem werden beide Typen für die Koordination von Innovationsprozessen mit einer hohen Unsicherheit und Neuheit benötigt. Ist das Wissen stark gebunden *oder* die Unsicherheit bzw. Neuheit sehr hoch, kann die Koordination nur durch den Einsatz hybrider und informeller Instrumente gelingen. Beide Instrumente können aber auch bei niedriger Unsicherheit bzw. Neuheit und Wandel von explizitem Wissen eingesetzt werden.

Im Gegensatz dazu eignen sich quasi-marktliche Instrumente für die Koordination, wenn die Unsicherheit bzw. Neuheit niedrig ist, und es sich um kodifizierbares, ungebundenes Wissen handelt (vgl. Abb. VII-2). Bei hoher Unsicherheit bzw. Neuheit oder beim Austausch von „Tacit Knowledge" ist der Preismechanismus zur Koordination ungeeignet, da lediglich explizites Wissen mit explizitem Wissen kombiniert werden

Abbildung VII-2: **Koordinationsmechanismen in Abhängigkeit von Unsicherheit, Neuheit und Wissensbindung**

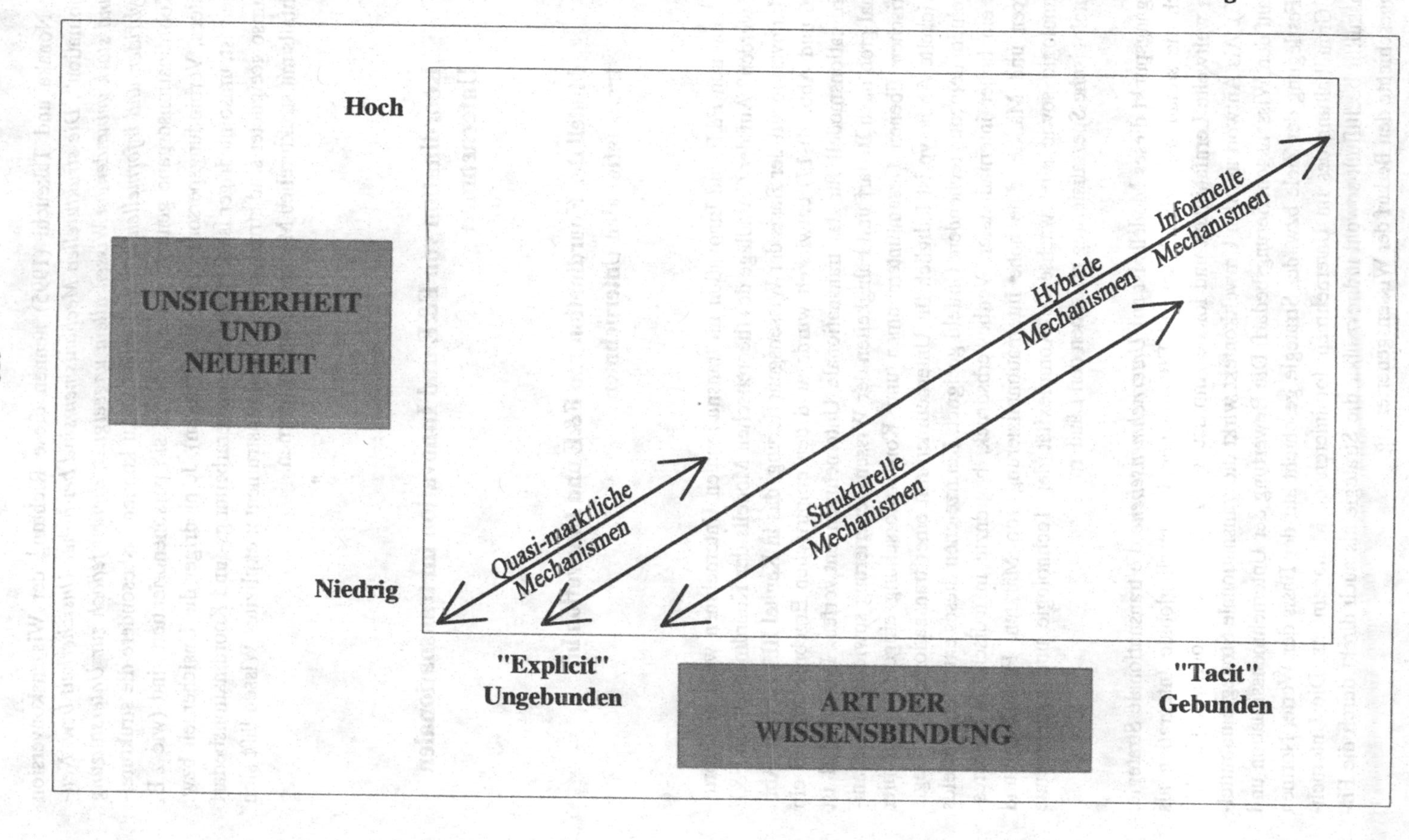

kann; Nonaka und Takeuchi (1995) nennen diese Richtung der Wissenskonversion „Combination". *Die strukturellen Mechanismen sind bei hoher Unsicherheit bzw. Neuheit und stark gebundenem Wissen allein ungeeignet, dienen jedoch zur Unterstützung der hybriden und informellen Mechanismen.* Dazu können insbesondere die strukturellen Koordinationsorgane genutzt werden, sofern sie personenorientiert sind (wie z.B. Komitees, Verbindungspersonen oder Integratoren). Je niedriger die Unsicherheit bzw. Neuheit ist, umso niedriger ist der Informationsverarbeitungs- und Koordinationsbedarf und umso geeigneter sind strukturelle, formale Instrumente; explizites Wissen läßt sich gleichfalls mit strukturellen Mechanismen abstimmen.

3 Koordination von F&E und Innovation im transnationalen Unternehmen

3.1 Modell der Koordination von F&E und Innovation im transnationalen Unternehmen

Wie kann nun F&E und Innovation im transnationalen Unternehmen weltweit koordiniert werden? Auf der Grundlage des theoretischen Modells der Koordination von F&E und Innovation auf der Basis der Wissensgenerierung, das in Kapitel III.10.3 (vgl. Abb. III-16 und Abb. III-17) entwickelt wurde, und den empirischen Ergebnissen wird ein Koordinationsmodell für das transnationale Unternehmen entworfen. Das Modell ist einmal grob nach Bedarf und Fähigkeiten der Wissensgenerierung sowie in die organisatorischen Ebenen Gesamtunternehmen und Konzernforschung eingeteilt. Der hier entwickelte Archetyp ist lediglich für Unternehmen mit einer transnationalen Strategie und einem dementsprechendem Umfeld geeignet. Kennzeichen dieses externen Umfelds sind ein hoher internationaler Wettbewerbsdruck, begrenzte inländische Wissensressourcen und Märkte, eine hohe Internationalisierung von Märkten, Produktion und Technologie sowie eine wachsende Komplexität der Technologie und zunehmende technologische Spezialisierung zwischen den Ländern.

Ausgangspunkt dieses Modells ist auf *Unternehmensebene* die transnationale Strategie, durch die situationsspezifisch sowohl Effizienzvorteile durch globale Integration als auch weltweite Lernfähigkeit und lokale Anpassung erzielt werden können (vgl. Abb. VII-3). Als Antwort auf den Umweltkontext wirkt die transnationale Strategie unmittelbar auf den Wissensgenerierungsbedarf. Die Bewertung der Unternehmenssituation und die Festlegung der Ziele bzw. der Strategie geschieht auf der Basis der Werte, Normen und Grundhaltung des im Unternehmen dominierenden Managements. Die Unternehmenskultur beeinflußt sowohl indirekt über die Strategie als auch direkt durch die Firmengeschichte den Bedarf der Wissensgenerierung.

Diesem Bedarf stehen die Fähigkeiten des Unternehmens zur Wissensgenerierung gegenüber (vgl. Abb. VII-3). Das integrierte Netzwerk stellt die situationsadäquate Strukturform dar: Es verfügt über eine Konfiguration weltweit verteilter, hochspezialisierter Ressourcen und Kompetenzen, zwischen denen meist reziproke Interdependenzen bestehen. Die Auslandsniederlassungen verfügen über differenzierte Rollen und Verantwortlichkeiten und liefern dementsprechend ihre Beiträge zu den weltweit integrierten Aktivitäten. Dieses Verständnis kann durch die eigene Empirie präzisiert werden: Transnationale Unternehmen verfügen über autonome, global agierende strategische Geschäftseinheiten, die in der Regel ihre Wertekette um F&E komplettiert haben und autonom in F&E-Entscheidungen sind. Die organisatorische und geographische Dezentralisierung ist weit fortgeschritten: Forschung und Etnwicklung ist hoch spezialisiert und wird weltweit in Entwicklungslabors, Technikzentren bzw. Entwicklungsabteilungen der Divisionen, Geschäftsbereiche bzw. Produktionsstätten und in weltweit verteilten Labors der Konzernforschung durchgeführt. Die komplexen, meist reziproken Austauschprozesse innerhalb des Unternehmens werden durch eine Vielfalt struktureller, hybrider, informeller und marktlicher Mechanismen koordiniert. Die Koordination erfolgt vertikal, horizontal und lateral, wobei insbesondere der direkte Informations- und Kommunikationsfluß zwischen den Beteiligten und die Dezentralisierung von Managemententscheidungen (laterale Koordination) unterstützt wird.

Ein weiteres bedeutsames Element des integrierten Netzwerks stellt die gemeinsame organisatorische Wissensbasis dar, darauf verweisen insbesondere die Beispiele der japanischen Firmen. Es wird eine gemeinsame unternehmensinterne Wissensbasis formuliert, die zum Ausgangspunkt aller Innovationen und F&E-Anstrengungen erklärt wird. Die verschiedenen Geschäftseinheiten oder Divisionen greifen auf diese Wissensgrundlagen zurück. Durch den unternehmensinternen, freien Zugang zu Informationen kann eine intensive, funktions- und bereichsübergreifende Kommunikation hergestellt werden. Ein firmenweites PC-gestütztes Informationssystem schafft Transparenz über vorhandenes Wissen oder laufende F&E-Projekte und ist allen Mitarbeitern zugänglich. Kundeninformations- und Monitoring-Systeme sind eng mit dem Informationssystem der Zentralforschung und der Divisionen gekoppelt. Die organisatorische Wissensbasis, in der die Unternehmensvisionen, Organisationskultur, Technologien und Datenbasen enthalten sind, überlagert die organisatorischen Schichten des Unternehmens.

Auf der *funktionalen Ebene* wurde die Konzernforschung in den Mittelpunkt der Betrachtung gestellt, da diese im Zentrum der empirischen Erhebung stand. Diese Auswahl ist nicht zwingend, es hätten auch die gesamten F&E-Aktivitäten betrachtet werden können. Ausgangspunkt hier ist wiederum die Strategie, und zwar die transnationale Innovationsstrategie, die für die unternehmensinternen Aktivitäten durch folgende Elemente charakterisiert werden kann (vgl. Abb. VII-3):

Abbildung VII-3: Modell der Gestaltung der Koordination von F&E und Innovation im transnationalen Unternehmen

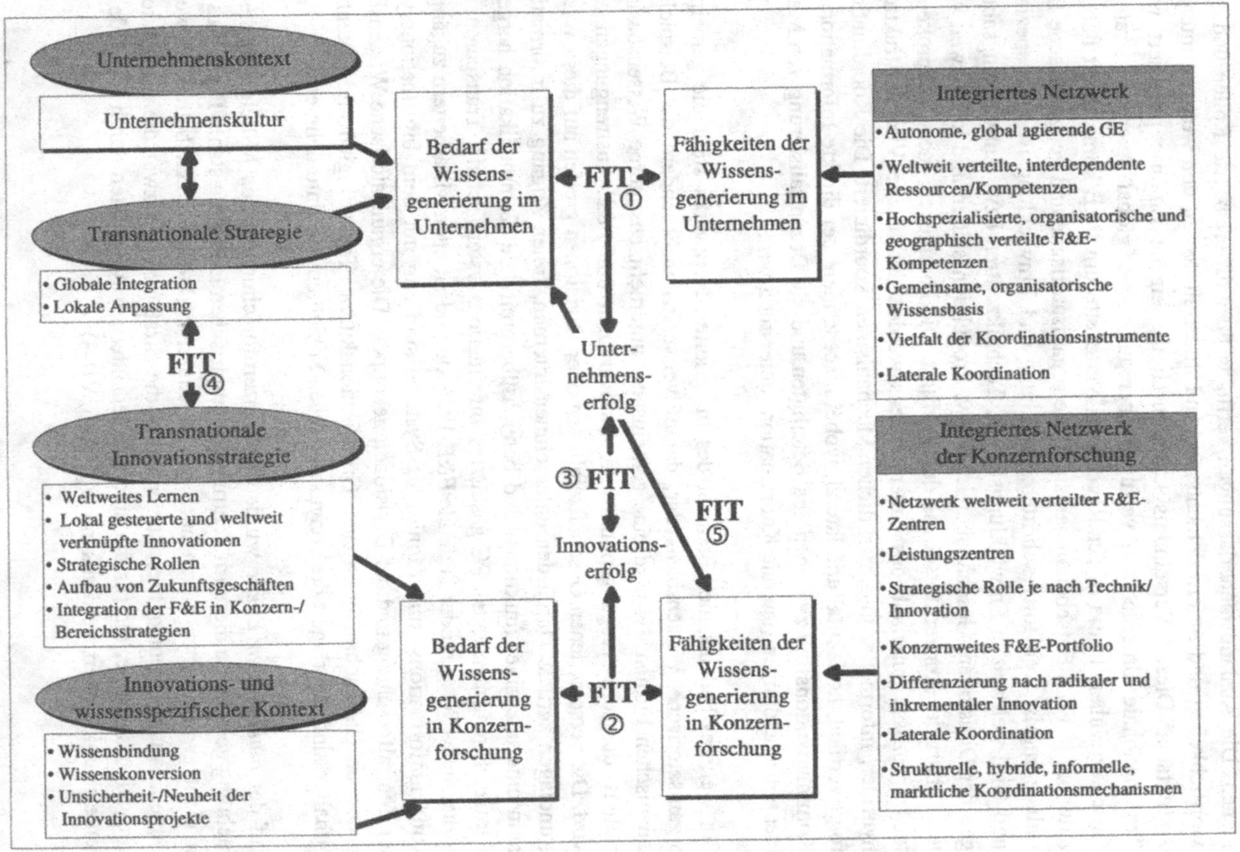

Unternehmenskontext

Unternehmenskultur

Transnationale Strategie

- Globale Integration
- Lokale Anpassung

FIT ④

Transnationale Innovationsstrategie

- Weltweites Lernen
- Lokal gesteuerte und weltweit verknüpfte Innovationen
- Strategische Rollen
- Aufbau von Zukunftsgeschäften
- Integration der F&E in Konzern-/Bereichsstrategien

Innovations- und wissensspezifischer Kontext

- Wissensbindung
- Wissenskonversion
- Unsicherheit-/Neuheit der Innovationsprojekte

Bedarf der Wissensgenerierung im Unternehmen

FIT ①

Fähigkeiten der Wissensgenerierung im Unternehmen

Unternehmenserfolg

③ FIT

Innovationserfolg

FIT ⑤

Bedarf der Wissensgenerierung in Konzernforschung

FIT ②

Fähigkeiten der Wissensgenerierung in Konzernforschung

Integriertes Netzwerk

- Autonome, global agierende GE
- Weltweit verteilte, interdependente Ressourcen/Kompetenzen
- Hochspezialisierte, organisatorische und geographisch verteilte F&E-Kompetenzen
- Gemeinsame, organisatorische Wissensbasis
- Vielfalt der Koordinationsinstrumente
- Laterale Koordination

Integriertes Netzwerk der Konzernforschung

- Netzwerk weltweit verteilter F&E-Zentren
- Leistungszentren
- Strategische Rolle je nach Technik/Innovation
- Konzernweites F&E-Portfolio
- Differenzierung nach radikaler und inkrementaler Innovation
- Laterale Koordination
- Strukturelle, hybride, informelle, marktliche Koordinationsmechanismen

- Lernen von weltweit verteilten führenden Märkten und Zentren der Spitzenforschung;
- lokal gesteuerte Innovationen: Wissensgenerierung und Nutzung der Ressourcen vor Ort und Übertragung der lokal entwickelten Innovationen auf andere Länder;
- weltweit verknüpfte Innovationsprozesse: Realisierung von weltweit verteilten, unternehmensinternen Synergien;
- Zuordnung von strategischen Aufgaben auf die jeweiligen F&E-Einheiten entsprechend der strategischen Bedeutung des lokalen Umfelds und der vor Ort verfügbaren Ressourcen bzw. Fähigkeiten;
- langfristiger Aufbau von Zukunftsgeschäften an den weltweit führenden Standorten;
- Integration der Konzernforschung in die Strategien der global agierenden Geschäftsbereiche und des Konzerns.

Neben der transnationalen Innovationsstrategie wirkt der Wissenskontext unmittelbar auf den Bedarf der Wissensgenerierung in der Konzernforschung, der - wie bereits ausführlich erläutert - je nach Art der Wissensbindung und der Richtung der Wissenskonversion unterschiedlichen Anforderungen unterliegt. Zudem beeinflußt der Grad an Unsicherheit und Neuheit der Innovationsvorhaben gleichfalls direkt den Wissensgenerierungsbedarf.

Die situationsadäquate Strukturform ist das integrierte Netzwerk der Konzernforschung (vgl. Abb. VII-3). Dieses besteht aus weltweit verteilten F&E-Kompetenzzentren, die jeweils an den von der Forschung, Technologie oder dem Markt her führenden Standort angesiedelt sind. Die F&E-Kompetenzzentren wurden von Kosten- in Leistungszentren umgewandelt, die im Rahmen der Auftragsforschung weltweit ihre F&E-Leistungen den Divisionen, Geschäftsbereichen oder Produktionsstätten als Kunden anbieten. Für konzernweite Aufgaben werden die verantwortlichen Zentrallabors standortübergreifend verknüpft. Lokal gesteuerte und weltweit verknüpfte Innovationsprozesse haben gegenüber den zentralen und lokalen Innovationen wesentlich an Stellenwert gewonnen. Zur Erneuerung, Weiterentwicklung und Planung der geographisch verteilten Kompetenzen ist ein konzernweites, strategisches F&E- bzw. Technologie-Portfolio notwendig.

Jedem F&E-Zentrum wird für ein Technikgebiet oder eine Innovation eine bestimmte strategische Rolle zugewiesen, die F&E-Einheit nimmt folglich je nach dem eine Vielzahl unterschiedlicher strategischer Aufgaben war. Die Rollenzuordnung folgt in der Unternehmenspraxis in etwa den beiden Kategorien „strategische Bedeutung des Umfelds“ und „lokale Kompetenzen bzw. Ressourcen“. Hierbei wird das lokale Umfeld nach der Relevanz des Marktes, der Exzellenz der Forschung, dem Gewicht der unternehmensinternen Kunden bzw. der lokalen Wertschöpfung oder der regulatorischen Rahmenbedingungen beurteilt. Bei einer hohen Bedeutung des Umfelds und hoher Ressourcen bzw. Fähigkeiten vor Ort ist das F&E-Zentrum strategisch führend und verantwortlich für die jeweilige Innovation oder das jeweilige Technikgebiet. Wenn der Stellenwert des Umfelds hoch ist, aber die Ressourcen vor Ort niedrig sind, handelt es sich um einen „Horchposten“ zur Beobachtung der Technik- bzw. Markttrends und zum Aufspüren neuer Geschäftsfelder. Ein geringes Gewicht des lokalen Umfelds gepaart mit einer hohen Kompetenzausstattung führt zur Reduzierung der lokalen Ressourcen. Einige Unternehmensbeispiele zeigen, daß die gesamte Konzernforschung weltweit reorganisiert wird, wenn letztgenannter Fall z.B. aufgrund von Marktveränderungen in mehreren Labors auftritt. Beispiele für F&E-Einheiten mit niedriger Umfeldrelevanz und Kompetenz wurden für die Konzernforschung nicht beobachtet. Da es sich hier um rein unterstützende Aktivitäten und die Umsetzung zentraler Innovationen handelt, ist diese Rollenzuweisung für den Bereich der Konzernforschung nicht sinnvoll.

Hinsichtlich der Koordination dieser komplexen Prozesse und der Integration der Konzernforschung in die anderen Unternehmensbereiche ist ein Set aus strukturellen, hybriden, informellen und quasi-marktlichen Mechanismen erforderlich; dieses ist ein wichtiges Kennzeichen des integrierten Netzwerks (vgl. Abb. VII-3). Wachsende Relevanz kommt hier den nicht-strukturellen, insbesondere den hybriden und informellen Koordinationsmechanismen zu. Zudem machen die Fallbeispiele deutlich, wie notwendig die Förderung der Kommunikation und des Informationsflusses quer zur Hierarchie und zwischen den unmittelbar Beteiligten ist; wichtig ist daher die Gestaltung der lateralen Koordination. Ein weiteres Element des integrierten Netzes ist ein differenziertes, weltweites Management radikaler und inkrementaler Innovationen. Auf der Ebene einzelner F&E-Vorhaben bedeutet dies, daß die Projekte je nach Charakter an einer Lokalität oder an geographisch verteilten Standorten durchgeführt werden. Gaßmann (1997) weist darauf hin, daß wesentliche Determinanten hierbei die Separabilität und Strukturierbarkeit der Projektaufgaben und die Kodierbarkeit der zu übertragenden Informationen sind. Je höher der Grad der Strukturierbarkeit und der Separabilität und je leichter Information kodifizierbar ist, umso eher kann ein Projekte an mehreren Standorten gleichzeitig bearbeitet werden.

Umstritten ist die Notwendigkeit eines Netzwerk-Zentrums: Während Bartlett/Ghoshal (1989) kein Erfordernis sehen und ein Zentrum als historisch determiniert betrachten, besitzt die Konzernforschung in den untersuchten transnationalen Unternehmen durchaus ein Zentrum, und zwar im jeweiligen Stammland in der Nähe des Headquarters. Die Lage ist sicher durch die Geschichte des Unternehmens bestimmt, allerdings dürfte ein Zentrum zum Zusammenhalt und strategischen Management des Netzwerks (z.B. Generierung des konzernweiten F&E- bzw. Technologie-Portfolios, Standortentscheidungen) von erheblichem Vorteil sein.

Zwischen den entscheidenden Schnittstellen müssen Übereinstimmungen („Fits") bestehen, damit der Prozeß der organisatorischen Wissensgenerierung vollständig ablaufen kann. Die Effektivität des Unternehmens ist zuerst einmal abhängig von der Qualität des Fit (1), d.h. von der Übereinstimmung des Wissensbedarfs des Unternehmens, der von der transnationalen Strategie und der Unternehmenskultur beeinflußt wird, mit den Fähigkeiten zur Wissensgenerierung, die durch das integrierte Netzwerk mit den beschriebenen Strukturdimensionen sichergestellt werden sollen (vgl. Abb. VII-3). Für die Konzernforschung muß in Fit (2) der Wissensbedarf, der durch die transnationale Innovationsstrategie, den Wissenskontext und die Unsicherheit bzw. Neuheit bestimmt wird, mit den Fähigkeiten der Wissensgenerierung übereinstimmen, die durch die Strukturdimensionen des integrierten Netzwerks der Konzernforschung erreicht werden sollen. Maßstab ist jeweils die Effektivität der organisatorischen Wissensgenerierung, die zum Innovationserfolg und zum Unternehmenserfolg (Fit (3)) führen muß. Die Innovationsstrategie muß in die transnationale Strategie des Unternehmens (Fit (4)) integriert sein, da sonst - und das zeigen die Unternehmensgespräche - zwar F&E im strategisch wichtigen Umfeld lanciert wird, aber nicht die notwendigen Ressourcen zum Aufbau der Fähigkeiten vor Ort zur Verfügung gestellt werden. Fit (5) geht davon aus, daß die situationsadäquate Strukturform der Konzernforschung der Strukturform und dem Wissensgenerierungsbedarf des Gesamtunternehmens entsprechen muß. Dies wird durch die Form des integrierten Netzwerks und die adäquate Gestaltung der Koordination der Konzernforschung mit den anderen Unternehmensbereichen erzielt.

3.2 Koordination der Konzernforschung im transnationalen Unternehmen

Im folgenden wird der Koordinationsaspekt des integrierten Netzwerks der Konzernforschung detaillierter ausgeführt. Diese Mikroperspektive behandelt die vier Koordinationsaufgaben Integration von F&E in die Konzern- bzw. Geschäftsbereichsstrategien, Koordination der Zentralforschung mit der Entwicklung der Divisionen/Geschäftsbereiche, Management von Querschnittstechnologien bzw. -themen und Koordination der F&E-Zentren an den weltweiten Standorten.

Die *Integration der Konzernforschung in die Konzern- und Geschäftsbereichsstrategien* sollte im transnationalen Unternehmens vor allem durch strukturelle und hybride aber auch informelle Instrumente erfolgen. Im einzelnen sind dies:

- Strategieausschüsse;
- Chief Technology Officer;
- konzernweiter F&E-Planungsstab, der organisatorisch außerhalb der Konzernforschung angesiedelt ist und direkt dem CEO berichtet;
- Bestimmung und Überprüfung eines konzernweiten strategischen F&E- bzw. Technologie-Portfolios;
- verschiedene Formen strategischer Innovationsprojekten;
- Nutzung des Planungsprozesses als Lernprozeß auf unterschiedlichen Hierarchieebenen und zur Entwicklung gemeinsamer Normen, Werte, Ziele und Strategien.

Ein ausgesprochen hoher Informationsverarbeitungs- und Wissensbedarf besteht aufgrund der meist reziproken Interdependenzen in der *weltweiten Koordination der Konzernforschung mit den Divisionen, Geschäftsbereichen oder Produktionsstätten.* Bei dieser überwiegend horizontalen Koordinationsebene ist jedoch die Unterstützung der lateralen Koordination zwischen den weltweit verteilten Technologielieferanten und

Technologiekunden unentbehrlich. Daher sollten auch Instrumente jeweils aus der strukturellen, hybriden, informellen und quasi-marktlichen Kategorie eingesetzt werden:

- Management-Komitees;
- Integratoren (z.B. CTO, Koordinatoren Bereiche-Konzernforschung);
- konzernweiter F&E-Planungsstab;
- Bestimmung von Kerntechnologien bzw. Kerntechnologie-Repräsentanten und Bilden einer Matrix aus „Technologielieferant“ und „Technologiekunde“;
- Management des konzernweiten strategischen F&E-Portfolios;
- multifunktionale Projekte oder überlappende Teams;
- Technologieplattformen;
- Promotoren;
- persönliche Kontakte bzw. Netzwerke;
- Seminare, Workshops, Technologiemessen, Konferenzen;
- Personaltransfer;
- Job Rotation, Weiterbildung und abteilungsunspezifische Karriereentwicklung;
- Innovationsmandat und internes Unternehmertum;
- Auftragsforschung für Divisionen, Geschäftsbereiche, Tochterunternehmen.

Auf die wachsende Bedeutung des *Managements von Querschnittsthemen bzw. -technologien* und der lateralen Koordination wurde schon mehrfach hingewiesen. Im transnationalen Unternehmen werden folgende Instrumente zur abteilungs-, labor-, funktions-, geschäftsbereichs-, konzern- oder länderübergreifenden lateralen Koordination unter Einbindung der Konzernforschung genutzt:

- Komitees oder Ausschüsse;
- Verbindungspersonen oder Integratoren (z.B. CTO, Kerntechnologieverantwortliche);
- konzernweiter F&E-Planungsstab;
- inter- oder transdisziplinäre Projekte, konzernübergreifende Querschnittsprojekte;
- konzernweite Technologieförderprogramme;
- konzernweite Technologie- bzw. Innovationsplattformen;
- persönliche Kontakte und Netzwerke zwischen Forschern;
- Konferenzen, Technologieforen, Workshops, Seminare;
- Wissenschaftlertransfer;
- technische Disziplinen übergreifende Job Rotation, Weiterbildung und abteilungsunspezifische Karriereentwicklung.

Die *Koordination der weltweit verteilten F&E-Kompetenzzentren* der Konzernforschung geschieht im transnationalen Unternehmen im wesentlichen mit den gleichen, hier beschriebenen Instrumenten. Das Erstellen des konzernweiten F&E- bzw. Technologie-Portfolios beeinhaltet beispielsweise die Bestimmung der Kapazitäten, Fähigkeiten und F&E-Projekte jedes F&E-Zentrums und die Koordination innerhalb der Konzernforschung. Die Planung wird ebenfalls durch den konzernweiten F&E-Planungsstab durchgeführt. An den internationalen Projekten oder den Technologieplattformen beteiligen sich je nach Kompetenz die geographisch verteilten F&E-Zentren. Ein beträchtlicher

Unterschied zu anderen Unternehmen ist, daß dies auch für strategische Innovationsprojekte gilt. Eine spezielle Organisationsform für ausländische F&E-Einheiten wie z.B. internationale F&E-Divisionen widerspricht dagegen der Auffassung vom transnationalen Unternehmen. Sinnvolle spezifische Instrumente sind aber:

- Komitees oder Strategiekonferenzen der Direktoren der F&E-Zentren;
- Einbeziehung der geographisch verteilten F&E-Zentren in das konzernweite strategischen F&E-Portfolios; Durchführung der Planung durch konzernweiten F&E-Planungsstab;
- standortübergreifende, gemeinsame Projekte;
- Technologieplattformen;
- Besuche, persönliche Kontakte und Netzwerke;
- Seminare, Workshops, Technologiemessen, Konferenzen;
- laborübergreifender Personaltransfer;
- Job Rotation zwischen den Labors, Weiterbildung und abteilungsunspezifische Karriereentwicklung.

Abschließend sei nochmals darauf hingewiesen, daß bei der Gestaltung der Koordination ein großer Handlungsspielraum für das Management besteht. Von den hier dargestellten Instrumenten sollte jeweils ein Auswahl getroffen werden. Das Koordinationsset sollte verschiedene Instrumente enthalten, um Nachteile der Mechanismen wechselseitig zu kompensieren. Der Argumentation von Ghoshal und Nohria (1993) folgend ist die Vielfalt der Instrumente von einer dominanten, leitenden Kategorie zu überlagern. Dieser „integrierende" Mechanismus kann struktureller, hybrider, informeller oder marktlicher Art sein und sollte der vorherrschenden Unternehmenskultur entsprechen.

4 Schlußbemerkung

Zu Beginn dieser Arbeit wurde beschrieben, daß die Gestaltung der Koordination von F&E und Innovation in international tätigen Unternehmen ein unzureichend erforschtes Gebiet darstellt. Mit der Beschreibung und Systematisierung einzelner Koordinationsmechanismen, der Darstellung verschiedener Einflußfaktoren auf die Koordination und der Entwicklung des Koordinationsmodells auf der Basis der Wissensgenerierung sollte ein Beitrag zur Schließung dieser Lücke erfolgen. Das dargestellte Manko der Management- und Innovationsforschung führte dazu, daß in den Mittelpunkt der Untersuchung die Modellgenerierung und nicht die Überprüfung des Modells gestellt wurde. Dabei wurde gar nicht erst versucht, die beste oder optimalste Organisationsform zu finden, sondern aufbauend auf dem situationstheoretischem Ansatz die unterschiedlichen Kontexte bzw. Einflußgrößen auf die Differenzierung und Koordination ermittelt. Auf der Grundlage des situativen Ansatzes, dem „Information Processing Approach" und der Theorie der organisatorischen Wissensgenerierung wurde ein Modell zur Koordination von F&E und Innovation entwickelt, das die verschiedenen Kontexte und Parameter einbezieht. Dieses Konstrukt diente als theoretische Grundlage und wurde mittels der Fallstudien präzisiert. Ergebnis dieser Arbeit ist die Entwicklung dieses Koordinationsmodells auf der Basis der organisatorischen Wissensgenerierung, eine empirische Überprüfung steht aber noch aus. Dazu wäre eine stärkere Operationalisierung der Einflußgrößen auf die Koordination und des Prozesses der organisatorischen Wissensgenerierung erforderlich, und auch die Messung des Innovations- und Unternehmenserfolg müßte einbezogen werden.

Das Koordinationsmodell wurde für das transnationale Unternehmen weiter präzisiert. Dieser Unternehmenstyp wurde ausgewählt, da er vor dem Hintergrund der zunehmenden Internationalisierung von Märkten, Produktion und Technologie eine mögliche, vielversprechende Weiterentwicklung für globale und multinationale Unternehmen darstellt. Das transnationale Unternehmen ist allerdings ein Entwicklungspfad, der sich auf wissenschaftsbasierte, technologieintensive Großunternehmen beschränkt, die ihre Wertschöpfung und Innovationsaktivitäten internationalisiert haben oder weiter ausdehnen möchten. Die entwickelten Gestaltungsempfehlungen für das Management bedürfen ebenfalls einer weiteren empirischen Überprüfung.

Zwei wesentliche Vorteile hat das hier entwickelte Modell der Koordination von F&E und Innovation: Zum einen wird die Wissensgenerierung in umfassende Kontexte gestellte und so der normative Charakter anderer Modelle wie z.B. der „Knowledge-Creating Company" erweitert. Zum anderen steht der *organisatorische* Wissensgenerierungsprozß im Mittelpunkt und damit auch die Frage, wie Unternehmen *langfristig* innovativ und wettbewerbsfähig bleiben können. Andere mögen darüber befinden, ob sich das theoretische Konstrukt für weitere empirische Untersuchungen eignet. Zwei zusätzliche Fragestellungen wären es wert, empirisch verfolgt zu werden. Zum einen wird in der Literatur zwar auf die hohe Bedeutung von Anreiz- und Managementsystemen auf die Koordination hingewiesen. Über deren Wirkungen ist jedoch zu wenig bekannt, um beantworten zu können, welche dieser Systeme die Überwindung organisationsinterner Barrieren fördern oder hemmen. Eine zweite Frage ist grundsätzlicher Natur und betrifft den „Mehrwert" der Koordination. Die hier vorliegende Untersuchung basiert auf der Grundannahme, daß in Unternehmen ein mehrwertschaffendes Synergiepotential besteht, das vom Management mit der entsprechenden organisatorischen Gestaltung auch zu realisieren ist. Dies muß aber nicht zwangsläufig der Fall sein. Eine Antwort könnte letztendlich nur in einer Messung des „Value Added" der Koordination gefunden werden.

VIII. LITERATURVERZEICHNIS

Abernathy, W.J./Clark, K. (1985): Innovation: Mapping the Winds of Creative Destruction. In: Research Policy, 14 (1985), 3-22

Adler, N.J./Jelinek, M. (1986): Is „Organization Culture" Culture Bound? In: Human Resource Management, 25 (1986) 1

Adler, P.S./Ferdows, K. (1990): The Chief Technology Officer. In: California Management Review, (1990) Spring, 55-62

Albert, U./Silverman, M. (1984): Making Management Philosophy a Cultural Reality, Part 1: Get Started, Part 2: Design Human Resources Programs Accordingly. In: Personnel, 61 (1984) 1, 12-21 and 2, 28-35

Allaire, Y./Firsirotu, M. E. (1984): Theorics of Organizational Culture. In: Organization Studies, 5 (1984) 3, 193-226

Allen, T.J. (1977): Managing the Flow of Technology. Cambridge, MA

Arundel, A./van de Paal, G./Soete, L. (1995): Innovation Strategies of Europe's Largest Industrial Firms. Results of the PACE Survey for Information Sources, Public Research, Protection of Innovations and Government Programmes. Maastricht, Luxembourg

Baliga, B.R./Jaeger, A.M. (1984): Multinational Corporations: Control Systems and Delegation Issues. In: Journal of International Business Studies, 15 (1984) 2, 25-40

Barnard, C.J. (1968): The Functions of the Executive. Cambridge, MA

Bartlett, C.A. (1986): Building and Managing the Transnational: The New Organizational Challenges. In: Porter, M.E. (ed.): Competition in Global Industries. Boston, MA

Bartlett, C.A./Doz, Y./Hedlund, G. (1990): Managing the Global Firm. London

Bartlett, C.A./Ghoshal, S. (1987): Managing Across Borders. New Organizational Responses. In: Sloan Management Review, (1987) Fall, 43-53

Bartlett, C.A./Ghoshal, S. (1989): Managing Across Borders: The Multinational Solution. London

Bartlett, C.A./Ghoshal, S. (1990): Managing Innovation in the Transnational Corporation. In: Bartlett, C.A./Doz, Y./Hedlund, G. (eds.): Managing the Global Firm. London, New York 1990

Bartlett, C.A./Ghoshal, S. (1991): Global Strategic Management: Impact on the New Frontiers of Strategy Research. In: Strategic Management Journal, 12 (1991), 5-16

Bartlett, C.A./Ghoshal, S. (1992): Transnational Management: Text, Cases and Readings in Cross-border Management. Boston, MA

Bartlett, C.A./Yoshihara, H. (1988): New Challenges for Japanese Multinationals: Is Organizational Adaptation Their Achilles Heel? In: Human Resource Management, 27 (1988) 1, 19-43

Behrmann, N.B. /Fischer, W.A. (1980): Overseas R and D Activities of Transnational Companies. Cambridge, MA

Benkenstein, M. (1987): F&E und Marketing. Eine Untersuchung zur Leistungsfähigkeit von Koordinationskonzeptionen bei Innovationsentscheidungen. Wiesbaden

Blau, P.M./Schoenherr, F. (1971): The Structure of Organizations. New York

Blau, P.M./Scott, W.R. (1962): Formal Organizations. San Francisco

Bleicher, F. (1990): Effiziente Forschung und Entwicklung: Personelle, organisatorische und führungstechnische Instrumente. Wiesbaden

Bleicher, K. (1979): Unternehmensentwicklung und organisatorische Gestaltung. Stuttgart, New York

Bleicher, K. (1991): Organisation: Strategien - Strukturen - Kulturen. 2. überarb. Auflage. Wiesbaden

Bower, J.L. (1970): Managing the Resource Allocation Process: A Study of Corporate Planning and Investment. Boston, MA

Bradach, J./Eccles, R.G. (1989): Price, Authority, and Trust: From Ideal Types to Plural Forms. In: Annual Review of Sociology, 15 (1989), 97-118

Braun, C.-F., von (1994): Der Innovationskrieg. Ziele und Grenzen der industriellen Forschung und Entwicklung. München, Wien

Brockhoff, K. (1989): Schnittstellen-Management, Abstimmungsprobleme zwischen Marketing und Forschung und Entwicklung. Stuttgart

Brockhoff, K. (1992): Forschung und Entwicklung. Planung und Kontrolle, 3. Auflage. München, Wien

Brockhoff, K. (1994): Management organisatorischer Schnittstellen - unter besonderer Berücksichtigung der Koordination von Marketingbereichen mit Forschung und Entwicklung. In: Berichte aus den Sitzungen der Joachim-Jungius-Gesellschaft der Wissenschaften e.V., Hamburg, 12 (1994) 2

Brockhoff, K. (1995): Management der Schnittstellen zwischen Forschung und Entwicklung sowie Marketing. In: Zahn, E. (Hrsg.): Handbuch Technologiemanagement. Stuttgart 1995

Brockhoff, K./Boehmer, A. von (1993): Global R&D Activities of German Industrial Firms. In: Journal of Scientific & Industrial Research 52 (1993), 399-406

Brockhoff, K./Hauschildt, J. (1993): Schnittstellen-Management - Koordination ohne Hierarchie. In: Zeitschrift für Organisation, 62 (1993) 6, 396-403

Buckley, P.J./Casson, M. (1991): The Future of the Multinational Enterprise. London

Bullinger, H.-J. (1992): Neue Produktionsparadigmen als betriebliche Herausforderung. In: IAO-Forum, Bullinger, H.-J. (Hrsg.): Innovative Unternehmensstrukturen. Berlin, Heidelberg

Bundesministerium für Forschung und Technologie (BMFT) (Hrsg.) (1993): Deutscher Delphi-Bericht zur Entwicklung von Wissenschaft und Technik. Bonn

Bürgel, H.D./Haller, C./Binder, M. (1996): F&E-Management. München

Burns, T./Stalker, G. (1968): The Management of Innovation. 3. Auflage. London

Cainarca, G.C./Colombo, M./Mariotti, S. (1989): An Evolutionary Pattern of Innovation Diffusion: The Case of Flexible Automation. In: Research Policy, 18 (1989), 59-86

Cairncross, D. (1994): The Strategic Role of Japanese R&D Centres in the UK. In: Campbell, N./Burton, F. (eds.): Japanese Multinationals. Strategies and Management in the Global Kaisha. London, New York

Cantwell, J. (1993): Internationalization of Technological Activity in Historical Perspective. Workshop Paper, European Management and Organizations in Transitions (EMOT) Workshop. Straßbourg, October 1-2, 1993

Casson, M. (1991): Global Research Strategy and International Competitiveness. Blackwell, Oxford

Casson, M./Pearce, R.D./Singh, S. (1993): Business Culture and International Technology: Research Managers' Perceptions of Recent Changes in Corporate R&D. In: Granstrand, O./Hakanson, L./Sjölander, S.: Technology Management and International Business. Chichester, New York, Brisbane, Toronto, Singapore

Casson, M./Singh, S. (1993): Corporate Research and Development Strategies: The Influence of Firm, Industry and Country Factors on the Decentralization of R&D. In: R&D Management, 23 (1993) 2, 91-107

Chandler, A.D. (1962): Strategy and Structure. Chapters in the History of Industrial Enterprises. Cambridge, MA

Cheng, J.L.C./Bolon, D.S. (1993): The Management of Multinational R&D: A Neglected Topic in International Business Research. In: Journal of International Business Studies, (1993) First Quarter, 1-18

Child, J. (1972): Organization Structures and Strategies of Control: A Replication of the Aston Study. In: Administrative Science Quarterly, (1972) 17, 163-177

Child, J. (1972a): Organizational Structure, Environment and Performance: The Role of Strategic Choice. In: Sociology, 6 (1972a) 1, 1-22

Child, J. (1973): Strategies of Control and Organizational Behavior. In: Administrative Science Quarterly, (1973) March, 1-17

Collinson, S. (1993): Managing Product Innovation at Sony: The Development of the Data Discman. In: Technology Analysis & Strategic Management, 5 (1993) 3, 285-306

Coombs, R./Richards, A. (1993): Strategic Control of Technology in Diversified Companies with Decentralized R&D. In: Technology Analysis & Strategic Management, 5 (1993) 4

Cooper, A.C./Schendel, D. (1976): Strategic Response to Technological Threats. In: Business Horizons, 19 (1976), 61-69

Cope, N. (1990): Walkmen's Global Stride. In: Business (UK), (1990) March, 52-59

Corsten, H. (1989): Überlegungen zu einem Innovationsmanagement: Organisationale und personale Aspekte. In: Corsten (Hrsg.): Gestaltung von Innovationsprozessen. Berlin 1989

Dake, K. (1991): Orienting Dispositions in the Perception of Risk: An Analysis of Worldviews and Cultural Biases. In: Journal of Cross-Cultural Psychology, 22 (1991), 61-82

Dalton, D.H./Serapio, M.G. (1993): U.S. Research Facilities of Foreign Companies. U.S. Department of Commerce, National Technical Information Service. Washington D.C.

Danielmeyer, H.G. (1990): Marktrelevanz setzt die Maßstäbe. In: Sonderdruck aus Siemens Zeitschrift, Jg. 64, Heft 5, 9-10/1990. München, 2-7

Danielmeyer, H.G. (1992): The Changing Role of Research and Development. In: Journal of Science Policy and Research Management, 7 (1992) 2, 133-135

Danielmeyer, H.G. (1993): Struktur, Organisation und Planungsinstrumente industrieller Forschung am Beispiel der Siemens AG. In: Bundesverband der Deutschen Industrie/Stiftung Industrieforschung (Hrsg.): Forschungsmanagement in Industrie und Hochschule - Instrumente der Effizienzsteigerung. Dokumentation eines Expertengesprächs am 29.4.1993 im Wissenschaftszentrum Bonn. Köln, 11-26

Danielmeyer, H.G. (1995): The Global Operations of Companies in the United States. In: European Industrial Research Management Association (ed.): Globalization of R&D. EIRMA Conference Papers Vol. XLIV. Prague 31.5.-2.6.1995, 21-24

Davidow, W.H./Malone, M.S. (1992): The Virtual Corporation - Structuring and Revitalizing the Corporation for the 21st Century. New York

De Meyer, A. (1992): Management of International R&D Operations. In: Granstrand, O./Hakanson, L./Sjölander, S.: Technology Management and International Business. Internationalization of R&D and Technology. Chichester, New York, Brisbane, Toronto, Singapore

De Meyer, A. (1993): Management of an International Network of Industrial R&D Laboratories. In: R&D Management, 23 (1993) 2

De Meyer, A. /Mizushima, A. (1989): Global R&D Management. In: R&D Management, 19 (1989) 2, 135-146

Dierkes, M. (1992): Leitbild, Lernen und Unternehmensentwicklung: Wie können Unternehmen sich vorausschauend veränderten Umfeldbedingungen stellen? In: Krebsbach-Gnath (Hrsg.): Den Wandel im Unternehmen steuern: Faktoren für ein erfolgreiches Change Management. Frankfurt (Main), 19-36

Dierkes, M./Raske, B. (1994): Wie Unternehmen lernen. Erfahrungen und Einsichten von Managern. In: Manager Magazin, (1994) 7, 142-154

Dodgson, M. (1993): Technical Collaboration in Industry. London, New York

Dodgson, M. (1993a): Organizational Learning: A Review of Some Literature. In: Organizations Studies, 14 (1993) 3, 375-394

Dörrenbacher, C./Wortmann, M. (1991): Die Internationalisierung von Forschung und Entwicklung. Stand, Perspektiven, Folgen. In: Deutscher Gewerkschaftsbund (Hrsg.): Informationen zur Technologiepolitik und zur Humanisierung der Arbeit, Band 16. Düsseldorf

Dosi, G. (1988): Sources, Procedures, and Microeconomic Effects of Innovation. In: Journal of Economic Literature, 26 (1988), 1120-1171

Downey, H.K./Hellriegel, D./Slocum, J.W. (1975): Environmental Uncertainty: The Construct and its Application. In: Administrative Science Quarterly, 20 (1975), 613-629

Doz, Y. (1979): National Policies in Multinational Management. Boston, MA

Doz, Y. (1986): Strategic Management in Multinational Companies. Oxford

Doz, Y./Chakravarthy, B. (1993): The Dynamics of Core Competency. Paper presented at the International Work-shop „Evolution in Technology Management", October 1993 in Warth, Fontainebleau

Doz, Y./Prahalad, C.K. (1991): Managing DMNCs: A Search for a New Paradigm. In: Strategic Management Journal, 12 (1991), 145-164

Duncan, R.B. (1972): The Characteristics of Organizational Environments and Perceived Environmental Uncertainty. In: Administrative Science Quarterly, 17 (1972), 313-327

Dunning, J. H. (1994): Multinational Enterprises and the Globalization of Innovatory Capacity. In: Research Policy, 23 (1994), 64-88

Dunning, J.H./Narula, R. (1994): The R&D Activities of Foreign Firms in the US Report of MERIT. Maastricht

Duysters, G./Hagedoorn, J. (1993): Internationalization of Corporate Technology: An Empirical Investigation. Report of MERIT. Maastricht

Duysters, G./Hagedoorn, J. (1996): Internationalization of Corporate Technology Through Strategic Partnering: An Empirical Investigation. In: Research Policy, 25 (1996), 1-12

Edström, A./Galbraith, J.R. (1977): Transfer of Managers as a Coordination and Control Strategy. In: Administrative Science Quarterly, (1977) March, 248-263

Egelhoff, W.G. (1988): Organizing the Multinational Enterprise: An Information-Processing Approach. Cambridge, MA

EIRMA - European Industrial Research Management Association (1994): Increasing the Speed of Innovation. Paris

Emery, J.C. (1969): Organizational Planning and Control Systems. Theory and Technology. London

Fayerweather, J. (1978): International Business Strategy and Administration. Cambridge, MA

Fayol, H. (1929): Allgemeine und industrielle Verwaltung. München, Berlin

Feldman, S.P. (1988): How Organizational Culture Can Affect Innovation. In: Organizational Dynamics, 17 (1988), 57-68

Fischer, G./Schwarzer, U. (1994): Unternehmen und Profile: Siemens. In: Manager Magazin (1994) 12, 73-91

Fleetwood, E./Mölleryd, B. (1992): Parent-Subsidiary Relationships in Transnational Companies: Aspects of Technical Development and Organization. In: International Journal of Technology Management, Special Issue on Strengthening Corporate and National Competitiveness through Technology, 7 (1992) 1/2/3, 97-110

Forsgren, M. (1992): Book Review: C.A. Bartlett, Y. Doz and G. Hedlund (eds.): Managing the Global Firm. In: Organization Science, 1992, 477-480

Fransman, M. (1994): Knowledge Segmentation - Integration in Theory and in Japanese Companies. In: Granstrand, O. (ed.): Economics of Technology. Amsterdam, 165-188

Freeman, C. (1982): The Economics of Industrial Innovation, 2nd edition. Cambridge, MA

Freeman, C. (1990): The Economics of Innovation. Aldershot

Freeman, C./Hagedoorn, J. (1992): Globalization of Technology. Report of MERIT. Maastricht

Frese, E. (1969): Management by Exception. In: Handwörterbuch der Organisation, 1.Auflage. Stuttgart, 956-959

Frese, E. (1987): Grundlagen der Organisation. Die Organisationsstruktur der Unternehmung. Wiesbaden

Frese, E. (1992): Handwörterbuch der Organisation, Band 2. 3. Auflage. Stuttgart

Friedrichs, J. (1985): Methoden empirischer Sozialforschung, 13. Auflage. Opladen

Froschauer, U./Lueger, M. (1992): Das qualitative Interview zur Analyse sozialer Systeme. Wien

Fujita, M./Ishii, R. (1994): Global Location Behaviour and Organizational Dynamics of Japanese Electronics Firms and Their Impact on Regional Economies. Paper Presented at the Prince Bertil Symposium on „The Dynamic Firm". Stockholm, June 12-14, 1994

Fusfeld, H.I. (1995): Industrial Research - Where it's Been, Where it's Going. In: Research Technology Management, 38 (1995) 4, 52-56

Galbraith, J. (1970): Environmental and Technological Determinants of Organizational Design. In: Lorsch, J.W./Lawrence, P.R. (eds.): Studies in Organizational Design. Homewood 1970

Galbraith, J. (1973): Designing Complex Organizations. Reading, MA

Galbraith, J.R, (1994): Competing with Flexible Lateral Organizations. 2. Edition. Reading, MA

Galbraith, J.R./Kazanijan, R.K. (1986): Strategy Implementation: Structure, Systems, and Process, 2. Auflage. St. Paul

Gaßmann, O. (1997): F&E-Projektmanagement und Prozesse länderübergreifender Produktentwicklung. In: Gerybadze, A./Meyer-Krahmer, F./Reger, G. (Hrsg.): Globales Management von Forschung und Innovation. Stuttgart 1997

Gemünden, H.G./Walter, A. (1995): Der Beziehungspromotor. Schlüsselperson für inter-organisationale Innovationsprozesse. In: Zeitschrift für Betriebswirtschaft, 65 (1995) 9, 971-986

Gerpott, T.J. (1990): Globales F&E-Management. In: Die Unternehmung, 44 (1990) 4, 226-246

Gerpott, T.J. (1995): Kommunikation als Erfolgsfaktor der F&E von Unternehmen. In: Zahn, E. (Hrsg.): Handbuch Technologiemanagement. Stuttgart 1995

Gerybadze, A. (1991): Innovation und Unternehmertum im Rahmen internationaler Joint-Ventures. Eine kritische Analyse. In: Schneider, D./Laub, U. (Hrsg.): Innova-tion und Unternehmertum. Wiesbaden

Gerybadze, A. (1995): Management der Schnittstellen innerhalb von Technologie-Allianzen. In: Zahn, E. (Hrsg.): Handbuch Technologiemanagement. Stuttgart 1995

Gerybadze, A. (1995a): Strategic Alliances and Process Redesign. Effective Management and Restructuring of Cooperative Projects and Networks. Berlin, New York

Gerybadze, A. (1996): Technologie, Strategie und Organisation. Management von Technologiestrategien und Innovationsprozessen der Unternehmung. Wiesbaden

Gerybadze, A. (1997): Management von Zukunftsgeschäften und radikaler Innovation im internationalen Unternehmen. In: Gerybadze, A./Meyer-Krahmer, F./Reger, G. (Hrsg.): Globales Management von Forschung und Innovation. Stuttgart 1997

Gerybadze, A./Meyer-Krahmer, F./Reger, G. (1997): Globales Management von Forschung und Innovation. Stuttgart 1997

Ghoshal, S./Bartlett, C. (1990): The Multinational Corporation as an Interorganisational Network. In: Academy of Management Review, 15 (1990) 4, 603-625

Ghoshal, S./Bartlett, C. A. (1988): Innovation Processes in Multinational Corporations. In: Tushman, M.L./Moore, W.L. (eds.): Readings in the Management of Innovation. New York

Ghoshal, S./Nohira, N. (1989): Internal Differentiation within Multinational Corporations. In: Strategic Management Journal, 10 (1989), 323-337

Ghoshal, S./Nohira, N. (1993): Horses for Courses - Organizational Firms for Multinational Corporations. In: Sloan Management Review, (1993), 23-25

Gibbons, M./Limoges, C./Nowottny, H./Schwartzmann, S./Scott, P./Trow, M. (1994): The New Production of Knowledge. The Dynamics of Science and Research in Contemporary Societies. London et al.

Goehle, D.G. (1980): Decision-Making in Multinational Corporations. Ann Arbor

Golden, K.A. (1992): The Individual and Organizational Culture: Strategies for Action in Highly-Ordered Contexts. In: Journal of Management Studies, 29 (1992), 1-22

Golembiewski, R.T. (1967): A New „Staff" Model. In: Golembiewski, R.T./Gibson, F.K. (eds.): Managerial Behaviour and Organizational Demands. Chicago (1967), 295-315

Granstrand, O. (1994): Economics of Technology. Amsterdam

Granstrand, O./Håkanson, L./Sjölander, S. (1992): Technology Management and International Business. Chichester, New York, Brisbane, Toronto, Singapore

Granstrand, O./Håkanson, L./Sjölander, S. (1993): Internationalization of R&D. A Survey of some Recent Research. In: Research Policy, 22 (1993), 413-430

Granstrand, O./Sjölander, S. (1992): Internationalization and Diversification of Multi-Technology Corporations. In: Granstrand, O./Håkanson, L./Sjölander, S. (eds.): Technology Management and International Business. Chichester, New York, Brisbane, Toronto, Singapore 1992

Grochla, E. (1982): Grundlagen der organisatorischen Gestaltung. Stuttgart

Grupp, H. (1992): Dynamics of Science-based Innovation. Heidelberg, New York

Grupp, H. (1993a): Dynamics of Science-based Innovation in Northern America, Japan and Western Europe. In: Okamura, S./Sakauchi, F./Nonaka, I. (eds.): Science and Technology Policy Research: New Perspectives on Global Science and Technology Policy. The Proceedings of NISTEP's Third International Conference on Science and Technology Policy Research. Tokyo 1993, 179-194

Grupp, H. (1994): Technology at the Beginning of the 21. Century. In: Technology Analysis & Strategic Management, 6 (1994) 4, 379-409

Grupp, H. (Hrsg.)(1993): Technologie am Beginn des 21. Jahrhunderts. Heidelberg

Grupp, H./Schmoch, U. (1992): Perceptions of Scientification of Innovation as Measured by Referencing between Patents and Papers: Dynamics in Scienced-based Innovations. In: Grupp, H. (ed.): Dynamics of Science-based Innovation. Heidelberg, New York 1992

Grupp, H./Schmoch, U. (1992a): Wissenschaftsbindung der Technik. Panorama der internationalen Entwicklung und sektorales Tableau für Deutschland. Heidelberg

Hagedoorn (1992): Leading Companies and Networks of Strategic Alliances in Information Technologies. In: Research Policy, 21 (1992), 163-190

Hagedoorn/Schakenraad (1991): The Economic Effects of Strategic Partnerships and Technology Cooperation. In: Commission of the European Communities (ed.): Second Framework Programme for Research and Technological Development (1987-1991), Evaluations and Reviews, Vol. 2. Brussels, Luxembourg

Hagström, P./Hedlund, G. (1994): The Dynamic Firm: A Three-Dimensional Model of Internal Structure. Paper Presented at the Prince Bertil Symposium on „The Dynamic Firm". Stockholm, June 12-14, 1994

Håkanson, L. (1990): International Decentralization of R&D - the Organizational Challenges. In: Bartlett, C.A./Doz, Y./Hedlund, G. (eds.): Managing the Global Firm. London, New York 1990

Håkanson, L./Nobel, R. (1990): Determinants of Foreign R&D in Swedish Multinationals. Paper Presented at the International Research Conferences on Technology Management and International Business. Stockholm, June 1990

Håkanson, L./Nobel, R. (1992): International R&D Networks - Exploiting Dispersed Capabilities. In: Proceedings of the 18th EIBA Annual Conference at the University of Reading, 13th-15th December 1992

Håkanson, L./Nobel, R. (1993): Determinants of Foreign R&D in Swedish Multinationals. In: Research Policy 22 (1993), 397-411

Håkanson, L./Nobel, R. (1993a): Foreign Research and Development in Swedish Multinationals. In: Research Policy, 22 (1993), 373-396

Haller, M./Brauchlin, E./Wunderer, R./Bleicher, K./Pleitner, H.-J./Zünd, A. (1993): Globalisierung der Wirtschaft - Einwirkungen auf die Betriebswirtschaftslehre. Bern, Stuttgart, Wien

Handelsblatt (17.3.1994): Nur wenige Weltmarktfirmen mit eigener Systemverantwortung werden überleben. In: Handelsblatt vom 17.3.1994, 18

Harryson, S. (1994): Japanese R&D Management: A Holistic Network Approach. Dissertation presented at the University of St. Gallen, November 1994. St. Gallen

Hauschildt, J. (1993): Innovationsmanagement. München

Hauschildt, J./Chakrabarti, A.K. (1988): Arbeitsteilung im Innovationsmanagement. In: Zeitschrift für Organisation, (1988) 6, 378-388

Hauschildt, J./Petersen, K: Phasen-Theorem und Organisation komplexer Entscheidungsverläufe - weiterführende Untersuchungen. In: Zeitschrift für betriebswirtschaftliche Forschung, 39 (1987), 1043-1062

Häusler, J. (1994): Industrielle Steuerbarkeit: Organisation und Eigendynamiken industrieller Forschung in der Informationstechnik. In: Grande, E./Häusler, J. (Hrsg.): Industrieforschung und Forschungspolitik. Frankfurt, New York 1994

Hayek, F.A. von (1945): The Uses of Knowledge in Society. In: American Economic Review, 35 (1945), 519-530

Hedberg, B. (1981): How Organizations Learn and Unlearn. In: Nystrom, P.C./Starbuck, W.H. (eds.): Handbook of Organizational Design. New York 1981

Hedlund, G. (1981): Autonomy of Subsidiaries and Formalization of Headquarters-subsidiary Relations in Swedish MNCs. In: Otterbeck, L. (ed.): The Management of Headquarters-Subsidiary Relations in Multinational Corporations. Hampshire 1981

Hedlund, G. (1986): The Hypermodern MNC - A Heterarchy? In: Human Resource Management, 25 (1986), 9-36

Hedlund, G. (1994): A Model of Knowledge Management and the N-form Corporation. In: Strategic Management Journal, 15 (1994), 73-90

Hedlund, G./Nonaka, J. (1993): Models of Knowledge Management in the West and Japan. In: Lorange, P./Chakravarthy, B./Ros, J./Van de Veen, A. (eds.): Implementing Strategic Processes: Change Learning and Cooperation. Cambridge, MA

Hedlund, G./Ridderstråle, J. (1994): International Development Projects - Key to Competitiveness, Impossible, or Mismanagened? Paper for the International Organizational Studies Conference, University of Michigan, February 4-6, 1994

Hedlund, G./Rolander, D. (1990): Actions in Heterarchies: New Approaches to Managing the MNC. In: Bartlett, C.A./Doz, Y./Hedlund, G. (eds.): Managing the Global Firm. London, New York

Henderson, R.M./Clark, K.B. (1990): Architectural Innovation: The Reconfiguration of Existing Product Technologies and the Failure of Established Firms. In: Administrative Science Quarterly, 35 (1990), 9-30

Herden, R. (1992): Technologieorientierte Außenbeziehungen im betrieblichen Innovationsmanagement. Heidelberg

Hicks, D./Ishizuka, T./Keen, P./Sweet, S. (1994): Japanese Corporations, Scientific Research and Globalization. In: Research Policy, 23 (1994), 375-384

Hill, W./Fehlbaum, R./Ulrich, P.(1989): Organisationslehre. Band 1, 4. Auflage. Bern

Hitachi (1993): Central Research Laboratory, Hitachi Ltd. Tokyo

Hitachi (1994): Annual Report 1994. Tokyo

Hoffmann, F. (1980): Führungsorganisation. Band I: Stand der Forschung und Konzeption. Tübingen

Hoffmann, F. (1984): Führungsorganisation. Band II: Ergebnisse eines Forschungsprojekts. Tübingen

Hofstede, G. (1993): Die Bedeutung von Kultur und ihren Dimensionen im internationalen Management. In: Haller, M./Brauchlin, E./Wunderer, R./Bleicher, K./Pleitner, H.-J./Zünd, A. (Hrsg.): Globalisierung der Wirtschaft - Einwirkungen auf die Betriebswirtschaftslehre. Bern, Stuttgart, Wien 1993

Hood, N./Young, S. (1982): US Multinational R&D: Corporate Strategies and Policy Implications for the UK. In: Multinational Business, 2 (1982), 10-23

Hoppenstedt (1995): Firmenkundlicher Bericht über Siemens. Sonderdruck aus „Handbuch der deutschen Aktiengesellschaften 1994/95". Darmstadt

Howells, J. (1990): The Location and Organisation of Research and Development: New Horizons. In: Research Policy, 19 (1990), 133-146

Howells, J./Wood, M. (1991): The Globalisation of Production and Technology. Monitor - FAST Programme, Report for the CEC. Brussels, Luxembourg

Imai, K./Nonaka, I./Takeuchi, H. (1985): Managing the New Product Development Process: How Japanese Companies Learn and Unlearn. In: Clark, K.B./Hayes, R.H./Lorenz, C. (eds.): The Uneasy Alliance: Managing the Productivity-Technology Dilemma. Boston, MA 1985

Ishii, R. (1992): Location Behavior and Spatial Organization of Multinational Firms and Their Impact on Regional Transformation in East Asia: A Comparative Study of Japanese, Korean, and US Electronics Firms. Dissertation presented to the Faculties of the University of Pennsylvania

Jaeger, A.M. (1983): The Transfer of Organizational Culture Overseas: An Approach to Control in the Multinational Corporation. In: Journal of International Business Studies, 14 (1983) 2, 91-114

Jaeger, A.M./Baliga, B.R. (1985): Control Systems and Strategic Adaptation: Lessons from the Japanese Experience. In: Strategic Management Journal, (1985) 6, 115-134

Japan Electronics Almanac (1994): Japan's Electronics Industry Today and Tomorrow. Japan Electronics Almanac 1994/95, published by Dempa Publications Inc. Tokyo 1994

Johne, F.A. (1984): How Experienced Product Innovators Organize. In: Journal of Product Innovation Management, 1 (1984), 210-223

Jonash, R.S. (1995): The Shift from R&D Management to Technology Management in the USA: The Challenges Facing a New Generation of CTOs. In: Zahn (Hrsg.): Handbuch Technologiemanagement. Stuttgart

Kagita, Y./Kodama, F. (1991): From Producing to Thinking Organizations. Ratio Analysis of R&D Expenditure vs Capital Investment in Japanese Manufacturing Companies. NISTEP Report No. 15. Tokyo

Kahle, E. (1991): Unternehmenskultur und ihre Bedeutung für die Unternehmensführung In: Zeitschrift für Planung, 2 (1991) 1, 17-37

Kaschube, J. (1993): Betrachtung der Unternehmens- und Organisationskulturforschung aus (organisations-) psychologischer Sicht. In: Dierkes, M./Rosenstiel, L. von/Steger, U. (Hrsg.): Unternehmenskultur in Theorie und Praxis. Frankfurt, New York 1993

Kenney, M./Florida, R. (1994): The Organization and Geography of Japanese R&D: Results from a Survey of Japanese Electronics and Biotechnological Firms. In: Research Policy, (1994) 23, 305-323

Kenter, M.E. (1985): Die Steuerung ausländischer Tochtergesellschaften. Instrumente und Effizienz. Frankfurt, Bern, New York

Khandwalla, P.N. (1972): Uncertainty and the 'Optimal' Design of Organizations. Working Paper of the Faculty of Management, McGill University. Montreal

Khandwalla, P.N. (1974): Mass Output Orientation of Operations Technology and Organizational Structure. In: Administrative Science Quarterly, 19 (1974), 74-97

Khandwalla, P.N. (1975): Unsicherheit und die „optimale" Gestaltung von Organisationen. In: Grochla, E. (Hrsg.): Organisationstheorie, 1. Teilband. Stuttgart, 140-156

Kieser, A. (1986): Unternehmenskultur und Innovation. In: Staudt, E. (Hrsg.): Das Management von Innovationen. Frankfurt/M., 42-50

Kieser, A./Kubicek, H. (1992): Organisation, 3. neu bearbeitete Auflage. Berlin, New York

Kneerich, O. (1995): F&E: Abstimmung von Strategie und Organisation. Entscheidungshilfen für Innovatoren. Berlin

Kobayashi, S. (1994): R&D of Hitachi in North America. In: The Journal of Science Policy and Research Management, 9 (2/1994) 1, 49-62

Kobi, J.-M./Wüthrich, H. A. (1986): Unternehmenskultur verstehen, erfassen und gestalten. Landsberg/Lech

Kobrin, S.J. (1991): An Empirical Analysis of the Determinants of Global Integration. Strategic Management Journal, 12 (1991), 17-31

Kodama, F. (1992): Technology Fusion and The New R&D. In: Harvard Business Review, (1992) July-August, 70-78

Kodama, F. (1995): Emerging Patterns of Innovation. Sources of Japan's Technological Edge. Boston, MA

Kogut, B./Zander, U. (1992): Knowledge of the Firm, Combinative Capabilities, and the Replication of Technology. In: Organization Science, 3 (1992) August, 383-397

Kosiol, E. (1976): Organisation der Unternehmung, 2. Auflage. Wiesbaden

Kroy, W. (1995): Technologiemanagement für grundlegende Innovationen. In: Zahn, E. (Hrsg.): Handbuch Technologiemanagement. Stuttgart 1995

Kumar, B.N./Haussmann, H. (1992): Handbuch der internationalen Unternehmenstätigkeit. München

Kuwahara, Y./Okada, O./Horikoshi, H. (1989): Planning Research and Development at Hitachi. In: Long Range Planning, 22 (1989) 3, 54-63

Kuwahara, Y./Takeda, Y. (1989): U.S. Researchers in Japanese Industrial Research Laboratories. Paper presented at the AAAS Annual Conference in San Francisco, 14-19 January 1989

Lawrence, P.R./Lorsch, J.W. (1967): Organization and Environment. Managing Differentiation and Integration. Boston, MA

Lehmann, H. (1969a): Integration. In: Grochla (Hrsg.): Handwörterbuch der Organisation, 1. Auflage. Stuttgart, 768-774

Lehmann, H. (1969b): Leitungssysteme. In: Grochla (Hrsg.): Handwörterbuch der Organisation, 1.Auflage. Stuttgart, 928-939

Leonard-Barton, D. (1992): Core Capabilities and Core Rigidities: A Paradox in Managing New Product Development. In: Strategic Management Journal, 13 (1992), 111-125

Macharzina, K. (1993): Unternehmensführung: Das internationale Managementwissen; Konzepte - Methoden - Praxis. Wiesbaden

Macharzina, K. (1993a): Steuerung von Auslandsgesellschaften bei Internationalisierungsstrategien. In: Haller, M./Brauchlin, E./Wunderer, R./Bleicher, K./Pleitner, H.-J./Zünd, A. (Hrsg.): Globalisierung der Wirtschaft - Einwirkungen auf die Betriebswirtschaftslehre. Bern, Stuttgart, Wien 1993

Mansfield, E. (1968): Industrial Research and Technical Innovation. New York

March, J.G./Simon, H.A. (1958): Organizations. New York

Marquis, D.G. (1988): The Anatomy of Successful Innovations. In: Tushman, M.L./Moore, W.L. (eds.): Readings in the Management of Innovation. New York

Martinez, J.I./Jarillo, J.C. (1989): The Evolution of Research on Coordination Mechanisms in Multinational Corporations. In: Journal of International Business Studies, (1989) Fall, 489-514

Martinez, J.I./Jarillo, J.C. (1991): Coordination Demands of International Strategies. In: Journal of International Business Studies, (1991) Third Quarter, 429-444

Mayntz, R. (1985): Forschungsmanagement. Steuerungsversuche zwischen Scylla und Charybdis. Probleme der Organisation und Leitung von hochschulfreien, öffentlich finanzierten Forschungsinstituten. Opladen

Meffert, H. (1993): Wettbewerbsstrategische Aspekte der Globalisierung. Status und Perspektiven der länderübergreifenden Integration. In: Haller, M./Brauchlin, E./Wunderer, R./Bleicher, K./Pleitner, H.-J./Zünd, A. (Hrsg.): Globalisierung der Wirtschaft - Einwirkungen auf die Betriebswirtschaftslehre. Bern, Stuttgart, Wien 1993

Meier, F. (1994): Philips Electronics - Macht beschnitten. In: Wirtschaftswoche vom 01.12.1994, Nr. 49, 71-72

Melin, L. (1992): Internationalization as a Strategy Process. In: Strategic Management Journal, 13 (1992), 99-118

Mensch, G. (1975): Das technologische Patt. Innovationen überwinden die Depression. Frankfurt

Mintzberg, H. (1979): The Structuring of Organizations. Englewood Cliffs, New Jersey

Mintzberg, H. (1991): Mintzberg über Management. Führung und Organisation, Mythos und Realität. Wiesbaden

Mirow, M. (1994): Wie können Konzerne wettbewerbsfähig bleiben? In: Zeitschrift für Betriebswirtschaft - Ergänzungsheft 1/94. Wiesbaden, 9-25

Miyazaki, K. (1995): Building Competences in the Firm. Lessons from Japanese and European Optoelectronics. New York

Moenaert, R.K./De Meyer, A./Clarysse, B.J. (1993): Cultural Differences in New Technology Management. In: Souder, W.E./Sherman, J.D. (eds.): Managing New Technology Development. New York, St. Louis, San Francisco 1993

Morita, A. (1992): „S“ does not equal „T“ and „T“ does not equal „I“. The first United Kingdom Innovation Lecture. London, 6.2.1992

Moritz, E. (1993): Öffentliche Forschungsförderung an die Wirtschaft: Ein Irrweg? In: Siemens - Informationen/Argumente für die Führungskräfte des Hauses Siemens, Heft 5/93

Müller, U.R. (1995): Schlanke Führungsorganisationen. Die neuen Aufgaben des mittleren Managements. Planegg

Müller-Stewens, G. (1992): Strategie und Organisationsstruktur. In: Frese, E. (Hrsg.): Handwörterbuch der Organisation. 3. Auflage, 1992. Stuttgart, 2344-2355

Nadler, D.A./Tushman, M.L. (1988): Strategic Linking: Designing Formal Coordination Mechanisms. In: Tushman, M.L./Moore, W.L. (eds.): Readings in the Management of Innovation. New York 1988

Nagata, A./Nonaka, I./Kusunaki, K. (1994): Dynamics of Technological Knowledge in Product Development Activities. NISTEP Study Material No. 36. Tokyo

Nelson, R./Winter, S. (1982): An Evolutionary Theory of Economic Change. Cambridge, MA

NIW/DIW/ISI/ZEW (1995): Zur technologischen Leistungsfähigkeit Deutschlands. Erweiterte Berichterstattung 1995. Zusammenfassender Endbericht an das Bundesministerium für Bildung, Wissenschaft, Forschung und Technologie; vorgelegt durch das Niedersächsische Institut für Wirtschaftsforschung (NIW), Deutsche Institut für Wirtschaftsforschung (DIW), Fraunhofer-Institut für Systemtechnik und Innovationsforschung (ISI), Zentrum für Europäische Wirtschaftsforschung (ZEW). Hannover, Berlin, Karlsruhe, Mannheim

Nohria, N./Ghoshal, S. (1994): Differentiated Fit and Shared Values: Alternatives for Managing Headquarters-Subsidiary Relations. In: Strategic Management Journal, 15 (1994), 491-502

Nonaka, I. (1988): Toward Middle-Up-Down Management: Accelerating Information Creation. In: Sloan Management Review, (1988) Spring, 9-18

Nonaka, I. (1990): Redundant, Overlapping Organization: A Japanese Approach to Managing the Innovation Process. In: California Management Review, (1992) Spring, 27-38

Nonaka, I. (1994): A Dynamic Theory of Organizational Knowledge Creation. In: Organization Science, 5 (1994) 1, 14-37

Nonaka, I./Takeuchi, H. (1995): The Knowledge-Creating Company. How Japanese Companies Create the Dynamics of Innovation. New York, Oxford

Nozu, S. (1991): Japanese CEOs: How they view their Jobs and Life. In: Tokyo Business Today, (1991) December, 58-60

Odagiri, H. (1994): Growth through Competition, Competition through Growth. Strategic Management and the Economy in Japan. Oxford

Odagiri, H./Goto, A. (1993): The Japanese System of Innovation: Past, Present, and Future. In: Nelson, R. (ed.): National Innovation Systems. Oxford 1993

Odagiri, H./Yasuda, H. (1994): The Determinants of Overseas R&D by Japanese Firms: An Empirical Study at the Industry and Company Levels (Discussion Paper). University of Tsukuba, August 1994

OECD - Organisation for Economic Co-operation and Development (1991): Technology in a Changing World. Paris

OECD - Organisation for Economic Co-operation and Development (1992): OECD Proposed Guidelines for Collecting and Interpreting Technological Innovation Data - Oslo Manual. Paris

OECD - Organisation for Economic Co-operation and Development (1993a): Technology Fusion: A Path to Innovation. Paris

OECD - Organisation for Economic Co-operation and Development (1993): The Measurement of Scientific and Technological Activities. Proposed Standard Practice for Surveys of Research and Development - Frascati Manual. Paris

Oesterheld, W./Wortmann, M. (1988): Die Internationalisierung von Forschung und Entwicklung durch bundesdeutsche multinationale Unternehmen. FAST-Studien Nr. 6. Berlin

Ouchi, W.G. (1977): The Relationship between Organizational Structure and Organizational Control. In: Administrative Science Quarterly, 22 (1977) March, 95-112

Ouchi, W.G. (1979): A Conceptual Framework for the Design of Organizational Control Mechanisms. In: Management Science, 25 (1979) 9, 833-848

Ouchi, W.G. (1981): Theory Z. Reading, MA

Ouchi, W.G./Johnson, J.B. (1978): The Relationship between Organizational Structure and Organizational Control. In: Administrative Science Quarterly, 23 (1978), 293-317

Papanastassiou, M./Pearce, R. (1994): The Internationalization of Research and Development by Japanese Enterprises. In: R&D Management, 24 (1994) 2, 155-165

Patel, P./Pavitt, K. (1991): Large Firms in the Production of the World's Technology: An Important Case of „Non-Globalization". In: Journal of International Business Studies, (1991) First Quarter, 1-21

Pavitt, K. (1990): What We Know about the Strategic Management of Technology. In: California Management Review, 32 (1990) 3, 17-26

Pearce, R.D. (1989): The Internationalisation of Research and Development by Multinational Enterprises. Houndsmills, London

Pearce, R.D./Singh, S. (1992): Internationalisation of Research and Development among the World's Leading Enterprises: Survey Analysis of Organisation and Motivation. In: Granstrand, O./Håkanson, L./Sjölander, S. (eds.): Technology Management and International Business. Internationalization of R&D and Technology. Chichester, New York, Brisbane, Toronto, Singapore 1992

Pearce, R.D./Singh, S. (1992a): Internationalisation of R&D by Multinational Enterprises. London

Pearson, A./Brockhoff, K./von Boehmer, A. (1993): Decision Parameters in Global R&D Management. In: R&D Management, 23 (1993) 3, 249-262

Perich, R. (1993): Unternehmensdynamik. Zur Entwicklungsfähigkeit von Organisationen aus zeitlich-dynamischer Sicht, 2. erw. Auflage. Stuttgart, Wien

Perlitz, M. (1993): Internationales Management. Stuttgart, Jena

Perrino, A. C./Tipping, J. W. (1991): Global Management of Technology: A Study of 16 Multinationals in the USA, Europe and Japan. In: Technology Analysis & Strategic Management, 3 (1991) 1, 87-98

Peters, T.J. (1993): Jenseits der Hierarchien - Liberation Management. Düsseldorf et al.

Peters, T.J./Waterman, R.H. (1982): In Search of Excellence. Lessons from America's Best-Run Companies. New York

Philips (1994): Annual Report 1994. Eindhoven

Polanyi, M. (1966): The Tacit Dimension. London

Porter, M.E. (1985): Competitive Advantage. New York, London

Porter, M.E. (1989): Der Wettbewerb auf globalen Märkten: Ein Rahmenkonzept. In: Porter, M.E. (Hrsg.): Globaler Wettbewerb. Strategien der neuen Internationalisierung. Wiesbaden, 1989

Prahalad, C.K. (1975): The Strategic Process in an Multinational Corporation. Boston, MA

Prahalad, C.K./Doz, Y. (1987): The Multinational Mission: Balancing Local Demands and Global Vision. New York

Prahalad, C.K./Hamel, G. (1990): The Core Competence of the Corporation. In: Harvard Business Review, (1990) May-June, 79-91

Pugh, D.S./Hickson, D.J. (1976): Organizational Structure in its Context. The Aston Programme I. Westmead, Farnborough, Hants

Pugh, D.S./Hickson, D.J./Hinings, C.R./Turner, C. (1968): Dimensions of Organization Structures. In: Administrative Science Quarterly, 13 (1968), 65-105

Pugh, D.S./Hinings, C.R. (1976): Organizational Structure: Extensions and Replications. The Aston Programme II. Westmead, Farnborough, Hants

Pugh, D.S./Payne, R.L. (1977): Organizational Behaviour in its Context. The Aston Programme III. Westmead, Farnborough, Hants

Rammert, W. (1988): Das Innovationsdilemma: Technikentwicklung im Unternehmen. Opladen

Reed, R./DeFilippi, R.J. (1990): Causal Ambiguity Barriers to Imitation and Sustainable Competitive Advantage. In: Academy of Management Review, 19 (1990), 38-102

Reichwald, R./Koller, H. (1996): Integration und Dezentralisierung von Unternehmensstrukturen. In: Lutz, B./Hartmann, M./Hirsch-Kreinsen, H. (Hrsg.): Produzieren im 21. Jahrhundert. Herausforderungen für die deutsche Industrie. Frankfurt, New York 1996

Reiß, M. (1995): Temporäre Organisationsformen des Technologiemanagements. In: Zahn, E. (Hrsg.): Handbuch Technologiemanagement. Stuttgart 1995

Reger, G./Cuhls, K./von Wichert-Nick, D. (1996): Challenges to and Management of R&D Activities. In: Reger, G./Schmoch, U. (eds.): Organisation of Science and Technology at the Watershed. Heidelberg 1996

Ridderstråle, J. (1992): Developing Product Development: Holographic Design for Successful Creation in the MNC. In: European International Business Association (ed.): Proceedings of the 18th Annual Conference. The University of Reading, December 13-15, 1992

Roberts, E.B. (1988): Managing Invention and Innovation. In: Research Technology Management, 31 (1988) 1, 11-29

Roberts, E.B. (1995): Benchmarking the Strategic Management of Technology I. In: Research Technology Management, 38 (1995) 2, 44-56

Roberts, E.B. (1995a): Benchmarking the Strategic Management of Technology II. In: Research Technology Management, 38 (1995) 2, 18-26

Ronstadt, R.C. (1977): Research and Development Abroad by U.S. Multinationals. New York

Ronstadt, R.C. (1978): International R&D: The Establishment and Evolution of Research and Development Abroad by Seven US Multinationals. In: Journal of International Business Studies, 9 (1978) 3, 3-15

Rothwell, R. (1986): The Role of Small Firms in the Emergence of New Technologies. In: Freeman, C. (ed.): Design, Innovation and Long Cycles in Economic Development. London

Rothwell, R. (1991): Successful Industrial Innovation: Critical Factors for the 1990s. Extended version of a paper presented to the Science Policy Research Unit's 25th Anniversary Conference. Brighton, University of Sussex, 3-4 July 1991

Rothwell, R. (1993): The Fifth Generation Innovation Process. In: Oppenländer, K.-H./Popp, W. (Hrsg.): Privates und staatliches Innovationsmanagement. München 1993

Roussel, P.A./Saad, K.N./Erickson, T.J. (1991): Third Generation R&D. Managing the Link to Corporate Strategy. Boston, MA

Rubenstein, A.H. (1989): Managing Technology in the Decentralized Firm. New York, Chichester, Brisbane, Toronto, Singapore

Rubenstein, A.H./Barth, R.T./Douds, C.F. (1971): Ways to Improve Communications Between R&D Groups. In: Research Management, 14 (1971), 49-59

Rühli, E. (1980): Leitungssysteme. In: Grochla, E. (Hrsg.): Handwörterbuch der Organisation, 2. Auflage. Stuttgart, 1205-1216

Rühli, E. (1992): Koordination. In: Frese, E. (Hrsg.): Handwörterbuch der Organisation, 3. neu gestaltete Auflage. Stuttgart, 1164-1175

Sakakibara, K./Westney , D.E. (1985): Comparative Study of the Training, Careers, and Organization of Engineers in the Computer Industry in the United States and Japan. In: Hitotsubashi Journal of Commerce & Management, 20 (1985) 1, 1-20

Sakakibara, K./Westney, D.E. (1992): Japan's Management of Global Innovation: Technology Management Crossing Borders. In: Rosenberg, N./Landau, R./Mowery, D.C. (eds.): Technology and the Wealth of Nations. Stanford 1992

Sanderson, S./Uzumeri, M. (1995): Managing Product Families: The Case of the Sony Walkman. In: Research Policy, 24 (1995), 761-782

Schein, E.H. (1985): Organizational Culture and Leadership: A Dynamic View. San Francisco

Schlender, B. (1992): How Sony keeps the magic going. In: Fortune, 24 (1992) 76-84

Schmoch, U./Breiner, S./Cuhls,K./Hinze, S./Münt, G. (1996): The Organisation of Interdisciplinary Research Structures in the Areas of Medical Lasers and Neural Networks. In: Reger, G./Schmoch, U. (eds.): Organisation of Science and Technology at the Watershed. Heidelberg 1996

Schmoch, U./Grupp, H./Laube, T. (1996): Standortvoraussetzungen und technologische Trends. In: Bundesamt für Konjunkturfragen (Hrsg.): Modernisierung am Technikstandort Schweiz. Zürich 1996

Schmoch, U./Hinze, S./Jäckel, G./Kirsch, N./Meyer-Krahmer, F./Münt, G. (1996): The Role of the Scientific Community in the Generation of Technology. In: Reger, G./Schmoch, U. (eds.): Organisation of Science and Technology at the Watershed. Heidelberg 1996

Schreyögg, G. (1988): Kann und darf man Unternehmenskulturen ändern? In: Dülfer (Hrsg.): Organisationskultur. Stuttgart 1988

Schreyögg, G. (1993): Unternehmenskultur zwischen Globalisierung und Regionalisierung. In: Haller, M./Brauchlin, E./Wunderer, R./Bleicher, K./Pleitner, H.-J./Zünd, A. (Hrsg.): Globalisierung der Wirtschaft - Einwirkungen auf die Betriebswirtschaftslehre. Bern, Stuttgart, Wien 1993

Siemens (1991): Geschäftsbericht '91. München 1991

Siemens (1993): Geschäftsbericht '93. München 1993

Siemens (1994): Geschäftsbericht '94. München 1994

Siemens (1995): Geschäftsbericht '95. München 1995

Siemens (1996): Research and Development. Edited by Siemens Corporate Research and Development - Technology. Munich February 1996

Siemens-Zeitschrift (1994): Special F&E. Forschung und Entwicklung in den USA. Siemens AG (Hrsg.). Berlin, München. Herbst 1994

Simon, H.A. (1976): Administrative Behaviour, 3rd Edition. New York

Smircich, L. (1983): Concepts of Culture and Organizational Analysis. In: Administrative Science Quarterly,28 (1983), 339-358

Soete, L. (1993): Die Herausforderung des „Techno-Globalismus“: Auf dem Weg zu neuen Spielregeln. In: Meyer-Krahmer, F. (Hrsg.): Innovationsökonomie und Technologiepolitik. Forschungsansätze und politische Konsequenzen. Heidelberg 1993

Sölvell, Ö./Zander, I.: International Diffusion of Knowledge. Isolating Mechanisms and the Role of the MNE. Paper presented to the Prince Bertil Symposium. Stockholm June 12-14, 1994

Sommer, R. (1990): Sonys Innovationsmanagement. Vortrag auf dem Marketing-Forum, Hannover Messe CeBIT, 22.3.1990

Sony (1994): Annual Report 1994. Tokyo

Sony (1995): Sony in Europe. Towards a New Age. (o.O.)

Steele, L.W. (1989): Managing Technology. The Strategic View. New York et al.

Stoner, J.A. (1982): Management, 2.Auflage. Englewood Cliffs

Stopford, J.M./Wells, L.T. (1972): Managing the Multinational Enterprise. New York

Sydow, J. (1992): Strategische Netzwerke. Evolution und Organisation. Wiesbaden.

Szyperski, N./Winand, U. (1980): Grundbegriffe der Unternehmensplanung. Stuttgart

Taylor, W. (1977): Grundsätze wissenschaftlicher Betriebsführung. Neu herausgegeben von W. Volpert und R. Vahrenkamp. Weinheim, Basel 1977

Thom, N. (1980): Grundlagen des betrieblichen Innovationsmanagements, 2. überarbeitete Auflage. Königstein

Thompson, J.D. (1967): Organizations in Action. New York et al.

Tomlin, B. (1989): Global Competition and Multi-site R&D Facilities. Background Paper for the Conference on „Changing Global Patterns of Industrial Research and Development". Stockholm June 19-22, 1989

Tomlin, B. (1996): Location of Technology Centres in Transnational Corporations. Paper presented at the University of Hohenheim, January 23, 1996. Hohenheim

Töpfer, A./Mehdorn, H. (1993): Total Quality Management. Neuwied, Kriftel, Berlin

Tushman, M.L./Nadler, D.A. (1978): Information Processing as an Integrating Concept in Organizational Design. In: Academy of Management Review, (1978) 3, 613-624

Tushman, M.L./Nadler, D.A. (1980): Communication and Technical Roles in R&D Laboratories: An Information-Processing Approach. In: Dean, B.V./Goldhar, J.L. (eds.): Management of Research and Innovation. Amsterdam 1980

Tushman, M.L. (1979): Managing Communication Network in R&D Laboratories. In: Sloan Management Review, (1979) Winter, 37-49

Tushman, M.L./Anderson, P. (1986): Technological Discontinuities and Organizational Environments. In: Administrative Science Quarterly, 31 (1986), 439-465

Vernon, R. (1966): International Investment and International Trade in the Product Cycle. In: Quarterly Journal of Economics, (1966) May, 190-207

Welge, M.K. (1989): Koordinations- und Steuerungsinstrumente. In: Macharzina, K./Welge; M.K. (Hrsg.): Handwörterbuch Export und Internationale Unternehmung. Stuttgart 1989, 1182-1191

Welge, M.K. (1992): Strategien für den internationalen Wettbewerb zwischen Globalisierung und lokaler Anpassung. In: Kumar, B.N./Haussmann, H. (Hrsg.): Handbuch der internationalen Unternehmenstätigkeit. München 1992

Welge, M.K./Al-Laham, A. (1992): Strategisches Management, Organisation. In: Frese, E. (Hrsg.): Handwörterbuch der Organisation, Band 2, 3. Auflage. Stuttgart 1992

Westney, D. E. (1994): The Evolution of Japan's Industrial Research and Development. In: Aoki, M./Dore, R. (eds.): The Japanese Firm. Sources of Competitive Strength. New York, Oxford 1994

Westney, D.E. (1993): Cross Pacific Internationalization of R&D by U.S. and Japanese Firms. In: R&D Management, 23 (2/1993), 4, 171-183

Westney, D.E. (1993a): Country Patterns in R&D Organization: The United States in Japan. In: Kogut, B. (ed.): Country Competitiveness. Technology and the Organizing of Work. New York, Oxford 1993

Whittington, R. (1991): Changing Control Strategies in Industrial R&D. In: R&D Mangement, 21 (1991), 43-53

Wild, J. (1982): Grundlagen der Unternehmensplanung, 4. Auflage. Opladen

Witte, E. (1968): Phasen-Theorem und Organisation komplexer Entscheidungsverläufe. In: Zeitschrift für betriebswirtschaftliche Forschung, 20 (1968), 625-647

Witte, E. (1969): Ablauforganisation. In: Grochla, E. (Hrsg.): Handwörterbuch der Organisation. Stuttgart 1969, 20-30

Witte, E. (1973): Organisation für Innovationsentscheidungen. Das Promotoren-Modell. Tübingen

Witte, E. (1973a): Innovationsfähige Organisation. In: Zeitschrift für Organisation, 42 (1973) 1, 17-24

Wortmann, M. (1990): Multinationals and the Internationalization of R&D: New Developments in German Companies. In: Research Policy, 19 (1990), 175-183

Wortmann, M. (1991): Globalisation of Economy and Technology. Country Study on the Federal Republic of Germany. Monitor - FAST Studies for the CEC. Brussels, Luxembourg

Yin, R.K. (1988): Case Study Research. Design and Methods. London, New Delhi

Yip, G.S. (1989): Global Strategy .... In a World of Nations?. In: Sloan Management Review, (1989) Fall, 29-41

Zahn, Erich (1995): Handbuch Technologiemanagement. Stuttgart

Zwicky, F. (1966): Entdecken, Erfinden, Forschen im morphologischen Weltbild. München

IX. ANHANG

Tabelle A-1: Strukturierter Interviewleitfaden (Teil I)

1 International Research and Development

1.1 How is your R&D distributed worldwide?
1.2 What are the most important reasons for the worldwide locations?
1.3 Are your worldwide R&D activities increasing (measured e.g. by R&D expenditure or R&D personnel abroad)?
1.4 Where do you see the greatest problems for the management of international R&D in your company?

2 R&D Organisational Structure and Financing/Controlling Systems

2.1 How should the division of tasks and cooperation between central (corporate or basic) research and the development in the areas/sections be structured?

2.1.1 How does the division of tasks, cooperation and communication between basic research and applied development look?
2.1.2 How is the division of tasks, cooperation and communication between national and international R&D structured?
2.1.3 How is the division of tasks, cooperation and communication between company units, sections and head office structured?
2.1.4 According to which criteria do companies decide on location and task allocation for R&D labs?
2.1.5 Which information and communication processes or information and communication technologies could improve the cooperation between basic research and applied development?
2.1.6 How is responsibility and competence distributed between headquarter, business groups, and corporate research?

2.2 How should an intelligent financing ratio formula, suitable for innovation, and financial resources allocation process be structured and implemented?

2.2.1 How do companies generally decide on determing the R&D budget?
2.2.2 How do companies decide about the division of R&D budgets as regards basic research or applied development?
2.2.3 How do companies decide about the division of R&D budgets to sections or company units?
2.2.4 How far are the sections or company units autonomous in R&D financing?
2.2.5 How is the financing of R&D structured (division of costs, project, or contract financing)?

3 Coordination of (Global) R&D/Innovation Processes

3.1 What instruments for coordinating cross-company R&D are used and which ones best suit global R&D activities ?

3.1.1 Which of the following tools do you use for coordinating R&D:

Tabelle A-2: Strukturierter Interviewleitfaden (Teil II)

- departmentalization or grouping of units,
- centralization or decentralization of decision-making,
- formalization (e.g. written rules, job description, manuals, ...),
- planning (e.g. R&D programmes, portfolios, budgeting, ...),
- output and behaviour control (e.g. financial performance, supervision),
- internal price mechanisms (e.g. contract research for business groups),
- cross-departmental relations (through e.g. committees, integrators, ...)
- informal communication (e.g. meetings, transfer of managers),
- socialization through building an organizational culture of shared values, norms, objectives, learning?

3.1.2 Which other instruments may be used in your company?
3.1.3 Which coordination instruments suit global R&D activities best?
3.1.4 Which coordination instrument suits the respective strategic tasks of cross-company R&D best?
3.1.5 Which person, group or department is in charge of coordinating global R&D activities (e.g. CTO, corporate R&D planning group)?

3.2 How are cross-sectional subjects/technologies coordinated across the company? Are there cross-company cross-sectional projects or technology platforms, and how are these linked with company units?

3.2.1 How are cross-sectional subjects/technologies coordinated across the company?
3.2.2 Are there cross-company cross-sectional projects or technology platforms?
3.2.3 Who is head of these trans-company projects? What competences are invested in the head?
3.2.4 Is there a cross-company controlling committee for these projects? How is it made up?
3.2.5 Who is the „center of excellence“ for these projects for the company? According to which criteria is this classification determined?
3.2.6 By which means is it guaranteed that these cross-sectional projects are transferred to the routine organisation/line?
3.2.7 Please describe a selected cross-sectional project/technology platform and its course of development.

3.3 How should a cross-company R&D monitoring and review procedure and a cross-company R&D portfolio be implemented?

3.3.1 Is there a cross-company R&D monitoring and review procedure? How is it organised?
3.3.2 Who participates in this R&D monitoring and review process?
3.3.3 What kind of information/data are collected within the R&D monitoring and review process?
3.3.4 Which methods/techniques of performance measurement and performance evaluation are utilised?
3.3.5 Is there a cross-company R&D portfolio and who is in charge of its execution (and monitoring)?
3.3.6 How do decisions regarding the R&D portfolio affect the allocation of R&D budgets?

TECHNIK, WIRTSCHAFT und POLITIK

Schriftenreihe des Fraunhofer-Instituts für Systemtechnik und Innovationsforschung (ISI)

Band 2: B. Schwitalla
Messung und Erklärung industrieller Innovationsaktivitäten
1993. ISBN 3-7908-0694-3

Band 3: H. Grupp (Hrsg.)
Technologie am Beginn des 21. Jahrhunderts, 2. Aufl.
1995. ISBN 3-7908-0862-8

Band 4: M. Kulicke u. a.
Chancen und Risiken junger Technologieunternehmen
1993. ISBN 3-7908-0732-X

Band 5: H. Wolff, G. Becher, H. Delpho
S. Kuhlmann, U. Kuntze, J. Stock
FuE-Kooperation von kleinen und mittleren Unternehmen
1994. ISBN 3-7908-0746-X

Band 6: R. Walz
Die Elektrizitätswirtschaft in den USA und der BRD
1994. ISBN 3-7908-0769-9

Band 7: P. Zoche (Hrsg.)
Herausforderungen für die Informationstechnik
1994. ISBN 3-7908-0790-7

Band 8: B. Gehrke, H. Grupp
Innovationspotential und Hochtechnologie, 2. Aufl.
1994. ISBN 3-7908-0804-0

Band 9: U. Rachor
Multimedia-Kommunikation im Bürobereich
1994. ISBN 3-7908-0816-4

Band 10: O. Hohmeyer, B. Hüsing
S. Maßfeller, T. Reiß
Internationale Regulierung der Gentechnik
1994. ISBN 3-7908-0817-2

Band 11: G. Reger, S. Kuhlmann
Europäische Technologiepolitik in Deutschland
1995. ISBN 3-7908-0825-3

Band 12: S. Kuhlmann, D. Holland
Evaluation von Technologiepolitik in Deutschland
1995. ISBN 3-7908-0827-X

Band 13: M. Klimmer
Effizienz der computergestützten Fertigung
1995. ISBN 3-7908-0836-9

Band 14: F. Pleschak
Technologiezentren in den neuen Bundesländern
1995. ISBN 3-7908-0844-X

Band 15: S. Kuhlmann, D. Holland
Erfolgsfaktoren der wirtschaftsnahen Forschung
1995. ISBN 3-7908-0845-8

Band 16: D. Holland,
S. Kuhlmann (Hrsg.)
Systemwandel und industrielle Innovation
1995. ISBN 3-7908-0851-2

Band 17: G. Lay (Hrsg.)
Strukturwandel in der ostdeutschen Investitionsgüterindustrie
1995. ISBN 3-7908-0869-5

Band 18: C. Dreher, J. Fleig
M. Harnischfeger, M. Klimmer
Neue Produktionskonzepte in der deutschen Industrie
1995. ISBN 3-7908-0886-5

Band 19: S. Chung
Technologiepolitik für neue Produktionstechnologien in Korea und Deutschland
1996. ISBN 3-7908-0893-8

Band 20: G. Angerer u. a.
Einflüsse der Forschungsförderung auf Gesetzgebung und Normenbildung im Umweltschutz
1996. ISBN 3-7908-0904-7

Band 21: G. Münt
Dynamik von Innovation und Außenhandel
1996. ISBN 3-7908-0905-5

Band 22: M. Kulicke, U. Wupperfeld
Beteiligungskapital für junge Technologieunternehmen
1996. ISBN 3-7908-0929-2

Band 23: K. Koschatzky
Technologieunternehmen im Innovationsprozeß
1997. ISBN 3-7908-0977-2

Band 24: T. Reiß, K. Koschatzky
Biotechnologie
1997. ISBN 3-7908-0985-3